Wolfgang Bieneck

Elektro Tab

Formeln und Tabellen für Elektronik- und Mechatronikberufe

4. Auflage

Bestellnummer 04550

■ Bildungsverlag EINS

service@bv-1.de
www.bildungsverlag1.de

Bildungsverlag EINS GmbH
Ettore-Bugatti-Straße 6-14, 51149 Köln

ISBN 978-3-427-**04550**-2

Vorwort zur 1. Auflage

ElektroTAB ist ein Formel- und Tabellenbuch für Elektronik- und Mechatronikberufe, insbesondere auch für Techniker und Meister. Das Werk beschränkt sich bewusst auf die wichtigsten Daten und Zusammenhänge. Es gliedert sich in fünf Kapitel:

- **Physikalische und mathematische Grundlagen**
  Dieses Kapitel liefert das kompakte Grundwissen über physikalische Größen und alle technisch wichtigen Rechenarten von den Grundrechnungsarten über die komplexe Rechnung bis zur Differenzialrechnung.
  Viele Hinweise zur Arbeit mit einem wissenschaftlichen Taschenrechner runden das Kapitel ab.
- **Formeln der Mechanik**
- **Formeln der Elektrotechnik**
- **Formeln der Elektronik**
  Diese Kapitel enthalten die wichtigsten Fakten, Zusammenhänge und Formeln der Mechanik, der klassischen Elektrotechnik und der Elektronik.
  Besonderer Wert wurde auf klare Gliederung und übersichtliche, farbliche Darstellung gelegt. Auf die Umstellung der Formeln wurde bewusst verzichtet, weil das Umstellen von Formeln und Gleichungen zu den Grundfertigkeiten des Fachmanns gehört.
- **Sachwortregister**
  Ein umfangreiches Sachregister mit etwa 400 Einträgen erleichtert das schnelle Auffinden der gesuchten Information.

ElektroTAB ist sorgfältig strukturiert und übersichtlich dargestellt. Viele Zeichnungen und Bilder sowie farbliche Unterlegungen erleichtern das Verständnis, ein umfangreiches Sachwortverzeichnis ermöglicht den schnellen Zugriff. Elektro TAB ist somit ein übersichtliches und zuverlässiges Nachschlagewerk für Auszubildene und Fachleute der Elektronik- und Mechatronikberufe.

Stuttgart, im Sommer 2005 — Wolfgang Bieneck

Vorwort zur 4. Auflage

ElektroTAB hat sich seit der Einführung im Sommer 2005 bewährt und hat bei Lehrern und Schülern eine freundliche Aufnahme erfahren.
In der 4. Auflage wurde das Kapitel „Formeln der Elektrotechnik“ stark erweitert und in ein Grundlagenkapitel und ein mehr anwendungsorientiertes Kapitel aufgeteilt. Außerdem wurde ein Kapitel über Schaltzeichen und Symbole hinzugefügt. Insbesondere wurde aber der bewährte Taschenrechner Casio fx-991MS durch seinen moderneren Nachfolger fx-991DE PLUS ersetzt.
Verlag und Autor freuen sich über das Interesse von Lehrern und Schülern und weitere konstruktive Anregungen.

Stuttgart, im Frühjahr 2016 — Wolfgang Bieneck

Grundlagen der Mathematik und Physik	13...52	**1**
Grundlagen der Mechanik	53...74	**2**
Grundlagen der Elektrotechnik	75...108	**3**
Anwendungen der Elektrotechnik	109...134	**4**
Grundlagen der Elektronik	135...166	**5**
Schalt-, Prüf- und Bildzeichen	167...178	**6**
Sachwortverzeichnis	179...184	**7**

In Kapitel 1 finden Sie
physikalische und mathematische Grundlagen, insbesondere:

Formelzeichen, Einheiten, wissenschaftliche Konstanten

Formelzeichen	Physikalische Konstante	Zahlenwert und Einheit
c_0	Lichtgeschwindigkeit im Vakuum	$299{,}792 \cdot 10^6$ m/s
ε_0	elektrische Feldkonstante	$8{,}854 \cdot 10^{-12}$ As/Vm
μ_0	magnetische Feldkonstante	$1{,}257 \cdot 10^{-6}$ Vs/Am
Z_0	Wellenwiderstand	$Z_0 = \sqrt{\mu_0 / \varepsilon_0} = 376{,}7\ \Omega$

Grundrechenarten, Rechnen mit Klammern und Brüchen, Umformen von Gleichungen

18 : 12 = 1,5 allgemein: $a : b = c$

- 18 – Dividend
- : – Rechenzeichen
- 12 – Divisor
- 1,5 – Quotientenwert

Höhere Rechenarten wie komplexe Rechnung, Winkelfunktionen, Differenzieren und Integrieren

$$u = \hat{u} \cdot \sin \omega t$$
$$u = U_0 (1 - e^{-\frac{t}{\tau}})$$
$$U = \sqrt{U_R^2 + U_C^2}$$
$$\underline{I} = \frac{\underline{U}}{\underline{Z}}$$
$$y = \int x^2\, dx$$

Funktionen und ihre graphische Darstellung in rechtwinkligen Koordinaten und Polarkoordinaten

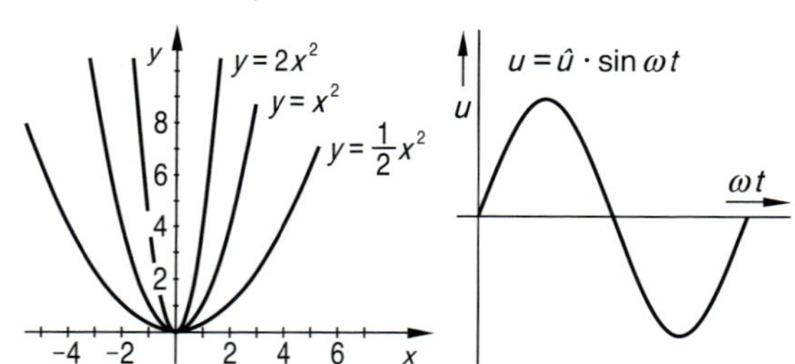

Hinweise und Anleitungen für die Benutzung eines wissenschaftlichen Taschenrechners

Inhaltsverzeichnis

1.1 Physikalische Größen 12
1.2 Konstanten, Einheiten, Größen 14
1.3 Zahlenbereiche 16
1.4 Grundrechnungsarten 17
1.5 Klammern und Brüche 18
1.6 Potenzen und Wurzeln 20
1.7 Logarithmen 22
1.8 Funktionen, Einführung 23
1.9 Funktionen 1. Grades 24
1.10 Funktionen 2. Grades 26
1.11 Potenz-, Wurzel-, Hyperbelfunktionen 28
1.12 Exponential-, Logarithmusfunktionen 30
1.13 Winkel und Winkelfunktionen 32
1.14 Geometrische Sätze 34
1.15 Differenzial- und Integralrechnung 36
1.16 Fourierreihen 38
1.17 Komplexe Rechnung 40
1.18 Zahlensysteme 42
1.19 Umformen von Gleichungen 44
1.20 Funktionen des Taschenrechners 46

In Kapitel 2 finden Sie
Fakten, Zusammenhänge und Formeln der Mechanik, insbesondere:

Formeln zur Berechnung von Flächen und Körpern

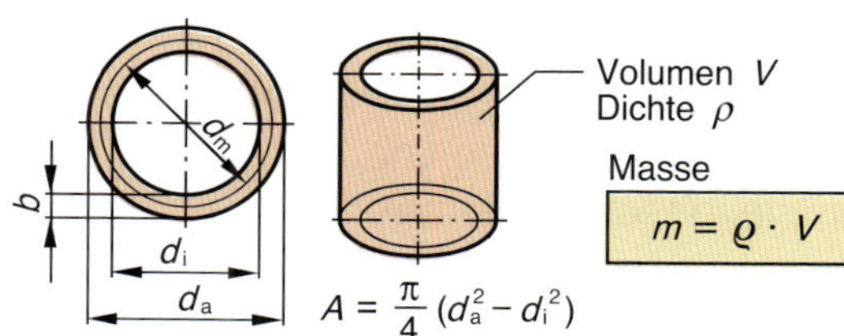

Formeln zur Berechnung von Arbeit, Leistung, Wirkungsgrad

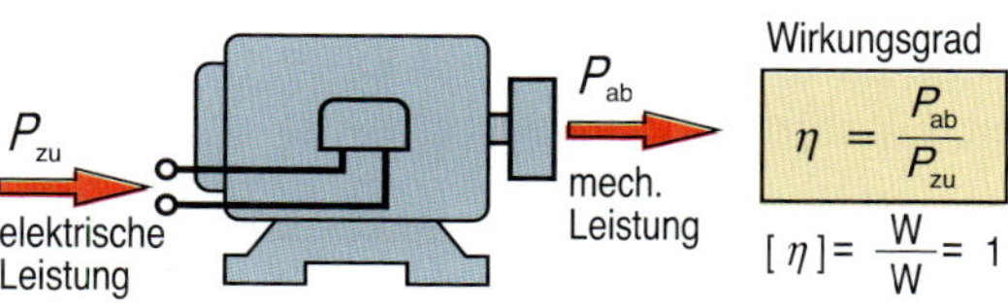

Formeln zur Berechnung von Elementen der Antriebstechnik

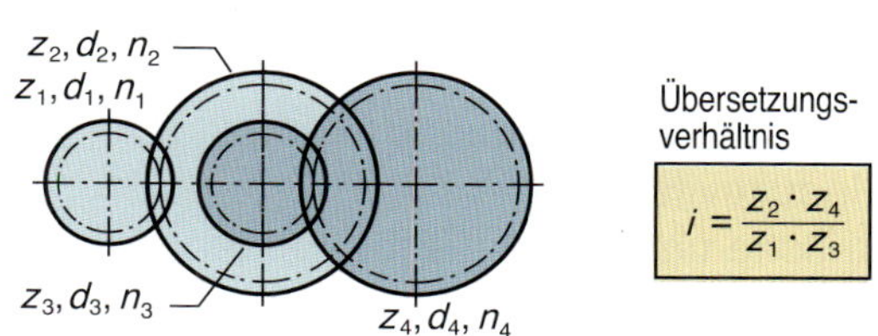

Formeln der Hydraulik und Pneumatik

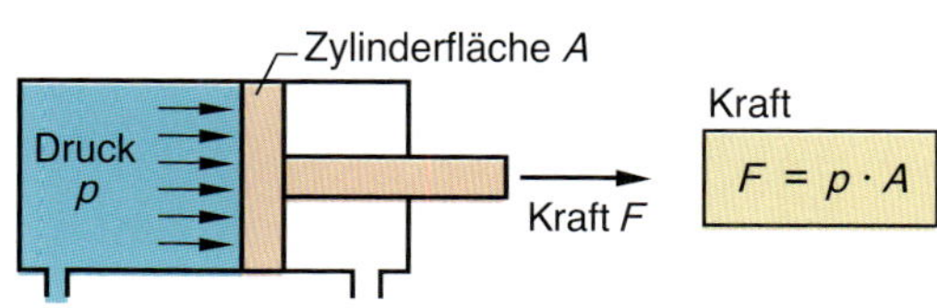

Formeln zur Berechnung von Temperatureinflüssen

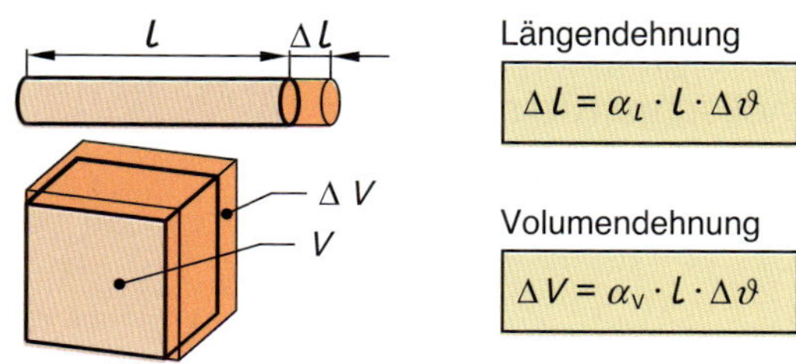

Inhaltsverzeichnis

2.1 Flächen, Körper, Massen 50
2.2 Kraft, Arbeit, Drehmoment 52
2.3 Arbeit, Leistung, Wirkungsgrad 54
2.4 Bewegungslehre I 56
2.5 Bewegungslehre II 58
2.6 Einfache Maschinen 60
2.7 Temperatur und Wärme 62
2.8 Reibung 64
2.9 Druck in Flüssigkeiten und Gasen 65
2.10 Hydraulik und Pneumatik 66
2.11 Beanspruchung und Festigkeit 68

In Kapitel 3 finden Sie

Fakten, Zusammenhänge und Formeln zu Grundlagen der Elektrotechnik, insbesondere:

Grundgesetze zur Berechnung elektrischer Stromkreise und zusammengesetzter Netzwerke

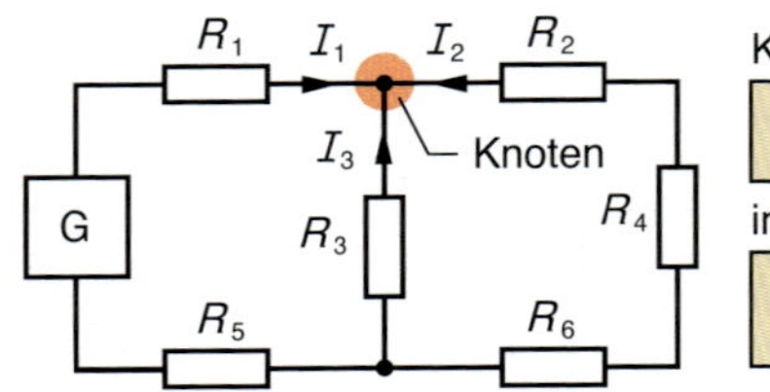

Knotenregel

$$I_1 + I_2 + I_3 = 0$$

in Kurzform

$$\sum_{i=1}^{n} I_i = 0$$

Gesetze zur Bestimmung von Arbeit, Leistung und Wirkungsgrad

Verluste P_V (Wärme)

mechanische Leistung P_{ab}

$$\eta = \frac{P_{ab}}{P_{zu}}$$

$$\eta = \frac{P_{ab}}{P_{zu} + P_V}$$

$$[\eta] = \frac{W}{W} = 1$$

Grundlagen zu Widerstand, Kapazität und Induktivität,
elektrische und magnetische Felder,
Kondensator und Spule an Gleich- und Wechselspannung,
Schaltvorgänge,
Pässe, Filter, Schwingkreise

Wirkwiderstand

$$\underline{R} = R\underline{/0^\circ} = R$$

Kapazitiver Blindwiderstand

$$\underline{X}_C = \frac{-j}{\omega C} = \frac{1}{\omega C}\underline{/-90^\circ}$$

Induktiver Blindwiderstand

$$\underline{X}_L = j \cdot \omega L = \omega L\,\underline{/90^\circ}$$

Spannungserzeugung durch Induktion,
Kräfte im Magnetfeld,
magnetischer Kreis,
Grundgesetze der Wechselstromtechnik

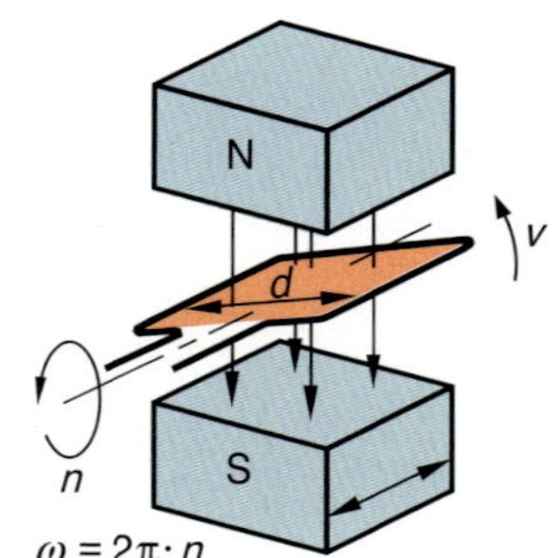

bei 1 Windung

$$u = B \cdot 2l \cdot v \cdot \sin\alpha$$

bei N Windungen

$$u = B \cdot 2l \cdot v \cdot N \cdot \sin\alpha$$

$$[u] = \frac{Vs}{m^2} \cdot m \cdot \frac{m}{s} = V$$

mit $v = d \cdot \pi \cdot n$
(Umfangsgeschwindigkeit)

Inhaltsverzeichnis

3.1 Strom, Spannung, Widerstand 76
3.2 Grundschaltungen mit Widerständen 78
3.3 Widerstandsnetzwerke I 80
3.4 Widerstandsnetzwerke II 82
3.5 Veränderliche Widerstände 84
3.6 Elektrische Arbeit und Leistung 86
3.7 Elektrisches Feld und Kondensator I 88
3.8 Elektrisches Feld und Kondensator II 90
3.9 Schaltvorgänge am Kondensator 92
3.10 Magnetisches Feld und Spule 94
3.11 Magnetischer Kreis 96
3.12 Magnetwerkstoffe 97
3.13 Induktion und Induktivität 98
3.14 Schaltvorgänge an der Spule 100
3.15 Kräfte im Magnetfeld 102
3.16 Wechsel- und Drehstrom 103
3.17 R, C, L im Wechselstromkreis 104
3.18 Pässe, Filter, Schwingkreise 106
3.19 Wachstumsgesetze 108

In Kapitel 4 finden Sie
Fakten, Zusammenhänge und Formeln zu technischen Anwendungen der Elektrotechnik, insbesondere:

Konventionelle und alternative Möglichkeiten der elektrischen Energiewinnung,
Formeln zur Berechnung der Leistung,
Solarkonstante,
elektrischer Energiemix,
Erneuerbare-Energien-Gesetz

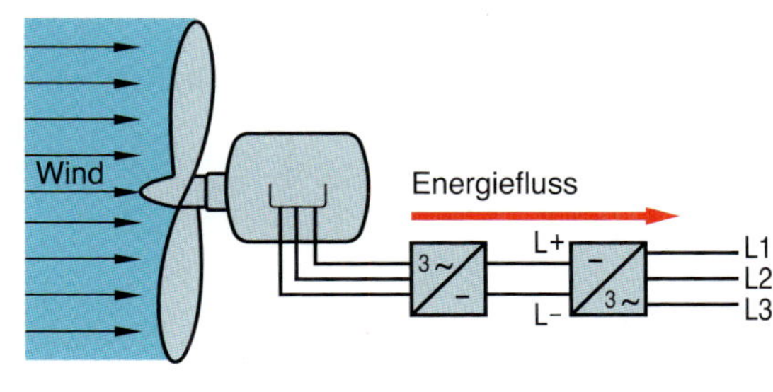

Gesetze zur Berechnung von Wechselstrom- und Drehstromkreisen,
Kompensation bei Wechsel- und Drehstrom,
Berechnung von Leitungen und Leitungsschutzorganen

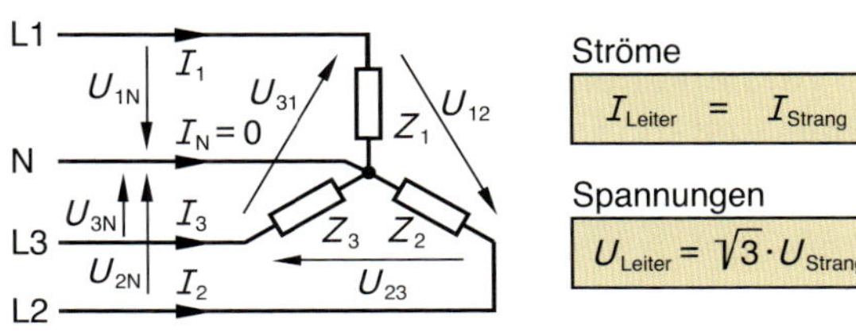

Antriebe mit Drehstrommotoren,
Stern-Dreieck-Anlauf,
Berechnung von Leistung, Drehmoment, Drehzahl und Schlupf,
Betriebsarten von Motoren,
Schutzarten von Betriebsmitteln,
Motordaten

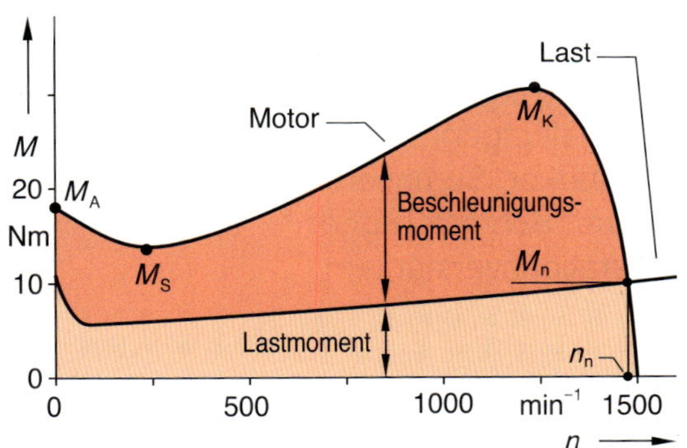

Licht und Beleuchtungstechnik,
Berechnungen nach der Wirkungsgradmethode,
Wärmebedarf von Gebäuden,
Antennentechnik,
Berechnung von Pegel, Verstärkung und Dämpfung

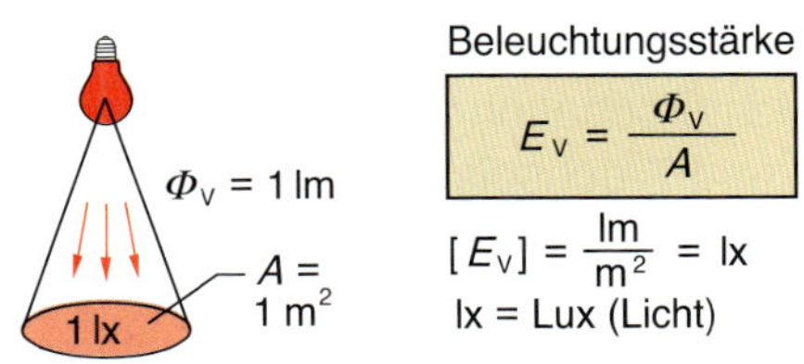

Inhaltsverzeichnis

4.1	Gewinnung elektrischer Energie	110
4.2	Leistung bei Wechselstrom	112
4.3	Drehstrom	114
4.4	Transformatoren	116
4.5	Drehstromtransformatoren	118
4.6	Drehstromantriebe	119
4.7	Motordaten	120
4.8	Leitungsberechnung I	122
4.9	Leitungsberechnung II	124
4.10	Leitungsschutzorgane	126
4.11	Licht und Beleuchtung I	128
4.12	Licht und Beleuchtung II	130
4.13	Wärmebedarf	132
4.14	Antennentechnik	134

In Kapitel 5 finden Sie Fakten, Zusammenhänge und Formeln der Elektronik insbesondere:

Basiswissen zu elektronischen Bauteilen wie Transistoren, Thyristoren, optoelektronische Bauteilen und IC

Elektronische Grundschaltungen wie Verstärker und Schaltverstärker mit diskreten Bauelementen

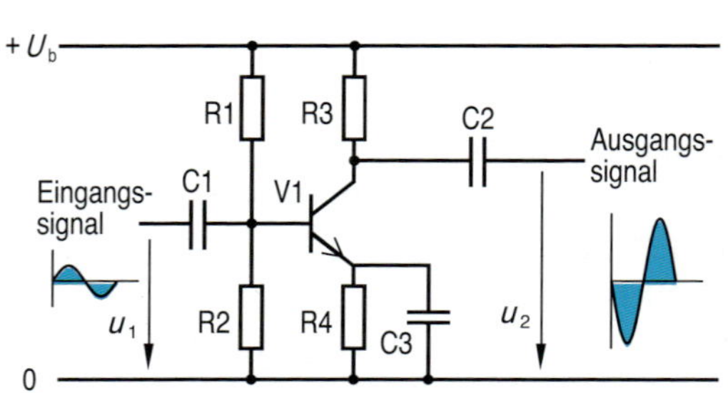

Analoge und digitale Grundschaltungen wie Verstärker, Summierer, Integrierer, Schmitt-Trigger mit Operationsverstärkern

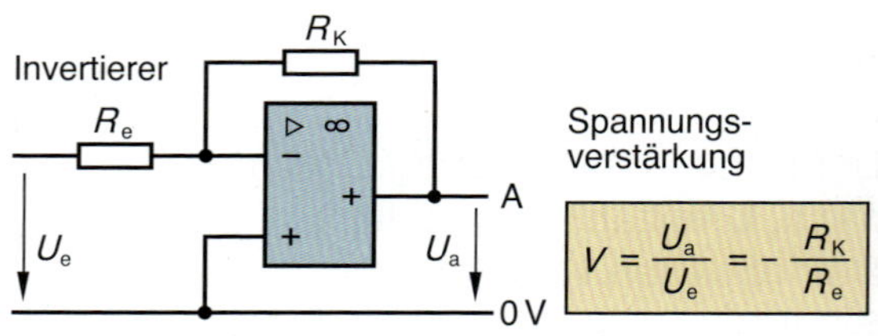

Grundschaltungen der Leistungselektronik wie ungesteuerte und gesteuerte Gleichrichterschaltungen, Gleich- und Wechselstromsteller, Frequenzumrichter

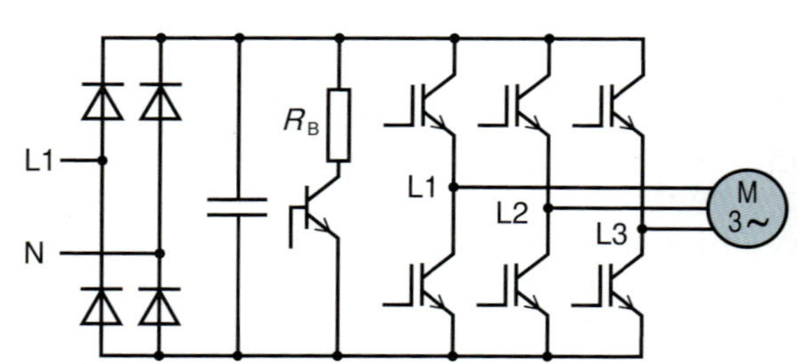

Inhaltsverzeichnis

5.1 Geschichtliche Entwicklung 124
5.2 Bauteile I 126
5.3 Bauteile II 128
5.4 Bauteile III 130
5.5 Ungesteuerte Stromrichterschaltungen 132
5.6 Stromversorgungsschaltungen 134
5.7 Anwendung von Transistoren 136
5.8 Umwandeln von Energie 138
59 Elektronische Leistungssteuerung 140
5.10 Operationsverstärker, Grundlagen 142
5.11 Operationsverstärker, analoge Schaltungen 144
512 Operationsverstärker, digitale Schaltungen 146
5.13 Regelungstechnik I 148
5.14 Regelungstechnik II 150
5.15 Schaltalgebra I 152
5.16 Schaltalgebra II 154

In Kapitel 6 finden Sie
Schalt- und Bildzeichen der Elektrotechnik und verwandter Gebiete, insbesondere:

Grundregeln zum Bilden und Anwenden von Schaltzeichen, Basisschaltzeichen wie Bauteile, Messgeräte, Schalter

Schaltzeichen der elektrischen Installationstechnik

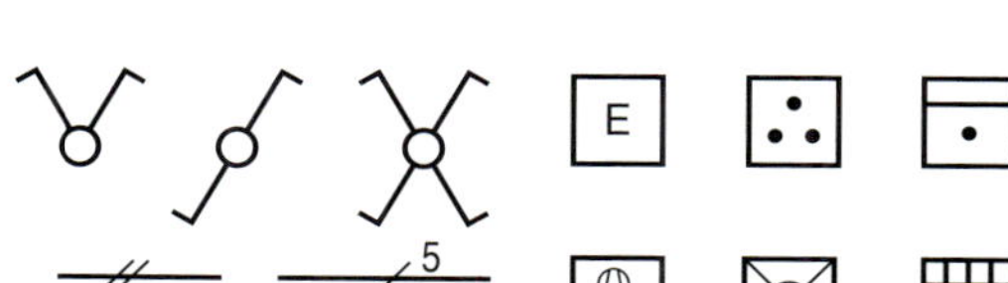

Schaltzeichen der elektrischen Maschinen und Energiewandler

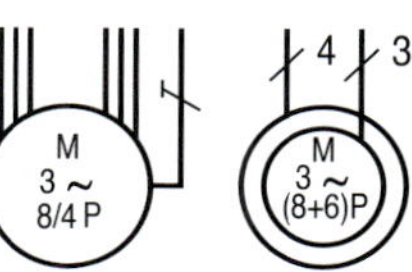

Schaltzeichen der Halbleitertechnik und Elektronik

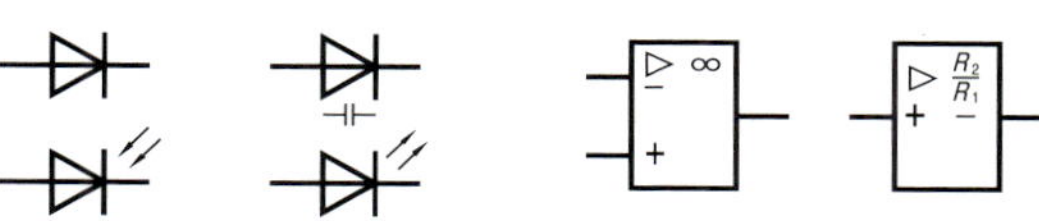

Schaltzeichen des Installationsbus KNX

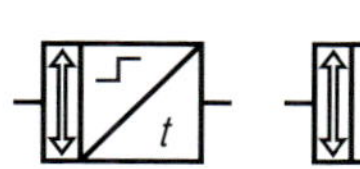

Schaltzeichen für pneumatische und hydraulische Steuerungen

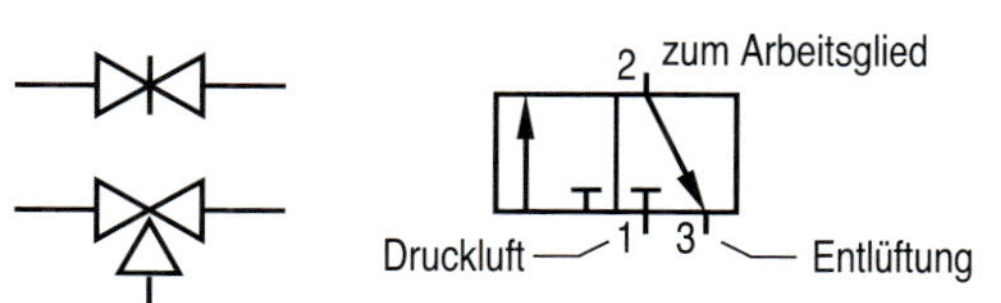

Bildzeichen und Symbole zur Verhütung von Unfällen

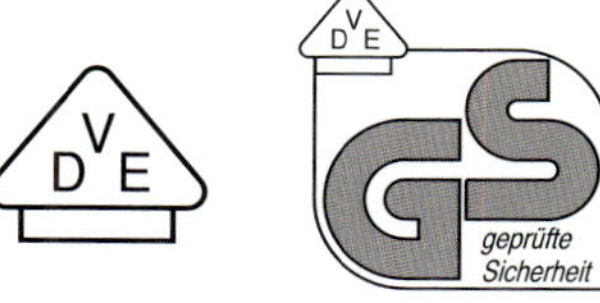

Inhaltsverzeichnis

6.1 Bilden und Anwenden von Schaltzeichen 168
6.2 Leiter, Stecker, Schalter 169
6.3 Antriebe, Auslöser, Schaltgeräte 170
6.4 Schaltzeichen für Installationspläne, Mess- und Meldeeinrichtungen 171
6.5 Maschinen und Energiewandler 172
6.6 Halbleitertechnik 173
6.7 Symbole für pneumatische und hydraulische Steuerungen 174
6.8 Schaltzeichen des KNX 175
6.9 Symbole der Verfahrenstechnik 176
6.10 Prüf- und Bildzeichen 177
6.11 Zeichen zur Unfallverhütung 177

1 Physikalische und mathematische Grundlagen

1.1 Physikalische Größen 14
1.2 Konstanten, Einheiten, Größen 16
1.3 Zahlenbereiche 18
1.4 Grundrechnungsarten 19
1.5 Klammern und Brüche 20
1.6 Potenzen und Wurzeln 22
1.7 Logarithmen 24
1.8 Funktionen, Einführung 25
1.9 Funktionen 1. Grades 26
1.10 Funktionen 2. Grades 28
1.11 Potenz-, Wurzel-, Hyperbelfunktionen 30
1.12 Exponential- und Logarithmusfunktionen 32
1.13 Winkel und Winkelfunktionen 34
1.14 Geometrische Sätze 36
1.15 Differenzial- und Integralrechnung 38
1.16 Fourierreihen 40
1.17 Komplexe Rechnung 42
1.18 Zahlensysteme 44
1.19 Umformen von Gleichungen 46
1.20 Funktionen des Taschenrechners 48

1.1 Physikalische Größen

SI-Basisgrößen nach DIN 1301

Das internationale Einheitensystem (**SI S**ystème **I**nternatinale d'Unités) bildet die Grundlage für das gesamte Messwesen. Die SI-Einheiten wurden auf der 11. Generalkonferenz für Maß und Gewicht im Jahre 1960 angenommen.
Für Deutschland sind sie seit 1969 rechtsverbindlich. Nach derzeitigem Stand gelten folgende Werte:
1 Meter (1 m) ist die Strecke, die Licht im Vakuum in der Zeit von 299792458^{-1} Sekunden durchläuft.

Formelzeichen	Physikalische Größe, Name	Zeichen d. Einheit	Name der Einheit
l	Länge	m	Meter
m	Masse	kg	Kilogramm
t	Zeit	s	Sekunde
I	Stromstärke	A	Ampere
T	Temperatur	K	Kelvin
I_V	Lichtstärke	cd	Candela
n	Stoffmenge	mol	Mol

1 Kilogramm (1 kg) ist die Masse des in Paris aufbewahrten Massenormals (Ur-Kilogramm). Es ist ein Zylinder aus Platin-Iridium mit einem Durchmesser von 39 mm und einer Höhe von gleichfalls 39 mm.
1 Sekunde (1 s) ist die Zeit, in der das Caesium-Atom ^{133}Cs 9192631770 Perioden seiner Zentimeter-Strahlung aussendet.
1 Ampere (1 A) ist die Stärke eines Gleichstroms, der zwei unendlich lange, unendlich dünne, im Abstand von 1 Meter aufgespannte Drähte durchfließt und dabei eine Anzugskraft von $0{,}2 \cdot 10^{-6}$ Newton pro Meter erzeugt.
1 Kelvin (1 K) ist der 273,16te Teil des Temperaturunterschiedes zwischen dem absoluten Nullpunkt und der Temperatur des schmelzenden Eises.
1 Candela (1 cd) ist die Lichtstärke, bei der eine Lichtquelle mit 555 nm Wellenlänge eine Leistung von 683^{-1} Watt pro Raumwinkel abgibt.
1 Mol (1 mol) ist die Stoffmenge eines Systems mit bestimmter Zusammensetzung, das aus gleichviel Teilen besteht, wie Atome in 12 Gramm des Kohlenstoffisotops ^{12}C enthalten sind.

Mechanische Größen, Raum, Zeit

Formelzeichen	Physikalische Größe, Name	Zeichen d. Einheit	Name der Einheit, Zusammenhang
l	Länge	m	Meter
b, h	Breite, Höhe	m	1m = 1000 mm
d, D	Durchmesser	m	
s	Wegstrecke	m	
d, δ	Dicke, Schichtdicke	m	
A	Fläche, Querschnittsfläche	m^2	Quatratmeter
V	Volumen	m^3	Kubikmeter
α, β, γ	Winkel	°, rad	Grad, Radiant
t	Zeit	s	Sekunde
		min, h	Minute, Stunde
		d, a	Tag, Jahr
			1 a = 8760 d
			1 h = 3600 s
T	Periodendauer	s	
τ	Zeitkonstante	s	
f, ν	Frequenz	Hz (Hertz)	$1 Hz = 1 s^{-1}$
λ	Wellenlänge	m	
ω	Kreisfrequenz	s^{-1}	oder 1/s
n	Drehfrequenz	s^{-1}	oder 1/s
v	Geschwindigkeit	$m \cdot s^{-1}$	oder m/s
a	Beschleunigung	$m \cdot s^{-2}$	oder m/s^2
g	Fallbeschleunigung	$m \cdot s^{-2}$	$g_N \approx 9{,}81 m/s^2$
ρ, ϱ	Dichte, Massendichte	$kg \cdot m^{-3}$	
F	Kraft	N (Newton)	$1 N = 1 kg \cdot m \cdot s^{-2}$
M	Moment, Drehmoment	$N \cdot m$	
p	Druck	Pa (Pascal)	$1 Pa = 1 N \cdot m^{-2}$
E	Elastizitätsmodul	$N \cdot m^{-2}$	
W, E	Arbeit, Energie	J (Joule)	1J = 1Nm = 1Ws
W_k	kinetische E.	J	
W_p	potenzielle E.	J	
P	Leistung	W (Watt)	$1 W = 1 Nm \cdot s^{-1}$
η	Wirkungsgrad	1	

Elektrische und magnetische Größen

Formelzeichen	Physikalische Größe, Name	Zeichen d. Einheit	Name der Einheit, Zusammenhang
Q	elektr. Ladung	C (Coulomb)	1C = 1As
e	Elementarladung	C	$e = 1{,}6 \cdot 10^{-19} C$
φ	el. Potenzial	V	Volt
U	el. Spannung	V	
E	el. Feldstärke	$V \cdot m^{-1}$	1kV/m = 1V/mm
C	el. Kapazität	F (Farad)	$1 F = 1 As \cdot V^{-1}$
ε	Permittivität	$F \cdot m^{-1}$	
ε_0	el. Feldkonstante	$F \cdot m^{-1}$	
ε_r	Permittivitätszahl	1	
I	elektr. Strom	A	Ampere
J	Stromdichte	$A \cdot mm^{-2}$	$J = I/A$
Θ	magn. Durchflutung	A	$\Theta = I \cdot N$
V_m	magn. Spannung	A	
H	magn. Feldstärke	$A \cdot mm^{-1}$	1kA/m = 1A/mm
Φ	magn. Fluss	Wb (Weber)	$1 Wb = 1 V \cdot s$
B	Induktion	T (Tesla)	$1 T = 1 Wb \cdot m^{-2}$
L	Induktivität	H (Henry)	$1 H = 1 Vs \cdot A^{-1}$
μ	Permeabilität	$H \cdot m^{-1}$	$\mu = B/H$
μ_0	magn. Feldkonst.	$H \cdot m^{-1}$	
μ_r	Permeabilitätszahl	1	
R	el. Widerstand	Ω (Ohm)	1 Ω = 1V/A
G	el. Leitwert	S (Siemens)	$1 S = 1 \Omega^{-1}$
R_m	magn. Widerstand	H^{-1}	
Λ	magn. Leitwert	H	$\Lambda = 1/R_m$
ρ, ϱ	spezifischer el. Widerstand	$\Omega \cdot m$	
γ, κ	el. Leitfähigkeit	$S \cdot m^{-1}$	$\gamma = 1/\rho$
X	Blindwiderstand	Ω	Reaktanz
Z	Scheinwiderst.	Ω	Impedanz
W	Arbeit, Energie	J (Joule)	1J = 1Ws
P	Wirkleistung	W (Watt)	
Q	Blindleistung	W, var	Energietechnik: var
S	Scheinleistung	W, VA	Energietechnik: VA
φ	Phasenverschiebung	°, rad	
$\cos\varphi$	Leistungsfaktor	1	$\cos\varphi = P/S$
N	Windungszahl	1	
k	Klirrfaktor	1	

Größen der Licht- und Wärmetechnik

Formelzeichen	Physikalische Größe, Name	Zeichen d. Einheit	Name der Einheit, Zusammenhang
I_v	Lichtstärke	cd	Candela
Φ_v	Lichtstrom	lm (Lumen)	$1 \text{lm} = 1 \text{cd} \cdot 1 \text{sr}$
Q_v	Lichtmenge	lm · s	$Q_v = \Phi_v \cdot t$
L_v	Leuchtdichte	$\text{cd} \cdot \text{m}^{-2}$	$L_v = I_v / A$
E_v	Beleuchtungsstärke	lx (Lux)	$1 \text{lx} = 1 \text{lm} \cdot \text{m}^{-2}$
H_v	Belichtung	lx · s	$H_v = E_v \cdot t$
η	Lichtausbeute	$\text{lm} \cdot \text{W}^{-1}$	$\eta = Q_v / P$
ρ	Reflexionsgrad	1	
α	Absorptionsgrad	1	
T	Thermodyn. Temp.	K	Kelvin
ϑ	Celsius-Temp.	°C	$T = \vartheta + 273{,}15 \text{K}$
Q	Wärmemenge	J (Joule)	$1 \text{J} = 1 \text{Ws} = 1 \text{Nm}$
α_l	Längenausdehnungskoeff.	K^{-1}	$\alpha_l = \Delta l / T$
α_V, γ	Volumenausdehnungskoeff.		$\alpha_V = \Delta V / T$
Φ_{th}	Wärmestrom	W (Watt)	$1 \text{W} = 1 \text{J} \cdot \text{s}^{-1}$
R_{th}	Wärmewiderst.	$\text{K} \cdot \text{W}^{-1}$	
G_{th}	Wärmeleitwert	$\text{W} \cdot \text{K}^{-1}$	$G_{th} = 1 / R_{th}$
C_{th}	Wärmekapazität	$\text{J} \cdot \text{K}^{-1}$	
c	spez. Wärmekap.	$\text{J} \cdot (\text{kg} \cdot \text{K})^{-1}$	

Größen der Chemie, Akustik, Atomphysik

Formelzeichen	Physikalische Größe, Name	Zeichen d. Einheit	Name der Einheit, Zusammenhang
p	Schalldruck	Pa (Pascal)	$1 \text{Pa} = 1 \text{N} \cdot \text{m}^{-2}$
v	Schallschnelle	$\text{m} \cdot \text{s}^{-1}$	
c	Schallgeschwindigkeit	$\text{m} \cdot \text{s}^{-1}$	331,8 m/s in Luft bei 0 °C
P, P_a	Schallleistung	W	
J, I	Schallintensität	$\text{W} \cdot \text{m}^{-2}$	
R	Schalldämm-.Maß	dB	Dezibel (keine SI-Einheit)
L_N	Lautstärkepegel	phon	keine SI-Einheit
N	Lautheit	son	keine SI-Einheit
A	relative Atommasse		
M	relative Molekülmasse		
Z	Protonenzahl		
N	Neutronenzahl		
A	Nukleonenzahl		
n	Stoffmenge	mol	Mol (Basiseinh.)
B	molare Masse	$\text{kg} \cdot \text{mol}^{-1}$	
L	molares Volumen	$\text{m}^3 \cdot \text{mol}^{-1}$	

Indizes nach DIN 1304, Auswahl

Indizes (Einzahl: Index) dienen zur Kennzeichnung und Unterscheidung physikalischer Größen. Das Formelzeichen wird dabei groß und kursiv, der Index klein und senkrecht geschrieben.
Außer genormten Indizes können auch eigene, sinnvolle Indizes verwendet werden.

Beispiel: $P_{el} = 25 \text{W}$ (P: Formelzeichen, el: Index)

Index	Bedeutung	Beispiel
0	null, Leerlauf	φ_0 Nullpotenzial
1	eins, primär, Eingang	U_1 Eingangsspg.
2	zwei, sekundär, Ausg.	U_2 Ausgangsspg.
a	außen	d_a Außendurchm.
abs	absolut	μ_{abs} abs. Permeabilität
amb	ambient (umgebend)	ϑ_{amb} Umgebungstemp.
dyn	dynamisch	p_{dyn} dyn. Druck
eff	effektiv	I_{eff} Effektivstrom
el	elektrisch	P_{el} elektr. Leistung

Index	Bedeutung	Beispiel
E	Erde, Erdschluss	I_E Erdstromstärke
G	Gewicht, Generator	P_G Generatorleistung
indu	induziert	U_{indu} induzierte Spg.
k	Kurzschluss	I_k Kurzschlussstrom
kin	kinetisch	W_{kin} kinetische Arbeit
max	maximal	I_{max} Größtstrom
min	minimal	I_{min} Kleinststrom
n	normal, Nenn...	I_n Nennstrom
N	normal (senkrecht)	F_N Normalkraft
pot	potenziell, möglich	W_{pot} potenzielle Arbeit
rel	relativ	v_{rel} relative Geschw.
syn	synchron, gleichzeitig	f_{syn} synchr. Frequenz
th	thermisch	R_{th} Wärmewiderst.
tot	total	P_{tot} Gesamtleistung (Verlustleistung)
zul	zulässig	I_{zul} zulässiger Strom
σ	Streuung	Φ_σ magn. Streufluss
Δ	Differenz, Unterschied	I_Δ Differenzstrom

Griechische Buchstaben

Weil zur Kennzeichnung aller physikalischer Größen nicht genügend lateinische Buchstaben (z.B. *a*, *b*, *c*) zur Verfügung stehen, werden häufig griechische Buchstaben (z.B. α, β, γ) eingesetzt.
Dies geschieht auch, weil viele wissenschaftliche und technische Gesetze von altgriechischen Philosophen und Ingenieuren entdeckt wurden.
Die griechischen Zeichen können bei Computerschriften z.B. über die Schriftart „Symbol" oder „Euclid Symbol" erreicht werden. In derTabelle stehen die zugehörigen lateinischen Zeichen in Klammer.

α A	β B	γ Γ	δ Δ	ε E	ζ Z	η H	ϑ Θ
Alpha (a, A)	Beta (b, B)	Gamma (g, G)	Delta (d, D)	Epsilon (e, E)	Zeta (z, Z)	Eta (h, H)	Theta (J, Q)
ι I	κ K	λ Λ	μ M	ν N	ξ Ξ	o O	π Π
Jota (i, I)	Kappa (k, K)	Lambda (l, L)	My (m, M)	Ny (n, N)	Ksi (x, X)	Omikron (o, O)	Pi (p, P)
ρ, ϱ P	σ Σ	τ T	υ Y	φ Φ	χ X	ψ Ψ	ω Ω
Rho (r, R)	Sigma (s, S)	Tau (t, T)	Ypsilon (u, U)	Phi (j, F)	Chi (c, C)	Psi (y, Y)	Omega (w, W)

1.2 Konstanten, Einheiten, Symbole

Physikalische Konstanten (Auswahl)

Zur Beschreibung des Naturgeschehens können viele physikalische Zusammenhänge gefunden werden. Dabei zeigt sich, dass einige physikalische Erscheinungen immer und unter allen äußeren Bedingungen gleich ablaufen.
Nach derzeitigem Stand der Wissenschaft können alle Naturabläufe auf 17 Basiskonstanten (Naturkonstanten) zurückgeführt werden. Sie wurden 1998 vom Committee on Data for Science und Technology (CODATA) festgelegt.
Zu den Naturkonstanten gehören z. B. die Lichtgeschwindigkeit sowie die elektrische und magnetische Feldkonstante. Die Tabelle zeigt eine Auswahl von Naturkonstanten.

Formelzeichen	Physikalische Konstante	Zahlenwert und Einheit
c_0	Lichtgeschwindigkeit im Vakuum	$299{,}792 \cdot 10^{6}$ m/s
ε_0	elektrische Feldkonstante	$8{,}854 \cdot 10^{-12}$ As/Vm
μ_0	magnetische Feldkonstante	$1{,}257 \cdot 10^{-6}$ Vs/Am
Z_0	Wellenwiderstand des Vakuums	$Z_0 = \sqrt{\mu_0 / \varepsilon_0} = 376{,}7\ \Omega$
e	elektrische Elementarladung	$1{,}602 \cdot 10^{-19}$ As
m_e	Ruhemasse des Elektrons	$9{,}109 \cdot 10^{-31}$ kg
m_p	Ruhemasse des Protons	$1{,}673 \cdot 10^{-27}$ kg
m_n	Ruhemasse des Neutrons	$1{,}675 \cdot 10^{-27}$ kg
T_0	absoluter Nullpunkt	0 K = − 273,15 °C
g_N	Fallbeschleunigung am Äquator auf Meereshöhe	$9{,}807$ m/s^2

Arbeiten mit dem Taschenrechner
Für die Lösung technischer Probleme ist es sinnvoll, die Fähigkeiten eines wissenschaftlichen Taschenrechners auszunützen. Wichtige Funktionen eines Taschenrechners werden am Beispiel des Casio *fx-991DE Plus* gezeigt.

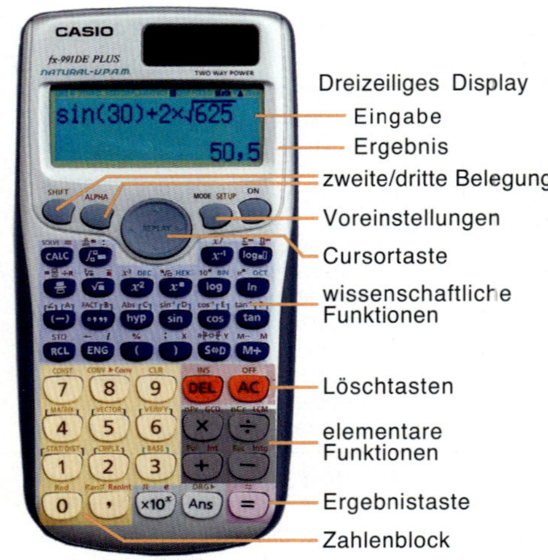

Die wissenschaftlichen Konstanten erhält man mit der Taste CONST. (Deckelinnenseite beachten!)

z. B. Feldkonstante ε_0
(Konstante Nr. 32)

Umwandlung in SI-Einheiten

Das-SI-System bildet die anerkannte Grundlage für Technik und Wissenschaft in nahezu der gesamten Welt. In den USA und in stark von Amerika beeinflussten Ländern werden aber weiterhin die althergebrachten Einheiten benützt. Dazu zählen insbesondere die Längenmaße inch, foot und mile.
Die Tabelle zeigt eine Auswahl von Umwandlungen.

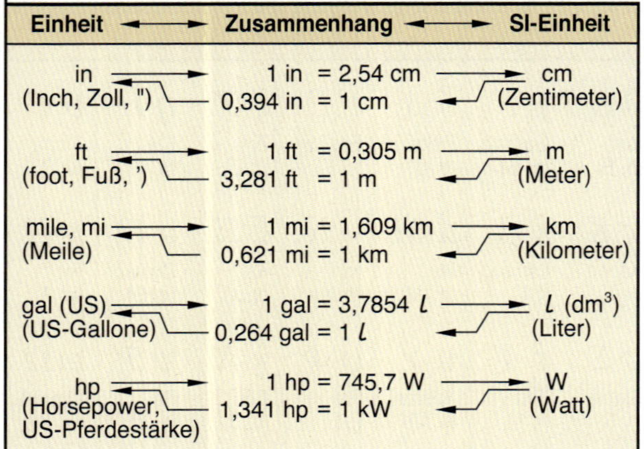

Einheit	Zusammenhang	SI-Einheit
in (Inch, Zoll, ")	1 in = 2,54 cm 0,394 in = 1 cm	cm (Zentimeter)
ft (foot, Fuß, ')	1 ft = 0,305 m 3,281 ft = 1 m	m (Meter)
mile, mi (Meile)	1 mi = 1,609 km 0,621 mi = 1 km	km (Kilometer)
gal (US) (US-Gallone)	1 gal = 3,7854 *l* 0,264 gal = 1 *l*	*l* (dm^3) (Liter)
hp (Horsepower, US-Pferdestärke)	1 hp = 745,7 W 1,341 hp = 1 kW	W (Watt)

Einheiten können über die Funktion CONV Con ineinander umgewandelt werden. (Deckelinnenseite des Taschenrechners beachten!)

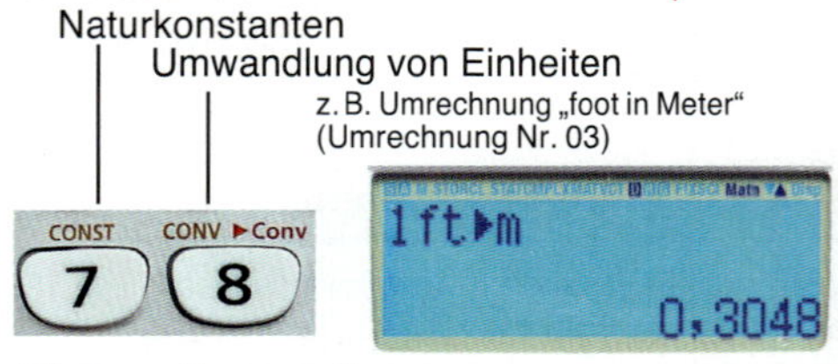

Weitere Umwandlungen:

1 m/s	=	3,6 km/h
1 km/h	=	0,277 m/s
1 atm	=	101,3 Pa = 1,013 hPa
1 Pa	=	$9{,}869 \cdot 10^{-6}$ atm
1 J	=	0,239 cal
1 cal	=	4,186 J
1 acre	=	4047 m^2
1 m^2	=	$247 \cdot 10^{-6}$ acre

Es bedeutet: atm Atmosphäre, Pa Pascal, J Joule, cal Kalorie.

1.2 Konstanten, Einheiten, Symbole

Umrechnung von Einheiten

Vorsatz	Zeichen	Faktor	
Atto	a	10^{-18}	1 am = 0,000 000 000 000 000 001 m
Femto	f	10^{-15}	1 fm = 0,000 000 000 000 001 m
Piko	p	10^{-12}	1 pm = 0,000 000 000 001 m
Nano	n	10^{-9}	1 nm = 0,000 000 001 m
Mikro	µ	10^{-6}	1 µm = 0,000 001 m
Milli	m	10^{-3}	1 mm = 0,001 m
Zenti	c	10^{-2}	1 cm = 0,01 m
Dezi	d	10^{-1}	1 dm = 0,1 m
Deka	da	10^{1}	1 dam = 10 m
Hekto	h	10^{2}	1 hm = 100 m
Kilo	k	10^{3}	1 km = 1000 m
Mega	M	10^{6}	1 Mm = 1000 000 m
Giga	G	10^{9}	1 Gm = 1000 000 000 m
Tera	T	10^{12}	1 Tm = 1000 000 000 000 m
Peta	P	10^{15}	1 Pm = 1000 000 000 000 000 m
Exa	E	10^{18}	1 Em = 1000 000 000 000 000 000 m

Metrische Vorsätze (kurz:Vorsätze) werden benutzt, um sehr große und sehr kleine Einheiten übersichtlich darzustellen.
Beispiele sind mV (Millivolt), µA (Mikroampere), km (Kilometer), MW (Megawatt).
Regeln für die Verwendung von Vorsätzen:

- Vorsatz und Einheit bilden eine Einheit die man nicht trennen darf. Richtig: 10 mA, falsch: 10 m A.
- Auf richtige Schreibweise ist zu achten. Richtig: mA, kV, Milliampere, Kilovolt. Falsch: mAmpere, kVolt, MilliA, KiloV.
- Verschiedene Vorsätze dürfen nicht kombiniert werden. Falsch: Millimikrometer (mµm), Megakilometer (Mkm).
- Die Vorsätze Zenti, Dezi, Deka und Hekto dürfen nur für einige Einheiten, z. B. Längen- und Raum maße verwendet werden. Richtig: cm, dm, dl, hl, falsch: cV, dA.

Technische Notation

Sehr große und sehr kleine Zahlen können übersichtlich und platzsparend in Exponentialform dargestellt werden.
Beispiele:

380 000
$= 38000 \cdot 10^1 = 3800 \cdot 10^2 = 380 \cdot 10^3 = 38 \cdot 10^4 = 3{,}8 \cdot 10^5 = 0{,}38 \cdot 10^6$

0,00035
$= 0{,}0035 \cdot 10^{-1} = 0{,}035 \cdot 10^{-2} = 0{,}35 \cdot 10^{-3} = 0{,}35 \cdot 10^{-4} = 3{,}5 \cdot 10^{-5}$

Diese Darstellung heißt wissenschaftliche Notation.
Die technische Notation ist eine Sonderform der wissenschaftlichen Notation. Dabei werden nur Hochzahlen verwendet, die durch drei teilbar sind, z. B. 3, 6, 9, 12, -3, -6.

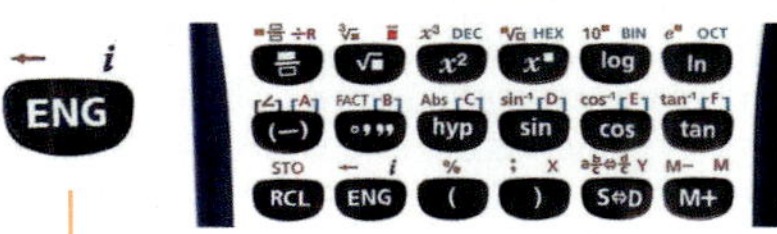

ENG = Engineering notation

Beispiel: $380\,000 = 380 \cdot 10^3 = 0{,}38 \cdot 10^6$

Mathematische Zeichen

Allgemeine Symbole

+	plus
−	minus
·	mal
:, /	geteilt
—	Bruchstrich, geteilt
=	ist gleich
≈	ungefähr, nahezu
≠	ist ungleich
<	kleiner als
≪	wesentlich kleiner als
≤	kleiner oder gleich
>	größer als
≫	wesentlich größer als
≥	größer oder gleich
≙	entspricht
~	proportional zu
%	Prozent, von Hundert
‰	Promille, von Tausend
( )	runde Klammern
[ ]	eckige Klammern
{ }	geschweifte Klammern
|z|	Betrag von z
∞	unendlich
→	geht gegen, nähert sich

Funktionen

a^x	a hoch x
$\sqrt{a}$	Wurzel (2-te Wurzel) aus a
$\sqrt[n]{a}$	n-te Wurzel aus a
exp	Exponentialfunktion (Basis 10 oder Basis e)
log	Logarithmus, allgemein
$\log_a$	Logarithmus, Basis a
lg	Logarithmus, Basis 10
ln	Logarithmus, Basis e
sin	Sinus
cos	Kosinus (Cosinus)
tan	Tangens
Arcsin	Arcussinus
Arccos	Arcuscosinus
Arctan	Arcustangens
Σ	Summe
Π	Produkt
Δ	Differenz
∫	Integral
y'	y Strich, erste Ableitung
$f'(x)$	f Strich von x, erste Ableitung
i, j	imaginäre Einheit
$\underline{Z}$	komplexe Größe

Schaltalgebra, Mengen, Geometrie

$a \wedge b$	a UND b (AND)
$a \vee b$	a ODER b (OR)
$a \overline{\vee} b$	a NICHT ODER (NOR)
$a \overline{\wedge} b$	a NICHT UND b (NAND)
$\overline{a}$	NICHT a (NOT a)
∈	Element von
⊂	Teilmenge von
∪	Vereinigungsmenge
∩	Schnittmenge
⇒	daraus folgt
∥	parallel
↑↑	gleichsinnig parallel
↑↓	gegensinnig parallel
⊥	rechtwinklig zu, senkrecht auf
△	Dreieck
≅	kongruent, deckungsgleich
~	ähnlich
∢	Winkel
$\overline{AB}$	Strecke AB
$\overset{\frown}{AB}$	Bogen AB
$\vec{F}$	Vektor F

1.3 Zahlenbereiche

Aufbau der Zahlenbereiche

Zahlen sind seit Jahrtausenden ein wichtiges Werkzeug zur Bewältigung der Aufgaben, die im täglichen Leben sowie in Wirtschaft, Technik und Wissenschaft anfallen.
Die Entwicklung der Zahlen begann mit **natürlichen Zahlen** (ℕ), die man zum Zählen (Kardinalzahlen 1, 2, 3 usw.) und zum Ordnen (Ordnungszahlen 1., 2., 3. usw.) benötigte.
Der Austausch von Geld und Waren führte zur Erfindung der Null und von negativen Zahlen. Natürliche Zahlen, die Null und die negativen Zahlen bilden die Menge der **ganzen Zahlen** (ℤ).
Durch Teilen gelangt man von ganzen zu gebrochenen Zahlen. Die Menge aller ganzen und gebrochenen Zahlen bilden zusammen die **rationalen Zahlen** (ℚ).
Zahlen, die man durch Wurzelziehen aus einer beliebigen positiven Zahl erhält heißen **algebraische** Zahlen; sie haben unendlich viele Stellen. Zahlen mit unendlich vielen Stellen, die sich nicht als Wurzeln darstellen lassen, z.B. die Zahl π (Pi) oder die „natürliche Zahl e" heißen **transzendente** Zahlen. Algebraische und transzendente Zahlen bilden die Menge der **irrationalen Zahlen**. Rationale und irrationale Zahlen bilden gemeinsam die Menge der **reellen Zahlen** (ℝ).
Im Bereich der reellen Zahlen gibt es keine Zahl, die mit sich selbst multipliziert die Zahl -1 ergibt. Durch Einführen der imaginären Einheit i kann diese Lücke gefüllt werden. Zahlen, die ein beliebiges Vielfaches der imaginären Einheit bilden, heißen **imaginäre Zahlen** (z.B. $z = -5\text{i}$), alle Zahlen, die aus einem imaginären und einem reellen Anteil (Realteil) bestehen (z.B. $z = 12 - 5\text{i}$), bilden die Menge der **komplexen Zahlen** (ℂ).

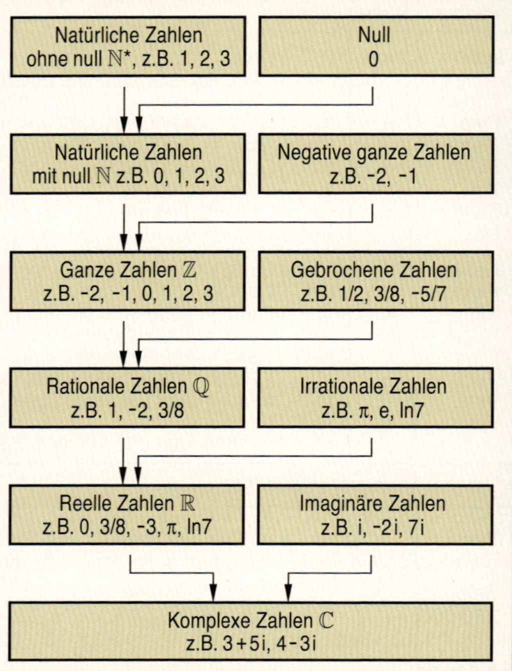

Zahlenbereiche, Darstellung und Berechnung

Die Zahlenbereiche lassen sich mithilfe eines Zahlenstrahls darstellen. Für komplexe Zahlen sind zwei Achsen, eine reelle und eine imaginäre, notwendig. Beide Achsen spannen die komplexe Zahlenebene (Gaußsche Zahlenebene) auf.

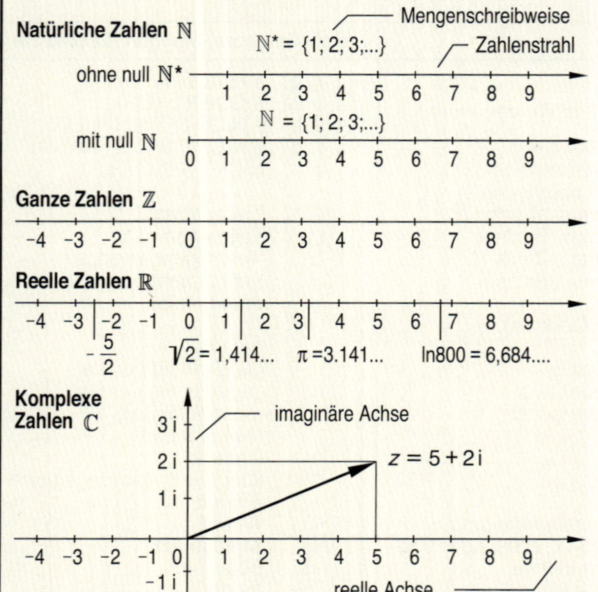

Wissenschaftliche Taschenrechner ermöglichen Rechnungen mit allen Zahlen, einschließlich der imaginären und komplexen Zahlen.

Ganze Zahlen und Dezimalzahlen werden über den Zahlenblock eingegeben. Das Komma wird im englischsprachigen Raum als Punkt dargestellt. Mit der ENG-Taste können Zahlen in Potenzform dargestellt werden.

Brüche werden mit der „Bruchtaste" eingeben, die Zahlen lassen sich mit der Cursortaste platzieren.
Das Minus-Vorzeichen wird mit der Taste (-) eingegeben.

Viele Funktionen führen zu irrationalen Zahlen. Intern wird z.B. mit „nur" 30 Stellen gerechnet.

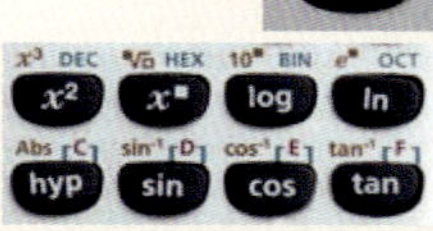

Komplexe Rechnung muss mithilfe der MODE-Taste voreingestellt werden.
Mit SHIFT + (-) können komplexe Zahlen in Polarkoordinaten (Versorform), mit ENG (i) in kartesischen Koordinaten (komplexe Form) eingegeben werden.
Mit CMPLX kann man zwischen den Darstellungen wechseln.

1

Grundrechnungsarten

Addition und Subtraktion (Strichrechnungen)

Bei der Addition werden zwei Summanden zusammengezählt, das Ergebnis ist der Summenwert (Summe).

27 + 15 = 42 allgemein: $a + b = c$

- 42 – Summenwert
- 15 – 2. Summand
- + – Rechenzeichen
- 27 – 1. Summand

Die Summanden sind vertauschbar: $a + b = b + a$

Bei der Subtraktion wird der Subtrahend vom Minuend abgezogen, das Ergebnis ist der Differenzwert (Differenz).

27 − 15 = 12 allgemein: $a - b = c$

- 12 – Differenzwert
- 15 – Subtrahend
- − – Rechenzeichen
- 27 – Minuend

Minuend und Subtrahend sind vertauschbar, wenn das Minus-Zeichen beachtet wird: $a - b = -b + a$, $a - b \neq b - a$

Addition
Die Zahlen dürfen vertauscht werden.

Subtraktion
Beim Vertauchen der Zahlen müssen die Vorzeichen beachtet werden.

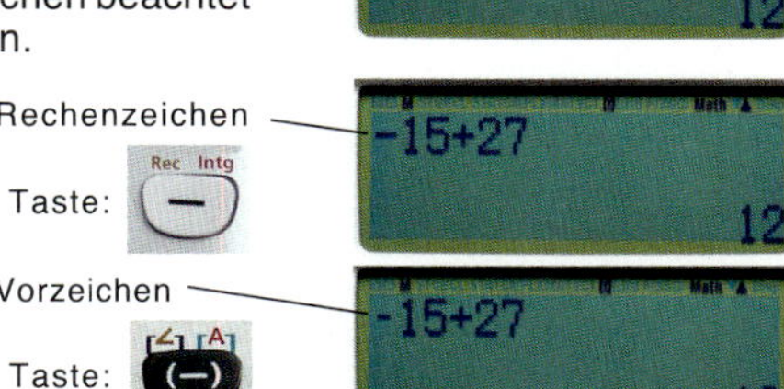

Nur Größen mit gleicher Einheit können addiert bzw. subtrahiert werden. 5 m + 7 m = 12 m

Multiplikation und Division (Punktrechnungen)

Bei der Multiplikation werden zwei Faktoren miteinander multipliziert, das Ergebnis ist der Produktwert (Produkt).

16 · 12 = 192 allgemein: $a \cdot b = c$

- 192 – Produktwert
- 12 – 2. Faktor
- · – Rechenzeichen
- 16 – 1. Faktor

Faktoren sind vertauschbar: $a \cdot b = b \cdot a$

Bei der Division wird der Dividend durch den Divisor geteilt, das Ergebnis ist der Quotientwert (Quotient).

18 : 12 = 1,5 allgemein: $a : b = c$

- 1,5 – Quotientenwert
- 12 – Divisor
- : – Rechenzeichen
- 18 – Dividend

Schreibweisen: $a : b = \frac{a}{b} = a/b$

Dividend und Divisor sind nicht miteinander vertauschbar. $a : b \neq b : a$

Multiplikation
Die Faktoren dürfen vertauscht werden.

Ergebnis in Potenzdarstellung

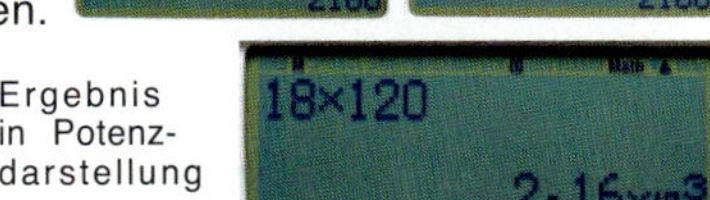

Division
Dividend und Divisor dürfen nicht vertauscht werden.

Ergebnis in Bruchdarstellung

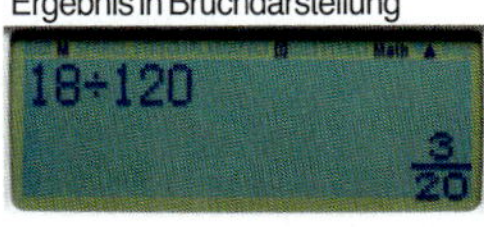

Ergebnis als Dezimalbruch

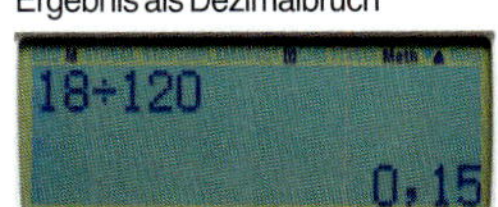

Ergebnis in Potenzdarstellung

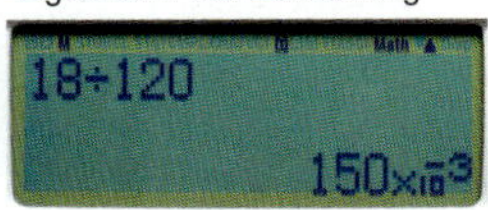

Größen mit gleicher oder unlgeicher Einheit können multipliziert bzw. durcheinander dividiert werden.

$5\,m \cdot 7\,m = 35\,m^2$

$36\,m : 3\,s = 12\,\frac{m}{s}$

Vorzeichenregelung

Zahlen können ein positives Vorzeichen (+) oder ein negatives Vorzeichen (−) haben.

Das Plus- und das Minuszeichen kann sowohl ein Vorzeichen als auch ein Rechenzeichen darstellen. Zahlen ohne Vorzeichen sind immer positive Zahlen.

Beispiel: (+27) + (−15) = +12 = 12

- + (vor 12) – Vorzeichen
- − (vor 15) – Vorzeichen
- + (zwischen den Klammern) – Rechenzeichen
- + (vor 27) – Vorzeichen

Rechenregeln

Produkte	Quotienten
(+) · (+) = (+)	(+) : (+) = (+)
(+) · (−) = (−)	(+) : (−) = (−)
(−) · (+) = (−)	(−) : (+) = (−)
(−) · (−) = (+)	(−) : (−) = (+)

Das Produkt bzw. der Quotient zweier Zahlen ist
- positiv, wenn ihre Vorzeichen gleich sind
- negativ, wenn ihre Vorzeichen verschieden sind.

1.5 Klammern und Brüche

Rechnen mit Klammern

Soll ein mathematischer Ausdruck vorrangig behandelt werden, so muss er in eine Klammer gesetzt werden.
Auf dem Taschenrechner werden Klammern mit den „Klammertasten“ eingegeben:

Klammerrechnung, Beispiel

Eingabe: (7+5)-(6-9)

Ergebnis: 15

Regeln für das Klammerrechnen

Addition

Steht ein Pluszeichen vor der Klammer, so darf die Klammer ohne Veränderung der Vorzeichen wegfallen.

$$a + (b + c) = a + b + c$$
$$a + (b - c) = a + b - c$$

Subtraktion

Steht ein Minuszeichen vor der Klammer, so darf die Klammer nur wegfallen, wenn alle Vorzeichen in der Klammer geändert werden.

$$a - (b + c) = a - b - c$$
$$a - (b - c) = a - b + c$$

Multiplikation

Summen oder Differenzen in einer Klammer werden mit einem Faktor multipliziert, indem man jedes Glied der Klammer mit dem Faktor multipliziert.
Klammerausdrücke mit Summen oder Differenzen werden mit anderen Klammerausdrücken multipliziert, indem man jedes Glied der ersten Klammer mit jedem Glied der zweiten Klammer multipliziert.

$$a \cdot (b + c) = a \cdot b + a \cdot c$$
$$a \cdot (b - c) = a \cdot b - a \cdot c$$
$$(a + b) \cdot (c + d) = a \cdot c + a \cdot d + b \cdot c + b \cdot d$$
$$(a + b) \cdot (c - d) = a \cdot c - a \cdot d + b \cdot c - b \cdot d$$

Division

Summen oder Differenzen in einer Klammer werden durch einen Divisor dividiert, indem man jedes Glied der Klammer durch den Divisor dividiert.
Klammerausdrücke mit Summen oder Differenzen werden durch einen anderen Klammerausdruck dividiert, indem man jedes Glied der ersten Klammer durch den anderen Klammerausdruck dividiert.

$$(a + b) : c = \frac{(a + b)}{c} = \frac{a}{c} + \frac{b}{c}$$
$$(a + b) : (c + d) = \frac{(a+b)}{(c+d)} = \frac{a}{(c+d)} + \frac{b}{(c+d)}$$

Ausklammern

Faktoren oder Divisoren die in jedem Glied einer Summe oder Differenz enthalten sind, können ausgeklammert werden.

$$a \cdot b + a \cdot c = a \cdot (b + c)$$
$$\frac{a}{c} + \frac{b}{c} = \frac{1}{c}(a + b)$$

Binomische Formeln

Summen bzw. Differenzen mit zwei Gliedern, z.B. $(a+b)$ oder $(a-b)$ heißen Binome (bi = zwei, doppelt).
Das Produkt aus zwei gleichen bzw. gleichartigen Binomen ist Bestandteil vieler mathematischer Ausdrücke. Die Gesetze zur Berechnung der Produkte heißen „binomische Formeln“.

$$(a + b)^2 = a^2 + 2ab + b^2$$
$$(a - b)^2 = a^2 - 2ab + b^2$$
$$(a+b)(a-b) = a^2 - b^2$$

Schreibweise
Das Multiplikationszeichen zwischen
- zwei Klammern
- zwei Buchstaben
- Zahl und Buchstabe
- Zahl und Klammer

kann geschrieben oder weggelassen werden.
Beispiel:
$2 \cdot a \cdot b \cdot (a+b) \cdot (a-b) = 2ab(a+b)(a-b)$

Beim Taschenrechner kann das Multiplikationszeichen vor einer Klammer und zwischen Klammern entfallen.

mit Multiplikationszeichen

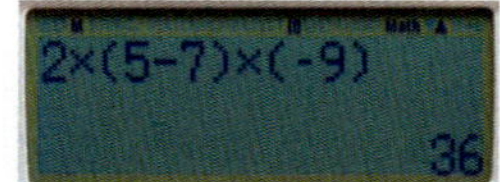

ohne Multiplikationszeichen

2(5−7)(−9)
36

Rechnen mit Brüchen

Werden zwei Zahlen durcheinander dividiert, so erhält man einen Bruch (Bruchzahl).

Darstellung:

Man unterscheidet:

Stammbrüche
dabei ist der Zähler immer 1 — Beispiel: $\frac{1}{3}$, $\frac{1}{8}$

echte Brüche
dabei ist Zähler < Nenner — Beispiel: $\frac{2}{3}$, $\frac{5}{8}$

unechte Brüche
dabei ist Zähler > Nenner — Beispiel: $\frac{7}{3}$, $\frac{9}{8}$

gemischte Brüche
dabei wird ein unechter Bruch in eine ganze Zahl und einen echten Bruch umgewandelt — Beispiel: $\frac{29}{8} = 3 + \frac{5}{8} = 3\frac{5}{8}$

Dezimalbrüche
sind Brüche, deren Nenner eine Zehnerpotenz ist, bzw. in eine solche umgewandelt wurde — Beispiel: $2\,\frac{27}{100} = 2{,}27$

Brüche können mit der „Bruchtaste" in verschiedenen Darstellungen eingegeben bzw. angezeigt werden.

Zähler und Nenner werden mithilfe der Cursor-Taste an der richtigen Stelle platziert.

Das Ergebnis kann mithilfe einer Umschalttaste in verschiedenen Darstellungen angezeigt werde.

Beispiel: Multiplikation

$3\frac{5}{8} \cdot 2\frac{3}{4} = 9\,\frac{31}{32}$

Ergebnis als Bruch

Ergebnis als gemischter Bruch

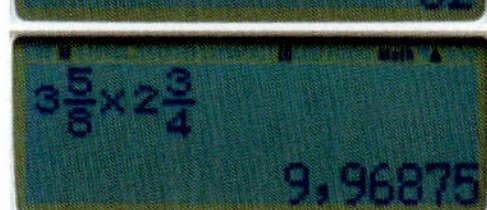

Ergebnis als Dezimalzahl

9,96875

Regeln für das Bruchrechnen

Erweitern und Kürzen

Zähler und Nenner eines Bruches dürfen mit der gleichen Zahl multipliziert werden. Der Vorgang heißt Erweitern. Zähler und Nenner eines Bruches dürfen durch die gleiche Zahl dividiert werden. Der Vorgang heißt Kürzen. Kürzen und Erweitern von Brüchen haben große Bedeutung.

$$\frac{a}{b} = \frac{a \cdot k}{b \cdot k} = \frac{a\,k}{b\,k} \qquad \frac{a\,k}{b\,k} = \frac{a \cdot \not k}{b \cdot \not k} = \frac{a}{b}$$

Addition und Subtraktion

Gleichnamige Brüche, d.h. Brüche mit gleichem Nenner, werden addiert bzw. subtrahiert, indem man ihre Zähler addiert bzw. subtrahiert und den gemeinsamen Nenner beibehält.

Beispiele: $\frac{3}{7} + \frac{2}{7} = \frac{5}{7}$ $\qquad \frac{3}{7} - \frac{2}{7} = \frac{1}{7}$

$$\frac{a}{c} + \frac{b}{c} = \frac{a+b}{c} \qquad \frac{a}{c} - \frac{b}{c} = \frac{a-b}{c}$$

Ungleichnamige Brüche werden addiert bzw. subtrahiert, indem man zuerst durch Erweitern den gemeinsamen Nenner (Hauptnenner) bestimmt. Danach werden sie wie gleichnamige Brüche addiert bzw. subtrahiert.

Beispiel: $\frac{3}{7} + \frac{2}{5} = \frac{3 \cdot 5}{7 \cdot 5} + \frac{2 \cdot 7}{5 \cdot 7} = \frac{15}{35} + \frac{14}{35} = \frac{29}{35}$

$$\frac{a}{c} + \frac{b}{d} = \frac{a \cdot d}{c \cdot d} + \frac{b \cdot c}{d \cdot c} = \frac{a \cdot d + b \cdot c}{c \cdot d}$$

Multiplikation

Brüche werden miteinander multipliziert, indem man Zähler mit Zähler und Nenner mit Nenner multipliziert.

Beispiel: $\frac{3}{7} \cdot \frac{2}{5} = \frac{3 \cdot 2}{7 \cdot 5} = \frac{6}{35}$

$$\frac{a}{c} \cdot \frac{b}{d} = \frac{a \cdot b}{c \cdot d} = \frac{a\,b}{c\,d}$$

Division

Ein Bruch wird durch einen zweiten Bruch dividiert, indem man den ersten Bruch mit dem Kehrwert des zweiten Bruches multipliziert.

Beispiel: $\frac{3}{7} : \frac{2}{5} = \frac{3}{7} \cdot \frac{5}{2} = \frac{3 \cdot 5}{7 \cdot 2} = \frac{15}{14} = 1\frac{1}{14}$

$$\frac{a}{c} : \frac{b}{d} = \frac{a}{c} \cdot \frac{d}{b} = \frac{a\,d}{c\,b}$$

1.6 Potenzen und Wurzeln

Rechnen mit Potenzen

Das Produkt aus mehreren gleichen Faktoren kann vereinfacht und platzsparend in Potenzschreibweise dargestellt werden.

Beispiel:

$\underbrace{2 \cdot 2 \cdot 2 \cdot 2 \cdot 2}_{\text{5 Faktoren}} = 2^5 = 32$

Potenz: 2^5; Potenzwert: 32; Hochzahl (Exponent): 5; Grundzahl (Basis): 2

Mit Taschenrechnern können Potenzen mit beliebigen Hochzahlen (Exponenten) berechnet werden.

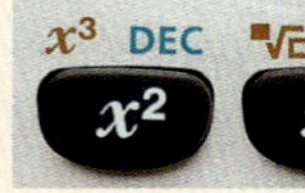

Beispiel: $2^5 = 32$

Regeln für das Rechnen mit Potenzen

Addition und Subtraktion

Potenzterme, die in Grund- und Hochzahl übereinstimmen, können durch Addition bzw. Subtraktion zusammengefasst werden. Dabei werden die Vorzahlen addiert bzw. subtrahiert und die Potenz beibehalten.

Beispiel: $3 \cdot 3^2 + 5 \cdot 3^2 - 2 \cdot 3^2 = 6 \cdot 3^2 = 54$

$$b \cdot a^n + c \cdot a^n - d \cdot a^n = (b + c - d) \cdot a^n$$

Multiplikation

Potenzen mit gleicher Grundzahl werden multipliziert, indem man die gemeinsame Grundzahl beibehält und die Hochzahlen addiert.

Beispiel: $3^2 \cdot 3^3 \cdot 3^4 = 3^{2+3+4} = 3^9 = 19\,683$

$$a^m \cdot a^n = a^{m+n}$$

Potenzen mit gleicher Hochzahl werden multipliziert, indem man die Grundzahlen multipliziert und die gemeinsame Hochzahl beibehält.

Beispiel: $3^2 \cdot 4^2 \cdot 5^2 = (3 \cdot 4 \cdot 5)^2 = 60^2 = 3600$

$$a^n \cdot b^n = (a \cdot b)^n$$

Division

Potenzen mit gleicher Grundzahl werden durcheinander dividiert, indem man die Grundzahl beibehält und die Hochzahl des des Nenners von der Hochzahl des Zählers abzieht.

Beispiele: $\frac{3^5}{3^3} = 3^{5-3} = 3^2 = 9$ $\quad \frac{3^3}{3^5} = 3^{3-5} = 3^{-2} = \frac{1}{9}$

$$\frac{a^m}{a^n} = a^{m-n}$$

Potenzen mit gleicher Hochzahl werden durcheinander dividiert, indem man die Grundzahlen durcheinander dividiert und die gemeinsame Hochzahl beibehält.

$$\frac{a^m}{b^m} = \left(\frac{a}{b}\right)^m$$

Beispiel: $\frac{3^4}{5^4} = \left(\frac{3}{5}\right)^4 = 0{,}6^4 = 0{,}1296$

Potenzieren

Potenzen werden potenziert, indem man die Grundzahl beibehält und die Hochzahlen miteinander multipliziert.

$$(a^m)^n = a^{m \cdot n}$$

Beispiel: $(3^2)^3 = 3^{2 \cdot 3} = 3^6 = 729$

Allgemeiner Potenzbegriff

Unter einer Potenz versteht man im engeren Sinne die Kurzschreibweise eines Produktes aus n gleichen Faktoren: $a^n = a_1 \cdot a_2 \cdot a_3 \cdot a_4 \cdot \ldots a_n$.
Damit ist die Potenz a^n nur für Hochzahlen $n \geq 2$ definiert.
Der Potenzbegriff kann aber auch auf alle Hochzahlen $n<2$, als auch auf $n=0$ und negative Hochzahlen ausgedehnt werden. Sonderfälle: $a^1 = a$ und $a^0 = 1$.
Potenzen mit negativen Hochzahlen ergeben den gleichen Wert wie der Kehrwert der Potenz mit gleicher positiver Hochzahl.

Sonderfälle

$$a^1 = a$$
$$a^0 = 1$$
$$a^{-1} = \frac{1}{a}$$

Allgemein

$$a^{-n} = \frac{1}{a^n}$$

Rechnen mit Wurzeln

Beim Wurzelziehen (Radizieren) wird zu einem gegebenen Potenzwert und bei gegebener Hochzahl die zugehörige Grundzahl bestimmt.
Das Radizieren ist somit die Umkehrung (Invertierung) des Potenzierens.

Hochzahl (Wurzelexponent)

Beispiel: $\sqrt[5]{243} = \sqrt[5]{3 \cdot 3 \cdot 3 \cdot 3 \cdot 3} = \sqrt[5]{3^5} = 3$

Wurzel – Radikand – Wurzelwert

Mit Taschenrechnern können Wurzeln mit beliebigen Hochzahlen (Wurzelexponenten) berechnet werden.

Beispiel: $\sqrt[5]{243} = 3$

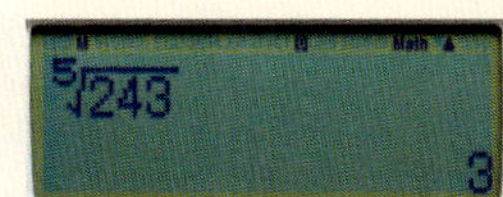

Definitionsbereich

Wurzeln $\sqrt[n]{a}$ sind für geradzahlige Wurzelexponenten n nicht definiert, wenn der Radikand negativ ist ($a<0$). Negative Radikanden ergeben imaginäre Wurzelwerte.

Regeln für das Rechnen mit Wurzeln

Addition und Subtraktion

Wurzelterme, die in Radikand und Wurzelexponent übereinstimmen, können durch Addition bzw. Subtraktion zusammengefasst werden. Dabei werden die Vorzahlen addiert bzw. subtrahiert und die Wurzel beibehalten.

$$b \cdot \sqrt[n]{a} + c \cdot \sqrt[n]{a} - d \cdot \sqrt[n]{a} = (b + c - d) \cdot \sqrt[n]{a}$$

Beispiel: $3 \cdot \sqrt{3} + 5 \cdot \sqrt{3} - 2 \cdot \sqrt{3} = 6 \cdot \sqrt{3} \approx 10{,}392$

Multiplikation

Wurzeln mit gleichem Wurzelexponenten werden multipliziert, indem man die Radikanden miteinander multipliziert und den gemeinsamen Wurzelexponenten beibehält.

$$\sqrt[n]{a} \cdot \sqrt[n]{b} = \sqrt[n]{a \cdot b}$$

Beispiel: $\sqrt[3]{3} \cdot \sqrt[3]{9} = \sqrt[3]{3 \cdot 9} = \sqrt[3]{27} = 3$

Division

Wurzeln mit gleichem Wurzelexponent werden durcheinander dividiert, indem man die Radikanden durcheinander dividiert und den gemeinsamen Wurzelexponten beibehält.

$$\frac{\sqrt[m]{a}}{\sqrt[m]{b}} = \sqrt[m]{\frac{a}{b}}$$

Beispiel: $\dfrac{\sqrt[3]{160}}{\sqrt[3]{20}} = \sqrt[3]{\dfrac{160}{20}} = \sqrt[3]{8} = 2$

Radizieren

Wurzeln werden radiziert, indem man den Radikanden beibehält und die Wurzelexponenten miteinander multipliziert.

$$\sqrt[n]{\sqrt[m]{a}} = \sqrt[m \cdot n]{a}$$

Beispiel: $\sqrt[3]{\sqrt{729}} = \sqrt[3 \cdot 2]{729} = \sqrt[6]{729} = 3$

Zusammenhang zwischen Potenzen und Wurzeln

Radizieren ist die Umkehrung des Potenzierens. Wurzeln lassen sich deshalb auch in Potenzschreibweise darstellen.
Es gilt: eine Wurzel kann als Potenz mit gebrochener Hochzahl geschrieben werden.
Die Potenzregeln sind damit auch für Wurzeln anwendbar.

Zusammenhang:

$$\sqrt[n]{a} = a^{\frac{1}{n}}$$

$$\sqrt[n]{a^m} = a^{\frac{m}{n}}$$

1.7 Logarithmen

Logarithmen

Beim Logarithmieren wird die Hochzahl x bestimmt, mit der man eine Grundzahl a potenzieren muss, um eine gesuchte Zahl b zu erhalten (zweite Umkehrung des Potenzierens).
Die gesuchte Hochzahl heißt Logarithmus.

Aus $b = a^x$ folgt: $x = \log_a b$
gelesen: x gleich Logarithmus b zur Grundzahl a

Beispiel: $1000 = 10^x \longrightarrow x = \log_{10} 1000 = 3$

In der Praxis sind vor allem die Grundzahlen 10 (Zehnerlogarithmus, $\log_{10} = \lg$) und $e = 2{,}71828...$ (natürlicher Logarithmus, $\log_e = \ln$) von Bedeutung.

Beim Taschenrechner werden Logarithmen mit den Tasten log (Zehnerlogarithmus) und ln (natürlicher Logarithmus) bestimmt.

Beispiel:
$\log_{10} 1000 = 3$
Hinweis: $\log \triangleq \log_{10}$

Beispiel:
$\ln 1000 = 6{,}90775...$
Hinweis: $\ln \triangleq \log_e$

Logarithmengesetze

Multiplizieren

Der Logarithmus eines Produkts ist gleich der Summe der Logarithmen der Faktoren.

$$\lg(a \cdot b) = \lg a + \lg b$$

Beispiel: $\lg(100 \cdot 1000) = \lg 100 + \lg 1000 = 2 + 3 = 5$

bzw.: $\lg(100 \cdot 1000) = \lg 100\,000 = \lg 10^5 = 5$

Dividieren

Der Logarithmus eines Quotienten ist gleich der Differenz der Logarithmen von Zähler und Nenner.

$$\lg\left(\frac{a}{b}\right) = \lg a - \lg b$$

Beispiel: $\lg\left(\frac{1000}{100}\right) = \lg 1000 - \lg 100 = 3 - 2 = 1$

bzw.: $\lg\left(\frac{1000}{100}\right) = \lg 10 = \lg 10^1 = 1$

Potenzieren

Der Logarithmus einer Potenz ist gleich dem Produkt aus dem Exponenten und dem Logarithmus der Potenzbasis. (Diese Regel heißt auch Hut-Ab-Regel)

$$\lg a^n = n \cdot \lg a$$

Beispiel: $\lg 10^5 = 5 \cdot \lg 10 = 5 \cdot 1 = 5$

Radizieren

Der Logarithmus einer Wurzel ist gleich dem Logarithmus der Potenzbasis dividiert durch den Wurzelexponenten.

$$\lg \sqrt[n]{a} = \frac{1}{n} \cdot \lg a$$

Beispiel: $\lg \sqrt{10^6} = \frac{1}{2} \cdot \lg 10^6 = \frac{6}{2} \cdot \lg 10 = 3$

Lineare und logarithmische Skalen

Lineare Skale
Bei linearen Skalen besteht zwischen aufeinander folgenden natürlichen Zahlen immer der gleiche Abstand. Z.B. besteht zwischen 89 und 90 der gleiche Abstand wie zwischen 1001 und 1002.

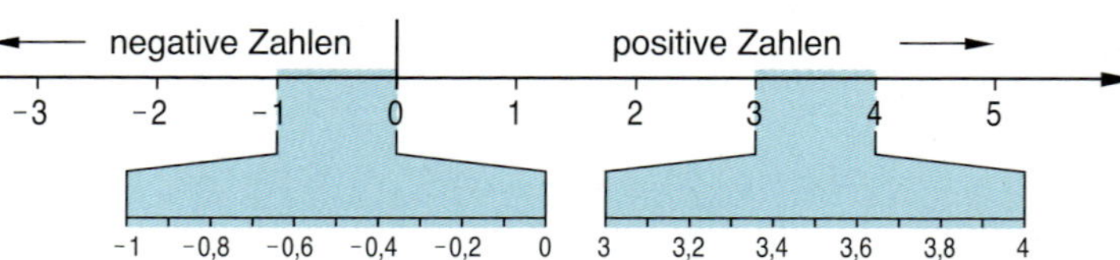

Logarithmische Skale
Bei logarithmischen Skalen besitzt jede Zehnerpotenz (Dekade) die gleiche Länge. Z.B. hat die Dekade 0,1 bis 1 die gleiche Länge wie die Dekade 100 bis 1000.
Logarithmische Skalen haben weder Nullpunkt noch negative Zahlen.

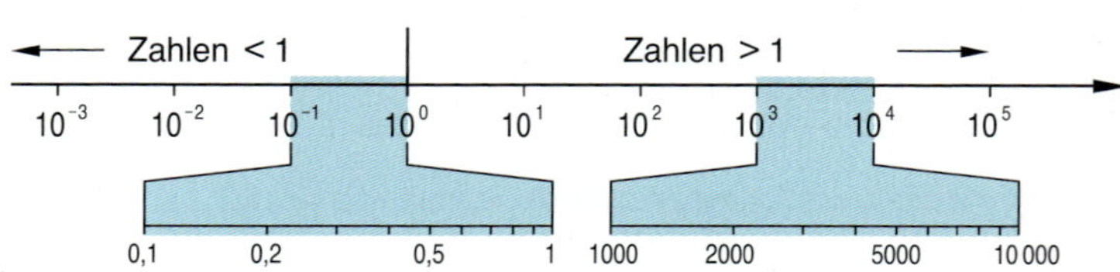

1

Funktionen, Einführung

Unter einer Funktion versteht man eine eindeutige Vorschrift zur Zuordnung einer abhängigen Variablen zu einer unabhängigen Variablen.

Beispiel: $y = \sin x$
- x – unabhängige Variable
- $\sin$ – Zuordnungsvorschrift
- y – abhängige Variable

Funktionen müssen eindeutig sein. Ist die Zuordnung mehrdeutig, z.B. zweideutig, so handelt es sich um eine Relation.

Funktionen haben in Technik und Mathematik große Bedeutung. Häufig eingesetzte Funktionen sind z.B.:
- Lineare Funktionen, z.B. $y=5x+3$
- Quadratische Funktionen, z.B. $y=x^2-20x+15$
- Sinusfunktionen, z.B. $u=\hat{u}\cdot \sin \omega t$
- Exponentialfunktionen, z.B. $u=U\cdot(1-e^{-t/\tau})$.

Die Variablen X, Y sowie das Gleichheitszeichen = werden mithilfe der Umschalttaste ALPHA eingegeben:

Beispiel:
$y = x^2 - 20x + 15$

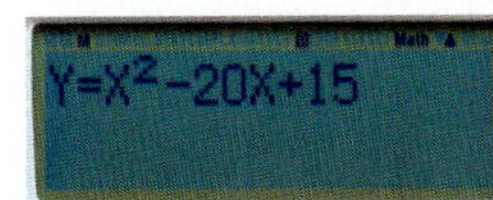

Die Berechnung des Funktionswertes erfolgt mit der CALC-Taste.

Beispiel:
Eingabe CALC 5 ergibt
$x = 5 \longrightarrow y = -60$

Y=X²-20X+15
-60

Die Berechnung der Variablen für einen vorgegebenen Funktionswert erfolgt über die SOLVE-Taste.

Darstellung von Funktionen

Funktionen können je nach Einsatz und Verwendung auf verschiedene Art dargestellt werden. Die verschiedenen Darstellungsmöglichkeiten werden am Beispiel der Funktion $y=2x+3$ gezeigt.

Allgemeine Darstellung

Funktion f: $x \longmapsto 2x + 3$

Gelesen: x zugeordnet zu 2x plus 3, oder kurz: x Pfeil 2x plus 3.

Funktionsgleichung

$f(x) = 2x + 3$
oder: $y = 2x + 3$

Beide Darstellungen sind gleichwertig. Aus der Funktionsgleichung lassen sich alle Wertepaare x, y im gesamten Definitionsbereich gewinnen.

Wertetafel

x	-3	-2	-1	0	1	2	3
y	-3	-1	1	3	5	7	9

Wertetabellen enthalten nur ausgewählte Wertepaare x, y. Sie dienen insbesondere der graphischen Darstellung der Funktion.

Funktionsgraph (Schaubild, Graph)

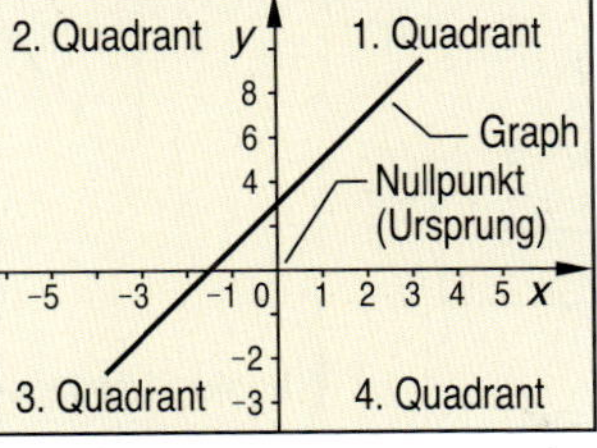

Die graphische Darstellung (Schaubild, Graph) dient der anschaulichen Darstellung einer Funktion. Mit ihr können vor allem technische Zusammenhänge verständlich dargestellt werden.
Die genaue Bestimmung von Funktionswerten ist nur im Rahmen der Zeichengenauigkeit möglich.

Koordinatensysteme

Rechtwinkliges Koordinatensystem

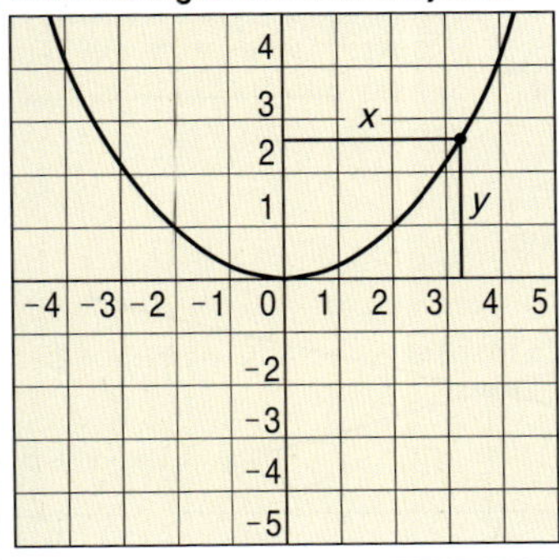

Im rechtwinkligen Koordinatensystem werden die Funktionswerte durch Wertepaare x,y, im Polarkoordinatensystem durch Wertepaare r,φ (Betrag und Richtung) dargestellt. Die Systeme können ineinander umgerechnet werden:

Polarkoordinaten ⟶ rechtwinklige K.

$x = r \cdot \cos\varphi$
$y = r \cdot \sin\varphi$

folgt aus $\cos\varphi = \frac{x}{r}$ bzw. $\sin\varphi = \frac{y}{r}$

rechtwinklige K. ⟶ Polarkoordinaten

$r = \sqrt{x^2+y^2}$ folgt aus $r^2 = x^2 + y^2$

$\varphi = \arctan \frac{y}{x}$ folgt aus $\tan\varphi = \frac{y}{x}$

Polarkoordinatensystem

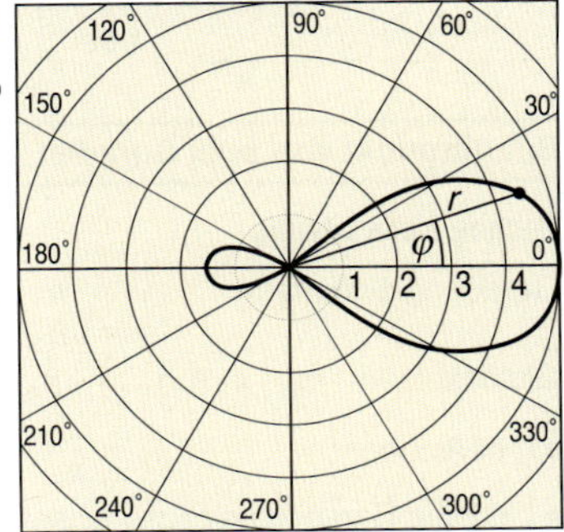

1.9 Funktionen 1. Grades

Gerade und Geradengleichung

Ursprungsgerade $y = m \cdot x$

$y = m \cdot x$ stellt die einfachste mathematische Funktion dar. Da die graphische Darstellung eine Gerade (Linie) ergibt, wird sie auch als lineare Funktion bezeichnet.
Alle Geraden $y = m \cdot x$ gehen durch den Nullpunkt (Ursprung); sie heißen deshalb Ursprungsgeraden.
Der Faktor m gibt die Steigung der Geraden an. Sie kann positiv (ansteigend) oder negativ (abfallend) sein.

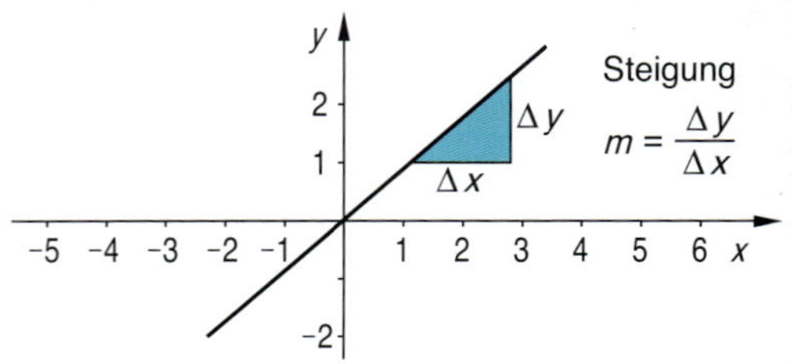

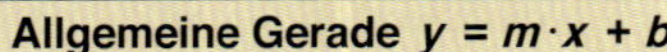

Allgemeine Gerade $y = m \cdot x + b$

Die Gleichung $y = m \cdot x + b$ stellt ebenfalls eine Gerade dar. Im Gegensatz zur Ursprungsgeraden $y = m \cdot x$ geht sie aber nicht durch den Ursprung, sondern schneidet die y-Achse ($x = 0$) bei $y = b$. Das Glied b ist der so genannte y-Achsen-Abschnitt.
$y = m \cdot x + b$ ist die Hauptform der Geradengleichung.
Eine Gerade ist eindeutig bestimmt durch ihre Steigung und ihren y-Achsen-Abschnitt oder durch zwei Punkte oder durch einen Punkt und die Steigung.

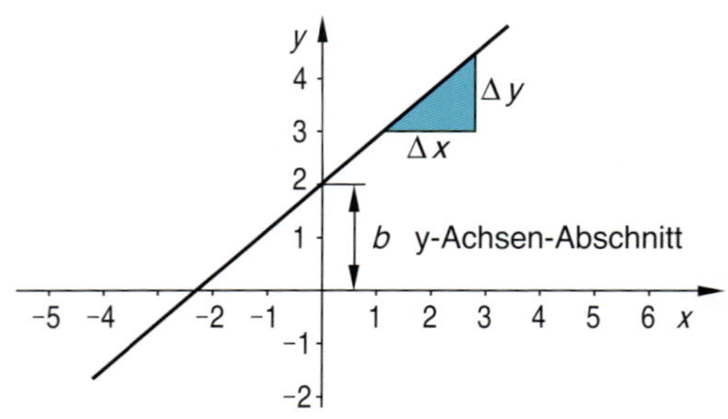

Beispiele für $y = m \cdot x + b$

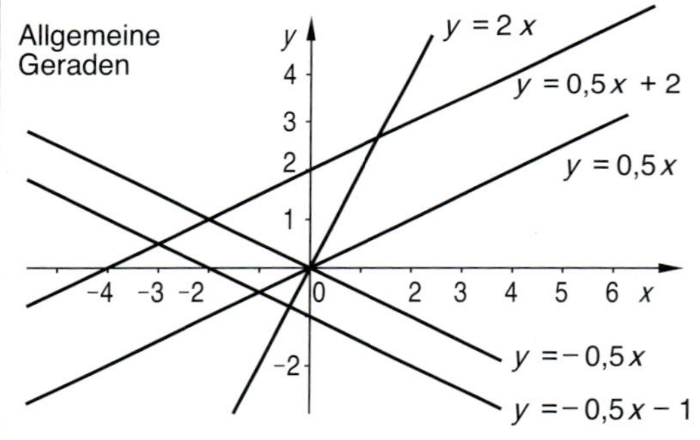

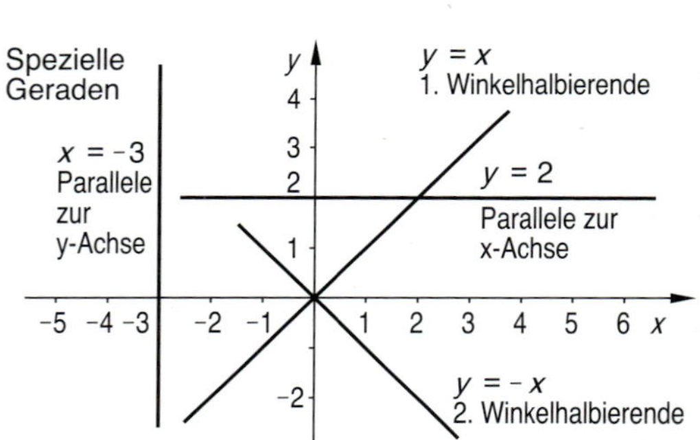

Bestimmung der Geradengleichung

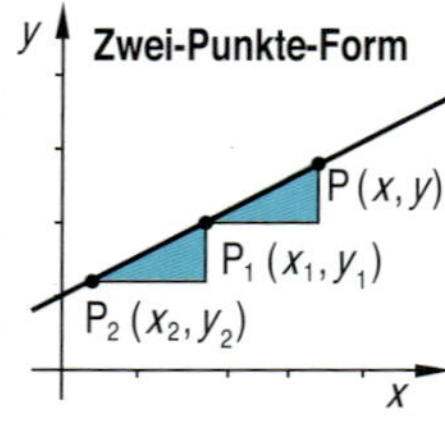

Beide Dreiecke zeigen die gleiche Steigungung,

also: $\frac{y - y_1}{x - x_1} = \frac{y_1 - y_2}{x_1 - x_2}$

oder: $y - y_1 = \frac{y_1 - y_2}{x_1 - x_2} \cdot (x - x_1)$

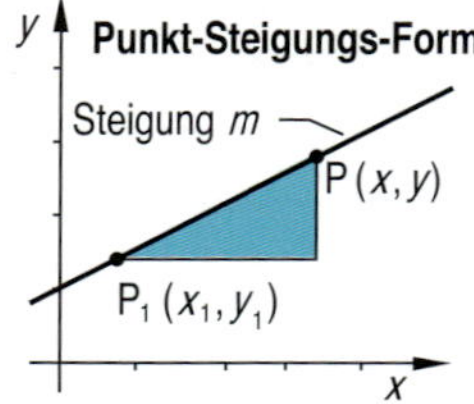

Steigung m ist gleich der Steigung des Dreiecks,

also: $\frac{y - y_1}{x - x_1} = m$

oder: $y - y_1 = m \cdot (x - x_1)$

Schnittpunkt von zwei Geraden

Rechnerische Lösung

Geradengleichungen $y = m_1 \cdot x + b_1$ (Gerade 1)
$y = m_2 \cdot x + b_2$ (Gerade 2)

Gleichsetzen: $m_1 \cdot x_S + b_1 = m_2 \cdot x_S + b_2$

x_S berechnen: $x_S = \frac{b_2 - b_1}{m_1 - m_2}$

x_S in eine Geradengleichung einsetzen und y_S berechnen.

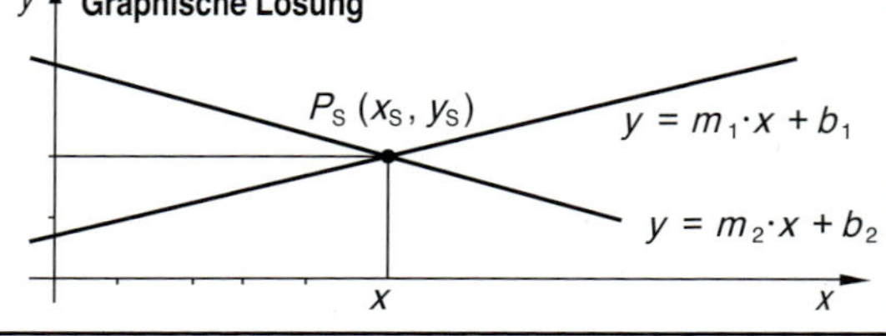

Gleichungssysteme mit mehreren Unbekannten

Gleichungen mit mehreren Variablen, für die eine gemeinsame Lösung gefunden werden soll, heißen Gleichungssysteme. Die Anzahl der zum Gleichungssystem gehörigen Gleichungen ist dabei gleich der Anzahl der Variablen.

Beispiel: Gleichungssystem mit 3 Variablen

$$\left|\begin{array}{rcl} 3x+3y+z &=& 6 \\ x-2y-3z &=& -5 \\ 2x+y-z &=& 0 \end{array}\right| \quad \text{allgemein:} \left|\begin{array}{rcl} a_1x+b_1y+c_1z &=& d_1 \\ a_2x+b_2y+c_2z &=& d_2 \\ a_3x+b_3y+c_3z &=& d_3 \end{array}\right|$$

Einsetzungsverfahren

Das Einsetzungsverfahren eignet sich vor allem zur Lösung von Systemen mit zwei Variablen.
Dabei wird eine Gleichung nach einer Variablen, z.B. y, umgeformt. Die Lösung wird in die andere Gleichung eingesetzt, die Gleichung wird nach x aufgelöst.
Mithilfe der Lösung x wird die Lösung y berechnet.

Beispiel: $\left|\begin{array}{rcl} x-y &=& -1 \\ 2x+y &=& 4 \end{array}\right|$ ① ②

Aus ① folgt: $y = x+1$ ③

③ in ② einsetzen: $2x + x + 1 = 4$

Daraus folgt: $\underline{x = 1}$ ④

④ in ① einsetzen: $1 - y = -1$

Daraus folgt: $\underline{y = 2}$ ⑤

Gleichsetzungsverfahren

Das Gleichsetzungsverfahren eignet sich ebenfalls vor allem zur Lösung von Systemen mit zwei Variablen.
Dabei werden beide Gleichungen nach einer Variablen, z.B. y, umgeformt. Die rechten Seiten werden gleichgesetzt und nach x aufgelöst.
Mithilfe der Lösung x wird die Lösung y berechnet.

Beispiel: $\left|\begin{array}{rcl} x-y &=& -1 \\ 2x+y &=& 4 \end{array}\right|$ ① ②

Aus ① folgt: $y = x+1$ ③

Aus ② folgt: $y = 4-2x$ ④

③ und ④ gleichsetzen: $x+1 = 4-2x$

Daraus folgt: $\underline{x = 1}$ ⑤

Mit ⑤ in ① eingesetzt folgt: $\underline{y = 2}$ ⑥

Additionsverfahren

Das Additionsverfahren eignet sich ebenfalls vor allem zur Lösung von Systemen mit zwei Variablen.
Dabei werden die beiden Gleichungen falls notwendig so erweitert, dass bei Addition der Gleichungen eine Variable wegfällt. Die Gleichung wird dann nach der verbliebenen Variablen aufgelöst.
Mit der gewonnenen Lösung wird aus einer Ausgangsgleichung die zweite Lösung berechnet.

Beispiel: $\left|\begin{array}{rcl} x-y &=& -1 \\ 2x+y &=& 4 \end{array}\right|$ ① ②

① und ② addiert ergibt: $3x + 0 = 3$

Daraus folgt: $\underline{x = 1}$ ③

Mit ③ in ① eingesetzt folgt: $\underline{y = 2}$ ④

Üblicherweise müssen die Ausgangsgleichungen zuerst passend erweitert werden, damit bei der Addition eine der Variablen wegfällt.

Determinantenverfahren

Gleichungssystem mit zwei Variablen

$$\left|\begin{array}{l} a_1x+b_1y=c_1 \\ a_2x+b_2y=c_2 \end{array}\right| \quad x\text{-Determinante } D_x = \begin{vmatrix} c_1 & b_1 \\ c_2 & b_2 \end{vmatrix} \quad y\text{-Determinante } D_y = \begin{vmatrix} a_1 & c_1 \\ a_2 & c_2 \end{vmatrix} \quad \text{Hauptdeterminante } D = \begin{vmatrix} a_1 & b_1 \\ a_2 & b_2 \end{vmatrix}$$

Lösungen nach der Cramerschen Regel

$$x = \frac{D_x}{D} \qquad y = \frac{D_y}{D}$$

Dabei ist: $D_x = \begin{vmatrix} c_1 & b_1 \\ c_2 & b_2 \end{vmatrix} = c_1 \cdot b_2 - b_1 \cdot c_2 \quad D_y = \begin{vmatrix} a_1 & c_1 \\ a_2 & c_2 \end{vmatrix} = a_1 \cdot c_2 - c_1 \cdot a_2 \quad D = \begin{vmatrix} a_1 & b_1 \\ a_2 & b_2 \end{vmatrix} = a_1 \cdot b_2 - b_1 \cdot a_2$

Gleichungssystem mit drei Variablen

$$\left|\begin{array}{l} a_1x+b_1y+c_1z=d_1 \\ a_2x+b_2y+c_2z=d_2 \\ a_3x+b_3y+c_3z=d_3 \end{array}\right| \quad x\text{-Determinante } D_x = \begin{vmatrix} d_1 & b_1 & c_1 \\ d_2 & b_2 & c_2 \\ d_3 & b_3 & c_3 \end{vmatrix} \quad y\text{-Determinante } D_y = \begin{vmatrix} a_1 & d_1 & c_1 \\ a_2 & d_2 & c_2 \\ a_3 & d_3 & c_3 \end{vmatrix} \quad z\text{-Determinante } D_z = \begin{vmatrix} a_1 & b_1 & d_1 \\ a_2 & b_2 & d_2 \\ a_3 & b_3 & d_3 \end{vmatrix} \quad \text{Hauptdeterm. } D = \begin{vmatrix} a_1 & b_1 & c_1 \\ a_2 & b_2 & c_2 \\ a_3 & b_3 & c_3 \end{vmatrix}$$

Lösungen (Cramersche R.)

$$x = \frac{D_x}{D} \quad y = \frac{D_y}{D} \quad z = \frac{D_z}{D}$$

Dabei ist: $D_x = \begin{vmatrix} d_1 & b_1 & c_1 \\ d_2 & b_2 & c_2 \\ d_3 & b_3 & c_3 \end{vmatrix} = d_1 \cdot \begin{vmatrix} b_2 & c_2 \\ b_3 & c_3 \end{vmatrix} - b_1 \cdot \begin{vmatrix} d_2 & c_2 \\ d_3 & c_3 \end{vmatrix} + c_1 \cdot \begin{vmatrix} d_2 & b_2 \\ d_3 & b_3 \end{vmatrix}$ D_y und D_z werden sinngemäß entwickelt.

Lösung von Gleichungssystemen mit dem Taschenrechner

Zur Berechnung von Gleichungssystemen wird über die MODE-Taste der Modus EQN(Equation=Gleichung) eingestellt. Beispiel: Gleichungssystem mit 3 Unbekannten.

Nr. 5 auswählen (EQN)

1:COMP 2:STAT
3:TABLE 4:DIST
5:EQN 6:MATRIX
7:INEQ 8:VECTOR

Nr. 2 auswählen (3 Variablen)

1: anX+bnY=cn
2: anX+bnY+cnZ=dn
3: aX²+bX+c=0
4: aX³+bX²+cX+d=0

Platzhalter ausfüllen

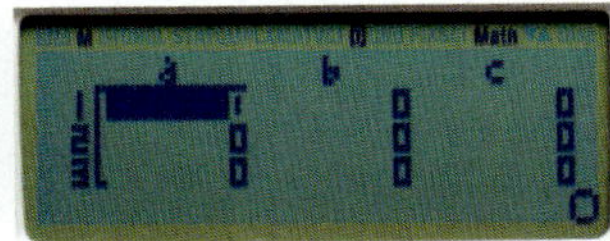

1.10 Funktionen 2. Grades

Quadratische Funktionen

Parabeln $y = a \cdot x^2$

Normalparabel
Ist in der Funktion $y = a \cdot x^2$ der Wert $a = 1$, so erhält man die einfachste quadratische Funktion. Ihre graphische Darstellung heißt Normalparabel.

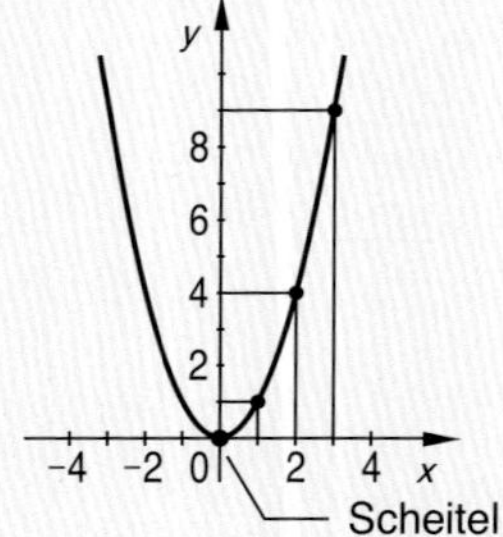

Stauchen und Strecken
Ändern von a ändert die Form. Durch Stauchen ($0 < a < 1$) wird die Parabel breiter, durch Strecken ($a > 1$) wird die Parabel schmaler.

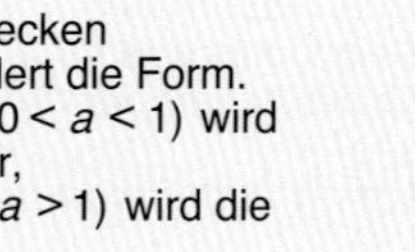

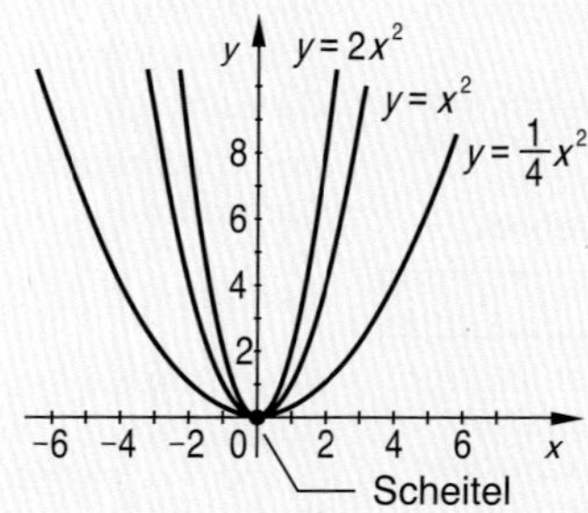

Spiegeln
Ist a negativ, so kommt zur Formänderung noch eine Spiegelung an der x-Achse dazu. Der Scheitel ist jetzt der höchste Punkt.

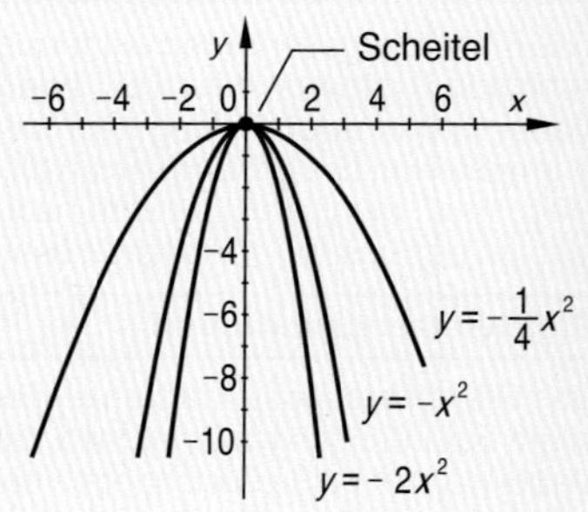

Verschieben des Scheitels

Normalparabel mit Scheitel in S (x_S / y_S)

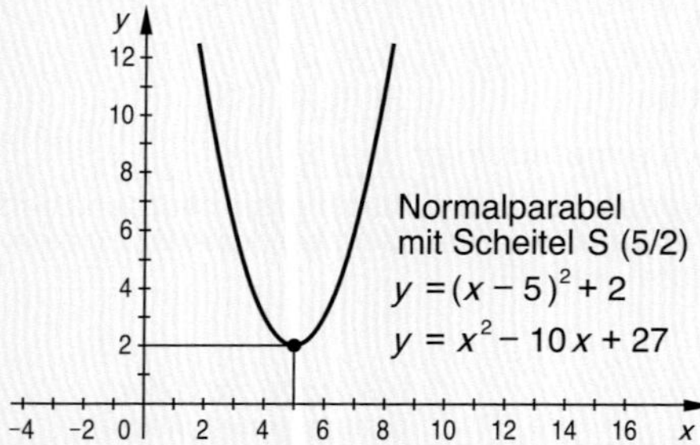

Wird der Scheitel einer Normalparabel $y = x^2$ vom Nullpunkt (0/0) in den neuen Scheitelpunkt S (x_S / y_S) verschoben, so lautet ihre Gleichung

in Scheitelform: $y = (x - x_S)^2 + y_S$

in Polynomform: $y = x^2 - 2x \cdot x_S + x_S^2 + y_S$

Scheitelverschiebung, allgemein

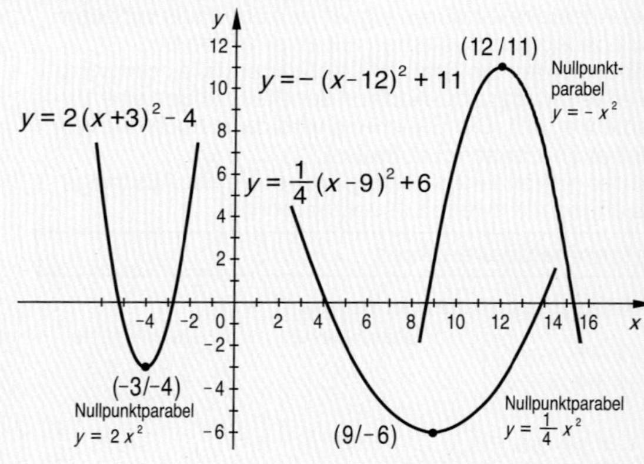

Für eine verschobene Parabel gilt: $y = a \cdot (x - x_S)^2 + y_S$

Quadratische Gleichungen

Eine beliebige quadratische Funktion kann allgemein in der Form $y = a \cdot x^2 + b \cdot x + c$ dargestellt werden. Die Frage, für welchen x-Wert $y = 0$ ist, führt zu der quadratischen Gleichung: $a \cdot x^2 + b \cdot x + c = 0$.

Die Lösung der Gleichung kann auf drei Arten erfolgen:

1. durch Umformen der Gleichung nach x
2. duch graphische Lösung (Schnittstellen der Parabel mit der x - Achse
3. durch numerische Lösung mit dem Taschenrechner.

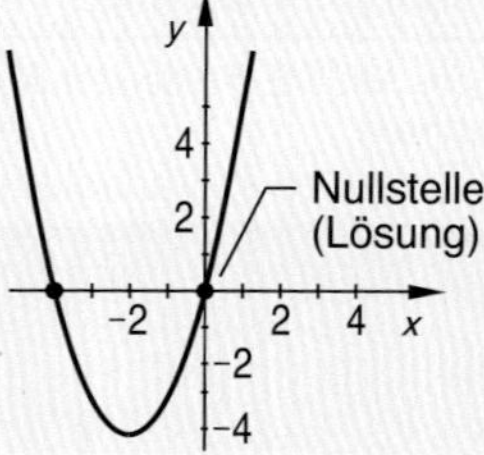

Darstellung von quadratischen Gleichungen

Allgemeinform: $a \cdot x^2 + b \cdot x + c = 0$

Teilen durch a ergibt die Normalform.

Normalform: $x^2 + p \cdot x + q = 0$

Je nachdem, ob die Vorzahlen a, b, c vorhanden sind, unterscheidet man die Gleichungstypen:

gemischtquadratisch	$a \cdot x^2 + b \cdot x + c = 0$
reinquadratisch	$a \cdot x^2 + c = 0$
defektquadratisch	$a \cdot x^2 + b \cdot x = 0$

Lösung von quadratischen Gleichungen

Reinquadratische Gleichungen

Gleichungen der Form $ax^2 + c = 0$ heißen reinquadratisch, weil sie die Variable x nur in quadratischer Form enthalten.
Diese Gleichungsform lässt sich leicht nach x umformen und lösen.

Aus $ax^2 + c = 0$ folgt: $x = \pm\sqrt{-\frac{c}{a}}$

Da Wurzeln aus negativen Zahlen nicht definiert sind, ist die Aufgabe nur dann lösbar, wenn a oder c negativ ist. In diesem Fall gibt es zwei Lösungen.

Beispiel:

$$4x^2 - 25 = 0$$

$$x^2 = \frac{25}{4}$$

$$x_{1/2} = \pm\sqrt{\frac{25}{4}}$$

$$x_1 = +\frac{5}{2} \qquad x_2 = -\frac{5}{2}$$

Defektquadratische Gleichungen

Gleichungen der Form $ax^2 + bx = 0$ heißen defektquadratisch, weil das Absolutglied c fehlt.
Diese Gleichungsform lässt sich lösen, indem die Variable ausgeklammert wird.

Aus $ax^2 + bx = 0$ folgt: $x(ax + b) = 0$

Nach dem Satz vom Nullprodukt ist die linke Seite null, wenn einer der beiden Faktoren null ist. Daraus folgt:

1. Lösung: $x_1 = 0$
2. Lösung: $ax + b = 0 \longrightarrow x_2 = -\frac{b}{a}$

Beispiel:

$$4x^2 + 12x = 0$$

$$4x \cdot (x + 3) = 0$$

Nach dem Satz vom Nullprodukt gilt:

$$4x = 0 \longrightarrow x_1 = 0$$

$$x + 3 = 0 \longrightarrow x_2 = -3$$

Gemischtquadratische Gleichungen

Gemischtquadratische Gleichungen lassen sich z.B. mit der so genannten Mitternachtsformel lösen.

Für die Gleichung in Allgemeinform $a \cdot x^2 + b \cdot x + c = 0$

gilt: $$x_{1/2} = \frac{-b \pm \sqrt{b^2 - 4ac}}{2a}$$

Für die Gleichung in Normalform $x^2 + p \cdot x + q = 0$

gilt: $$x_{1/2} = -\frac{p}{2} \pm \sqrt{\left(\frac{p}{2}\right)^2 - q}$$

Beispiel:

$$8x^2 + 14x - 15 = 0$$

$$x_{1/2} = \frac{-14 \pm \sqrt{196 + 480}}{16}$$

Für die Lösungen ergibt sich:

$$x_1 = \frac{-14 + 26}{16} = \frac{3}{4}$$

$$x_1 = \frac{-14 - 26}{16} = -\frac{5}{2}$$

Lösen von Gleichungen 2. und 3. Grades mit dem Taschenrechner

Mit dem Taschenrechner können Gleichungen 2. Grades (quadratische) und 3. Grades (kubische) gelöst werden. Dafür müssen die Gleichungen in der Allgemeinform $ax^2 + bx + c = 0$ bzw. $ax^3 + bx^2 + cx + d = 0$ vorliegen. Mithilfe der MODE-Taste wird der zu lösende Gleichungstyp eingestellt.

Nr. 5 auswählen (EQN)

1:COMP 2:STAT
3:TABLE 4:DIST
5:EQN 6:MATRIX
7:INEQ 8:VECTOR

Nr. 3 auswählen (2. Grades)

1:anX+bnY=cn
2:anX+bnY+cnZ=dn
3:aX²+bX+c=0
4:aX³+bX²+cX+d=0

Platzhalter ausfüllen

Beispiel:

$x^2 + 25x - 1250 = 0$

Vorzahlen 1, 25, -1250

Lösung $x_1 = 25$

X1=
25

Lösung $x_2 = -50$

X2=
-50

1.11 Potenz-, Wurzel-, Hyperbelfunktionen

Parabelfunktionen

Die Funktion mit der Funktionsgleichung $y = a \cdot x^n$ heißt Potenzfunktion n-ter Ordnung bzw. n-ten Grades.
Der Exponent n und die Vorzahl a haben maßgeblichen Einfluss auf den Verlauf der Kurve:

- je nach Exponent erhält man eine Gerade, eine Parabel, eine Hyperbel oder eine Wurzelfunktion
- die Vorzahl a bewirkt eine Streckung oder Stauchung in y-Richtung bzw. eine Spiegelung an der x-Achse.

Die Funktion $y = x^2$ heißt Normalparabel. Aus ihr können weitere Funktionen abgeleitet werden.

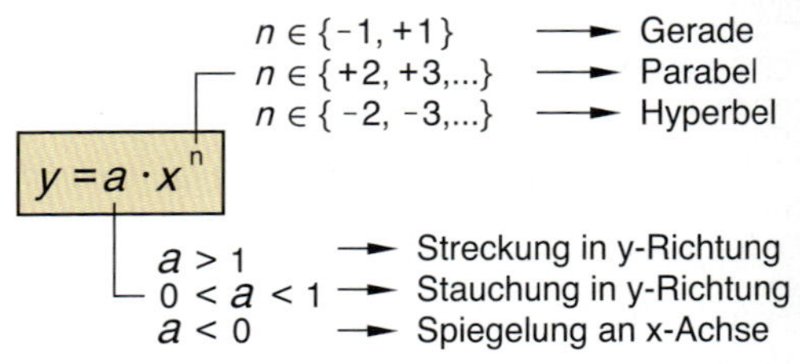

Parabeln, Streckung, Stauchung, Spiegelung

Die einfachste Parabel hat die Funktionsgleichung $y = x^2$ (Normalparabel).
Andere Parabeln entstehen durch Strecken, Stauchen und Spiegeln der Normalparabel.

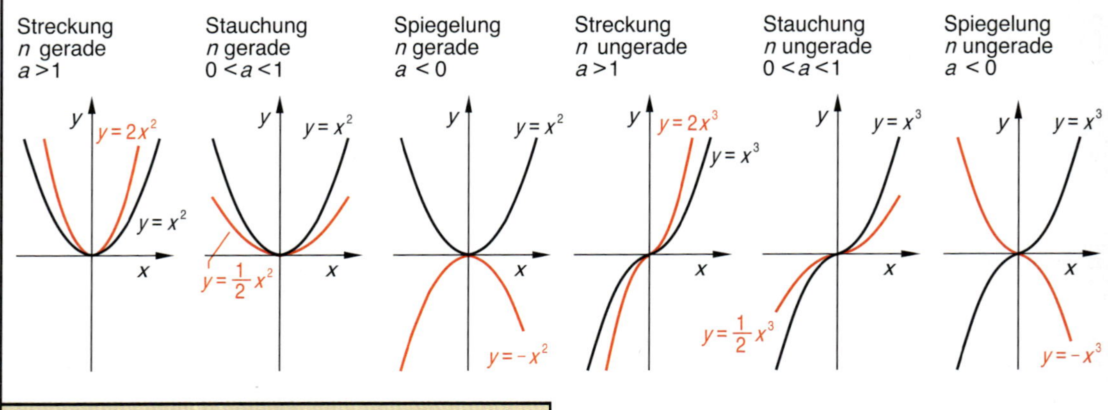

Parabeln höherer Ordnung, Beispiele

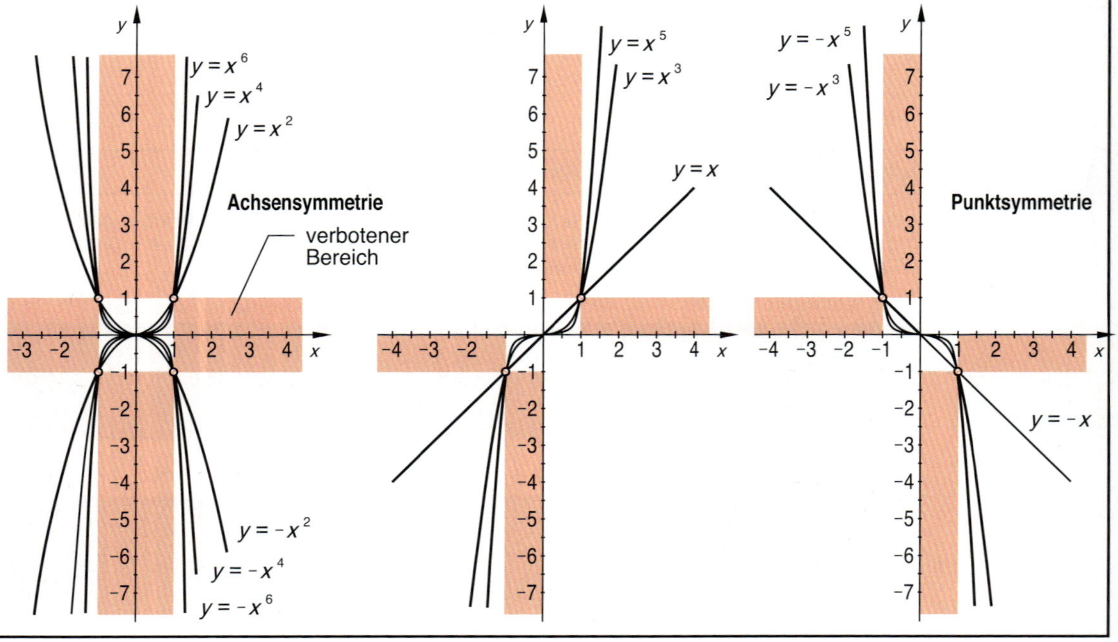

$y = x^6$, $y = x^4$, $y = x^2$, $y = -x^2$, $y = -x^4$, $y = -x^6$

Achsensymmetrie

verbotener Bereich

$y = x^5$, $y = x^3$, $y = x$

$y = -x^5$, $y = -x^3$, $y = -x$

Punktsymmetrie

Hyperbelfunktionen

Potenzfunktionen mit der Funktionsgleichung $y = a \cdot x^{-n}$ heißen Hyperbelfunktionen. Für n können dabei alle natürlichen Zahlen 1, 2, 3 usw. eingesetzt werden.
Für ungerade Exponenten (1, 3, 5 usw.) ergeben sich Hyperbeln, bei denen die beiden Äste punktsymmetrisch zum Nullpunkt sind,
für gerade Exponenten (2, 4, 6 usw.) ergeben sich Hyperbeln, bei denen die Äste achsensymmetrisch zur y-Achse sind.
Hyperbeln werden auch als gebrochen rationale Funktionen bezeichnet.

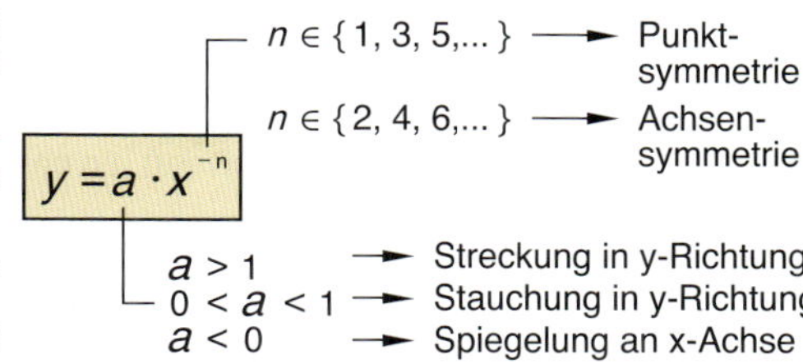

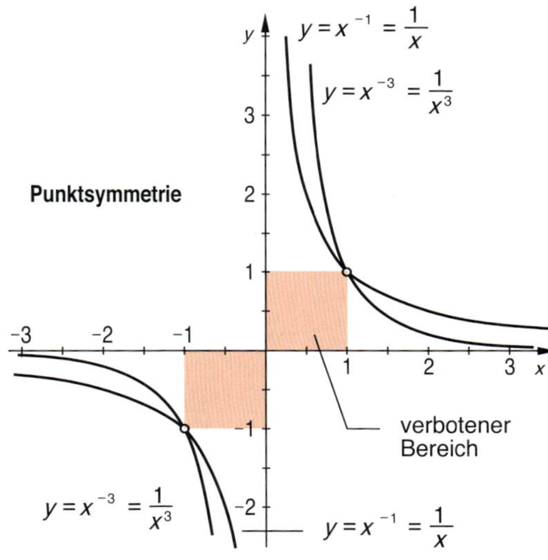

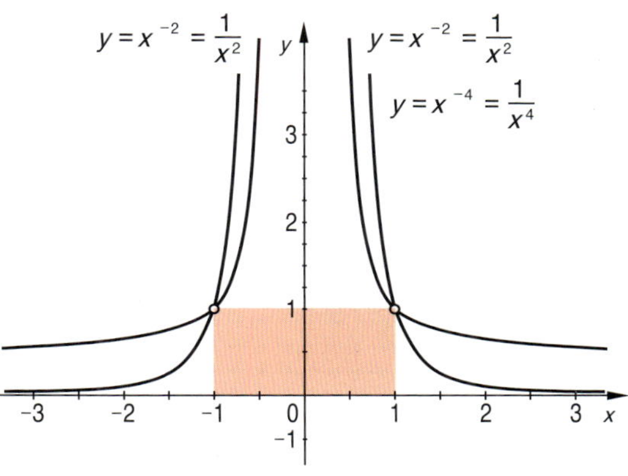

Wurzelfunktionen

Potenzfunktionen mit der Funktionsgleichung $y = a \cdot x^{1/n}$ heißen Wurzelfunktionen, da eine gebrochene Hochzahl einer Wurzel entspricht. Für n können dabei alle ganzen Zahlen -2, -1, 1, 2, 3 usw. eingesetzt werden. Die Funktion ist nur für $x = 0$ und positive x-Werte ($x \geq 0$) definiert. Für die Praxis besonders wichtig ist die Quadratwurzelfunktion.

Quadratwurzelfunktion $y = \pm\, x^{\frac{1}{2}} = \pm\sqrt{x}$

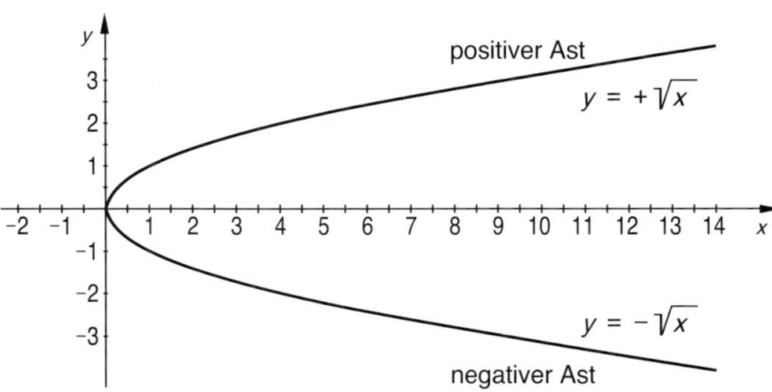

Potenzfunktionen, technische Bedeutung

Potenzfunktionen haben für die Technik große Bedeutung. Die Übersicht zeigt einige wichtige Formeln:

Leistung als Funktion der Spannung bei konstantem Widerstand	$P = \frac{1}{R} \cdot U^2$ (Parabel)	Strom als Funktion des Widerstandes bei konstanter Spannung	$I = \frac{U}{R}$ (Hyperbel)
Volumen einer Kugel als Funktion des Kugeldurchmessers	$V = \frac{\pi}{6} \cdot d^3$ (Parabel 3. Ordnung)	Schwingungsdauer eines Pendels als Funktion der Pendellänge (g = 9,81 m/s², Erdbeschleunigung)	$T = 2\pi \sqrt{\frac{L}{g}}$ (Wurzelfunktion)

1.12 Exponential- und Logarithmusfunktionen

Exponentialfunktionen

Potenz- und Exponentialfunktionen arbeiten auf der Grundlage der Potenzgesetze.
Bildet die Variable die Grundzahl (Basis) der Funktion, so handelt es sich um eine Potenzfunktion,
bildet die Variable die Hochzahl (Exponent), so spricht man von einer Exponentialfunktion.
Für die Technik besonders wichtig ist die Exponentialfunktion mit Basis e (e-Funktion).

Potenzfunktion $y = x^n$

Exponentialfunktion $y = a^x$

Eingabetasten der Exponential- und Logarithmusfunktionen beim Taschenrechner:

Zins und Zinseszins

Wird ein Anfangskapital K_0 mit dem Zinssatz p% verzinst, so beträgt das Kapital nach 1 Jahr:

$$K_1 = K_0 + \frac{p}{100} \cdot K_0 = K_0 \cdot (1 + \frac{p}{100})$$

Wird ab dem Beginn des neuen Jahres auch der Zinsertrag verzinst Zinseszins), so beträgt das Kapital nach x Jahren:

$$K_x = K_0 \cdot \left(1 + \frac{p}{100}\right)^x$$

Bei Guthabenzinsen ist der Zinssatz positiv,
bei Schuldzinsen ist er negativ.

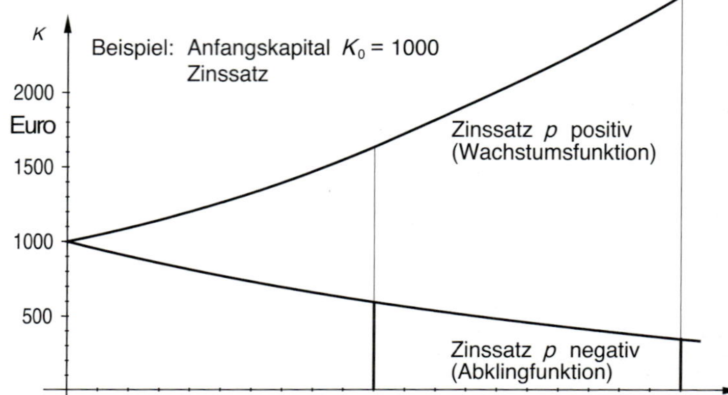

Die Auflösung nach x erfolgt durch Logarithmieren.

Aus $K_x = K_0 \cdot \left(1 + \frac{p}{100}\right)^x$

folgt: $\left(1 + \frac{p}{100}\right)^x = \frac{K_x}{K_0}$

und: $x \cdot \lg\left(1 + \frac{p}{100}\right) = \lg \frac{K_x}{K_0} \longrightarrow x = \frac{\lg \frac{K_x}{K_0}}{\lg\left(1 + \frac{p}{100}\right)}$

Beispiel: Nach wie viel Jahren x hat sich ein Kapital verdoppelt, wenn es mit 5 % verzinst wird?

Lösung:

$$x = \frac{\lg \frac{2 \cdot K_0}{K_0}}{\lg\left(1 + \frac{5}{100}\right)} = \frac{\lg 2}{\lg 1{,}05} = 14{,}2 \text{ Jahre}$$

Die Auflösung nach p erfolgt durch Wurzelziehen.

Aus $K_x = K_0 \cdot \left(1 + \frac{p}{100}\right)^x$

folgt: $\left(1 + \frac{p}{100}\right)^x = \frac{K_x}{K_0}$

und: $\left(1 + \frac{p}{100}\right) = \sqrt[x]{\frac{K_x}{K_0}} \longrightarrow p = 100 \cdot \left(\sqrt[x]{\frac{K_x}{K_0}} - 1\right)$

Beispiel: Wie hoch ist der Zinssatz p, wenn aus dem Anfangskapital K_0 = 1000 nach 10 Jahren auf 1629 Euro angewachsen ist?

Lösung:

$$p = 100 \cdot \left(\sqrt[10]{\frac{1629}{1000}} - 1\right) = 0{,}05 = 100\ \%$$

Die e-Funktion

Eine Exponentialfunktion mit der Grundzahl e heißt natürliche Exponentialfunktion oder einfach e-Funktion.
Dabei ist e die so genannte natürliche Zahl oder Euler-Zahl (Leonhard Euler, Mathematiker, 1707 - 1783).

Natürliche Zahl: $e = 1 + \frac{1}{1!} + \frac{1}{2!} + \frac{1}{3!} + ... \approx 2{,}71828...$

Dabei ist $n! = 1 \cdot 2 \cdot 3 \cdot ... \cdot n$ (gelesen: n Fakultät)
z.B. $4! = 1 \cdot 2 \cdot 3 \cdot 4 = 24$ (gelesen: 4 Fakultät)

e-Funktion (natürliche Exp.funktion) $y = e^x$

Eine beliebige Exponentialfunktion kann in eine e-Funktion umgewandelt werden. $y = a^x = e^{x \cdot \ln a}$

Technische Anwendung der e-Funktion

Lade- und Entladevorgang am Kondensator

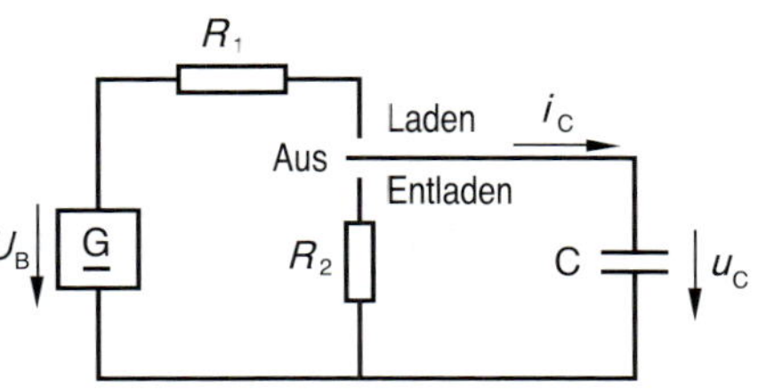

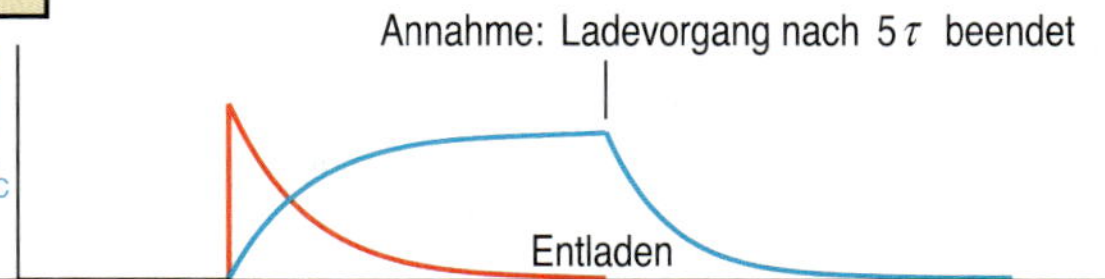

Ladespannung	$u_C = U_B \cdot (1 - e^{-\frac{t}{\tau}})$	→ Zeit	$t = -\tau \cdot \ln\left(1 - \frac{u_C}{U_B}\right)$
Ladestrom	$i_C = \frac{U_B}{R_1} \cdot e^{-\frac{t}{\tau}}$	→ Zeit	$t = -\tau \cdot \ln \frac{i_C \cdot R_1}{U_B}$
Entladespannung	$u_C = U_B \cdot e^{-\frac{t}{\tau}}$	→ Zeit	$t = -\tau \cdot \ln \frac{u_C}{U_B}$
Entladestrom	$i_C = -\frac{U_B}{R_2} \cdot e^{-\frac{t}{\tau}}$	→ Zeit	$t = -\tau \cdot \ln \frac{\lvert i_C \rvert \cdot R_2}{U_B}$

Ladespannung und Ladestrom: mit $\tau = \tau_L = R_1 \cdot C$

Entladespannung und Entladestrom: mit $\tau = \tau_E = R_2 \cdot C$

Weitere technische Formeln

Einschaltstrom eines RL-Gliedes

$$i_L = \frac{U_B}{R} \cdot (1 - e^{-\frac{t}{\tau}})$$

dabei ist: i_L Spulenstrom nach der Zeit t, U_B Betriebsspannung, R Vorwiderstand, τ Zeitkonstante

Luftdruckänderung bei Höhenänderung

$$p = p_0 \cdot e^{-k \cdot h}$$

dabei ist: p Luftdruck in Höhe h, p_0 Luftdruck am Boden ($h = 0$), k Druckabnahmefaktor (z.B. 0,000 001 m^{-1})

Ungestörte Vermehrung von Lebewesen

$$a = a_0 \cdot e^{k \cdot t}$$

dabei ist: a Zahl der Lebewesen nach der Zeit t, a_0 Zahl der Lebewesen am Anfang ($t = 0$), k Vermehrungsfaktor (z.B. 1,5 h^{-1})

Strahlungsintensität bei Abschirmung

$$I = I_0 \cdot e^{-\mu \cdot d}$$

dabei ist: I Strahlungsintensität nach der Wanddicke d, I_0 Strahlungsintensität ohne Abschirmung, μ Absorptionskoeffizient (z.B. für Pb 0,56 cm^{-1})

Logarithmen

Die Funktion mit der Funktionsgleichung $y = \log_a x$ heißt Logarithmusfunktion zur Basis a.
Sie ist nur für positive Werte von a und x definiert.
Die Logarithmusfunktion ist die Umkehrfunktion zur Exponentialfunktion $y = a^x$.

Zehnerlogarithmus $\quad x = \log_{10} b = \lg b$

Der Logarithmus x ist die Hochzahl (Exponent) mit der man die Basis 10 potenzieren muss, um die Zahl (Numerus) b zu erhalten, d.h. $10^x = b$, z.B. lg 1000 = 3, denn $10^3 = 1000$.

Natürlicher Log. $\quad x = \log_e b = \ln b$

Der Logarithmus x ist die Hochzahl (Exponent) mit der man die Basis e potenzieren muss, um die Zahl (Numerus) b zu erhalten, d.h. $e^x = b$, z.B. ln 100 = 4,605, denn $e^{4,605} = 100$.

Logarithmusgesetze

Diese Gesetze gelten auch für natürliche Logarithmen und alle anderen Logarithmensysteme.

$$\lg(a \cdot b) = \lg a + \lg b \qquad \lg \frac{a}{b} = \lg a - \lg b \qquad \lg a^n = n \cdot \lg a$$

Hut-Ab-Regel: $\lg a^{n} = n \cdot \lg a$

1.13 Winkel und Winkelfunktionen

Winkel

Winkelmessung

Winkel können im Gradmaß (°, Grad) oder im Bogenmaß (rad, Radiant) gemessen werden.
Beim Gradmaß wird der Vollkreis meist in 360° (Altgrad) oder bei Bedarf in 400° (Neugrad) aufgeteilt.
Beim Bogenmaß wird der Winkel am Umfang des Einheitskreises gemessen. Der volle Umfang entspricht 2π rad.

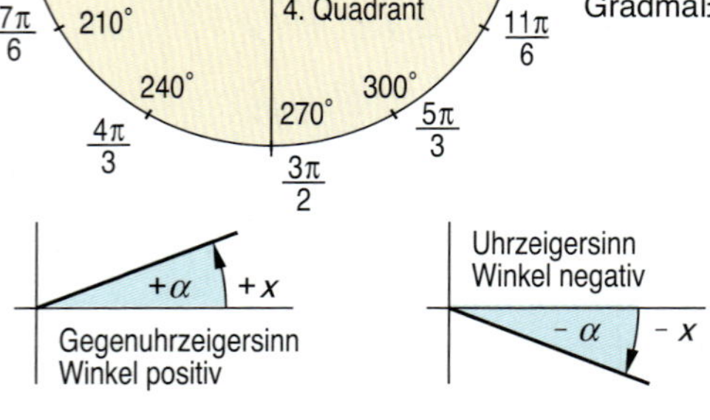

Umrechnung der Winkelmaße

Vom Grad- ins Bogenmaß $x = \frac{2\pi}{360°} \cdot \alpha$

Vom Bogen- ins Gradmaß $\alpha = \frac{360°}{2\pi} \cdot x$

Zählrichtung, Drehsinn

Bei der Messung von Winkeln muss die Zählrichtung bzw. der Drehsinn beachtet werden.
Wird ein Winkel im Gegenuhrzeigersinn überstrichen (Drehrichtung links), so wird er positiv gezählt.
Wird ein Winkel im Uhrzeigersinn überstrichen (Drehrichtung rechts), so wird er negativ gezählt.

Gegenuhrzeigersinn Winkel positiv ($+\alpha$, $+x$)

Uhrzeigersinn Winkel negativ ($-\alpha$, $-x$)

Rechtwinkliges Dreieck

Im rechtwinkligen Dreieck werden die Seiten durch die Begriffe Kathete und Hypotenuse bezeichnet.
Die beiden Schenkel, die den rechten Winkel einschließen, heißen Katheten (Ankathete und Gegenkathete zu einem Winkel), die dem rechten Winkel gegenüber liegende Seite heißt Hypotenuse.

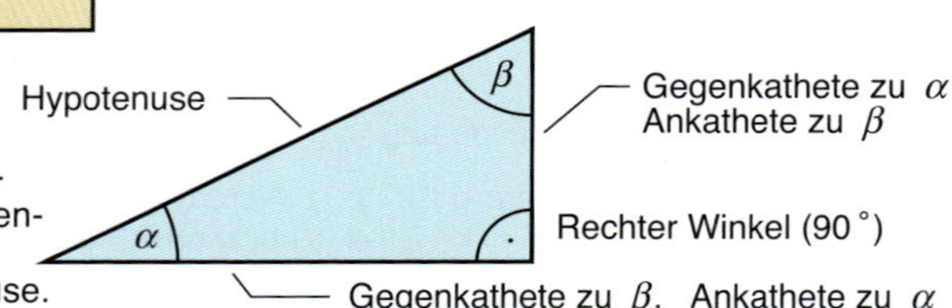

Winkelfunktionen

Winkelfunktionen können im rechtwinkligen Dreieck oder im Einheitskreis (Kreis mit Radius 1) dargestellt werden.

Darstellung im rechtwinkligen Dreieck

$$\sin\alpha = \frac{\text{Gegenkathete}}{\text{Hypotenuse}} = \frac{a}{c} \qquad \tan\alpha = \frac{\text{Gegenkathete}}{\text{Ankathete}} = \frac{a}{b}$$

$$\cos\alpha = \frac{\text{Ankathete}}{\text{Hypotenuse}} = \frac{b}{c} \qquad \cot\alpha = \frac{\text{Ankathete}}{\text{Gegenkathete}} = \frac{b}{a}$$

sin Sinus, cos Kosinus, tan Tangens, cot Kotangens

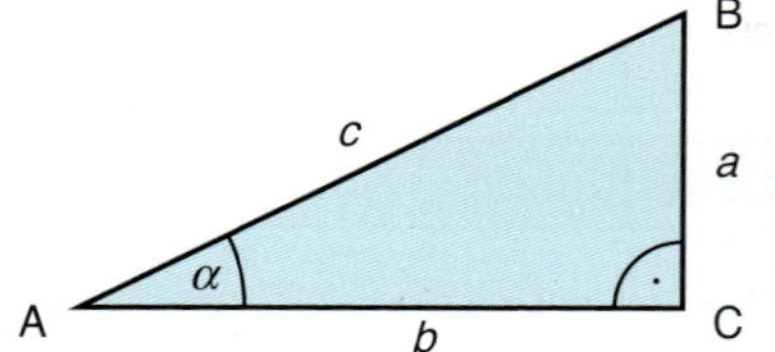

Darstellung im Einheitskreis

Die Darstellung im Einheitskreis zeigt, dass der Wert der Winkelfunktion positiv oder negativ sein kann. Entscheidend ist, in welchem Quadranten der Winkel endet, bzw. in welchem Quadranten P liegt.

Bedeutung im Einheitskreis			Vorzeichen im Quadrant 1	2	3	4
Sinus	$\sin\alpha$	Ordinate von P	+	+	–	–
Kosinus	$\cos\alpha$	Abszisse von P	+	–	–	+
Tangens	$\tan\alpha$	Rechte Tangente	+	–	+	–
Kotangens	$\cot\alpha$	Obere Tangente	+	–	+	–

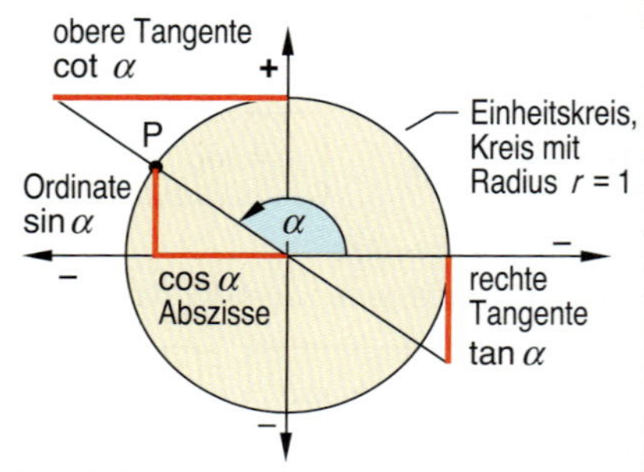

Graphische Darstellung der Sinus- und Kosinusfunktion

Für die Elektrotechnik sind vor allem die Sinus- und die Kosinusfunktion von Bedeutung. Die graphische Darstellung ergibt die „Sinuslinie". Es gilt:

1. Sinus- und Kosinusfunktion sind gegeneinander um 90° bzw. um $\pi/2$ „phasenverschoben".
2. Die Funktionen wiederholen sich nach 360° (2π), d.h. sie sind periodisch in 360° (2π).

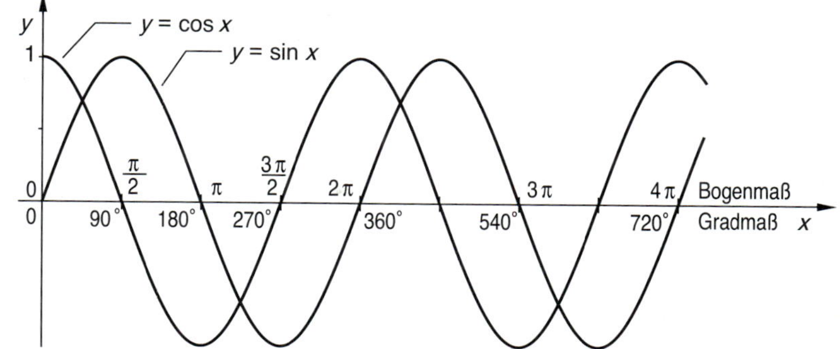

Beziehungen zwischen den Winkelfunktionen

Zusammenhänge zwischen den Winkelfunktionen:

1. Sinus- und Kosinusfunktion sind gegeneinander um 90° ($\pi/2$) verschoben. Die Kosinusfunktion eilt der Sinusfunktion voraus.
2. Die Summe der Quadrate von Sinus- und Kosinusfunktion ergeben zusammen 1. Der Zusammenhang wird als „Trigonometrischer Pythagoras" bezeichnet. (Griech. trigonon = Dreieck).
3. Die Sinusfunktion dividiert durch die Kosinusfunktion ergibt die Tangensfunktion. Die Kotangensfunktion ist der Kehrwert der Tangensfunktion.

$$\cos x = \sin\left(x + \frac{\pi}{2}\right) \qquad \sin x = \cos\left(x - \frac{\pi}{2}\right)$$

$$\sin^2 x + \cos^2 x = 1$$

$$\tan x = \frac{\sin x}{\cos x} = \frac{1}{\cot x} \qquad \cot x = \frac{\cos x}{\sin x} = \frac{1}{\tan x}$$

Umrechnungen zwischen den Winkelfunktionen

	$\sin x$	$\cos x$	$\tan x$	$\cot x$
$\sin x$	–	$\pm\sqrt{1-\cos^2 x}$	$\pm\frac{\tan x}{\sqrt{1+\tan^2 x}}$	$\pm\frac{1}{\sqrt{1+\cot^2 x}}$
$\cos x$	$\pm\sqrt{1-\sin^2 x}$	–	$\pm\frac{1}{\sqrt{1+\tan^2 x}}$	$\pm\frac{\cot x}{\sqrt{1+\cot^2 x}}$
$\tan x$	$\pm\frac{\sin x}{\sqrt{1-\sin^2 x}}$	$\pm\frac{\sqrt{1-\cos^2 x}}{\cos x}$	–	$\frac{1}{\cot x}$
$\cot x$	$\pm\frac{\sqrt{1-\sin^2 x}}{\sin x}$	$\pm\frac{\cos x}{\sqrt{1-\cos^2 x}}$	$\frac{1}{\tan x}$	–

Winkelfunktionen mit dem Taschenrechner

Vor Beginn der Rechnung wird mithilfe der SETUP-Taste das gewünschte Format des Winkelarguments eingestellt.

MODE SETUP

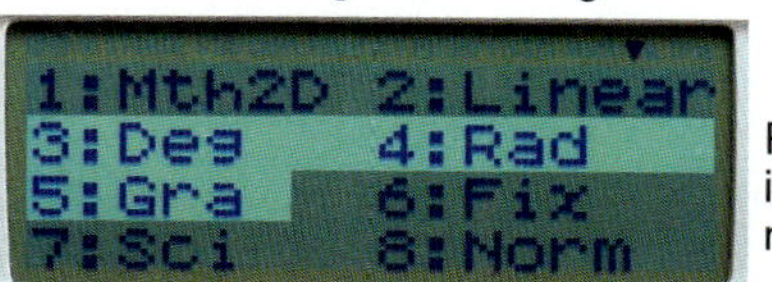

RAD Winkel im Bogenmaß (2π)

DEG Winkel in Altgrad (360°)
GRA Winkel in Neugrad (400°)

Mit den Tasten sin, cos, tan können die Winkelfunktionen, mit $\sin^{-1}$, $\cos^{-1}$ und $\tan^{-1}$ die zugehörigen Umkehrfunktionen berechnet werden.

$\sin^{-1}$ D sin $\cos^{-1}$ E cos $\tan^{-1}$ F tan

Die DRG-Taste ermöglicht die Umwandlung eines anderen Winkelformats in das voreingestellte Format.

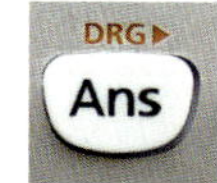

1.14 Geometrische Sätze

Elementare Geometrie

Der Lehrsatz $a^2 + b^2 = c^2$ war möglicherweise bereits um 1700 v. Chr. in Babylon bekannt. Systematisch erforscht und entwickelt wurden die mathematischen Grundlagen aber erst im antiken Griechenland. Besondere Verdienste haben dabei die Philosophen Thales von Milet (um 600 v.Chr.) und Pythagoras (um 550 v.Chr.) erworben.
Die Geometrie (griech.: Landmessung) beginnt im antiken Griechenland mit den Werken von Euklid um 330 v.Chr. Sein Werk „Die Elemente" gilt als einflussreichstes Mathematikbuch aller Zeiten.

Thales von Milet (um 600 v.Chr.)

Pythagoras (um 550 v.Chr.)

Euklid (um 300 v.Chr.)

Satz des Pythagoras

In einem rechtwinkligen Dreieck gilt:
Die Summe der Quadrate über den beiden Katheten ist flächengleich dem Quadrat über der Hypotenuse.

Satz des Pythagoras $\quad a^2 + b^2 = c^2$

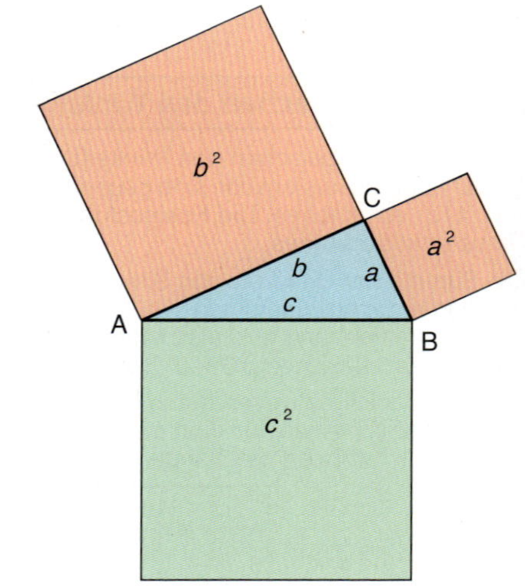

Der „Satz des Pythagoras" gehört zweifellos zu den bekanntesten mathematischen Lehrsätzen. Pythagoras von Samos, der etwa zwischen 580 und 500 v.Chr. lebte, hat ihn aber nicht selbst entdeckt, denn er war bereit in vorgriechischer Zeit bekannt, vermutlich bereits um 1700 v.Chr. bei den Babyloniern. Allerdings wurde der Satz erstmals von ihm oder seinen Zeitgenossen bewiesen und trägt somit seinen Namen zu Recht.
Heute sind für den Satz des Pythagoras über 100 Beweise bekannt.

Höhensatz

In einem rechtwinkligen Dreieck gilt:
Das Quadrat über der Höhe ist flächengleich dem Rechteck aus den beiden Hypotenusenabschnitten.

Höhensatz $\quad h^2 = p \cdot q$

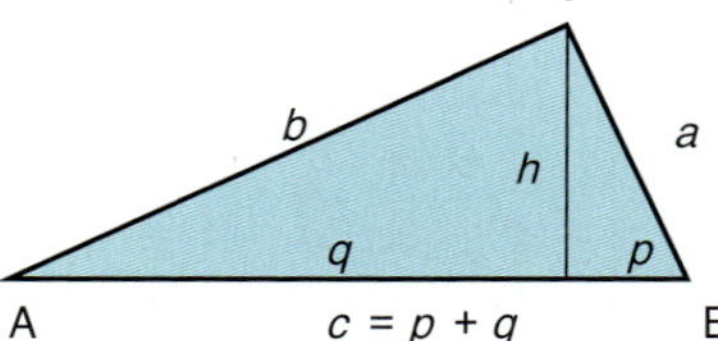

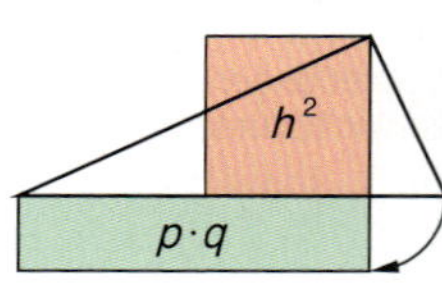

Kathetensatz

In einem rechtwinkligen Dreieck gilt:
Das Quadrat über einer Kathete ist flächengleich dem Rechteck aus der Hypotenuse und dem anliegenden Hypotenusenabschnitt.

Höhensatz $\quad b^2 = c \cdot q$

$a^2 = c \cdot p$

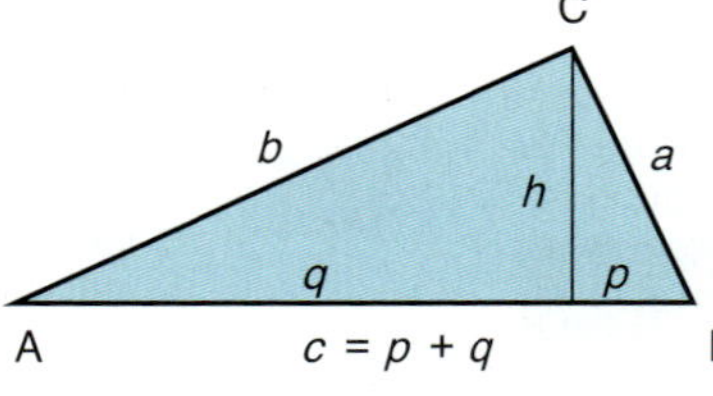

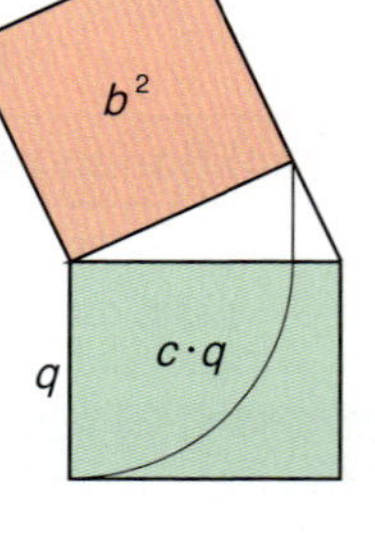

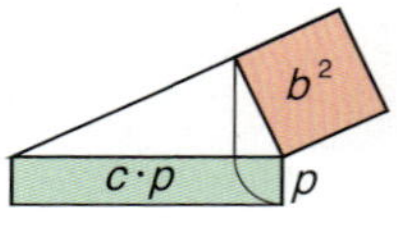

Der Höhensatz wird auch als Satz des Euklid bezeichnet.

Sinus- und Kosinussatz

Die Anwendung der Winkelfunktionen (Sinus-, Kosinus-, Tangens- und Kotangensfunktion) zur Berechnung von Winkeln und Seiten setzt ein rechtwinkliges Dreieck voraus. Allerdings können diese Funktionen auch auf allgemeine schiefwinklige Dreiecke ausgedehnt werden. Man erhält dann den Sinus- und den Kosinussatz.

In einem beliebigen Dreieck gilt:

Sinussatz

$$\frac{a}{\sin\alpha} = \frac{b}{\sin\beta} = \frac{c}{\sin\gamma}$$

Kosinussatz

$$a^2 = b^2 + c^2 - 2\,bc\cdot\cos\alpha$$
$$b^2 = c^2 + a^2 - 2\,ca\cdot\cos\beta$$
$$c^2 = a^2 + b^2 - 2\,ab\cdot\cos\gamma$$

Beliebiges, schiefwinkliges Dreieck

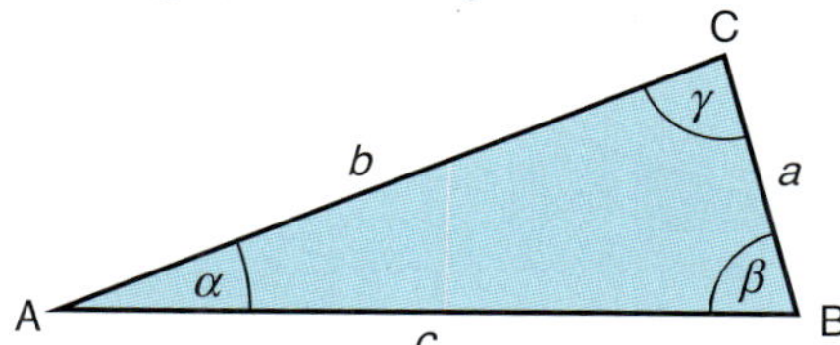

Strahlensätze

Dreiecke unterschiedlicher Größe, die drei gleiche Winkel besitzen, werden als „ähnlich" bezeichnet. Bei ähnlichen Dreiecken bestehen zwischen entsprechenden Seiten gleiche Verhältnisse. Diese Gesetzmäßigkeiten werden durch die beiden „Strahlensätze" formuliert.

1. Strahlensatz
Werden zwei von einem gemeinsamen Punkt S ausgehende Strahlen von Parallelen geschnitten, so verhalten sich die Abschnitte auf dem einen Strahl wie die entsprechenden Abschnitte auf dem anderen Strahl.

$$\frac{\overline{SA_1}}{\overline{SA_2}} = \frac{\overline{SB_1}}{\overline{SB_2}} \qquad \frac{\overline{SA_1}}{\overline{A_1A_2}} = \frac{\overline{SB_1}}{\overline{B_1B_2}}$$

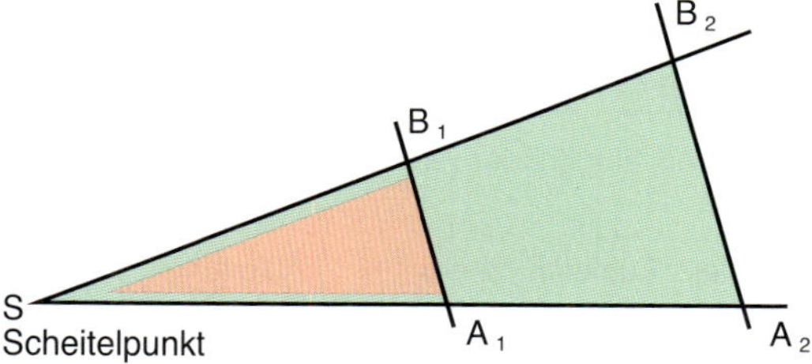

2. Strahlensatz
Werden zwei von einem gemeinsamen Punkt S ausgehende Strahlen von Parallelen geschnitten, so verhalten sich die Abschnitte auf den Parallelen wie die entsprechenden Abschnitte auf einem Strahl, vom Scheitelpunkt aus gemessen.

$$\frac{\overline{A_1B_1}}{\overline{A_2B_2}} = \frac{\overline{SA_1}}{\overline{SA_2}} \qquad \frac{\overline{A_1B_1}}{\overline{A_2B_2}} = \frac{\overline{SB_1}}{\overline{SB_2}}$$

Beide Strahlensätze gelten auch dann, wenn der Scheitelpunkt zwischen den beiden Parallelen liegt.

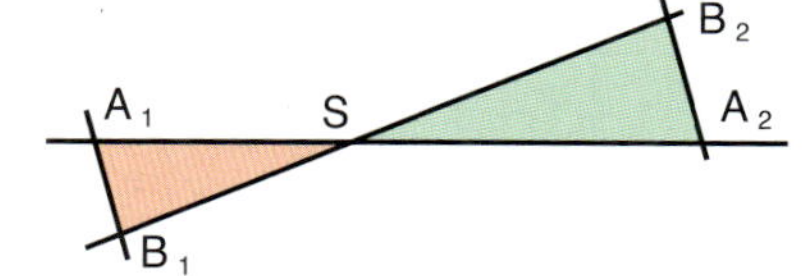

Allgemeine Beziehungen am Dreieck

Umkreis
Die drei Mittelsenkrechten der Dreieckseiten schneiden sich im Mittelpunkt des Umkreises.

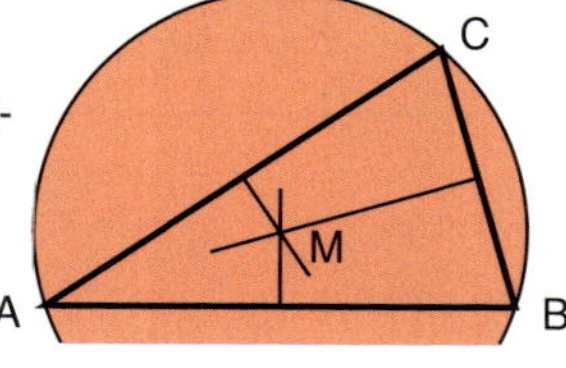

Schwerpunkt
Die drei Seitenhalbierenden eines Dreiecks schneiden sich im Schwerpunkt. Die Seitenhalbierenden teilen sich im Verhältnis 2:1.

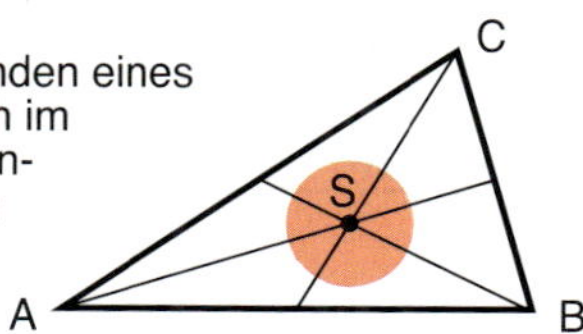

Inkreis
Die drei Winkelhalbierenden des Dreiecks schneiden sich im Mittelpunkt des Inkreises.

A C B

Thaleskreis
Jeder Peripheriewinkel über einem Kreisdurchmesser ist ein rechter Winkel, bzw. der Winkel im Halbkreis ist ein rechter.

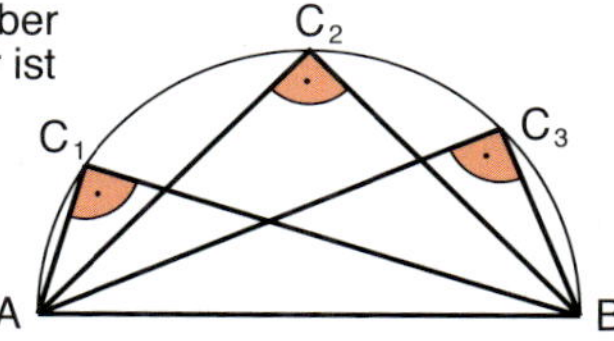

1.15 Differenzial- und Integralrechnung

Differentialrechnung

Differenzenquotient, Differentialquotient

Eine wesentliche Aufgabe der Differentialrechnung ist es, die Änderung einer Funktion in einem bestimmten Punkt zu bestimmen. Ist die Funktion als Kurve (Graph) gegeben, so entspricht diese Änderung der Kurvensteigung.

Bei einer Geraden ist die Kurvensteigung an jeder Stelle x gleich groß. Sie kann mit dem Steigungsdreieck berechnet werden.

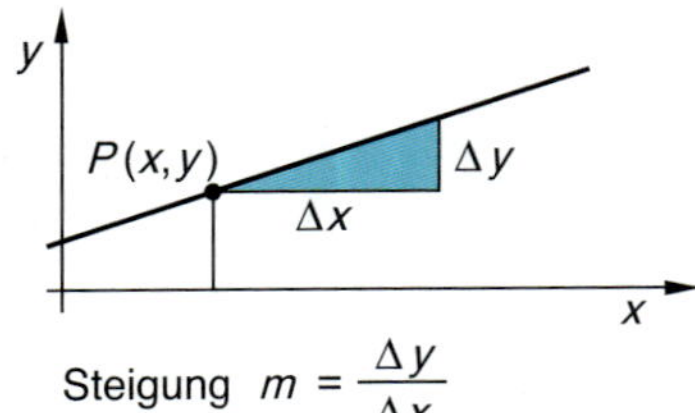

Steigung $m = \frac{\Delta y}{\Delta x}$

Bei einer Kurve kann die Steigung im Punkt P näherungsweise mithilfe eines zweiten Punktes Q bestimmt werden.

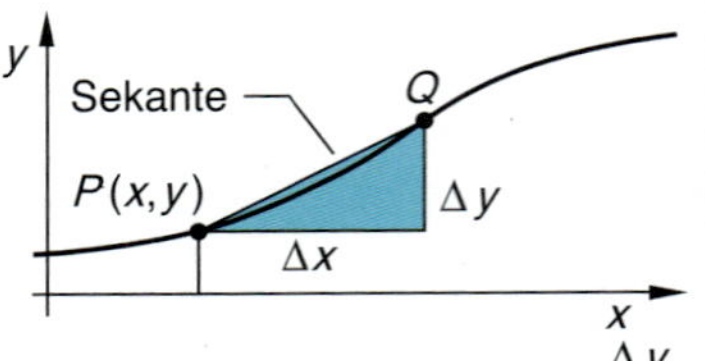

Differenzenquotient $m_{\text{Sekante}} = \frac{\Delta y}{\Delta x}$

Rückt Punkt Q gegen P ($\Delta x \rightarrow 0$), so wird aus der Sekante die Kurventangente im Punkt P, dabei ist Tangentensteigung = Kurvensteigung.

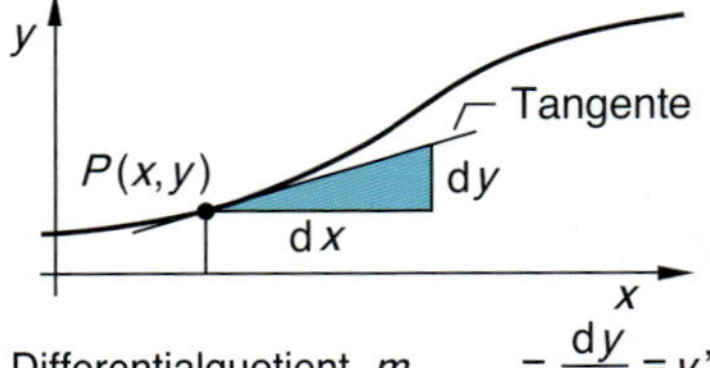

Differentialquotient $m_{\text{Tangente}} = \frac{dy}{dx} = y'$

Für den Differentialquotienten gilt: $y' = \frac{dy}{dx} = \lim\limits_{\Delta x \to 0} \frac{\Delta y}{\Delta x}$

Der Differentialquotient $y' = \frac{dy}{dx}$ (lies: y Strich ist gleich dy nach dx) wird als erste Ableitung der Funktion $y = f(x)$ bezeichnet. Man schreibt auch: $y' = f'(x)$, lies: y Strich ist gleich f Strich von x.
Wird die erste Ableitung einer Funktion nochmals abgeleitet, so erhält man die zweite Ableitung $y'' = f''(x)$.

Ableitung elementarer Funktionen (Auswahl)

Für die Ableitung einer Funktion $y = f(x)$ gilt: $y' = \frac{dy}{dx} = \lim\limits_{\Delta x \to 0} \frac{\Delta y}{\Delta x} = \lim\limits_{\Delta x \to 0} \frac{f(x+\Delta x) - f(x)}{\Delta x}$

Beispiel: Funktion $y = x^2$ Ableitung $y' = \lim\limits_{\Delta x \to 0} \frac{(x+\Delta x)^2 - x^2}{\Delta x} = \lim\limits_{\Delta x \to 0} \frac{x^2 + 2x \cdot \Delta x + (\Delta x)^2 - x^2}{\Delta x}$

$$y' = \lim\limits_{\Delta x \to 0} \frac{2x \cdot \Delta x + (\Delta x)^2}{\Delta x} = \lim\limits_{\Delta x \to 0} \frac{2x + \Delta x}{1} = 2x$$

	Funktion $f(x)$	Ableitung $f'(x)$
Potenzfunktion	$y = x^n$	$y' = n \cdot x^{(n-1)}$
Exponentialfunktionen	$y = e^x$	$y' = e^x$
	$y = a^x$	$y' = a^x \cdot \ln a$
Logarithmusfunktionen	$y = \ln x$	$y' = \frac{1}{x}$
	$y = \lg_a x$	$y' = \frac{1}{x}$

	Funktion $f(x)$	Ableitung $f'(x)$
Trigonometrische Funktionen	$y = \sin x$	$y' = \cos x$
	$y = \cos x$	$y' = -\sin x$
	$y = \tan x$	$y' = 1 + \tan^2 x$
	$y = \cot x$	$y' = -1 - \cot^2 x$
Arkusfunktionen	$y = \arcsin x$	$y' = \frac{1}{\sqrt{1-x^2}}$
	$y = \arccos x$	$y' = \frac{-1}{\sqrt{1-x^2}}$

Ableitungsregeln

Faktorregel $y = K \cdot f(x) \longrightarrow y' = K \cdot f'(x)$
Ein konstanter Faktor K bleibt beim Differenzieren erhalten.

Summenregel $y = f_1(x) + f_2(x) + \ldots f_n(x) \longrightarrow y' = f_1'(x) + f_2'(x) + \ldots f_n'(x)$
Eine endliche Summe von Funktionen darf gliedweise differenziert werden.

Produktregel $y = u(x) \cdot v(x) \longrightarrow y' = u'(x) \cdot v(x) + u(x) \cdot v'(x)$

Quotientenregel $y = \frac{u(x)}{v(x)} \longrightarrow y' = \frac{u'(x) \cdot v(x) - u(x) \cdot v'(x)}{[v(x)]^2}$

Kettenregel $y = g[u(x)] \longrightarrow y' = g'(u) \cdot u'(x)$ dabei ist: $g'(u)$ äußere Ableitung
$u'(x)$ innere Ableitung.

Integralrechnung

Unbestimmtes und bestimmtes Integral

Die Integration ist die Umkehrung der Differentiation. Beim Differenzieren einer Funktion entsteht die Ableitungsfunktion, beim Integrieren entstehen die Stammfunktionen.

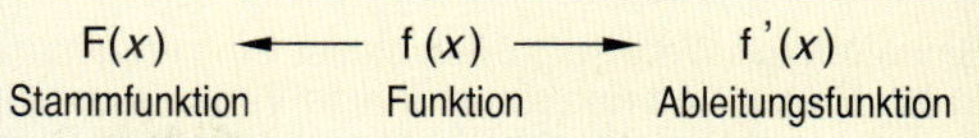

Unbestimmtes Integral
Beim Integrieren einer Funktion entstehen unendlich viele Stammfunktionen, die sich nur durch eine Konstante C unterscheiden.
Beispiel:
Funktion $f(x) = x$
Stammfunktionen
$F(x) = \int x \cdot dx = \frac{1}{2} x^2 + C$
Die Menge aller Stammfunktionen wird als unbestimmtes Integral bezeichnet.

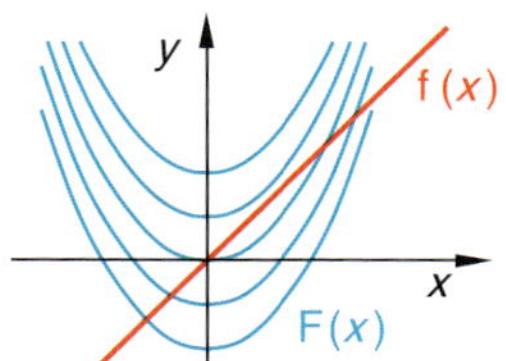

Bestimmtes Integral
Beim Integrieren einer Funktion innerhalb bestimmter Grenzen erhält man als Ergebnis die Fläche zwischen der Funktion und der x-Achse innerhalb der Grenzen.
Beispiel:
Funktion $f(x) = x$
Fläche mit Grenzen
$x_1 = 2$ und $x_2 = 4$
$F(x) = \int_2^4 x \cdot dx = \frac{1}{2}\left[x^2\right]_2^4$
$= \frac{1}{2}(16 - 4) = 6$

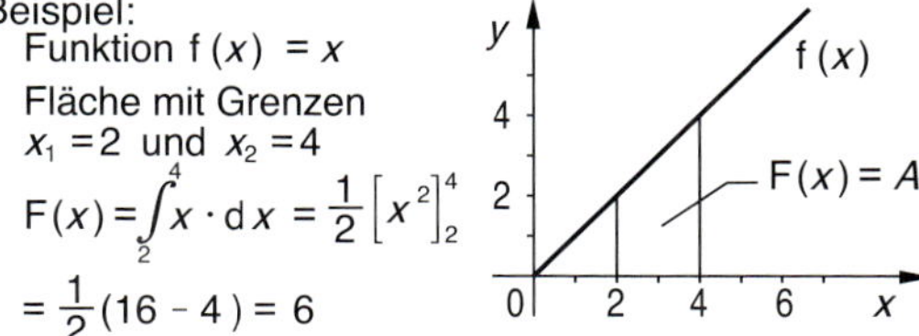

Integrale elementarer Funktionen (Auswahl)

$\int dx = x + C$

die Konstante *C* wird im Folgenden nicht geschrieben

Im Folgenden: $n \neq -1$ und $a \neq 0$

$\int a \cdot dx = a x$

$\int x^n dx = \frac{x^{n+1}}{n+1}$

$\int (ax+b)^n dx = \frac{(ax+b)^{n+1}}{a \cdot (n+1)}$

$\int \frac{dx}{ax+b} = \frac{1}{a} \cdot \ln|ax+b|$

$\int \frac{x\,dx}{ax+b} = \frac{x}{a} - \frac{b}{a^2} \cdot \ln|ax+b|$

$\int \frac{dx}{x(ax+b)} = -\frac{1}{b} \cdot \ln\left|\frac{ax+b}{x}\right|$

Im Folgenden: $a > 0$

$\int \frac{dx}{a^2+x^2} = \frac{1}{a} \cdot \arctan\left(\frac{x}{a}\right)$

$\int \frac{x\,dx}{a^2+x^2} = \frac{1}{2} \cdot \ln(a^2+x^2)$

$\int \frac{x^2\,dx}{a^2+x^2} = x - a \cdot \arctan\left(\frac{x}{a}\right)$

$\int \frac{dx}{a^2-x^2} = \frac{1}{2a} \cdot \ln\left|\frac{a+x}{a-x}\right|$

$\int \frac{x\,dx}{a^2-x^2} = -\frac{1}{2} \cdot \ln|a^2-x^2|$

Im Folgenden: $a > 0$ und $|x| < a$

$\int \sqrt{(a^2-x^2)}\,dx$
$= \frac{1}{2}\left[x\sqrt{(a^2-x^2)} + a^2 \cdot \arcsin\left(\frac{x}{a}\right)\right]$

Im Folgenden: $a \neq 0$

$\int \sin(ax)\,dx = -\frac{\cos(ax)}{a}$

$\int \cos(ax)\,dx = \frac{\sin(ax)}{a}$

$\int \sin(ax) \cdot \cos(ax)\,dx = \frac{\sin^2(ax)}{2a}$

$\int \tan(ax)\,dx = -\frac{1}{a} \cdot \ln|\cos(ax)|$

$\int \cot(ax)\,dx = \frac{1}{a} \cdot \ln|\sin(ax)|$

$\int e^{ax}\,dx = \frac{1}{a} \cdot e^{ax}$

$\int \ln x\,dx = x \cdot (\ln x - 1)$

Hinweis: große Integraltafeln enthalten mehrere hundert Integrale

Differenzieren und Integrieren mit dem Taschenrechner

Mithilfe der Differenzier- bzw. Integriertaste kann die Steigung einer Kurve (1. Ableitung), bzw. die Fläche unter einer Kurve (bestimmtes Integral) berechnet werden.

- Zur Berechnung der Steigung wird die Funktion und der x-Wert des Punktes, für den die Steigung ermittelt werden soll, eingegeben,
- zur Bestimmung der Fläche wird die Funktion, sowie die untere und die obere Grenze (x-Werte) eingegeben.

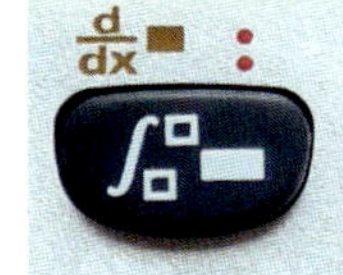

Beispiel: Steigung der Funktion $y = x^2$ für $x_1 = 2$

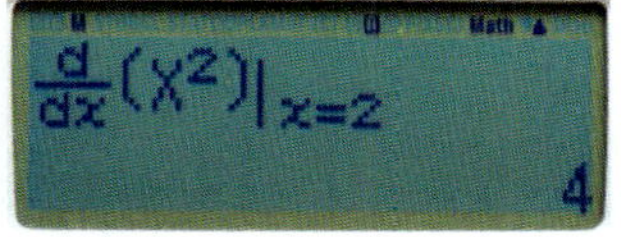

Ergebnis:
Die Funktion $y = x^2$ hat an der Stelle $x = 2$ die Steigung $m = 4$.

Die Variable x wird mit der Tastenkombination ALPHA + X eingegeben:

Beispiel: Fläche zwischen der Funktion $y = x^2$ und der x-Achse in den Grenzen $x_1 = 2$ und $x_2 = 4$.

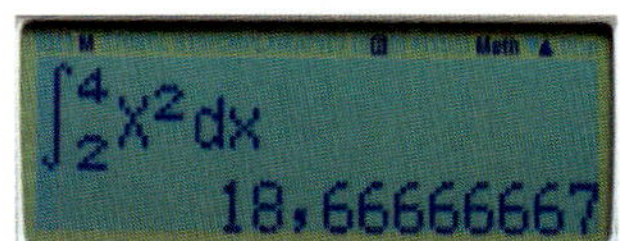

Ergebnis:
Die Fläche unter $y = x^2$ in den Grenzen $x_1 = 2$ und $x_2 = 4$ beträgt $A = 18{,}67$ Einheiten.

1.16 Fourierreihen

Fourieranalyse, Prinzip

Periodische Wechselgrößen

Sinusförmige Wechselgrößen stellen eine Idealform dar. In der Praxis sind rein sinusförmige Verläufe von Spannungen und Ströme aber selten anzutreffen. Dies vor allem, weil sinusförmige Größen durch nichtlineare Bauteile, wie z.B. Dioden oder gesättigte Eisenkerne, mehr oder weniger stark verzerrt werden. Auch werden in vielen Fällen bewusst nichtsinusförmige Größen, wie z.B. Rechteck- oder Sägezahnspannungen eingesetzt.
Diese nichtsinusförmigen Größen lassen sich mit den bekannten Gesetzen der Wechselstromtechnik berechnen, wenn sie mit der so genannten Fourier-Analyse in sinusförmige Schwingungen zerlegt werden.

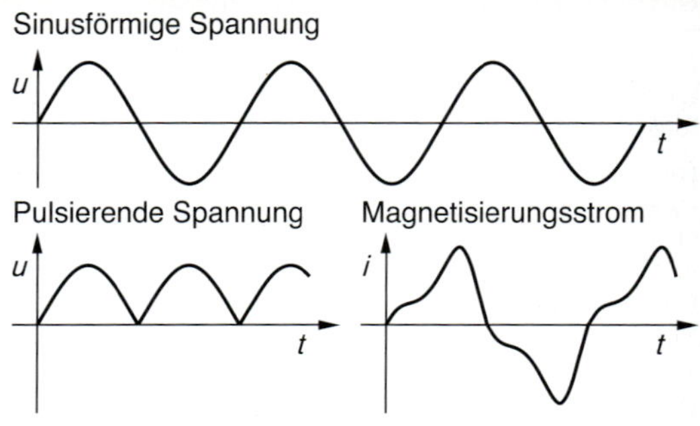

Zerlegung nichtsinusförmiger Größen

Nichtsinusförmige, aber periodische Wechselgrößen können nach einem von dem französischen Mathematiker J.B.J. Fourier (1768-1830) entdeckten Verfahren in eine unendliche Reihe elementarer Sinus- und Kosinusschwingungen (Fourier-Reihe) zerlegt werden. Diese Reihe besteht aus einer Grundschwingung und unendlich vielen Oberschwingungen. Die Frequenz der Oberschwingungen beträgt ein ganzzahliges Vielfaches k der Frequenz der Grundschwingung. Die Grundschwingung wird meist auch „1. Harmonische", die Oberschwingungen 2., 3. usw. Harmonische genannt.
Im Beispiel wird die Zerlegung einer Rechteckspannung qualitativ gezeigt. Dabei sind von den unendlich vielen Schwingungen die Grundschwingung und zwei Oberschwingungen dargestellt.

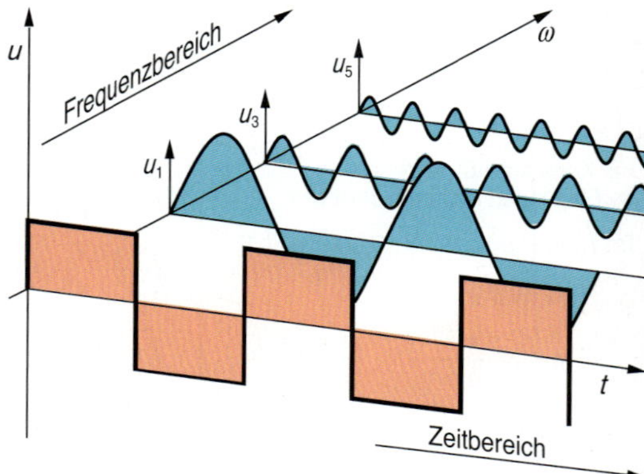

Darstellungsformen

Wird eine nichtsinusförmige, aber periodische Schwingung mithilfe der Fourier-Analyse in Grund- und Oberschwingungen („Harmonische") zerlegt, so können die Teilschwingungen auf zwei Arten dargestellt werden.

1. Liniendiagramm
Die naheliegende Möglichkeit ist das Aufzeichnen der Teilschwingungen als Liniendiagramme. Diese Darstellung ist anschaulich und ermöglicht eine grafische Addition der Teilschwingungen. Im Beispiel sind die Grundschwingung sowie die 3., 5. und 7. Harmonische einer Rechteckschwingung dargestellt. Die Addition der vier Schwingungen ergibt bereits ein gut angenähertes Rechteck.

2. Amplitudenspektrum
Mit weniger Zeichenaufwand kann das Amplituden-Spektrum dargestellt werden. Dabei wird für die Grundfrequenz und alle Vielfachen k die jeweils zugehörige Amplitude als Linie aufgetragen (Linienspektrum). Auf der waagrechten Achse kann die Frequenz (f, w) oder die auf die Grundfrequenz normierte Frequenz k aufgetragen werden. Das Amplitudenspektrum ist für den Ungeübten weniger anschaulich, es zeigt aber sehr deutlich die Gewichtung der Einzelschwingungen. Der Oberschwingungsgehalt (Klirrfaktor) lässt sich mit Hilfe des Frequenzspektrums einfach berechnen.

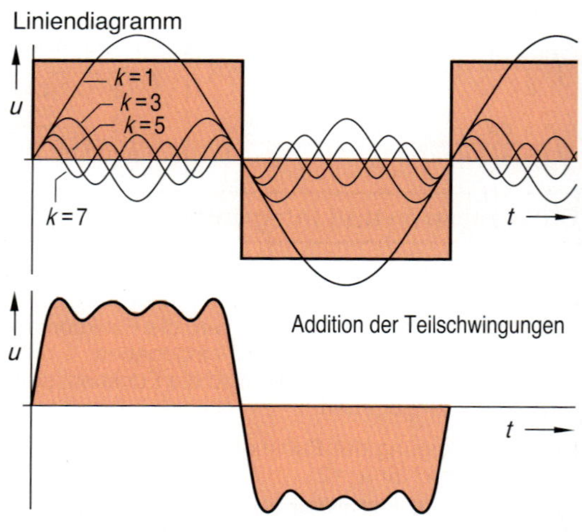

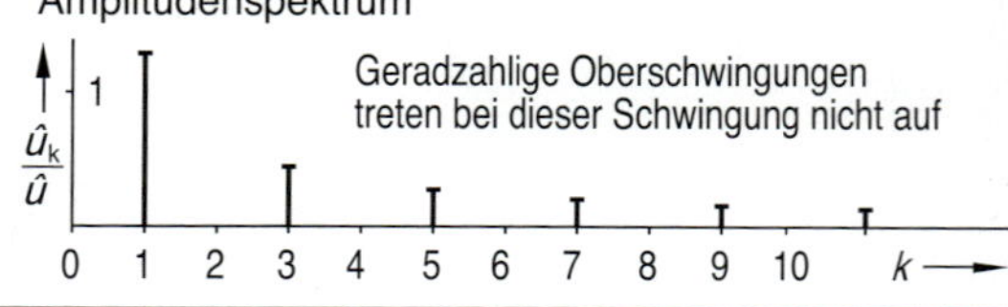

1.16 Fourierreihen

Fourier-Analyse wichtiger Funktionen

Kurvenform	Fourier-Reihe	Amplituden-Spektrum
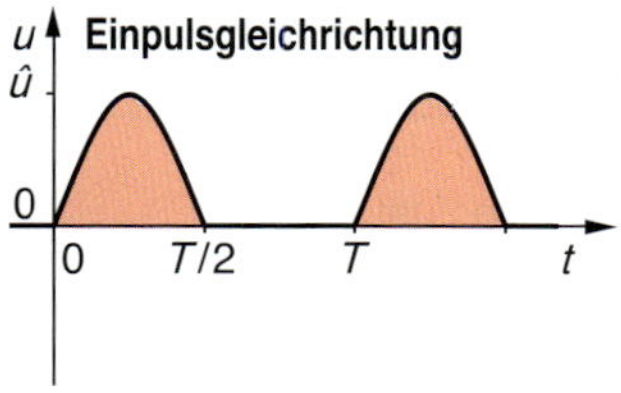u û 0 Einpulsgleichrichtung 0 T/2 T t	$u(t) = \frac{\hat{u}}{\pi} + \frac{\hat{u}}{2}\sin(\omega_1 t) - \frac{2\hat{u}}{\pi}\left[\frac{1}{1\cdot 3}\cos(2\omega_1 t) + \frac{1}{3\cdot 5}\cos(4\omega_1 t) + \frac{1}{5\cdot 7}\cos(6\omega_1 t) + \ldots\right]$	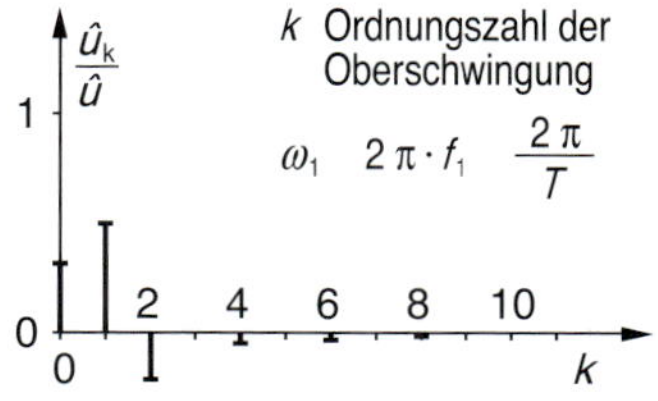û_k / û k Ordnungszahl der Oberschwingung ω1 2π·f1 2π/T 1 0 0 2 4 6 8 10 k
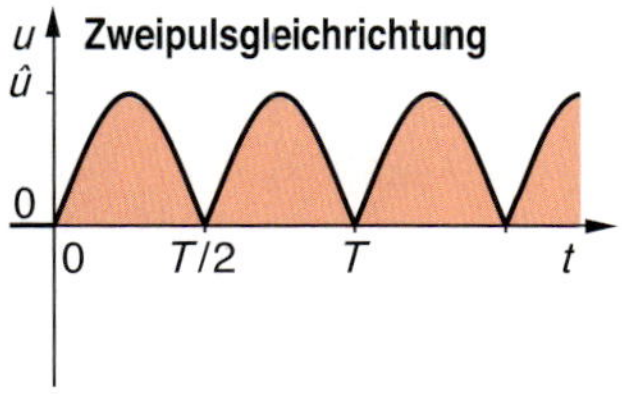u û 0 Zweipulsgleichrichtung 0 T/2 T t	$u(t) = \frac{2\hat{u}}{\pi} - \frac{4\hat{u}}{\pi}\left[\frac{1}{1\cdot 3}\cos(2\omega_1 t) + \frac{1}{3\cdot 5}\cos(4\omega_1 t) + \frac{1}{5\cdot 7}\cos(6\omega_1 t) + \ldots\right]$	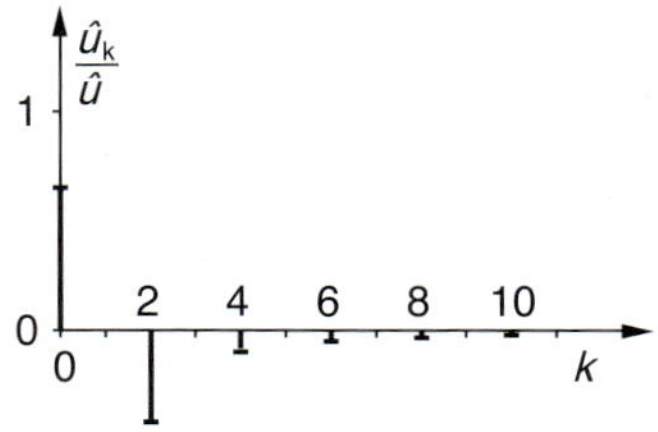û_k / û 1 0 0 2 4 6 8 10 k
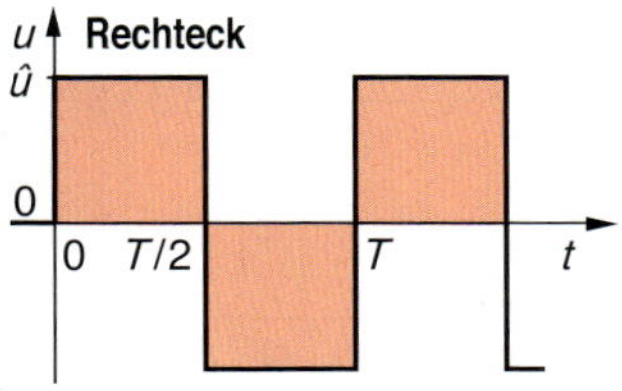u û 0 Rechteck 0 T/2 T t	$u(t) = \frac{4\hat{u}}{\pi}\left[\sin(\omega_1 t) + \frac{1}{3}\sin(3\omega_1 t) + \frac{1}{5}\sin(5\omega_1 t) + \frac{1}{7}\sin(7\omega_1 t) + \ldots\right]$	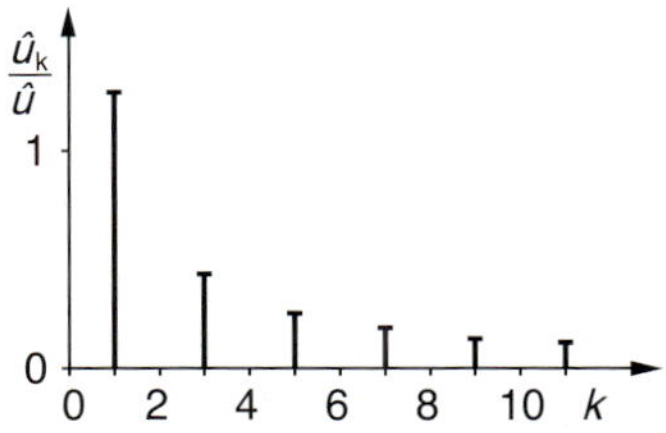û_k / û 1 0 0 2 4 6 8 10 k
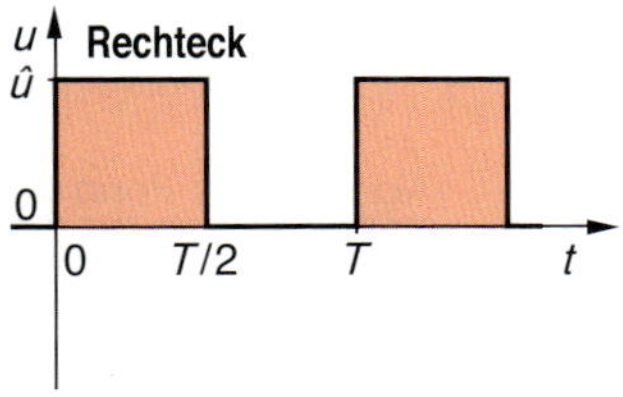u û 0 Rechteck 0 T/2 T t	$u(t) = \frac{\hat{u}}{2} + \frac{2\hat{u}}{\pi}\left[\sin(\omega_1 t) + \frac{1}{3}\sin(3\omega_1 t) + \frac{1}{5}\sin(5\omega_1 t) + \frac{1}{7}\sin(7\omega_1 t) + \ldots\right]$	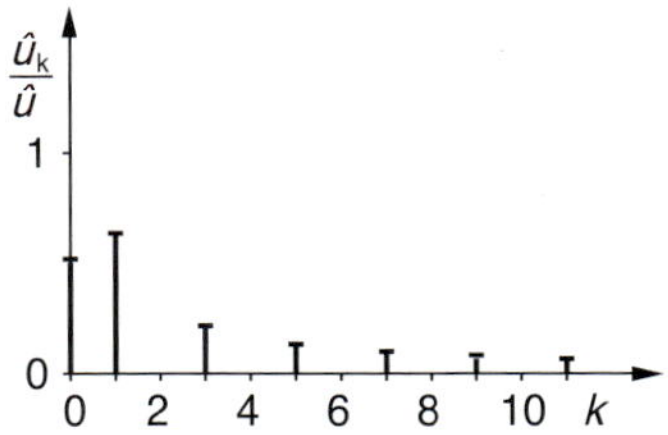û_k / û 1 0 0 2 4 6 8 10 k
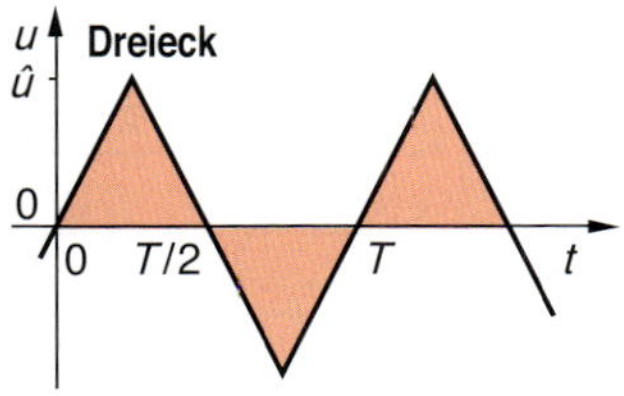u û 0 Dreieck 0 T/2 T t	$u(t) = \frac{8\hat{u}}{\pi^2}\left[\frac{1}{1^2}\sin(\omega_1 t) - \frac{1}{3^2}\sin(3\omega_1 t) + \frac{1}{5^2}\sin(5\omega_1 t) - \frac{1}{7^2}\sin(7\omega_1 t) + - \ldots\right]$	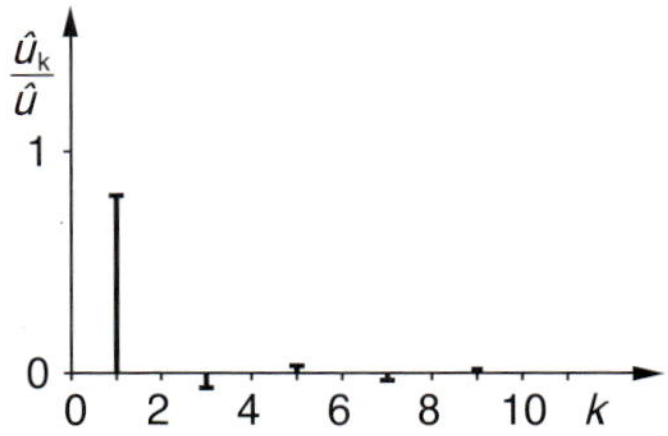û_k / û 1 0 0 2 4 6 8 10 k
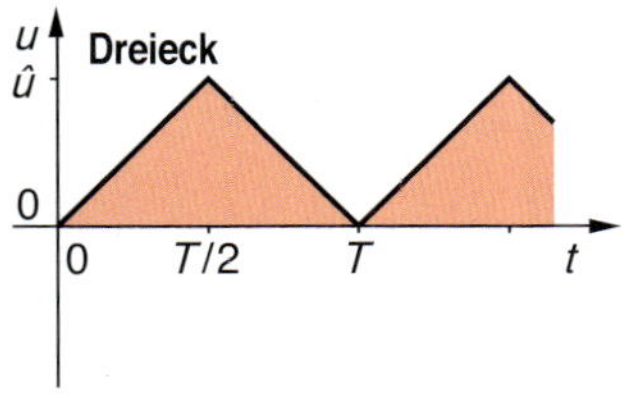u û 0 Dreieck 0 T/2 T t	$u(t) = \frac{\hat{u}}{2} - \frac{4\hat{u}}{\pi^2}\left[\frac{1}{1^2}\cos(\omega_1 t) + \frac{1}{3^2}\sin(3\omega_1 t) + \frac{1}{5^2}\sin(5\omega_1 t) + \ldots\right]$	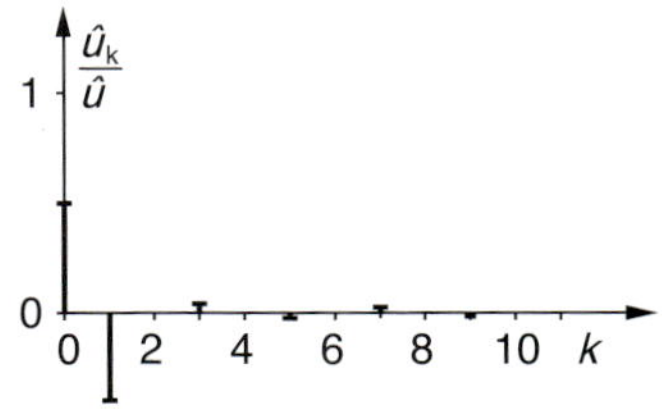û_k / û 1 0 0 2 4 6 8 10 k

1.17 Komplexe Rechnung

Komplexe Zahlen

Reelle und imaginäre Zahlen

Die Menge aller in der Mathematik benutzen Zahlen kann in zwei große Gruppen, die reellen und die imaginären Zahlen, eingeteilt werden.
Die Gruppe der reellen Zahlen umfasst alle „tatsächlich vorkommenden" Zahlen, nämlich
1. die rationalen Zahlen, z.B. 1, 2, 3,
2. die algebraisch irrationalen Zahlen, z.B. $\sqrt{3}$,
3. die transzendent irrationalen Zahlen, z.B. π, tan 31°.

Reelle Zahlen werden auf einer waagrechten Geraden, der reellen Zahlengeraden, dargestellt.
Die imaginären Zahlen (imaginär: eingebildet, nur in der Vorstellung existierend) sind sozusagen künstlich erzeugte Zahlen. Sie entstehen aus der Bestimmungsgleichung $j^2 = -1$. Die imaginäre Zahl j ist demnach die Zahl, die mit sich selbst multipliziert -1 ergibt. (In der Mathematik wird die imaginäre Einheit mit i bezeichnet).
Imaginäre Zahlen werden auf einer senkrechten Geraden, der imaginären Zahlengeraden, dargestellt.

Reelle Zahlengerade

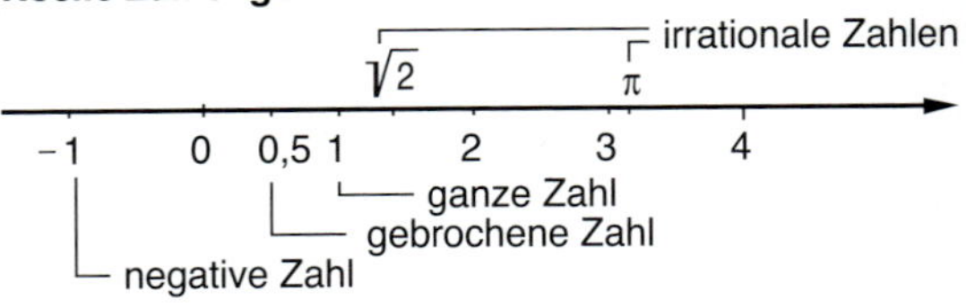

Imaginäre Zahlengerade

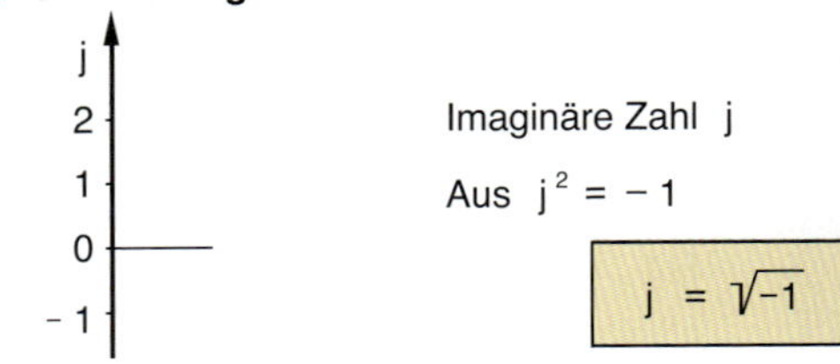

Komplexe Zahlenebene

Reelle und imaginäre Zahlen können addiert werden. Als Ergebnis erhält man eine so genannte komplexe Zahl z der Form $\underline{z} = a + j \cdot b$. Dabei ist a der reelle und b der imaginäre Anteil, der Unterstrich deutet an, dass es sich um eine komplexe Zahl handelt.
Komplexe Zahlen werden in einer komplexen Zahlenebene dargestellt. Diese Ebene wird durch eine waagrechte reelle Zahlengerade (reelle Achse) und eine senkrechte imaginäre Zahlengerade (imaginäre Achse) aufgespannt. Nach dem deutschen Mathematiker Karl Friedrich Gauß (1777-1855) wird sie auch als gaußsche Zahlenebene bezeichnet.

Beispiel:

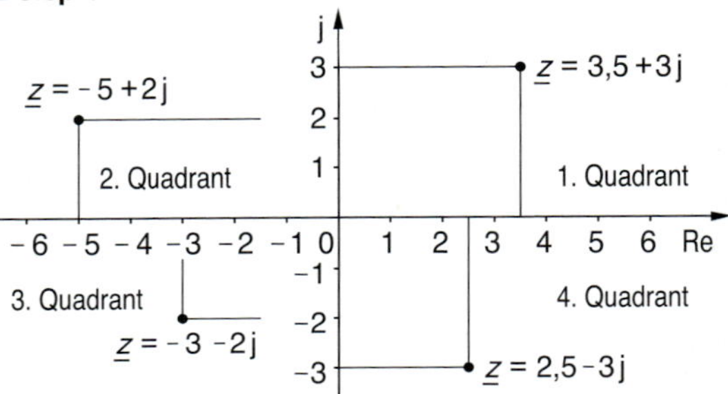

Darstellungsformen

Komplexe Zahlen haben einen Real- und einen Imaginärteil. Sie können in 4 Formen dargestellt werden:
1. In der algebraischen Form wird die komplexe Zahl als Summe von Real- und Imaginärteil dargestellt.
2. In der trigonometrischen Form wird der komplexen Zahl ein Zeiger mit der Länge r und dem Winkel φ gegen die reelle Achse zugeordnet; die komplexe Zahl wird in Polarkoordinaten beschrieben.
3. Die Exponentialform ist eine weitere Möglichkeit der Beschreibung in Polarkoordinaten; der Ausdruck $e^{j\varphi}$ wird dabei als Dreh- oder Winkelfaktor bezeichnet.
4. Die Versorform ist eine verkürzte Schreibweise des Winkelfaktors; es gilt: $e^{j\varphi} = \underline{/\varphi}$, lies „Versor φ".

Alle Darstellungsformen sind ineinander umwandelbar.

Komplexe Zahlenebene

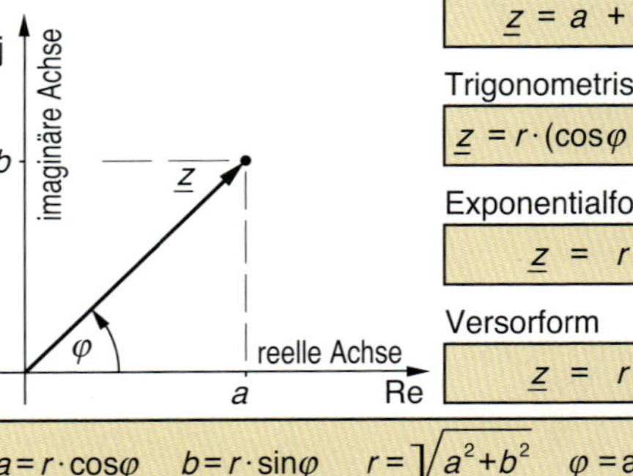

Algebraische Form

$$\underline{z} = a + j \cdot b$$

Trigonometrische Form

$$\underline{z} = r \cdot (\cos\varphi + j \cdot \sin\varphi)$$

Exponentialform

$$\underline{z} = r \cdot e^{j\varphi}$$

Versorform

$$\underline{z} = r \underline{/\varphi}$$

$$a = r \cdot \cos\varphi \quad b = r \cdot \sin\varphi \quad r = \sqrt{a^2 + b^2} \quad \varphi = \arctan\frac{b}{a}$$

Konjugiert komplexe Zahlen

Zu jeder komplexen Zahl $\underline{z}$ gibt es eine Zahl $\underline{z}^*$, die spiegelbildlich zur reellen Achse liegt; die beiden Zahlen sind zueinander konjugiert komplex.
Zwei konjugiert komplexe Zahlen unterscheiden sich nur im Vorzeichen ihres Imaginärteiles.
Konjugiert komplexe Zahlen werden z.B. zur komplexen Berechnung der elektrischen Leistung eingesetzt.

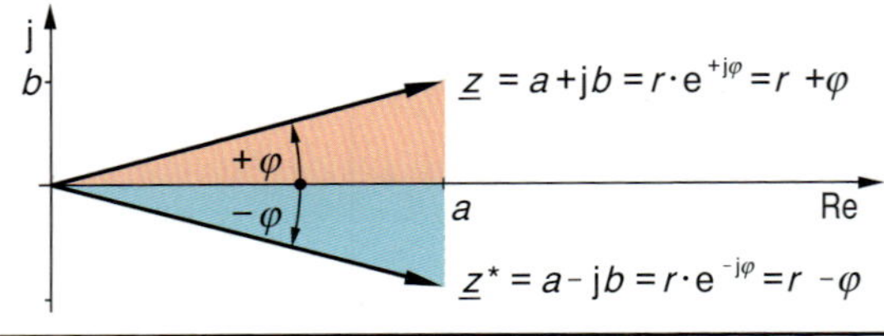

Rechnen mit komplexen Zahlen

Addition und Subtraktion

Zur Addition bzw. Subtraktion müssen die komplexen Zahlen in ihrer algebraischen Form vorliegen. Die Addition bzw. Subtraktion erfolgt, indem man die Real- und die Imaginärteile jeweils für sich getrennt addiert bzw. subtrahiert. Das Ergebnis kann bei Bedarf in die Versorform umgewandelt werden.
Geometrisch entspricht die Addition bzw. Subtraktion zweier komplexer Zahlen der Addition bzw. Subtraktion von zwei Zeigern. Die Addition bzw. Subtraktion kann nach der „Parallelogrammregel" oder durch Verschieben der Zeiger erfolgen.

Berechnung

$$\underline{z}_1 \pm \underline{z}_2 = (a_1 + \mathrm{j}\,b_1) \pm (a_2 + \mathrm{j}\,b_2) = (a_1 \pm a_2) + \mathrm{j}\,(b_1 \pm b_2)$$

Zeigerdarstellung

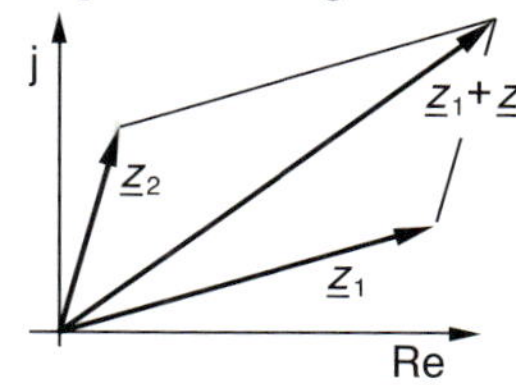

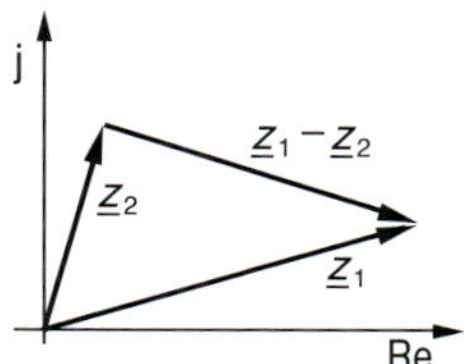

Multiplikation und Division

Für die Multiplikation sollten die komplexen Zahlen sinnvollerweise in ihrer Exponential- oder Versorform vorliegen. Die Multiplikation zweier komplexer Zahlen erfolgt, indem ihre Beträge multipliziert und ihre Winkel (Argumente) addiert werden. Bei der Division wird der Betrag des Zählers durch den Betrag des Nenners geteilt. Der Winkel des Nenners wird vom Winkel des Zählers subtrahiert.
Geometrisch entspricht die Multiplikation zweier komplexer Zahlen der Drehstreckung des ersten Zeigers, d.h. der erste Zeiger r_1 wird auf das r_2-fache gestreckt und um den Winkel φ_2 gedreht. Die Drehung erfolgt im Gegenuhrzeigersinn, wenn φ_2 positiv ist; sie erfolgt im Uhrzeigersinn, wenn φ_2 negativ ist.
Die Multiplikation von komplexen Zahlen kann auch in algebraischer Form erfolgen; dabei wird jedes Glied der ersten Zahl mit jedem Glied der zweiten Zahl multipliziert. Zu beachten ist, dass $\mathrm{j}^2 = -1$ ist.

Berechnung

Exponentialform

$$r_1 \cdot \mathrm{e}^{\mathrm{j}\varphi 1} \cdot r_2 \cdot \mathrm{e}^{\mathrm{j}\varphi 2} = r_1 \cdot r_2 \cdot \mathrm{e}^{\mathrm{j}(\varphi 1 + \varphi 2)}$$

$$\frac{r_1 \cdot \mathrm{e}^{\mathrm{j}\varphi 1}}{r_2 \cdot \mathrm{e}^{\mathrm{j}\varphi 2}} = \frac{r_1}{r_2} \cdot \mathrm{e}^{\mathrm{j}(\varphi 1 - \varphi 2)}$$

Versorform

$$r_1 \underline{/\varphi_1} \cdot r_2 \underline{/\varphi_2} = r_1 \cdot r_2 \, \underline{/\varphi_1 + \varphi_2}$$

$$\frac{r_1 \underline{/\varphi_1}}{r_2 \underline{/\varphi_2}} = \frac{r_1}{r_2} \, \underline{/\varphi_1 - \varphi_2}$$

Komplexe Berechnungen mit dem Taschenrechner

Schreibweise: In der Elektrotechnik wird die imaginäre Zahl üblicherweise mit **j**, der Winkel mit $\boldsymbol{\varphi}$ bezeichnet. In der Mathematik und bei Taschenrechnern werden die Bezeichnungen **i** und $\boldsymbol{\Theta}$ bevorzugt.

Für Rechnungen mit komplexen Zahlen muss zuerst mithilfe der MODE-Taste und des Cursors der Komplex-Modus (CMPLX) eingestellt werden.

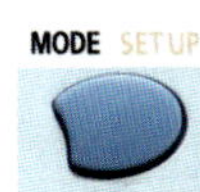

1:COMP 2:STAT
3:TABLE 4:DIST
5:EQN 6:MATRIX
7:INEQ 8:VECTOR

Die Eingabe der komplexen Zahlen kann in kartesischen Koordinaten $a+b\cdot\mathrm{i}$ (algebraische Form) erfolgen oder in Polarkoordinaten $r\underline{/\Theta}$ (trigonometrische Form, Versorform).

Die gewünschte Form der Ausgabe wird über das Setup-Menü eingestellt.

1:Mth2D 2:Linear
3:Deg 4:Rad
5:Gra 6:Fix
7:Sci 8:Norm

1:ab/c 2:d/c
3:CMPLX 4:STAT
5:PerD 6:AbAut
7:◂KNTR▸

1:arg 2:Conjg
3:▸r∠θ 4:▸a+bi

Beispiel:
$20 + 15\mathrm{i} + 30\underline{/35°}$

Eingabe über die Imaginär-Taste und die Versor-Taste

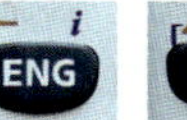

Die Anzeige des Ergebnisses kann in algebraischer oder in Versorform erfolgen, jeweils Real- und Imaginärteil.

Ergebnis
in algebraischer Form

Umschalten über das CMPLX-Menü

1:arg 2:Conjg
3:▸r∠θ 4:▸a+bi

Ergebnis
in Versorform

Ans▸r∠θ
54,99∠35,85

1.18 Zahlensysteme

Zahlensysteme

Um mit einer begrenzten Menge von Ziffern (Ziffernvorrat z.B. 0 bis 9) jede beliebige Zahl darstellen zu können, müssen die Ziffern in einem Zahlensystem sinnvoll geordnet werden.
Die üblichen Zahlensysteme sind Stellenwertsysteme, d.h. der Wert der Ziffer ist abhängig von ihrer Stellung in der Gesamtzahl.
Das wichtigste Zahlensystem für den täglichen Gebrauch ist das Dezimalsystem. In der Digitaltechnik wird vor allem das Dualsystem, in der Datentechnik das Oktal- und Hexadezimalsystem eingesetzt.

Zahlensysteme, Beispiel

	5. Stelle	4. Stelle	3. Stelle	2. Stelle	1. Stelle	Kennzeichnung des Systems	
Dezimalzahl	**7**	**5**	**0**	**2**	**3**	(10)	Ziffernvorrat 0,1,..9
Dualzahl	**1**	**0**	**1**	**1**	**0**	(2)	Ziffernvorrat 0 und 1
Hexadezimalz.	**F**	**B**	**2**	**7**	**A**	(16)	Ziffernvorrat 0,1,..9, A...F

Dezimalsystem

Das Dezimalsystem (Zehnersystem) beruht auf der Grundzahl 10 (Basis 10). Der Wert einer beliebigen ganzen Zahl wird durch die zehn Ziffern 0, 1, 2... 9 dargestellt, der Ziffernvorrat ist 10. Steht die Ziffer an erster Stelle, so ist ihr Stellenwert 1, an zweiter Stelle hat sie den Stellenwert 10, an dritter Stelle 100, an vierter Stelle 1000 usw.
Der Stellenwert einer Ziffer wird als Potenz geschrieben, die Stelle gibt dabei die Hochzahl an: die erste Stelle die Hochzahl 0, die zweite Stelle die Hochzahl 1, die dritte Stelle die Hochzahl 2 usw. Grundzahl ist die Zahl 10.

Dezimalsystem

Stelle	6	5	4	3	2	1
Wert	100 000	10 000	1000	100	10	1
	10^5	10^4	10^3	10^2	10^1	10^0

Beispiel:

$\mathbf{78054}_{10}$

bedeutet: **7** · 10000 + **8** · 1000 + **0** · 100 + **5** · 10 + **4** · 1

bzw.: $\mathbf{7} \cdot 10^4 + \mathbf{8} \cdot 10^3 + \mathbf{0} \cdot 10^2 + \mathbf{5} \cdot 10^1 + \mathbf{4} \cdot 10^0$

Dualsystem

Das Dualsystem (Zweiersystem, Binärsystem) beruht auf der Grundzahl 2 (Basis 2). Der Wert einer beliebigen ganzen Zahl wird durch die zwei Ziffern 0 und 1 dargestellt; der Ziffernvorrat ist 2.
Wie beim Dezimalsystem ist die Position einer Ziffer für ihren Wert entscheidend. Steht die Ziffer an erster Stelle, so hat sie den Stellenwert 1 (2^0), an zweiter Stelle hat sie den Stellenwert 2 (2^1), an dritter Stelle den Wert 4 (2^2), an vierter Stelle den Wert 8 (2^3) usw.

Dualzahlen werden ähnlich wie Dezimalzahlen Stelle um Stelle addiert bzw. subtrahiert. Dabei gilt:

0 + 0 = 0	0 - 0 = 0	
0 + 1 = 1	0 - 1 = 1	Entleihung 1
1 + 0 = 1	1 - 0 = 1	
1 + 1 = 0 Übertrag 1	1 - 1 = 0	

Dualsystem

Stelle	6	5	4	3	2	1
Wert	32	16	8	4	2	1
	2^5	2^4	2^3	2^2	2^1	2^0

Beispiel:

$\mathbf{10111}_2$

bedeutet: **1** · 16 + **0** · 8 + **1** · 4 + **1** · 2 + **1** · 1

bzw.: $\mathbf{1} \cdot 2^4 + \mathbf{0} \cdot 2^3 + \mathbf{1} \cdot 2^2 + \mathbf{1} \cdot 2^1 + \mathbf{1} \cdot 2^0$

Addition, Beispiel:

```
  111 0110
+  11 0101
   1   1    Übertrag
----------
 1010 1011
```

Subtraktion, Beispiel:

```
  111 0110
-  11 0101
        1   Entleihung
----------
  100 0001
```

Umwandeln von Zahlen

Dezimal- und Dualzahlen müssen häufig ineinander umgewandelt werden, z.B. um Computerprogramme schreiben und lesen zu können.

Das Umwandeln einer Dezimalzahl in eine gleichwertige Dualzahl erfolgt in zwei Schritten:

1. Die Dezimalzahl wird fortlaufend bis zum Ergebnis 0 durch 2 geteilt. Der Teilungsrest (Modulo) wird notiert.
2. Die Teilungsreste, von unten nach oben gelesen, ergeben die Dualzahl.

Das Umwandeln einer Dualzahl in eine Dezimalzahl erfolgt ebenfalls in zwei Schritten:

1. Der Wert jeder Stelle, die eine 1 enthält, wird bestimmt.
2. Die Summe aller Werte ergibt die Dezimalzahl.

Beispiel: 37_{10} ist in eine Dualzahl umzuwandeln.

37 : 2 = 18 Rest **1**
18 : 2 = 9 Rest **0**
9 : 2 = 4 Rest **1**
4 : 2 = 2 Rest **0**
2 : 2 = 1 Rest **0**
1 : 2 = 0 Rest **1**

↑ Leserichtung

Lösung:
$37_{10} = 100101_2$

Beispiel: 110101_2 ist in eine Dezimalzahl umzuwandeln.

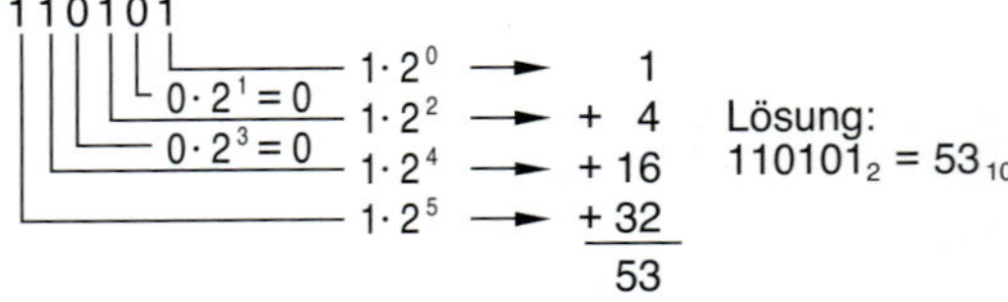

Lösung:
$110101_2 = 53_{10}$

Hexadezimal- und Oktalsystem

Zahlensysteme können im Prinzip auf jeder beliebigen Grundzahl aufgebaut sein. In der Praxis sind außer dem Zehnersystem (Grundzahl 10) und dem Dualsystem (Grundzahl $2^1=2$) das Oktalsystem (Grundzahl $2^3=8$) und das Hexadezimalsystem (Grundzahl $2^4=16$) von Bedeutung.

Oktalsystem

Das Oktal-System beruht auf der Grundzahl 8.
Der Wert einer beliebigen Zahl wird durch die acht Ziffern 0, 1,...7 dargestellt, der Ziffernvorrat ist somit 8.
Steht die Ziffer an erster Stelle (ganz rechts), so ist ihr Stellenwert 1 (8^0), an zweiter Stelle hat sie den Stellenwert 8 (8^1), an dritter Stelle 64 (8^2), an vierter Stelle 512 (8^3), an fünfter Stelle 4096 (8^4) usw.
Oktalzahlen dienen zur Kurzdarstellung von Dualzahlen. Dabei werden immer drei Dualziffern zu einer Oktalziffer ($2^3=8$) zusammengefasst.

Oktalsystem

Stelle	6	5	4	3	2	1
Wert	32 768	4096	512	64	8	1
	8^5	8^4	8^3	8^2	8^1	8^0

Beispiel:

7 3 0 5 4 $_8$

bedeutet: **7** · 4096 + **3** · 512 + **0** · 64 + **5** · 8 + **4** · 1

bzw.: $\mathbf{7}\cdot 8^4 + \mathbf{3}\cdot 8^3 + \mathbf{0}\cdot 8^2 + \mathbf{5}\cdot 8^1 + \mathbf{4}\cdot 8^0$

Hexadezimalsystem (Sedezimalsystem)

Das Hexadezimal-System beruht auf der Grundzahl 16.
Der Wert einer beliebigen Zahl wird durch die 16 Ziffern 0, 1,...9 und A (entspricht 10), B (11), C (12), D (13), E (14), F (15) dargestellt, der Ziffernvorrat ist somit 16.
Steht die Ziffer an erster Stelle, so ist ihr Stellenwert 1 (16^0), an zweiter Stelle hat sie den Stellenwert 16 (16^1), an dritter Stelle 256 (16^2), an vierter Stelle 4096 (16^3) usw.
Hex-Zahlen dienen wie Oktalzahlen zur Kurzdarstellung von Dualzahlen. Dabei werden immer vier Dualziffern zu einer Hex-Ziffer ($2^4=16$) zusammengefasst.

Hexadezimalsystem

Stelle	6	5	4	3	2	1
Wert	1048576	65536	4 096	256	16	1
	16^5	16^4	16^3	16^2	16^1	16^0

Beispiel:

9 A F 5 $_{16}$

bedeutet: **9** · 4096 + **10** · 512 + **15** · 16 + **5** · 1

bzw.: $\mathbf{9}\cdot 16^3 + \mathbf{10}\cdot 16^2 + \mathbf{15}\cdot 16^1 + \mathbf{5}\cdot 16^0$

Dual-, Oktal-, Hex-System

Oktal- und Hex-System können als Kurzschreibweise des Dualsystems angesehen werden, denn eine Oktalziffer ersetzt drei Dualziffern (Binärziffern) und eine Hexadezimalziffer ersetzt vier Dualziffern.
Dualzahlen als Grundlage der elektronischen Datenverarbeitung lassen sich im Oktal- bzw. Hexadezimalsystem platzsparend und übersichtlich darstellen.

Beispiele:

1. Dezimal- → Dual- → Oktalsystem
   500_{10} → 111 110 100_2 → 764_8
2. Dezimal- → Dual- → Hexadezimals.
   500_{10} → 0001 1111 0100_2 → $1F4_H$

Berechnungen mit dem Taschenrechner

Zum Rechnen in verschiedenen Zahlensystemen (Basis 2, 8, 10 oder 16) wird mithilfe der MODE-Taste das BASE-Menü aufgerufen.
Mit den Tasten DEC (Dezimalsystem), HEX (Hexadezimalsystem, BIN (Dualsystem) bzw. OCT (Oktalsystem) kann die gewünschte Basis eingestellt werden.
Mit den Tasten A...F können die entsprechenden Ziffern des Hex-Systems eingegeben werden.

Eingabe der gewünschten Basis

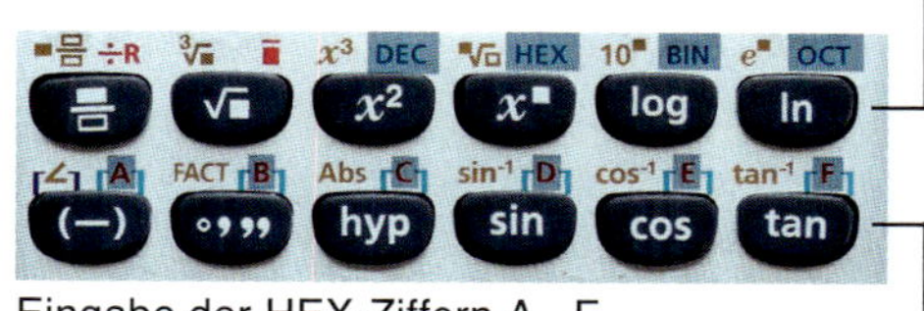

Eingabe der HEX-Ziffern A...F

Beispiel:
Umwandlung der Dezimalzahl 500 in eine Dual-, Oktal- und eine Hexadezimalzahl

Eingabe im Dezimalmodus

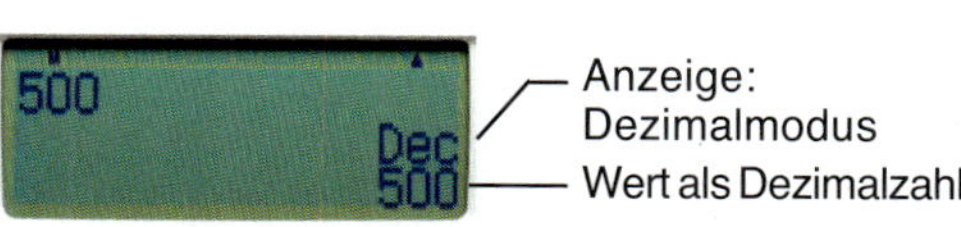

Anzeige: Dezimalmodus

Wert als Dezimalzahl

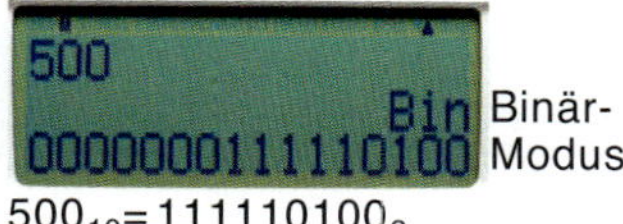

Binär-Modus

$500_{10}=111110100_2$

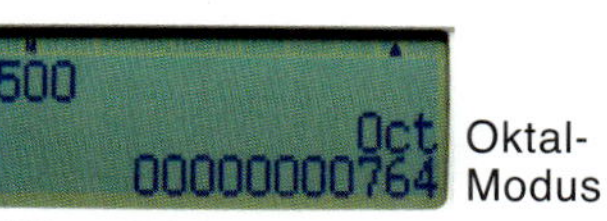

Oktal-Modus

$500_{10}=764_8$

Hex-Modus

$500_{10}=1F4_{16}$

1.19 Umformen von Gleichungen

Umformen von Gleichungen

In Gleichungen und technischen Formeln sind die gesuchten Variablen häufig „implizit“ enthalten, d.h. die gesuchte Variable ist in der gegebenen Gleichung „versteckt“, eventuell auch mehrfach enthalten.
Beispiel: Die gesuchte Variable ϑ ist in der Gleichung $R_w = R_k \cdot (1 + \alpha \cdot \Delta\vartheta)$ implizit enthalten. Um die gesuchte Größe $\Delta\vartheta$ berechnen zu können, muss die gegebene Gleichung (Formel) nach $\Delta\vartheta$ „aufgelöst“ werden.
Das Umformen (Auflösen) von Gleichungen nach einer gesuchten Größe gehört zu den häufigsten Aufgaben der technischen Mathematik.
Beim Umformen gilt: Beide Seiten einer Gleichung müssen gleich behandelt werden!

Addition und Subtraktion

Problem:
$x + a + b = c + d$ ist nach x aufzulösen

1. Lösung: $x + a + b - a - b = c + d - a - b$

$$x = c + d - a - b$$

Auf beiden Seiten der Gleichung wird Gleiches addiert bzw. subtrahiert.

2. Lösung: $x + a + b = c + d - a - b$

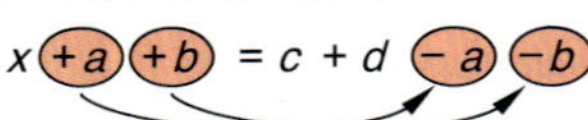

Störende Glieder werden auf die andere Seite der Gleichung geschoben, wobei das Vorzeichen geändert wird.

Beispiel:

Im obigen Netzwerk gilt laut Maschenregel:

$$-U + 12\,V + 8\,V - 5\,V = 0$$

dann ist: $U - 12\,V - 8\,V + 5\,V = 0$

und: $U = 12\,V + 8\,V - 5\,V = 15\,V$

Multiplikation und Division

Problem:
$x \cdot \frac{a}{b} = \frac{c}{d}$ ist nach x aufzulösen

1. Lösung: $x \cdot \frac{a}{b} \cdot \frac{b}{a} = \frac{c}{d} \cdot \frac{b}{a}$

$$x = \frac{c}{d} \cdot \frac{b}{a}$$

Auf beiden Seiten wird mit Gleichem multipliziert bzw. dividiert.

2. Lösung: $x \cdot \frac{a}{b} = \frac{c}{d} \cdot \frac{b}{a}$

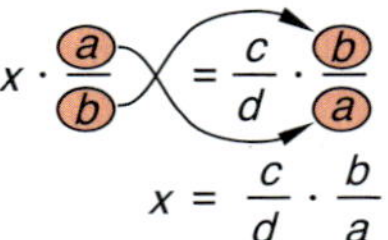

$$x = \frac{c}{d} \cdot \frac{b}{a}$$

Faktoren im Zähler werden auf die andere Seite in den Nenner, Faktoren im Nenner auf die andere Seite in den Zähler geschoben.

Beispiel:

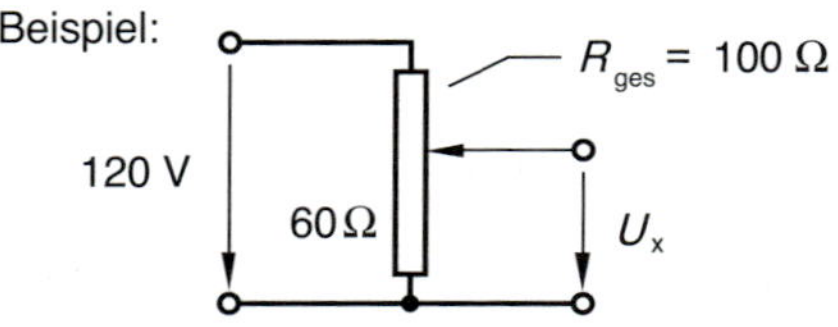

Im obigen Spannungsteiler gilt: $\frac{120\,V}{U_x} = \frac{100\,\Omega}{60\,\Omega}$

Kehrwert beider Seiten: $\frac{U_x}{120\,V} = \frac{60\,\Omega}{100\,\Omega}$

Daraus folgt: $U_x = \frac{60\,\Omega}{100\,\Omega} \cdot 120\,V = 72\,V$

Klammerausdrücke

Problem:
$a + b = c \cdot (x + d)$ ist nach x aufzulösen

1. Schritt: Seiten vertauschen

$$c \cdot (x + d) = a + b$$

2. Schritt: Klammer auflösen

$$c \cdot (x + d) = a + b$$

$$c \cdot x + c \cdot d = a + b$$

3. Schritt: störende Glieder nach rechts schieben

$$c \cdot x + c \cdot d = a + b$$

$$c \cdot x = a + b - c \cdot d$$

4. Schritt: gesuchte Größe isolieren

$$c \cdot x = a + b - c \cdot d$$

$$x = \frac{a + b - c \cdot d}{c}$$

Beispiel:

Wärmezufuhr

Temperaturerhöhung $\Delta\vartheta$

Kaltwiderstand $R_k = 60\,\Omega$
Warmwiderstand $R_w = 75\,\Omega$
Temperaturbeiwert $\alpha = 0{,}0004\,\frac{1}{K}$

Für den Warmwiderstand gilt: $R_w = R_k (1 + \alpha \cdot \Delta\vartheta)$
Die Temperaturerhöhung $\Delta\vartheta$ ist zu berechnen.

Lösung:

$R_w = R_k (1 + \alpha \cdot \Delta\vartheta)$	
$R_w = R_k + R_k \cdot \alpha \cdot \Delta\vartheta$	Klammer ausmultiplizieren
$R_w - R_k = R_k \cdot \alpha \cdot \Delta\vartheta$	R_k nach links
$R_k \cdot \alpha \cdot \Delta\vartheta = R_w - R_k$	Seiten tauschen
$\Delta\vartheta = \frac{R_w - R_k}{R_k \cdot \alpha}$	Gesuchte Größe $\Delta\vartheta$ isolieren
$\Delta\vartheta = \frac{75\,\Omega - 60\,\Omega}{60\,\Omega \cdot 0{,}004}\,K$	Zahlen einsetzen
$\Delta\vartheta = 62{,}5\,K = 62{,}5\,°C$	Ergebnis

Umformen von Gleichungen

Potenzieren und Wurzelziehen

Problem:

$x^n = a$ ist nach x aufzulösen

Lösung:

$$x^n = a$$
$$\sqrt[n]{x^n} = \sqrt[n]{a}$$
$$x = \sqrt[n]{a}$$

Auf beiden Seiten der Gleichung wird die n-te Wurzel gezogen. Das Wurzelziehen ist die erste Umkehrung des Potenzierens.

Problem:

$\sqrt[n]{x} = a$ ist nach x aufzulösen

Lösung:

$$\sqrt[n]{x} = a$$
$$\left(\sqrt[n]{x}\right)^n = (a)^n$$
$$x = a^n$$

Beide Seiten der Gleichung werden in die n-te Potenz erhoben. Das Potenzieren ist die Umkehrung des Wurzelziehens.

Beispiel:

Das Volumen einer Kugel beträgt $V = \frac{\pi}{6} \cdot d^3 = 1\,\text{m}^3$

Für den Kugeldurchmesser ergibt sich:

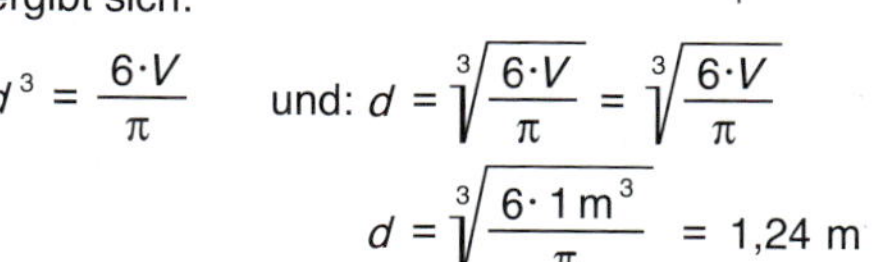

$$d^3 = \frac{6 \cdot V}{\pi} \quad \text{und: } d = \sqrt[3]{\frac{6 \cdot V}{\pi}} = \sqrt[3]{\frac{6 \cdot V}{\pi}}$$

$$d = \sqrt[3]{\frac{6 \cdot 1\,\text{m}^3}{\pi}} = 1{,}24\,\text{m}$$

Eingabe von Wurzeln und Potenzen beim Taschenrechner

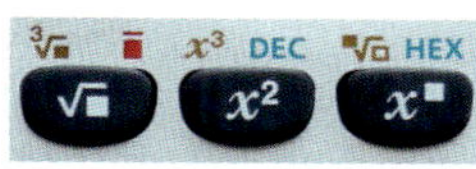

Potenzieren und Logarithmieren

Problem:

$a^x = b$ ist nach x aufzulösen

Lösung:

$$a^x = b$$
$$\ln a^x = \ln b$$
$$x \cdot \ln a = \ln b$$
$$x = \frac{\ln b}{\ln a}$$

oder:

$$\lg a^x = \lg b$$
$$x = \frac{\lg b}{\lg a}$$

Beide Seiten der Gleichung werden logarithmiert (mit Basis e (ln) oder mit Basis 10 (lg)). Das Logarithmieren ist die zweite Umkehrung des Potenzierens. x wird mit der "Hut-ab"-Regel bestimmt.

Sonderfälle:

$e^x = b \longrightarrow x = \ln b$

$10^x = b \longrightarrow x = \lg b$

Problem:

$\ln x = a$ und $\lg x = a$ sind nach x aufzulösen

Lösung:

$$\ln x = a$$
$$x = e^a$$

$$\lg x = a$$
$$x = 10^a$$

Das Potenzieren ist die Umkehrung des Logarithmierens.

Beispiel:

Die Kondensatorspannung steigt nach der Funktion:

$u_C = U(1 - e^{-\frac{t}{\tau}})$

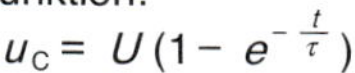

Zu berechnen ist die Zeit t, nach der die Kondensatorspannung u_C auf $0{,}5 \cdot U$ angestiegen ist.

Lösung:

$$\tau = R \cdot C = 5 \cdot 10^3\,\Omega \cdot 1 \cdot 10^{-6}\,\frac{\text{s}}{\Omega} = 5 \cdot 10^{-3}\,\text{s} = 5\,\text{ms}$$

Aus $\quad u_C = U(1 - e^{-\frac{t}{\tau}})$

folgt: $\quad e^{-\frac{t}{\tau}} = \frac{U - u_C}{U} = \frac{U - 0{,}5 \cdot U}{U} = 0{,}5$

Hut ab: $\quad \ln e^{-\frac{t}{\tau}} = -\frac{t}{\tau} \cdot \ln e = -\frac{t}{\tau} \cdot 1 = \ln 0{,}5$

$$t = -\tau \cdot \ln 0{,}5 = -5\,\text{ms} \cdot (-0{,}693) \approx 3{,}5\,\text{ms}$$

Eingabe der Logarithmusfunktion: log = Zehnerlogarithmus (Basis 10), ln = natürlicher Logarithmus (Basis e)

Winkel und Winkelfunktionen

Problem:

$\sin x = a$ und $\tan x = a$ sind nach x aufzulösen

Lösung:

$$\sin x = a$$
$$x = \arcsin a$$

(lies: Arkus Sinus a)

$$\tan x = a$$
$$x = \arctan a$$

Beispiel: $\sin x = 0{,}75$ ist nach x aufzulösen

Lösung: $\quad x = \arcsin 0{,}75 = 48{,}59\,°$

Die Funktion arcsin wird auf Taschenrechnern mit $\sin^{-1}$ bezeichnet.
Entsprechend: $\arccos = \cos^{-1}$ und $\arctan = \tan^{-1}$.

Die Arcusfunktionen werden mithilfe der SHIFT-Taste eingegeben

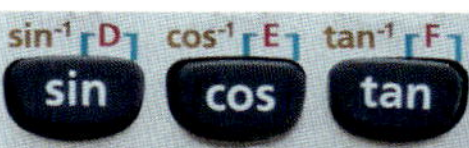

Berechnungen mit dem Taschenrechner

Gesuchte Größen, die implizit in einer Formel oder Gleichung enthalten sind, lassen sich mithilfe eines wissenschaftlichen Taschenrechners auch berechnen, ohne dass die Gleichung nach der gesuchten Größe umgeformt wird. Dies erfolgt mithilfe der SOLVE-Funktion (Eingabe: SHIFT-CALC). Die Variablen und das Gleichheitszeichen der Gleichung werden mithilfe der ALPHA-Taste eingegeben.
Berechnungsbeispiel siehe Seite 52.

1.20 Funktionen des Taschenrechners

Übersicht

Wissenschaftliche Taschenrechner bieten eine Fülle von mathematischen Funktionen, die im Prinzip alle Aufgaben des Technikers und Ingenieurs abdecken. Das Beispiel zeigt die wesentlichen Funktionen des fx-991DE PLUS von Casio. Die Modelle anderer Hersteller bieten vergleichbare Möglichkeiten.
Bei der Benutzung ist in jedem Fall die Bedienungsanleitung des Herstellers zu beachten!

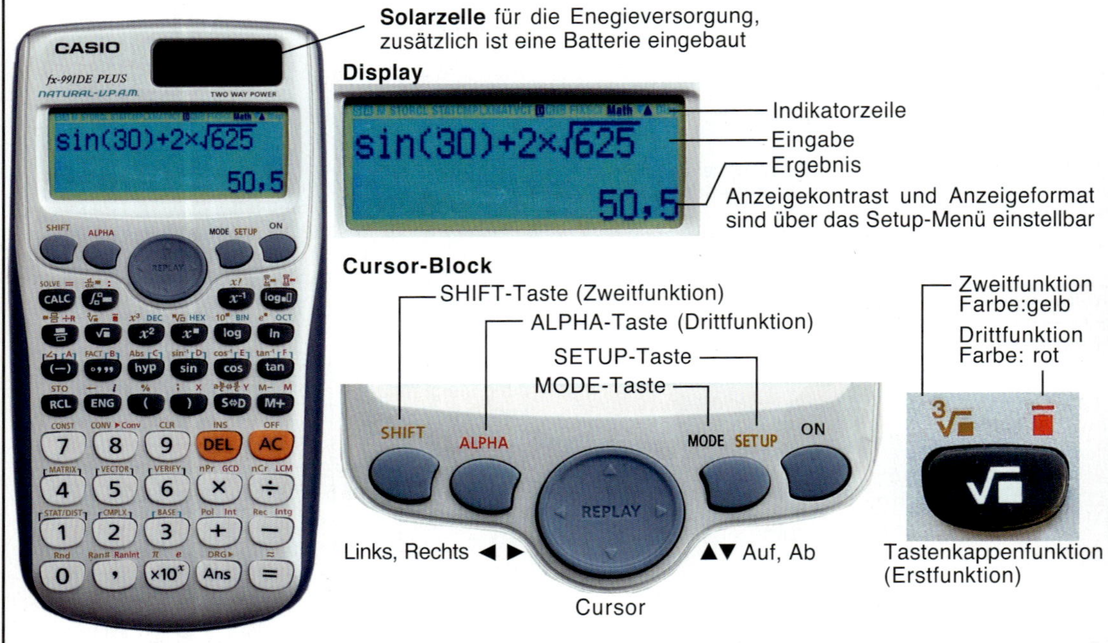

Indikatoren

Indikatoren (Anzeiger) geben Erläuterungen zu den im Display angezeigten Werten, z.B. welcher Rechenmodus eingestellt ist (Statistik-, Komplex-Modus) oder welche Winkeleinheit (Altgrad, Neugrad) wirksam ist.

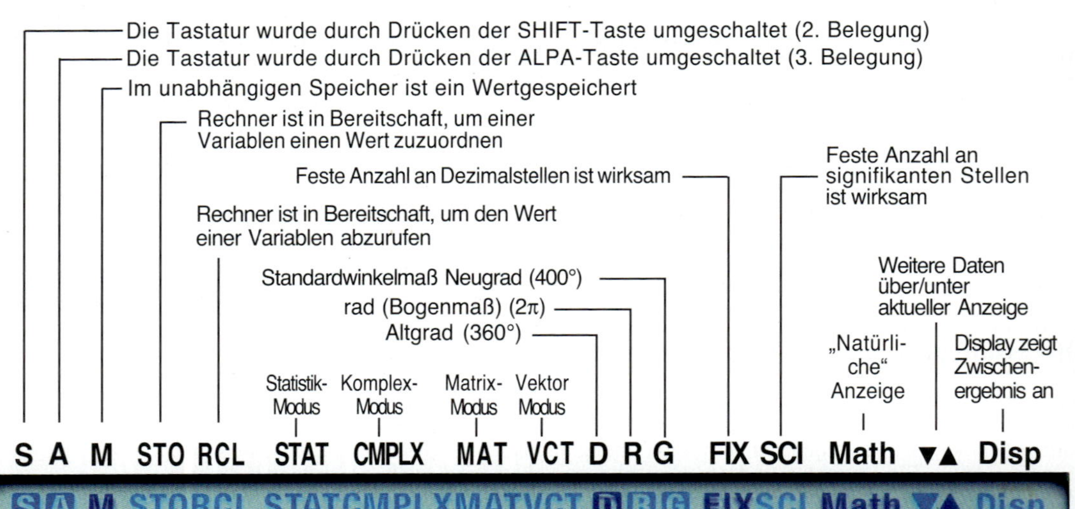

Tastenbelegung

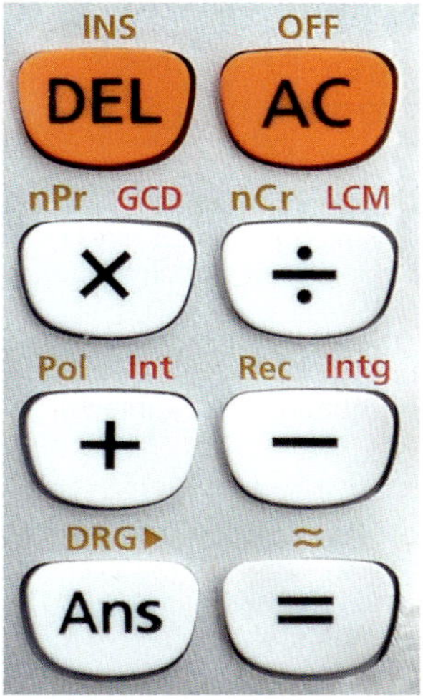

INS	Überschreiben des Textes (nur bei linearer Darstellung)
OFF	Rechner AUS
DEL	(DEL Delete = Löschen) Löscht das Zeichen vor dem Cursor
AC	(All Clear) Löscht den gesamte Display-Inhalt, Abbruch einer Operation
nPr	Permutationsfunktion
GCD	GCD Greates Common Divisor, größter gemeinsamer Teiler
nCr	Kombinationsfunktion
LCM	Lowest Common Multiple, kleinstes gemeinsames Vielfaches
Pol	Wandelt rechtwinklige Koordinaten in Polarkoordinaten
Int	Ermittelt den ganzzahligen Anteil eines Wertes
Rec	Wandelt Polarkoordinaten in rechtwinklige Koordinaten
Intg	Ermittelt die größte Ganzzahl, die nicht über einem festgelegten Wert liegt
DRG	Weist eine Winkeleinheit zu (Altgrad, rad, Neugrad)
≈	Liefert eine gerundete Dezimalzahl, je nach Zahl der Nachkommastellen
Ans	Antwortspeicher, speichert das letzte Rechenergebnis
=	Ergebnistaste
CONST	Liefert 40 wissenschaftliche Konstanten (Liste siehe Rechnergehäuse)
CONV	Rechnet 40 physikalische Einheiten ineinander um (Liste siehe Rechnergehäuse)
▶Conv	Rechnet 160 physikalische Einheiten ineinander um (Liste s. Bedienungsanleitung)
CLR	Führt ein Reset (Rücksetzen) für Einstellungen und Daten aus
Matrix	Erlaubt bei eingestelltem MATRIX-Mode weitere Einstellungen
Vector	Erlaubt bei eingestelltem VECTOR-Mode weitere Einstellungen
Verify	Erlaubt bei eingestelltem VERIFY-Mode weitere Einstellungen
STAT/DIST	Erlaubt bei eingestelltem STAT- oder DIST-Mode weitere Einstellungen
CMPLX	Erlaubt bei eingestelltem CMPLX-Mode weitere Einstellungen
BASE	Erlaubt bei eingestelltem BASE-Mode weitere Einstellungen
Rnd	Das Argument einer Funktion wird in eine gerundete Dezimalzahl umgewandelt
Ran#	Ran Random=Zufall, erzeugt Pseudo-Zufallszahl zwischen 0 und 1
Ranint#	Erzeugt ganzzahlige Zufallszahl zwischen zwei vorgegebenen Zahlen

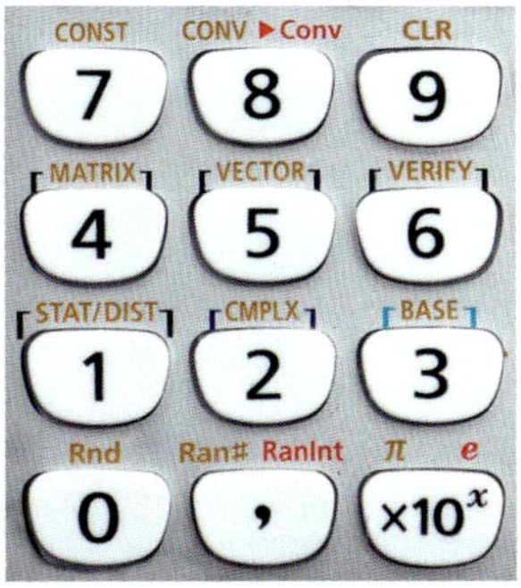

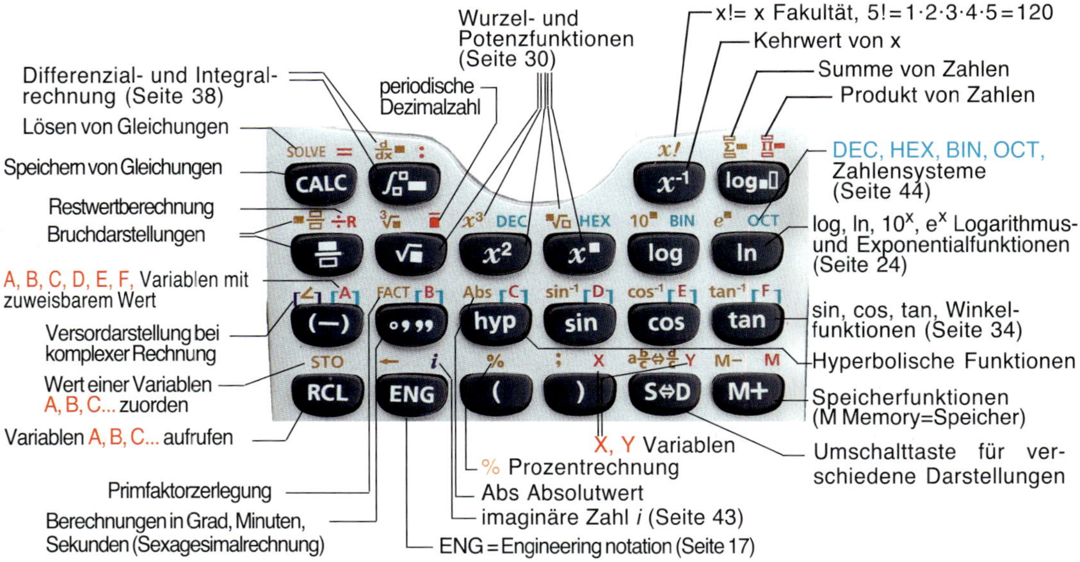

1.20 Funktionen desTaschenrechners

Rechnungsmodus

Der Rechnungsmodus wird über das Mode-Menü eingestellt. Zum Umschalten zwischen den Teilmenüs dienen die Cursortasten ▼ und ▲.
Mit dem Rechnungsmodus wird die beabsichtigte Rechnungsart voreingestellt, z.B allgemeine Rechtung, komplexe Rechnung, Vektorrechnung oder Lösen von Gleichungen.

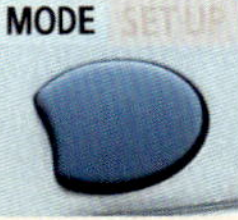

Menü 1

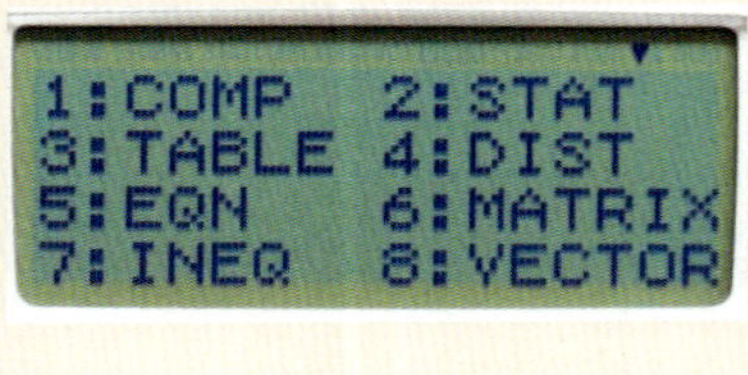

▼ ▲

Menü 2

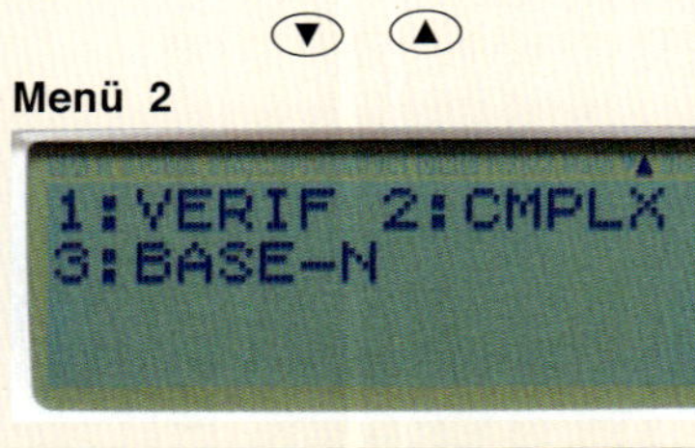

1: COMP	Allgemeine Rechnungen, z.B. Grundrechenarten, Wurzeln, Potenzen, Logarithmen, Winkelfunktionen
2: STAT	Statistische Berechnungen und Regressionsrechnungen
3: TABLE	Generierung von Zahlentabellen
4: DIST	Berechnung von Wahrscheinlichkeitsverteilungen (DIST Distributation = Verteilung)
5: EQN	Lösen von Gleichungen (linear, quadratisch, kubisch) (EQN Equation = Gleichung)
6: Matrix	Matrix-Berechnungen
7: INEQ	Lösen von Ungleichungen
8: VECTOR	Vector-Berechnungen
1: VERIF	Überprüfen einer mathematischen Aussage (VERIF Verify = überprüfen, bestätigen)
2: CMPLX	Berechnungen mit komplexen Zahlen
4: BASE-N	Berechnungen in speziellen Zahlensystemen (dezimal, binär, oktal, hexadezimal)

Rechner-Setup

Das Rechner-Setup wird über das Setup-Menü konfiguriert. Zum Umschalten zwischen den Teilmenüs dienen die Cursortasten ▼ und ▲.
Mit dem Setup wird das Anzeigeformat festgelegt, z.B. die Darstellung von Brüchen und komplexen Zahlen. Außerdem kann der Kontrast des Displays eingestellt werden.

Menü 1

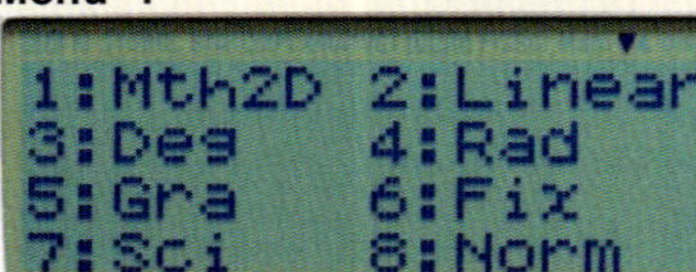

1: Math2D
zeigt Brüche und andere Ausdrücke wie auf Papier

$\frac{2}{3}+\frac{3}{4}+1\frac{2}{5}$ → $\frac{169}{60}$

2: Linear
zeigt Brüche und andere Ausdrücke in einer Linie

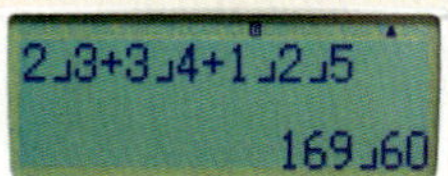

3: Deg 4: Rad 5: Gra
legt Altgrad (360°), rad (2π), Neugrad (400°) für Winkelangaben und Ergebnisse fest

6: Fix 7: Sci 8: Norm
legt die Anzahl der Ziffern für die Anzeige des Rechenergebnisses fest. **Fix** steuert die Anzahl der angezeigten Dezimalstellen (0 bis 9), **Sci** steuert die Anzahl der insgesamt angezeigten Stellen im Exponentialformat,**Norm** legt fest, in welchem Zahlenbereich die Ergebnisse nicht im Exponentialformat angezeigt werden.

Menü 2

1: ab/c 2: d/c
legt fest, ob unechte Brüche als solche oder als gemischte Brüche angezeigt werden

3: CMPLX
legt fest, ob Ergebnisse von Rechnungen mit komplexen Zahlen in rechtwinkligen Koordinaten oder in Polarkoordinaten angezeigt werden

4: STAT
legt fest, ob bei Statistikrechnungen die Häufigkeitsspalte ein- oder ausgeschaltet ist

5: PerD
legt fest, ob Rechenergebnisse mit unendlicher periodischer Dezimalform angezeigt werden

6: AbAut
legt fest, nach welcher Zeit der Rechner bei Inaktivität abgeschaltet wird (10 Minuten oder 60 Minuten)

7: ◀ KNTR ▶
ermöglicht, den Anzeigenkontrast des Diplays mithilfe der Cursortasten ◀ ▶einzustellen

1.20 Funktionen des Taschenrechners

Funktionen und Umkehrfunktionen

Die meisten mathematischen Funktionen sind umkehrbar, d.h. ist in einer Funktion $y=f(x)$ jedem Wert von x eindeutig ein Wert y zugeordnet, so ist auch jedem Wert von y eindeutig ein x-Wert zugeordnet. Umkehrfunktionen heißen auch inverse Funktionen.
Umkehrfunktionen entstehen, wenn in einer Funktion $y=f(x)$ die unabhängige Variable x und die abhängige y miteinander vertauscht werden, also $y=f(x)$ durch $x=f(y)$ ersetzt wird. $x=f(y)$ ist die „implizite", d.h. „eingeschlossene" Form der Umkehrfunktion.
Wird die Funktion nach der abhängigen Variablen y aufgelöst, so entsteht die „explizite" Umkehrfunktion.

Beispiele für Funktion und Umkehrfunktion:

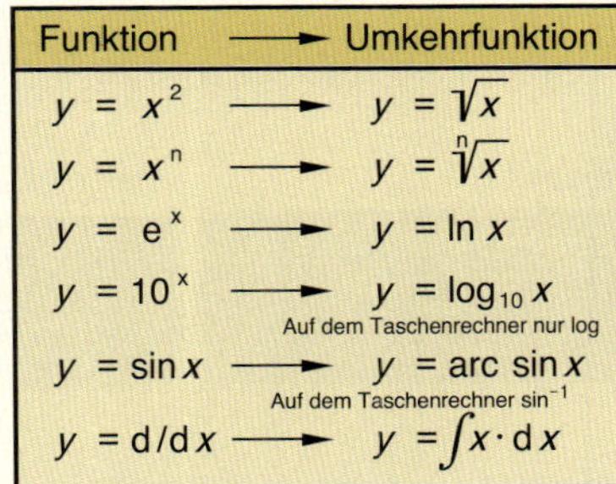

Funktion	→	Umkehrfunktion
$y = x^2$	→	$y = \sqrt{x}$
$y = x^n$	→	$y = \sqrt[n]{x}$
$y = e^x$	→	$y = \ln x$
$y = 10^x$	→	$y = \log_{10} x$ Auf dem Taschenrechner nur log
$y = \sin x$	→	$y = \text{arc} \sin x$ Auf dem Taschenrechner $\sin^{-1}$
$y = d/dx$	→	$y = \int x \cdot dx$

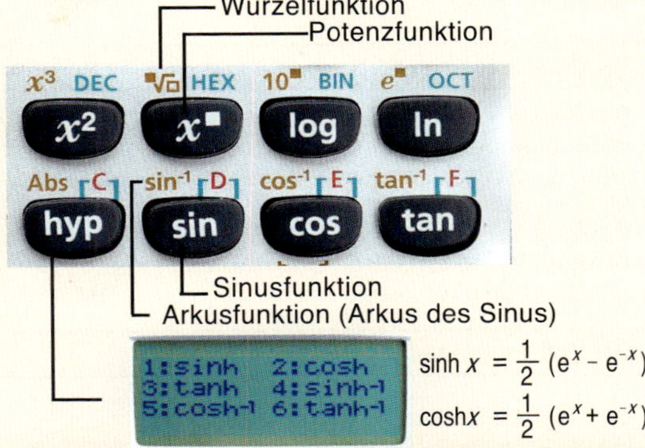

$\sinh x = \frac{1}{2}(e^x - e^{-x})$

$\cosh x = \frac{1}{2}(e^x + e^{-x})$

Hinweis: sinh wird gelesen als Sinus hyperbolicus, cosh wird gelesen als Kosinus hyperbolicus

Speicher

Wissenschaftliche Taschenrechner verfügen über Speicher, in denen Konstanten, Zwischenergebnisse oder Funktionen (Formeln) gespeichert werden können. Die meisten Speicherfunktionen arbeiten nur im COMP-Modus.

Antwortspeicher
Beim Drücken der Gleichheitstaste wird das berechnete Ergebnis automatisch im Antwortspeicher abgespeichert, wodurch dessen Inhalt aktualisiert wird. Der Inhalt des Speichers kann mit der ANS-Taste aufgerufen werden. Das Ergebnis kann für weitere Berechnungen verwendet werden.

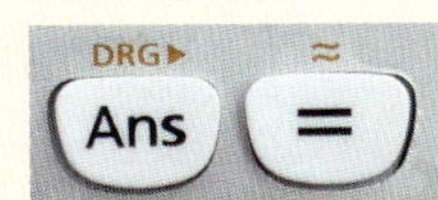

Unabhängiger Speicher
Mit der Taste M+ bzw. M− können Werte direkt zum Speicherwert addiert bzw. davon subtrahiert werden. Der Inhalt wird mit RCL M+ aufgerufen.
Der Speicher wird mit 0 SHIFT RCL M+ (0 STO M) gelöscht.

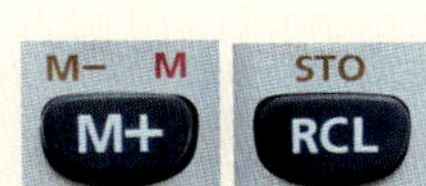

Variablenspeicher
Der Rechner verfügt über 8 Variablen (A bis F, X und Y, die zum Speichern von Konstanten, Ergebnissen und anderen Werten verwendet werden können.
Zuweisungsschritte eines Wertes, z.B. 88, zur Variablen A: 88 SHIFT RCL (-) =.
Der Inhalt des Speichers wird mit ALPHA (-) = aufgerufen.
Der Wert wird gelöscht mit 0 SHIFT RCL (-).

Variable A — Variable D — Variablen X, Y — Speicher M

CALC-Speicher
Im CALC-Speicher können mathematische Ausdrücke wie Formeln und Gleichungen temporär abgespeichert werden. Der Ausdruck kann anschließend beliebig oft für verschiedene Variablenwerte berechnet werden.
Beispiel: $y=x^2+3x+5$

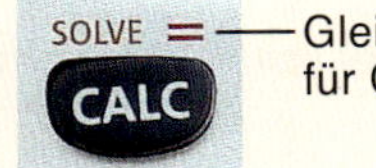

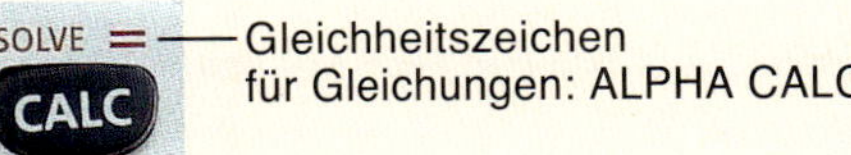

Gleichheitszeichen für Gleichungen: ALPHA CALC

Gleichung eingeben

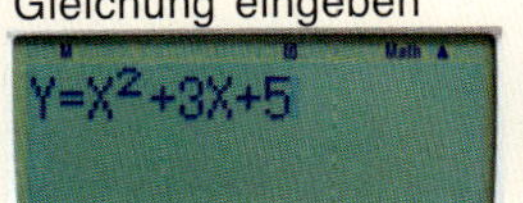

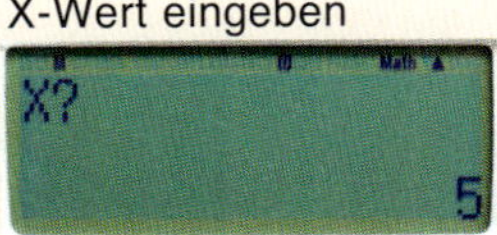

X-Wert eingeben

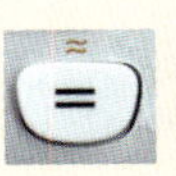

Lösung: $y=45$

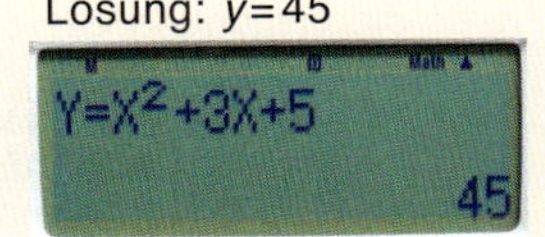

1.20 Funktionen desTaschenrechners

Ausgewählte Funktionen

Prozentrechnen

Die Prozenttaste (%) wird durch die zweite Belegung der öffnenden Klammer-Taste realisiert.
Beispiel 1: Berechnen Sie, wieviel Prozent 240 von 1600 ist. (Lösung: 15%)
Beispiel 2: Erhöhen Sie 1025 um 19%. (Lösung: 1219,75)

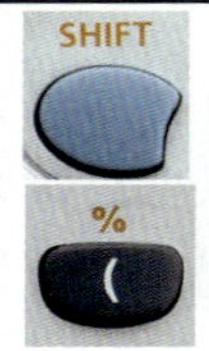

Beispiel 1

240÷1600%
15,00

Beispiel 2

1025+19%×1025
1219,75

Primfaktorzerlegung

Der Befehl FACT zur Zerlegung einer Zahl in Primfaktoren wird mit der zweiten Belegung der „Sexagesimaltaste" (Grad, Minute, Sekunde) eingegeben.
Beispiel 1: Faktorisieren Sie 240480.
Beispiel 2: Faktorisieren Sie 136789.
Eingabebeispiel: 240480 = FACT

Beispiel 1

240480
$2^5 \times 3^2 \times 5 \times 167$

Beispiel 2

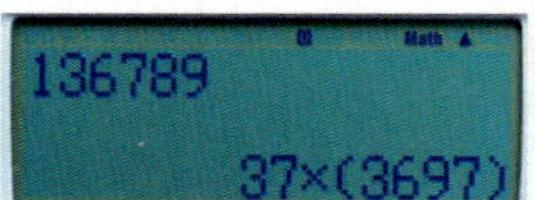

Größter gemeinsamer Teiler

Der Befehl GCD zur Bestimmung des größten gemeinsamen Teilers (GGT) wird mit der zweiten Belegung der Multiplikationstaste eingegeben. (GCD=Greatest Common Divisor).
Beispiel 1: Bestimmen Sie den GGT von 45 und 85
Beispiel 2:...von 7850 und 65800

Semikolon zwischen den beiden Zahlen

Beispiel 1

GCD(45;85)
5

Beispiel 2

GCD(7850;65800)
50

Kleinster gemeinsamer Nenner

Der Befehl LCM zur Bestimmung des kleinsten gemeinsamen Vielfachen (KGV) wird mit der zweiten Belegung der Divisionstaste eingegeben. (LCM=Least Common Divisor).
Beispiel 1: Bestimmen Sie das KGV von 27 und 5
Beispiel 2:...von 1275 und 510

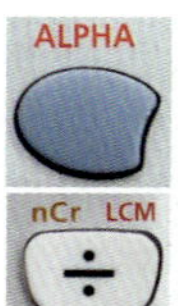

Semikolon zwischen den beiden Zahlen

Beispiel 1

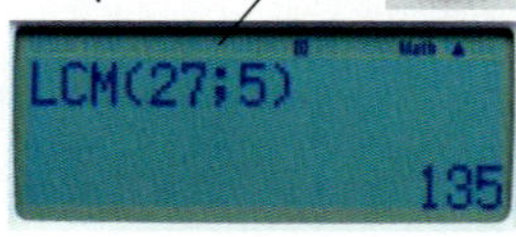

Beispiel 2

LCM(1275;510)
2550

SOLVE-Funktion

Mit der SOLVE-Funktion lässt sich eine Größe aus einer Formel oder Gleichung bestimmen, ohne dass die Formel oder Gleichung nach der gesuchten Größe umgeformt werden muss. Die Lösung wird nach der Newtonschen Näherungslösung bestimmt, was zu einem Fehler führen kann.

Beispiel: Aus $R_2 = R_1 \cdot (1 + \alpha \cdot \Delta\vartheta)$ soll $\Delta\vartheta$ berechnet werden, mit $R_1 = 100\,\Omega$, $R_2 = 80\,\Omega$ und $\alpha = 0{,}004 \cdot 1/\mathrm{K}$

Die Lösung soll vom Rechner gefunden werden, ohne dass die Gleichung zuerst nach der gesuchten Größe $\Delta\vartheta$ aufgelöst wird.
Beim Eingeben der Gleichung ist darauf zu achten, dass das Gleichheitszeichen (ALPHA CALC) verwendet wird und nicht die Ergebnistaste.

1. Schritt:
Die Größen R_1, R_2 und α durch die Variablen A, B, C, die gesuchte Größe $\Delta\vartheta$ durch die Variable X ersetzen. Gleichung aufstellen.

A=B×(1+C×X)

Variablen  (–) Gleichheitszeichen 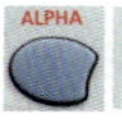 

2. Schritt:
Mit SOLVE die Berechnung starten und für A, B, C die Werte eingeben.

3. Schritt:
Mit der Ergebnistaste (=) erhält man X=62,5.
Somit ist: $\Delta\vartheta = 62{,}5$ K

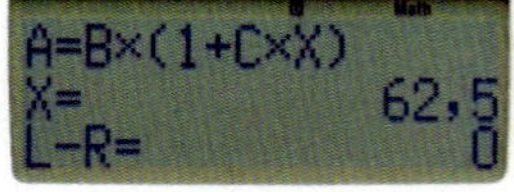

2 Formeln der Mechanik

2.1 Flächen, Körper, Massen 54
2.2 Kraft, Arbeit, Drehmoment 56
2.3 Arbeit, Leistung, Wirkungsgrad 58
2.4 Bewegungslehre I 60
2.5 Bewegungslehre II 62
2.6 Einfache Maschinen 64
2.7 Temperatur und Wärme 66
2.8 Reibung 68
2.9 Druck in Flüssigkeiten und Gasen 69
2.10 Hydraulik und Pneumatik 70
2.11 Beanspruchung und Festigkeit I 72
2.12 Beanspruchung und Festigkeit II 74

2.1 Flächen, Körper, Massen

Längen- und Flächen

Quadrat

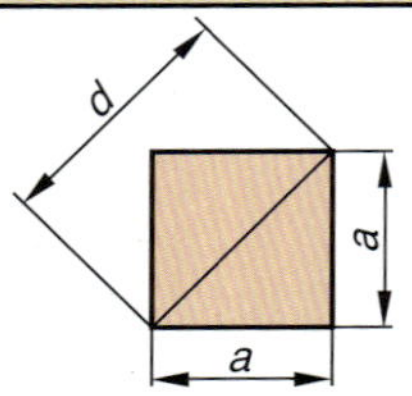

Fläche $A = a^2$
Umfang $U = 4 \cdot a$
Diagonale $d = a \cdot \sqrt{2}$

Rechteck

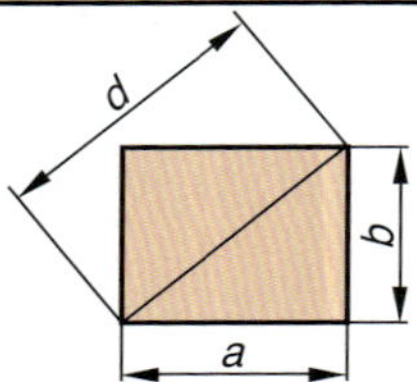

Fläche $A = a \cdot b$
Umfang $U = 2 \cdot (a + b)$
Diagonale $d = \sqrt{a^2 + b^2}$

Raute (Rhombus)

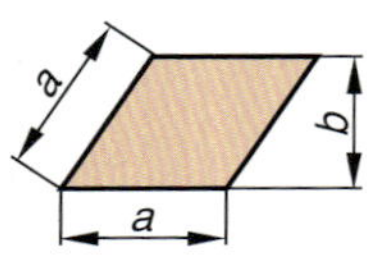

Fläche $A = a \cdot b$
Umfang $U = 4 \cdot a$

Parallelogramm

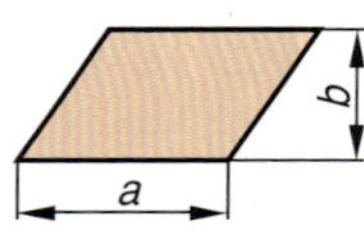

Fläche $A = a \cdot b$
Umfang $U = 2 \cdot (a + b)$

Dreieck

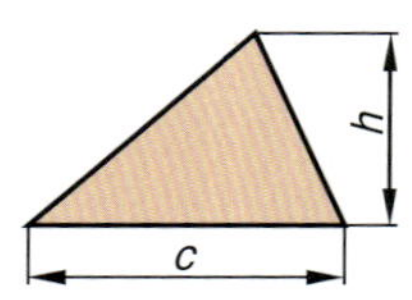

Fläche $A = \frac{1}{2} \cdot c \cdot h$

Trapez

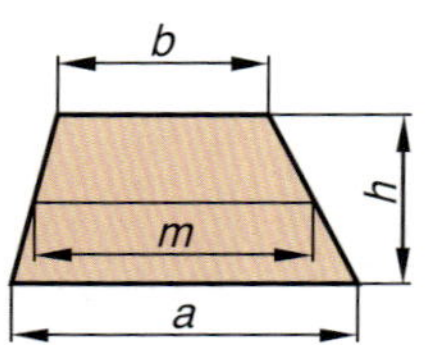

Fläche $A = \frac{1}{2}(a + b) \cdot h$
Mittelparallele $m = \frac{1}{2}(a + b)$

Kreis

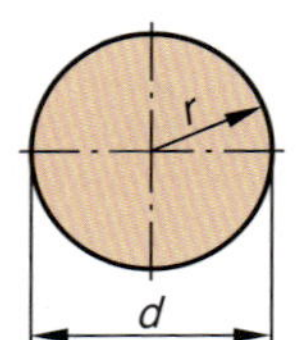

Fläche $A = \pi \cdot r^2 = \frac{\pi \cdot d^2}{4}$
Umfang $U = 2\pi \cdot r = \pi \cdot d$

Kreisring

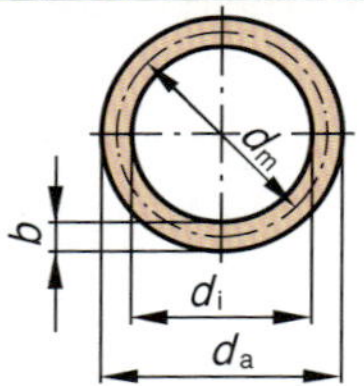

Mittlerer Durchmesser $d_m = \frac{d_a + d_i}{2}$
Ringbreite $b = \frac{d_a - d_i}{2}$
Ringfläche $A = \frac{\pi}{4}(d_a^2 - d_i^2)$
bzw. $A = \pi \cdot d_m \cdot b$

Kreisausschnitt (Kreissektor)

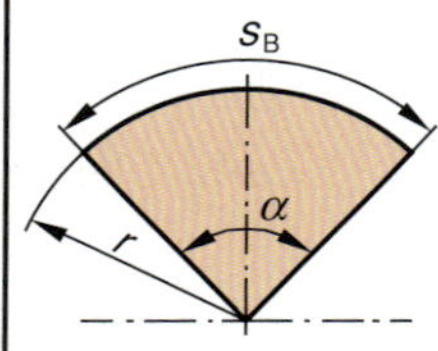

Fläche $A = \pi \cdot r^2 \cdot \frac{\alpha}{360^\circ}$
$A = \frac{1}{2} \cdot s_B \cdot r$
Bogenlänge $s_B = \pi \cdot r \cdot \frac{\alpha}{180^\circ}$

Kreisabschnitt (Kreissegment)

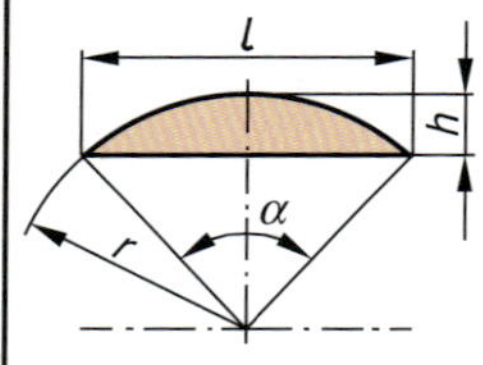

Fläche $A = \pi \cdot r^2 \cdot \frac{\alpha}{360^\circ} - \frac{1}{2} \cdot l \cdot (r - h)$
Sehne $l = 2 \cdot r \cdot \sin\frac{\alpha}{2}$
Höhe $h = r \cdot (1 - \cos\frac{\alpha}{2})$

Ellipse

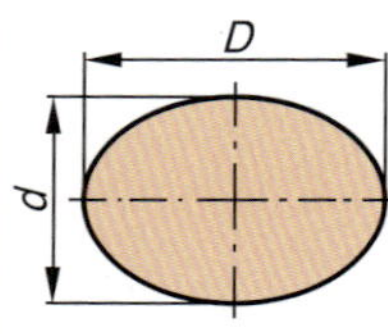

Fläche $A = \frac{\pi}{4} \cdot D \cdot d$
Umfang $U = \frac{\pi}{2} \cdot (D + d)$

Regelmäßiges n-Eck

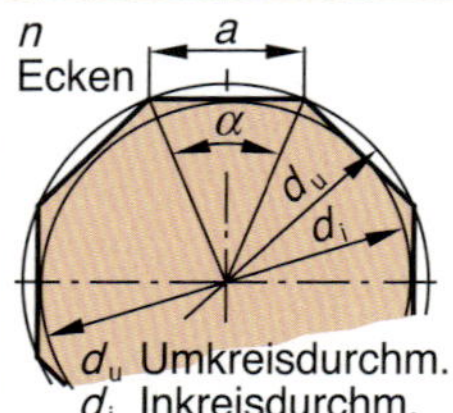

Mittelpunktswinkel $\alpha = \frac{360^\circ}{n}$
Seitenlänge $a = d_u \cdot \sin\frac{\alpha}{2}$
Inkreisd. $d_i = d_u \cdot \cos\frac{\alpha}{2}$
Fläche $A = n \cdot \frac{a \cdot d_i}{4}$

2

Volumen und Oberflächen von Körpern

Würfel

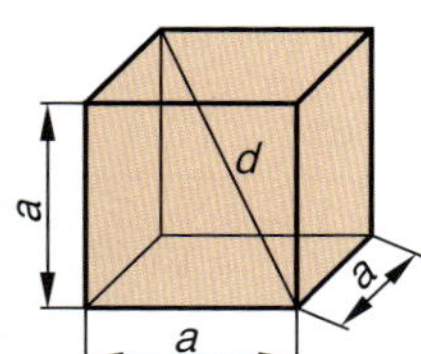

Volumen $V = a^3$

Oberfläche $A_O = 6 \cdot a^2$

Raumdiagonale $d = a \cdot \sqrt{3}$

Zylinder

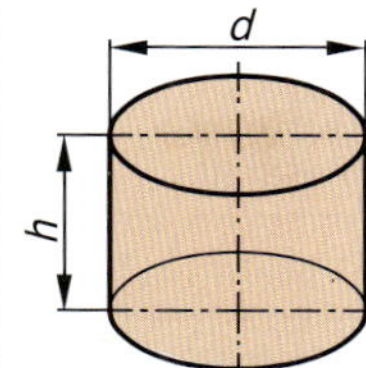

Mantelfläche $A_M = \pi \cdot d \cdot h$

Oberfläche $A_M = \pi \cdot d \cdot h + 2 \cdot \frac{\pi \cdot d^2}{4}$

Volumen $V = \frac{\pi \cdot d^2}{4} \cdot h$

Prisma, Quader

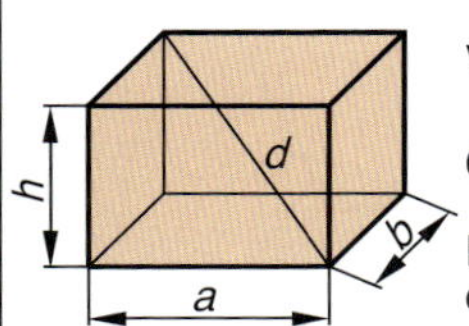

Volumen $V = a \cdot b \cdot h$

Oberfl. $A_O = 2 \cdot (ab + bh + ha)$

Raumdiagonale $d = \sqrt{a^2 + b^2 + h^2}$

Hohlzylinder

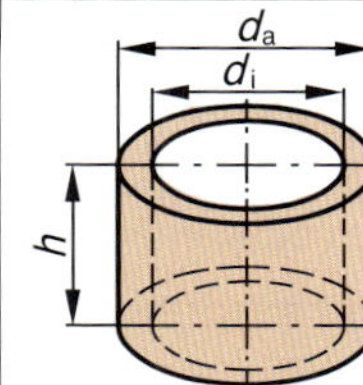

Ringfläche $A_R = \frac{\pi}{4} \cdot (d_a^2 - d_i^2)$

Volumen $V = \frac{\pi}{4} \cdot (d_a^2 - d_i^2) \cdot h$

Pyramide

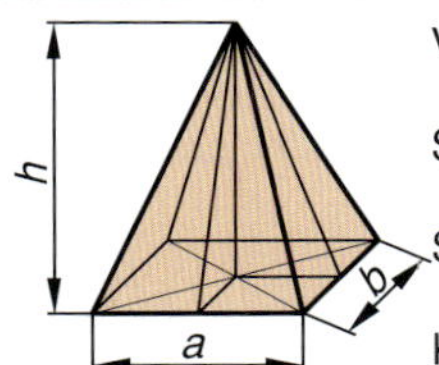

Volumen $V = \frac{1}{3} \cdot a \cdot b \cdot h$

Seitenhöhe $h_a = \sqrt{h^2 + \frac{b^2}{4}}$

Seitenhöhe $h_b = \sqrt{h^2 + \frac{a^2}{4}}$

Kantenlänge $h_K = \sqrt{\frac{a^2}{4} + \frac{b^2}{4} + h^2}$

Kugel

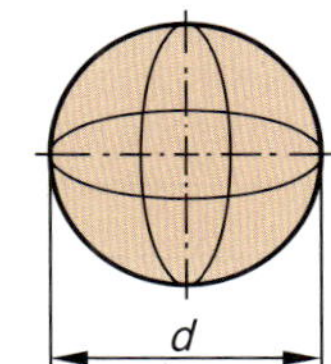

Oberfläche $A_O = \pi \cdot d^2$

Volumen $V = \frac{\pi}{6} \cdot d^3$

Kegel

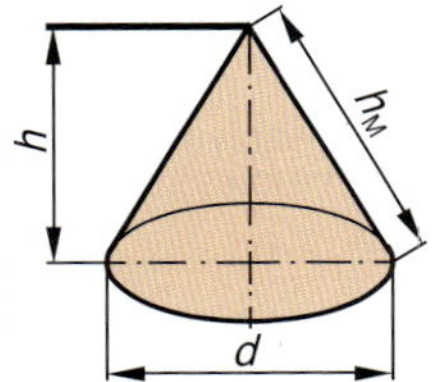

Volumen $V = \frac{1}{3} \cdot \frac{\pi \cdot d^2}{4} \cdot h$

Mantelfläche $A_M = \frac{1}{2} \cdot \pi \cdot d \cdot h_M$

Mantelhöhe $h_M = \sqrt{\frac{d^2}{4} + h^2}$

Ringkörper

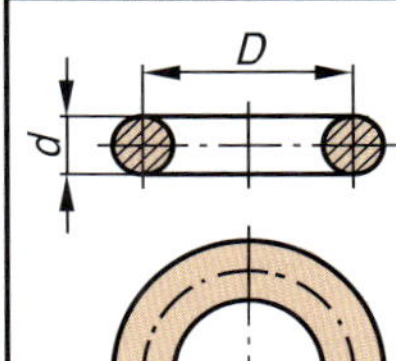

Oberfläche $A_O = (\pi \cdot d) \cdot (\pi \cdot D) = \pi^2 \cdot d \cdot D$

Volumen $V = \frac{\pi \cdot d^2}{4} \cdot \pi \cdot D = \frac{\pi^2}{4} \cdot d^2 \cdot D$

Masseberechnung

Die Masse eines Körpers ist gleich dem Produkt aus dem Volumen des Körpers und der Dichte des Materials.

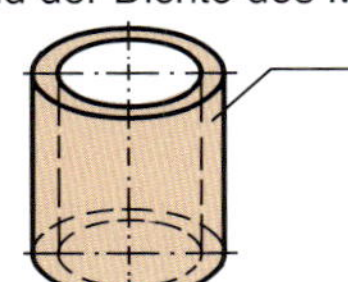

Volumen V
Dichte ϱ
Masse

$m = \varrho \cdot V$

Dichte wichtiger Werkstoffe

Werkstoff	ϱ in $\frac{kg}{dm^3}$	Werkstoff	ϱ in $\frac{kg}{dm^3}$
Magnesium	1,7	Silber	10,5
Aluminium	2,7	Blei	11,3
Titan	4,5	Gold	19,3
Eisen	7,8	PVC	1,2...1,4
Kupfer	8,9	Porzellan	2,3...2,6

Längenbezogene Masse

Für Drähte, Stangen, Rohre usw. wird in Tabellen häufig die auf die Länge l bezogene Masse m' angegeben. Sie wird in kg/m gemessen.

Für die Masse gilt dann: $m = m' \cdot l$

Flächenbezogene Masse

Für Bleche und Beläge wird in Tabellen häufig die auf die Fläche A bezogene Masse m'' angegeben. Sie wird in kg/m^2 gemessen.

Für die Masse gilt dann: $m = m'' \cdot A$

2.2 Kraft, Arbeit, Drehmoment

Kraft und Masse

Masse ist eine Grundeigenschaft der Materie und bildet daher eine der 7 Basisgrößen des Internationalen Einheitensystems (SI). Die SI-Einheit ist das Kilogramm (kg). Man unterscheidet die schwere und die träge Masse. Die schwere Masse ist die Ursache der Anziehung, die Körper aufeinander ausüben.

Die träge Masse ist ein Maß für die Kraft, die jede Masse einer Änderung ihres Bewegungszustandes entgegensetzt.

Beschleunigungskraft

$$F = m \cdot a$$

Gewichtskraft (Erdanziehungskraft)

$$F_G = m \cdot g$$

$g = 9{,}81\ \text{m/s}^2$

$g \approx 10\ \text{m/s}^2$

Einheit der Kraft

$$1\ \text{N} = 1\ \text{kg} \cdot 9{,}81 \frac{\text{m}}{\text{s}^2} \approx 10 \frac{\text{kg} \cdot \text{m}}{\text{s}^2}$$

F Kraft $[F] = \text{N}$

m Masse $[m] = \text{kg}$

a Beschleunigung

g Erdbeschleunigung $[a] = [g] = \frac{\text{m}}{\text{s}^2}$

Die Masse ist eine skalare Größe (Skalar), d.h. sie hat einen Betrag, aber keine Richtung.
Eine Kraft ist eine vektorielle Größe (Vektor), d.h. sie hat einen Betrag und eine Richtung im dreidimensionalen Raum. Vektoren werden zeichnerisch durch Pfeile dargestellt. Sie können zeichnerisch addiert werden.

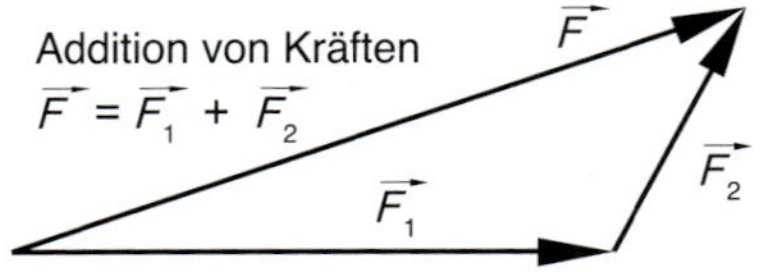

Arbeit und Energie

Unter Energie versteht man üblicherweise die in einem physikalischen System gespeicherte Arbeit, bzw. die Fähigkeit, Arbeit zu verrichten (Arbeitsvermögen). Energie kann in verschiedenen Formen auftreten, z.B. als mechanische, elektrische oder thermische Energie.

Die verschiedenen Energieformen können ineinander umgewandelt werden, die Gesamtenergie in einem geschlossenen System bleibt dabei konstant.
Arbeit und Energie haben die gleiche Einheit, z.B. Nm (Newtonmeter), Ws (Wattsekunde), J (Joule).

Mechanische Arbeit

Die mechanische Arbeit ist das Produkt aus der Kraft und dem in Kraftrichtung zurückgelegten Weg.

Gleiche Richtung von Kraft und Weg

Hubarbeit

Kraft F s Weg

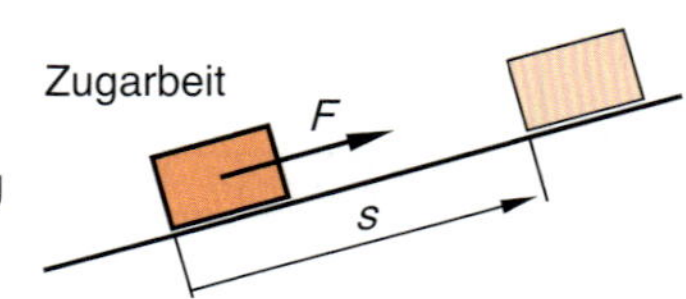

mechanische Arbeit

$$W = F \cdot s$$

$[W] = \text{N} \cdot \text{m}$

Gleichwertigkeit (Äquivalenz) verschiedener Energieformen:

$1\ \text{Nm} = 1\ \text{Ws} = 1\ \text{J}$

Verschiedene Richtungen von Kraft und Weg

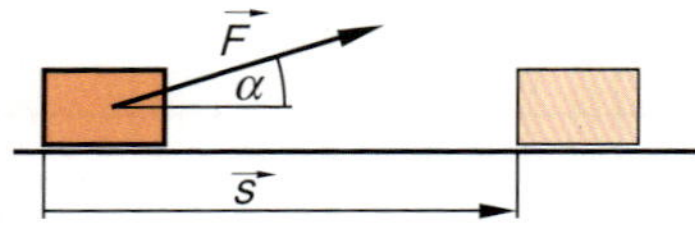

Haben Kraftvektor und zugehöriger Weg unterschiedliche Richtungen, so ist die zugehörige Arbeit gleich dem Skalarprodukt beider Vektoren. Die Arbeit ist eine skalare Größe.

$$W = \vec{F} \cdot \vec{s}$$

$$W = F \cdot s \cdot \cos\alpha$$

Potenzielle und kinetische Energie (Energieerhaltungssatz)

potenzielle Energie $W = F_G \cdot h$

$F_G = m \cdot g$ h F_G h

kinetische Energie $W = \frac{1}{2} \cdot m \cdot v^2$ v F_G

Beim Aufprall (ohne Reibung):

$$\frac{1}{2} \cdot m \cdot v^2 = F_G \cdot h = m \cdot g \cdot h$$

$$v_{\text{Aufprall}} = \sqrt{2 \cdot g \cdot h}$$

zum Heben des Körpers muss Energie aufgebracht werden

der gehobene Körper enthält diese Energie als potenzielle Energie (Lageenergie)

beim Fallen wird die potenzielle in kinetische Energie (Bewegungsenergie) umgewandelt

Direkt vor dem Aufprall ist die kinetische Energie gleich der ursprünglichen potenziellen Energie. Beim Aufprall wird die kinetische Energie in Verformungsenergie umgewandelt.

Kraft und Drehmoment

Das Drehmoment ist das Produkt aus der Kraft und dem senkrecht dazu stehenden Kraftarm (Hebelarm).

Prinzip

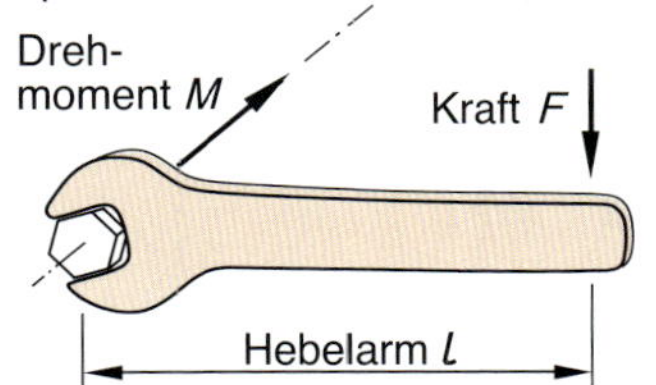

Je nach Lage des Drehpunktes unterscheidet man ein- und zweiseitige Hebel:

Einseitiger Hebel

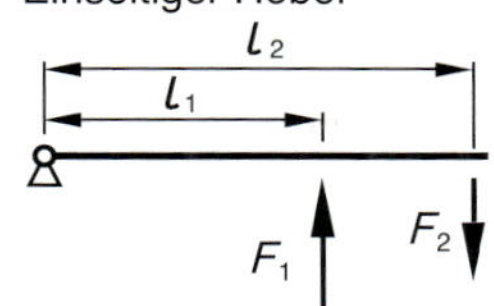

Zweiseitiger Hebel

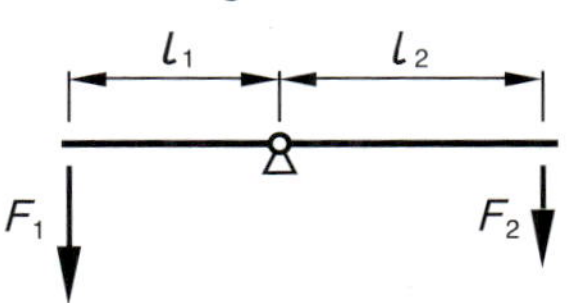

2

Drehmoment als Vektor

Drehmomente haben einen Betrag und eine Richtung, d.h. es sind Vektoren. Die Richtung des Vektors ist senkrecht zur Kraftrichtung und senkrecht zur Richtung des Kraftarmes. Man unterscheidet rechtsdrehende und linksdrehende Drehmomente.

Rechtsdrehendes Moment

Linksdrehendes Moment

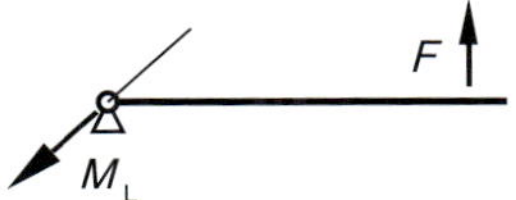

Stehen Kraftvektor und zugehöriger Hebelarm senkrecht aufeinander, so ist der Betrag des Drehmomentes gleich dem Produkt aus Kraft und Kraftarm. Die Richtung des Momentes ist zu beachten.

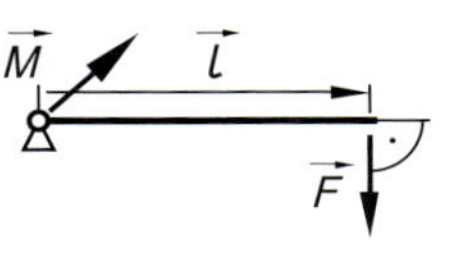

$$M = F \cdot l$$

Stehen Kraft und Kraftarm nicht senkrecht aufeinander, so wird das Moment als Vektorprodukt berechnet.

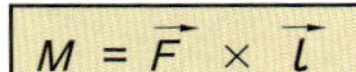

$$M = \vec{F} \times \vec{l}$$

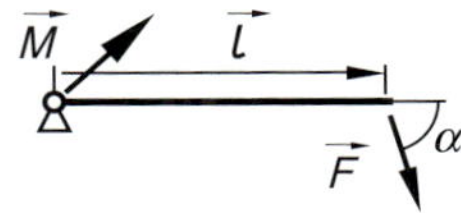

$$M = F \cdot l \cdot \sin \alpha$$

Hebelgesetz

Ein Hebel ist im Gleichgewicht, wenn gilt: die Summe aller rechtsdrehenden Drehmomente ist gleich der Summe aller linksdrehenden Drehmomente, bzw.: die Summe aller Drehmomente ist null, wobei alle rechtsdrehenden Momente positiv und alle linksdrehenden Momente negativ gezählt werden.

Zweiarmiger Hebel

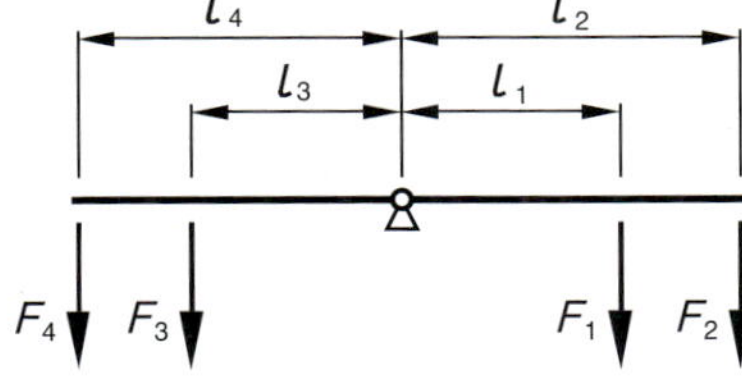

Gleichgewichtsbedingungen

$$F_1 \cdot l_1 + F_2 \cdot l_2 = F_3 \cdot l_3 + F_4 \cdot l_4$$

bzw. $$\Sigma M_{\text{rechts}} = \Sigma M_{\text{links}}$$

$$F_1 \cdot l_1 + F_2 \cdot l_2 - F_3 \cdot l_3 - F_4 \cdot l_4 = 0$$

bzw. $$\Sigma M_{\text{rechts}} - \Sigma M_{\text{links}} = 0$$

Berechnung von Auflagekräften

Zur Berechnung der Auflagekräfte F_A und F_B wird willkürlich ein Auflagepunkt als Drehpunkt angenommen, z.B. Punkt A. Dann ist die Summe aller durch die Lasten F_1, F_2 usw. verursachten Drehmomente gleich dem Drehmoment aus der Auflagekraft F_B und der Gesamtlänge L.

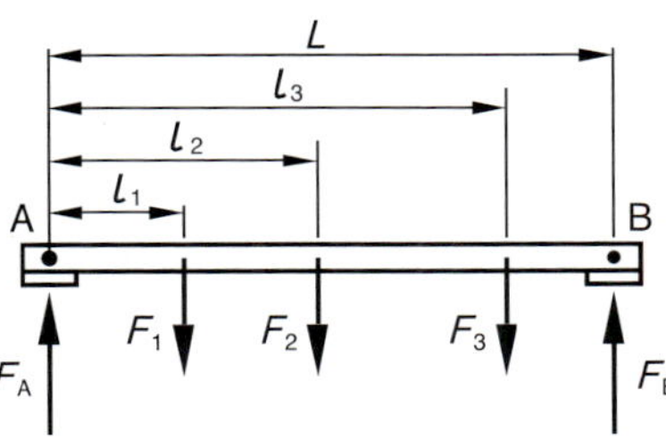

Gewählter Drehpunkt A

$$F_1 \cdot l_1 + F_2 \cdot l_2 + F_3 \cdot l_3 = F_B \cdot L$$

daraus folgt:

$$F_B = \frac{F_1 \cdot l_1 + F_2 \cdot l_2 + F_3 \cdot l_3}{L}$$

und:

$$F_A = F_1 + F_2 + F_3 - F_B$$

2.3 Arbeit, Leistung, Wirkungsgrad

Arbeit und Leistung

Definition der Leistung

Unter Leistung versteht man ganz allgemein die pro Zeiteinheit verrichtete Arbeit.

$$P = \frac{W}{t}$$

P Leistung (P power, Leistung)
W Arbeit (W work, Arbeit)
t Zeit (t time, Zeit)

Für die mechanische Leistung folgt aus $P = \frac{W}{t}$

$$P = \frac{F \cdot s}{t}$$

F Kraft (F force, Kraft, Stärke)
s Weg

Einheit: $[P] = \frac{\text{N} \cdot \text{m}}{\text{s}} = \text{W (Watt)}$

$$P = F \cdot v$$

v Geschwindigkeit (v velocity, Geschwindigkeit)

Die SI-Einheit der Leistung ist das Watt. Sie erhielt ihren Namen zu Ehren des britischen Ingenieurs und Erfinders James Watt (1736-1819).
James Watt hat wesentlichen Anteil an der Erfindung und Verbesserung der Dampfmaschine. Durch seine Erfindungen konnten Dampfmaschinen wirtschaftlich zum Antrieb von Pumpen und Maschinen eingesetzt werden. Die ursprüngliche Einheit der Leistung, die Pferdestärke (PS) ist im SI-System nicht mehr erlaubt, wird aber in der Autowerbung noch gerne verwendet.
Umrechnung: 1 PS = 735,5 W.
Englisch: Horsepower (hp). Umrechnung: 1 hp = 745,7 W.

James Watt (1736-1819)

Leistung und Drehmoment

Die von Wellen, Zahnrädern, Riemenscheiben abgegebene bzw. aufgenommene Leistung ist vom Drehmoment und der Drehfrequenz (Drehzahl) abhängig.

Beispiel: Motor mit Riementrieb

Aus $P = \frac{F \cdot s}{t} = F \cdot v$

folgt mit $v = d \cdot \pi \cdot n$

$P = F \cdot d \cdot \pi \cdot n$

$P = M \cdot 2 \cdot \pi \cdot n$

Festlegung: $2 \cdot \pi \cdot n = \omega$
(ω Winkelgeschwindigkeit)

Damit ist: $P = M \cdot \omega$

Energieerhaltung

Der ständig wachsende Bedarf an Energie hat die Menschen immer wieder veranlasst, eine Maschine zu erfinden, die mehr Energie abgibt, als sie aufnimmt. Für ein derartiges Perpetuum mobile (lateinisch: dauernd beweglich) gibt es zahllose phantasievolle Beispiele, die aber alle eines gemeinsam haben: sie funktionieren nur mit Tricks und Schwindeleien.
Dass ein Perpetuum mobile prinzipiell nicht möglich ist, wurde zuerst von dem deutschen Mathematiker Gottfried Wilhelm Leibnitz (1646-1716) und dem englichen Mathematiker und Physiker Sir Isaac Newton (1643-1727) zweifelsfrei bewiesen.

Wesentliche Beiträge zur Berechnung von Energiezuständen stammen von dem deutschen Arzt und Physiker Robert Mayer (1814-1878). Auf seinen Forschungen basiert die Erkenntnis, dass Energie weder erzeugt noch vernichtet, sondern lediglich von einer Form in eine andere Form umgewandelt werden kann (Gesetz von der Erhaltung der Energie). Im Jahre 1842 berechnete er als Erster das mechanische Äquivalent der Wärmeenergie.

Für die Umwandlung zwischen mechanischer, elektrischer und thermischer Energie gilt:

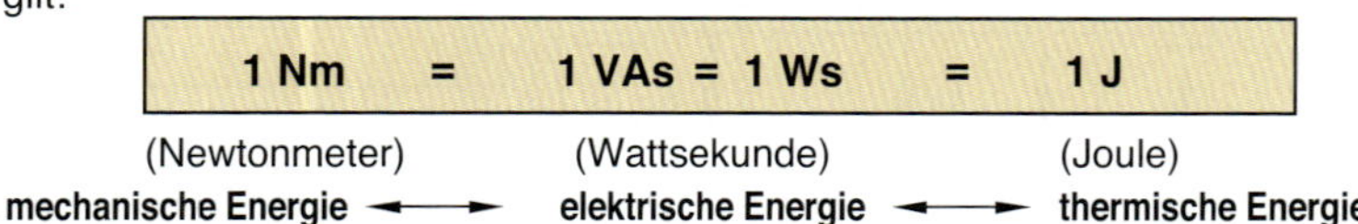
1 Nm = 1 VAs = 1 Ws = 1 J

(Newtonmeter) (Wattsekunde) (Joule)
mechanische Energie ⟷ elektrische Energie ⟷ thermische Energie

Robert Mayer (1814-78)

Verluste und Wirkungsgrad

Verluste

Beim Betrieb von Maschinen und Geräten treten neben der gewünschten Energiewandlung stets auch unerwünschte Verluste auf. Diese Verlustleistung zeigt sich meist in Form von Wärme. Sie entsteht z.B. durch

- Stromfluss in Wicklungen („Kupferverluste") und Widerständen,
- Wirbelströme in Eisenblechen („Eisenverluste") und anderen Metallteilen),
- Ummagnetisierung von Eisenteilen („Eisenverluste"),
- Lagerreibung,
- Reibung durch Luftströmungen.

Die Verlustleistung führt insbesondere zu starker Erwärmung der Betriebsmittel und zu erhöhten Betriebskosten. Die Verlustwärme muss üblicherweise durch Kühlung abgeführt werden, damit die zulässige Betriebstemperatur nicht überschritten wird.

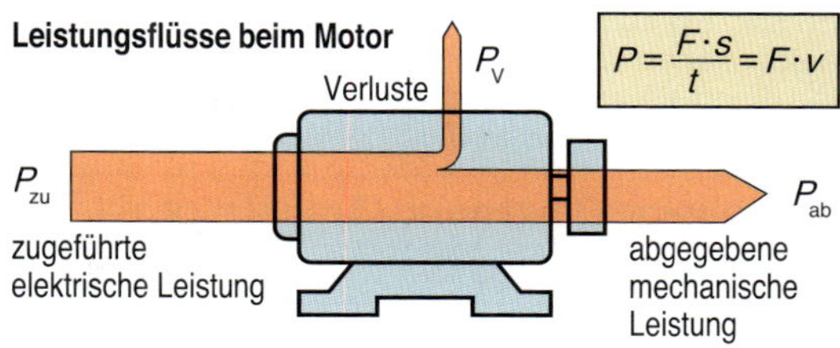

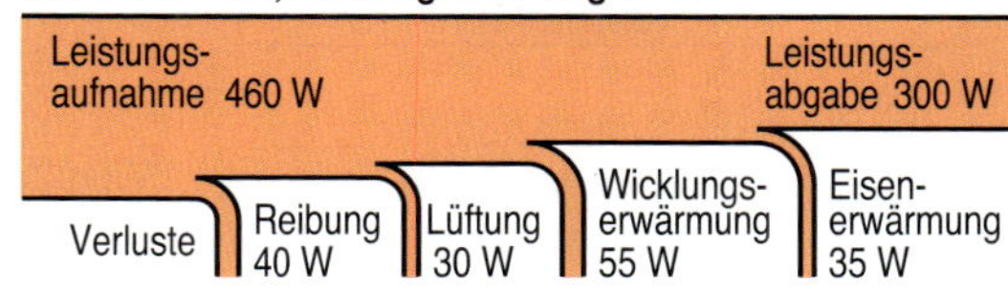

Wirkungsgrad

Leistungswirkungsgrad

Mit Wirkungsgrad meint man meist den Leistungswirkungsgrad eines Energiewandlers, d.h. das Verhältnis von abgegebener zu aufgenommener Leistung. Wegen der Verluste muss der Wirkungsgrad η (lies: Eta) immer kleiner oder maximal gleich 1 bzw. 100 % sein.

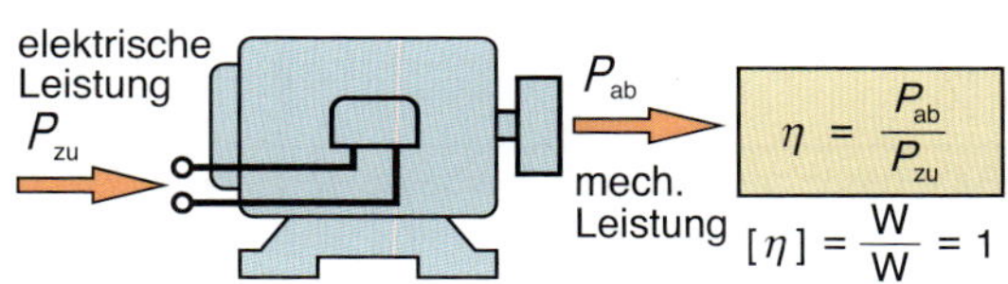

$$\eta = \frac{P_{ab}}{P_{zu}} \qquad [\eta] = \frac{W}{W} = 1$$

Wirkungsgrad von Aggregaten

Treibt in einer Anlage ein Betriebsmittel das folgende, so ist der Gesamtwirkungsgrad des Aggregats gleich dem Produkt der Einzelwirkungsgrade. Der Gesamtwirkungsgrad ist kleiner als der kleinste Einzelwirkungsgrad.

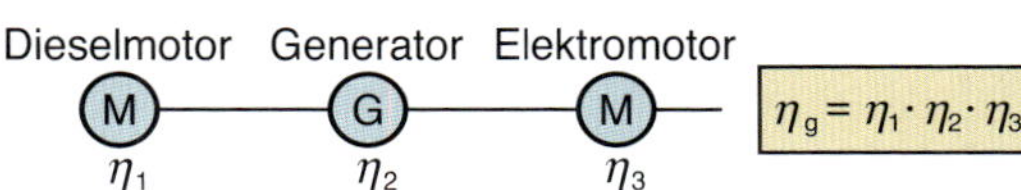

$$\eta_g = \eta_1 \cdot \eta_2 \cdot \eta_3$$

Wirkungsgrad von Anlagen

Werden mehrere Betriebsmittel parallel in einer Anlage betrieben, so ist der Gesamtwirkungsgrad gleich dem Mittelwert der Einzelwirkungsgrade. Die einzelnen Wirkungsgrade werden dabei entsprechend der Leistung der Betriebsmittel gewichtet.

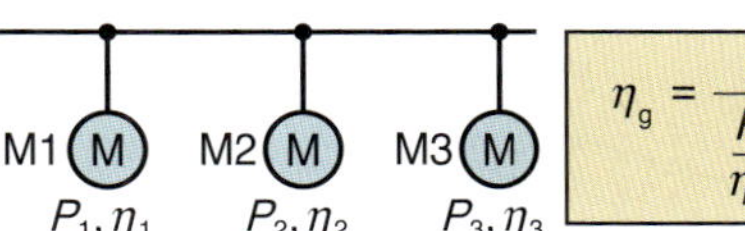

$$\eta_g = \frac{P_1 + P_2 + P_3}{\frac{P_1}{\eta_1} + \frac{P_2}{\eta_2} + \frac{P_3}{\eta_3}}$$

Jahreswirkungsgrad

Für wirtschaftliche Überlegungen ist meist nicht der Leistungs-, sondern der Jahreswirkungsgrad von Bedeutung. Er ist das Verhältnis der abgegebenen zur aufgenommenen Arbeit in einer gewissen Zeitspanne (z.B. Jahr).

η_a Jahreswirkungsgrad (a annum, Jahr)
ΣW_{ab} Arbeitsabgabe/Jahr
ΣW_V Verlustarbeit/Jahr

$$\eta_a = \frac{\Sigma W_{ab}}{\Sigma W_{ab} + \Sigma W_V}$$

Federkraft, Federarbeit

Federn verformen sich bei Druck- bzw. Zugbelastung elastisch. Die für die Verformung aufgewendete Arbeit (Federarbeit) wird in der Feder gespeichert und bei Entlastung wieder abgegeben.
Das Verhalten von Federn wird durch die Federrate R (veraltet: Federkonstante) bestimmt. Unter der Federrate versteht man das Verhältnis von Federkraft F zum dadurch verursachten Federweg s.

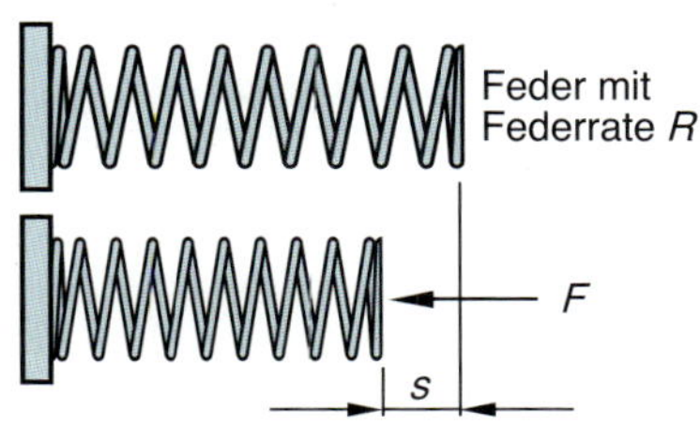

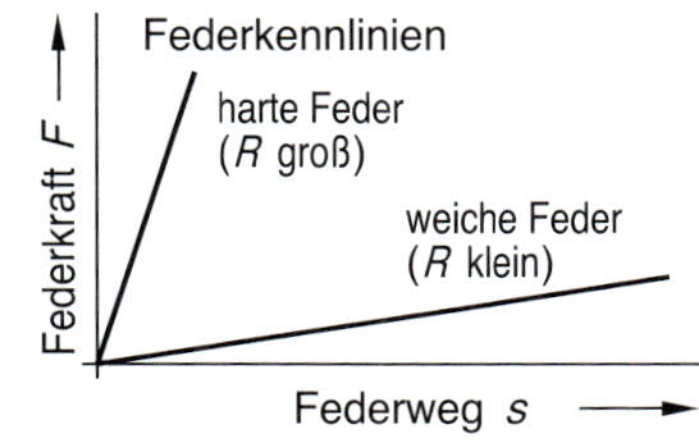

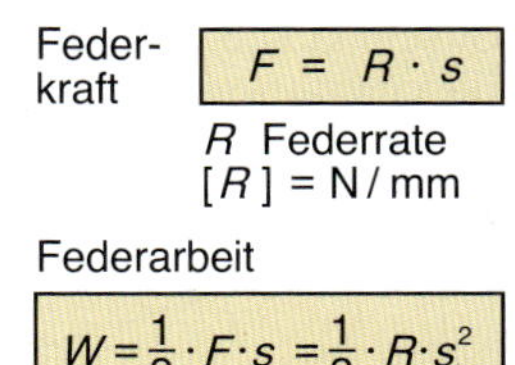

Federkraft

$$F = R \cdot s$$

R Federrate
$[R]$ = N / mm

Federarbeit

$$W = \frac{1}{2} \cdot F \cdot s = \frac{1}{2} \cdot R \cdot s^2$$

2.4 Bewegungslehre I

Kinematik

Die Bewegungslehre ist ein Teilgebiet der klassischen Physik. Sie kann in die Gebiete Kinematik und Kinetik aufgegliedert werden.
Die Kinematik untersucht die Bewegung der Körper ohne Berücksichtigung der Kräfte bzw. Momente, welche die Bewegung verursachen. Technisch bedeutend sind die Translationsbewegungen (fortschreitende Bewegungen) und die Rotationsbewegungen (Drehbewegungen).
Die Bewegungen können gleichförmig, beschleunigt bzw. abgebremst oder periodisch wiederkehrend sein.

Geradlinige Bewegung (Translation)

Gleichförmige Bewegung

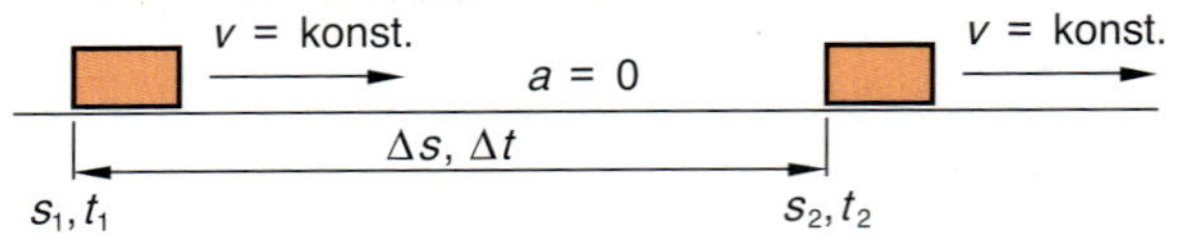

Gleichförmige Geschwindigkeit

$$v = \frac{s_2 - s_1}{t_2 - t_1} = \frac{\Delta s}{\Delta t}$$

bzw. $v = \frac{s}{t}$ mit $t_1 = 0$, $s_1 = 0$

Geschwindigkeits-Zeit-Diagramm

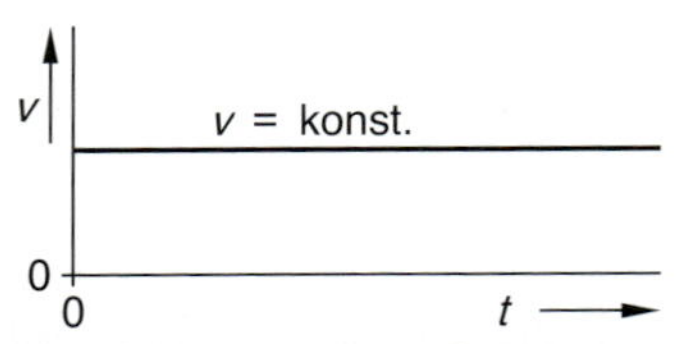

Weg-Zeit-Diagramm

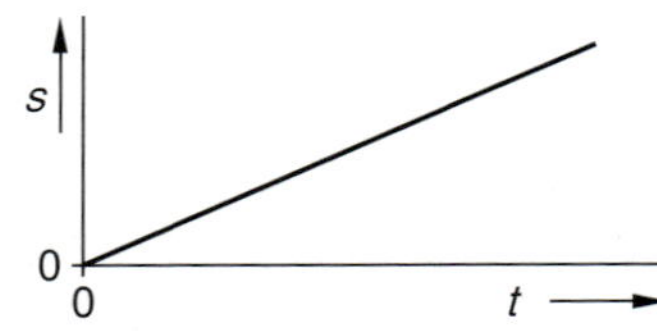

Zurückgelegter Weg

$$s = v \cdot t$$ $[s] = \frac{\text{m}}{\text{s}} \cdot \text{s} = \text{m}$

Beschleunigte und verzögerte Bewegung

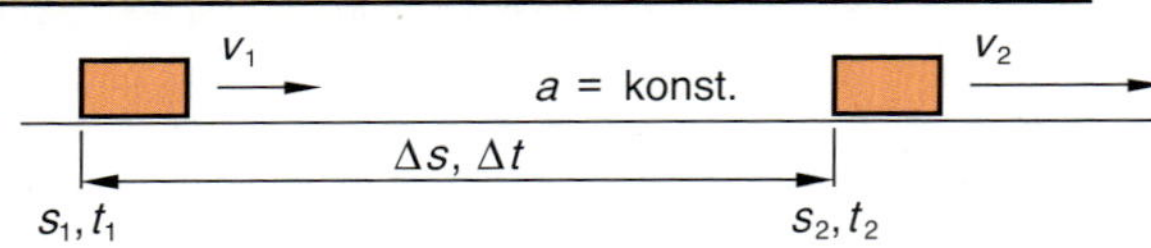

Gleichförmige Beschleunigung

$$a = \frac{v_2 - v_1}{t_2 - t_1} = \frac{\Delta v}{\Delta t}$$

bzw. $a = \frac{v}{t}$ mit $t_1 = 0$, $v_1 = 0$

Anfangsgeschwindigkeit null, gleichmäßige Beschleunigung

Geschwindigkeits-Zeit-Diagramm

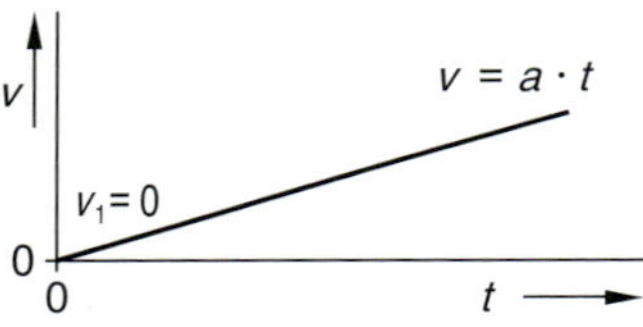

Weg-Zeit-Diagramm

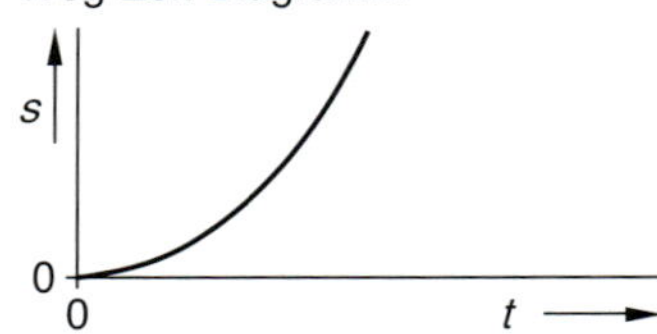

Geschwindigkeit

$$v = a \cdot t$$ $[v] = \frac{\text{m}}{\text{s}^2} \cdot \text{s} = \frac{\text{m}}{\text{s}}$

Zurückgelegter Weg

$$s = \frac{1}{2} \cdot v \cdot t = \frac{1}{2} \cdot a \cdot t^2$$

Anfangsgeschwindigkeit ungleich null, gleichmäßgie Beschleunigung

Geschwindigkeits-Zeit-Diagramm

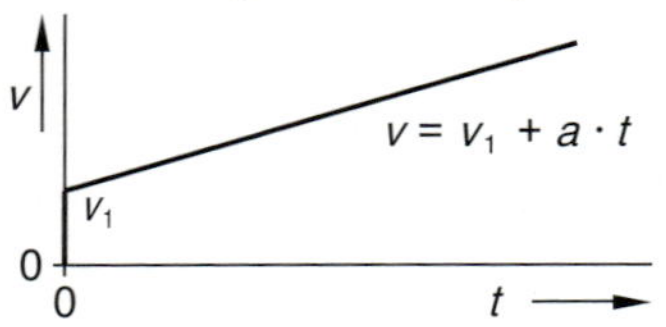

Weg-Zeit-Diagramm

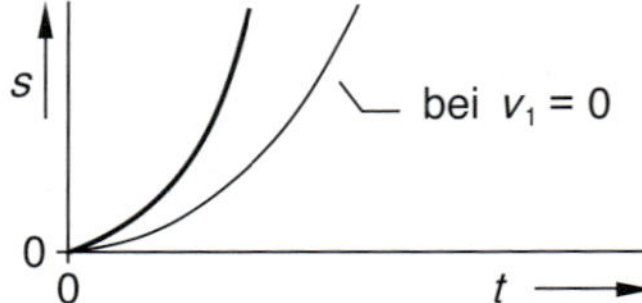

Geschwindigkeit

$$v = v_1 + a \cdot t$$

Zurückgelegter Weg

$$s = v_1 \cdot t + \frac{1}{2} \cdot a \cdot t^2$$

Gleichmäßige Verzögerung (Abbremsung)

Geschwindigkeits-Zeit-Diagramm

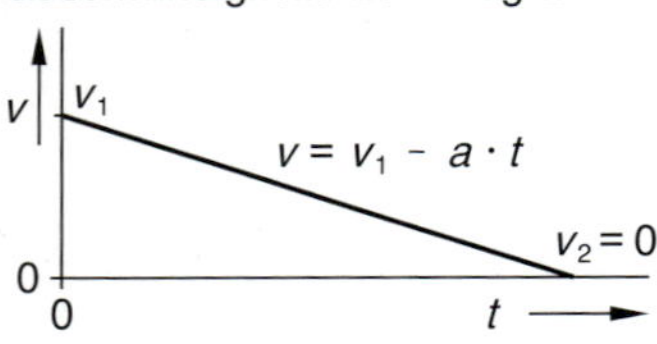

Weg-Zeit-Diagramm

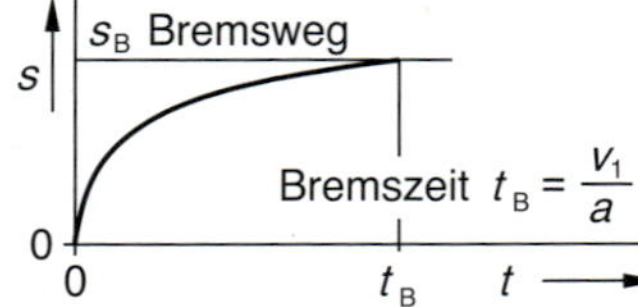

Geschwindigkeit

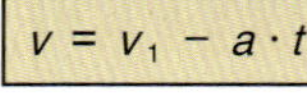

$$v = v_1 - a \cdot t$$

a wird als positiver Wert eingesetzt

Bremsweg

$$s_B = v_1 \cdot t_B - \frac{1}{2}\, a \cdot t_B^2 = \frac{v^2}{2\,a}$$

Drehbewegung (Rotation)

Gleichförmige Bewegung

Nach Abschluss des Hochlaufvorgangs erreichen rotierende Maschinen eine feste, gleichförmige Drehfrequenz (Drehzahl). Dies ist der stationäre Zustand.

Wichtige Kenngrößen:

$$T = \frac{1}{n} \longrightarrow n = \frac{1}{T}$$

- n Drehfrequenz
- T Umlaufzeit
- ω Winkelgeschwindigkeit
- v Umfangsgeschwindigkeit

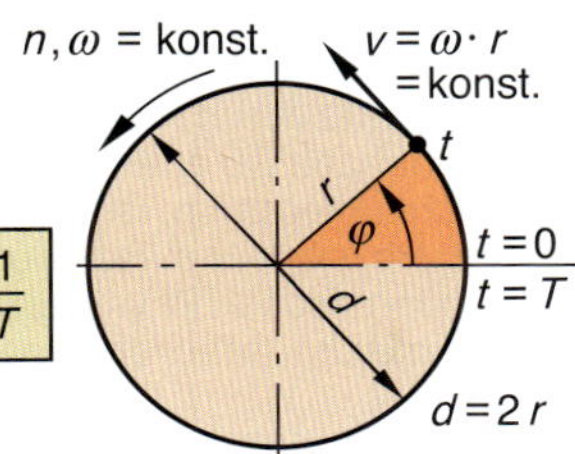

Winkelgeschwindigkeit

$$\omega = \frac{2\pi}{T} = 2\pi \cdot n$$

$[\omega] = 1/\text{s}$ (rad/s)

Drehwinkel φ im Bogenmaß

$$\varphi = \omega \cdot t$$

Umfangsgeschwindigk.

$$v = \omega \cdot r = \pi \cdot d \cdot n$$

$[v] = \text{m/s} = 60\ \text{m/min}$

Beschleunigte und verzögerte Bewegung

Ungleichförmige, d.h. beschleunigte oder verzögerte Rotationsbewegungen entstehen z.B. beim Hochlaufen und Abbremsen von Motoren und Antrieben.
Dabei interessiert insbesondere die Anlaufzeit (Hochlaufzeit) des Antriebs.
Zum Beschleunigen einer rotierenden Masse wird Energie benötigt; sie wird beim Abbremsen wieder frei gesetzt.
(Beschleunigungsmoment siehe Seite 68)

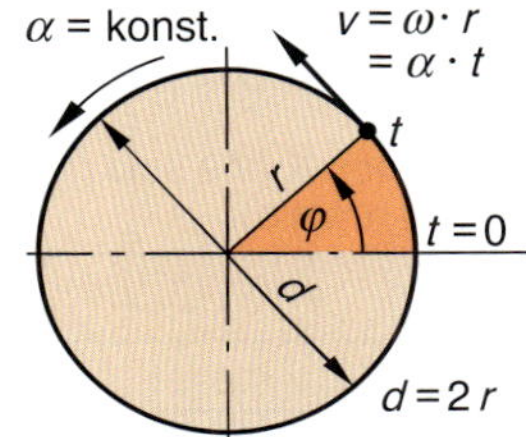

Winkelbeschleunigung

$$\alpha = \frac{\Delta\omega}{\Delta t} = \frac{2\pi \cdot \Delta n}{\Delta t}$$

$[\alpha] = 1/\text{s}^2$ (rad/s²)

Drehwinkel φ im Bogenmaß

$$\varphi = \frac{1}{2} \cdot \alpha \cdot t^2$$

Hochlaufzeit von $n_0 = 0$ auf Drehfr. n

$$t_H = \frac{\omega}{\alpha} = \frac{2\pi \cdot n}{\alpha}$$

Geschwindigkeiten an Maschinen

Drehen
Beim Drehen bewegt sich der Drehmeißel mit der Vorschubgeschwindigkeit v_F entlang der Drehachse.
Die Vorschubgeschwindigkeit ist abhängig vom Vorschub f und der Drehfrequenz n.

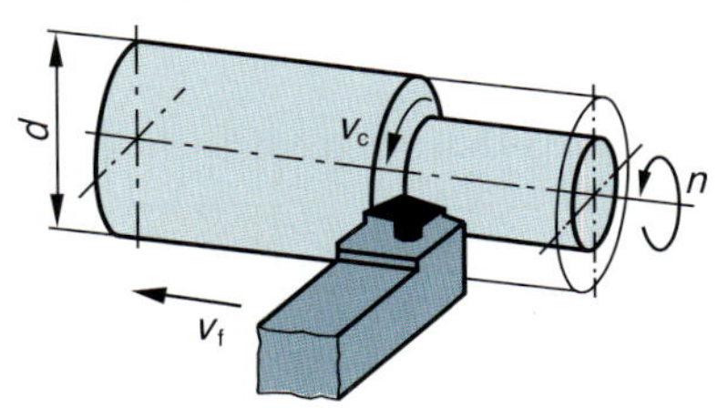

Vorschubgeschw.

$$v_f = n \cdot f$$

Schnittgeschw.

$$v_c = \pi \cdot d \cdot n$$

f Vorschub in mm pro Umdrehung

Fräsen
Beim Fräsen bewegen sich Frästisch und Werkstück mit der Vorschubgeschwindigkeit v_F.
Die Vorschubgeschwindigkeit ist abhängig vom Vorschub f_z je Schneide, der Schneidenzahl des Fräsers und der Drehfrequenz n.

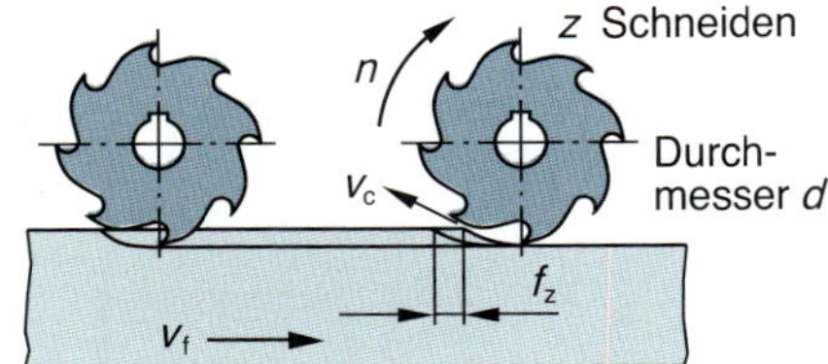

Vorschubgeschw.

$$v_f = n \cdot f$$

Schnittgeschw.

$$v_c = \pi \cdot d \cdot n$$

f_z Vorschub in mm pro Schneide

Gewindetrieb
Gewindetriebe wandeln eine Rotations- in eine Translationsbewegung.
Die Geschwindigkeit der Translationsbewegung v_F (Vorschubgeschwindigkeit) ist abhängig von der Gewindesteigung P und der Drehfrequenz n des Gewindes.

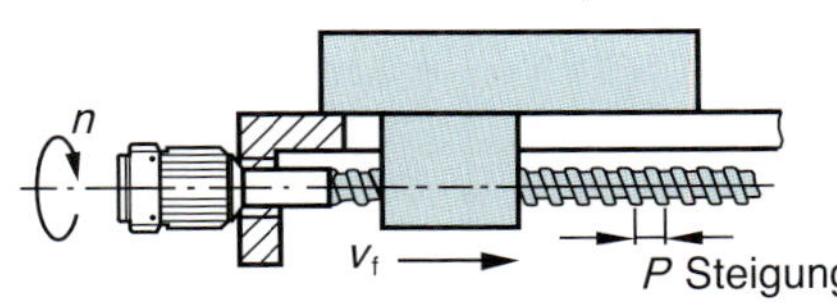

Vorschubgeschwindigkeit

$$v_f = n \cdot P$$

Zahnstangentrieb
Gewindetriebe wandeln Rotations- und Translationsbewegung ineinander um.
Die Geschwindigkeit der Translationsbewegung v_F (Vorschubgeschwindigkeit) ist abhängig von der Teilung der Zahnstange p und der Drehfrequenz n des Zahnrades.

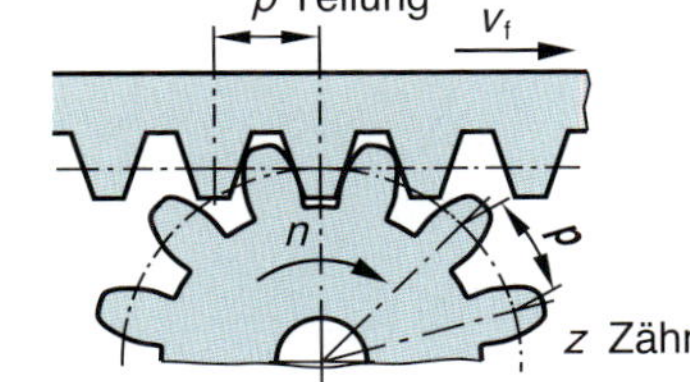

Vorschubgeschwindigkeit

$$v_f = n \cdot z \cdot p$$

oder

$$v_f = \pi \cdot d \cdot n$$

2.5 Bewegungslehre II

Kinetik

Galilei (1564-1642)

Die Kinetik ist das Teilgebiet der Bewegungslehre, das sich mit den Kräften und Momenten beschäftigt, durch welche die Bewegungen verursacht werden.
Wesentliche Erkenntnisse stammen von dem italienischen Mathematiker, Physiker und Philosoph Galileo Galilei (1564 - 1642). Er entdeckte durch reine Gedankenexperimente die Fallgesetze und die Gesetze für das Fadenpendel. Ob er am Schiefen Turm von Pisa Experimente zur Bestätigung seiner Fallgesetze unternahm, ist nicht bewiesen.
Neben Galilei gilt der englische Mathematiker, Physiker und Astronom Sir Isaac Newton (1643 - 1727) als Begründer der klassischen theoretischen Physik. Zu seinen wichtigsten Werken gehören die drei Grundgesetze der klassischen Mechanik (newtonsche Axiome):

1. **Trägheitsgesetz**
   Jeder Körper verharrt in Ruhe bzw. in gleichförmig geradliniger Bewegung, solange er nicht durch äußere Kräfte gestört wird.
2. **Dynamisches Grundgesetz**
   Die Bewegungsänderung eines Körpers (Beschleunigung) ist proportional und gleichgerichtet zur einwirkenden Kraft.
   Es gilt: Kraft ist gleich Masse mal Beschleunigung ($F = m \cdot a$).
3. **Wechselwirkungsgesetz, Reaktionsgesetz**
   Die von zwei Körpern aufeinander ausgeübten Kräfte sind gleich groß und entgegengerichtet (Kraft = Gegenkraft, actio = reactio).

Newton (1643-1727)

Geradlinige Bewegung (Translation)

Kraft, lineare Beschleunigung, Energie

Wirkt auf eine bewegliche Masse eine Kraft ein, so ändert sich der Bewegungszustand der Masse, d.h. sie wird beschleunigt bzw. verzögert.

Ohne Reibung ist die Beschleunigungs- bzw. Verzögerungskraft gleich der einwirkenden Kraft. ($F_b = F$; m; v)

Eine eventuell vorhandene Reibungskraft F_R

vermindert die Beschleunigungskraft

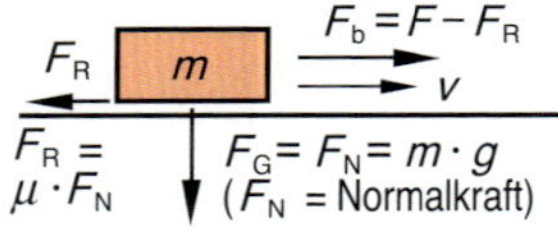

erhöht die Verzögerungskraft

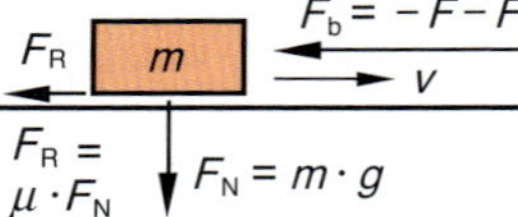

Beschleunigungskraft: $F_b = m \cdot a$

$[F] = \text{kg} \cdot \frac{\text{m}}{\text{s}^2} = \text{N}$ (1 N = 1 Newton)

Beschleunigung: $a = \frac{F_b}{m}$

a positiv: Beschleunigung
a negativ: Verzögerung

Berechnung von Weg, Zeit und Geschwindigkeit siehe Seite 56.

Jeder bewegte Körper enthält Bewegungsenergie (kinetische Energie). Sie steigt quadratisch mit der Geschwindigkeit. Sie muss beim Beschleunigen zugeführt werden und kann beim Abbremsen zurück gewonnen werden.

Kinetische Energie: $W_{kin} = \frac{1}{2} m \cdot v^2$

Freier Fall

Der freie Fall ist ein Sonderfall der gleichmäßig beschleunigten Bewegung.
Dabei ist:
$a = g = 9{,}81 \text{ m/s}^2$
(Fallbeschleunigung)

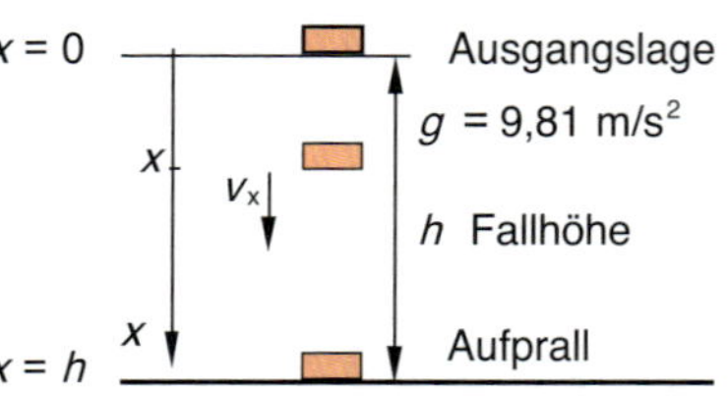

Geschwindigkeit an der Stelle x: $v = g \cdot t = \sqrt{2 \cdot g \cdot x}$

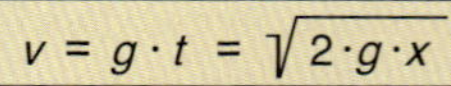

Zeit bis zum Aufprall: $t_h = \sqrt{\frac{2 \cdot h}{g}}$

Aufprallgeschwindigkeit: $v_h = g \cdot t_h = \sqrt{2 \cdot g \cdot h}$

Schiefe Ebene

Auf einer schiefen Ebene kann die Gewichtskraft F_G eines Körpers in eine Normalkraft F_N senkrecht zur Ebene und in eine Hangabtriebskraft F_H parallel zur Ebene zerlegt werden. Die Reibungskraft ist proportional zur Normalkraft und zur Reibungszahl μ.

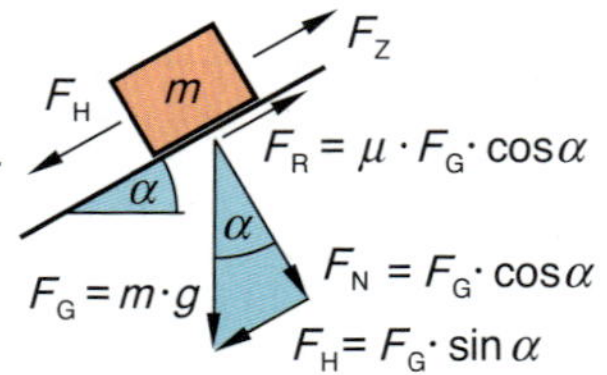

Notwendige Zugkraft F_Z bei v = konstant

$F_Z = F_G (\sin\alpha + \mu \cdot \cos\alpha)$

Beschleunigungskraft, wenn Körper rutscht

$F_b = F_G (\sin\alpha - \mu \cdot \cos\alpha)$

Haftreibwinkel, bei dem der Körper gerade rutscht: $\tan\alpha = \mu$

Drehbewegung (Rotation)

Zentrifugalkraft

Soll ein Massepunkt mit gleichförmiger Geschwindigkeit auf einer Kreisbahn umlaufen, so muss eine Radialkraft senkrecht zur Bewegungsrichtung angreifen. Ihr entgegen wirkt die Zentrifugalkraft.

F_z Zentrifugalkraft, F_r Radialkraft (Zentripetalkraft), m Masse,
d Kreisdurchmesser, r Kreisradius
n Drehfrequenz, v Geschwindigkeit, ω Winkelgeschwindigkeit.

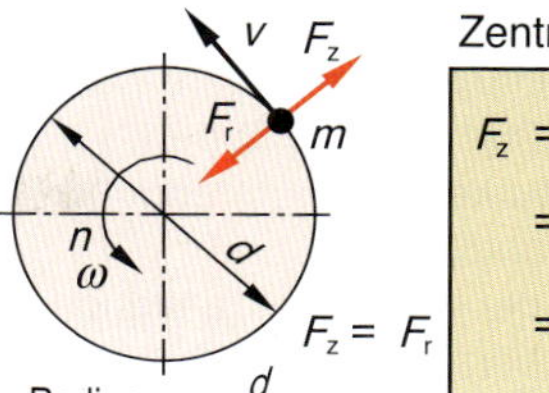

Radius $r = \frac{d}{2}$

Zentrifugalkraft

$$F_z = m \cdot r \cdot \omega^2 = m \cdot r \cdot 4\pi^2 \cdot n^2 = \frac{m \cdot v^2}{r}$$

Massenträgheitsmoment

Bei der Rotation von Massen spielt das Massenträgheitsmoment J der Masse eine wesentliche Rolle. Das Massenträgheitsmoment ist abhängig von der Masse und der räumlichen Verteilung der Masse.

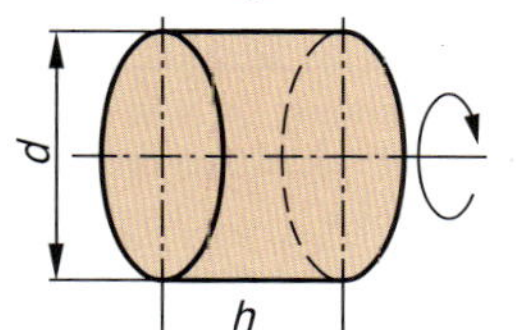

Vollzylinder

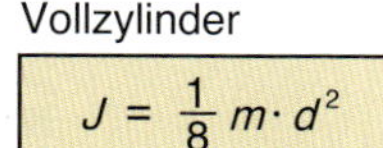

$$J = \frac{1}{8} m \cdot d^2$$

J Massenträgheitsmoment $[J] = \text{kg} \cdot \text{m}^2$
m Masse $[m] = \text{kg}$

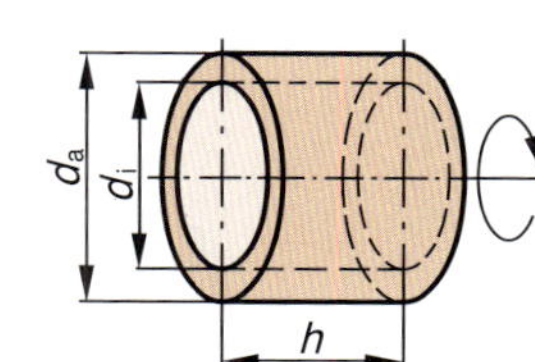

Hohlzylinder

$$J = \frac{1}{8} m \cdot (d_a^2 + d_i^2)$$

Berechnung der Masse m siehe Seite 50

Drehmoment, Winkelbeschleunigung, Energie

Beschleunigungsmoment: $M_b = M - M_L$

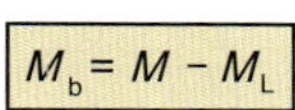

Verzögerungsmoment: $M_b = -M - M_L$

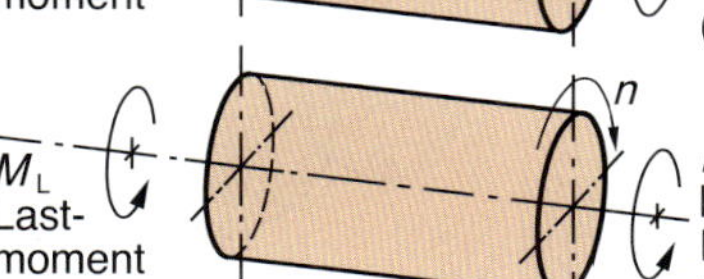

Hochlaufzeit von n_1 auf Drehfrequenz n_2

$$t_H = \frac{J \cdot 2\pi \cdot (n_2 - n_1)}{M_b}$$

Bremszeit von n_2 auf Drehfrequenz n_1

$$t_B = \frac{J \cdot 2\pi \cdot (n_1 - n_2)}{M_b}$$

Jeder rotierende Körper enthält Bewegungsenergie (kinetische Energie, Rotationsenergie). Die Energie muss beim Beschleunigen zugeführt werden und kann beim Abbremsen zurück gewonnen werden.

Kinetische Energie

$$W_{kin} = \frac{1}{2} J \cdot \omega^2$$

Trägheitsmoment und Ersatzträgheitsmoment

Antriebe enthalten meist Translations- und Rotationsbewegungen. Da der Antrieb meist mit Elektromotoren erfolgt (Rotation), ist es sinnvoll, alle translatorischen Größen in gleichwertige Rotationsgrößen umzuwandeln. Insbesondere wird die Trägheitskraft einer linear bewegten Masse in ein fiktives Massenträgheitsmoment umgerechnet.

Seiltrommel mit Last

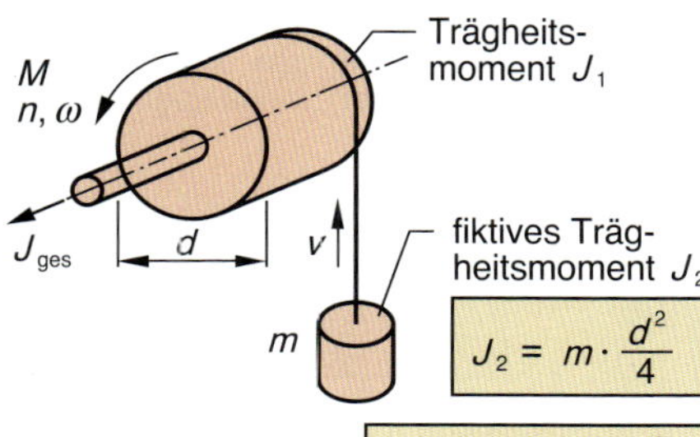

$$J_2 = m \cdot \frac{d^2}{4}$$

Gesamtträgheitsmoment

$$J_{ges} = J_1 + m \cdot \frac{d^2}{4}$$

Antrieb über verlustfreie Spindel

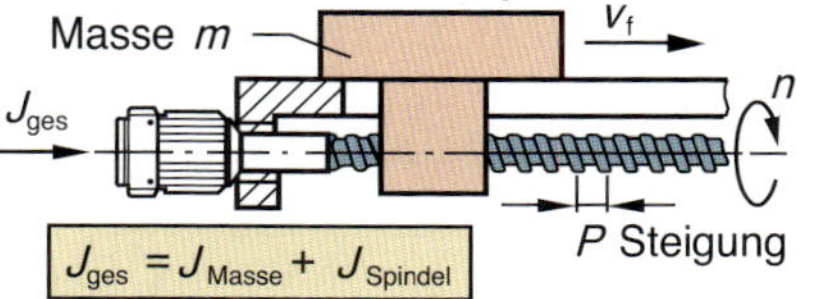

$$J_{ges} = J_{Masse} + J_{Spindel}$$

Fiktives Trägheitsmoment der Masse

$$J_{Masse} = m \cdot \left(\frac{P}{2\pi}\right)^2$$

Antrieb über verlustfreies Getriebe

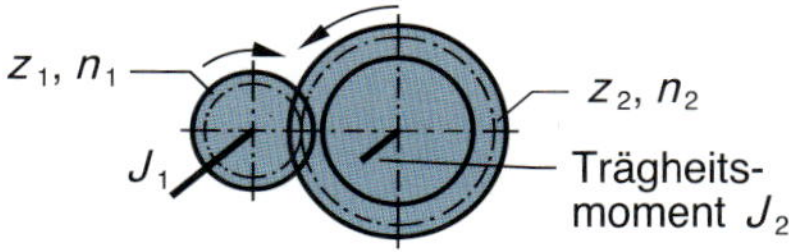

Transformiertes Trägheitsmoment

$$J_1 = J_2 \left(\frac{n_2}{n_1}\right)^2 = J_2 \left(\frac{z_1}{z_2}\right)^2$$

2

2.6 Einfache Maschinen

Zahnradtriebe

Mit Zahnradtrieben werden Drehbewegungen formschlüssig von einer auf eine andere Welle übertragen, wobei sich die Drehrichtung ändert.
Zahnradtriebe wirken als Drehfrequenzwandler bzw. Drehmomentwandler.
Die Zähnezahl der ineinander greifenden Zahnräder bestimmt die Übersetzung der Drehfrequenz (Drehzahl) und des Drehmomentes.

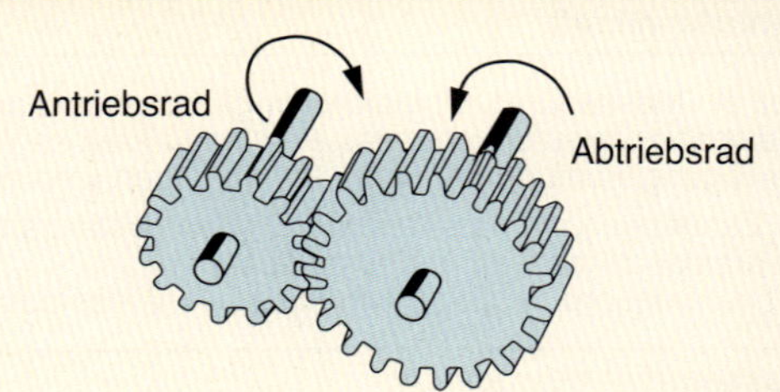

Aufbau von Zahnrädern

Zahnräder sind komplizierte Maschinenteile, die durch eine Vielzahl von Parametern geometrisch bestimmt sind. Die wichtigsten Parameter sind:

- m Modul, z.B. 1 mm, 2 mm (Modul = Zahnkopfhöhe)
- p Teilung
- d Teilkreisdurchmesser
- d_a Kofkreisdurchmesser
- d_f Fußkreisdurchmesser
- z Zähnezahl
- h Zahnhöhe
- h_a Zahnkopfhöhe
- h_f Zahnfußhöhe
- c Kopfspiel

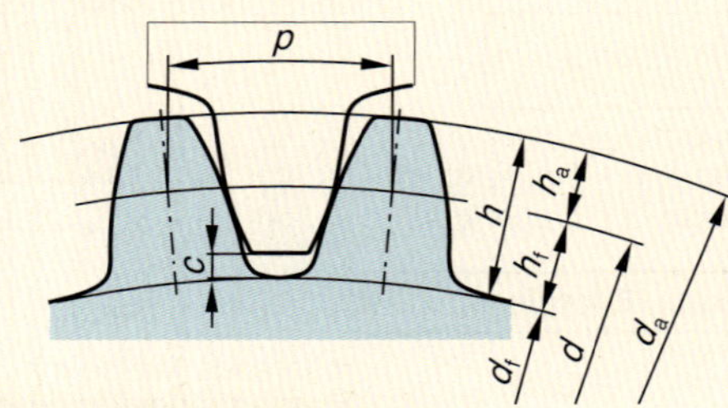

Modul $m = \frac{p}{\pi} = \frac{d}{z}$

Zahnkopfhöhe $h_a = m$

Kopfspiel $c = 0{,}1 \cdot m ... 0{,}3 \cdot m$

Daraus folgt:

Teilung $p = \pi \cdot m$

Teilkreisdurchmesser $d = m \cdot z = \frac{z \cdot p}{\pi}$

Kopfkreisd. $d_a = d + 2 \cdot m$

Fußkreisd. $d_f = d - 2 \cdot (m - c)$

Ein- und zweistufige Getriebe

Einstufiger Antrieb

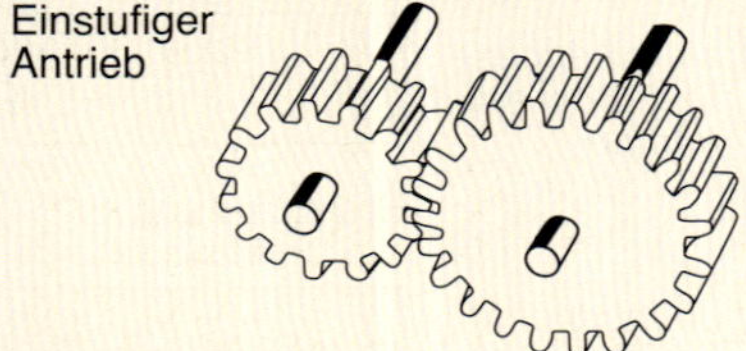

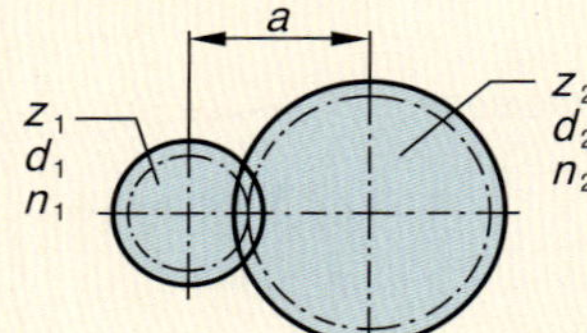

Achsabstand

$$a = \frac{d_1 + d_2}{2} = \frac{m \cdot (z_1 + z_2)}{2}$$

Antriebsformel $n_1 \cdot z_1 = n_2 \cdot z_2$

Übersetzungsverhältnis $i = \frac{n_1}{n_2} = \frac{z_2}{z_1}$

Zweistufiger Antrieb

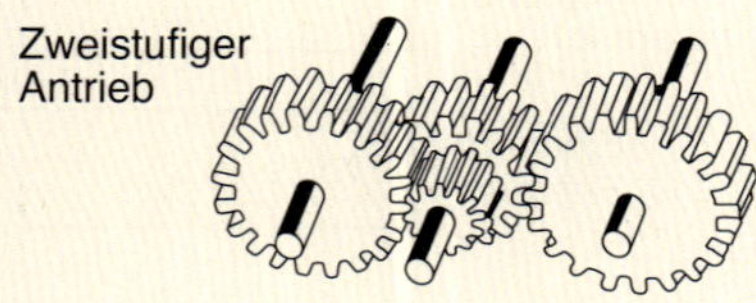

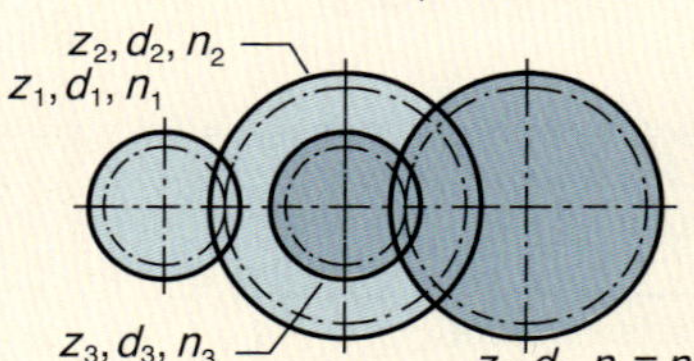

Gesamtübersetzung bei mehrfacher Übersetzung

$$i_{ges} = \frac{n_1}{n_n} = \frac{z_2}{z_1} \cdot \frac{z_4}{z_3} \cdot ... = i_1 \cdot i_2 \cdot ...$$

Schneckentrieb

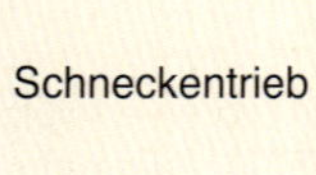

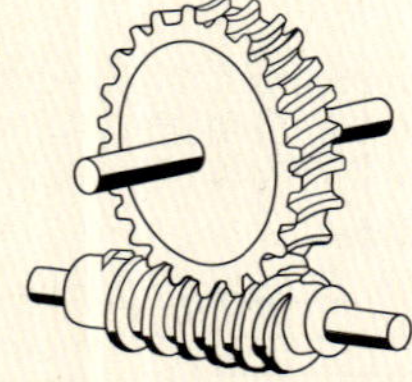

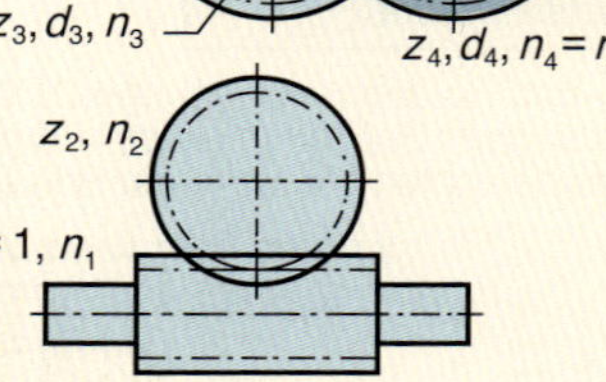

Übersetzungsverhältnis $i = \frac{n_1}{n_2} = \frac{z_2}{z_1}$

Beim Schneckentrieb treibt die Schnecke das Zahnrad an.
Bei eingängigen Schnecken ist $z_1 = 1$, bei zweigängigen $z_1 = 2$.

Drehmomentwandlung

Beim Zahnradtrieb wirkt an der Eingriffstelle auf beide Zähne die Kraft F.
Daraus folgt: $M_1 \cdot d_2 = M_2 \cdot d_1$.
Die Drehmomente beider Räder verhalten sich somit wie die Durchmesser, bzw. umgekehrt wie die Drehfrequenzen.
Diese Drehmomentwandlung erfolgt sinngemäß auch bei Riementrieben.

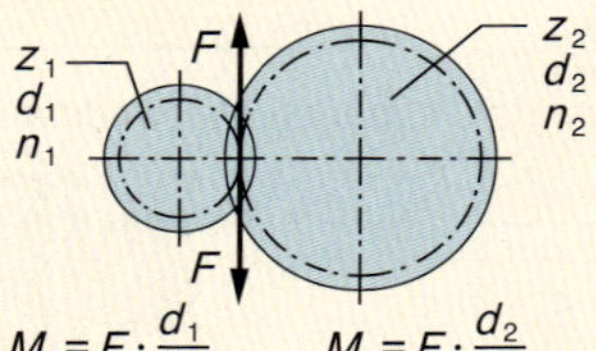

$M_1 = F \cdot \frac{d_1}{2}$ $M_2 = F \cdot \frac{d_2}{2}$

Drehmomentwandlung

$$\frac{M_1}{M_2} = \frac{d_1}{d_2} = \frac{z_1}{z_2} = \frac{n_2}{n_1} = \frac{1}{i}$$

Mehrfachübersetzung: $\frac{M_1}{M_n} = \frac{n_n}{n_1} = \frac{1}{i_{ges}}$

Riementriebe

Riementriebe sind Zugmittelgetriebe. Sie können Drehmomente und Bewegungen auch bei hohen Drehfrequenzen und großen Achsabständen übertragen. Die Riemen können als Flachriemen oder Keilriemen ausgeführt sein. Riemen ermöglichen eine elastische, geräusch- und schwingungsdämpfende Kraftübertragung. Nachteilig ist der Riemenschlupf (Rutschen des Riemens auf der Riemenscheibe). Durch gezahnte Riemen und Scheiben (Zahnriementrieb, Synchronriementrieb) wird eine schlupflose Übertragung gewährleistet.

Einfacher Riementrieb

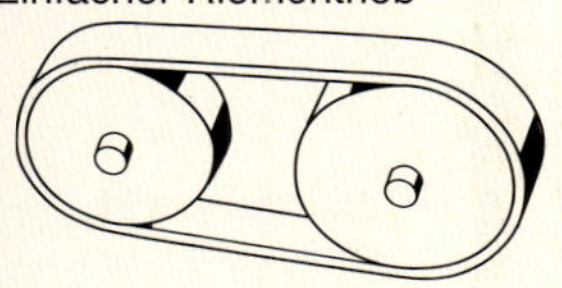

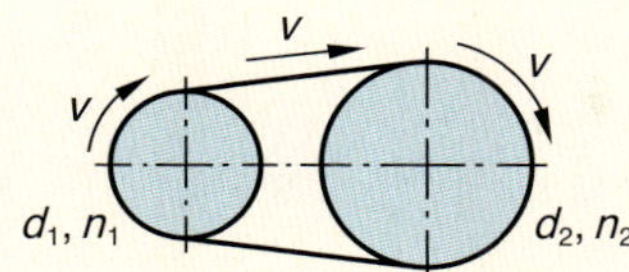

Riemengeschwindigkeit

ohne Schlupf: $v = d_1 \cdot \pi \cdot n_1 = d_2 \cdot \pi \cdot n_2$

Übersetzungsverhältnis

$$i = \frac{n_1}{n_2} = \frac{d_2}{d_1}$$

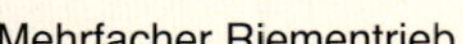
Mehrfacher Riementrieb

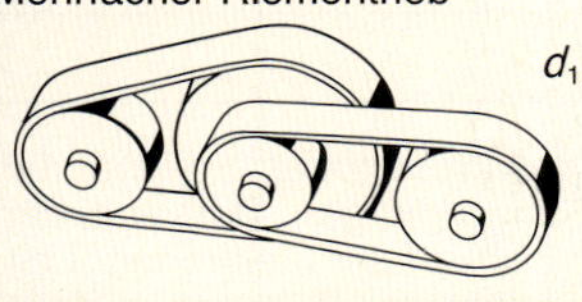

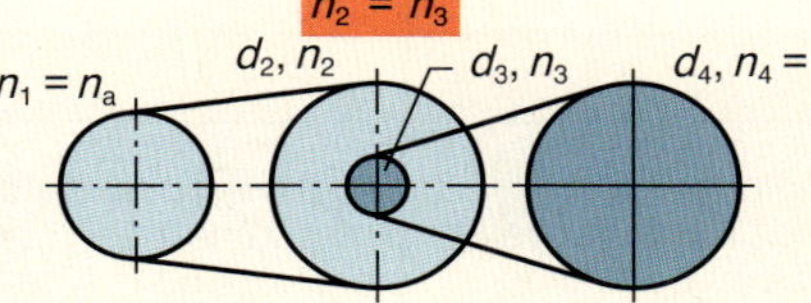

Gesamtübersetzungsverhältnis

$$i = \frac{n_a}{n_e} = \frac{d_2}{d_1} \cdot \frac{d_4}{d_3} \cdot \ldots = i_1 \cdot i_2 \cdot \ldots$$

Rollen, Flaschenzüge, Winden

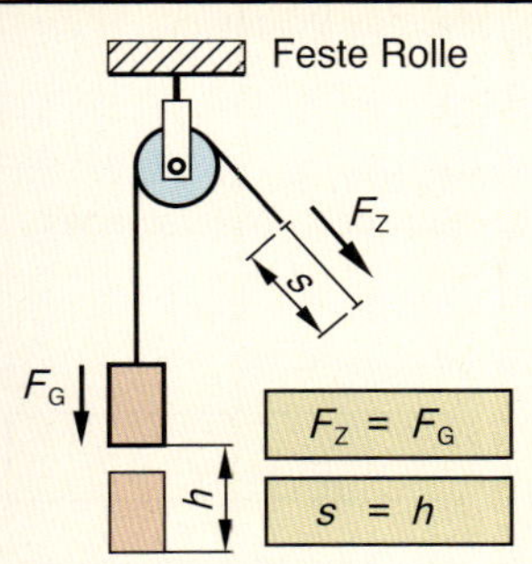

$$F_Z = F_G$$

$$s = h$$

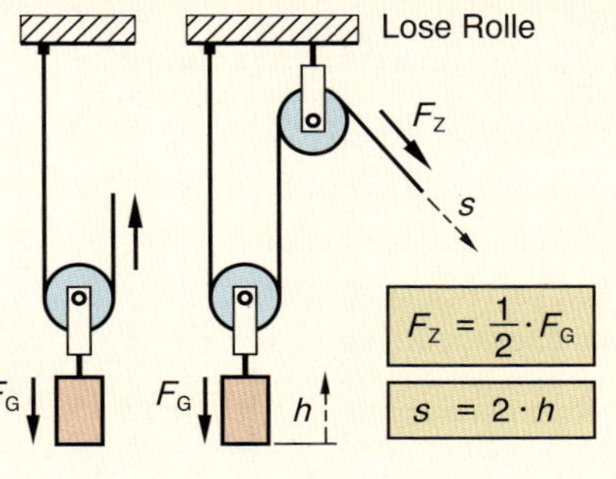

$$F_Z = \frac{1}{2} \cdot F_G$$

$$s = 2 \cdot h$$

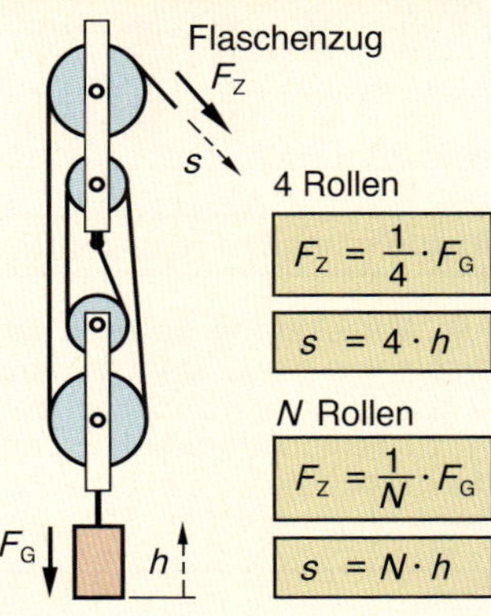

4 Rollen

$$F_Z = \frac{1}{4} \cdot F_G$$

$$s = 4 \cdot h$$

N Rollen

$$F_Z = \frac{1}{N} \cdot F_G$$

$$s = N \cdot h$$

F_G Gewichtskraft
F_Z Zugkraft
h Hubhöhe
s Zugweg
N Anzahl der tragenden Seilstränge (= Rollenzahl, feste + lose Rollen)

Einfache Winde

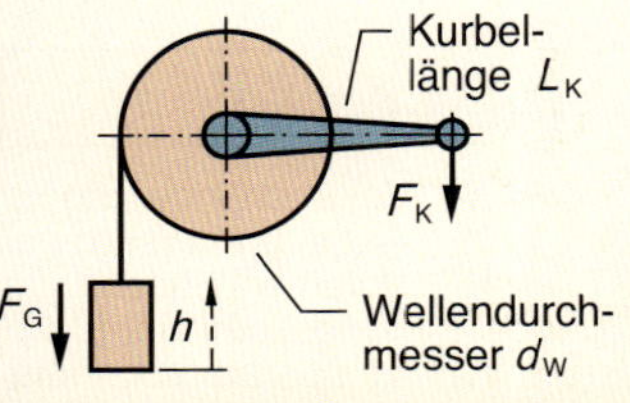

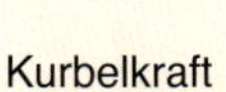
Kurbelkraft

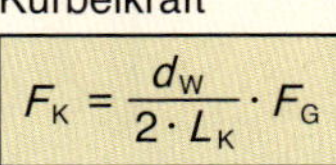

$$F_K = \frac{d_W}{2 \cdot L_K} \cdot F_G$$

Räderwinde

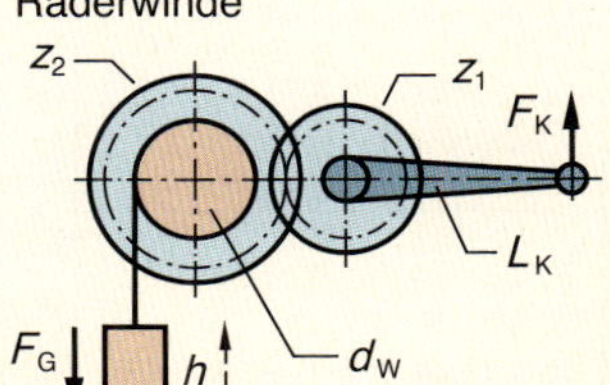

Kurbelkraft

$$F_K = \frac{d_W}{2 \cdot L_K} \cdot \frac{z_1}{z_2} \cdot F_G$$

Schiefe Ebene, Keil

Keile werden z.B. zum Heben von Lasten eingesetzt. Dabei kann mit einer kleinen Kraft F_1 eine große Kraft F_2 erzeugt werden. Entscheidend für die Kraftverstärkung ist der Neigungswinkel β.

Es gilt: Neigung $1 : x = \tan\beta$

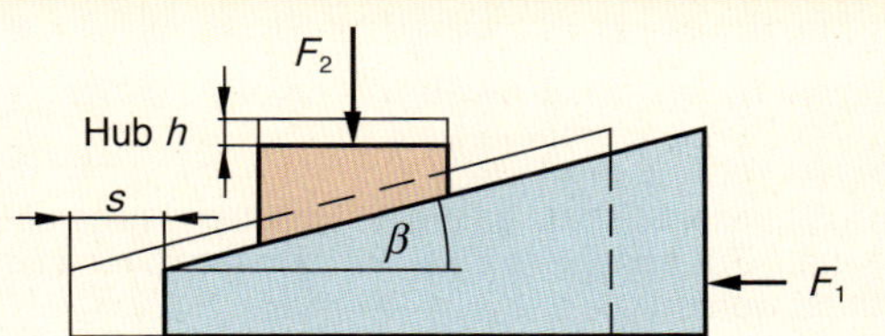

Kraftverstärkung $F_2 = \dfrac{F_1}{\tan\beta}$

Hub $h = s \cdot \tan\beta$

2.7 Temperatur und Wärme

Temperaturskalen

Die Temperatur ist ein Maß für den Wärmezustand eines Stoffes.
Die Temperatur wird im Alltag in °C (Grad Celsius) gemessen, für technische und wissenschaftliche Zwecke in K (Kelvin), in englischsprachigen Ländern auch in °F (Grad Fahrenheit).

Grad Celsius → Kelvin

$$T = \vartheta + 273{,}15\ \text{K}$$

Grad Celsius → Fahrenh.

$$\vartheta_F = \frac{9}{5} \cdot \vartheta + 32\ {}^\circ\text{F}$$

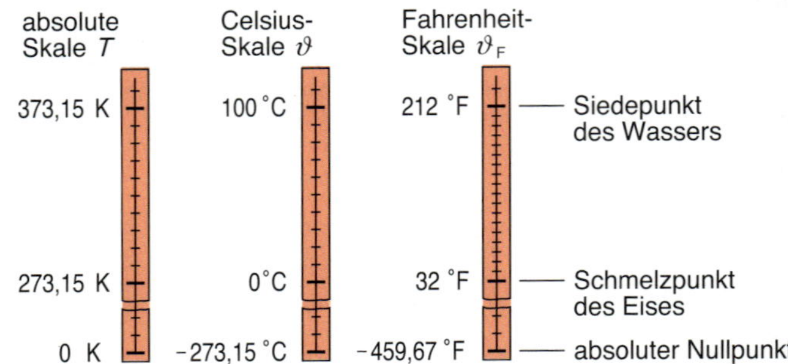

Temperatureinflüsse auf Metalle

Bei Metallen sind die Atome in einer Gitterstruktur angeordnet. Zwischen den festen positiven Restatomen (Ionen) befinden sich die frei beweglichen negativen Elektronen („Elektronengas").

Steigt die Temperatur des Werkstoffes, so gerät das Gitter zunehmend in Schwingungen. Das Volumen steigt an und die Beweglichkeit der Elektronen (Leitfähigkeit) sinkt, d.h. der elektrische Widerstand steigt.

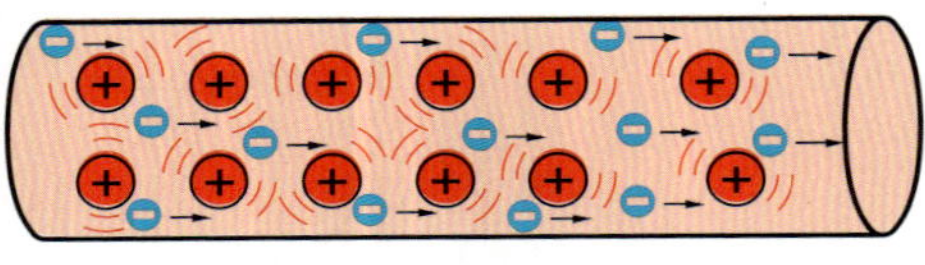

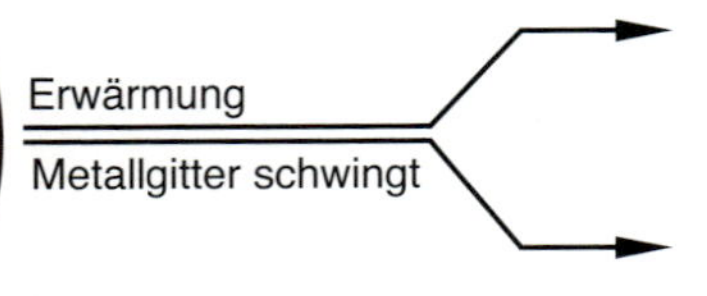

Ausdehnung der Länge bzw. des Volumens

Erhöhung des elektrischen Widerstandes

Ausdehnung bei Temperaturerhöhung

Alle Werkstoffe dehnen sich bei Erwärmung (Temperaturzunahme) aus. Der Längenausdehnungskoeffizient α gibt die Längenzunahme der Längeneinheit bei 1 K (1 °C) Temperaturerhöhung an, der Volumenausdehnungskoeffizient γ gibt die Volumenzunahme der Volumeneinheit bei 1 K (1 °C) Temperaturerhöhung an.

Stoff	α in 1/K
Aluminium	$23{,}8 \cdot 10^{-6}$
Bronze	$17{,}5 \cdot 10^{-6}$
Eisen	$12{,}3 \cdot 10^{-6}$
Glas (ca.)	$6{,}5 \cdot 10^{-6}$
Gold	$14{,}2 \cdot 10^{-6}$
Grafit	$7{,}9 \cdot 10^{-6}$
Kupfer	$16{,}5 \cdot 10^{-6}$
Nickel	$13{,}0 \cdot 10^{-6}$
Silber	$19{,}5 \cdot 10^{-6}$
Wolfram	$4{,}5 \cdot 10^{-6}$

Stoff	γ in 1/K
Alkohol	$1{,}10 \cdot 10^{-3}$
Benzol	$1{,}06 \cdot 10^{-3}$
Glyzerin	$0{,}50 \cdot 10^{-3}$
Petroleum	$0{,}99 \cdot 10^{-3}$
Quecksilber	$0{,}18 \cdot 10^{-3}$

Feste Stoffe $\gamma \approx 3 \cdot \alpha$

Alle Gase $\gamma \approx \frac{1}{273} \cdot \frac{1}{\text{K}}$

Längenausdehnung

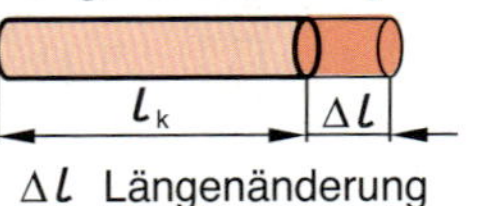

Δl Längenänderung
l_k Anfangslänge

$$\Delta l = l_k \cdot \alpha \cdot \Delta\vartheta$$

α Längenausdehnungskoeffizient
$\Delta\vartheta$ Temperaturzunahme

Volumenausdehnung

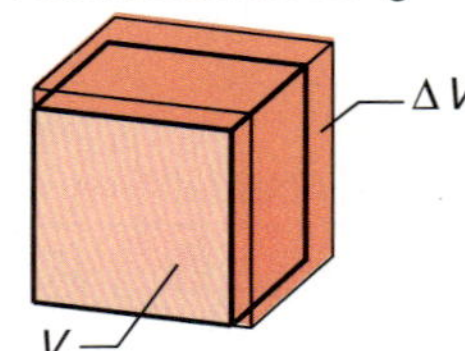

$$\Delta V = V_k \cdot \gamma \cdot \Delta\vartheta$$

ΔV Volumenänderung
V_k Anfangsvolumen
γ Volumenausdehnungskoeffizient
$\Delta\vartheta$ Temperaturzunahme

Widerstandsänderung bei Temperaturerhöhung

Bei Metallen steigt der elektrische Widerstand ungefähr linear mit der Temperatur an. Der Temperaturbeiwert ist bei reinen Metallen ungefähr $\alpha = 0{,}004/\text{K} = 0{,}4\ \%/\text{K}$.
Der Temperaturbeiwert wird in Tabellenbüchern für die Temperatur $\vartheta = 20\ °\text{C}$ angegeben. Für andere Temperaturwerte kann er umgerechnet werden.

Widerstandszunahme

$$\Delta R = R_{20} \cdot \alpha_{20} \cdot \Delta\vartheta$$

Weitere Werte und Informationen siehe Seite 84.

R_{20} Widerstand bei 20 °C
α_{20} Temperaturbeiwert
$\Delta\vartheta$ Temperaturzunahme

2

Wärmeeigenschaften von Stoffen

Allgemeine Eigenschaften

Viele Eigenschaften eines Stoffes hängen direkt oder indirekt vom Wärmezustand (Temperatur) des Körpers ab. Die Temperatur bestimmt insbesondere den Aggregatzustand, d.h. wie fest die Atome bzw. Moleküle in ihrem Verband zusammenhalten (Kohäsionskraft).
Die drei klassischen Aggregatzustände sind: fest, flüssig und gasförmig. Körper, bei denen die Atome ionisiert sind, bilden ein so genanntes Plasma. Der Plasmazustand gilt als vierter Aggregatzustand.
Zur Kennzeichnung der Wärmeeigenschaften eines Stoffes dienen die Begriffe Wärmemenge, spezifische Wärmekapazität, spezifische Schmelz- und spezifische Verdampfungswärme.
Für die Energiegewinnung ist der Brennwert eines Stoffes von Bedeutung.

Anomalie des Wassers

Fast alle Stoffe dehnen sich oberhalb des Schmelzpunktes mit zunehmender Temperatur aus.
Im Gegensatz dazu zieht sich Wasser im Bereich zwischen 0 °C und 4 °C zusammen und hat bei 4 °C seine größte Dichte ($\rho = 1\,kg/dm^3$). Oberhalb von 4 °C verhält es sich „normal", d.h. es dehnt sich aus.
Beim Übergang zu Eis bei 0 °C nimmt das Volumen zu, das leichtere Eis schwimmt deshalb auf dem Wasser.
Diese „Anomalie des Wassers" (griechisch: anomalos = uneben) hat für die Natur große Bedeutung, z.B. gefrieren Gewässer nicht von unten her zu.

Aggregatzustände

Stoffe können in vier Aggregatzuständen vorkommen:
- fest
- flüssig
- gasförmig
- ionisiert.

Der Übergang zum nächsten Zustand erfolgt bei einer jeweils charakteristischen Temperatur. Zum Schmelzen und Sieden wird eine bestimmte Wärmemenge benötigt.

Kennwerte der Aggregatzustände (Mittelwerte bei Normaldruck 1,013 bar)

Werkstoff	$\vartheta_{Schmelz}$ in °C	ϑ_{Siede} in °C	$q_{Schmelz}$ in kJ/kg	$q_{Verdampf}$ in kJ/kg	ϱ (bei 20 °C) in g/cm³
Wasserstoff	– 259	– 253	59	461	0,0006
Quecksilber	– 39	357	12	300	13,5
Wasser	0	100	334	2256	1 (bei 4 °C)
Aluminium	660	2500	356	11700	2,7
Gold	1063	2950	67	1760	19,3
Kupfer	1083	2595	210	4650	8,9
Eisen	1539	3070	270	6350	7,9
Wolfram	3422	5550	192	4800	19,3

Wärmespeicherung

Die spezifische Wärmekapazität ist die Wärmemenge, die 1 kg eines Stoffes um 1K (1 °C) erwärmt. Wasserstoff hat von allen Stoffen die höchste spezifische Wärmekapazität (14,24 kJ / kg · K), gefolgt von Wasser mit 4,19 kJ / kg · K.

Spez. Wärmekapazität c von Werkstoffen (Mittelw.)

Werkstoff	c in $\frac{kJ}{kg \cdot K}$	Werkstoff	c in $\frac{kJ}{kg \cdot K}$
Aluminium	0,90	Quecksilber	0,14
Blei	0,13	Heizöl	2,07
Eisen	0,47	Holz	2,1...2,9
Gold	0,13	Eis	2,09
Grafit	0,71	Wasser	4,18
Kupfer	0,38	Wasserstoff	14,24

$$Q = m \cdot c \cdot \Delta\vartheta$$

Wird dem Körper Wärme zugeführt, so steigt die Temperatur, beim Abkühlen wird die Wärme wieder frei.

Wärmeleitung

Alle Stoffe leiten die Wärme.
Der Wärmeleitwert gibt an, welcher Wärmestrom Φ (Wärmeleistung, gemessen in Watt) durch einen Querschnitt von 1 m² eines 1 m langen Körpers strömt, wenn der Temperaturunterschied 1 K beträgt.

Wärmeleitfähigkeit λ von Werkstoffen (Mittelwerte)

Werkstoff	λ in $\frac{W}{m \cdot K}$	Werkstoff	λ in $\frac{W}{m \cdot K}$
Aluminium	210	PVC	0,16
Blei	35	Hartschaum	0,02...0,06
Eisen	80	Luft	0,02
Gold	310	Holz	0,1...0,3
Grafit	168	Eis	2,3
Kupfer	384	Wasser	0,60

$$\Phi = \frac{\lambda \cdot A \cdot \Delta\vartheta}{s}$$

A
ϑ_1
ϑ_2
Wärmestrom Φ
s

Wärmeenergie

Der Heizwert ist ein Maß für die Wärme, die beim vollständigen Verbrennen eines Stoffes frei wird. Der Heizwert ist etwas geringer als der Brennwert, da beim Verbrennen meist auch Wasser entsteht und verdampft werden muss.

Heizwert H_i üblicher Brennstoffe (3,6 MJ=1kWh)

Brennstoff	H_i in $\frac{MJ}{kg}$	Brennstoff	H_i in $\frac{MJ}{kg}$
Holz	15...17	Benzin	43
Biomasse	14...18	Diesel	41...43
Braunkohle	16...20	Heizöl	40...43
Koks	30	Erdgas	34...36
Steinkohle	30...34	Acetylen	57
Spiritus	27	Propan	93

$$Q = m \cdot H_i$$

Q Wärmeenergie
m Masse
H_i Heizwert
Φ Wärmestrom
λ Wärmeleitfähigkeit
ϑ Temperatur

2.8 Reibung

Reibung

Werden zwei Werkstücke gegeneinander bewegt, so tritt Reibung auf.

Reibung bewirkt vor allem:
- Energieumwandlung in Wärme (Reibungsverluste)
- Abnützung (Verschleiß) der beteiligten Werkstoffe.

Die durch die Reibung erzeugte Reibungskraft hängt insbesondere ab
- von der Normalkraft
- von der Werkstoffpaarung
- von der Reibungsart
- von Oberflächen- und Schmierzustand.

Normalkraft und Reibungskraft

Normalkraft ist die senkrecht auf eine Ebene wirkende Kraft

Reibungskraft ist das Produkt aus Normalkraft und Reibungszahl

Körper waagrechter Ebene

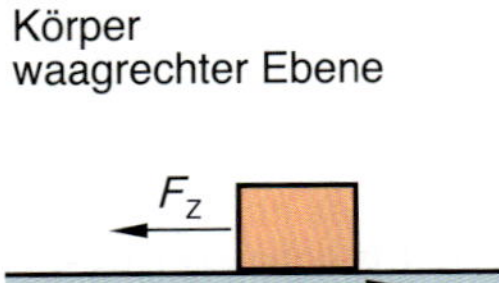

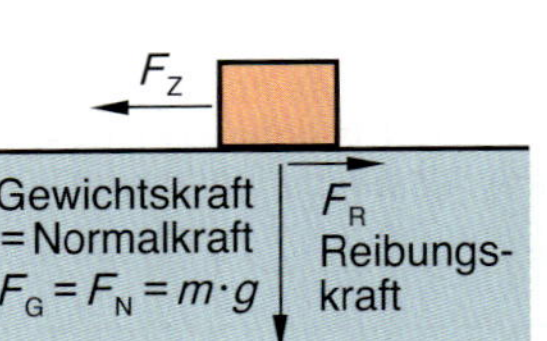

Körper auf schiefer Ebene

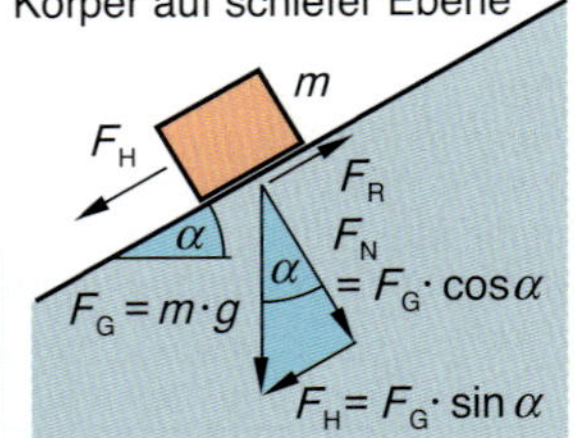

Normalkraft bei

waagrechter Ebene: $F_N = m \cdot g$

schiefer Ebene: $F_N = m \cdot g \cdot \cos\alpha$

Reibungskraft: $F_R = \mu \cdot F_N$

Die Reibungskraft hängt von der Normalkraft F_N und der Reibungszahl α ab, nicht aber von der Reibungsfläche. Ist die Zugkraft F_Z bzw. die Hangabtriebskraft F_A größer als die Reibungskraft F_R, so bewegt sich der Körper.

Reibungsarten

Haftreibung
Ist die Kraft F_Z, die einen Körper antreibt kleiner als die mögliche Reibungskraft F_R, so bewegt sich der Körper nicht, es besteht Haftreibung.

Gleitreibung
Ist die Kraft, die einen Körper antreibt gleich bzw. größer als die Reibungskraft, so bewegt sich der Körper gleichförmig ($F_Z = F_R$) bzw. er wird beschleunigt ($F_Z > F_R$), es herrscht Gleitreibung.

Rollreibung
Rollt ein runder Körper (Kugel, Walze) auf einem anderen ab, so wird die Bewegung durch Rollreibung abgebremst.

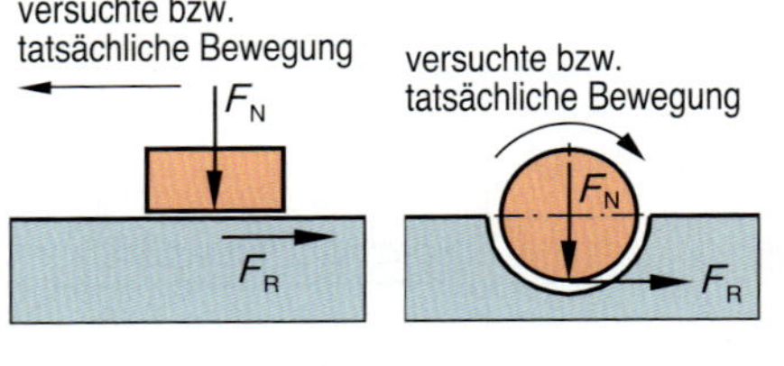

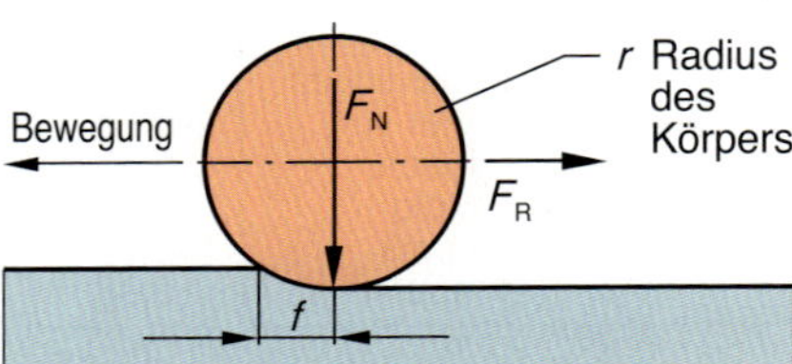

Reibungskraft bei Haftreibung: $F_R = \mu_{Haft} \cdot F_N$

Reibungskraft bei Gleitreibung: $F_R = \mu_{Gleit} \cdot F_N$

Bezeichnungen: $\mu_{Haft} = \mu_0$, $\mu_{Gleit} = \mu$

Reibungskraft bei Rollreibung: $F_R = \frac{f \cdot F_N}{r}$

Werkstoffpaarung	Haftreibungszahl μ_0 (Mittelwerte) trocken	geschmiert	Gleitreibungszahl μ (Mittelwerte) trocken	geschmiert	Rollreibung f in mm (Mittelwerte)	
Stahl - Stahl	0,20	0,10	0,15	0,05	Stahl	
Stahl - Polyamid	0,30	0,15	0,30	0,10	auf Stahl weich	0,5
Stahl - Cu-Sn-Leg.	0,20	0,10	0,10	0,05	hart	0,01
Wälzlager	–	–	–	0,002	Reifen auf Asphalt	4,5

Reibungsleistung, Reibungsmoment

Um die Reibung zu überwinden, muss Reibungsleistung aufgewandt werden. Sie wird in Wärme umgewandelt. Bei linearer Bewegung eines Körpers mit Geschwindigkeit v gilt:

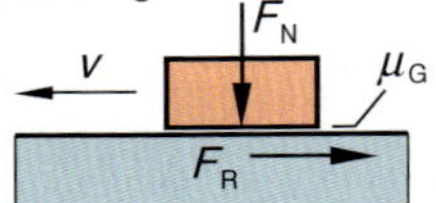

Reibungsleistung: $P_R = F_R \cdot v = \mu_G \cdot F_N \cdot v$

Welle in Gleitlager

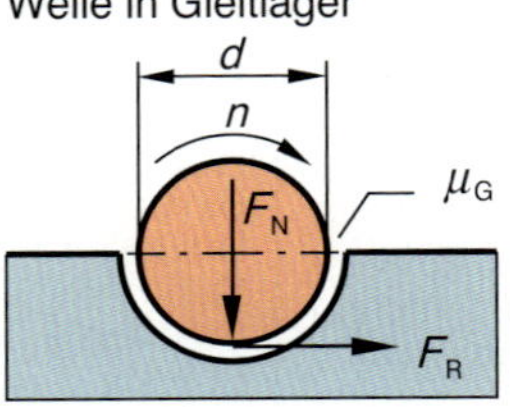

Reibungsmoment: $M_R = \frac{\mu_G \cdot F_N \cdot d}{2}$

Reibungsleistung: $P_R = M_R \cdot 2 \cdot \pi \cdot n$

Druck in Flüssigkeiten und Gasen

Druck ist der Quotient aus dem Betrag einer senkrecht auf eine Fläche wirkenden Kraft F und der Größe A dieser Fläche. (Druck = Kraft pro Flächeneinheit). Einheiten sind das Pascal (Pa) und das Bar (bar). Bei Luftdruckangaben im Wetterbericht wird üblicherweise die Einheit hPa (Hektopascal) verwendet.

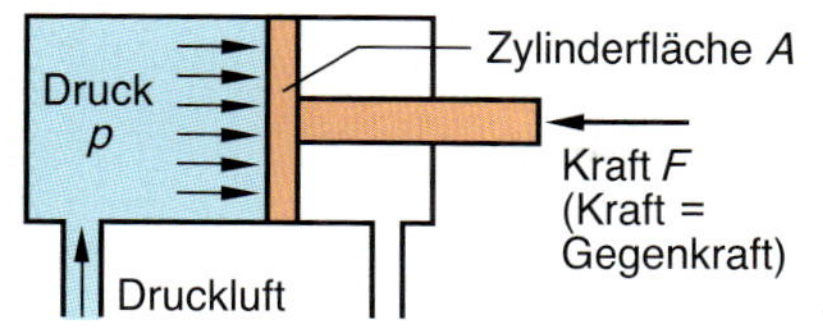

Druck $p = \frac{F}{A}$

$[p] = \frac{1\,\text{N}}{\text{m}^2} = 1\,\text{Pa} = 10^{-5}\,\text{bar}$

$1\,\text{bar} = 10^5\,\text{Pa} = 10\,\frac{\text{N}}{\text{cm}^2}$

$1\,\text{mbar} = 100\,\text{Pa} = 1\,\text{hPa}$

Atmosphärische Druckangaben

Für Druckangaben werden die Begriffe Absolutdruck p_{abs}, absoluter Atmosphärendruck p_{amb}, Druckdifferenz Δp, und atmosphärische Druckdifferenz p_e verwendet.

p_{abs} Absolutdruck ist der Druck gegenüber dem Druck null im leeren Raum (Vakuum)

p_{amb} absoluter Atmosphärendruck ist der in der Umgebung herrschende absolute Luftdruck (amb, englisch ambient = umgebend)

p_e Druckdifferenz zum atmosphärischen Luftdruck (p_e positiv = Überdruck, p_e negativ = Unterdruck).

Druck, absolut — p_{abs} in bar: 2, 1, 0

Druck, relativ zum Luftdruck — p_e in bar: +1, 0, −1

Überdruck

Unterdruck

0 — Normaldruck 1,013 bar ≈ 1 bar (Meereshöhe, 15 °C)

−1 — Vakuum

$$p_e = p_{abs} - p_{amb}$$

Hydrostatischer Druck und Auftrieb

Der hydrostatische Druck ist der im Innern einer Flüssigkeit herrschende Druck. Er ist in jede Richtung gleich groß. Der Druck wird durch die Gewichtskraft der Flüssigkeit verursacht. Er ist von der Dichte der Flüssigkeit und der Flüssigkeitstiefe abhängig.

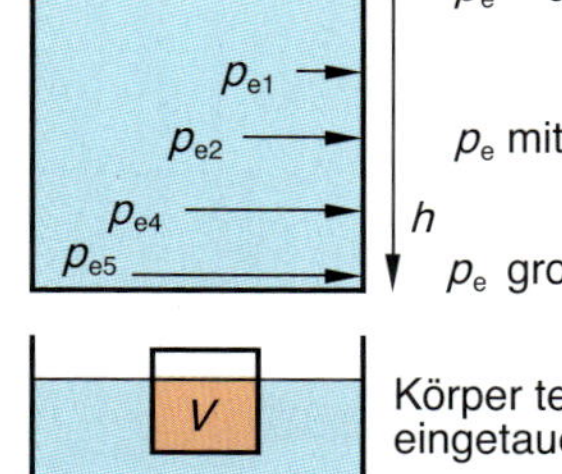

$p_e = 0$

p_e mittel

p_e groß

Hydrostatischer Druck p: $p_e = \varrho \cdot g \cdot h$

ϱ Dichte der Flüssigk. ($\varrho_{Wasser} = 1\,\text{kg/dm}^3$)

g Fallbeschleunigung ($g \approx 10\,\text{m/s}^2$)

h Flüssigkeitstiefe

Die Auftriebskraft, die ein schwimmender oder völlig eingetauchter Körper in einer Flüssigkeit erfährt, ist gleich der Gewichtskraft der von dem Körper verdrängten Flüssigkeit.
Das Gesetz wurde bereits von dem griechischen Mechaniker und Mathematiker Archimedes um 250 v.Chr. entdeckt.

V — Körper teilweise eingetaucht

V — Körper völlig untergetaucht

Auftriebskraft F_A: $F_A = \varrho \cdot g \cdot V$

ϱ Dichte der Flüssigk.

g Fallbeschleunigung

V Eintauchvolumen

Zustandsänderung bei Gasen

Ändern sich in einer abgeschlossenen Menge eines idealen Gases die Größen Volumen (V), Druck (p) und absolute Temperatur (T), so bleibt der Wert $p \cdot V / T$ immer konstant. Bei realen Gasen (z.B. Luft) stimmt diese „allgemeine Gasgleichung" mit guter Näherung.
Wird bei der Zustandsänderung eine der drei Größen Volumen, Druck, oder Temperatur konstant gehalten, so ergeben sich folgende Sonderfälle:

1. konstantes Volumen
   das Verhältnis von absolutem Druck zu absoluter Temperatur bleibt konstant
2. konstanter Druck
   das Verhältnis von Volumen zu absoluter Temperatur bleibt konstant
3. konstante Temperatur
   das Produkt aus absolutem Druck und Volumen bleibt konstant.

Verdichtung eines Gases

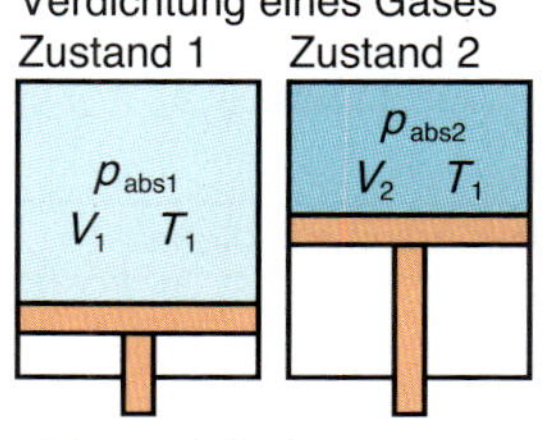

Allgemeine Gasgleichung

$$\frac{p_{abs1} \cdot V_1}{T_1} = \frac{p_{abs2} \cdot V_2}{T_2}$$

p_{abs} absoluter Druck

V Volumen

T abs. Temperatur

Zustandsänderung

bei konstantem Volumen $\frac{p_{abs1}}{T_1} = \frac{p_{abs2}}{T_2}$

bei konstantem Druck $\frac{V_1}{T_1} = \frac{V_2}{T_2}$

bei konstanter Temperatur $p_{abs1} \cdot V_1 = p_{abs2} \cdot V_2$

2.10 Hydraulik und Pneumatik

Hydraulik und Pneumatik

Antrieb und Steuerung von Maschinen erfolgt häufig hydraulisch oder pneumatisch. Bei der Hydraulik werden Druckflüssigkeiten, bei der Pneumatik hingegen Druckluft eingesetzt. Die Gesetzmäßigkeiten der Hydraulik und der Pneumatik sind ähnlich.

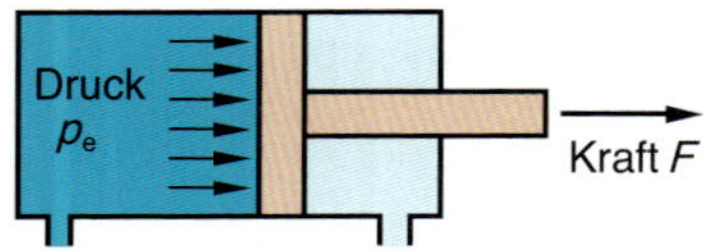

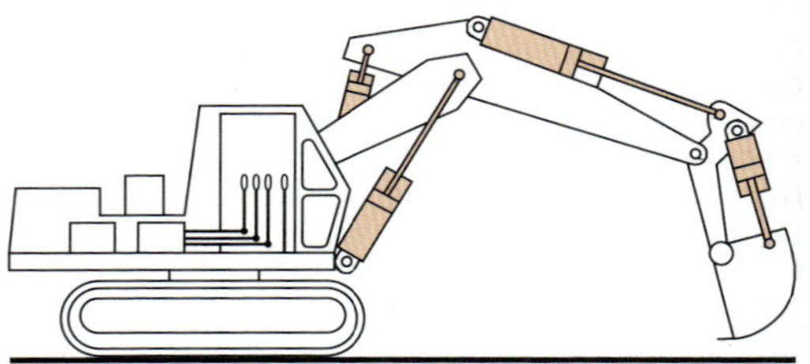

Kolbenkräfte

Mit hydraulischen und pneumatischen Zylindern lassen sich große Kolbenkräfte erzeugen. Wesentlich sind Druck und Kolbenfläche.
Die Reibungsverluste im Zylinder können durch einen Wirkungsgrad berücksichtigt werden.

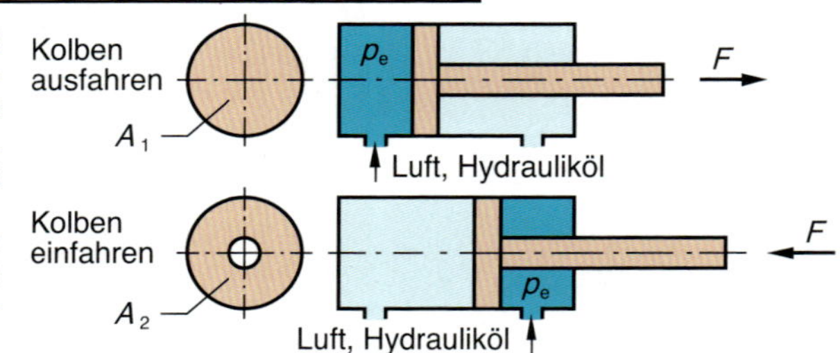

Kraft beim Ausfahren

$$F = p_e \cdot A_1 \cdot \eta$$

Kraft beim Einfahren

$$F = p_e \cdot A_2 \cdot \eta$$

F Kraft
p_e Überdruck
A_1, A_2 Kolbenflächen
η Wirkungsgrad

Kraftübersetzung, hydraulische Presse

Druck breitet sich in abgeschlossenen Flüssigkeiten bzw. Gasen gleichmäßig aus. Er kann deshalb von Kolben 1 auf Kolben 2 übertragen werden und zur Kraftverstärkung benutzt werden.

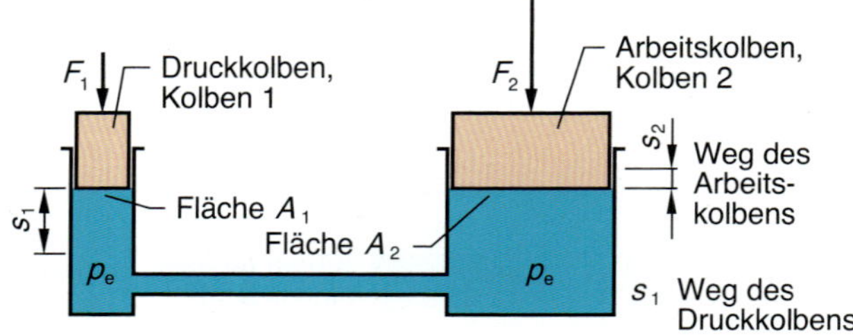

Kräfte und Flächen

$$\frac{F_1}{F_2} = \frac{A_1}{A_2} = i$$

Kräfte und Hubwege

$$\frac{F_1}{F_2} = \frac{s_2}{s_1} = i$$

i Übersetzungsverhältnis

Druckübersetzung

Durch Hintereinanderschalten von zwei Kolben kann der Druck im zweiten Kolben verstärkt werden.
Entsprechend wird auch die Kolbenkraft verstärkt.

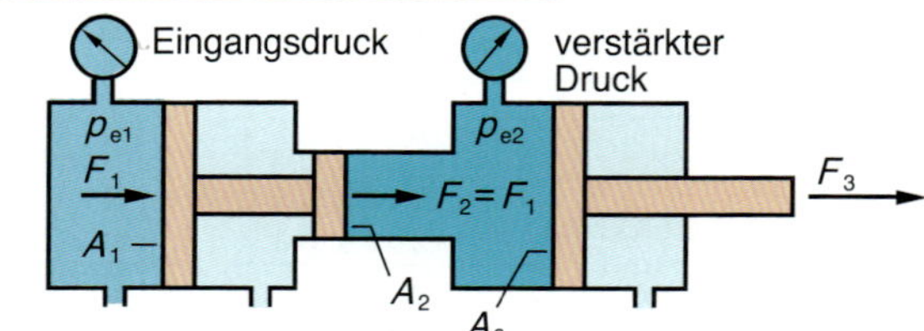

Verstärkter Druck

$$p_{e2} = p_{e1} \cdot \frac{A_1}{A_2} \cdot \eta$$

η Wirkungsgrad des Druckübersetzers

Kraft

$$F_3 = p_{e2} \cdot A_3$$

Volumenströme und Kolbengeschwindigkeit

Der Volumenstrom des Mediums (Flüssigkeit, Gas) ist auch in Rohrleitungen mit wechselnden Querschnitten überall gleich.
Die Kolbengeschwindigkeit ist abhängig vom Volumenstrom und der wirksamen Kolbenfläche.

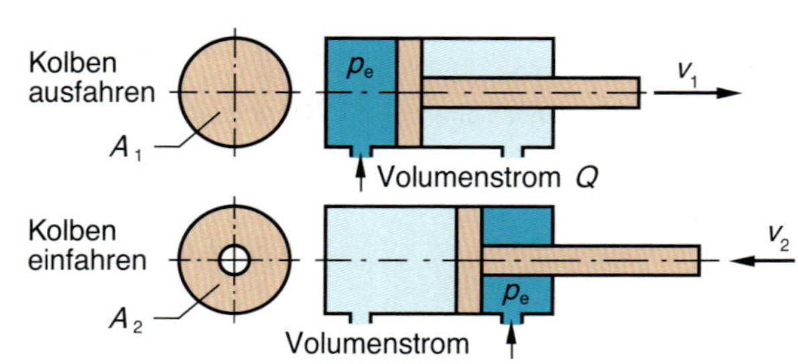

Volumenstrom

$$Q = A \cdot v$$

$$[Q] = \frac{dm^3}{min} = \frac{l}{min}$$

Kolbengeschwindigk.

$$v_1 = \frac{Q}{A_1} \qquad v_2 = \frac{Q}{A_2}$$

Luftverbrauch in Pneumatikanlagen

Das Verdichten der Luft für pneumatische Steuerungen erfolgt in Kolben-, Membran- oder Schraubverdichtern. Die verdichtete Luft muss dann gespeichert, gekühlt und von Luftfeuchtigkeit befreit werden.
Je nach Anzahl, Größe und Arbeitsdruck der Zylinder muss die Anlage eine gewisse Mindestmenge an Druckluft liefern. Die Bestimmung des Luftverbrauchs kann rechnerisch oder mithilfe von Diagrammen erfolgen.

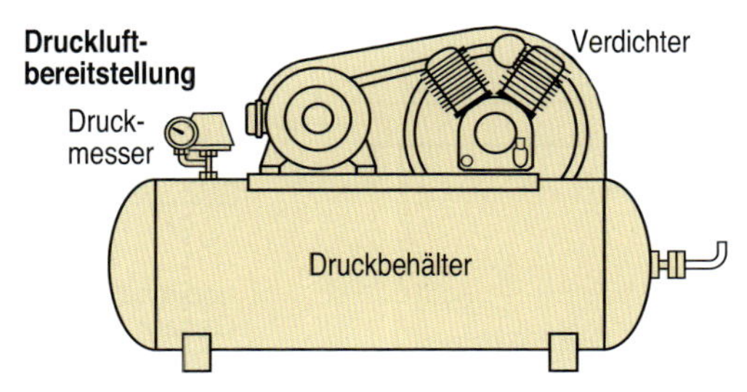

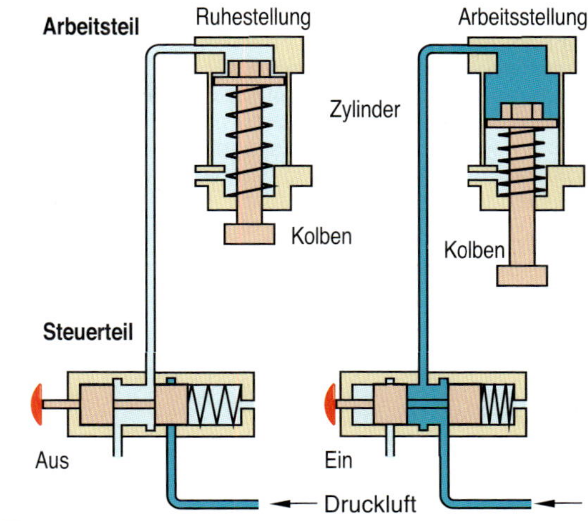

Luftverbrauch, Berechnung

Einfachwirkender Zylinder

Das Ausfahren erfolgt durch Druckluft, das Einfahren mithilfe von Federkraft.

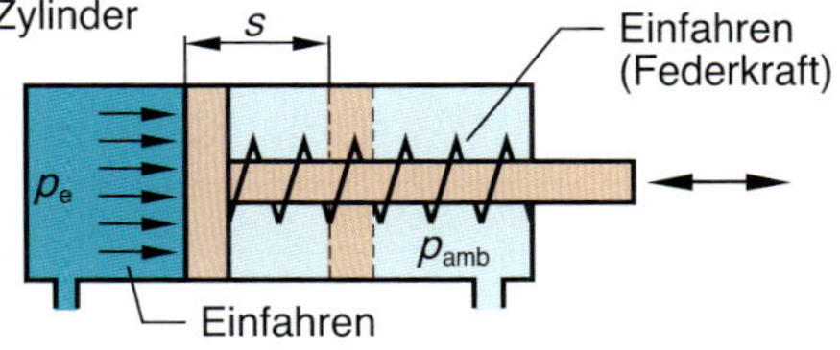

Doppeltwirkender Zylinder

Das Aus- und das Einfahren erfolgt mithilfe von Druckluft.

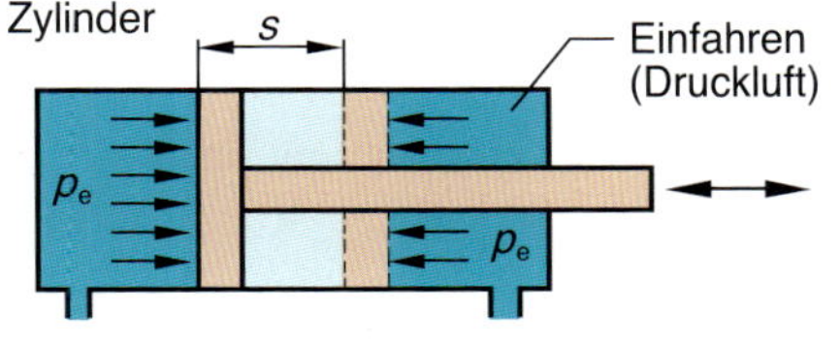

einfach-wirkender Zylinder: $Q = A \cdot s \cdot n \cdot \frac{p_e + p_{amb}}{p_{amb}}$

doppelt-wirkender Zylinder: $Q \approx 2 \cdot A \cdot s \cdot n \cdot \frac{p_e + p_{amb}}{p_{amb}}$

Q	Luftverbrauch
A	Kolbenfläche
s	Hubweg
n	Hubzahl
p_{amb}	Luftdruck (Umgebung)
p_e	Überdruck (Zylinder)

Luftverbrauch, Bestimmung aus Diagramm

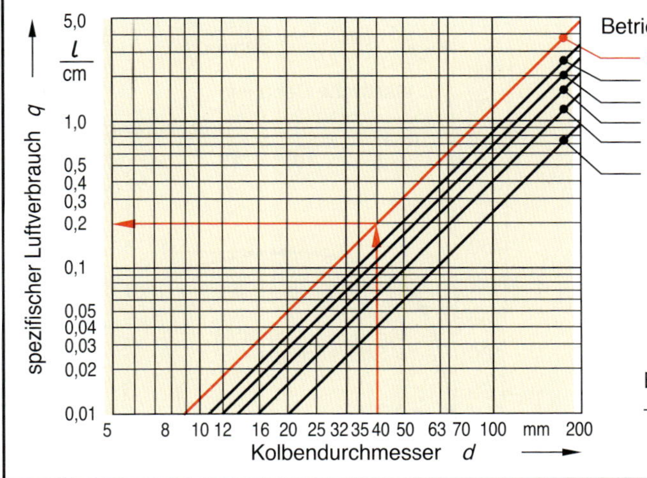

einfach-wirkender Zylinder: $Q = q \cdot s \cdot n$

doppelt-wirkender Zylinder: $Q \approx 2 \cdot q \cdot s \cdot n$

Q	Luftverbrauch
q	spezifischer Luftverbrauch je cm Kolbenhub
s	Hubweg
n	Hubzahl

Beispiel: d = 40 mm, p_e = 15 bar

⟶ abgelesen: spezifischer Luftverbrauch q = 0,2 l/cm Kolbenhub.

2.11 Beanspruchung und Festigkeit

Grundlagen der Festigkeitslehre

Grundbegriffe

Spannung
Unter (mechanischer) Spannung σ versteht man die Kraft F, die auf eine bestimmte Querschnittsfläche S einwirkt. Je nach Beanspruchungsart unterscheidet man Zug-, Druck-, Scher-, Biege- und Torsionsspannung.
Die mechanische Spannung darf nicht mit der elektrischen Spannung verwechselt werden.

Beispiel: Zugspannung σ_Z

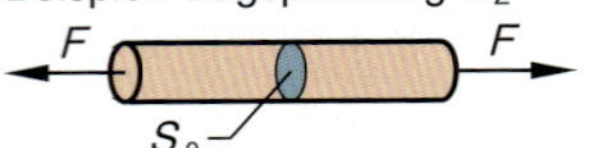

Bei Krafteinwirkung ändert sich der Querschnitt S. Die Spannungsberechnung bezieht sich immer auf den Ausgangsquerschnitt S_0.

Spannung

$$\sigma = \frac{F}{S_0}$$

$$[\sigma] = \frac{\text{N}}{\text{mm}^2}$$

Verlängerung und Dehnung
Unter der Einwirkung einer Kraft verändern feste Körper ihre Form. Ein auf Zug beanspruchter Stab z.B. erfährt eine Längenänderung Δl.
Meist wird die Längenänderung Δl auf die Ursprungslänge l_0 bezogen. Dieses Verhältnis heißt Dehnung ε.

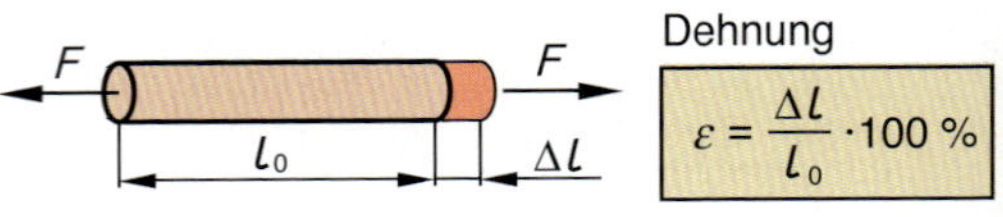

Dehnung

$$\varepsilon = \frac{\Delta l}{l_0} \cdot 100\ \%$$

Hookesches Gesetz
Bei Zugbeanspruchung eines Stabes wird der Stab verlängert. Die Formänderung kann elastisch oder plastisch sein. Im elastischen Bereich ist die Dehnung proportional zur Spannung (hookesches Gesetz). Der Proportionalitätsfaktor heißt Elastizitätsmodul E. Nach Aufhören der Krafteinwirkung nimmt der Stab wieder seine Ursprungsform an.
Im plastischen Bereich ist der Zusammenhang zwischen Spannung und Dehnung nicht linear. Die Verformung bleibt auch nach dem Aufhören der Kraftwinwirkung.

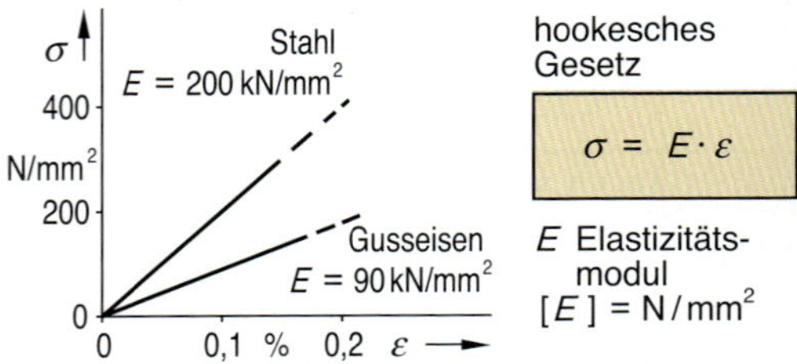

hookesches Gesetz

$$\sigma = E \cdot \varepsilon$$

E Elastizitätsmodul
$[E] = \text{N}/\text{mm}^2$

Werkstoff	Stahl	EN-GJL-150	EN-GJL-300	EN-GJS-400	GS-38	CuZn40	Al-Legierung	Ti-Legierung
E-Modul in kN/mm²	195...215	80...90	110...140	170...185	210	80...100	60...80	110...130

Spannungs-Dehnungs-Diagramm

Für die Praxis ist Zug die wichtigste mechanische Beanspruchung. Die mechanischen Kennwerte werden mithilfe eines Zugversuchs an genormten Prüflingen durchgeführt.
Beim Zugversuch wird die Spannung in Abhängigkeit von der Dehnung bestimmt, dabei wird die Dehnung so lange erhöht, bis die Probe reißt. Die Auswertung des Versuchs führt zum Spannungs-Dehnungs-Diagramm. Je nach Material erhält man Kennlinien mit oder ohne ausgeprägter Streckgrenze.

Unlegierte Baustähle haben eine ausgeprägte Streckgrenze. Die Kennlinie hat drei Bereiche:

- Im Anfangsbereich steigt die Spannung linear mit der Dehnung ($\sigma = E \cdot \varepsilon$, hookesches Gesetz).
- Nach Erreichen der Streckgrenze R_e verlängert sich die Probe stark bei gleichbleibender Zugkraft. Danach steigt die Spannung bis zum Maximalwert, der so genannten Zugfestigkeit R_m.
- Nach Überschreiten der Zugfestigkeit R_m sinkt die Spannung, die Probe schnürt sich ein und reißt. Die bleibende Dehnung heißt Bruchdehnung A.

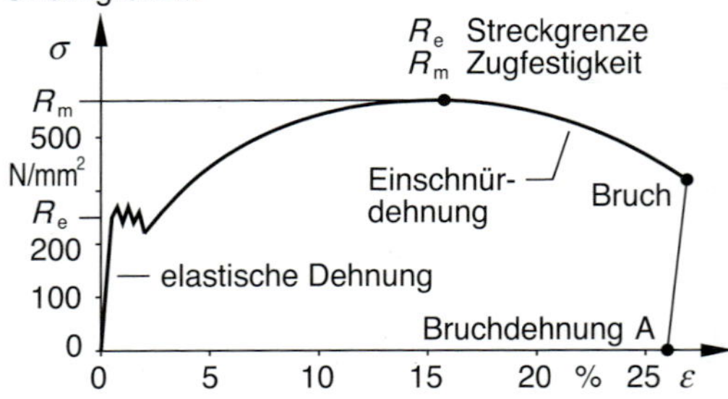

Gehärteter Stahl sowie Aluminium und Kupfer-Werkstoffe haben keine ausgeprägte Streckgrenze. Ersatzweise nimmt man für Festigkeitsberechnungen die 0,2 %-Dehngrenze ($R_{p0,2}$). Das ist die Spannung, bei der die Zugprobe nach Entlastung eine bleibende Dehnung von 0,2 % hinterlässt.
Die 0,2 %-Dehngrenze wird bestimmt, indem man durch $\varepsilon = 0{,}2\ \%$ eine Paralle zum geraden Anfangsteil der Spannungs-Dehnungs-Kurve legt.
Im nebenstehenden Beispiel ist die 0,2 %-Dehngrenze $R_{p0,2} = 165\ \text{N/mm}^2$.

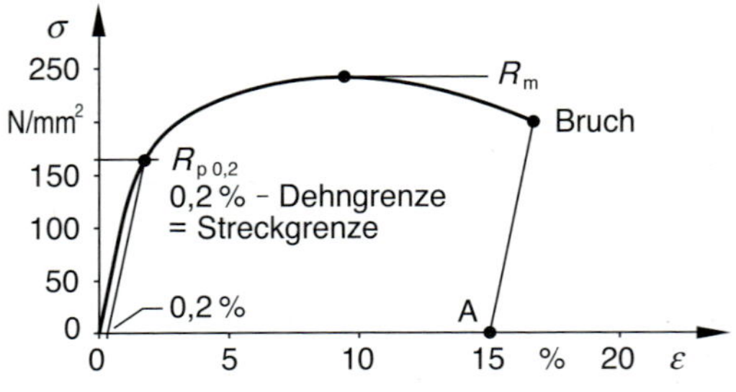

2.11 Beanspruchung und Festigkeit

Belastung und Festigkeit

Belastungsfälle

Mechanische Werkstücke können durch gleich bleibende Kräfte (statisch) oder durch ständig wechselnde Kräfte (dynamisch) belastet sein. Man unterscheidet insbesondere folgende drei Fälle:

Fall I, statische Last

Größe und Richtung der Belastung sind für längere Zeit gleichbleibend.

Fall II, schwellende Last

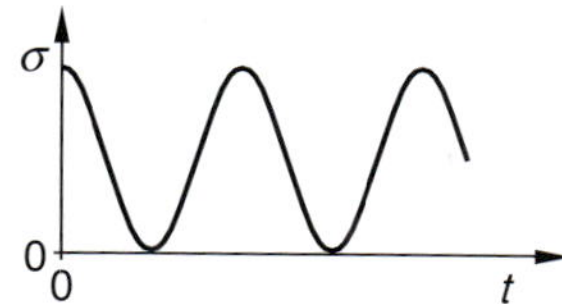

Die Belastung wechselt ständig in kurzer Zeit zwischen null und einem Höchstwert.

Fall III, wechselnde Last

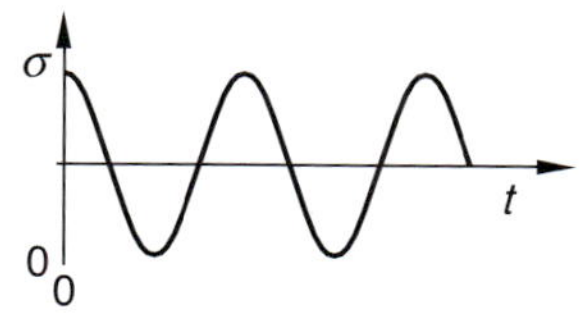

Die Belastung wechselt periodisch zwischen einem positiven und einem negativen Höchstwert.

Beanspruchungsarten

Auf Werkstücke können sechs verschiedene Belastungsarten einwirken: Zug, Druck, Scherung (Schub), Biegung, Verdrehung (Torsion) und Knickung. Tritt nur eine Belastungsart auf, so ist die Belastung einachsig, treten mehrere Belastungsarten gleichzeitig auf, so ist die Belastung mehrachsig.

Zug ↓ Dehnung ε

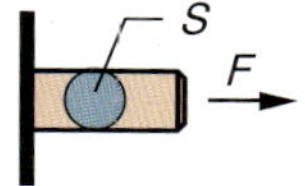

Zugspannung

$$\sigma_z = \frac{F}{S}$$

zulässige Zugspannung $\sigma_{z\,zul} = \frac{R_e}{\nu}$

Streckgrenze R_e
Sicherheitszahl ν

Druck ↓ Stauchung ε_d

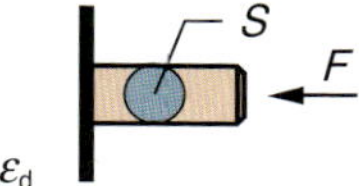

Druckspannung

$$\sigma_d = \frac{F}{S}$$

zulässige Druckspannung $\sigma_{d\,zul} = \frac{\sigma_{dF}}{\nu}$

Quetschgrenze σ_{dF}
Sicherheitszahl ν

Scherung (Schub) ↓ Schiebung γ

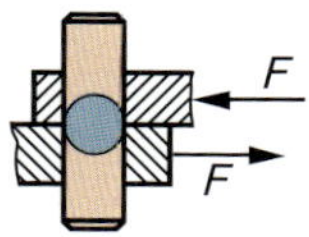

Schubspannung

$$\tau_a = \frac{F}{S}$$

zulässige Scherspannung $\tau_{a\,zul} = 0{,}8 \cdot \sigma_{z\,zul}$

Streckgrenze R_e
Sicherheitszahl ν

Um die mechanische Festigkeit eines Bauteils zu gewährleisten, darf die zulässige Spannung σ_{zul} nicht überschritten werden. σ_{zul} hängt vom Werkstoff und vom Belastungsfall ab (statische, dynamische Last). Eine angemessene Sicherheitszahl ist zu berücksichtigen. Zahlenbeispiele siehe Seite 74.

Biegung ↓ Krümmung

y d F x

An der Stelle x

y_z σ_z Zugspannung – – neutrale Faser y_d σ_d Druckspannung

Biegemoment $M_b = F \cdot x$

$$\sigma = \frac{M_b}{I} \cdot y$$

Maximale Zug-, bzw. Druckspg.

$$\sigma = \frac{M_b}{I} \cdot \frac{d}{2} = \frac{M_b}{W}$$

I axiales Flächenmoment 2. Grades, W_b axiales Widerstandsmoment (s. S. 70)

Verdrehung (Torsion) ↓ Drillung ϑ

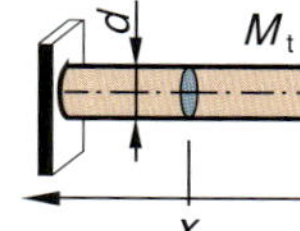

An der Stelle x

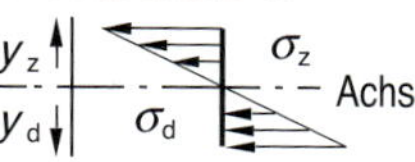

Torsionsspannung

$$\tau_t = \frac{M_t}{I} \cdot y$$

Maximale Torsionsspannung

$$\tau_t = \frac{M_t}{I} \cdot \frac{d}{2} = \frac{M_t}{W_p}$$

I axiales Flächenmoment 2. Grades, W_p polares Widerstandsmoment (siehe S. 70)

Knickung ↓ Einknicken

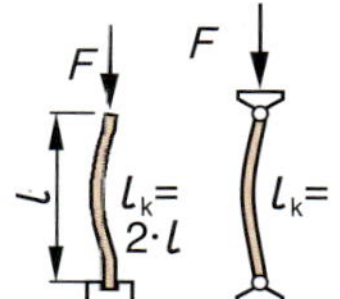

Zulässige Knickkraft für schlanke Bauteile im elastischen Bereich

E Elastizitätsmodul
I axiales Flächenmoment
l_k freie Knicklänge
ν Sicherheitszahl
l_k ist davon abhängig, wie der Stab eingespannt ist

$$F_{k\,zul} = \frac{\pi^2 \cdot E \cdot I}{l_k^2 \cdot \nu}$$

2.11 Beanspruchung und Festigkeit

Berechnungsgrundlagen

Flächen- und Widerstandsmomente von Profilen

Querschnittsform	Berechnung von Biegung und Knickung: Flächenmoment 2. Grades I	Berechnung von Biegung und Knickung: axiales Widerstandsmoment W	Berechnung der Torsion: polares Widerstandsmoment W
Rund (x, y, d)	$I_x = I_y = \frac{\pi}{64} \cdot d^4$	$W_x = W_y = \frac{\pi}{32} \cdot d^3$	$W_p = \frac{\pi}{16} \cdot d^3$
Rohr (x, y, d, D)	$I_x = I_y = \frac{\pi}{64} \cdot (D^4 - d^4)$	$W_x = W_y = \frac{\pi \cdot (D^4 - d^4)}{32 \cdot D}$	$W_p = \frac{\pi \cdot (D^4 - d^4)}{16 \cdot D}$
Vierkant (x, y, h, b)	$I_x = \frac{1}{12} \cdot b \cdot h^3$ $I_y = \frac{1}{12} \cdot h \cdot b^3$	$W_x = \frac{1}{6} \cdot b \cdot h^2$ $W_y = \frac{1}{6} \cdot h \cdot b^2$	–
Vierkantrohr (x, h, H, b, B)	$I_x = \frac{1}{12} \cdot (B \cdot H^3 - b \cdot h^3)$ $I_x = \frac{1}{12} \cdot (H \cdot B^3 - h \cdot b^3)$	$W_x = \frac{(B \cdot H^3 - b \cdot h^3)}{6 \cdot H}$ $W_y = \frac{(H \cdot B^3 - h \cdot d^3)}{6 \cdot B}$	–

Biegebelastungsfalle, Biegemoment und Durchbiegung

Belastung mit Einzellast F | Belastung mit gleichmäßig verteilter Last $F = F' \cdot l$

Träger einseitig eingespannt

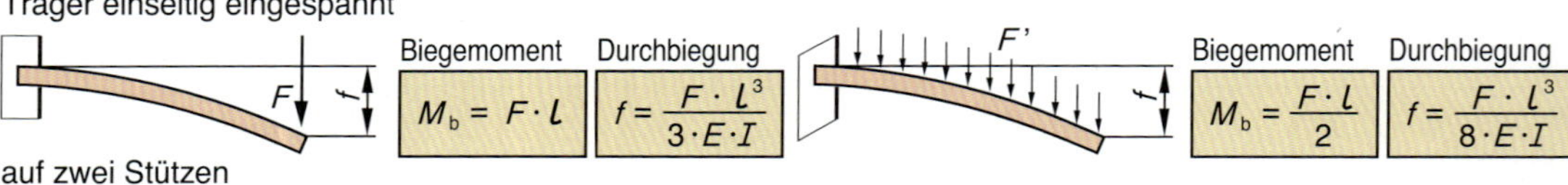

Einzellast: Biegemoment $M_b = F \cdot l$, Durchbiegung $f = \frac{F \cdot l^3}{3 \cdot E \cdot I}$

Verteilte Last: Biegemoment $M_b = \frac{F \cdot l}{2}$, Durchbiegung $f = \frac{F \cdot l^3}{8 \cdot E \cdot I}$

auf zwei Stützen

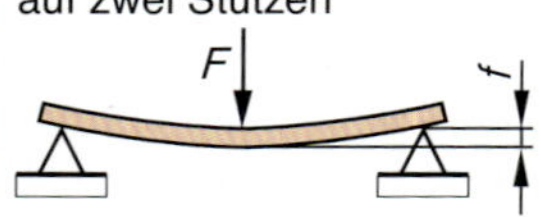

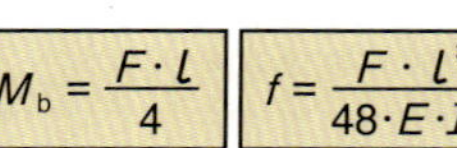

Einzellast: $M_b = \frac{F \cdot l}{4}$, $f = \frac{F \cdot l^3}{48 \cdot E \cdot I}$

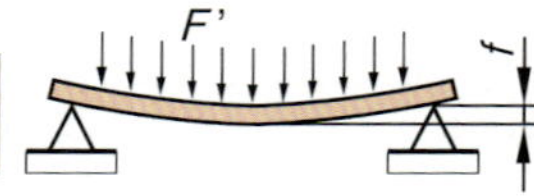

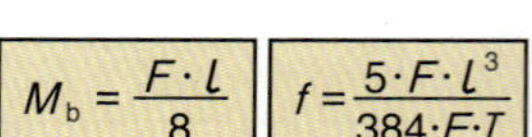

Verteilte Last: $M_b = \frac{F \cdot l}{8}$, $f = \frac{5 \cdot F \cdot l^3}{384 \cdot E \cdot I}$

beidseitig eingespannt

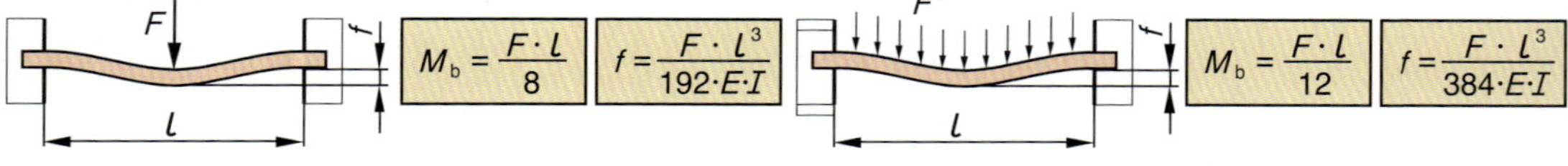

Einzellast: $M_b = \frac{F \cdot l}{8}$, $f = \frac{F \cdot l^3}{192 \cdot E \cdot I}$

Verteilte Last: $M_b = \frac{F \cdot l}{12}$, $f = \frac{F \cdot l^3}{384 \cdot E \cdot I}$

E Elastizitätsmodul (s. Seite 72), I axiales Flächenmoment 2. Ordnung, F Kraft, M Kraftmoment

Zulässige Spannungen

Werkstoff (Kurzname)	Zug I	Zug II	Zug III	Druck I	Druck II	Druck III	Biegung I	Biegung II	Biegung III	Last / Lastfall (Seite 73)
S 235 JR	125	80	60	125	80	60	140	85	65	Zulässige Spannung
E 295	175	115	80	175	115	80	185	125	85	
25 CrMo4	325	220	150	325	210	140	345	230	155	σ_{zul} in $\frac{N}{mm^2}$
GS-45	125	80	60	140	90	60	140	90	60	
EN-AC-AlSi12a	40	20	15	50	20	15	45	25	15	bei 2-facher
EN-AW-AlMg3	100	70	55	100	70	55	110	75	55	Sicherheit

Andere Belastungsarten:

Torsion
- bei Stahl: $\tau_t \approx 0{,}6 \cdot \sigma_{z\,zul}$
- bei Al und Al-Legierungen: $\tau_t \approx 0{,}7 \cdot \sigma_{z\,zul}$

Abscherung: $\tau_t \approx 0{,}8 \cdot \sigma_{z\,zul}$

3 Grundlagen der Elektrotechnik

3.1	Strom, Spannung, Widerstand	76
3.2	Grundschaltungen mit Widerständen	78
3.3	Widerstandsnetzwerke I	80
3.4	Widerstandsnetzwerke II	82
3.5	Veränderliche Widerstände	84
3.6	Elektrische Arbeit und Leistung	86
3.7	Elektrisches Feld und Kondensator I	88
3.8	Elektrisches Feld und Kondensator II	90
3.9	Schaltvorgänge am Kondensator	92
3.10	Magnetisches Feld und Spule	94
3.11	Magnetischer Kreis	96
3.12	Magnetwerkstoffe	97
3.13	Induktion und Induktivität	98
3.14	Schaltvorgänge an der Spule	100
3.15	Kräfte im Magnetfeld	102
3.16	Wechsel- und Drehstrom	103
3.17	R, C, L im Wechselstromkreis	104
3.18	Pässe, Filter, Schwingkreise	106
3.19	Wachstumsgesetze	108

3.1 Strom, Spannung, Widerstand

Elektrische Ladung und Strom

Atomaufbau und elektrische Ladung

Elektrische Vorgänge beruhen immer auf der Anwesenheit von elektrischen Ladungen. Man unterscheidet positive Ladungen (Quellen) und negative Ladungen (Senken). Bewegte Ladungen bilden einen „elektrischen Strom". Die Gesetzmäßigkeiten, wie Anziehung und Abstoßung der Ladungen, wurden bereits um 1785 von dem französischen Physiker und Ingenieur Charles Augustin de Coulomb erkannt (coulombsches Gesetz). Ihm zu Ehren wird die Ladungseinheit Coulomb (C) genannt.

Charles Augustin de Coulomb (1736-1806)

Das Auftreten der Ladungen kann mit dem von dem dänischen Physiker Niels Bohr um 1913 entwickelten „bohrschen Atommodell" anschaulich dargestellt werden. Danach enthält ein Atomkern positive Ladungen (Protonen). Um den Kern bewegen sich negative Ladungen (Elektronen). Diese Ladungen sind die kleinsten, nicht weiter teilbaren Ladungsmengen. Sie heißen Elementarladungen.

Niels Bohr (1885-1962)

Bohrsches Atommodell (Beispiel Kohlenstoffatom)

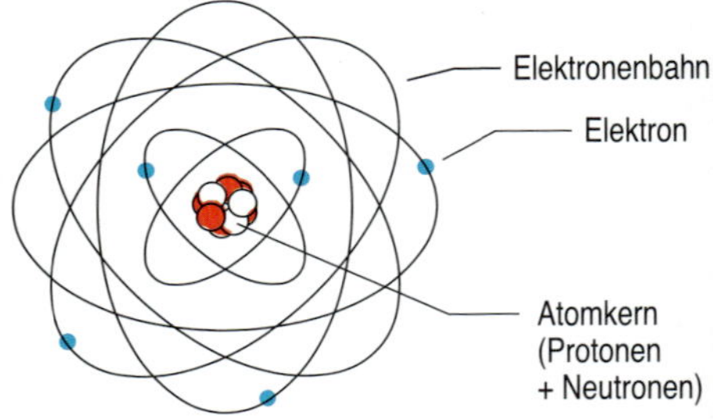

Elektronenmasse	$m_e = 9{,}11 \cdot 10^{-31}$ kg
Elektronenladung	$e^- = -1{,}6 \cdot 10^{-19}$ As
Protonenmasse ≈Neutronenmasse	$m_p = 1{,}67 \cdot 10^{-27}$ kg
Protonenladung ($e_{\text{Neutron}} = 0$)	$e^+ = +1{,}6 \cdot 10^{-19}$ As

Elektrischer Strom und Stromdichte

Die Erforschung des elektrischen Stromes wurde maßgeblich von dem französischen Mathematiker André-Marie Ampère beeinflusst. Er baute auf den Forschungen des dänischen Physikers Oersted auf, der den Elektromagnetismus entdeckt hatte.
Ampère begründete die Elektrodynamik und legte damit den Grundstein für technische Erfindungen wie Motoren, Schütze Relais. Ihm zu Ehren wird die Stromeinheit Ampere genannt.

André-Marie Ampère (1775-1836)

Elektrischer Strom

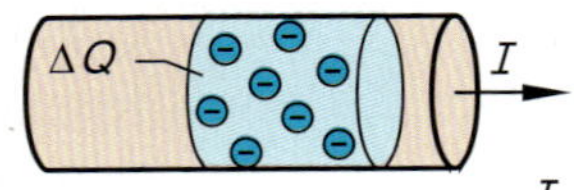

$$I = \frac{\Delta Q}{\Delta t}$$

I Strom, Stromstärke
Q elektrische Ladung
t Zeit

$$[I] = \frac{C}{s} = \frac{As}{s} = A$$

Die Einheit Ampere (A) ist eine Basiseinheit

Elektronenstrom, technische Stromrichtung
Unter Strom versteht man das Fließen von elektr. Ladungen ($I = \Delta Q / \Delta t$). In metallischen Leitungen bilden negative Elektronen den Stromfluss, in Flüssigkeiten und Halbleitern können auch positive Ionen einen Stromfluss bilden.
Aus historischen Gründen ist die technische Stromrichtung entgegengesetzt zur Fließrichtung der Elektronen festgelegt.

Elektrische Stromdichte
Der Strom I, bezogen auf einen gleichmäßig durchströmten Querschnitt A, heißt Stromdichte J. Die Stromdichte wird in A/mm² bzw. in A/m² gemessen.
Einem Strom in einem beliebig geformten Leiter kann insgesamt keine eindeutige Richtung zugeordnet werden: der Strom ist ein Skalar. Die Stromdichte hingegen ist ein Vektor.
Die in einem Leiter zulässige Stromdichte hängt von der Kühlung ab. Bei Wicklungen von Kleintransformatoren beträgt sie z.B. 1 A/mm² bis 5 A/mm².

Elektrische Stromdichte

Inhomogene Strömung

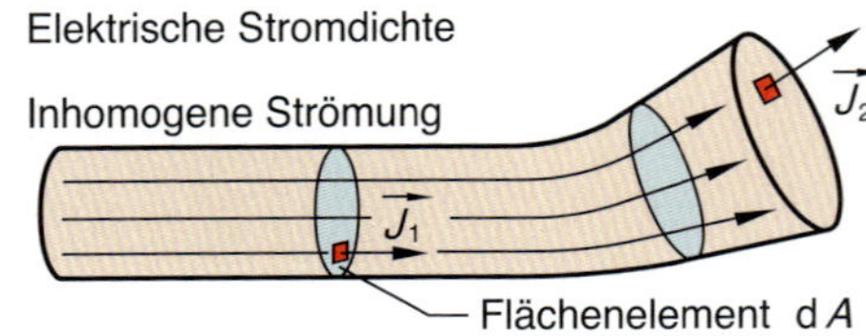

homogene Strömung

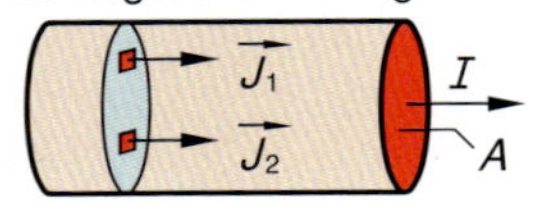

$$J = \frac{I}{A}$$

J Stromdichte
I Stromstärke
A Fläche

$$[J] = \frac{A}{mm^2}$$

Spannung, Strom, Widerstand

Spannung, Feldstärke, Potenzial

Spannung entsteht prinzipiell durch Trennen von elektrischen Ladungen. Beim Trennen der Ladungen durch Zufuhr von äußerer Energie erhalten die elektrischen Ladungen ein bestimmtes Arbeitsvermögen (Potenzial), die Potenzialdifferenz ist die elektrische Spannung.
Im Raum zwischen verschiedenen Ladungen herrscht ein elektrisches Feld, das durch Feldlinien dargestellt werden kann. Dieses Feld übt Kräfte auf alle elektrischen Ladungen aus, die Kraft pro Ladungseinheit heißt elektrische Feldstärke.
Wesentlichen Anteil an der Erforschung der elektrischen Grundlagen hatte der italienische Physiker Alessandro Volta. Er erfand u.a. den Plattenkondensator und die erste Form von galvanischen Elementen (Spannungserzeugern). Nach ihm wurde die Einheit Volt (V) benannt.

Alessandro Volta (1745-1827)

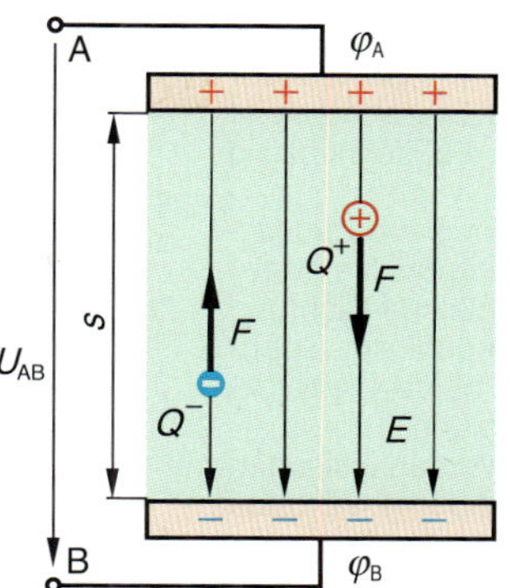

Spannung und Potenzial

$$U_{AB} = \varphi_A - \varphi_B$$

Spannung und Feldstärke

$$U_{AB} = E \cdot s$$

allgemein

$$U_{AB} = \int_A^B \vec{E} \cdot d\vec{s}$$

Spannung und Energie

$$U = \frac{W}{Q}$$

Kraft und Feldstärke

$$E = \frac{F}{Q}$$

Elektrischer Widerstand

Die Gesetze der Stromleitung in metallischen Leitungen wurden von dem deutschen Physiker und Gymnasiallehrer Georg Simon Ohm erforscht. Er entdeckte, dass der Strom in einem Draht proportional mit der Spannung und dem Leiterquerschnitt zunahm und proportional mit der Leiterlänge abnahm, und dass die Werkstoffeigenschaften einen wesentlichen Einfluss hatten.
Nach ihm wurde die Einheit des Widerstandes Ohm (Ω) benannt.

Georg Simon Ohm (1789-1854)

Materialkonstante ϱ bzw. γ
Leiterquerschnitt A
Leiterlänge l

R ohmscher Widerstand
$[R] = \Omega$ (Ohm)
G elektrischer Leitwert
$[G]$ = S (Siemens)
dabei gilt: $1\,S = \frac{1}{\Omega}$
ϱ spezifischer Widerst.
$[\varrho] = \frac{\Omega \cdot mm^2}{m}$
γ Leitfähigkeit
$[\gamma] = \frac{m}{\Omega \cdot mm^2} = \frac{S \cdot m}{mm^2}$
l Leiterlänge
A Leiterquerschnitt

Elektrischer Widerstand

$$R = \frac{\varrho \cdot l}{A} = \frac{l}{\gamma \cdot A}$$

$$[R] = \frac{\frac{\Omega \cdot mm^2}{m} \cdot m}{mm^2} = \Omega$$

Leitwert und Widerstand

$$G = \frac{1}{R}$$

Elektrischer Leitwert

$$G = \frac{A}{\varrho \cdot l} = \frac{\gamma \cdot A}{l}$$

Spezifischer Widerstand technisch genutzter Werkstoffe bei 20 °C

Werkstoff	Zusammensetzung	ϱ_{20} in $\Omega \cdot mm^2/m$	Werkstoff	Zusammensetzung	ϱ_{20} in $\Omega \cdot mm^2/m$
Silber (Ag)	reine Metalle (bereits kleine Verunreinigungen verändern den spezifischen Widerstand)	1/62 = 0,0161	CuMn 12 Ni	12% Mn, 2% Ni, Rest Cu	0,43
Kupfer (Cu)		1/56 = 0,0178	CuNi 44	44% Ni, 1% Mn, Rest Cu	0,49
Aluminium (Al)		1/36 = 0,0278	NiCr 80 20	80% Ni, 20% Cr	1,12
Eisen (Fe)		1/10 = 0,1	CrAl 20 5	20% Cr, 5% Al, Rest Fe	1,37
Gold (Au)		1/46 = 0,022	Kohle (Grafit)	gepresstes Grafitpulver	6 bis 15

Ohmsches Gesetz

Das ohmsche Gesetz beschreibt den Zusammenhang zwischen Strom, Spannung und Widerstand.
Das Gesetz („Gesetz der Stromleitung") wurde nach langwierigen Versuchen im Jahre 1826 von dem Kölner Gymnasiallehrer Georg Simon Ohm (1789-1854) entdeckt.

$$I = \frac{U}{R} \qquad [I] = \frac{V}{\Omega} = A$$

$$R = \frac{U}{I} \qquad [R] = \frac{V}{A} = \Omega$$

$$U = I \cdot R \qquad [U] = A \cdot \Omega = V$$

3.2 Grundschaltungen mit Widerständen

Grundlagen der Stromkreisberechnung

Zählpfeile und Zählpfeilsysteme

Spannungen und Ströme werden durch Zählpfeile dargestellt. Sie geben die positive Zählrichtung an: in Pfeilrichtung ist der Wert positiv, gegen die Pfeilrichtung ist er negativ zu zählen.
Im meist angewandten „Verbraucher-Zählpfeilsystem" gilt: der positive Spannungspfeil zeigt in die gleiche Richtung wie der positive Strompfeil. Im Spannungserzeuger haben beide Pfeile die entgegengesetzte Richtung.
Spannungszählpfeile werden zwischen zwei Potenziale oder neben ein Bauteil gesetzt. Die Pfeile können geradlinig oder bogenförmig sein.
Stromzählpfeile werden neben die Leitung oder ein Bauteil oder direkt in die Leitung gesetzt.
Zählpfeile dürfen nicht mit Vektoren oder Zeigern (Wechselstromtechnik) verwechselt werden.

Beispiel für Spannungs-Zählpfeile

Beispiel für Strom-Zählpfeile

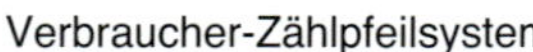

Verbraucher-Zählpfeilsystem

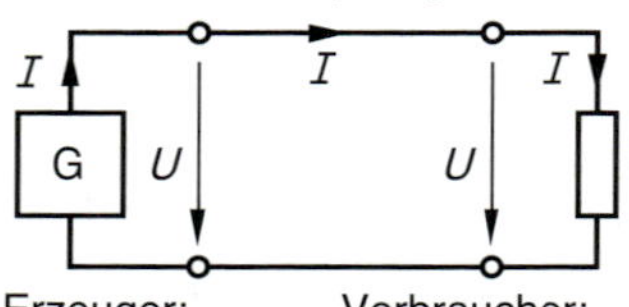

Erzeuger: Zählpfeile sind gegensinnig

Verbraucher: Zählpfeile sind gleichsinnug

Erzeuger-Zählpfeilsystem

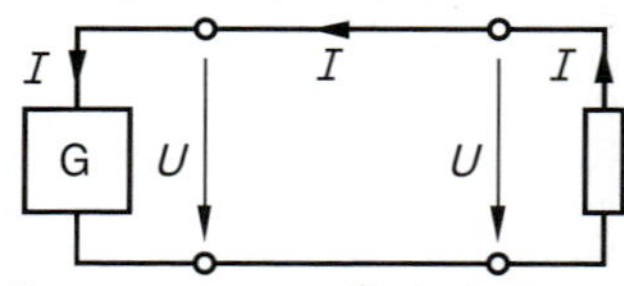

Erzeuger: Zählpfeile sind gleichsinnig

Verbraucher: Zählpfeile sind gegensinnig

Knoten- und Maschenregel

Stromverzweigung in Schaltungen
Die „Gesetze der Stromverzweigung" wurden von dem deutschen Physiker Gustav Robert Kirchhoff im Jahre 1845 endeckt. Die nach ihm benannten „kirchhoffschen Regeln" ermöglichen die Berechnung von Spannungen und Strömen in Reihen- und Parallelschaltung. Neben dem ohmschen Gesetz bilden die kirchhoffschen Regeln (Knoten- und Maschenregel) die Grundlage zur Berechnung von allgemeinen Stromkreisen.

G. R. Kirchhoff (1824-1887)

Knoten und Maschen
Alle Stromkreise lassen sich in zwei Hauptelemente aufteilen:
1. in Knoten (Knotenpunkte)
2. in Maschen (Netzmaschen).
Knoten sind dabei Verbindungspunkte von Leitungen, Maschen sind geschlossene Umläufe in einer Schaltung.

Knotenregel (1. kirchhoffsche Regel)
Über die Knoten einer Schaltung fließen Ströme vom einen zum anderen Schaltungsteil. In diesen Knoten können Ladungen weder entstehen noch verschwinden oder gespeichert werden.
Daraus folgt: Die Summe aller Ströme in einem Knoten ist in jedem Augenblick null.

Knotenregel

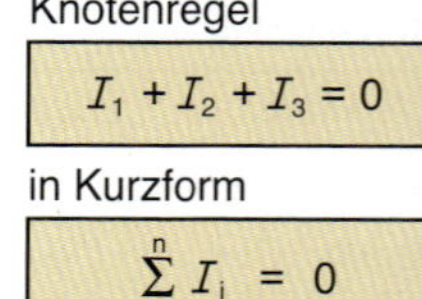

$$I_1 + I_2 + I_3 = 0$$

in Kurzform

$$\sum_{i=1}^{n} I_i = 0$$

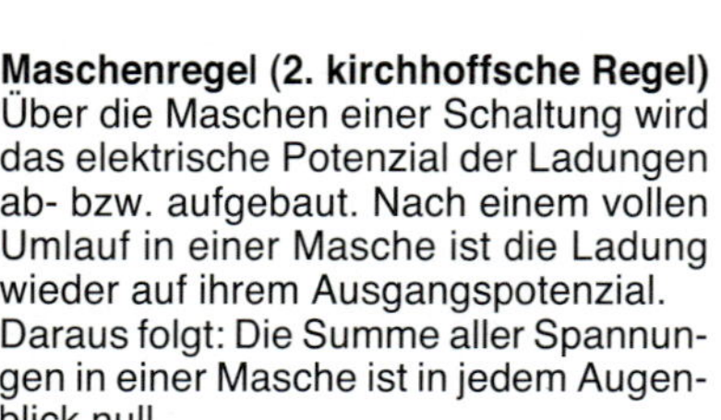

Maschenregel (2. kirchhoffsche Regel)
Über die Maschen einer Schaltung wird das elektrische Potenzial der Ladungen ab- bzw. aufgebaut. Nach einem vollen Umlauf in einer Masche ist die Ladung wieder auf ihrem Ausgangspotenzial.
Daraus folgt: Die Summe aller Spannungen in einer Masche ist in jedem Augenblick null.

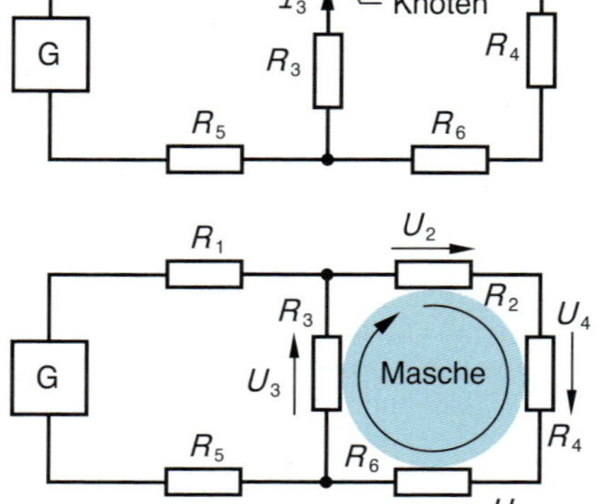

Maschenregel

$$U_2 + U_4 + U_6 + U_3 = 0$$

in Kurzform

$$\sum_{i=1}^{n} U_i = 0$$

Grundschaltungen

Alle Widerstandsschaltungen lassen sich mithilfe von drei Grundgesetzen berechnen:

1. dem ohmschen Gesetz
2. der Knotenregel (1. kirchhoffsche Regel)
3. der Maschenregel (2. kirchhoffsche Regel).

Aus diesen drei Gesetzen lassen sich weitere Gesetze für Reihen- und Parallelschaltungen ableiten.

Gesetze der Reihenschaltung

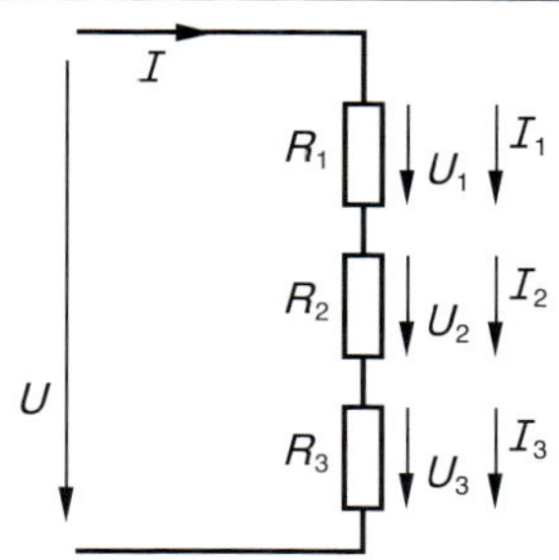

In der Reihenschaltung fließt durch jeden Widerstand der gleiche Strom.

$$I = I_1 = I_2 = I_3$$

Die Gesamtspannung ist gleich der Summe der Teilspannungen.

$$U = U_1 + U_2 + U_3$$

Die Teilspannungen verhalten sich wie die zugehörigen Teilwiderstände.

$$\frac{U_1}{U_2} = \frac{R_1}{R_2}$$

Der Gesamtwiderstand (Ersatzwiderstand) ist gleich der Summe der Teilwiderstände.

$$R = R_1 + R_2 + R_3$$

Gesetze der Parallelschaltung

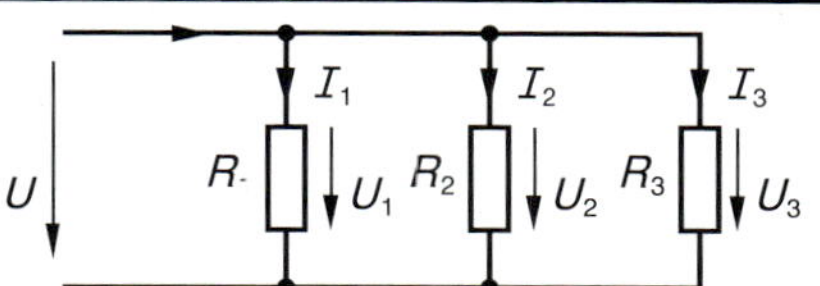

Bei der Parallelschaltung ist es oft sinnvoll, mit den Leitwerten anstatt mit den Widerständen zu rechnen:

$$G_1 = \frac{1}{R_1} \qquad G_2 = \frac{1}{R_2} \qquad G_3 = \frac{1}{R_3}$$

In der Parallelschaltung liegt an jedem Widerstand die gleiche Spannung.

$$U = U_1 = U_2 = U_3$$

Der Gesamtstrom ist gleich der Summe der Teilströme.

$$I = I_1 + I_2 + I_3$$

Die Teilströme verhalten sich wie die zugehörigen Teilleitwerte bzw. umgekehrt wie die zugehörigen Teilwiderstände.

$$\frac{I_1}{I_2} = \frac{G_1}{G_2} = \frac{R_2}{R_1}$$

Der Gesamtleitwert (Ersatzleitwert) ist gleich der Summe der Teilleitwerte.

$$G = G_1 + G_2 + G_3$$

Spannungsteiler und Brückenschaltung

Unbelasteter Spannungsteiler

Fester Teiler

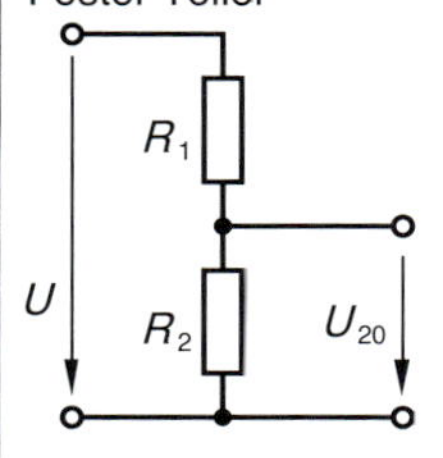

Verstellbarer Teiler

100 % –
R_1
50 % –
R_2
0 % –
α
U
U_{20}

Abgriff: $\alpha = \frac{R_2}{R_1 + R_2} = \frac{R_2}{R_{ges}}$

$$U_{20} = \frac{R_2}{R_1 + R_2} \cdot U = \alpha \cdot U$$

Belasteter Spannungsteiler

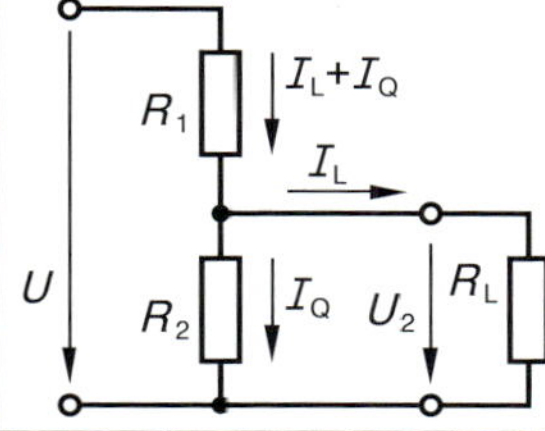

U_2 abgegriffene Spannung
I_L Laststrom
I_Q Querstrom
$I_L + I_Q$ Gesamtstrom

$$U_2 = \frac{R_2 \cdot R_L \cdot U}{R_1 \cdot R_2 + R_2 \cdot R_L + R_L \cdot R_1}$$

Brückenschaltung

Eine Brückenschaltung besteht im Prinzip aus zwei parallel geschalteten Spannungsteilern. Zwischen den Abgriffen der beiden Teiler kann die Brückenspannung abgegriffen werden.

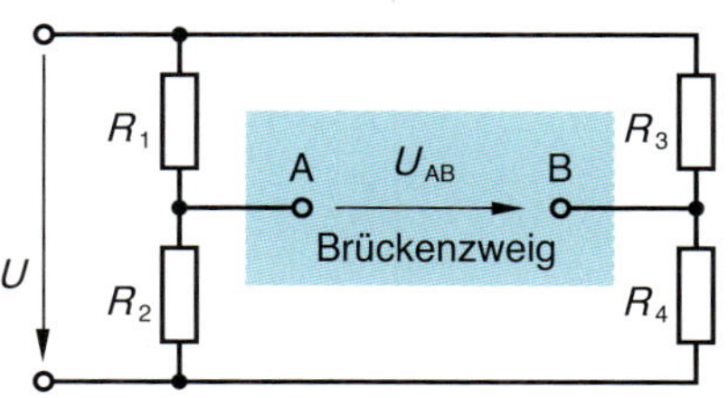

Für die Brückenspannung einer nicht belasteten Brücke gilt:

Brückenspannung $U_{AB} = \left(\frac{R_2}{R_1 + R_2} - \frac{R_4}{R_3 + R_4} \right) \cdot U$

Ist die Brückenspannung $U_{AB} = 0$, so heißt die Brücke "abgeglichen".

Abgleichbedingung $\frac{R_1}{R_2} = \frac{R_3}{R_4}$

3.3 Widerstandsnetzwerke I

Stromkreise und Netzwerke

Quellen und Verbraucher können durch Reihen- und Parallelschaltung zu beliebigen Schaltungen bzw. Netzwerken zusammengeschaltet werden. Enthält die Schaltung nur eine Spannungsquelle und keine Brückenzweige, so kann die Schaltung mit Knoten- und Maschenregel sowie dem ohmschen Gesetz berechnet werden. Bei mehreren Quellen und Brückenzweigen sind zusätzliche Berechnungsverfahren notwendig.
Beispiele:

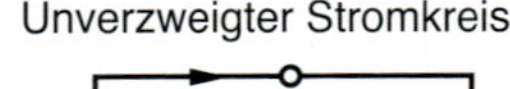

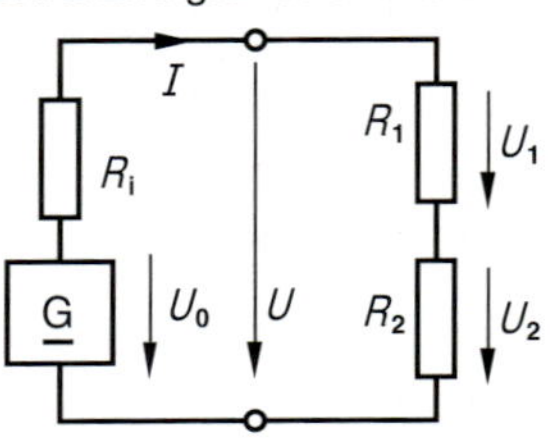

Verzweigter Stromkreis

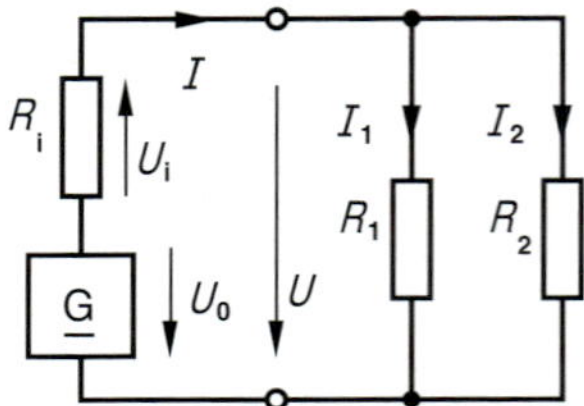

Brückenschaltung

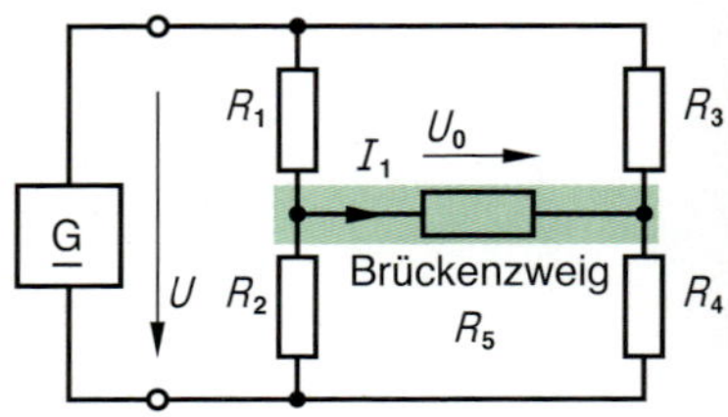

Allgemeines Netzwerk

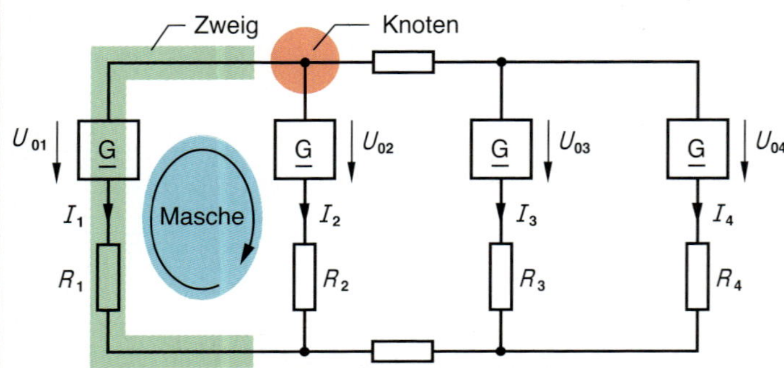

Ein allgemeines Netzwerk besteht aus m Zweigen, die durch n Knoten miteinander verbunden sind. Ein derartiges Netzwerk kann in z voneinander unabhängige Maschen aufgeteilt werden.

Dabei gilt:

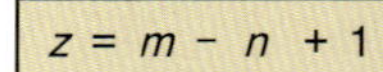

$$z = m - n + 1$$

Im Beispiel: $m = 6$ (Zweige)
$n = 4$ (Knoten)
$z = 6 - 4 + 1 = 3$

Zur Berechnung mithilfe von Knoten- und Maschenregel sind m voneinander unabhängige Gleichungen nötig.

Ersatzquellen

Reale Energiequelle

Eine reale Quelle liefert eine Lastspannung U_L und einen Laststrom I_L. Sie kann als Spannungs- oder als Stromquelle betrachtet werden.

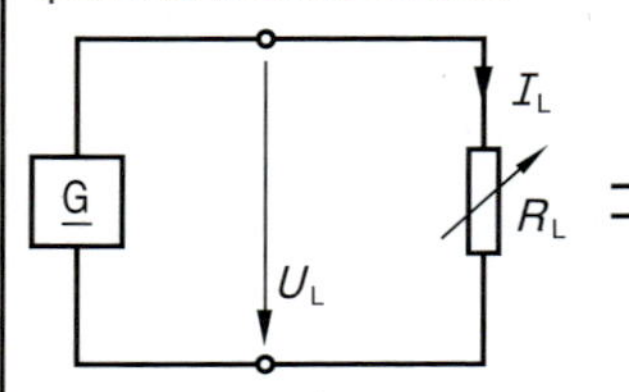

Ersatzspannungsquelle

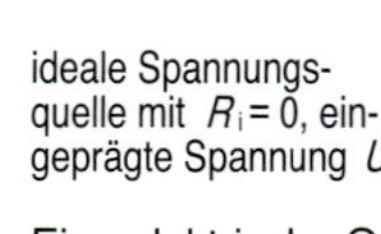

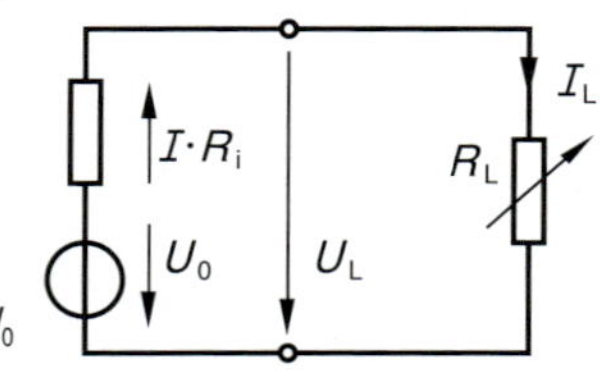

$$U_L = U_0 - I_L \cdot R_i$$

Eine elektrische Quelle kann als Spannungsquelle betrachtet werden. Die reale Spannungsquelle kann als Reihenschaltung einer idealen Spannungsquelle und einem Innenwiderstand dargestellt werden.

Ersatzstromquelle

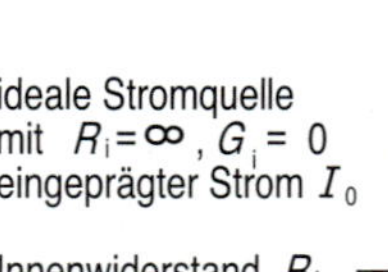

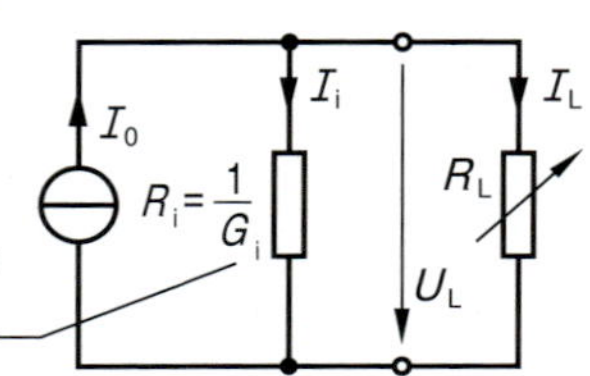

$$I_L = I_0 - \frac{U_L}{R_i}$$

Eine elektrische Quelle kann als Stromquelle betrachtet werden. Die reale Stromquelle kann als Parallelschaltung aus einer idealen Stromquelle und einem Innenleitwert (Innenwiderstand) dargestellt werden.

Spannungsteiler als Ersatzspannungsquelle

Belasteter Spannungsteiler

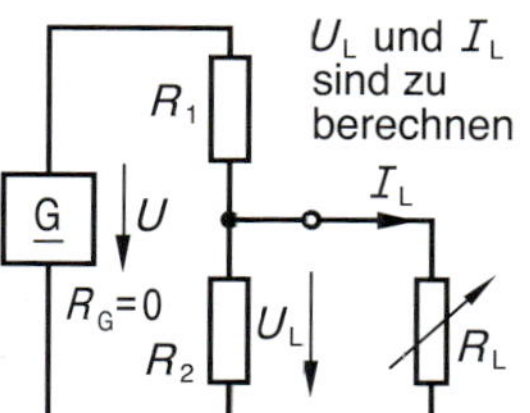

Spannungsteiler → Ersatzspannungsquelle

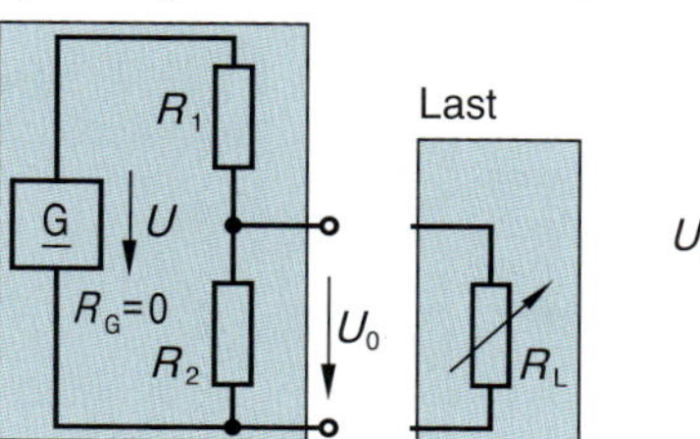

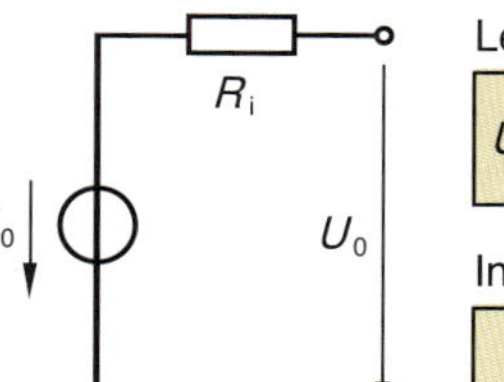

Leerlaufspannung

$$U_0 = \frac{R_2}{R_1 + R_2} \cdot U$$

Innenwiderstand

$$R_i = \frac{R_1 \cdot R_2}{R_1 + R_2}$$

U_L und I_L werden mithilfe der Ersatzspannungsquelle berechnet:

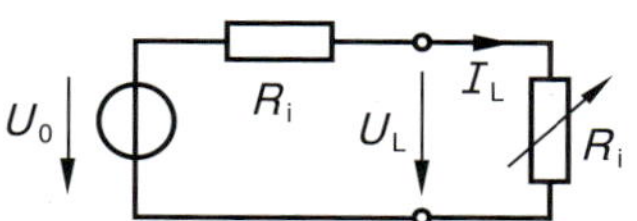

Laststrom

$$I_L = \frac{U_0}{R_i + R_L}$$

Lastspannung

$$U_L = I_L \cdot R_L$$

Brückenschaltung als Ersatzspannungsquelle

Belastete Brückenschaltung → Unbelastete Schaltung → Ersatzspannungsquelle

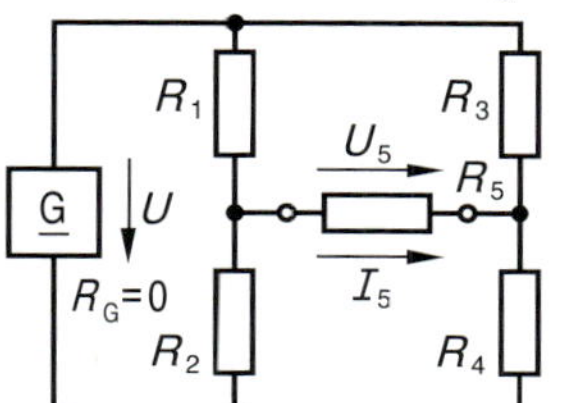

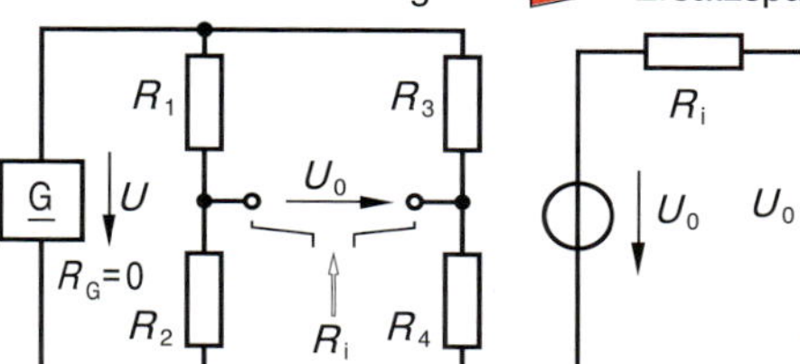

Leerlaufspannung

$$U_0 = \left(\frac{R_2}{R_1 + R_2} - \frac{R_4}{R_3 + R_4}\right) \cdot U$$

Innenwiderstand

$$R_i = \frac{R_1 \cdot R_2}{R_1 + R_2} + \frac{R_3 \cdot R_4}{R_3 + R_4}$$

U_5 und I_5 werden wie beim Spannungsteiler mithilfe der Ersatzspannungsquelle berechnet:

$$I_5 = \frac{U_0}{R_i + R_5} \qquad U_5 = I_5 \cdot R_5$$

Vergleich der Ersatzquellen

Spannungsteiler, Schaltung	Ersatzspannungsquelle	Ersatzstromquelle

Äquivalenzbedingungen: $R_{i\,\text{Spannungsquelle}} = R_{i\,\text{Stromquelle}}$ $\quad U_0 = I_0 \cdot R_i$

Spannungsteiler, Schaltung

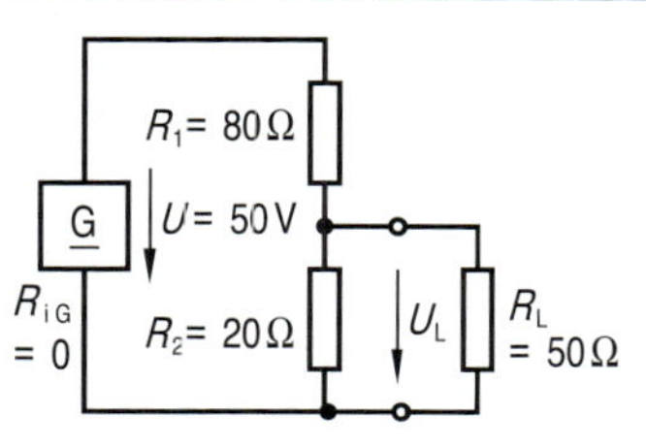

$R_{ges.} = R_1 + \frac{R_2 \cdot R_L}{R_2 + R_L} = 80\,\Omega + \frac{20\,\Omega \cdot 50\,\Omega}{20\,\Omega + 50\,\Omega}$

$R_{ges.} = 94{,}29\,\Omega$

$I_{ges.} = \frac{U}{R_{ges.}} = \frac{50\,\text{V}}{94{,}29\,\Omega} = 0{,}53\ \text{A}$

$U_1 = R_1 \cdot I_{ges.} = 80\,\Omega \cdot 0{,}53\,\text{A} = 42{,}42\ \text{V}$

$U_L = U - U_1 = 50\,\text{V} - 42{,}42\,\text{V} = 7{,}6\ \text{V}$

$I_L = \frac{U_L}{R_L} = \frac{7{,}6\,\text{V}}{50\,\Omega} = 0{,}152\,\text{A}$

Ersatzspannungsquelle

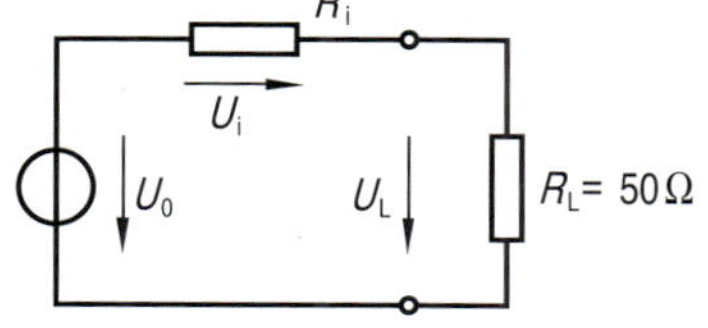

$U_0 = \frac{R_2}{R_1 + R_2} \cdot U = \frac{20\,\Omega}{80\,\Omega + 20\,\Omega} \cdot 50\ \text{V}$

$U_0 = 10\ \text{V}$

$R_i = \frac{R_1 \cdot R_2}{R_1 + R_2} = \frac{80\,\Omega \cdot 20\,\Omega}{80\,\Omega + 20\,\Omega} = 16\,\Omega$

$I_L = \frac{U_0}{R_i + R_L} = \frac{10\,\text{V}}{16\,\Omega + 50\,\Omega} = 0{,}152\,\text{A}$

$U_L = I_L \cdot R_L = 0{,}152\ \text{A} \cdot 50\,\Omega = 7{,}6\ \text{V}$

Ersatzstromquelle

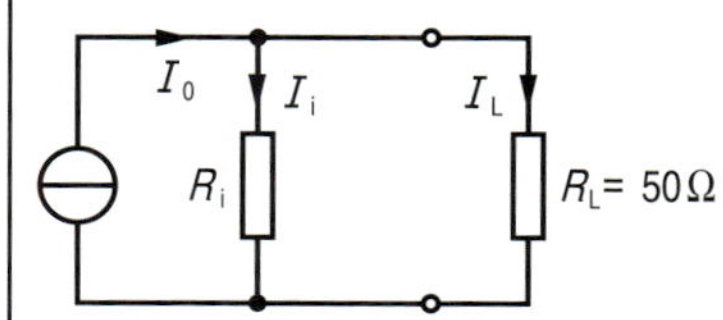

$I_0 = \frac{U}{R_1} = \frac{50\,\text{V}}{80\,\Omega} = 0{,}625\ \text{A}$

$R_i = \frac{R_1 \cdot R_2}{R_1 + R_2} = \frac{80\,\Omega \cdot 20\,\Omega}{80\,\Omega + 20\,\Omega} = 16\,\Omega$

$U_L = \frac{R_L \cdot R_i}{R_L + R_i} \cdot I_0$

$= \frac{50\,\Omega \cdot 16\,\Omega}{50\,\Omega + 16\,\Omega} \cdot 0{,}625\ \text{A} = 7{,}6\ \text{V}$

$I_L = \frac{U_L}{R_L} = \frac{7{,}6\ \text{V}}{50\,\Omega} = 0{,}152\ \text{A}$

3

3.4 Widerstandsnetzwerke II

Maschenstromverfahren (Kreisstromverfahren)

Jedes lineare Netzwerk kann durch Anwendung von Maschen- und Knotenregel berechnet werden. Bei *m* Zweigen sind dazu auch *m* Gleichungen nötig.
Durch Einführung von so genannten Maschenströmen (Kreisströmen) wird die Zahl der Gleichungen reduziert. Dazu wird das Netzwerk in voneinander unabhängige Maschen aufgeteilt. Die Maschenströme werden dann mithilfe der Maschenregel berechnet. Danach werden aus den Maschenströmen die Zweigströme bestimmt.

Netzwerk mit 2 unabhängigen Maschen

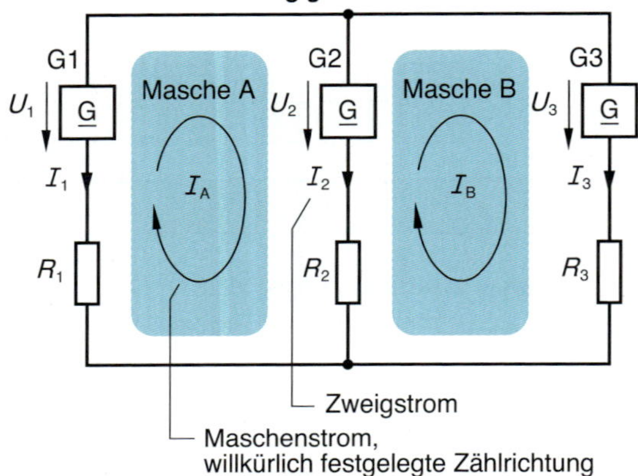

Berechnung

Aus der Maschengleichung $\sum U = 0$ folgt

für Masche A: $-U_1 + U_2 + (I_A - I_B) \cdot R_2 + I_A \cdot R_1 = 0$

oder $I_A = \dfrac{(U_1 - U_2) + I_B \cdot R_2}{R_1 + R_2}$ (Gleichung 1)

für Masche B: $-U_2 + U_3 + I_B \cdot R_3 - (I_A - I_B) \cdot R_2 = 0$

oder $I_A = \dfrac{(U_3 - U_2) + I_B \cdot (R_2 + R_3)}{R_2}$ (Gleichung 2)

Durch Gleichsetzen von Gleichung 1 und Gleichung 2 erhält man die Maschenströme:

$$I_A = \frac{U_1 \cdot (R_2 + R_3) - U_2 \cdot R_3 - U_3 \cdot R_2}{\sum R \cdot R}$$

$$I_B = \frac{U_1 \cdot R_2 + U_2 \cdot R_1 - U_3 \cdot (R_1 + R_2)}{\sum R \cdot R}$$

$$\sum R \cdot R = R_1 \cdot R_2 + R_2 \cdot R_3 + R_3 \cdot R_1$$

Für die Zweigströme erhält man: $I_1 = -I_A$ $I_2 = I_A - I_B$ $I_3 = I_B$

Knotenspannungsverfahren

Die Zahl der für die Berechnung eines Netzwerkes nötigen Gleichungen kann außer mit dem Maschenstromverfahren auch mit dem Knotenspannungsverfahren reduziert werden. Dabei versteht man unter Knotenspannung die Spannung (Potenzialdifferenz) zwischen zwei Knoten.
Für die Berechnung wird einem Knoten willkürlich das Potenzial $\varphi_A = 0$ zugeordnet, die Potenziale der anderen Knoten werden hierauf bezogen. Die Zweigströme werden dann als Funktion der Knotenspannung ausgedrückt. Mithilfe der Knotenregel kann dann das Potenzial φ_B und damit die Knotenspannung U_{BA} bestimmt werden.

Netzwerk mit 2 Knoten

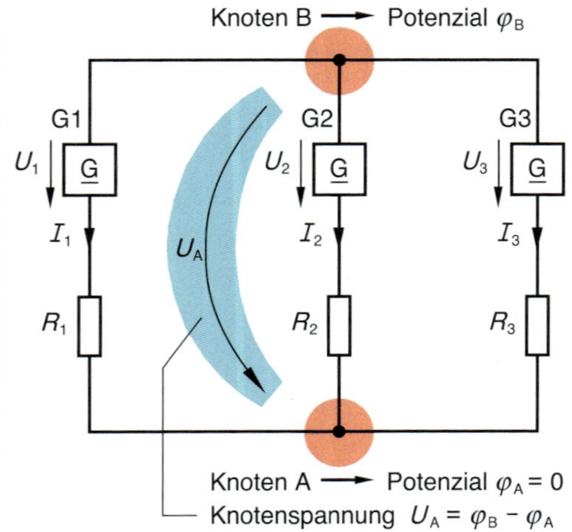

Die drei Zweigströme lassen sich über die gewählte Knotenspannung $U_{BA} = \varphi_B$ wie folgt ausdrücken:

Zweig 1: $I_1 = \dfrac{\varphi_B - U_1}{R_1}$

Zweig 2: $I_2 = \dfrac{\varphi_B - U_2}{R_2}$

Zweig 3: $I_3 = \dfrac{\varphi_B - U_3}{R_3}$

Knotenregel: $I_1 + I_1 + I_1 = 0$

$$\frac{\varphi_B - U_1}{R_1} + \frac{\varphi_B - U_1}{R_1} + \frac{\varphi_B - U_1}{R_1} = 0$$

Durch Umformen erhält man:

$$\varphi_B = \frac{U_1 \cdot R_2 \cdot R_3 + U_2 \cdot R_3 \cdot R_1 + U_3 \cdot R_1 \cdot R_2}{\sum R \cdot R}$$

mit $\sum R \cdot R = R_1 \cdot R_2 + R_2 \cdot R_3 + R_3 \cdot R_1$

Die Zweigströme werden mit $I_1 = \dfrac{\varphi_B - U_1}{R_1}$ usw. berechnet.

Überlagerungsverfahren

Bei der Berechnung umfangreicher Netzwerke besteht die Schwierigkeit auch darin, dass mehrere Spannungsquellen zusammenwirken und somit zu unübersichtlichen Verhältnissen führen.
Das Problem kann bei linearen Netzwerken dadurch gelöst werden, dass Schritt für Schritt jede Spannungsquelle für sich betrachtet wird und alle anderen dabei in Gedanken jeweils kurz geschlossen werden. Die dadurch berechneten Teil-Zweigströme werden zum Schluss addiert.

Berechnung in 4 Schritten

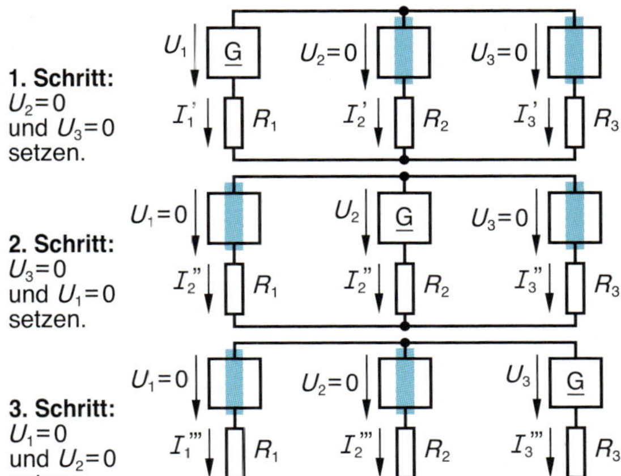

4. Schritt: Zweigströme I_1, I_2 und I_3 berechnen.

Spannung U_1 aktiv, Spannungen U_2 und U_3 gleich null gesetzt		
$I_1' = -\dfrac{U_1 \cdot (R_2+R_3)}{\sum R \cdot R}$	$I_2' = \dfrac{U_1 \cdot R_3}{\sum R \cdot R}$	$I_3' = \dfrac{U_1 \cdot R_2}{\sum R \cdot R}$
Spannung U_2 aktiv, Spannungen U_3 und U_1 gleich null gesetzt		
$I_1'' = \dfrac{U_2 \cdot R_3}{\sum R \cdot R}$	$I_2'' = -\dfrac{U_2 \cdot (R_3+R_1)}{\sum R \cdot R}$	$I_3'' = \dfrac{U_2 \cdot R_1}{\sum R \cdot R}$
Spannung U_3 aktiv, Spannungen U_1 und U_2 gleich null gesetzt		
$I_1''' = \dfrac{U_3 \cdot R_2}{\sum R \cdot R}$	$I_2''' = \dfrac{U_3 \cdot R_1}{\sum R \cdot R}$	$I_3''' = -\dfrac{U_3 \cdot (R_1+R_2)}{\sum R \cdot R}$
$I_1 = I_1' + I_1'' + I_1'''$	$I_2 = I_2' + I_2'' + I_2'''$	$I_3 = I_3' + I_3'' + I_3'''$

Dreieck-Stern-Umwandlung

Belastete Brückenschaltungen sind, falls die Brücke nicht abgeglichen ist (siehe Seite 74), nur schwer berechenbar, weil die Schaltung wegen des Brückenzweiges nicht auf eine Grundschaltung (Reihen- oder Parallelschaltung) reduziert werden kann.
Eine Möglichkeit zur Bestimmung von Brückenspannung und Brückenstrom besteht, wenn eine in der Brückenschaltung enthaltene „Dreieckschaltung" in eine elektrisch gleichwertige (äquivalente) „Sternschaltung" umgewandelt wird. Die Sternschaltung kann auf Grundschaltungen zurück geführt werden, die Spannung U_{23} kann somit in der Sternschaltung berechnet und in der ursprünglichen Dreieckschaltung verwendet werden.
Dreieck-Stern-Umwandlungen können in allen Schaltungen mit aneinander hängenden Maschen sinnvoll sein.

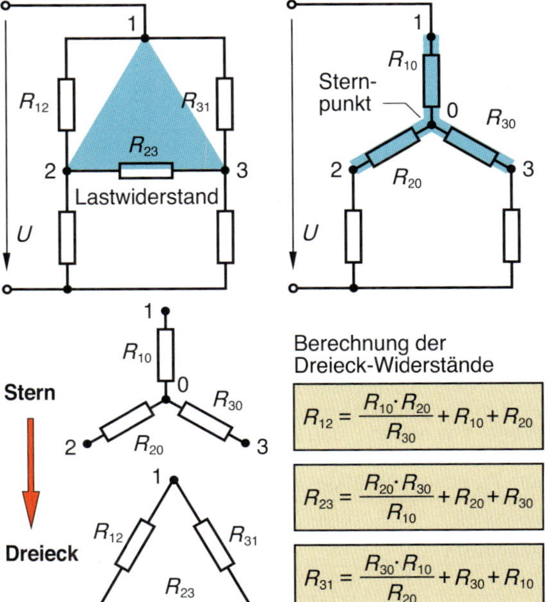

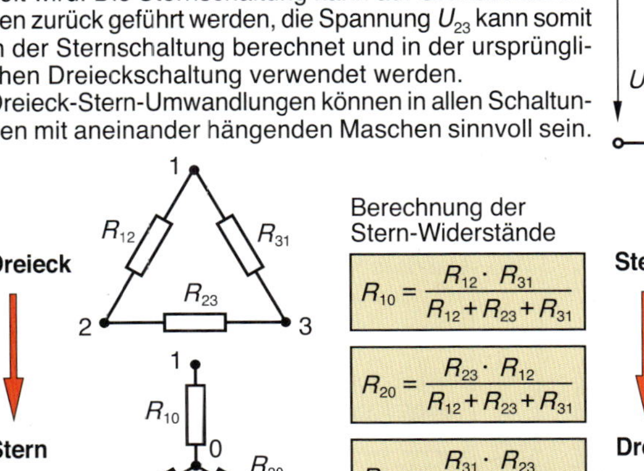

Berechnung der Stern-Widerstände

$$R_{10} = \frac{R_{12} \cdot R_{31}}{R_{12} + R_{23} + R_{31}}$$

$$R_{20} = \frac{R_{23} \cdot R_{12}}{R_{12} + R_{23} + R_{31}}$$

$$R_{30} = \frac{R_{31} \cdot R_{23}}{R_{12} + R_{23} + R_{31}}$$

Berechnung der Dreieck-Widerstände

$$R_{12} = \frac{R_{10} \cdot R_{20}}{R_{30}} + R_{10} + R_{20}$$

$$R_{23} = \frac{R_{20} \cdot R_{30}}{R_{10}} + R_{20} + R_{30}$$

$$R_{31} = \frac{R_{30} \cdot R_{10}}{R_{20}} + R_{30} + R_{10}$$

3.5 Veränderliche Widerstände

Physikalische Einflüsse

Der Widerstandswert von elektrischen Widerständen kann nur in Ausnahmefällen als konstant angenommen werden. Üblicherweise ändert sich der Widerstand unter dem Einfluss bestimmter physikalischer Größen.
Wichtige Einflussgrößen sind z.B. die Temperatur ϑ (Thermistoren), die Spannung U (Varistoren), die Lichtstärke E (Fotowiderstände) und die magnetische Feldstärke B (Feldplatten). Die Abhängigkeit kann linear oder nichtlinear sein.

Schaltzeichen für veränderliche Widerstände

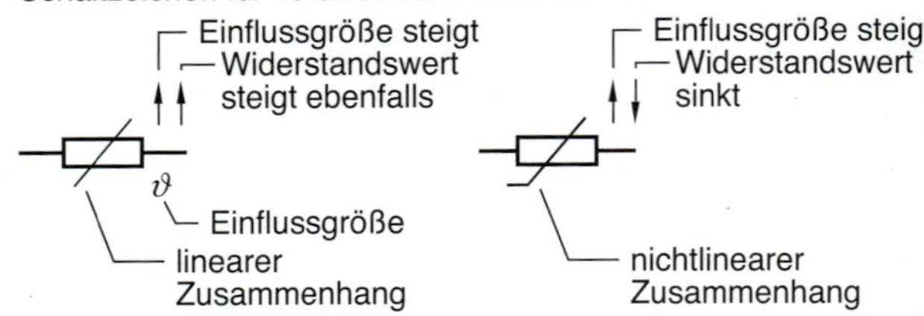

Metallwiderstand und Temperatur

Linearer Temperaturbeiwert
Wird Metall erwärmt, so gerät das Metallgitter zunehmend in Schwingungen. Dadurch wird der Elektronenfluss behindert, d.h. der elektrische Widerstand steigt. Bis in den Temperaturbereich von etwa 100 °C ist die Widerstandszunahme nahezu linear. Sie kann mit dem linearen Temperaturbeiwert α berechnet werden.

Schwingungen des Gitters (Wärmebewegung) erhöhen den Widerstand

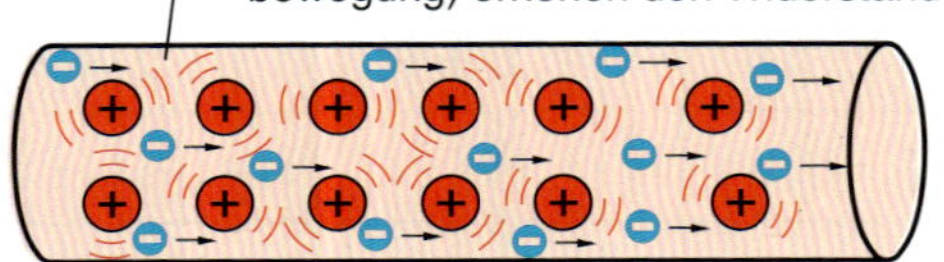

Die Temperaturbeiwerte α reiner Metalle liegen für die übliche Bezugstemperatur von 20 °C alle bei ungefähr 0,004 / K bzw. 0,4 % / K.
Durch Legieren verschiedener Metalle können aber α-Werte von nahezu null erreicht werden (z.B. CuNi 44, Handelsname Konstantan).

Widerstandszunahme

$$\Delta R = R_{20} \cdot \alpha_{20} \cdot \Delta\vartheta$$

$$[\Delta R] = \Omega \cdot \frac{1}{K} \cdot K = \Omega$$

R_{20} Widerstand bei 20 °C
α_{20} Temperaturbeiwert
$\Delta\vartheta$ Temperaturzunahme

Erwärmter Widerstand

$$R_{\vartheta} = R_{20} + \Delta R$$

umgerechnet:

$$R_{\vartheta} = R_{20} \cdot (1 + \alpha_{20} \cdot \Delta\vartheta)$$

R_{ϑ} Widerstand bei ϑ °C

Temperaturbeiwerte bei 20 °C

Werkstoff	α in 1 / K	Werkstoff	α in 1 / K
Kupfer	0,0039	Wolfram	0,0046
Aluminium	0,0041	Silber	0,0041
Gold	0,0040	CuNi 44	± 0,00004
Platin	0,0039	CuMn 12 Ni	± 0,00001
Eisen (rein)	0,0065	Kohle	- 0,0008

Die in Tabellenbüchern angegeben Temperaturbeiwerte gelten für die Temperatur 20 °C.
Für andere Temperaturen ϑ_1 können die dafür geltenden Temperaturbeiwerte nach folgender Formel berechnet werden:

Temperaturbeiwert bei ϑ_1

$$\alpha_{\vartheta 1} = \frac{\alpha_{20}}{1 + \alpha_{20}(\vartheta_1 - 20\,°C)}$$

Quadratischer Temperaturbeiwert
Wird ein Metalldraht im Temperaturbereich bis etwa 100°C erwärmt, so steigt der Widerstandswert nahezu linear mit der Temperaturzunahme.
Bei stärkerer Erwärmung steigt der Widerstandswert überproportional an. Dies kann durch einen quadratischen Temperaturbeiwert β berücksicht werden.

Bei Erwärmung um mehr als 100 °C

$$R_{\vartheta} = R_{20} \cdot (1 + \alpha_{20} \cdot \Delta\vartheta + \beta \cdot \Delta\vartheta^2)$$

Dabei gilt: $\beta \approx 10^{-6} \frac{1}{K^2}$

Supraleitung

In der Nähe des absoluten Nullpunktes sinkt bei vielen Werkstoffen der Widerstand sprungartig auf unmessbar kleine Werte. Anwendung: Bau von Magnetspulen mit hoher magnetischer Induktion. Die Tabelle zeigt die „Sprungtemperatur" T_{Sp} einiger wichtiger Werkstoffe:

Werkstoff	T_{Sp} in K	Werkstoff	T_{Sp} in K
Aluminium	1,14	Blei	7,26
Zinn	3,69	Niob	9,2
Quecksilber	4,17	Niobnitrid	> 20,0

Widerstandsverhalten bei tiefen Temperaturen

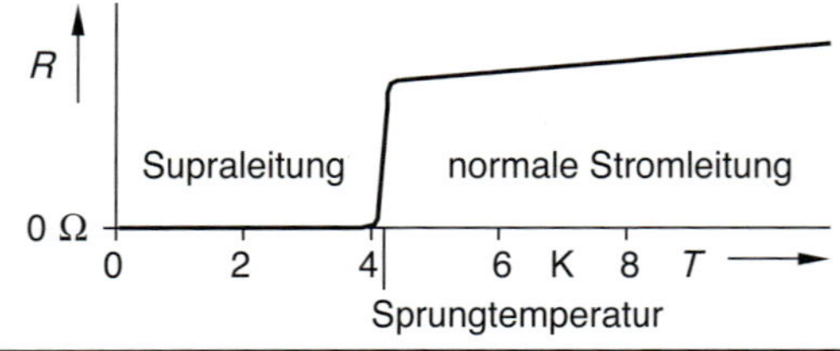

Nichtmetallische Widerstände

Temperaturabhängige Widerstände (Thermistoren)

Thermistoren sind Bauteile, deren Widerstand je nach Dotierung mit der Temperatur stark zunimmt (Kaltleiter, PTC-Widerstände, **PTC** = **P**ositive **T**emperature **C**oefficient) oder stark abnimmt (Heißleiter, NTC-Widerstände, **NTC** = **N**egative **T**emperature **C**oefficient). Die Erwärmung des Bauteils kann durch die Umgebungstemperatur (Fremderwärmung) oder den Stromfluss (Eigenerwärmung) erfolgen.

Kaltleiter (PTC-Widerstände)

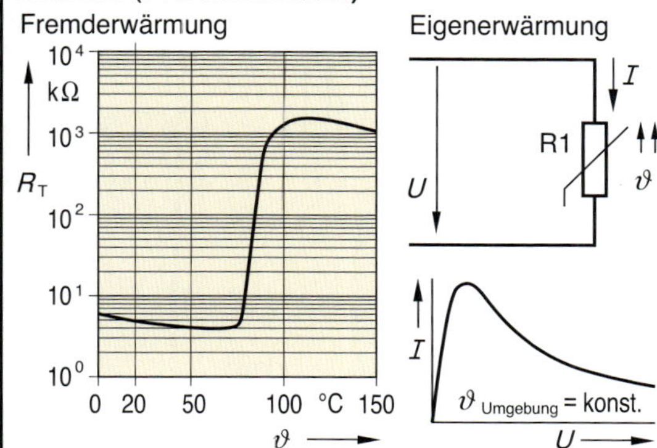

Anwendung: Überlastschutz, Motorschutz

Heißleiter (NTC-Widerstände)

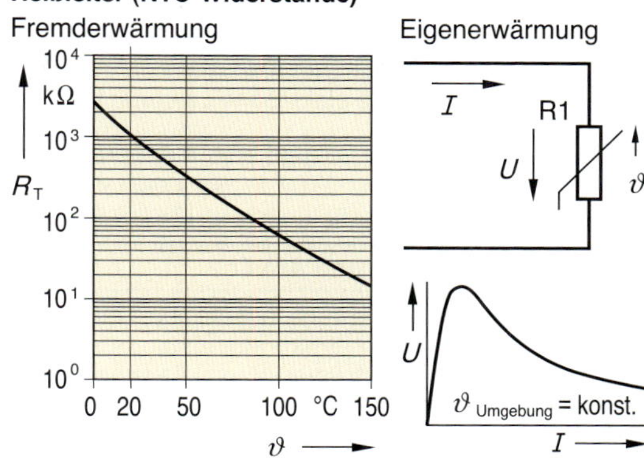

Anw.: Temperaturfühler, Einschaltstrombegrenzung

Spannungsabhängige Widerstände (Varistoren)

Varistoren sind spannungsabhängige Widerstände (VDR-Widerstände, **VDR** = **V**oltage **D**ependent **R**esistor). Ihr Widerstand bricht bei Überspannung in sehr kurzer Zeit (ca. 50 ns) von einigen MΩ auf wenige Ω zusammen. Die Durchbruchspannung liegt je nach Bauart zwischen 10 V und einigen kV.
Anwendung: Schutz von Anlagen gegen Überspannung, z.B. Blitzschutz.

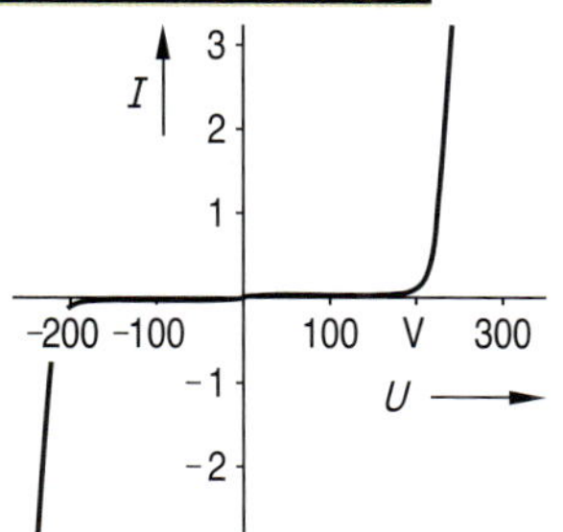

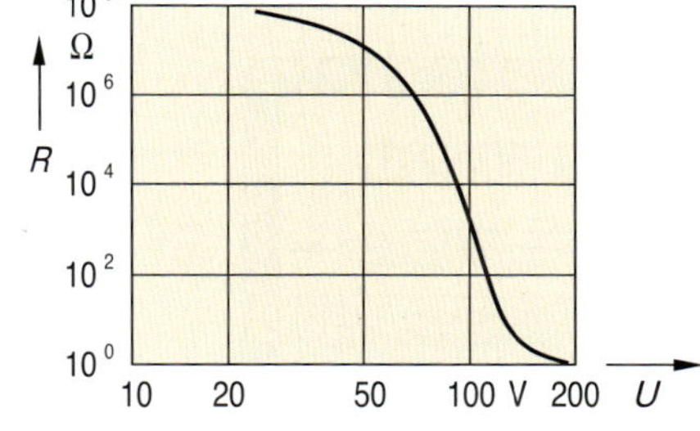

Lichtabhängige Widerstände (Fotowiderstände)

Fotowiderstände sind lichtabhängige Widerstände (LDR-Widerstände, **LDR** = **L**ight **D**ependent **R**esistor).
Der Widerstandswert ohne Lichteinwirkung heißt Dunkelwiderstand R_0. Er ist meist größer als 10 MΩ. Bei Lichteinwirkung sinkt der Hellwiderstand auf Werte unter 1 kΩ, die Änderung erfolgt relativ träge.
Richtwerte für Beleuchtungsstärken E: volles Sonnenlicht 50 000 lx, gut beleuchteter Arbeitsplatz 1000 lx, Vollmond 0,2 lx.
Anwendung: Messung der Beleuchtungsstärke.

Magnetfeldabhängige Widerstände (Feldplatten)

Feldplatten sind magnetfeldabhängige Widerstände (MDR-Widerstände, **MDR** = **M**agnetical **D**ependent **R**esistor).
Der Widerstandswert ohne magnetische Einwirkung heißt Grundwiderstand R_0. Er beträgt je nach Bautyp 10 Ω bis 5 kΩ. Der Widerstand R_B des Bauteils steigt ungefähr quadratisch mit der einwirkenden magnetischen Flussdichte B.
Anwendung: Kontaktlos steuerbare Widerstände, Messung von Magnetfeldern, Drehfrequenz- und Drehsinnerfassung, Feldplattenpotenziometer, lineare Weggeber.

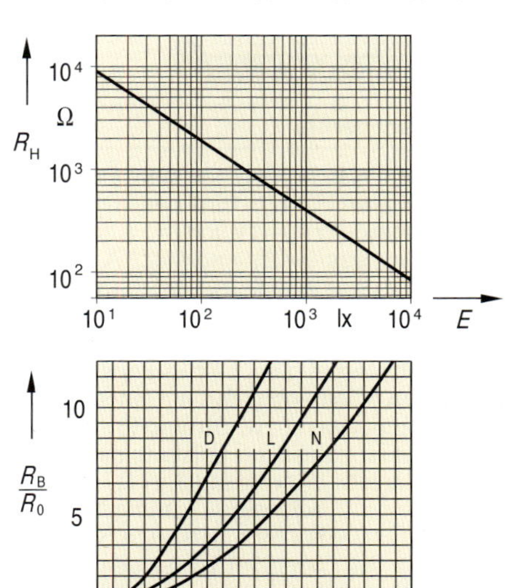

3.6 Elektrische Arbeit und Leistung

Leistungsaufnahme von Widerständen

Berechnung der Leistung

Die in einem Betriebsmittel umgesetzte Arbeit ist proportional zu der elektrischen Ladungsmenge Q, die durch das Betriebsmittel geflossen ist und der dabei überwundenen Potenzialdifferenz φ_1-φ_2 (Spannung U). Da die durch das Betriebsmittel geflossene Ladungsmenge gleich dem Produkt aus Stromstärke und Betriebszeit ist, gilt für die elektrische Arbeit: $W = Q \cdot U = I \cdot t \cdot U = U \cdot I \cdot t$.
Die Leistung ist allgemein definiert als pro Zeiteinheit verrichtete Arbeit; für die elektrische Leistung folgt daraus: $P = W / t = U \cdot I$.
Bei einem Betriebsmittel mit dem Widerstand R besteht der Zusammenhang $U = I \cdot R$ (ohmsches Gesetz).
Somit gilt für die elektrische Leistung: $P = U^2 / R = I^2 \cdot R$.

Aus $W = U \cdot I \cdot t$ folgt $P = U \cdot I$

$[W] = \text{VAs} = \text{Ws}$ $\quad$ $[P] = \text{VA} = \text{W}$

φ_1, φ_2; $I = \frac{Q}{t}$; $U = \varphi_1 - \varphi_2$; R

$P = \frac{U^2}{R}$ $\quad$ $[P] = \text{V}^2/\Omega = \text{W}$

$P = I^2 \cdot R$ $\quad$ $[P] = \text{A}^2\,\Omega = \text{W}$

Messung der Leistung und Arbeit

Die Messung der Leistung kann indirekt über Strom- und Spannungsmesser oder direkt mit Leistungsmessern erfolgen. Bei Wechselströmen muss zwischen Wirk- Blind- und Scheinleistung unterschieden werden (siehe Seite 106). Die durchschnittliche Wirkleistung kann auch mit dem Elektrizitätszähler und der Zählerkonstante ermittelt werden.
Die Messung der elektrischen Arbeit erfolgt meist mit dem Elektrizitätszähler. Ein Zählwerk zeigt direkt die bezogene Arbeit ($W = P \cdot t$) an.

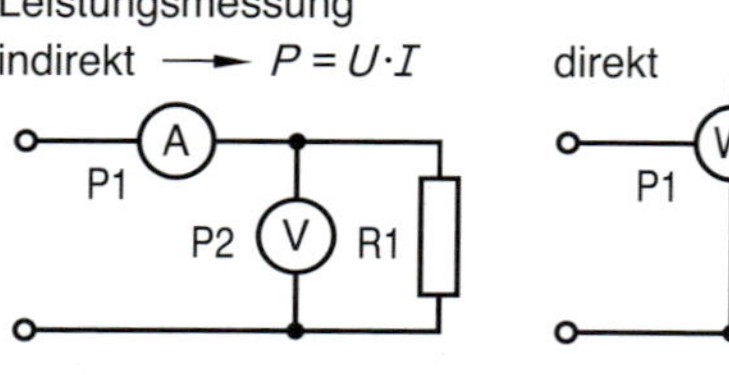

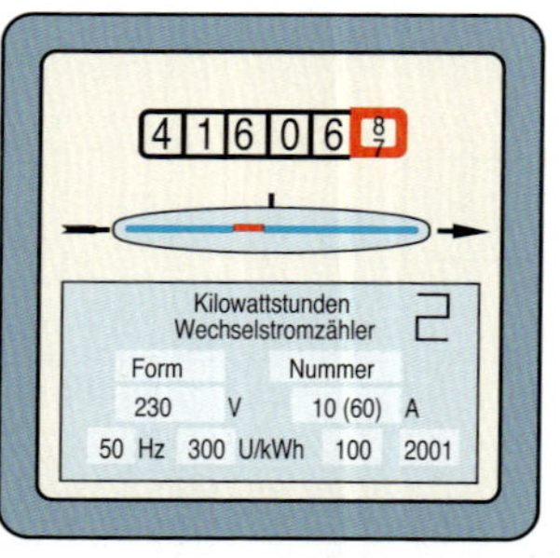

Zählwerk

Zählerscheibe mit Positionsmarkierung

Leistungsschild Zählerkonstante 300/kWh

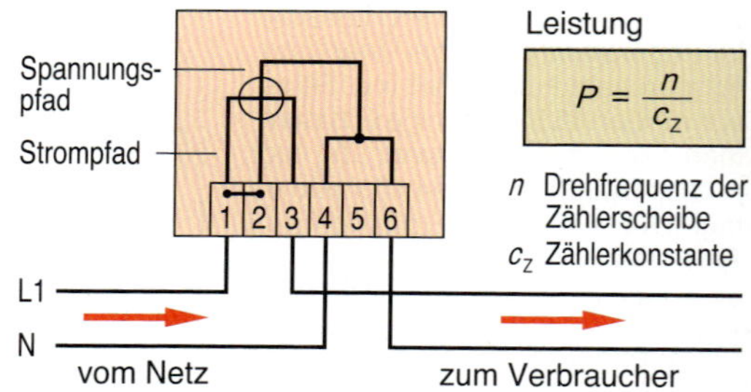

Leistung

$P = \frac{n}{c_Z}$

n Drehfrequenz der Zählerscheibe
c_Z Zählerkonstante

Leistungshyperbel

Elektrische Leistung ist gleich dem Produkt aus Spannung und Strom: $P = U \cdot I$. Eine bestimmte Leistung, z.B. $P = 1$ W, kann durch $U = 1$ V und $I = 1$ A zustande kommen, aber ebenso aus $U = 2$ V und $I = 0{,}5$ A.
Alle U-I-Wertepaare, die zur gleichen Leistung führen, ergeben in der grafischen Darstellung eine Hyperbel, die so genannte Leistungshyperbel. Für jeden Punkt der Leistungshyperbel gilt: $U \cdot I = P =$ konstant.
Mithilfe von Leistungshyperbeln lassen sich die zulässigen Spannungen bzw. Ströme für Widerstände mit vorgegebener zulässiger Leistung ermitteln.

Ablesebeispiel: Widerstand 2,2 kΩ
zulässige Leistung 1,5 W
höchste zulässige Spannung 58 V
höchster zulässiger Strom 26,5 mA.

Der Bereich unter der Leistungshyperbel ist der Arbeitsbereich des Widerstandes, der Bereich oberhalb der Hyperbel ist der „verbotene Bereich“.

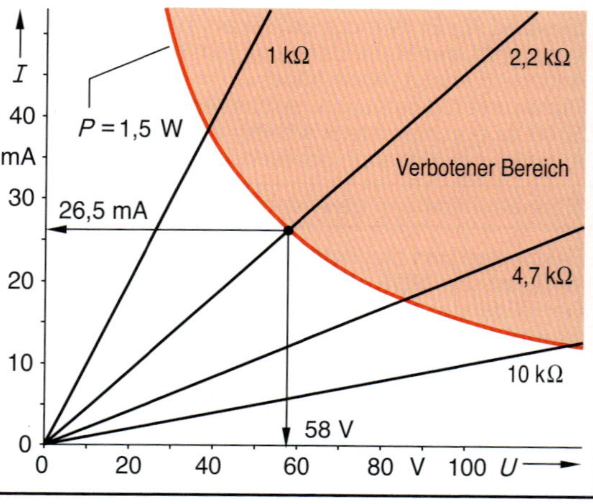

Belastete Spannungsquelle, Leistungsanpassung

Wird einer realen Spannungsquelle Leistung entnommen, so erzeugt der Strom wegen R_i einen Spannungsfall in der Quelle. Bei zunehmendem Laststrom bzw. kleiner werdendem Lastwiderstand steigt zunächst die abgegebene Leistung und sinkt dann wieder. Die von der Quelle abgegebene Leistung ist am größten bei $R_L = R_i$ (Anpassung), bzw. wenn der Laststrom gleich dem halben Kurzschlussstrom ist.

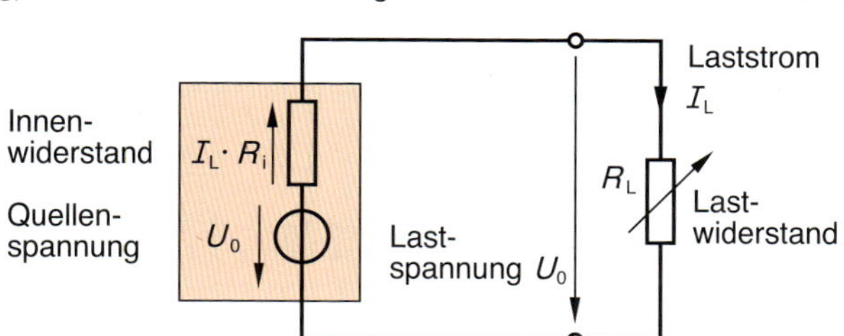

Lastspannung

$$U_L = U_0 - I_L \cdot R_i$$

bzw.

$$U_L = \frac{R_L}{R_i + R_L} \cdot U_0$$

Laststrom

$$I_L = \frac{U_0}{R_i + R_L}$$

Leistung

$$P_L = \frac{R_L \cdot U_0^2}{(R_i + R_L)^2}$$

Maximale Leistung (Leistungsanpassung) wenn gilt

$$R_L = R_i$$

Leistung bei Anpassung ($R_L = R_i$)

$$P_{L\,max} = \frac{U_0^2}{4 \cdot R_i}$$

Beispiel: $U_0 = 10\,\text{V}$, $R_i = 10\,\Omega$

Die grafische Darstellung $P_L = f(R_L)$ zeigt, dass die maximale Leistung bei $R_L = R_i$ abgegeben wird.
Die grafische Darstellung $P_L = f(I_L)$ zeigt, dass die maximale Leistung fließt, wenn der Laststrom gleich dem halben Kurzschlussstrom ist.

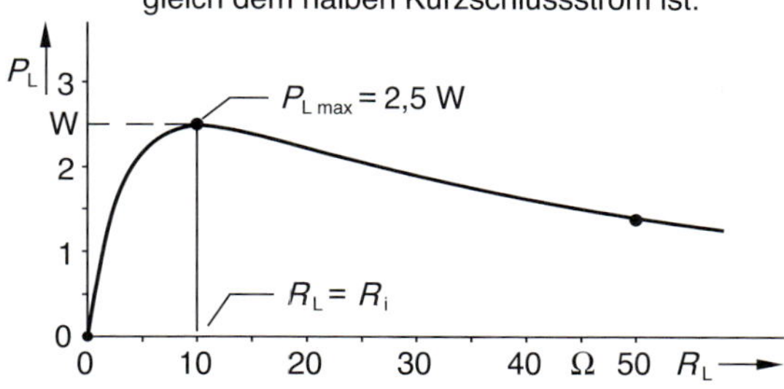

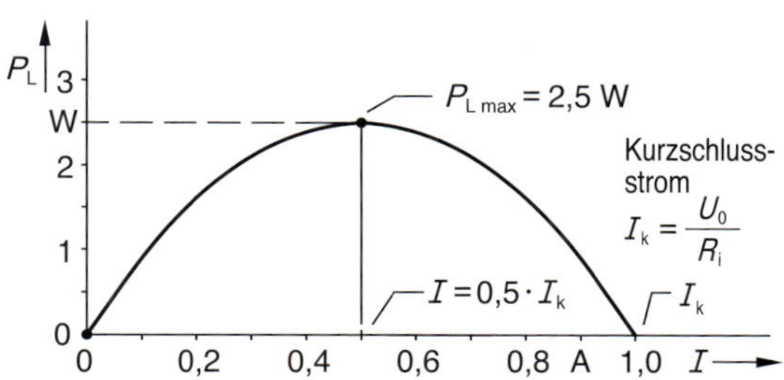

Bestimmung des Innenwiderstandes

Der Innenwiderstand von Spannungsquellen kann nicht direkt mit einem Widerstandsmessgerät (Ohmmeter) bestimmt werden, weil das Messgerät zerstört würde. Die Bestimmung erfolgt mithilfe von zwei Messungen bei unterschiedlicher Last. Eine Lastmessung kann dabei auch eine Leerlaufmessung sein. Bei hochohmigen Spannungsquellen kann eine Messung auch als Kurzschlussmessung ausgeführt werden.

Leerlaufmessung | Messung bei Last 1 | Messung bei Last 2 | Kurzschlussm.

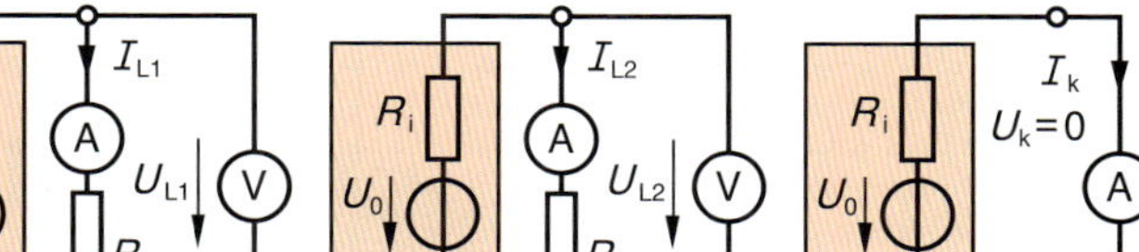

Innenwiderstand

$$R_i = \frac{U_0 - U_L}{I_L}$$

$$R_i = \frac{U_{L1} - U_{L2}}{I_{L2} - I_{L1}}$$

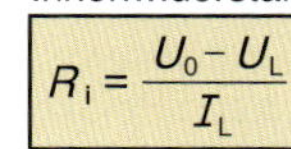

$$R_i = \frac{U_0}{I_k}$$

Verluste und Wirkungsgrad siehe auch Seite 54

Da jede Energiewandlung mit Verlusten verbunden ist, muss die abgegebene Leistung kleiner als die aufgenommene Leistung sein. Das Verhältnis von abgegebener zu aufgenommener Leistung heißt Wirkungsgrad bzw. Leistungswirkungsgrad.

Der Wirkungsgrad bei einer Energiewandlung ist immer kleiner als 1 bzw. kleiner als 100%.

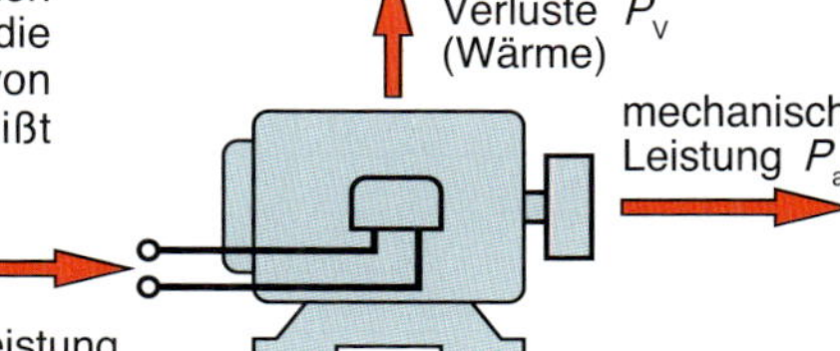

$$\eta = \frac{P_{ab}}{P_{zu}}$$

$$\eta = \frac{P_{ab}}{P_{zu} + P_V}$$

$$[\eta] = \frac{W}{W} = 1$$

3.7 Elektrisches Feld und Kondensator I

Elektrisches Feld

Grundbegriffe

Das elektrische Feld ist ein Modell zur Erklärung der elektrischen Energieübertragung, es wird durch so genannte Feldlinien dargestellt. Im elektrischen Feld werden auf elektrische Ladungen Kräfte ausgeübt; die auf eine Ladungseinheit ausgeübte Kraft heißt elektrische Feldstärke. Die elektrische Feldstärke ist ein Vektor, sie wird in N/As bzw. in V/m gemessen.
Felder, die an jeder Stelle gleiche Stärke und gleiche Richtung besitzen, heißen homogene Felder, sind Feldstärke und/oder Feldrichtung ortsabhängig, so spricht man von inhomogenen Feldern.
Die elektrischen Feldlinien beginnen immer an einer positiven Ladung (Quelle) und enden an einer negativen Ladung (Senke).

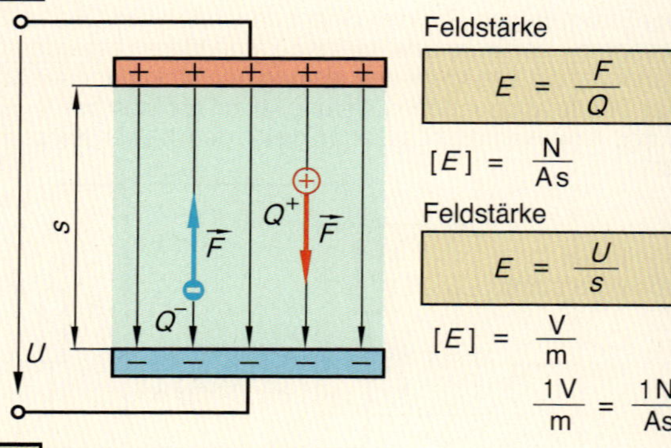

Feldstärke

$$E = \frac{F}{Q}$$

$$[E] = \frac{N}{As}$$

Feldstärke

$$E = \frac{U}{s}$$

$$[E] = \frac{V}{m}$$

$$\frac{1\,V}{m} = \frac{1\,N}{As}$$

Influenz

Ist in einem elektrischen Feld ein metallischer Leiter, so werden die frei beweglichen Elektronen durch die Feldkräfte entgegengesetzt zur Feldrichtung verschoben. Diese Ladungsverschiebung bzw. Ladungstrennung wird als Influenz bezeichnet.
Durch die Ladungstrennung entsteht im Innern des Leiters ein weiteres elektrisches Feld, das dem äußeren Feld entgegenwirkt. Die Ladungsverschiebung ist beendet, wenn das Gegenfeld gleich dem äußeren Feld ist. Das Innere des Leiters ist dann insgesamt feldfrei, d.h. dieser Raum ist gegen das äußere Feld abgeschirmt. Ein solcher Raum heißt faradayscher Käfig.

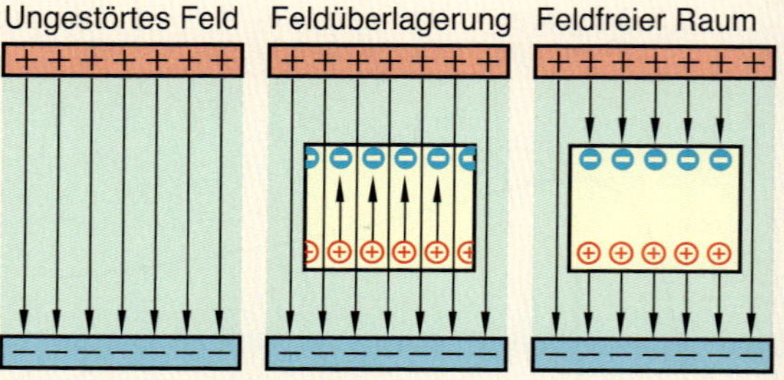

Verschiebungsfluss

Das elektrische Feld, das durch Verschieben von Ladungen entsteht, heißt auch Verschiebungsfluss Ψ (lies: Psi). Der Verschiebungsfluss ist gleich der Menge der getrennten Ladungen. Es gilt: $\Psi = Q$.
Die Feldlinien beginnen an der positiven (Quelle) und enden an der negativen Ladung (Senke). Die Zahl der Feldlinien pro senkrecht durchsetzter Flächeneinheit ist je nach Feldverlauf verschieden groß. Der Verschiebungsfluss pro senkrecht durchsetzter Flächeneinheit heißt Verschiebungsflussdichte D. Es gilt: $D = \Psi / A$.
Die Verschiebungsflussdichte ist ein Vektor, sie ist proportional zur elektrischen Feldstärke E. Im Vakuum gilt die Beziehung: $D = \varepsilon_0 \cdot E$, in anderen Stoffen $D = \varepsilon_0 \cdot \varepsilon_r \cdot E$. Dabei ist ε_0 die elektrische Feldkonstante und ε_r die werkstoffabhängige Permittivitätszahl.

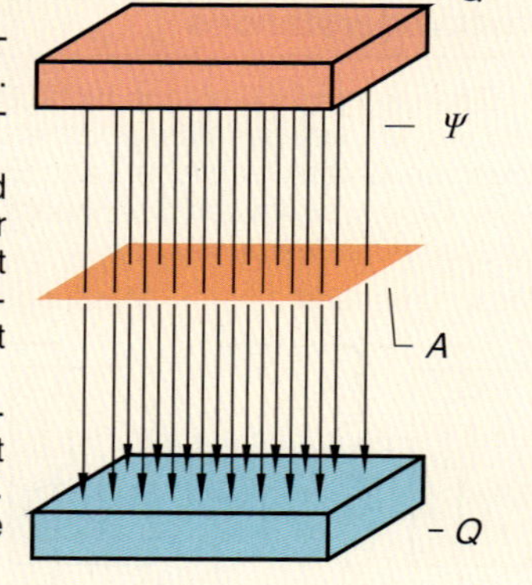

Verschiebungsfluss

$[\Psi] = As$ $\quad \Psi = Q$

Flussdichte

$[D] = \frac{As}{m^2}$ $\quad D = \frac{\Psi}{A}$

Zusammenhang

$$D = \varepsilon_0 \cdot \varepsilon_r \cdot E$$

$$[D] = \frac{As}{Vm} \cdot 1 \cdot \frac{V}{m} = \frac{As}{m^2}$$

Feldkonstante

$$\varepsilon_0 = 8.85 \cdot 10^{-12} \frac{As}{Vm}$$

Technisch genutzte Dielektrika

Werden elektrisch isolierende Werkstoffe in Bauteilen eingesetzt, bei denen starke elektrische Felder auftreten, so werden sie als Dielektrika (Einzahl: Dielektrikum) bezeichnet. Für ein Dielektrikum sind insbesondere die Permittivitätszahl ε_r und die Durchschlagsfestigkeit E_d von Bedeutung.

Werkstoff	ε_r	E_d in kV/mm	Werkstoff	ε_r	E_d in kV/mm
Luft (Normaldruck)	1	2,1	Polyethylen (PE)	2,3	60...90
Wasser (destilliert)	80	-	Polystyrol (PS)	2,3...2,8	50
Naturglimmer	6...8	30...70	Epoxidharz	3,7...4,2	35
Porzellan	5...6	35	Silikonkautschuk	2,5	20...30

Kapazität und Kondensator

Wird an zwei voneinander elektrisch isolierte Platten Spannung angelegt, so sammeln sich auf ihnen elektrische Ladungen. Das Speichervermögen für Ladungen heißt Kapazität.

Wesentliche Erkenntnisse über die Elektrizität erlangte der britische Physiker und Chemiker Michael Faraday. Er entdeckte die magnetische Induktion und konstruierte den ersten Dynamo. Eine anschauliche Darstellung gelang ihm über so genannte „elektrische und magnetische Kraftlinien". Ihm zu Ehren heißt die Einheit der Kapazität Farad (F).

M. Faraday (1791-1867)

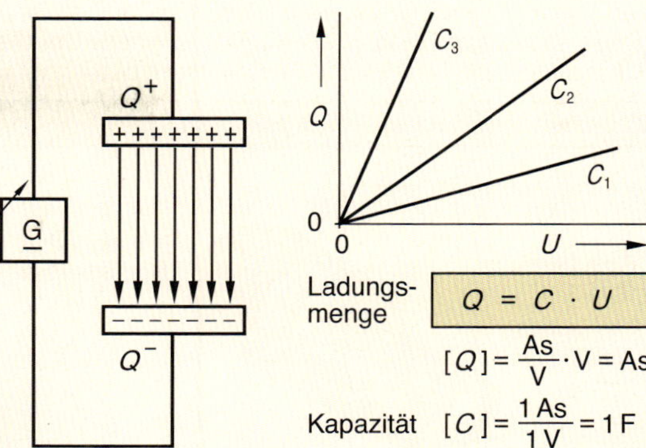

Ladungsmenge $Q = C \cdot U$

$[Q] = \frac{As}{V} \cdot V = As$

Kapazität $[C] = \frac{1\,As}{1\,V} = 1\,F$

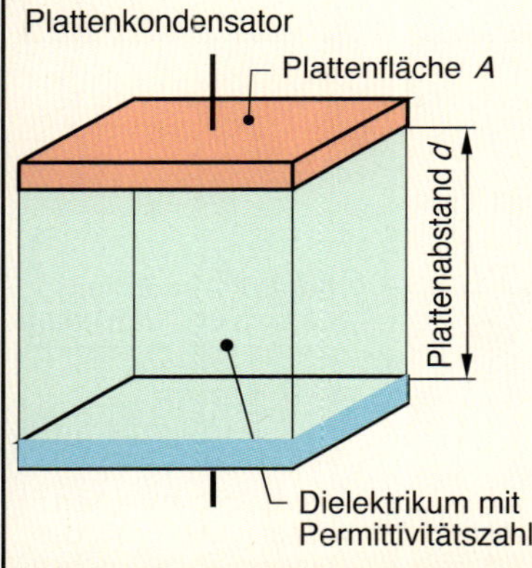

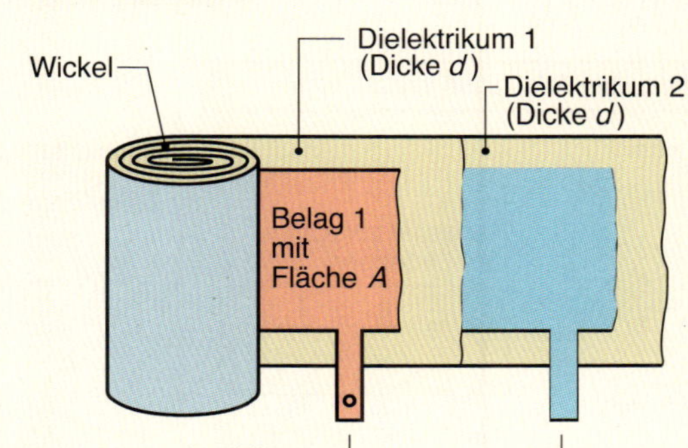
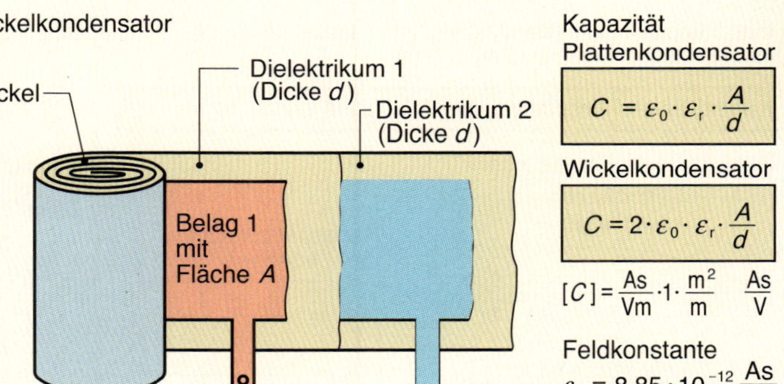

Kapazität Plattenkondensator

$$C = \varepsilon_0 \cdot \varepsilon_r \cdot \frac{A}{d}$$

Wickelkondensator

$$C = 2 \cdot \varepsilon_0 \cdot \varepsilon_r \cdot \frac{A}{d}$$

$$[C] = \frac{As}{Vm} \cdot 1 \cdot \frac{m^2}{m} \quad \frac{As}{V}$$

Feldkonstante

$$\varepsilon_0 = 8.85 \cdot 10^{-12} \frac{As}{Vm}$$

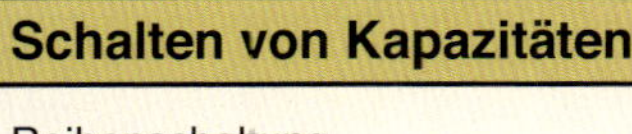

Schalten von Kapazitäten

Reihenschaltung

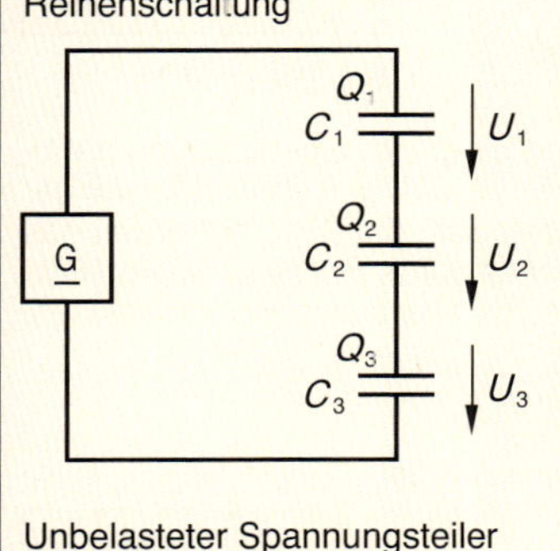

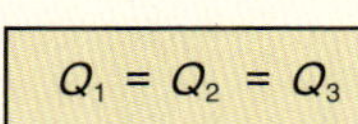

$$Q_1 = Q_2 = Q_3$$

$$\frac{U_1}{U_2} = \frac{C_2}{C_1}$$

$$\frac{1}{C} = \frac{1}{C_1} + \frac{1}{C_2} + \frac{1}{C_3}$$

Parallelschaltung

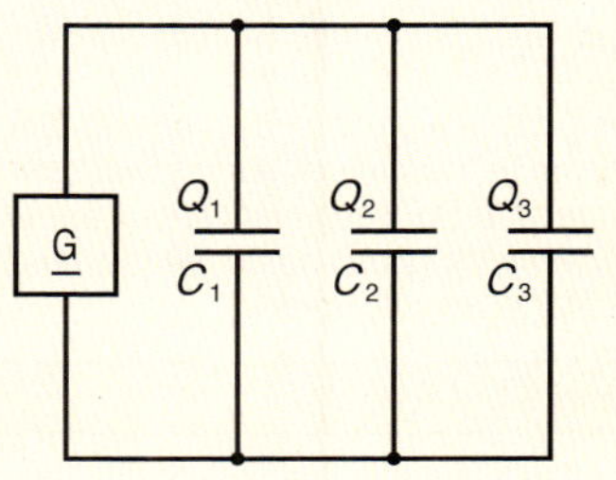

$$Q = Q_1 + Q_2 + Q_3$$

$$\frac{Q_1}{Q_2} = \frac{C_1}{C_2}$$

$$C = C_1 + C_2 + C_3$$

Unbelasteter Spannungsteiler

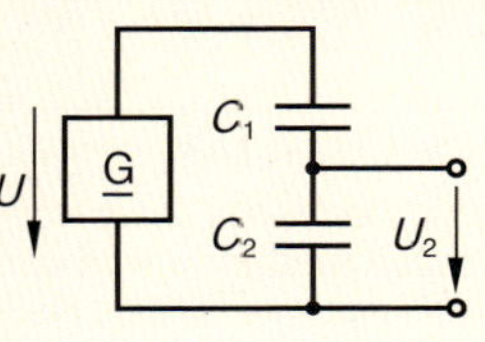

unbelastet

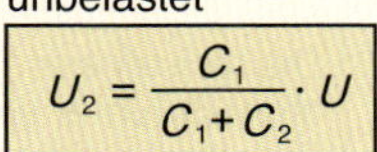

$$U_2 = \frac{C_1}{C_1 + C_2} \cdot U$$

Belasteter Spannungsteiler

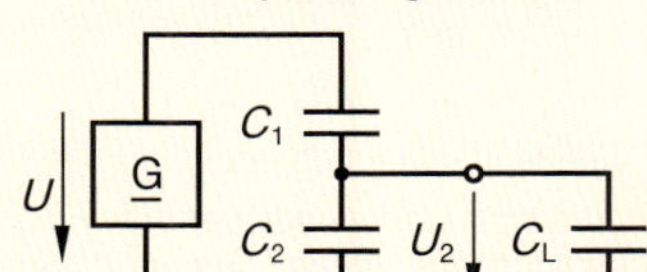

belastet mit C_L

$$U_2 = \frac{C_1}{C_1 + C_2 + C_L} \cdot U$$

3.8 Elektrisches Feld und Kondensator II

Kapazität technischer Betriebsmittel

Hochspannungskabel, Freileitungen und andere technische Anlagenteile haben eine gewisse Kapazität und wirken damit wie Kondensatoren. Diese Eigenschaft ist meist unerwünscht, weil vor allem bei hohen Spannungen große kapazitive Blindströme fließen können. Um diese Blindströme berücksichtigen zu können, müssen die Kapazitäten von Kabeln und Freileitungen berechnet werden.

Kapazität von Hochspannungskabeln

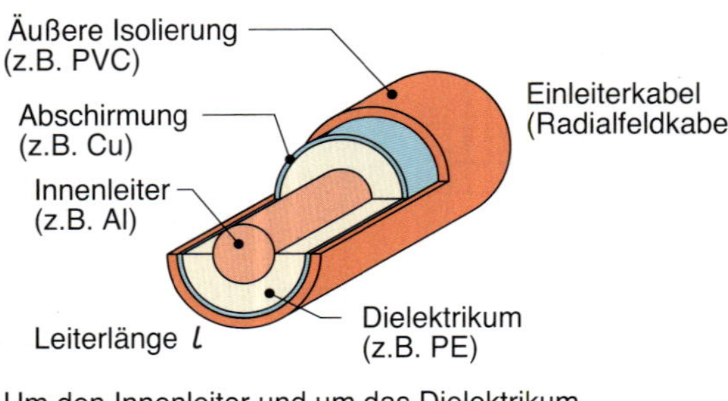

Um den Innenleiter und um das Dielektrikum ist eine dünne, schwach leitfähige Schicht gelegt. Sie dient als Leiterglättung, um Spitzen im elektrischen Feld zu verhindern.

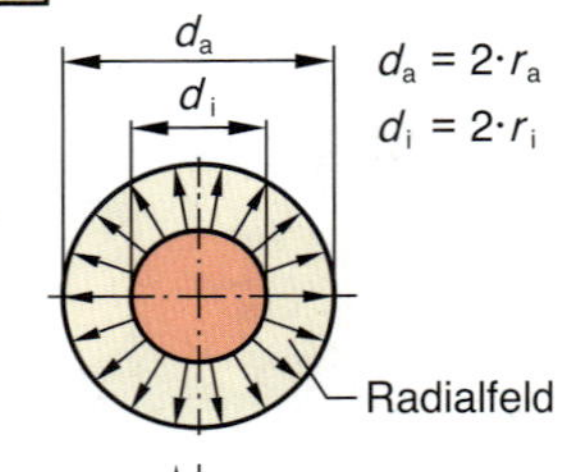

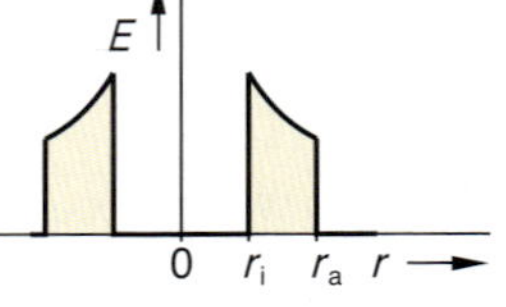

Kapazität

$$C = \frac{2\pi \cdot \varepsilon_0 \cdot \varepsilon_r \cdot l}{\ln(d_a/d_i)}$$

Kapazitätsbelag
(Kapazität pro Leiterlänge)

$$C' = \frac{2\pi \cdot \varepsilon_0 \cdot \varepsilon_r}{\ln(d_a/d_i)}$$

$[C'] = \mathrm{F/m}$

Feldstärke

$$E = \frac{U}{r \cdot \ln(d_a/d_i)}$$

gültig für: $r_i < r < r_a$

Kapazität und Feldstärke bei Freileitungen

Zwei parallele Freileitungen

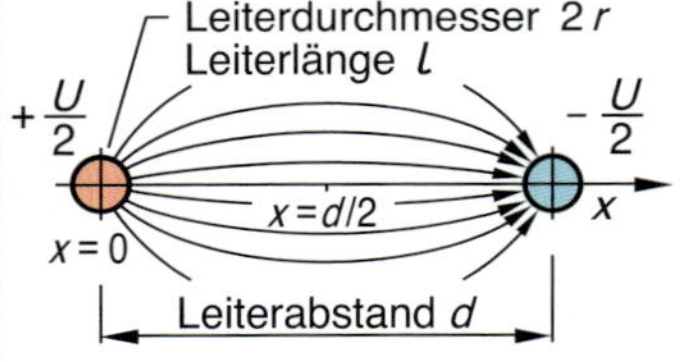

E
E_{max}
x
0 r d/2 (d−r) d

Kapazität zwischen den Leitungen

$$C = \frac{\pi \cdot \varepsilon_0 \cdot l}{\ln\left(\frac{d}{r}\right)}$$

Feldstärke zwischen den Leitungen entlang der x-Achse

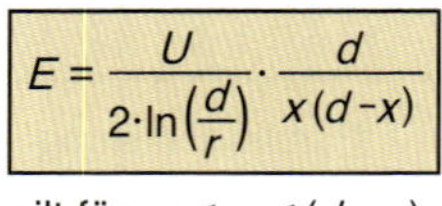

$$E = \frac{U}{2 \cdot \ln\left(\frac{d}{r}\right)} \cdot \frac{d}{x(d-x)}$$

gilt für: $r < x < (d - r)$

Einzelleitung über Erde

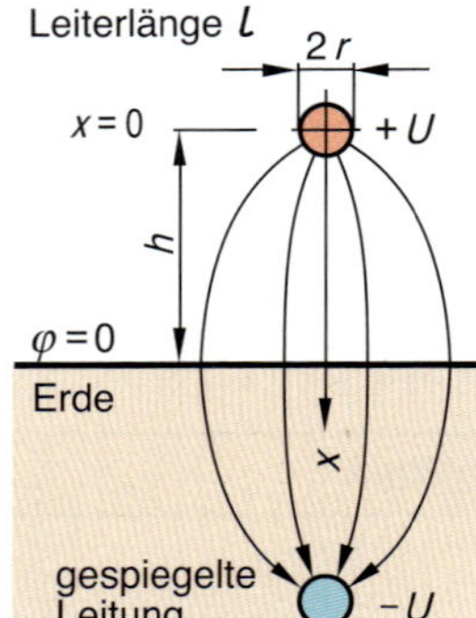

Kapazität zwischen Leitung und Erdboden

$$C = \frac{2 \cdot \pi \cdot \varepsilon_0 \cdot l}{\ln\left(\frac{2 \cdot h}{r}\right)}$$

Feldstärke zwischen Leitung und Erdboden entlang der x-Achse

$$E = \frac{U}{\ln\left(\frac{2h}{r}\right)} \cdot \frac{2h}{x(2h-x)}$$

gilt für: $r < x < h$

Die Berechnung der Kapazität und des Feldverlaufs bei parallelen Freileitungen ist für den allgemeinen Fall sehr schwierig. Ist der Abstand d im Vergleich zum Leiterdurchmesser $2r$ hingegen sehr groß, so erhält man die obigen vereinfachten Näherungsformeln.

Bei der Berechnung einer einzelnen Leitung parallel zum Erdboden denkt man sich die Leitung an der Erdoberfläche gespiegelt; die Erde hat dabei das Potenzial 0. Man erhält damit Formeln, die den Formeln zur Berechnung paralleler Leitungen entsprechen.

Kapazität und Feldstärke bei Kugeln

Konzentrische Kugeln

$$C = \frac{4 \cdot \pi \cdot \varepsilon_0 \cdot \varepsilon_r}{\frac{1}{r_1} - \frac{1}{r_2}}$$

$$E = \frac{U}{r^2 \left(\frac{1}{r_1} - \frac{1}{r_2}\right)}$$

gültig für: $r_1 < r < r_2$

r_1 Radius der Innenkugel
r_2 Radius der Außenkugel
r Abstand vom Zentrum

Freistehende Kugel

$$C = 4\,\pi \cdot \varepsilon_0 \cdot r_1$$

$$E = \frac{U \cdot r_1}{r^2}$$

gültig für: $r > r_1$

Die Berechnung von Kapazität und elektrischem Feld bei konzentrischen Kugeln entspricht der Berechnung bei Koaxialkabeln.

Die freistehende Kugel ist ein Sonderfall. Man versteht darunter eine Kugel deren Abstand h von der Erdoberfläche wesentlich größer als ihr Radius r ist.

Kräfte im elektrischen Feld

Kräfte zwischen elektrischen Ladungen

Zwischen elektrischen Ladungen bestehen mechanische Kräfte.
Dabei gilt immer: Gleichnamige Ladungen stoßen sich ab, ungleichnamige Ladungen ziehen sich an.
Die Gesetzmäßigkeit wurden von dem französischen Ingenieur Augustin Coulomb (1736 bis 1806) entdeckt.

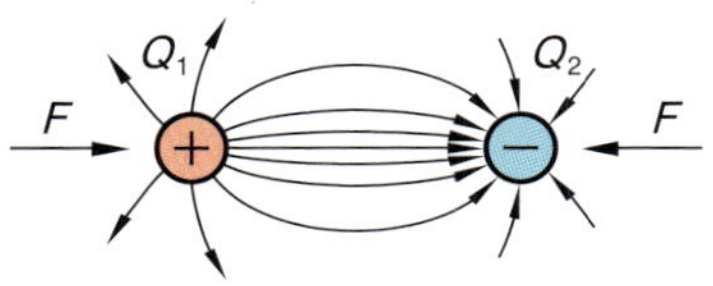

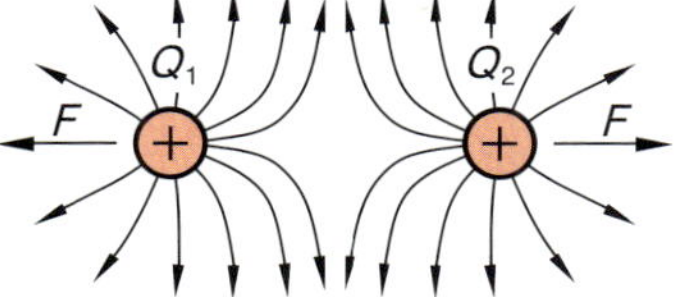

Kraft zwischen den Ladungen

$$F = \frac{Q_1 \cdot Q_2}{4\pi \cdot \varepsilon_0 \cdot \varepsilon_r \cdot r^2}$$

r Ladungsabstand

$$[F] = \frac{\text{As} \cdot \text{As}}{\frac{\text{As}}{\text{Vm}} \cdot \text{m}^2} = \frac{\text{VAs}}{\text{m}} = \frac{\text{Nm}}{\text{m}} = \text{N}$$

Kraftwirkung auf elektrische Ladungen

Ladungen erfahren in einem elektrischen Feld eine ablenkende bzw. beschleunigende Kraft. Ist die Ladung so klein, dass sie das Feld nicht beeinflusst, so ist die Kraft nach folgender Formel berechenbar.
Technische Anwendungen: Elektronenstrahlröhre (Fernsehröhre, Oszilloskop), Elektrofilter zum Reinigen von staubhaltigen Abgasen.

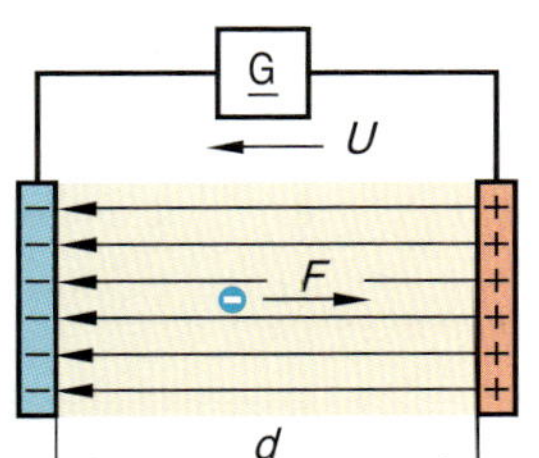

Kraft

$$F = E \cdot Q = \frac{U}{d} \cdot Q$$

Endgeschwindigkeit

$$v_e = \sqrt{\frac{2 \cdot Q \cdot U}{m}}$$

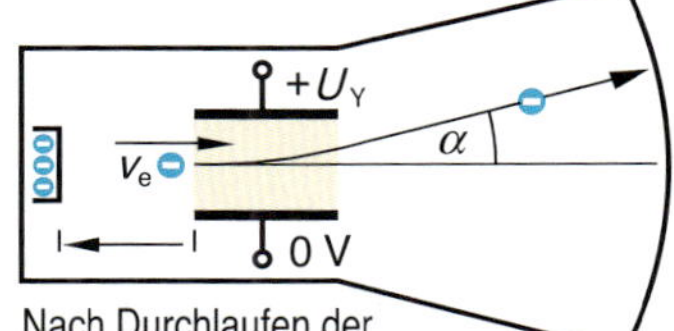

Nach Durchlaufen der Y-Platten werden die Elektronen meist nachbeschleunigt. Die Ablenkung auf dem Bildschirm wird dadurch kleiner.

Strahlablenkung

$$\tan\alpha = \frac{U_Y}{U} \cdot \frac{l}{2 \cdot d}$$

U_Y Ablenkspannung
U Beschleunigungsspannung
l Plattenlänge
d Plattenabstand

Kräfte zwischen geladenen Platten

Platten, zwischen denen el. Spannung anliegt, ziehen sich gegenseitig an. Die Kraft ist proportional zur Plattenfläche und proportional zum Quadrat der angelegten Spannung.
Die Kraftwirkung zwischen Platten wird z.B. bei Lautsprechern und elektrostatischen Messwerken technisch genutzt.

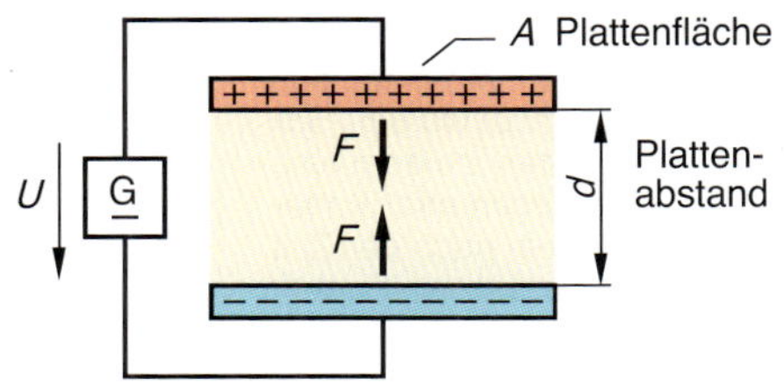

Kraft zwischen den Platten

$$F = \frac{\varepsilon_0 \cdot \varepsilon_r \cdot A \cdot U^2}{2 \cdot d^2}$$

$$[F] = \frac{\frac{\text{As}}{\text{Vm}} \cdot \text{m}^2 \cdot \text{V}^2}{\text{m}^2} = \frac{\text{VAs}}{\text{m}} = \frac{\text{Nm}}{\text{m}} = \text{N}$$

Energie im elektrischen Feld

Im elektrischen Feld eines Kondensators ist Energie gespeichert. Je nach Kapazität und Spannung liegt die Energie zwischen 10^{-12} Ws und einigen kWs.
Diese Energiemengen reichen aus z.B. für das Glätten von gleichgerichteten Wechselspannungen, sowie die Kompensation induktiver Blindleistungen.
Für die elektrische Energieversorgung sind diese Energiemengen allerdings bei weitem zu klein.

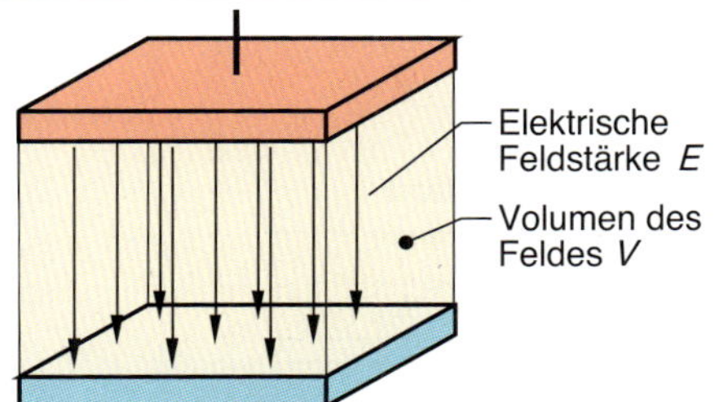

Energie und elektr. Spannung

$$W = \frac{1}{2} \cdot C \cdot U^2$$

Energie und elektrisches Feld

$$W = \frac{1}{2} \varepsilon_0 \cdot \varepsilon_r \cdot E^2 \cdot V$$

3.9 Schaltvorgänge am Kondensator

Ladung mit konstanter Spannung

Ladevorgang

Der Ladevorgang kann in drei Schritte unterteilt werden:

1. Vor dem Einschalten hat der Kondensator die Spannung $u_C = 0$.
2. Beim Einschalten ist $u_C = 0$, der Strom springt auf den Wert $i = U_B / R_L$.
3. Nach dem Einschalten steigt u_c auf U_B und i sinkt auf null. Der zeitliche Verlauf hängt von der Zeitkonstanten τ_L ab. Der Vorgang gilt nach $5\,\tau_L$ als abgeschlossen.

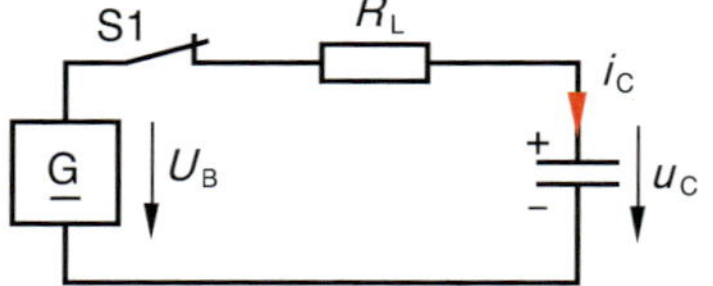

Ladezeit-konstante

$$\tau_L = R_L \cdot C$$

$$[\tau] = \Omega \cdot \frac{\text{As}}{\text{V}} = \text{s}$$

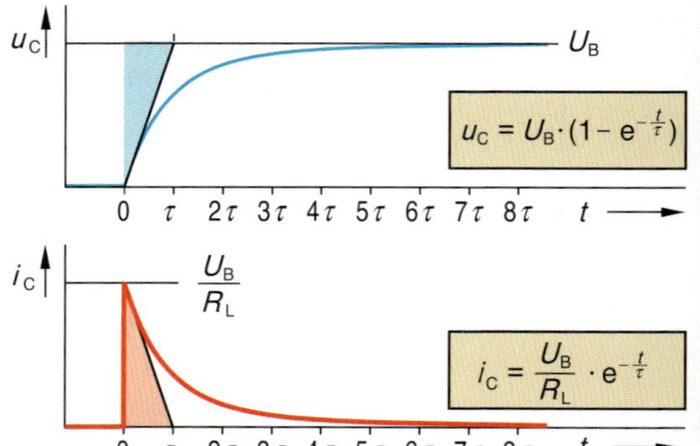

$$u_C = U_B \cdot (1 - e^{-\frac{t}{\tau}})$$

$$i_C = \frac{U_B}{R_L} \cdot e^{-\frac{t}{\tau}}$$

Entladevorgang

Beim Entladen fließt die Ladung des Kondensators über einen Entladewiderstand ab. Dabei sinken Spannung und Strom auf null ab.
Der zeitliche Verlauf hängt von der Entladezeitkonstante τ_E ab. Nach $5\,\tau_E$ gilt der Entladevorgang wie der Ladevorgang als abgeschlossen.

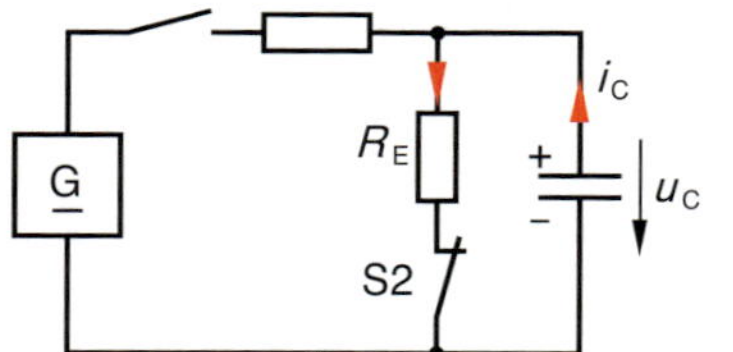

Entladezeit-konstante

$$\tau_E = R_E \cdot C$$

$$[\tau] = \Omega \cdot \frac{\text{As}}{\text{V}} = \text{s}$$

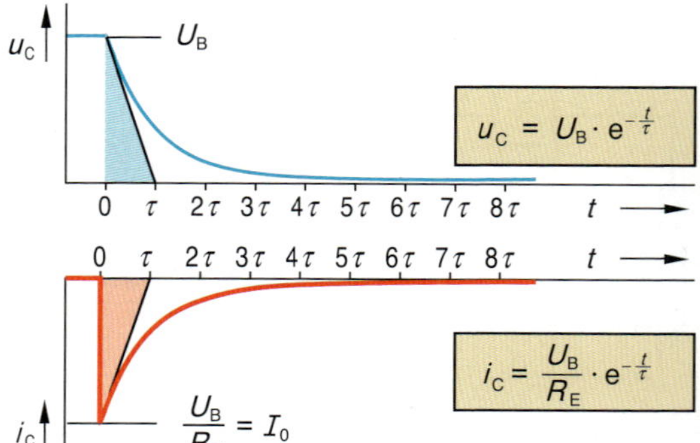

$$u_C = U_B \cdot e^{-\frac{t}{\tau}}$$

$$i_C = \frac{U_B}{R_E} \cdot e^{-\frac{t}{\tau}}$$

Lade- und Entladezeit

Mit den obigen Formeln können die Ladezustände des Kondensators zu jedem Zeitpunkt berechnet werden. Soll hingegen der Zeitpunkt bestimmt werden, zu dem eine bestimmte Ladespannung bzw. ein bestimmter Ladestrom auftreten, so müssen die Formeln nach der Zeit t umgestellt werden. Dies erfolgt mit der „Hut-ab-Regel". Die Rechnung zeigt exemplarisch die Umformung der Spannungsformel nach der Zeit t.

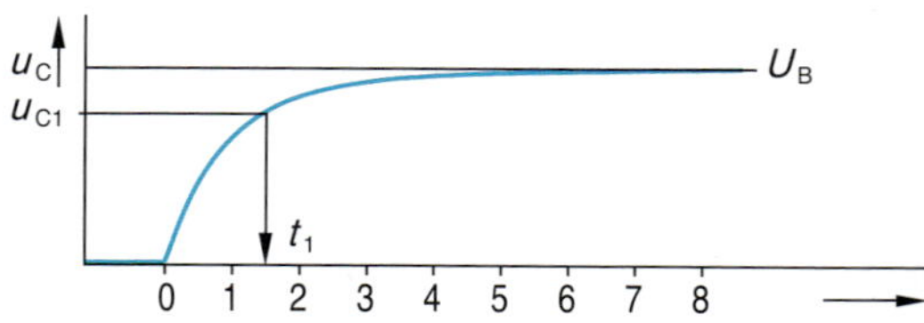

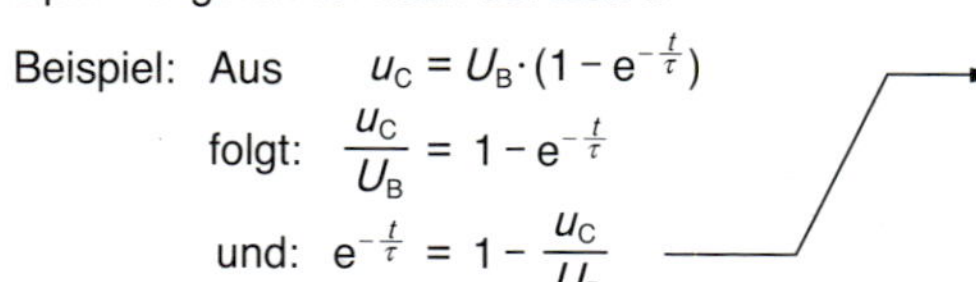

Beispiel: Aus $u_C = U_B \cdot (1 - e^{-\frac{t}{\tau}})$

folgt: $\frac{u_C}{U_B} = 1 - e^{-\frac{t}{\tau}}$

und: $e^{-\frac{t}{\tau}} = 1 - \frac{u_C}{U_B}$

Logarithmieren: $\ln e^{-\frac{t}{\tau}} = \ln\left(1 - \frac{u_C}{U_B}\right)$

Hut-Ab-Regel: $-\frac{t}{\tau} \cdot \ln e = \ln\left(1 - \frac{u_C}{U_B}\right)$ Merke: $\ln e = 1$

Daraus folgt: $t = -\tau \cdot \ln\left(1 - \frac{u_C}{U_B}\right) = +\tau \cdot \ln\left(\frac{U_B}{U_B - u_C}\right)$

Zeit bis zu einem bestimmten Ladezustand

Lade-spannung: $$t = -\tau \cdot \ln\left(1 - \frac{u_C}{U_B}\right) = +\tau \cdot \ln\left(\frac{U_B}{U_B - u_C}\right)$$

Lade-strom: $$t = -\tau \cdot \ln\left(\frac{i}{I_0}\right) = +\tau \cdot \ln\left(\frac{I_0}{i}\right)$$

Zeit bis zu einem bestimmten Entladezustand

Entlade-spannung: $$t = -\tau \cdot \ln\left(\frac{u_C}{U_B}\right) = +\tau \cdot \ln\left(\frac{U_B}{u_C}\right)$$

Entlade-strom: $$t = -\tau \cdot \ln\left(\frac{i}{I_0}\right) = +\tau \cdot \ln\left(\frac{I_0}{i}\right)$$

Kondensator in Netzwerken

Umladevorgänge

Laden und Entladen kann mit unterschiedlichen Zeitkonstanten erfolgen.

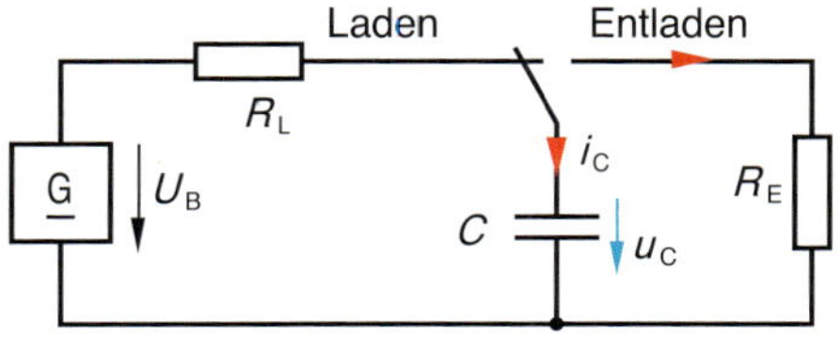

Ladezeitkonstante

$$\tau_L = R_L \cdot C$$

Entladezeitkonst.

$$\tau_E = R_E \cdot C$$

Beispiel: $R_E = 2 \cdot R_L \longrightarrow \tau_E = 2 \cdot \tau_L$

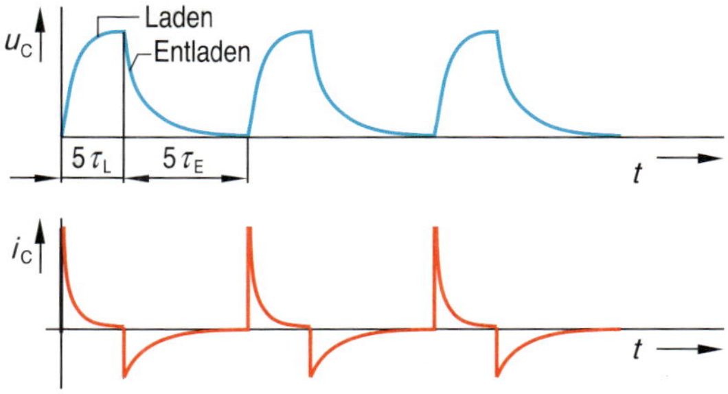

Berechnung mit Ersatzspannungsquelle

Schaltung

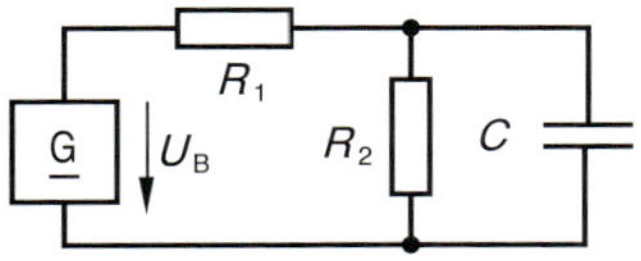

Ersatzschaltung

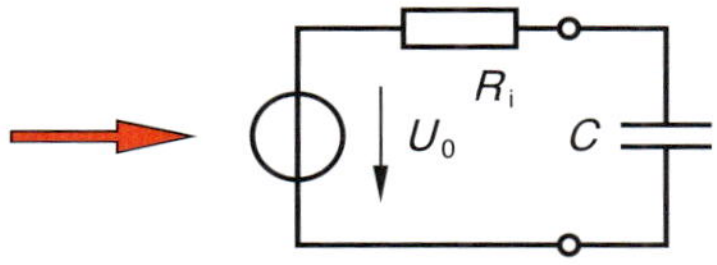

Leerlaufspannung

$$U_0 = \frac{R_2}{R_1 + R_2} \cdot U_B$$

Innenwiderstand

$$R_i = \frac{R_1 \cdot R_2}{R_1 + R_2}$$

Zeitkonstante

$$\tau = R_i \cdot C$$

Impulsverformung

RC-Glieder verformen das Eingangssignal. Bei Abnahme am Widerstand und kleiner Zeitkonstante wird die Eingangsspannung differenziert, bei Abnahme am Kondensator und großer Zeitkonstante wird sie integriert.

Differenzierglied für $\tau \ll t_i$ **Integrierglied** für $\tau \gg t_i$

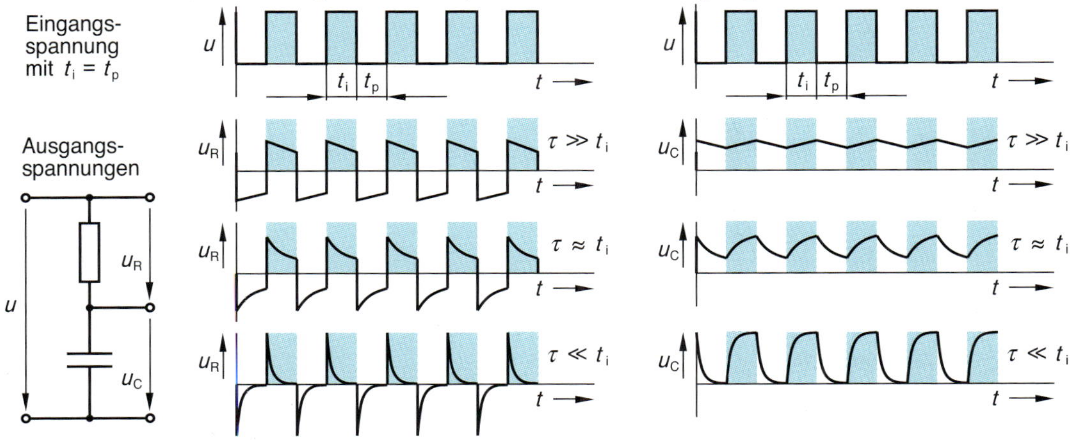

Ladung mit Konstantstrom

Beim Laden mit Konstantstrom steigt die Spannung am Kondensator linear an.

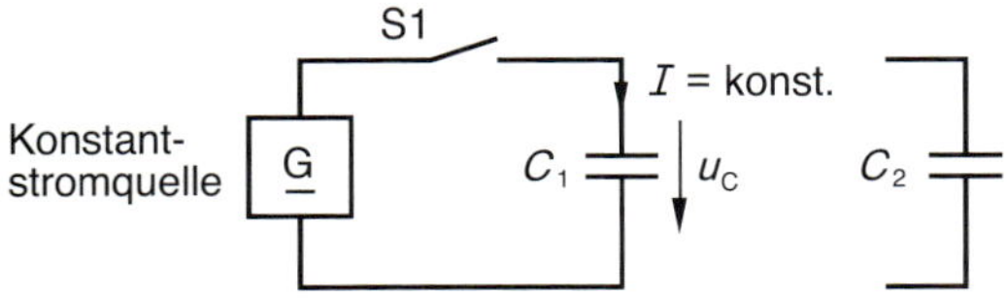

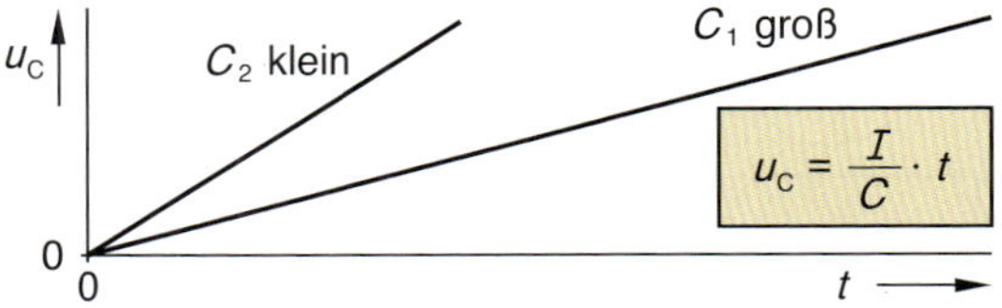

$$u_C = \frac{I}{C} \cdot t$$

3.10 Magnetisches Feld und Spule

Magnetische Grundgrößen

Strom und Magnetismus

Jeder stromdurchflossene Leiter ist von einem zylinderförmigen Magnetfeld umgeben. Die Richtung der Feldlinien wird mithilfe der Rechtsschraubenregel bestimmt.

Räumliche Darstellung

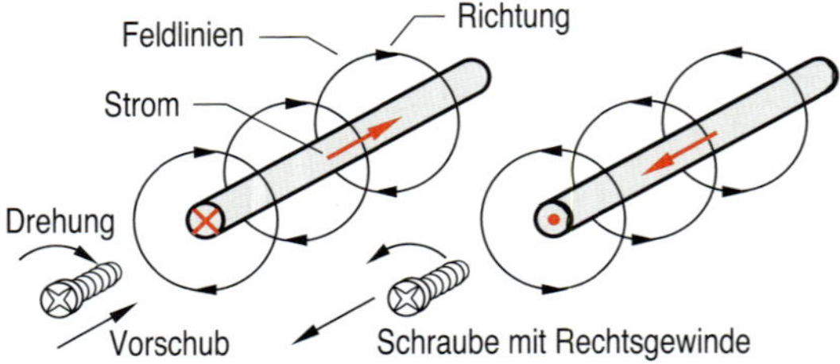

Flächenhafte Darstellung

Spulen
Zur Verstärkung des Magnetfeldes werden elektr. Leiter zu Spulen aufgewickelt.
Stromdurchflossene Spule haben ausgeprägte Magnetpole. Die Austrittstelle der Feldlinien heißt Nordpol, die Eintrittstelle Südpol.
Im Innern von langen, dünnen Spulen ist das Magnetfeld gleichförmig (homogen).

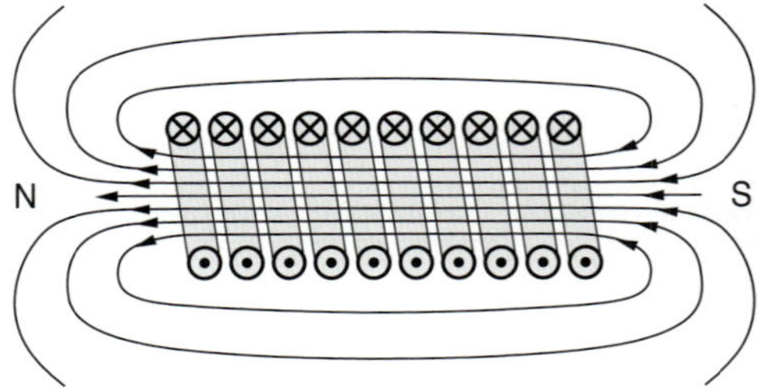

Magnetische Grundgrößen

Magnetische Durchflutung

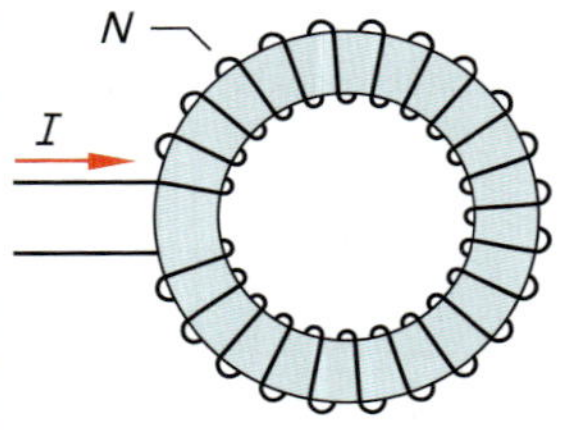

$\Theta = I \cdot N$ $[\Theta] = \text{A}$

Magnetische Feldstärke H

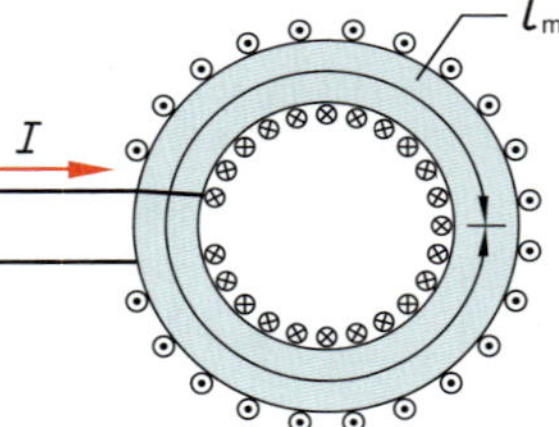

$H = \frac{I \cdot N}{l_m}$ $[H] = \frac{\text{A}}{\text{m}}$

Flussdichte (Induktion) B und Fluss Φ

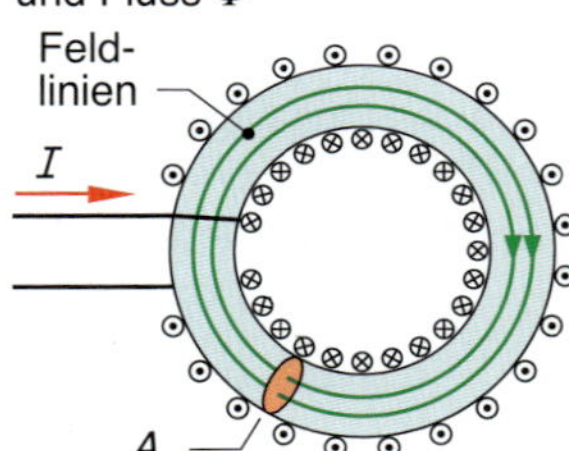

Induktion

$B = \mu_0 \cdot H$

$[B] = \frac{\text{Vs}}{\text{m}^2} = \text{T}$
(T = Tesla)

Magn. Fluss

$\Phi = B \cdot A$

$[\Phi] = \text{Vs} = \text{Wb}$
(Wb = Weber)

Magnetische Feldkonstante $\mu_0 = 1{,}257 \cdot 10^{-6}\ \frac{\text{Vs}}{\text{Am}}$

I elektr. Strom N Windungszahl l_m mittlere Feldlinienlänge A durchsetzte Querschnittsfläche

Feldstärke bei einfachen Leiteranordnungen

Langer gerader Leiter

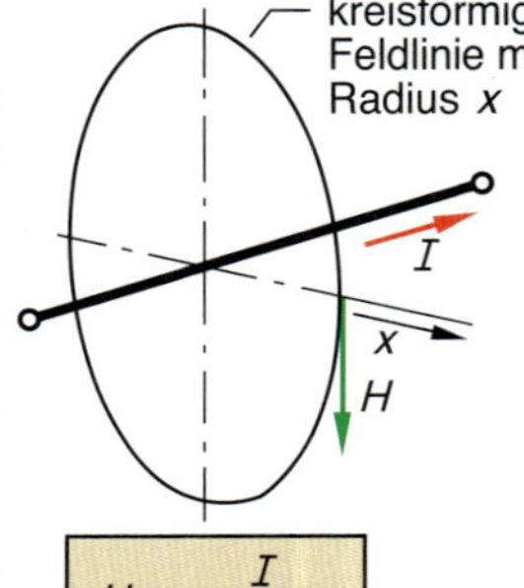

$H = \frac{I}{2\pi \cdot x}$

Kreisförmiger Leiter

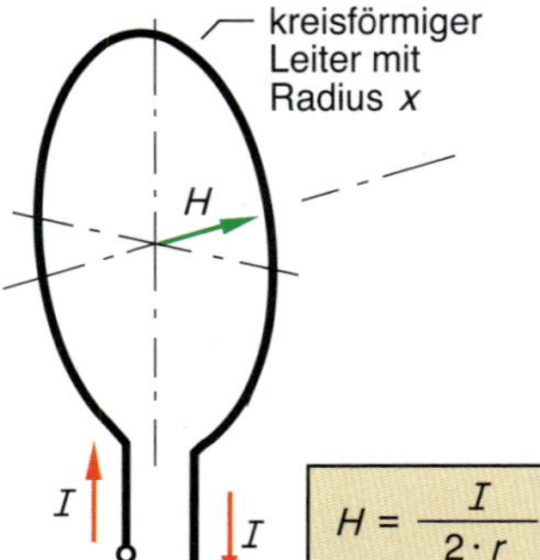

$H = \frac{I}{2 \cdot r}$

Lange, dünne Spule

Bei langen, dünnen Spulen herrscht im Innern der Spule ein homogenes Feld. (Richtwert: $l > 10 \cdot d$)

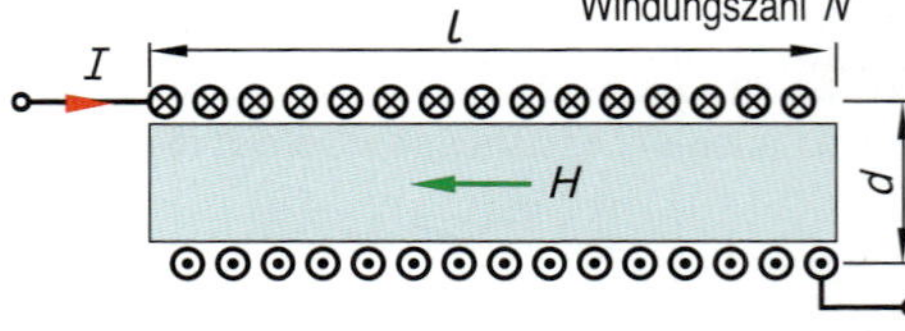

Magnetische Feldstärke im Innern der Spule $H = \frac{I \cdot N}{l}$

Eisen im Magnetfeld

Enthält eine Spule einen Eisenkern, so wird das Magnetfeld um den Faktor μ_r verstärkt. Da diese so genannte Permeabilitätszahl keine Konstante ist, wird der Zusammenhang zwischen Induktion und Feldstärke aus Kennlinien bestimmt.

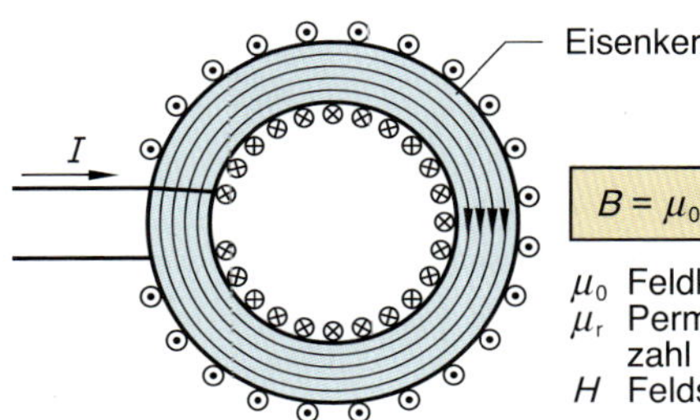

$$B = \mu_0 \cdot \mu_r \cdot H$$

μ_0 Feldkonstante
μ_r Permeabilitätszahl
H Feldstärke

Magnetisierungskennlinie (MK) von Eisen

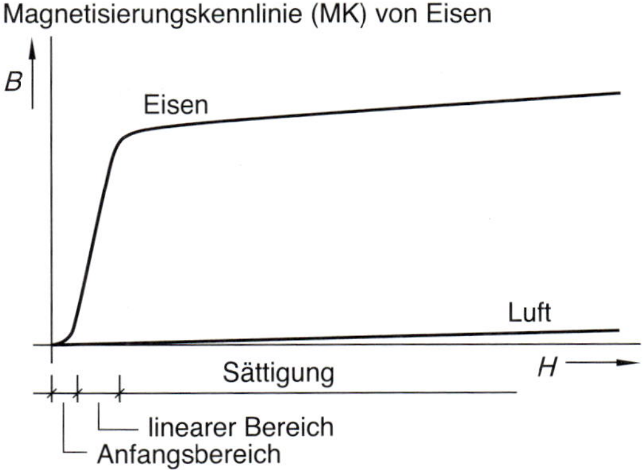

Magnetisierungskennlinien

a) für kleine magnetische Feldstärken

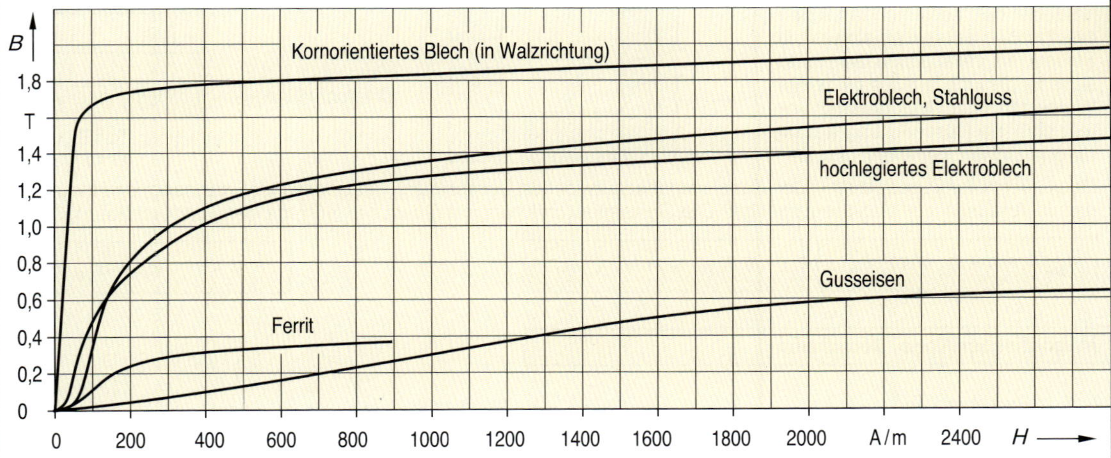

b) für große magnetische Feldstärken

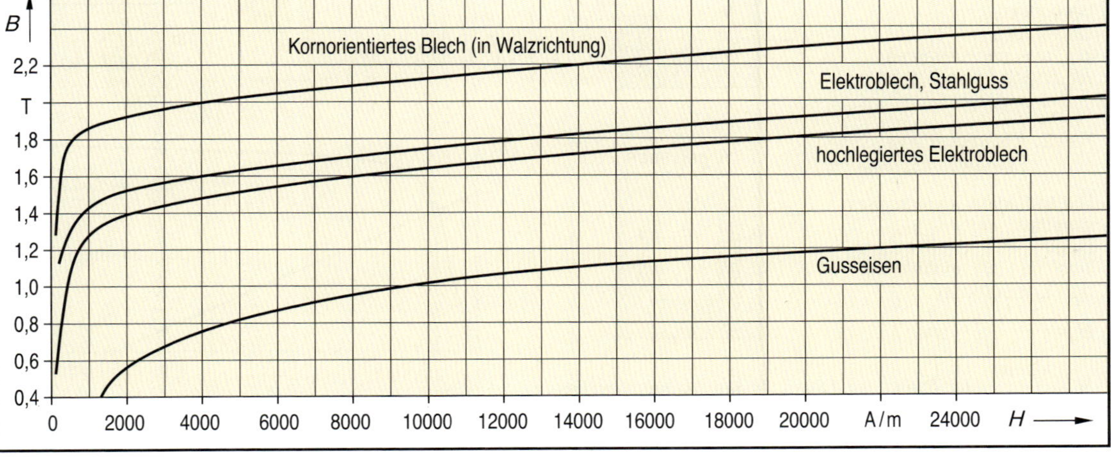

3.11 Magnetischer Kreis

Eisenkern mit Luftspalt

Ohmsches Gesetz im magnetischen Kreis

Elektrischer Stromkreis

elektrischer Widerstand R

Ursache: elektrische Spannung U

Wirkung: elektrischer Strom I

Zusammenhang: $U = I \cdot R$

Magnetischer Kreis

magnetischer Widerstand R_m

Ursache: Durchflutung Θ, $\Theta = I \cdot N$ (magnetische Spannung)

Wirkung: magnetischer Fluss Φ

Zusammenhang: $\Theta = \Phi \cdot R_m$

Magnetische Widerstände und Durchflutungsgesetz

Enthält eine Spule einen Eisenkern mit Luftspalt, so muss der Magnetfluss den Eisen- und den Luftwiderstand überwinden. Zur Berechnung ist dabei der Vergleich mit einem elektrischen Stromkreis sinnvoll: im Stromkreis verteilt sich die elektrische Spannung auf die einzelnen Widerstände, im Magnetkreis verteilt sich die Durchflutung auf die magnetischen Teilwiderstände.

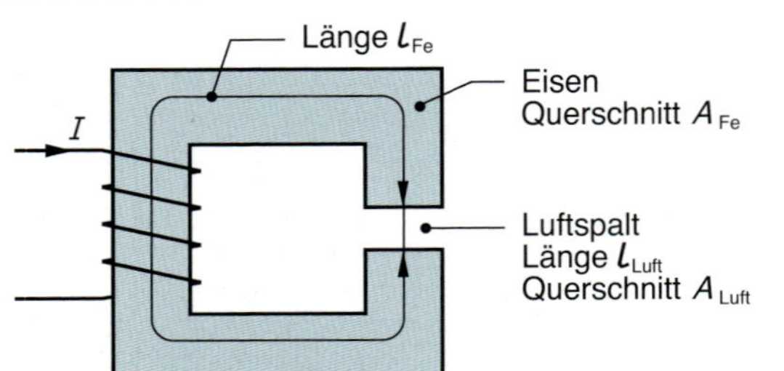

Magnetischer Widerstand

in Eisen

$$R_{m\,Fe} = \frac{l_{Fe}}{\mu_0 \cdot \mu_r \cdot A_{Fe}}$$

in Luft

$$R_{m\,Luft} = \frac{l_{Luft}}{\mu_0 \cdot A_{Luft}}$$

$$[R_m] = \frac{m \cdot Am}{Vs \cdot m^2} = \frac{1}{\Omega s}$$

Das Durchflutungsgesetz stellt den Zusammenhang zwischen Durchflutung (magnetischer Spannung) und Induktion dar. In Analogie zur Maschenregel gilt: Die Gesamtdurchflutung ist gleich der Summe der Teildurchflutungen.

$$\Theta_{ges} = \Theta_1 + \Theta_2 + \Theta_3 + \ldots$$

$$I \cdot N = H_1 \cdot l_1 + H_2 \cdot l_2 + \ldots$$

$$I \cdot N = H_{Fe} \cdot l_{Fe} + H_{Luft} \cdot l_{Luft}$$

Magnetischer Kreis, Berechnung

Fall 1: Eisenkern und Induktion gegeben

Die notwendige Durchflutung wird mit $I \cdot N = H_{Fe} \cdot l_{Fe} + H_{Luft} \cdot l_{Luft}$ berechnet.
Dabei wird H_{Fe} aus der Kennlinie, H_{Luft} nach Formel bestimmt.

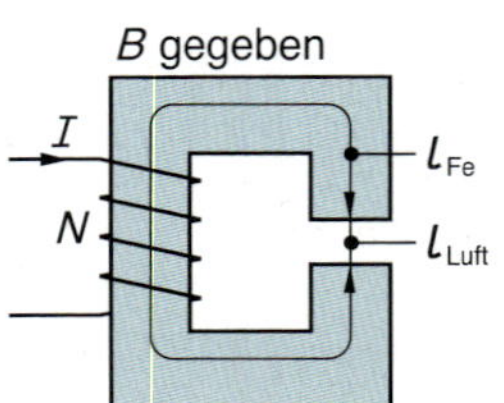

Ablesen von H_{Fe}

B gegeben
B in T
H abgelesen
H in A/m
0

Berechnen von H_{Luft}

$$H_{Luft} = \frac{B_{Luft}}{\mu_0}$$

mit $\mu_0 = 1{,}257 \cdot 10^{-6}\ \frac{Vs}{Am}$

Fall 2: Eisenkern und Durchflutung gegeben

Die Induktion wird grafisch ermittelt.
Dazu wird in die Fe-Kennlinie die Luftkennlinie mit den Endpunkten

$B_0 = \frac{I \cdot N \cdot \mu_0}{l_{Luft}}$ und

$H_0 = \frac{I \cdot N}{l_{Fe}}$ eingezeichnet. Der Schnittpunkt kennzeichnet die Induktion im Luftspalt bzw. im Eisenkern ($B_{Luft} = B_{Fe}$).

$I \cdot N$ gegeben

I
N
l_{Fe}
l_{Luft}

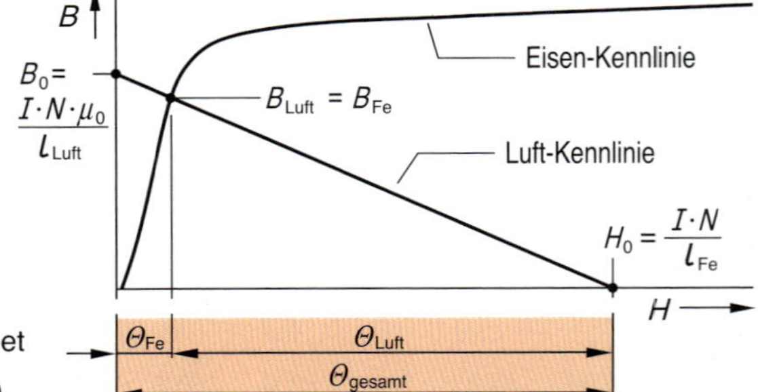

Magnetisierungs- und Ummagnetisierungskurve

Wird eine eisengefüllte Spule von Strom durchflossen, so wird im Eisen Magnetismus erzeugt. Der Zusammenhang zwischen Feldstärke und Induktion ist nicht linear; er wird deshalb nicht durch eine Formel, sondern durch eine so genannte Magnetisierungskennlinie dargestellt.

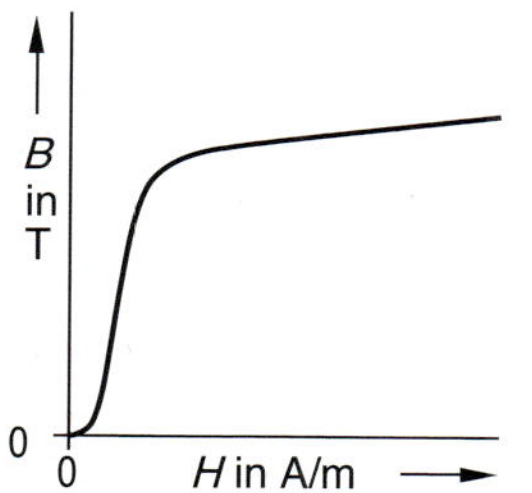

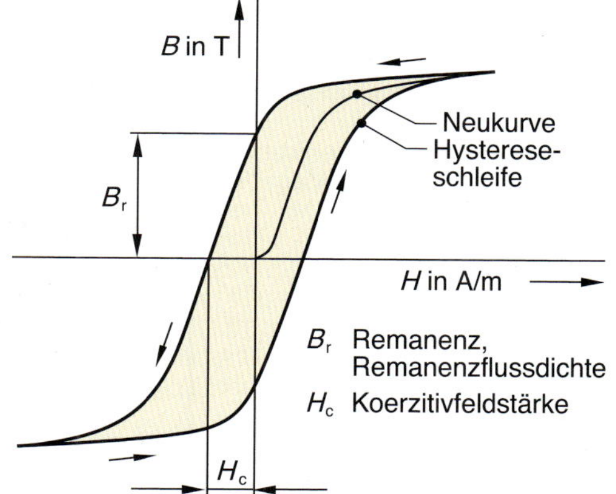

Wird der Strom in einer eisengefüllten Spule reduziert, sinkt die Induktion. Allerdings bleibt nach dem Abschalten ein gewisser Restmagnetismus (Remanenz) übrig. Um den Restmagnetismus auf null zu reduzieren, muss eine bestimmte Gegenfeldstärke aufgebracht werden. Sie heißt Koerzitivfeldstärke. Magnetisieren und Entmagnetisieren werden in der Ummagnetisierungskennlinie (Hystereseschleife) dargestellt.

Weichmagnetische Werkstoffe

Werkstoffe mit kleiner Koerzitivfeldstärke, d.h. mit schmaler Hysteresekurve, heißen „weichmagnetische" Stoffe. Sie haben relativ kleine Ummagnetisierungsverluste und werden deshalb z.B. für Motor- und Transformatorenbleche eingesetzt.

Weichmagnete

Weichmagnetische Werkstoffe haben eine kleine Koerzitivfeldstärke, z.B.:

Reineisen	bis 240 A/m
Fe-Si-Legierung	bis 20 A/m
Mn-Zn-Ferrit	bis 35 A/m

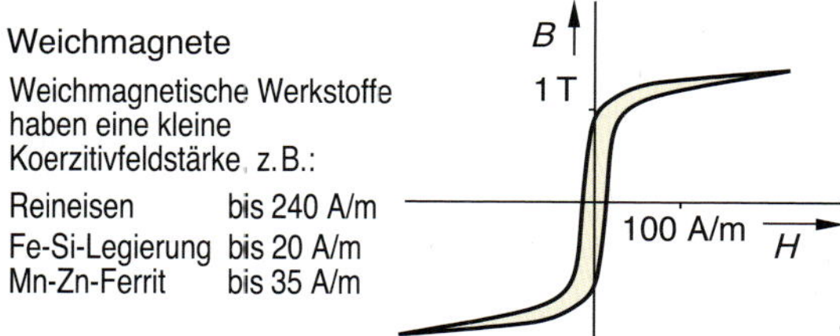

Behandlung	Kurzname	Dicke in mm	Verluste in W/kg 1,0 T	1,5 T	1,7 T
kaltgewalzt, nicht kornorientiert, schlussgeglüht	V250-35A	0,35	1,00	2,50	–
	V270-50A	0,50	1,10	2,70	–
	V350-65	0,65	1,50	3,50	–
kaltgewalzt, nicht kornorientiert, nicht schlussgeglüht	—	—	—	—	—
	VH660-50	0,50	2,80	2,7	–
	VH800-65	0,65	3,30	8,00	–
kaltgewalzt, kornorientiert	VM89-27M	0,27	–	0,89	1,40
	VM97-30N	0,30	–	0,97	1,50
	VM111-35N	0,35	–	1,11	1,35

Magnetische Teile können entmagnetisiert werden, wenn die Elementarmagnete wieder in einen ungeordneten Zustand versetzt werden. Man erreicht das z.B. dadurch, dass man das Teil in ein magnetisches Wechselfeld bringt und den Magnetisierungsstrom langsam schwächt.

Den gleichen Effekt erreicht man, indem man das zu entmagnetisierende Teil langsam aus einem Wechselfeld herauszieht. Entmagnetisierung tritt auch ein, wenn das Werkstück über die Curietemperatur (bei Eisen 770 °C) erwärmt wird.

Hartmagnetische Werkstoffe

Werkstoffe mit hoher Koerzitivfeldstärke, d.h. mit breiter Hysteresekurve, heißen „hartmagnetische" Stoffe. Sie werden für Dauermagnete verwendet. Geeignet sind z.B. Legierungen aus Eisen, Nickel, Kobalt, Aluminium.

Hartmagnete

Hartmagnetische Werkstoffe haben eine große Koerzitivfeldstärke, z.B.:

Al-Ni-Co-Legierung	bis 150 kA/m
Bariumferrit	bis 350 kA/m

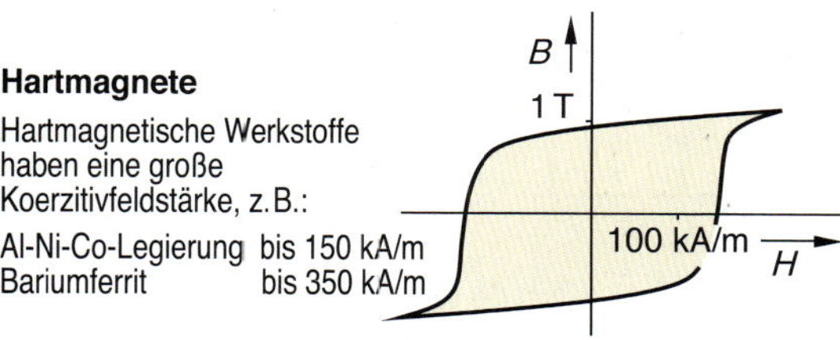

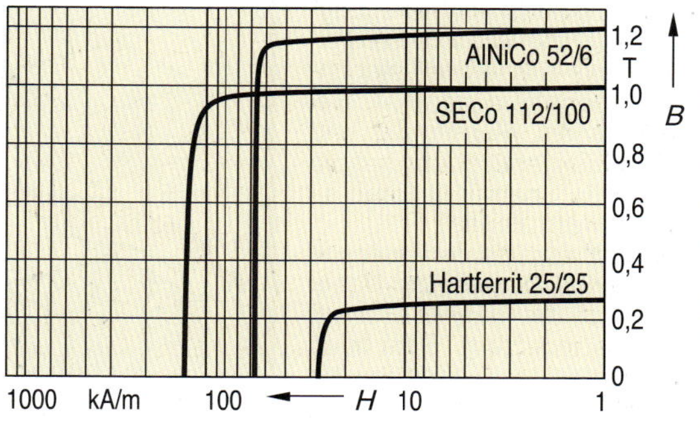

3.13 Induktion und Induktivität

Induktionsgesetz

Induktion einer Leiterschleife

Elektrischer Strom und magnetisches Feld sind untrennbar miteinander verbunden. Es gilt:

1. jede Verschiebung elektrischer Ladungen erzeugt ein Magnetfeld
2. jede Änderung eines Magnetfeldes erzeugt eine Ladungsverschiebung, somit eine elektrische Spannung.

Die so erzeugte Spannung heißt Induktionsspannung. Sie wurde um 1831 von dem englischen Physiker und Chemiker Michael Faraday (1791-1867) entdeckt.

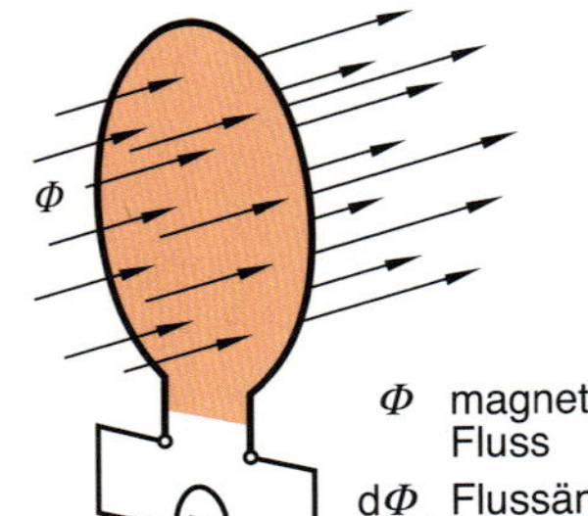

Φ magnetischer Fluss

$\frac{d\Phi}{dt}$ Flussänderungsgeschwindigkeit

Induzierte Spannung bei 1 Windung

$$u = \frac{\Delta\Phi}{\Delta t} \qquad u = \frac{d\Phi}{dt}$$

bei N Windungen

$$u = N \cdot \frac{\Delta\Phi}{\Delta t} \qquad u = N \cdot \frac{d\Phi}{dt}$$

$$[u] = 1 \cdot \frac{Vs}{s} = V$$

Hinweis:

$\frac{\Delta\Phi}{\Delta t}$ = Differenzenquotient = Steigung der Sekante

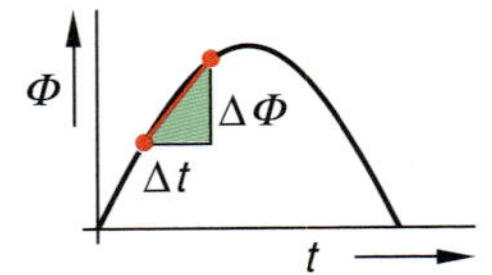

$\frac{d\Phi}{dt}$ = Differenzialquotient = Steigung der Tangente

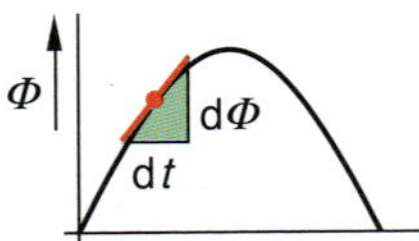

Grenzübergang für $\Delta t \rightarrow 0$

$$\frac{\Delta\Phi}{\Delta t} \rightarrow \frac{d\Phi}{dt}$$

Transformatorprinzip, Induktion der Ruhe

Ursache für das Entstehen einer Induktionsspannung ist immer eine Flussänderung $d\Phi/dt$. Diese Flussänderung kann z.B. durch einen zeitlich veränderlichen Strom i_1 in einer Spule 1 erzeugt werden. Durchsetzt dieser Magnetfluss eine zweite Spule 2, so wird in dieser eine Spannung u_2 induziert. Der bei Belastung von Spule 2 fließende Strom i_2 ist so gerichtet, dass er der Änderung des magnetischen Flusses entgegenwirkt (lenzsche Regel).

Die Erzeugung von Spannung nach dem beschriebenen Prinzip wird Transformatorprinzip genannt. Da sich hier keine mechanischen Teile bewegen, spricht man auch von „Induktion der Ruhe".

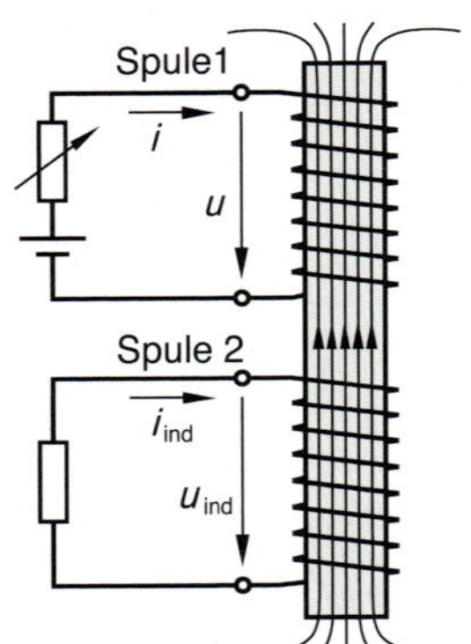

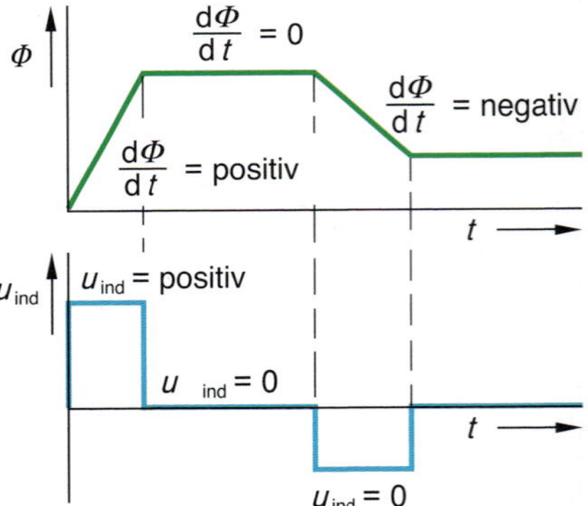

Generatorprinzip, Induktion der Bewegung

Elektrische Spannung wird meist durch „Induktion der Bewegung" erzeugt. Dabei wird z.B. eine Leiterschleife in einem fest stehenden Magnetfeld gedreht. Bei homogenem Magnetfeld und gleichförmiger Drehung hat die induzierte Spannung einen sinusförmigen Verlauf.

Großtechnisch werden Innenpolmaschinen eingesetzt. Dabei dreht sich der Magnet (Polrad) und die induzierte Spannung wird an fest stehenden Spulen abgegriffen.

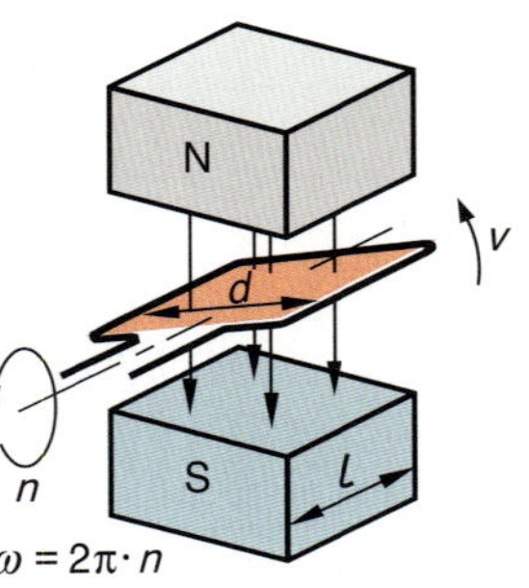

Dreht sich die Leiterschleife mit konstanter Drehfrequenz (Drehzahl), so gilt für die induzierte Spannung:

bei 1 Windung

$$u = B \cdot 2l \cdot v \cdot \sin\alpha$$

bei N Windungen

$$u = B \cdot 2l \cdot v \cdot N \cdot \sin\alpha$$

$$[u] = \frac{Vs}{m^2} \cdot m \cdot \frac{m}{s} = V$$

mit $v = d \cdot \pi \cdot n$ (Umfangsgeschwindigkeit)

Induktion und Induktivität

Stromkreis mit veränderbarem Widerstand

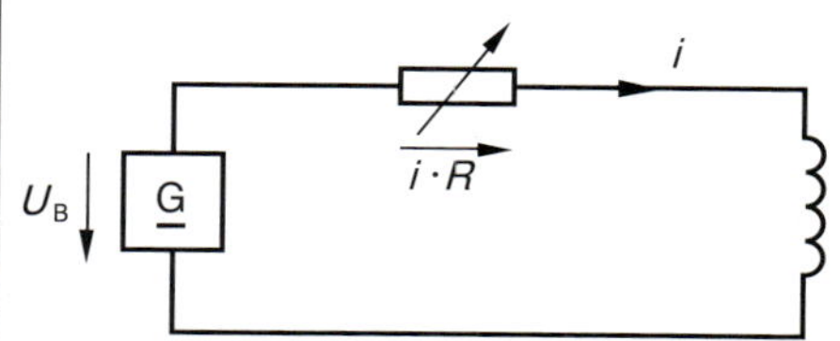

J. Henry (1797-1878)

$$u = N \cdot \frac{d\Phi}{dt}$$

$$u = \frac{N \cdot \Phi}{I} \cdot \frac{di}{dt}$$

Mit $\frac{N \cdot \Phi}{I} = L$ folgt:

$$u = L \cdot \frac{di}{dt}$$

$[L] = \frac{Vs}{A} = H$ (Henry)

$[u] = \frac{Vs}{A} \cdot \frac{A}{s} = V$

Wird in einer Spule der Stromfluss geändert, z.B. durch Verändern eines Vorwiderstandes, so wird in ihr eine Spannung induziert. Diese Spannung heißt Selbstinduktionsspannung; sie wirkt der Stromänderung entgegen (lenzsche Regel).
Die induzierte Spannung hängt von der Stromänderung und von der Induktivität (Selbstinduktionskoeffizient) der Spule ab.
Die Induktivität ist eine Baugröße. Als Einheit der Induktivität gilt das nach dem amerikanischen Physiker Joseph Henry (1797-1878) benannte Henry (H). Es gilt: eine Spule hat die Induktivität 1H, wenn eine Stromänderung von 1 A/s in ihr die Spannung 1 V induziert.

3

Induktivität von Spulen

Ringspulen
Ringspulen haben eine klar definierte mittlere Feldlinienlänge. Die Induktivität ist daher mit nebenstehender Formel leicht berechenbar. Für lange, dünne Spulen gilt entsprechendes. Bei kurzen Spulen ist mithilfe eines Korrekturfaktors eine Näherungslösung möglich.

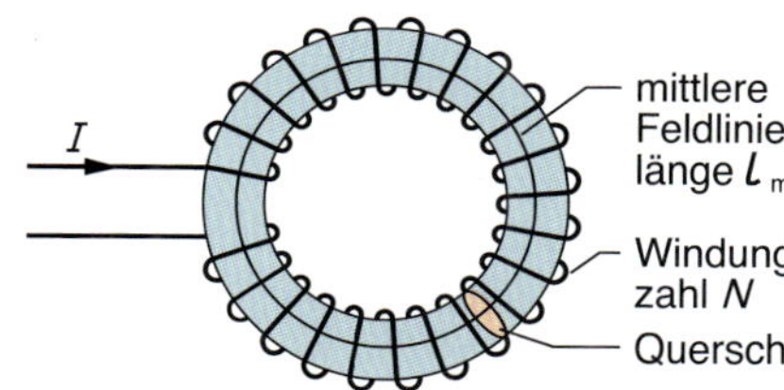

Eisenlose Ringspule

$$L = \frac{\mu_0 \cdot A}{l_m} \cdot N^2$$

Zylinderspulen
Spulen mit $l > 10 \cdot d$ gelten als lang und dünn. Bei kürzeren Spulen muss ein Korrekturfaktor k berücksichtigt werden.

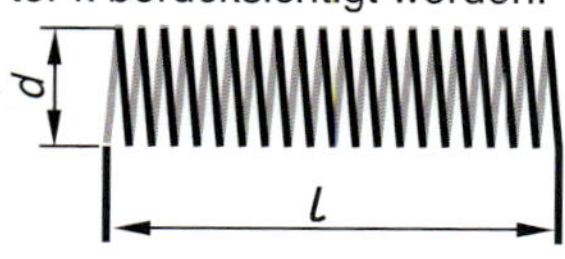

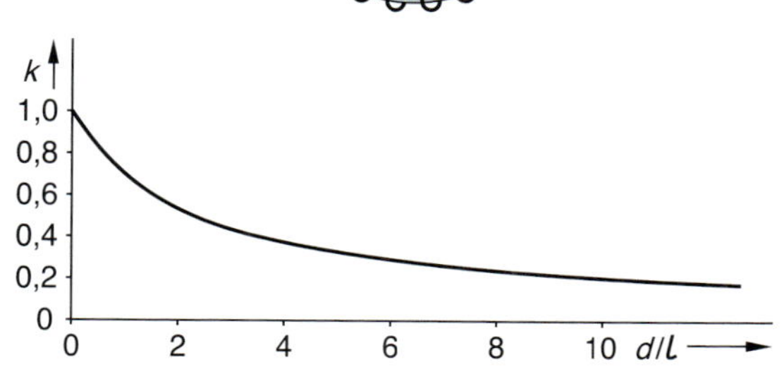

Lange Spule
Für $l > 10 \cdot d$ gilt:

$$L = \frac{\mu_0 \cdot A}{l} \cdot N^2$$

Kurze Spule
Für $l < 10 \cdot d$ gilt:

$$L = k \cdot \frac{\mu_0 \cdot A}{l} \cdot N^2$$

Eisenfreie Leiteranordnungen

Einfacher Ring

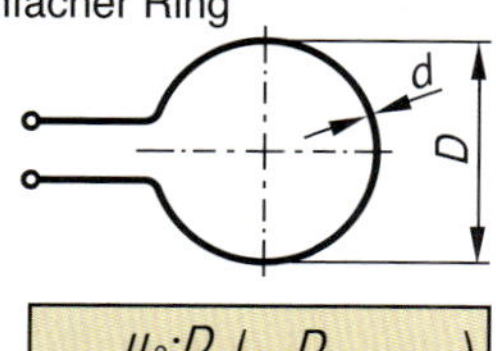

$$L = \frac{\mu_0 \cdot D}{2} \cdot \left(\ln \frac{D}{d} + 0{,}25\right)$$

Doppelleitung

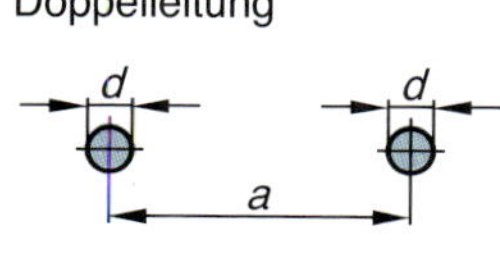

$$L = \frac{\mu_0 \cdot l}{\pi} \cdot \left(\ln \frac{2a}{d} + 0{,}25\right)$$

l einfache Leiterlänge

Koaxialleitung

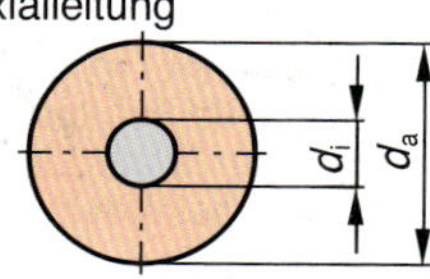

$$L = \frac{\mu_0 \cdot l}{2\pi} \cdot \left(\ln \frac{d_a}{d_i} + 0{,}25\right)$$

Schalenkerne, A_L-Wert
Die im Handel erhältlichen Magnetkerne sind wegen ihres komplexen Aufbaus nur schwer berechenbar. Die Hersteller geben deshalb zu jedem Kern den magnetischen Leitwert mit und ohne Luftspalt an. Dieser Wert heißt Induktivitätsfaktor (Kernfaktor, A_L-Wert). Er gibt die Induktivität für die Windungszahl $N=1$ an.

Schalenkern

Induktivität und A_L-Wert

$$L = A_L \cdot N^2$$

3.14 Schaltvorgänge an der Spule

Aufbau und Abbau magnetischer Felder

Feldaufbau

Der Feldaufbau kann in drei Schritte unterteilt werden:
1. Vor dem Einschalten fließt der Strom $i_L = 0$.
2. Beim Einschalten ist $i_L = 0$, die Spannung springt auf U_B.
3. Nach dem Einschalten steigt i_L auf U_B/RL und i sinkt auf null. Der zeitliche Verlauf hängt von der Zeitkonstanten τ_L ab.

Der Vorgang gilt nach 5 τ_L als abgeschlossen.

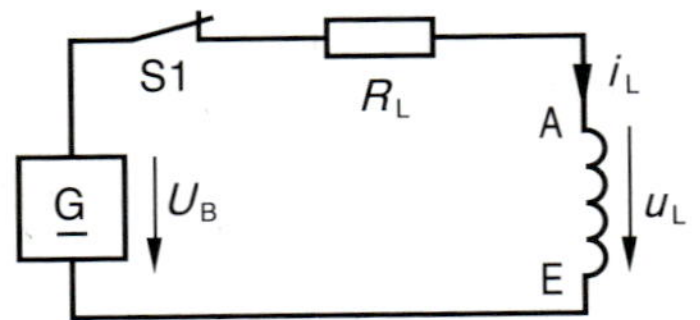

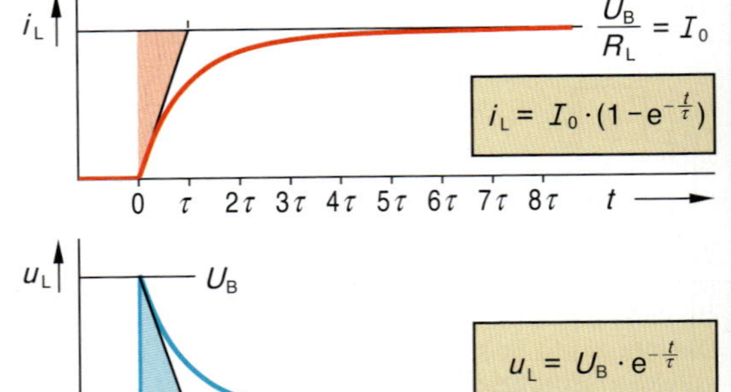

$$i_L = I_0 \cdot (1 - e^{-\frac{t}{\tau}})$$

$$u_L = U_B \cdot e^{-\frac{t}{\tau}}$$

Feldaufbau-zeitkonstante

$$\tau_L = \frac{L}{R_L}$$

$$[\tau] = \frac{Vs}{A \cdot \Omega} = s$$

Die Zeit bis zum Erreichen eines bestimmten Magnetisierungsstromes bzw. einer bestimmten Induktionsspannung kann grafisch ermittelt oder mit nebenstehenden Formeln berechnet werden.
Herleitung der Formel siehe Seite 92.

Zeit bis Magnetisierungsstrom i_L erreicht ist:

$$t = -\tau \cdot \ln\left(1 - \frac{i_L}{I_0}\right) = +\tau \cdot \ln\left(\frac{I_0}{I_0 - i_L}\right)$$

Zeit bis Induktionsspannung u_L erreicht ist:

$$t = -\tau \cdot \ln\left(\frac{u_L}{U_B}\right) = +\tau \cdot \ln\left(\frac{U_B}{u_L}\right)$$

Feldabbau

Beim Ausschalten des Stromkreises induziert die Spule die (negative) Spannungsspitze $u_s = I_0 \cdot R_E$, weil die im Magnetfeld enthaltene Energie nicht sprungartig abgebaut werden kann und der Strom I_0 zunächst weiter fließen muss. Anschließend sinkt der Strom auf null, der zeitliche Verlauf ist von der Zeitkonstanten τ abhängig.

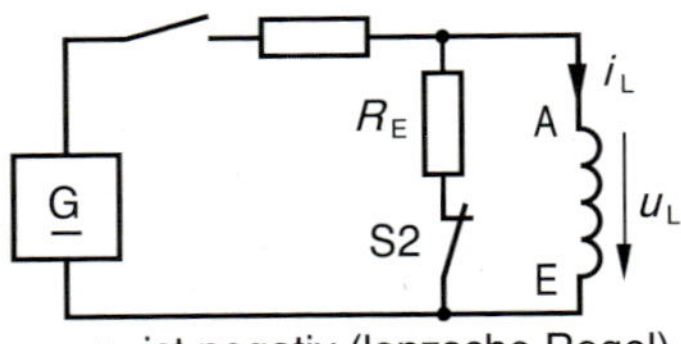

u_L ist negativ (lenzsche Regel)

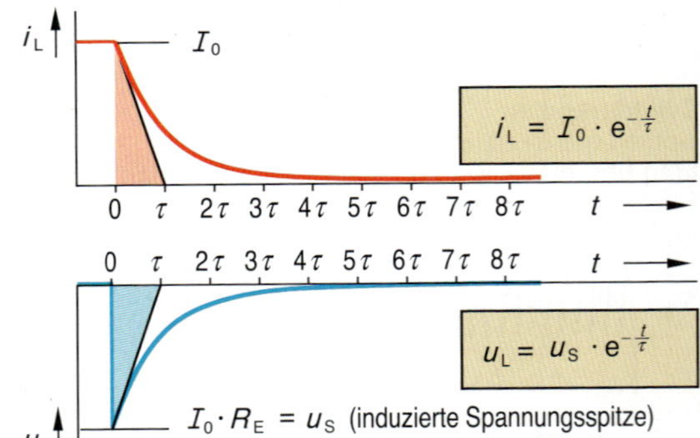

$$i_L = I_0 \cdot e^{-\frac{t}{\tau}}$$

$$u_L = u_S \cdot e^{-\frac{t}{\tau}}$$

Feldabbau-zeitkonstante

$$\tau_E = \frac{L}{R_E}$$

$$[\tau] = \frac{Vs}{A \cdot \Omega} = s$$

Die Zeit bis zum Erreichen eines bestimmten Zustandes kann grafisch ermittelt oder mit nebenstehenden Formeln berechnet werden.
Theoretisch sind Feldaufbau und Feldabbau erst nach unendlich langer Zeit abgeschlossen. In der Praxis gelten die Vorgänge nach 5 τ als beendet.

Zeit bis Magnetisierungsstrom i_L erreicht ist:

$$t = -\tau \cdot \ln\left(\frac{i_L}{I_0}\right) = +\tau \cdot \ln\left(\frac{I_0}{i_L}\right)$$

Zeit bis Induktionsspannung u_L erreicht ist:

$$t = -\tau \cdot \ln\left(\frac{u_L}{u_S}\right) = +\tau \cdot \ln\left(\frac{u_S}{u_L}\right)$$

Sanftes und abruptes Ausschalten von Spulen

Beim „sanften" Ausschalten kann der Strom z.B. über eine Freilaufdiode weiterfließen. Die Zeitkonstante ist $\tau = L/(R_1 + R_2)$.

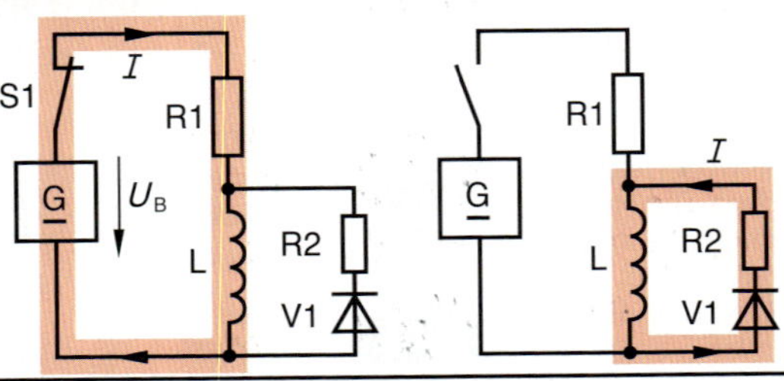

Beim „abrupten" Unterbrechen des Stromkreises fließt der Strom zunächst über einen Lichtbogen weiter. Der Vorgang ist praktisch nicht berechenbar.

Lichtbogen
I
R1
G
U_B
L

Schaltung von Induktivitäten

Magnetisch nicht gekoppelte Spulen

Induktivitäten können wie andere Bauteile in Reihe oder parallel geschaltet sein. Es gelten dabei im Prinzip die gleichen Gesetze wie bei ohmschen Widerständen. Voraussetzung ist aber, dass die Spulen sich gegenseitig nicht beeinflussen, d.h. dass sie nicht magnetisch bzw. induktiv gekoppelt sind.

Reihenschaltung

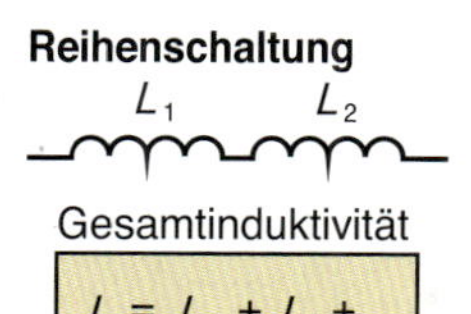

Gesamtinduktivität

$$L = L_1 + L_2 + \ldots$$

Parallelschaltung

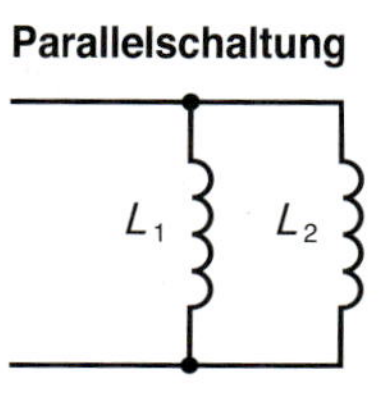

Gesamtinduktivität

$$\frac{1}{L} = \frac{1}{L_1} + \frac{1}{L_2} + \ldots$$

bei 2 Induktivitäten

$$L = \frac{L_1 \cdot L_2}{L_1 + L_2}$$

Magnetisch gekoppelte Spulen

Sind zwei Spulen in räumlicher Nähe zueinander, so beeinflussen sich die Magnetfelder gegenseitig. Dies kann bei der Berechnung der Gesamtinduktivität durch eine „Gegeninduktivität" M berücksichtigt werden.
Die Gegeninduktivität hängt von den beiden Induktivitäten L1 und L2 ab, sowie von den Streuflüssen bzw. dem Anteil des Flusses, der beide Spulen durchsetzt. Die Streuflüsse werden durch den so genannten Kopplungsfaktor *k* berücksichtigt.

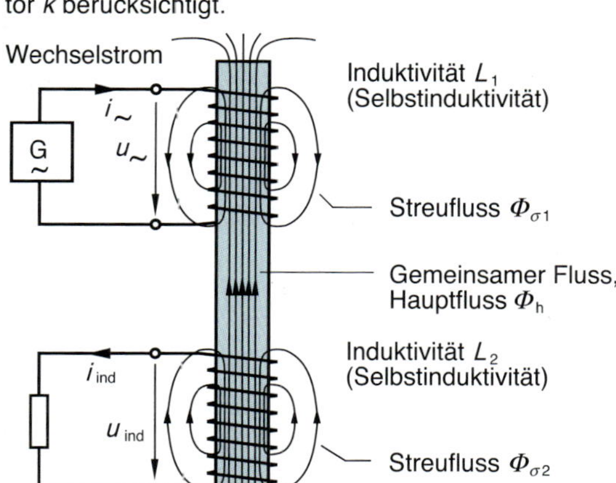

Gegeninduktivität bei Kopplungsfaktor *k*

$$M = k \cdot \sqrt{L_1 \cdot L_2}$$

Reihenschaltung

gleicher Wickelsinn

$$L = L_1 + L_2 + 2M$$

entgegengesetzter W.

$$L = L_1 + L_2 - 2M$$

Parallelschaltung

gleicher Wickelsinn

$$L = \frac{L_1 \cdot L_2 - M^2}{L_1 + L_2 - 2M}$$

entgegengesetzter W.

$$L = \frac{L_1 \cdot L_2 - M^2}{L_1 + L_2 + 2M}$$

Magnetfeld und Energie

Im magnetischen Feld einer Spule ist Energie gespeichert. Je nach Induktivität und Strom kann die Speicherfähigkeit bis zu einigen kWh betragen.
Diese Energiemengen reichen aus z.B. für das Glätten von gleichgerichteten Wechselströmen, nicht aber für eine großtechnische Energieversorgung.

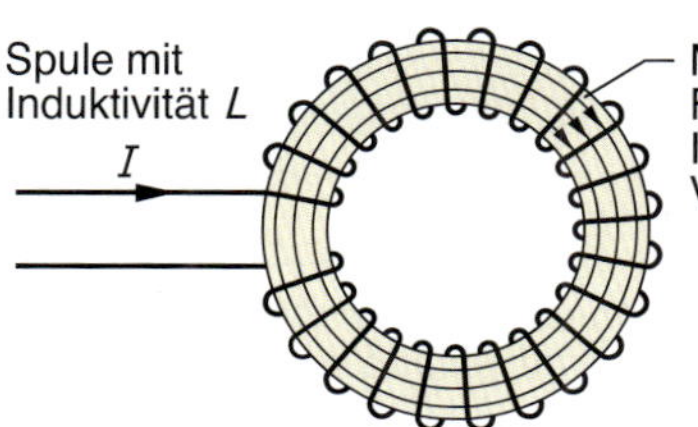

Energieinhalt

$$W = \frac{1}{2} \cdot L \cdot I^2$$

$$W = \frac{1}{2} \cdot \frac{B^2 \cdot V}{\mu_0 \cdot \mu_r}$$

Vergleich der Energiespeicher

Energie im Magnetfeld	Energie im elektrischen Feld	Bewegungsenergie bei Translation	Bewegungsenergie bei Rotation	Energie in gespannter Feder
$W = \frac{1}{2} \cdot L \cdot I^2$	$W = \frac{1}{2} \cdot C \cdot U^2$	$W = \frac{1}{2} \cdot m \cdot v^2$	$W = \frac{1}{2} \cdot J \cdot \omega^2$	$W = \frac{1}{2} \cdot R \cdot s^2$
$[W] = \frac{Vs}{A} \cdot A^2 = Ws$	$[W] = \frac{As}{V} \cdot V^2 = Ws$	$[W] = kg \cdot \frac{m^2}{s^2} = Nm$	$[W] = kg \cdot m^2 \cdot \frac{1}{s^2} = Nm$	$[W] = \frac{N}{m} \cdot m^2 = Nm$
L Induktivität I Strom	C Kapazität U Spannung	m Masse v Geschwindigkeit	J Trägheitsmoment ω Winkelgeschw.	R Federrate s Weg

3.15 Kräfte im Magnetfeld

Berechnung der magnetischen Kräfte

Stromdurchflossene Leiter im Magnetfeld

Stromdurchflossene Leiter erfahren im Magnetfeld eine ablenkende Kraft. Die Kraft wirkt senkrecht zum Feld und senkrecht zur Stromrichtung.

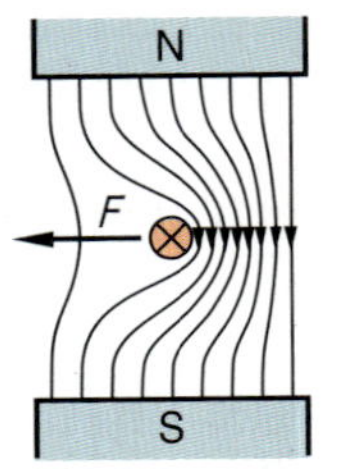

$$F = I \cdot l \cdot B \cdot z$$

$$[F] = \mathrm{A} \cdot \mathrm{m} \cdot \frac{\mathrm{Vs}}{\mathrm{m}^2} = \mathrm{N}$$

F Kraft
I Strom
l wirksame Leiterlänge
B Induktion
z Leiterzahl

Auf eine stromdurchflossene Leiterschleife wirkt im Magnetfeld ein Kräftepaar. Das Kräftepaar entspricht einem Drehmoment.

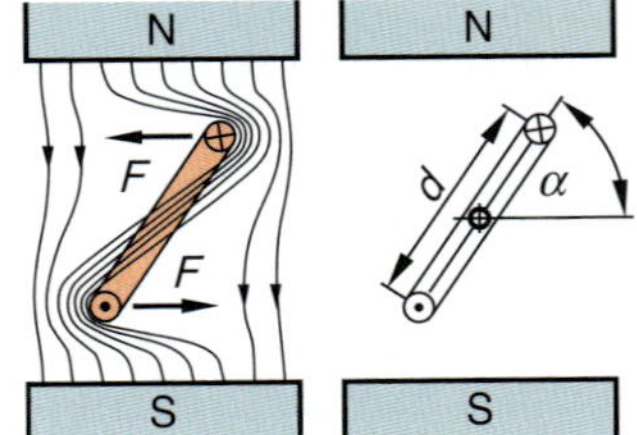

$$M = I \cdot l \cdot B \cdot N \cdot d \cdot \sin\alpha$$

$$[M] = \mathrm{A} \cdot \mathrm{m} \cdot \frac{\mathrm{Vs}}{\mathrm{m}^2} \cdot \mathrm{m} = \mathrm{Nm}$$

M Drehmoment, *I* Strom
l wirksame Leiterlänge
B Induktion
d Spulendurchmesser
N Windungszahl
α Stellung der Spule

Kräfte zwischen stromdurchflossenen Leitern

Parallele, stromdurchflossene Leiter üben aufeinander Kräfte aus. Fließt der Strom in beiden Leitern gleichsinnig, so ziehen sich die Leiter an, fließen die Ströme gegensinnig, so stoßen sich die Leiter ab.
Bei großen Stromstärken, z.B. in Sammelschienen, können diese Kräfte sehr groß sein und müssen deshalb berücksichtigt werden.

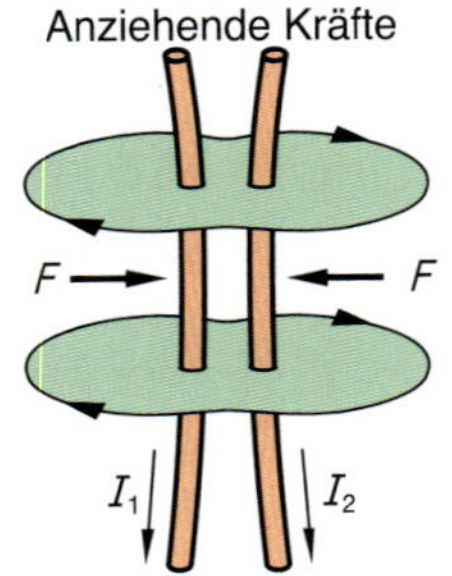

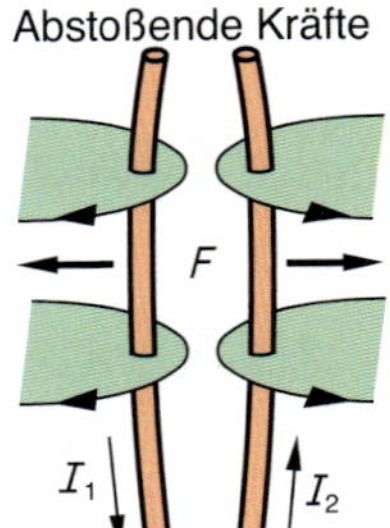

$$F = \frac{\mu_0 \cdot I_1 \cdot I_2 \cdot l}{2\pi \cdot a}$$

$$[F] = \frac{\frac{\mathrm{Vs}}{\mathrm{Am}} \cdot \mathrm{A} \cdot \mathrm{A} \cdot \mathrm{m}}{\mathrm{m}} = \mathrm{N}$$

a Leiterabstand
l Leiterlänge

Die Formel gilt nur, wenn der Leiterabstand groß ist im Vergleich zum Leiterdurchmesser.

Messung der Leistung

Die Kraftwirkung von magnetischen Feldern wird für verschiedene Arten von Elektromagneten genutzt, z.B für Lasthebemagnete, Spannvorrichtungen sowie Schütze und Relais.
Die Kraft-Formel dient zur Berechnung der Kraft zwischen Magnet und Anker, wenn keine Bewegung stattfindet. Diese Kraft wird auch als Haltekraft bezeichnet.

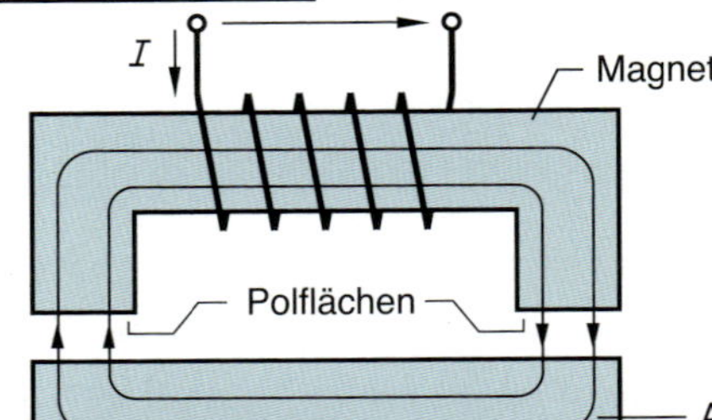

Haltekraft

$$F = \frac{B^2 \cdot A}{2 \cdot \mu_0}$$

A gesamte Polfläche
B Induktion, Flussdichte

$$[F] = \frac{\mathrm{V}^2 \cdot \mathrm{s}^2 \cdot \mathrm{m}^2}{\mathrm{m}^4 \cdot \frac{\mathrm{V} \cdot \mathrm{s}}{\mathrm{A} \cdot \mathrm{m}}} = \mathrm{N}$$

Anwendung magnetischer Kräfte

Schlaganker
Der Kurzschlussstrom beschleunigt den Schlaganker und unterstützt die schnelle Öffnung der Kontakte.

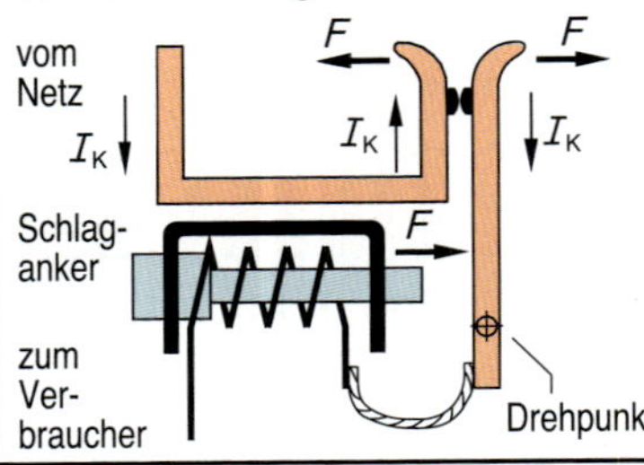

Kontaktkraftverstärkung
Große Ströme drücken die Schaltstücke auseinander und verstärken somit die Kontaktkraft.

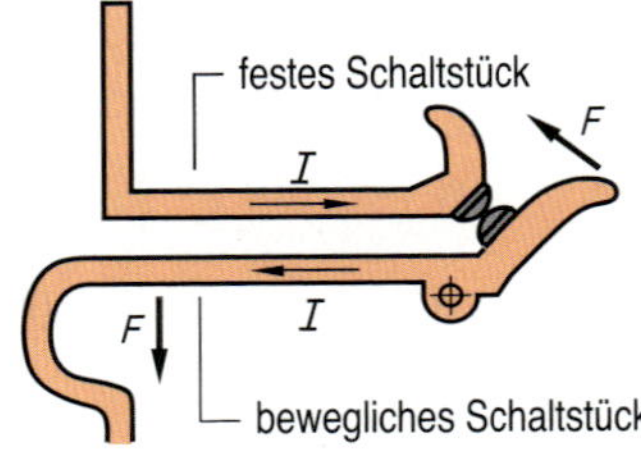

Dynamische Lichtbogenlöschung
Der Lichtbogen wird durch sein eigenes Magnetfeld nach außen gedrückt und damit gelöscht.

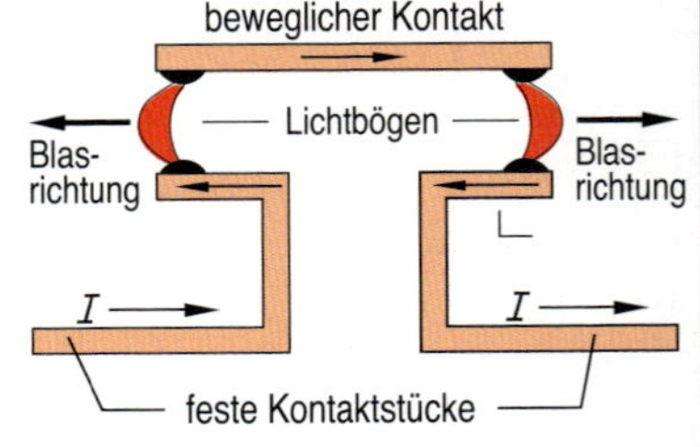

Geschichtliche Entwicklung

Obwohl der erste Wechselstromgenerator bereits im Jahre 1832 erfunden wurde, beschränkte sich die elektrische Energietechnik lange Zeit auf die Verwendung von Gleichstrom. Erst um 1880 begann sich Wechsel- und Drehstrom gegen den Widerstand so bedeutender Erfinder wie Thomas Alva Edison und Werner von Siemens durchzusetzen. Dafür gab es zwei Gründe:

1. Wechsel- bzw. Drehstrom kann auf hohe Spannung transformiert werden und somit wirtschaftlich über große Entfernungen transportiert werden.
2. Mit dreiphasigem Wechselstrom (Drehstrom) können Motoren betrieben werden, die den herkömmlichen Gleichstrommotoren überlegen sind.

Wesentlichen Anteil an der Entwicklung der Wechselstromtechnik hatten Nicola Tesla, Michail Dolivo-Dobrowolsky, der um 1889 den ersten brauchbaren Drehstrommotor entwickelt hatte und Oskar von Miller. Dobrowolsky führte auch den Namen „Drehstrom" ein.
Im Jahr 1891 wurde die erste Fernleitung zwischen Lauffen am Neckar und Frankfurt am Main installiert (etwa 8 kV). Ab etwa 1925 entstanden in ganz Europa Fernleitungen und Verbundsysteme mit Spannungen bis 400 kV.
Die Frequenz der Wechselspannung erhielt zu Ehren des deutschen Physikers Heinrich Rudolf Hertz (1857-1894) die Einheit Hertz (Hz). Technischer Wechselstrom hat in Europa die Frequenz 50 Hz, für Bahnmotoren 16 2/3 Hz. In den USA beträgt die Frequenz 60 Hz.
Wechsel- bzw. Drehstrom wird in Synchrongeneratoren mit Leistungen bis etwa 1,3 GW erzeugt. Zum Betrieb moderner Drehstrommotoren wird Drehstrom mit variabler Frequenz über elektronische Frequenzumrichter gewonnen.

M. Dolivo-Dobrowolsky (1862-1919)

H. Hertz (1857-94)

3

Wechselstrom

Einphasiger Wechselstrom

Technischer Wechselstrom hat einen sinusförmigen Verlauf mit der Periodendauer T=20 ms, bzw. der Frequenz f=50 Hz. Die Verkettung von drei Strängen ergibt Drehstrom.

Spannungsverlauf	Kreisfrequenz	Frequenz und Periodendauer	Scheitelwert und Effektivwert
$u = \hat{u} \cdot \sin\omega t$	$\omega = 2\pi \cdot f$	$f = 1/T$	$\hat{u} = \sqrt{2} \cdot U$
$\hat{u}$ Scheitelwert, Amplitude	ω Kreisfrequenz f Frequenz	f Frequenz $[f] = s^{-1} = Hz$	$\hat{u}$ Scheitelwert U Effektivwert

Außenpolgenerator

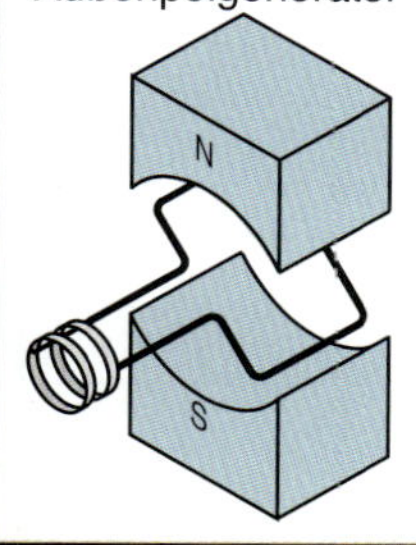

Innenpolgenerator

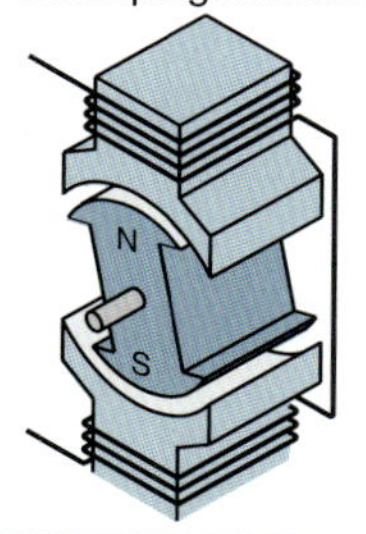

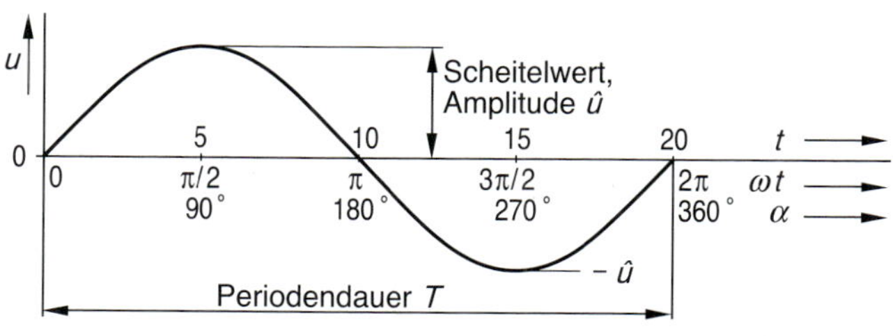

Dreiphasiger Wechselstrom, Drehstrom

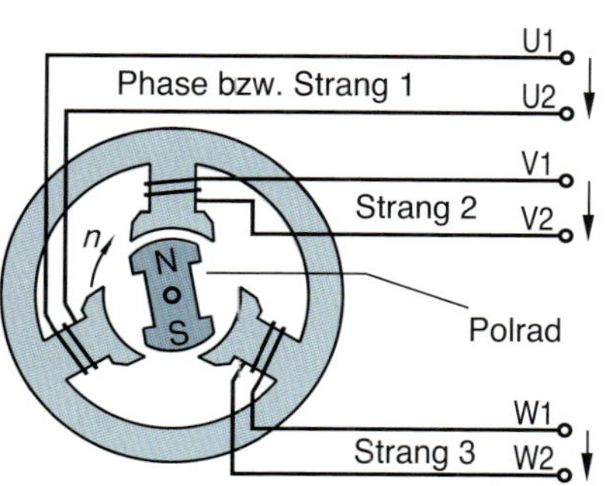

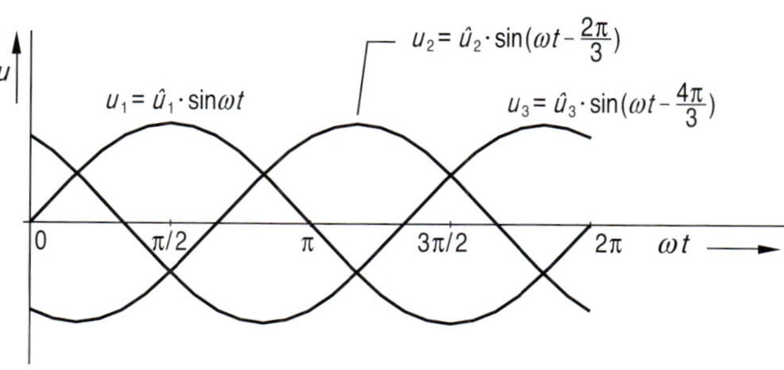

3.17 R, C, L im Wechselstromkreis

Wirk- und Blindwiderstände

Widerstand und Frequenz

Wirkwiderstand (ohmscher W.)
Drähte setzen dem Strom einen Widerstand entgegen, der von Länge, Querschnitt und Werkstoff abhängig ist. Die Frequenz hat hingegen keinen Einfluss.
Diese Widerstände sind Wirkwiderstände. Sie wandeln elektrische Energie in Wärme.

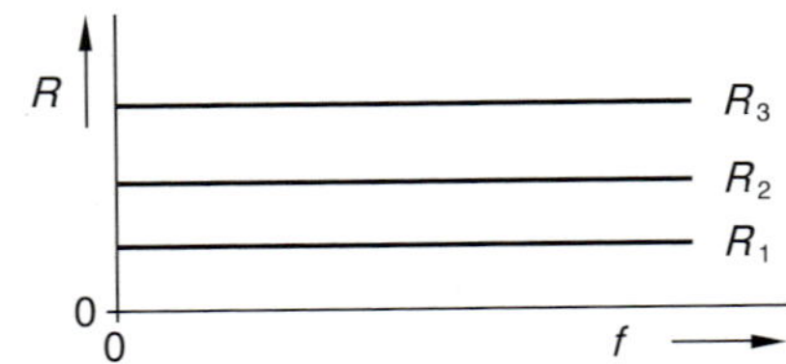

Ohmscher Widerstand

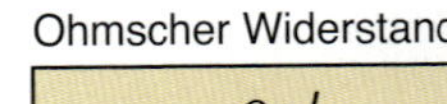

$$R = \frac{\varrho \cdot l}{A}$$

$$[R] = \frac{\Omega \cdot mm^2 \cdot m}{m \cdot mm^2} = \Omega$$

Kapazitiver Blindwiderstand
Kondensatoren setzen dem Strom einen Widerstand entgegen, der mit steigender Frequenz abnimmt.
Die zugeführte elektrische Energie wird nicht in Wärme umgesetzt, sondern in einer Halbperiode gespeichert und in der nächsten Halbperiode wieder abgegeben.

X_C — Kurven C_1, C_2, C_3 über f

Kapazitiver Blindwiderstand

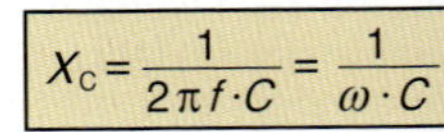

$$X_C = \frac{1}{2\pi f \cdot C} = \frac{1}{\omega \cdot C}$$

$$[X_C] = \frac{s \cdot V}{1 \cdot As} = \Omega$$

Induktiver Blindwiderstand
Spulen setzen dem Strom einen Widerstand entgegen, der mit steigender Frequenz ebenfalls ansteigt.
Die zugeführte elektrische Energie wird wie beim Kondensator, aber zeitlich verschoben, in einer Halbperiode gespeichert und dann wieder abgegeben.

X_L — Geraden L_1, L_2, L_3 über f

Induktiver Blindwiderstand

$$X_L = 2\pi f \cdot L = \omega \cdot L$$

$$[X_L] = \frac{1 \cdot Vs}{s \cdot A} = \Omega$$

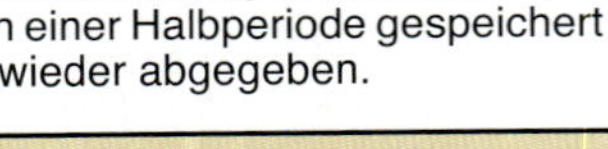

Komplexe Widerstände, Operatoren

Widerstände im Wechselstromkreis haben nicht nur einen Betrag, sondern auch eine Phasenlage. Derartige Widerstände heißen „komplexe Widerstände". Mit der „komplexen Rechnung" können alle Berechnungen wie im Gleichstromkreis durchgeführt werden.

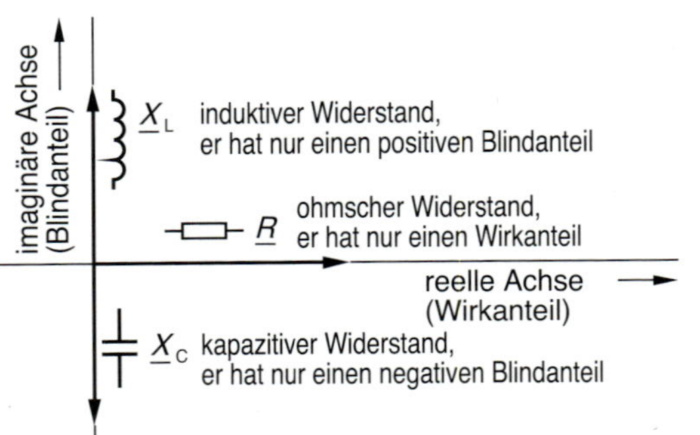

Wirkwiderstand

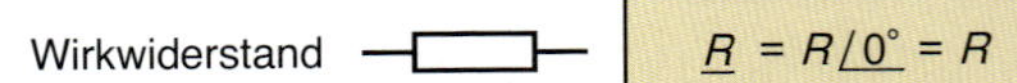

$$\underline{R} = R\,/\underline{0^\circ} = R$$

Kapazitiver Blindwiderstand

$$\underline{X}_C = \frac{-j}{\omega C} = \frac{1}{\omega C}\,/\underline{-90^\circ}$$

Induktiver Blindwiderstand

$$\underline{X}_L = j \cdot \omega L = \omega L\,/\underline{90^\circ}$$

Ohmsches Gesetz in komplexer Form

Werden Spannungen, Ströme und Widerstände als komplexe Größen dargestellt, so werden Betrag und Phasenlage erfasst. Mit der „komplexen Rechnung" können alle Berechnungen, z.B. Addieren von Spannungen und Strömen oder Berechnungen nach dem ohmschen Gesetz wie im Gleichstromkreis durchgeführt werden.

Siehe auch Seite 42!

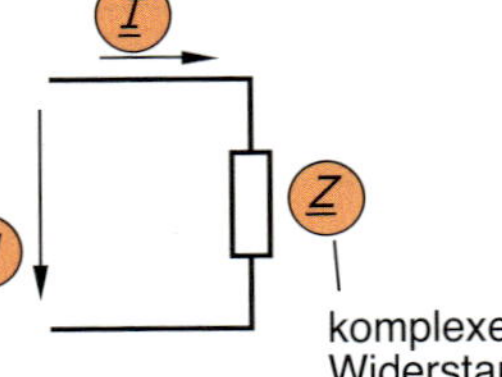

$$\underline{I} = \frac{\underline{U}}{\underline{Z}} = \frac{U\,/\underline{\varphi_U}}{Z\,/\underline{\varphi_Z}} = \frac{U}{Z}\,/\underline{\varphi_U - \varphi_Z}$$

Beispiel:

$\underline{U} = 230\ V\,/\underline{-120^\circ}$

$\underline{Z} = 460\ \Omega\,/\underline{-30^\circ}$ (R–C in Reihe)

$$\underline{I} = \frac{230\ V\,/\underline{-120^\circ}}{460\ \Omega\,/\underline{-30^\circ}} = 0{,}5\ A\,/\underline{-90^\circ}$$

Komplexe Grundschaltungen

Reihenschaltungen

Reihenschaltung R und L

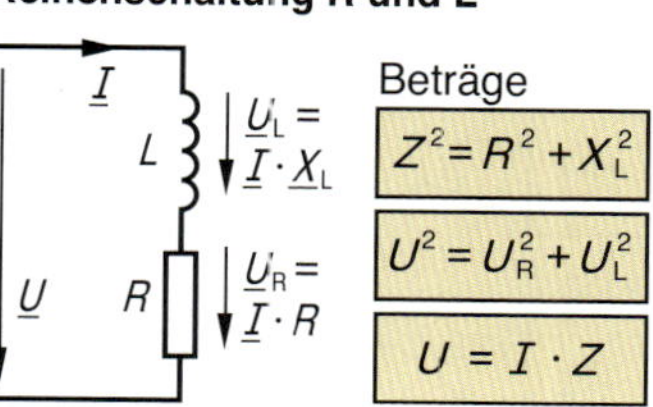

$\underline{U}_L = \underline{I} \cdot \underline{X}_L$

$\underline{U}_R = \underline{I} \cdot R$

Beträge

$Z^2 = R^2 + X_L^2$

$U^2 = U_R^2 + U_L^2$

$U = I \cdot Z$

Komplexe Darstellung

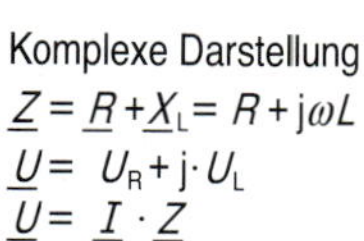

$\underline{Z} = \underline{R} + \underline{X}_L = R + j\omega L$

$\underline{U} = U_R + j \cdot U_L$

$\underline{U} = \underline{I} \cdot \underline{Z}$

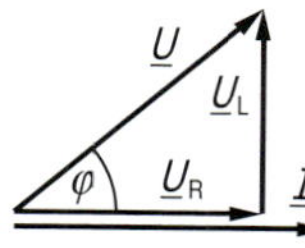

Reihenschaltung R und C

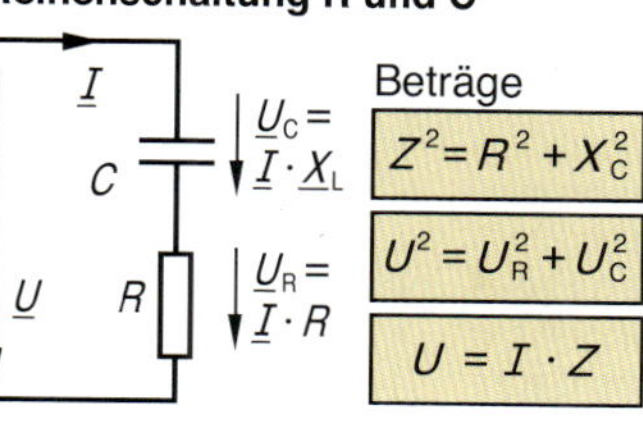

$\underline{U}_C = \underline{I} \cdot \underline{X}_L$

$\underline{U}_R = \underline{I} \cdot R$

Beträge

$Z^2 = R^2 + X_C^2$

$U^2 = U_R^2 + U_C^2$

$U = I \cdot Z$

Komplexe Darstellung

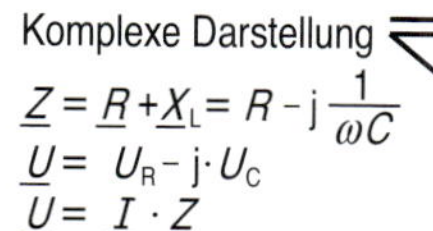

$\underline{Z} = \underline{R} + \underline{X}_L = R - j\dfrac{1}{\omega C}$

$\underline{U} = U_R - j \cdot U_C$

$\underline{U} = \underline{I} \cdot \underline{Z}$

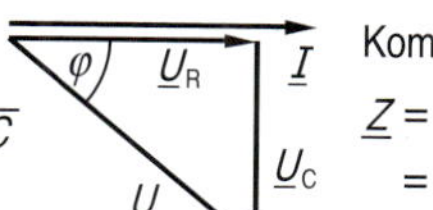

Reihenschaltung R, L, C

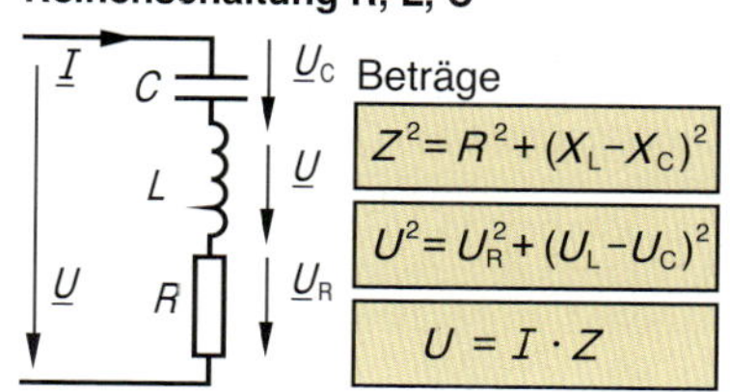

Beträge

$Z^2 = R^2 + (X_L - X_C)^2$

$U^2 = U_R^2 + (U_L - U_C)^2$

$U = I \cdot Z$

Komplexe Darstellung

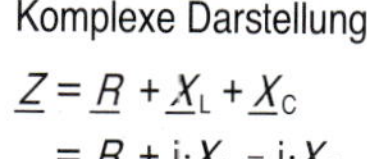

$\underline{Z} = \underline{R} + \underline{X}_L + \underline{X}_C$

$= R + j \cdot X_L - j \cdot X_C$

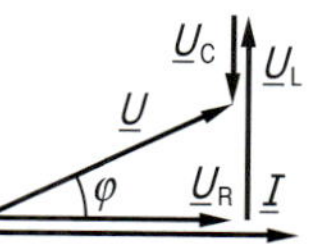

Parallelschaltungen

Parallelschaltung R, L

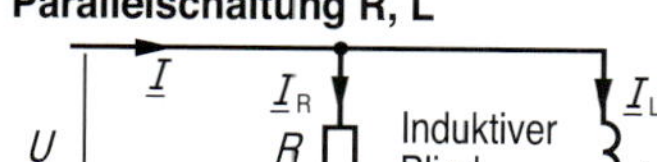
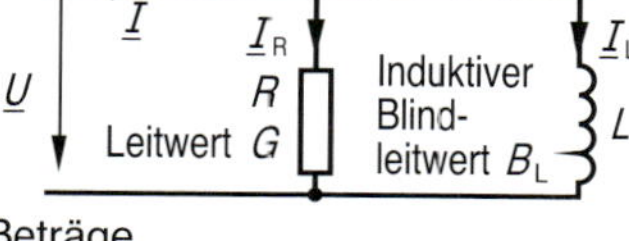

Beträge

$Y^2 = G^2 + Y_L^2$	$I^2 = I_R^2 + I_L^2$
$Z = 1/Y$	$U = I \cdot Z$

Komplexe Darstellung

$\underline{Y} = \underline{G} + \underline{B}_L$

$= G + \dfrac{1}{j\omega L}$

$\underline{I} = I_R - j \cdot I_L$

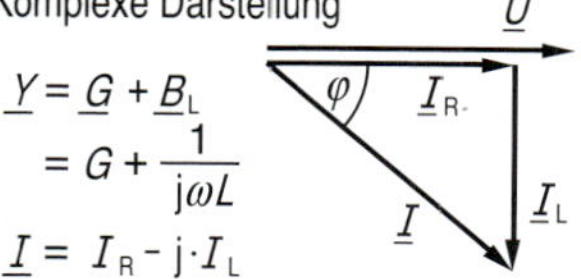

Parallelschaltung R, C

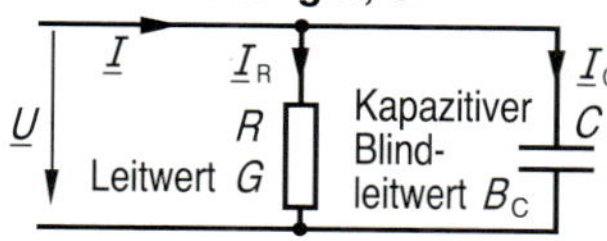

Beträge

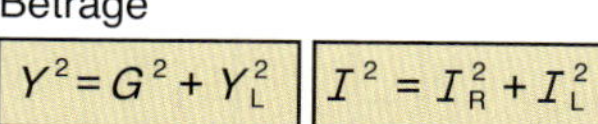
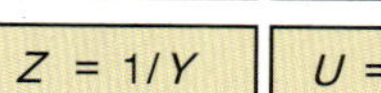

$Y^2 = G^2 + Y_L^2$	$I^2 = I_R^2 + I_L^2$
$Z = 1/Y$	$U = I \cdot Z$

Komplexe Darstellung

$\underline{Y} = \underline{G} + \underline{B}_C$

$= G + j\omega C$

$\underline{I} = I_R + j \cdot I_C$

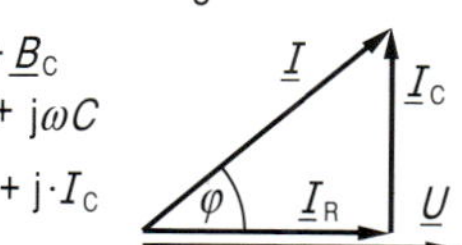

Parallelschaltung R, L, C

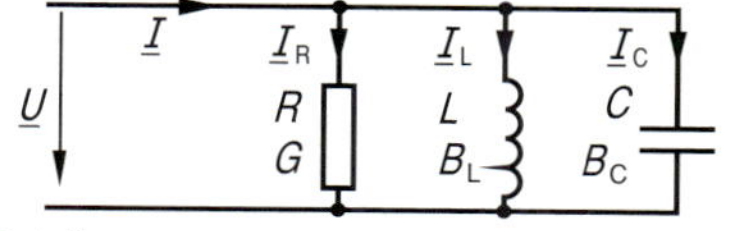

Beträge

$Y^2 = G^2 + (Y_L^2 - Y_C^2)$	$I^2 = I_R^2 + (I_L - I_C)^2$
$Z = 1/Y$	$U = I \cdot Z$

Komplexe Darstellung

$\underline{Y} = \underline{G} + \underline{B}_L + \underline{B}_C$

$= \underline{G} + \dfrac{1}{j\omega L} + j\omega C$

$\underline{I} = I_R + j \cdot (I_C - I_L)$

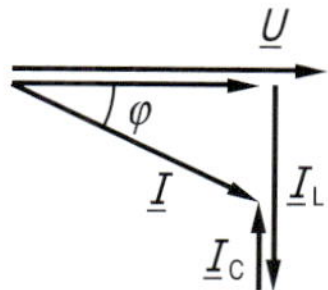

Äquivalente Ersatzschaltungen

Komplexe Reihenschaltungen lassen sich in gleichwertige (äquivalente) Parallelschaltungen umwandeln und umgekehrt. Die jeweils berechneten Werte gelten aber nur für die jeweils eingesetzte Frequenz.

Reihenschaltung (Index r)

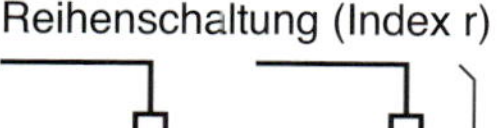
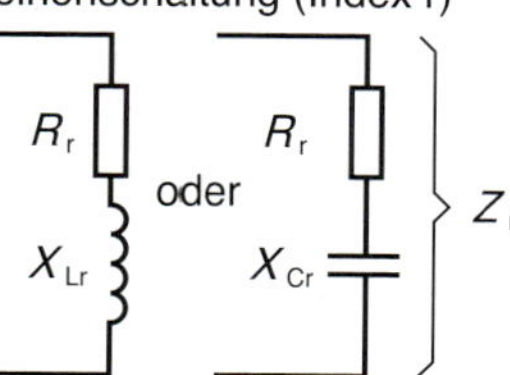

Reihen- und Parallelschaltung sind äquivalent, wenn die Impedanzen und die Winkel der Schaltungen gleich sind:

$Z_r = Z_p$ $\cos\varphi_r = \cos\varphi_p$

Parallelschaltung (Index p)

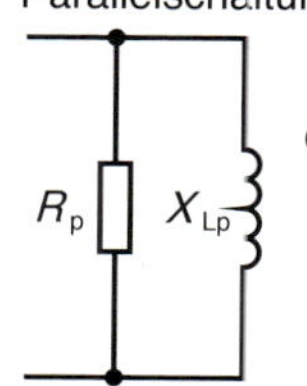

oder

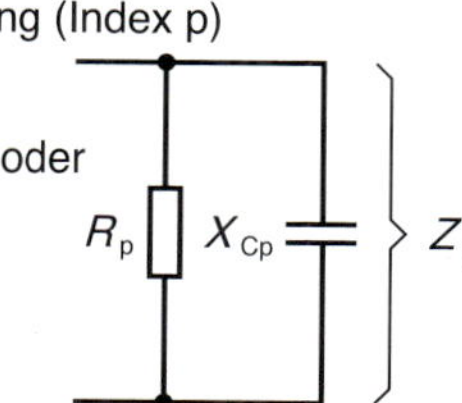

Bei Umwandlung einer Reihenschaltung in eine Parallelschaltung gilt: $R_p = \dfrac{Z_r^2}{R_r}$ $X_p = \dfrac{Z_r^2}{X_r}$

Bei Umwandlung einer Parallelschaltung in eine Reihenschaltung gilt: $R_r = \dfrac{Z_p^2}{R_p}$ $X_r = \dfrac{Z_p^2}{X_p}$

Dabei gilt für die Reihenschaltung: $Z_r^2 = R_r^2 + X_r^2$

mit $X = X_L = \omega \cdot L$ für (Spule)

Dabei gilt für die Parallelschaltung: $Z_p^2 = \dfrac{R_p^2 \cdot X_p^2}{R_p^2 + X_p^2}$

mit $X = X_C = \dfrac{1}{\omega \cdot C}$ für (Kondensator)

3

3.18 Pässe, Filter, Schwingkreise

Siebschaltungen

Pässe und Sperren

Enthält eine Schaltung Spulen und/oder Kondensatoren, so hat die Schaltung ein von der Frequenz abhängiges Verhalten. Wichtig ist vor allem das Durchgangs- bzw. Übertragungsverhalten von Vierpolen. Hinsichtlich ihres Durchgangsverhaltens können Vierpole in 4 Gruppen unterteilt werden:

1. **Tiefpässe** lassen Spannungen mit tiefen Frequenzen ungehindert passieren, Spannungen mit hohen Frequenzen gelangen hingegen nicht zum Ausgang.
2. **Hochpässe** lassen hohe Frequenzen passieren, alle tiefen Frequenzen werden gesperrt.
3. **Bandpässe** lassen nur Spannungen eines bestimmten Frequenzbereichs zum Ausgang.
4. **Bandsperren** sperren einen bestimmten Frequenzbereich und lassen den Rest passieren.

Pässe und Sperren werden allgemein auch als Siebschaltungen oder Filter bezeichnet.

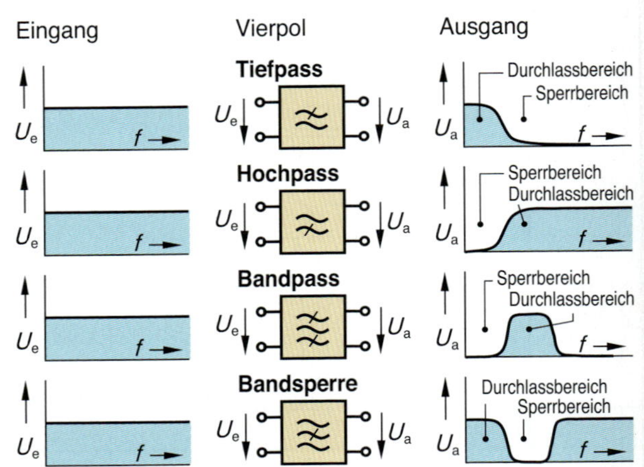

Frequenzgang

Ein Maß für das frequenzabhängige Verhalten eines Vierpols ist das Verhältnis der komplexen Ausgangsspannung $\underline{U}_a$ zur komplexen Eingangsspannung $\underline{U}_e$. Das Verhältnis wird als Frequenzgang bzw. Übertragungsfunktion $F(\omega)$ bezeichnet.

$F(\omega)$ ist eine komplexe Größe; sie enthält den Betrag des Spannungsverhältnisses (Amplitudengang) sowie den Phasenwinkel zwischen Ein- und Ausgangsspannung (Phasengang).

Für den Frequenzgang ist die Grenzfrequenz f_g bzw. ω_g besonders wichtig. Es ist die Frequenz bzw. die Kreisfrequenz, bei der die Ausgangsspannung auf 70,7 % der Eingangsspannung abgefallen ist.

Aufteilung des Frequenzgangs

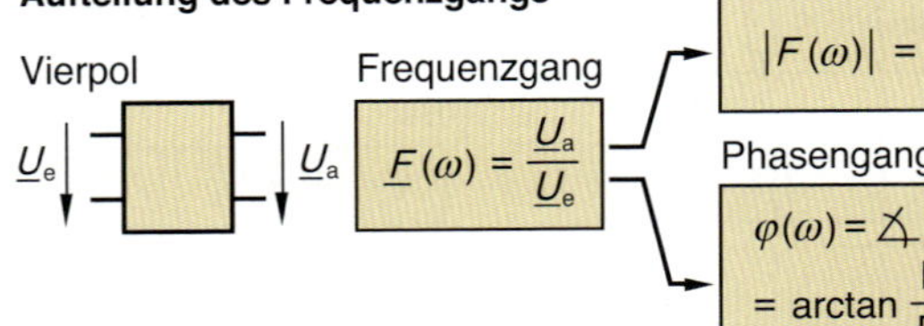

$$\underline{F}(\omega) = \frac{\underline{U}_a}{\underline{U}_e}$$

Amplitudengang

$$|F(\omega)| = \frac{U_a}{U_e}$$

Phasengang

$$\varphi(\omega) = \measuredangle\, \underline{U}_a, \underline{U}_e = \arctan \frac{\mathrm{Im}(\underline{F})}{\mathrm{Re}(\underline{F})}$$

Bei Grenzfrequenz f_g bzw. ω_g gilt:

$$|F(\omega_g)| = \frac{U_a}{U_e} = \frac{1}{\sqrt{2}} = 0{,}707 = 70{,}7\,\%$$

Dämpfung und Verstärkung

Da die Ausgangsspannung beim passiven Vierpol immer kleiner als die Eingangsspannung ist, wird der Amplitudengang auch als Dämpfung bezeichnet (*a* attenuation, Dämpfung). Eine Verstärkung ist damit das Gegenstück zur Dämpfung.

Dämpfungsfaktor

$$D = |F(\omega)| = \frac{U_a}{U_e}$$

Dämpfungsmaß

$$a = 20 \cdot \lg \frac{U_a}{U_e}$$

$[a]$ = dB (Dezibel)

	Dämpfung						Verstärkung				
$D = \frac{U_a}{U_e}$	$\frac{1}{1000}$	$\frac{1}{100}$	$\frac{1}{10}$	$\frac{1}{2}$	$\frac{1}{\sqrt{2}}$	1	$\sqrt{2}$	2	10	100	1000
$a = 20 \cdot \lg(U_a/U_e)$ in dB	−60	−40	−20	−6	−3	0	+3	+6	+20	+40	+60

Hoch- und Tiefpassverhalten

Hochpass, Amplitudengang in linearer Darstellung

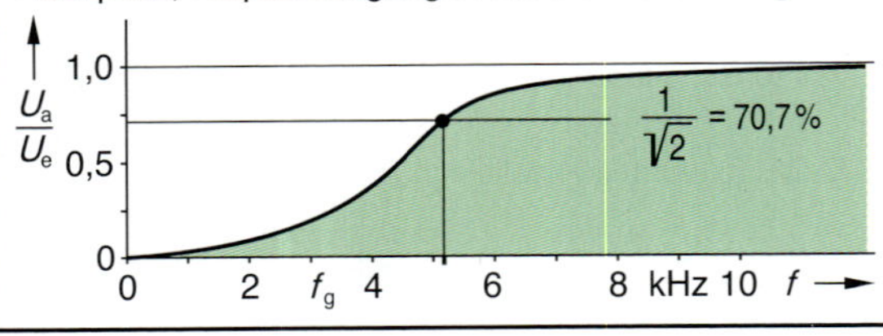

Tiefpass, Amplitudengang in linearer Darstellung

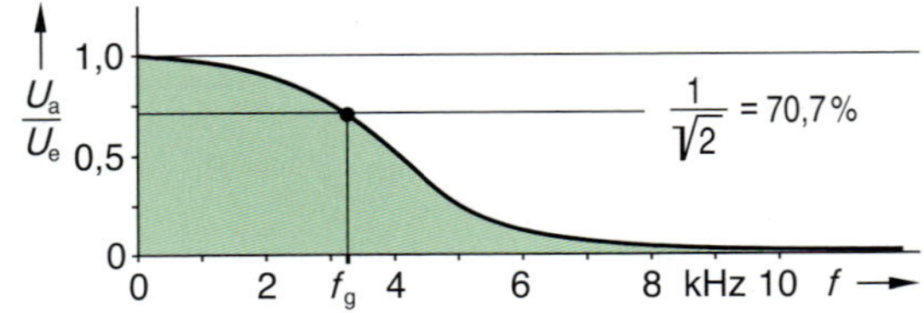

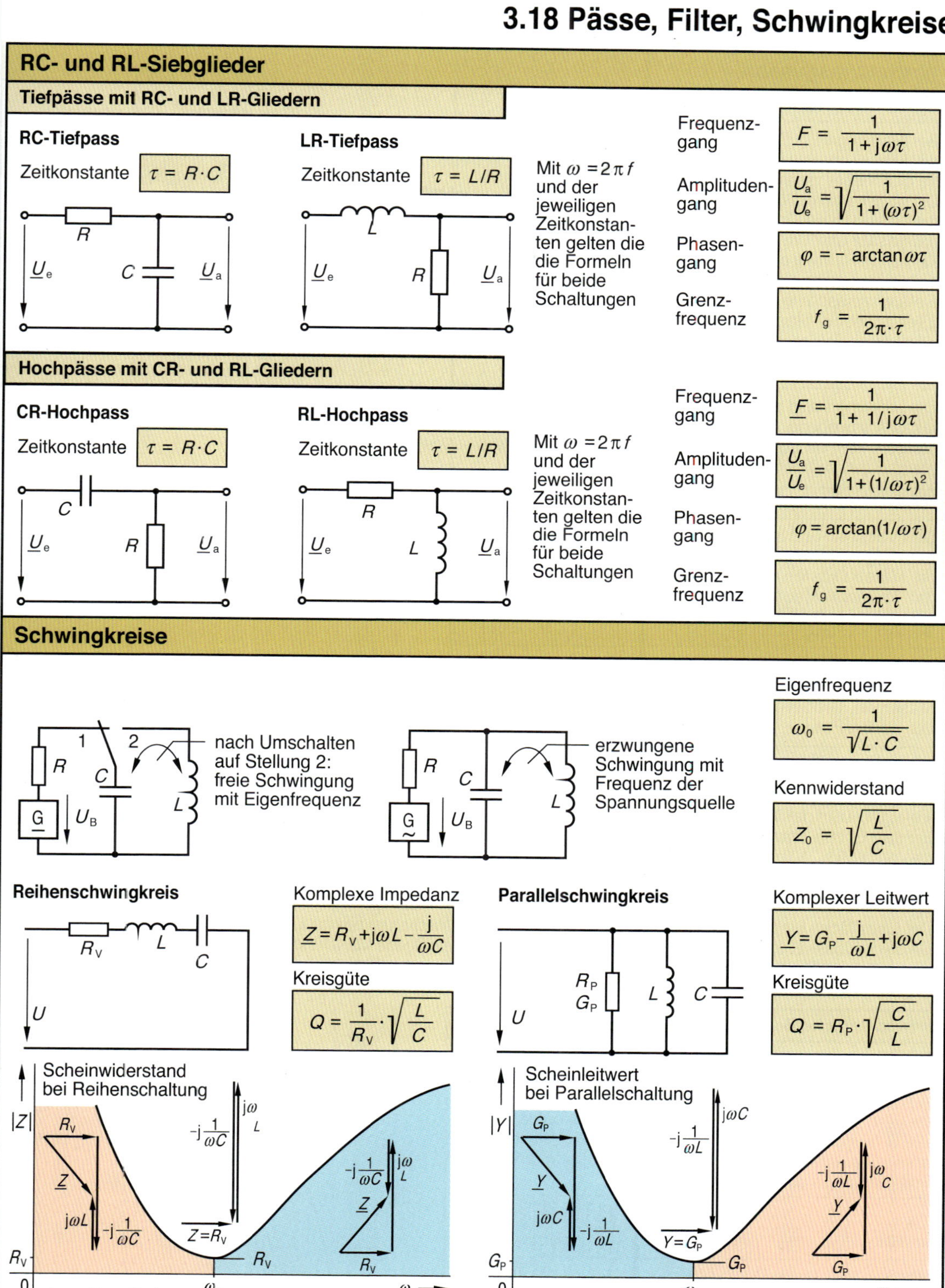

RC- und RL-Siebglieder

Tiefpässe mit RC- und LR-Gliedern

RC-Tiefpass

Zeitkonstante $\tau = R \cdot C$

LR-Tiefpass

Zeitkonstante $\tau = L/R$

Mit $\omega = 2\pi f$ und der jeweiligen Zeitkonstanten gelten die die Formeln für beide Schaltungen

Frequenzgang $\underline{F} = \dfrac{1}{1 + j\omega\tau}$

Amplitudengang $\dfrac{U_a}{U_e} = \sqrt{\dfrac{1}{1 + (\omega\tau)^2}}$

Phasengang $\varphi = -\arctan \omega\tau$

Grenzfrequenz $f_g = \dfrac{1}{2\pi \cdot \tau}$

Hochpässe mit CR- und RL-Gliedern

CR-Hochpass

Zeitkonstante $\tau = R \cdot C$

RL-Hochpass

Zeitkonstante $\tau = L/R$

Mit $\omega = 2\pi f$ und der jeweiligen Zeitkonstanten gelten die die Formeln für beide Schaltungen

Frequenzgang $\underline{F} = \dfrac{1}{1 + 1/j\omega\tau}$

Amplitudengang $\dfrac{U_a}{U_e} = \sqrt{\dfrac{1}{1 + (1/\omega\tau)^2}}$

Phasengang $\varphi = \arctan(1/\omega\tau)$

Grenzfrequenz $f_g = \dfrac{1}{2\pi \cdot \tau}$

Schwingkreise

Eigenfrequenz $\omega_0 = \dfrac{1}{\sqrt{L \cdot C}}$

Kennwiderstand $Z_0 = \sqrt{\dfrac{L}{C}}$

Reihenschwingkreis

Komplexe Impedanz $\underline{Z} = R_V + j\omega L - \dfrac{j}{\omega C}$

Kreisgüte $Q = \dfrac{1}{R_V} \cdot \sqrt{\dfrac{L}{C}}$

Parallelschwingkreis

Komplexer Leitwert $\underline{Y} = G_P - \dfrac{j}{\omega L} + j\omega C$

Kreisgüte $Q = R_P \cdot \sqrt{\dfrac{C}{L}}$

3

3.19 Wachstumsgesetze

Wachstumsgesetze

Kleine und große Maschinen

Bei Maschinen, z.B. Transformatoren, stellt sich die Frage, ob es wirtschaftlicher ist, wenige große oder lieber viele kleine Einheiten einzusetzen. Die so genannten Wachstumsgesetze zeigen, dass große Maschinen im Hinblick auf Leistung, Materialeinsatz und Wirkungsgrad günstiger sind als kleine. Im Hinblick auf die Kühlung sind kleine Einheiten günstiger als große.
Referenzmaschine: S_R, m_R, O_R, η_R
„Gewachsene" Maschine: S^*, m^*, O^*, η^*
Wachstumsfaktor: k

Referenztransformator

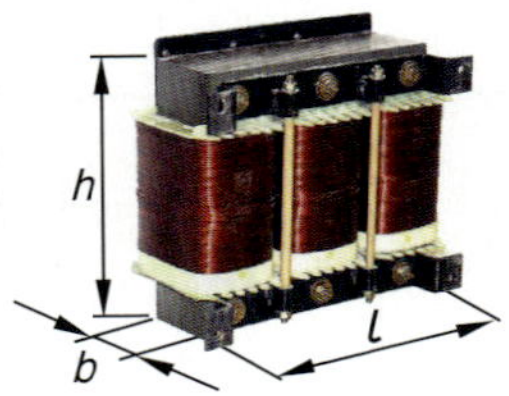

„Gewachsener" Transformator

k·h
k·b
k·l

Leistung

Die Leistung steigt proportional mit Spannung und Strom. Da beim Wachstumsfaktor k sowohl der Kupferquerschnitt als auch der Eisenquerschnitt mit k^2 ansteigen, können auch Strom und Spannung quadratisch steigen. Die Leistung steigt daher mit dem Faktor k^4.

Leistung $$S^* = k^4 \cdot S_R$$

Masse

Das Volumen und damit die Masse steigen mit dem Faktor k^3. Die Materialkosten steigen somit ebenfalls mit dem Faktor k^3. Da die Leistung mit der vierten, die Materialkosten aber nur mit der dritten Potenz steigen, sind große Maschinen im Hinblick auf die Materialkosten günstiger als kleine Maschinen.

Masse $$m^* = k^3 \cdot m_R$$

Verlustleistung

Bei gleicher Materialbelastung, d.h. bei gleicher Stromdichte J und gleicher magnetischer Induktion B sind die Verluste direkt proportional zur Masse m der Maschine. Größere Maschinen arbeiten somit günstiger, weil die Leistung mit der vierten Potenz, die Verluste aber nur mit der dritten Potenz von k ansteigen.

Verluste $$P_V^* = k^3 \cdot P_{VR}$$

Wirkungsgrad

Da die Leistung mit der vierten, die Verluste aber nur mit der dritten Potenz von k steigen, wird der Wirkungsgrad mit wachsender Größe einer Maschine immer besser. Große Transformatoren im 100-MVA-Bereich erreichen Wirkungsgrade von 99,9 %, Klingeltransformatoren nur etwa 60 %.

Wirkungsgrad $$\eta^* = 1 - \frac{P_{VR}}{k \cdot P_R}$$

Oberfläche

Die Oberfläche eines Körpers wächst quadratisch mit dem Wachstumsfaktor k. Da die Verluste aber mit der dritten Potenz von k steigen, erreicht jede Maschine eine kritische Größe, bei der die Verlustwärme nicht mehr über die Oberfläche abgeführt wird. Große Maschinen benötigen deshalb eine Zwangskühlung.

Oberfläche $$O^* = k^2 \cdot O_R$$

Wirtschaftliche Bedeutung

Die Wachstumsgesetze des Transformators lassen sich sinngemäß auf andere Anlagen übertragen. Danach haben große Anlagen immer den besseren Wirkungsgrad und verursachen im Verhältnis zur Leistung weniger Materialkosten.
Die Größe einer Anlage, z.B. eines Kraftwerkes, ist aber durch andere Faktoren begrenzt, z.B. durch Transportmöglichkeiten und die Länge der Übertragungswege.

Transformator	S_n in VA	10^2	10^3	10^4	10^5	10^6	10^7	10^8
	η in %	88	95	97	98	99	99,5	99,8
Drehstrommotor	P_n in W	10^2	$5 \cdot 10^2$	10^3	10^4	10^5	10^6	$5 \cdot 10^6$
	η in %	60	80	82	92	94	96	97

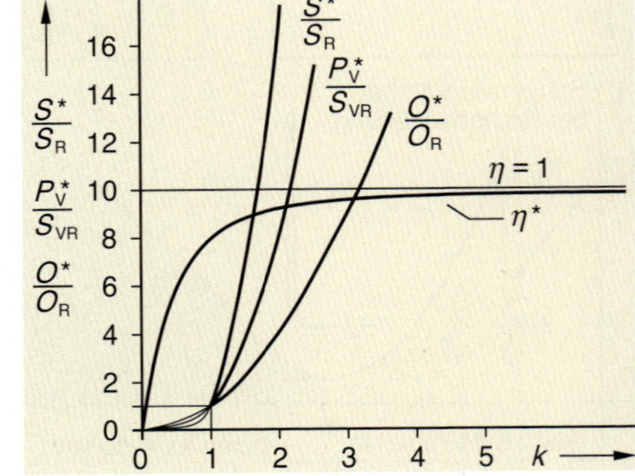

4 Anwendungen der Elektrotechnik

4.1 Gewinnung elektrischer Energie 110
4.2 Leistung bei Wechselstrom 112
4.3 Drehstrom 114
4.4 Transformatoren 116
4.5 Drehstromtransformatoren 118
4.6 Drehstromantriebe 119
4.7 Motordaten 120
4.8 Leitungsberechnung I 122
4.9 Leitungsberechnung II 124
4.10 Leitungsschutzorgane 126
4.11 Grundlagen der Lichttechnik 128
4.12 Leuchtmittel 130
4.13 Lichtplanung 132
4.14 Antennentechnik 134

4.1 Gewinnung elektrischer Energie

Induktive Spannungserzeugung

Die Erzeugung elektrischer Spannung erfolgt prinzipiell durch Trennung von elektrischen Ladungen. Diese Ladungstrennung kann mithilfe verschieder Prinzipien erfolgen. Am wirkungsvollsten ist die Spannungserzeugung durch das von Michael Faraday (1791-1867) entdeckte Induktionsprinzip. Wesentlichen Anteil an der Entwicklung der elektrischen Energietechnik hatte der deutsche Erfinder und Unternehmer Werner von Siemens im Jahr 1866 durch die Entwicklung eines Gleichstromgenerators („Dynamomaschine"). Ab 1890 wurde die Gleichstromtechnik schrittweise durch die Wechselstrom- bzw. Drehstromtechnik abgelöst, die vor allem von dem serbisch-amerikanischen Physiker Nicola Tesla entwickelt wurden (siehe Seite 101 und 108).

W. von Siemens (1816-1892) Nicola Tesla (1856-1943)

Elektrische Leistung wird nach derzeitigem Stand der Technik vor allem von Drehstrom-Synchrongeneratoren geliefert. Der Antrieb der Generatoren erfolgt durch Dampf- oder Wasserturbinen, Windkonverter oder bei Notstromaggregaten durch Dieselmotoren.

Prinzip:

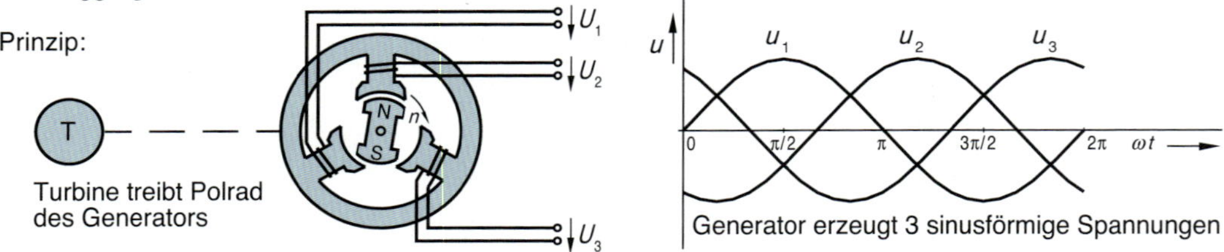

Turbine treibt Polrad des Generators

Generator erzeugt 3 sinusförmige Spannungen

Dampfturbinen

Wärmekraftwerke wandeln die Wärme von Kernenergie bzw. fossilen Brennstoffen in mechanische und dann in elektrische Energie um.

Der thermodynamische (carnotsche) Wirkungsgrad liegt bei ca. 65 %, in der Praxis werden etwa 42 % erreicht.

Leistungen: Kernkraftwerke bis 1 300 MW, Gas-, Öl- und Kohlekraftwerke bis 600 MW.

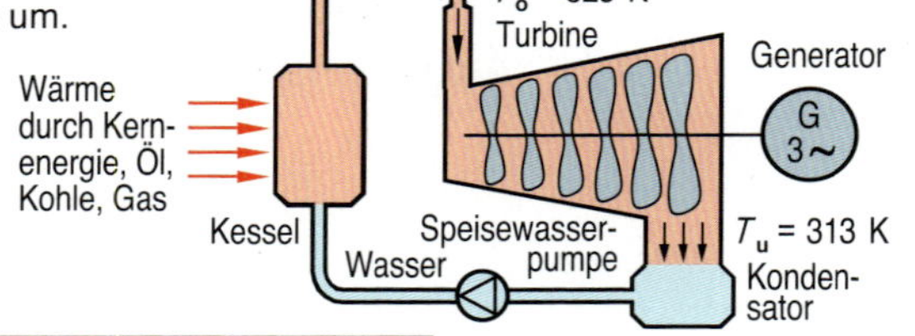

Thermodynamischer Wirkungsgrad

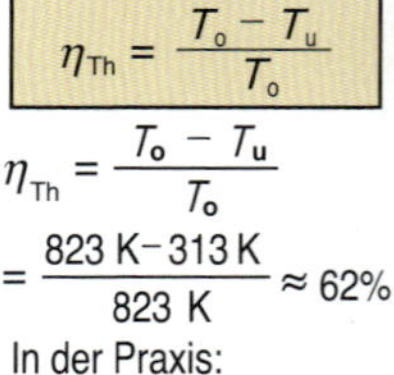

$$\eta_{Th} = \frac{T_o - T_u}{T_o}$$

$$\eta_{Th} = \frac{T_o - T_u}{T_o} = \frac{823\,K - 313\,K}{823\,K} \approx 62\,\%$$

In der Praxis: $\eta_{max} \approx 42\,\%$

Wasserturbinen

Die Leistung von Wasserkraftwerken hängt von der Durchflussmenge und der Fallhöhe bzw. der Durchflussgeschwindigkeit ab.

Für deutsche Verhältnisse gilt: Laufwasserkraftw. ca. 20 MW, Speicherkraftwerke bis 1 GW. Wirkungsgrad bis 95 %.

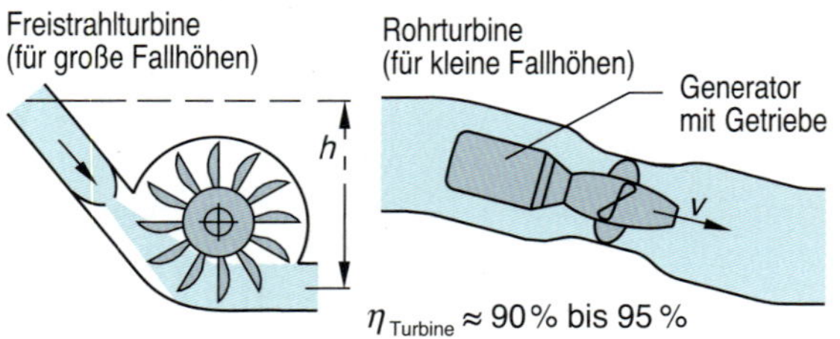

$\eta_{Turbine} \approx 90\,\%$ bis $95\,\%$

Dem Generator zugeführte Leistung

$$P = \frac{\Delta m}{\Delta t} \cdot g \cdot h$$

$$P = \frac{1}{2} \cdot \frac{\Delta m}{\Delta t} \cdot v^2$$

$\frac{\Delta m}{\Delta t}$ Wasserdurchflussmenge
h Fallhöhe
v Fließgeschwindigkeit
g = 9,81 m/s²

Windkonverter

Die Leistung von Windkonvertern hängt vom Rotordurchmesser und der Windgeschwindigkeit in der 3. Potenz ab. Der theoretisch höchstmögliche Leistungsbeiwert c_p (Wirkungsgrad) des Rotors beträgt etwa 59,3 % (betzsches Gesetz), moderne Konverter erreichen bis zu 45 %.

Übliche Leistungen sind 300 kW bis 3 MW, maximal 7,5 MW.

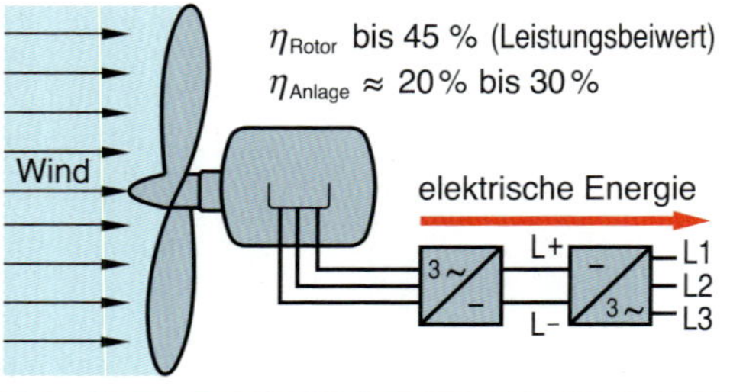

η_{Rotor} bis 45 % (Leistungsbeiwert)
$\eta_{Anlage} \approx 20\,\%$ bis $30\,\%$

Dem Generator zugeführte Leistung

$$P = \frac{1}{8} \cdot d^2 \cdot \pi \cdot v^3 \cdot \varrho_{Luft}$$

d Rotordurchmesser
v Windgeschwindigkeit
$\varrho_{Luft} \approx 1{,}3\,kg/m^3$ (Dichte)

Nicht induktive Spannungserzeugung

Bei der konventionellen Spannungserzeugung durch Induktion ist zum Antrieb des Generators immer mechanische Energie notwendig. Für die Direktumwandlung von Licht- und Wärmeenergie in elektrische Energie gibt es eine Vielzahl von Möglichkeiten. Bei allen ist der Wirkungsgrad aber relativ klein. Die größten Hoffnungen werden derzeit in die Fotovoltaik und in die Brennstoffzellen gesetzt.

Solarzellen, Fotovoltaik

Solarzellen wandeln die Lichtstrahlung direkt ohne bewegte Teile in elektrische Energie um. Der theoretisch höchstmögliche Wirkungsgrad von Solarzellen beträgt etwa 29 %, in der Praxis erreichen serienmäßig gefertigte Zellen einen Wirkungsgrad von etwa 15 %.

Faustregel für 1 m² Solarmodulfläche bei optimaler Aufstellung: Spitzenleistung 120 W_p (Watt Peak)
Ernte pro Jahr 100 kWh

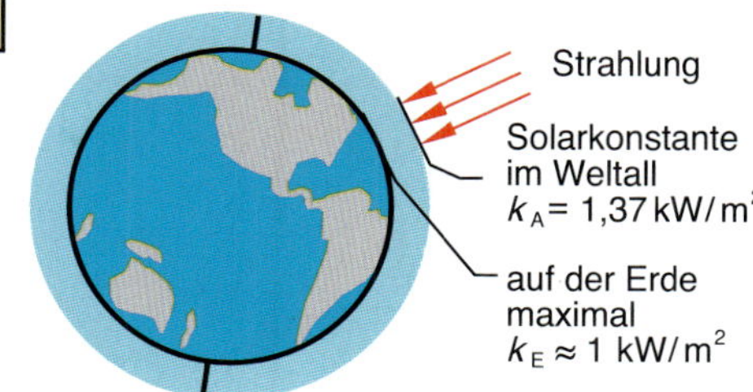

Solarzelle, Prinzip

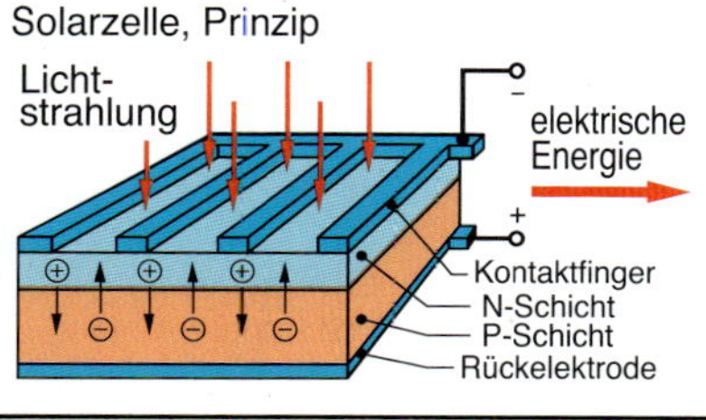

Kennlinien, temperaturabhängig

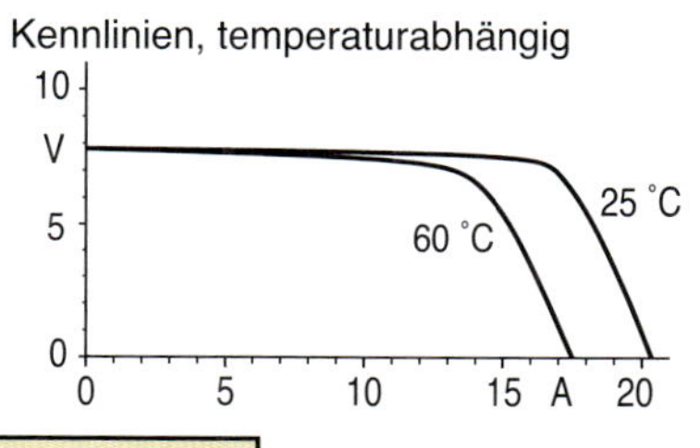

Schaltzeichen

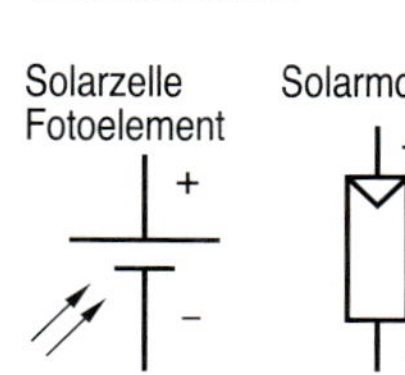

Brennstoffzellen

Brennstoffzellen sind Primärelemente, in denen Wasserstoff mit Sauerstoff in einer „sanften Verbrennung" ohne Flamme reagiert. Bei der Verbrennung entstehen elektrische Energie und Wärme. Wird nur die elektrische Energie genutzt, so lassen sich Wirkungsgrade bis 60 % realisieren, werden in Blockheizkraftwerken (Kraft-Wärme-Kopplung) die elektrische und die thermische Energie genutzt, so sind Gesamtwirkungsgrade bis 85 % möglich. Ungeklärt ist, wie der notwendige Wasser- und Sauerstoff gewonnen werden können. Möglich ist der Einsatz von Solarenergie zur Elektrolyse von Wasser oder die Verwendung von Erdgas (enthält Wasser- und Sauerstoff).

Brennstoffzelle, Prinzip

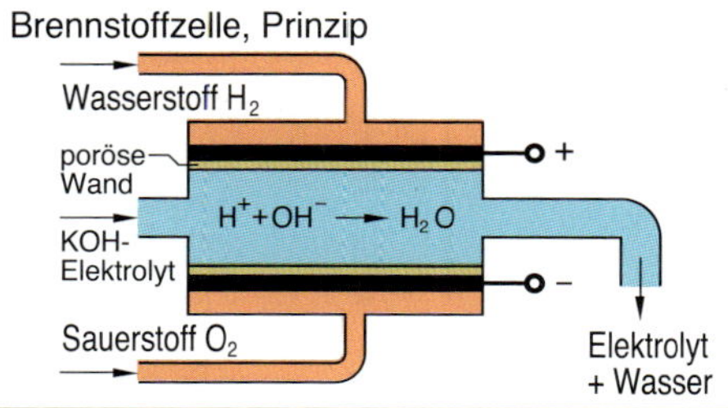

Elektrolyse mit Solarenergie, Prinzip

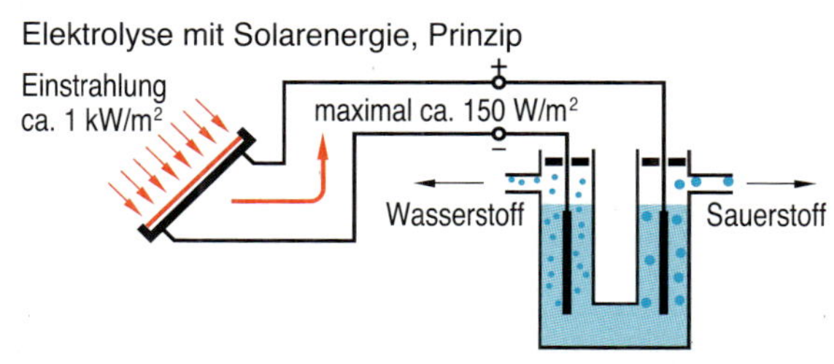

Elektromix

Der Elektromix, der bisher vor allem durch Kernenergie und Kohle geprägt war, wird sich durch das Erneuerbare-Energien-Gesetz (EEG) stark verändern.
Danach sollen bis zum Jahr 2020 35 % der elektrischen Energie aus erneuerbaren Energien („Ökostrom") gewonnen werden, bis zum Jahr 2050 sollen es 80 % sein.
Fotovoltaikanlagen leisten trotz massiver staatlicher Förderung (12,4 Cent/kWh Einspeisevergütung im Juni 2015) bisher nur einen kleinen Beitrag zum Elektromix.

Strommix in Deutschland im Jahr 2013 (Zahlen gerundet)

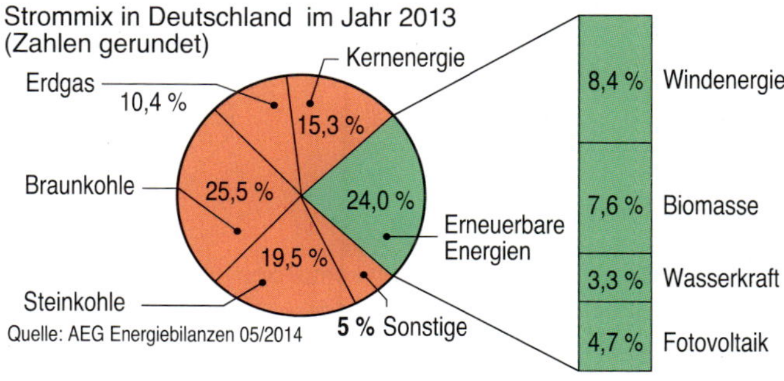

Quelle: AEG Energiebilanzen 05/2014

4.2 Leistung bei Wechselstrom

Leistung bei Wechselstrom

Wirk-, Blind- und Scheinleistung

Strom und Spannung sind in Phase. Die Leistung ist immer positiv, d.h. es ist reine Wirkleistung.

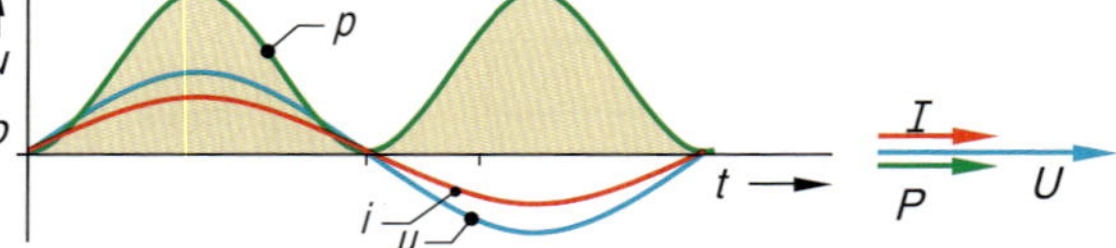

I
P
U

Wirkleistung

$\underline{P} = P = P\underline{/0°}$

[P] = W (Watt)

Der Strom eilt der Spannung um 90° voraus, die Leistung ist abwechselnd positiv und negativ: es ist induktive Blindleistung.

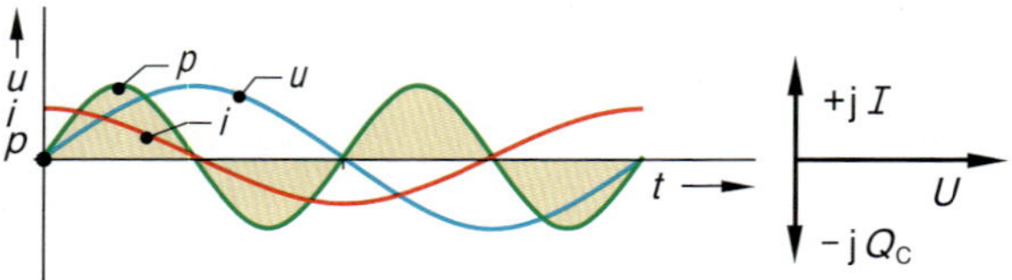

+j I
U
−j Q_C

Kapazitive Blindleistung

$\underline{Q}_C = -\mathrm{j}Q_C = Q_C\underline{/-90°}$

Der Strom eilt der Spannung um 90° nach, die Leistung ist abwechselnd negativ und positiv: es ist kapazitive Blindleistung.

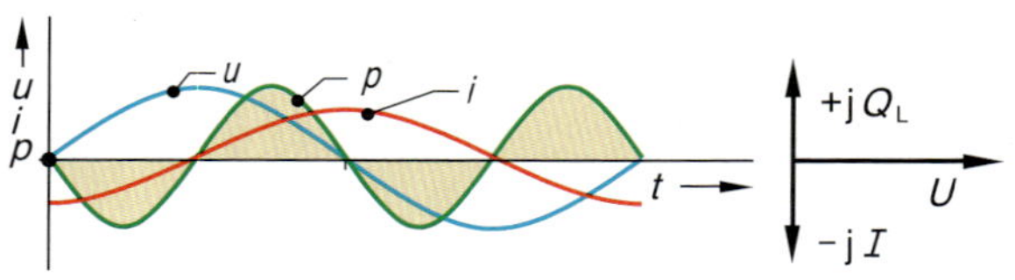

+j Q_L
U
−j I

Induktive Blindleistung

$\underline{Q}_L = +\mathrm{j}Q_L = Q_L\underline{/+90°}$

[Q] = var (Voltampere reaktiv)

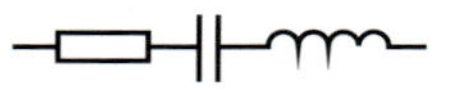

Die Leistung hat einen Wirk- und einen Blindanteil: es ist Scheinleistung.

u
i
p
t →

−j Q_C
j Q_L
$\underline{S}$
φ
P
φ
$\underline{I}$

Scheinleistung

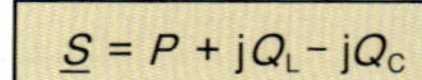

$\underline{S} = P + \mathrm{j}Q_L - \mathrm{j}Q_C$

$S^2 = P^2 + (Q_L - Q_C)^2$

[S] = VA (Voltampere)

Leistungsfaktor

Enthält ein Stromkreis Wirk- und Blindverbraucher, so besteht zwischen Wirk- und Scheinleistung ein Phasenverschiebungswinkel φ. In der Praxis wird der Kosinus des Winkels angegeben, er heißt Leistungsfaktor. Der Leistungsfaktor ist das Verhältnis von Wirk- zu Scheinleistung.
Bei reiner Wirkleistung ist der Leistungsfaktor $\cos\varphi = 1$, bei reiner Blindleistung ist er $\cos\varphi = 0$.

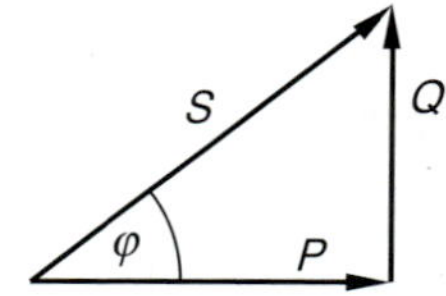

Leistungsfaktor

$$\cos\varphi = \frac{P}{S}$$

Der Leistungsfaktor kann induktiv oder kapazitiv sein.

Berechnung der Leistung

Berechnung mit Zeigerdiagramm

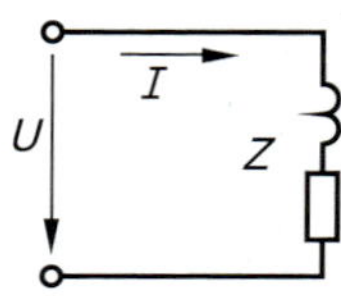

Induktive Last

Strom I eilt Spannung U um Winkel φ nach

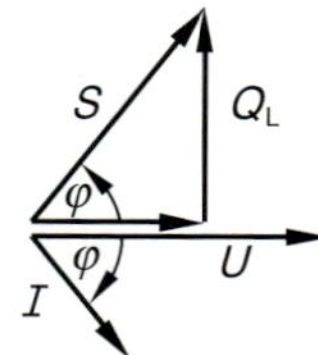

Scheinleistung	$S = U \cdot I$
Wirkleistung	$P = U \cdot I \cdot \cos\varphi$
Blindleistung	$Q = U \cdot I \cdot \sin\varphi$

Komplexe Berechnung

Die komplexe Leistung ist das Produkt aus komplexer Spannung und konjugiert komplexem Strom.

Komplexer Strom: $\underline{I} = I\underline{/\varphi}$

Konjugiert komplexer Strom: $\underline{I}^* = I\underline{/-\varphi}$

$$\underline{S} = \underline{U} \cdot \underline{I}^* = U \cdot I \cdot \cos\varphi + \mathrm{j} \cdot U \cdot I \cdot \sin\varphi$$

komplexe Leistung | Wirkanteil | Blindanteil

Kompensation

Leistungsfaktor

Die technischen Anschlussbedingungen (TAB) der Energieversorgungsunternehmen (EVU) schreiben in ihren Tarifverträgen die teilweise Kompensation der Blindleistung vor. Der nach der Kompensation auftretende Leistungsfaktor muss üblicherweise zwischen $\cos\varphi = 0{,}8$ ind. und $\cos\varphi = 0{,}9$ kap. liegen.
Diese Vorschrift soll verhindern, dass Generatoren, Transformatoren und Übertragungsleitungen durch die zwischen Generator und Verbraucher hin und her pendelnde Blindleistung übermäßig belastet werden. Übersteigt der Blindleistungsbezug den vom EVU genehmigten Wert, so muss er vom Tarifkunden bezahlt werden. Die Messung erfolgt durch Blindleistungszähler.
Die Kompensation kann durch Einzel-, Gruppen- oder Zentralkompensation erfolgen.

Leistungsfluss
ohne Kompensation
380 kV
Transformator
20 kV
Wirkleistung
Blindleistung
0,4 kV
P
Q
M
induktive Last

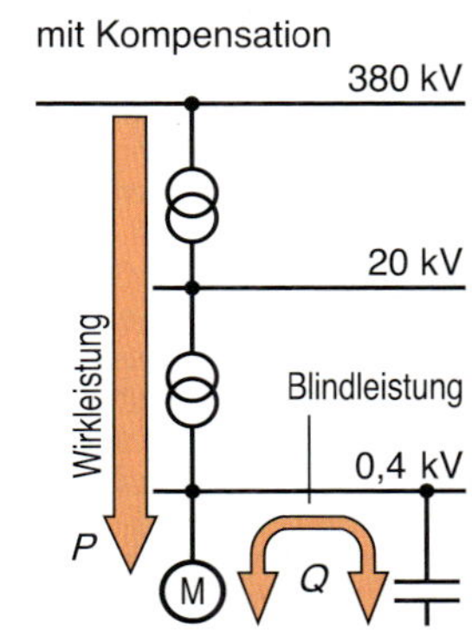

Parallelkompensation

Die Kompensation induktiver Blindleistung erfolgt meist durch parallel geschaltete Kondensatoren. Die Blindleistung wird dann direkt aus dem Kondensator und nicht aus dem weit entfernten Generator bezogen. Die Methode kann für Wechsel- und für Drehstrom angewandt werden.

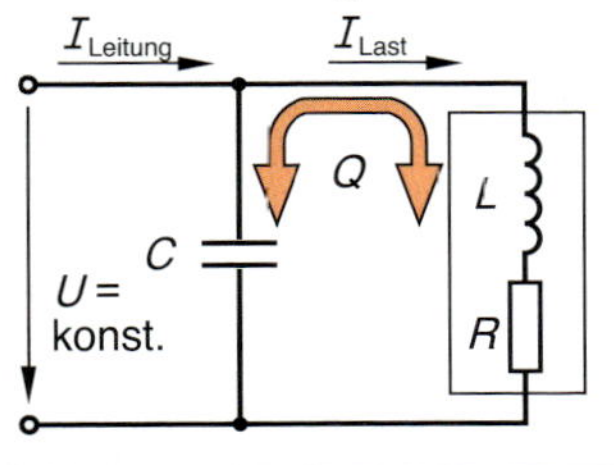

Vollständige Kompensation

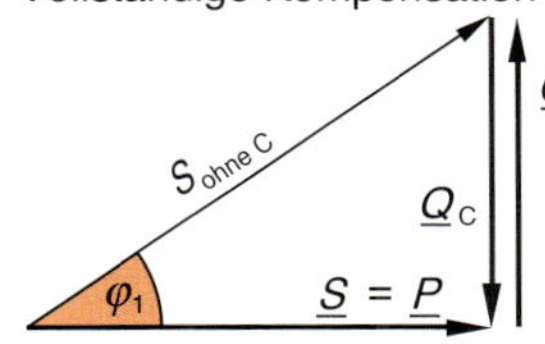

Blindleistung

$$Q_C = P \cdot \tan\varphi$$

oder:

$$Q_C = \sqrt{S^2 - P^2}$$

Teilweise Kompensation

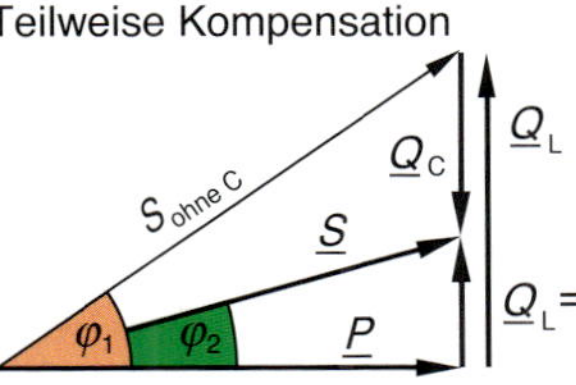

Blindleistung

$$Q_C = P \cdot (\tan\varphi_1 - \tan\varphi_2)$$

Kapazität

$$C = \frac{Q_C}{\omega \cdot U^2}$$

Reihenkompensation

Prinzipiell kann Kompensation auch durch Reihenschaltung von Kondensatoren erfolgen. Allerdings wäre dazu ein Absenken der Eingangsspannung nötig.
In der Praxis hat nur die Duoschaltung Bedeutung. Dabei bleibt ein Zweig unkompensiert, der andere Zweig wird überkompensiert.

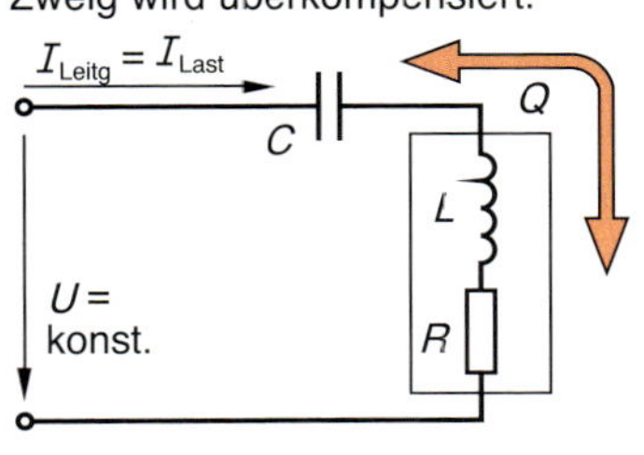

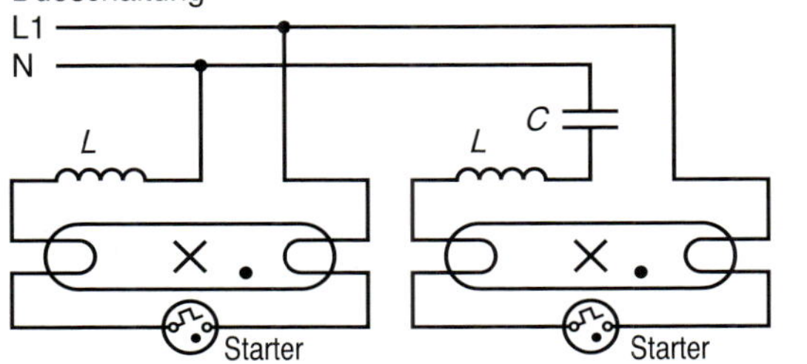

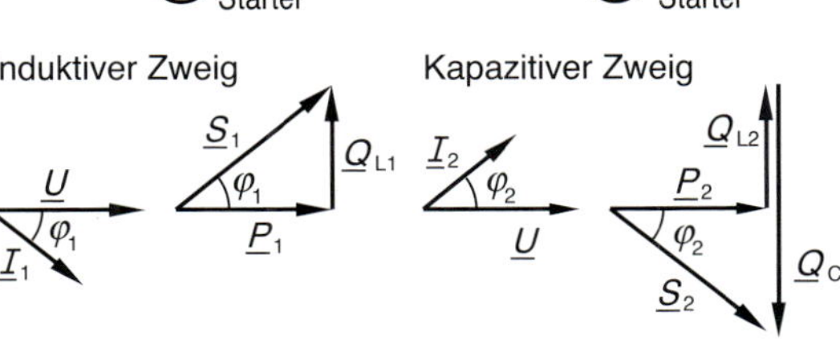

Blindleistung

$$Q_C = 2 \cdot P \cdot \tan\varphi$$

Kapazität

$$C = \frac{I^2}{\omega \cdot Q_C}$$

4.3 Drehstrom

Verkettung zu Stern- und Dreieckschaltung

Grundbegriffe

„Drehstrom" ist dreiphasiger Wechselstrom, d.h.: drei Stränge mit zeitlich versetzten Spannungen sind zu einem gemeinsamen System zusammengeschaltet (verkettet). Die drei Stränge können dabei zur Stern- oder zur Dreieckschaltung verkettet sein.
Im Drehstromsystem unterscheidet man:

1. Strangströme
2. Leiterströme (Außenleiterströme)
3. Strangspannungen
4. Leiterspannungen (Spannungen zwischen den Leitern (Außenleitern)).

Sind alle drei Stranglasten nach Betrag und Phasenlage gleich, so ist die Belastung symmetrisch, im anderen Fall ist sie unsysmmetrisch.

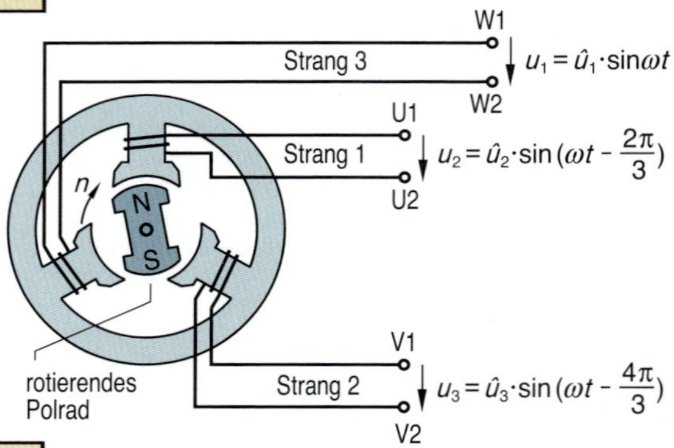

Symmetrische Belastung

Sternschaltung
Bei der Sternschaltung sind die Leiterströme gleich den Strangströmen, die Spannungen sind verkettet.

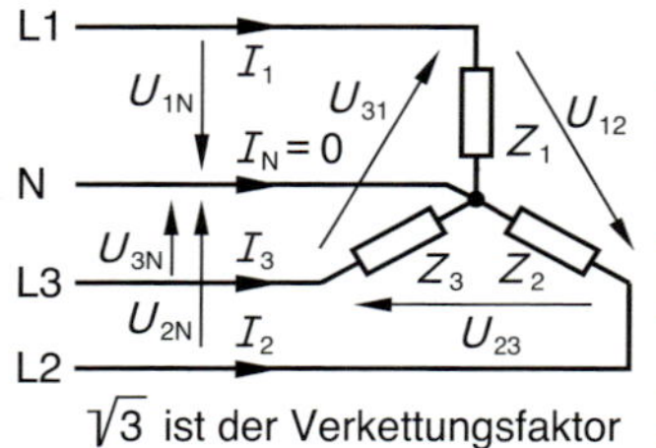

$\sqrt{3}$ ist der Verkettungsfaktor

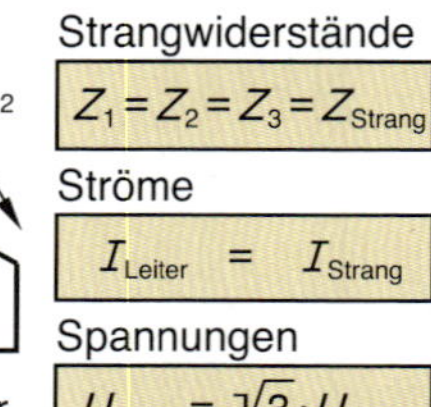

Strangwiderstände

$Z_1 = Z_2 = Z_3 = Z_{Strang}$

Ströme

$I_{Leiter} = I_{Strang}$

Spannungen

$U_{Leiter} = \sqrt{3} \cdot U_{Strang}$

Dreieckschaltung
Bei der Dreieckschaltung sind die Leiterspannungen gleich den Strangspannungen, die Ströme sind verkettet.

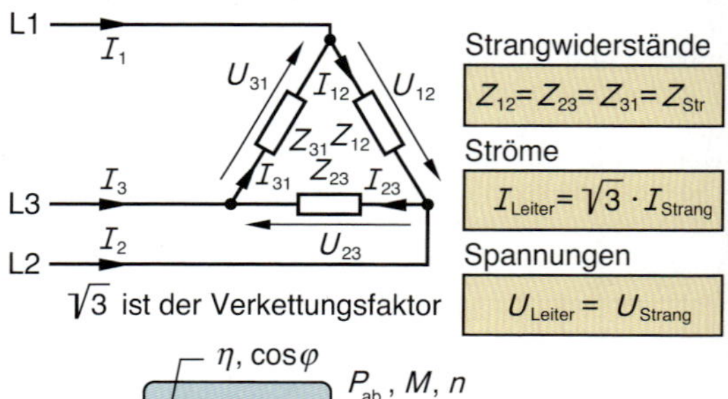

$\sqrt{3}$ ist der Verkettungsfaktor

Strangwiderstände

$Z_{12} = Z_{23} = Z_{31} = Z_{Str}$

Ströme

$I_{Leiter} = \sqrt{3} \cdot I_{Strang}$

Spannungen

$U_{Leiter} = U_{Strang}$

Leistung bei symmetrischer Last und Leistungsfaktor $\cos\varphi$ (U und I Leiterwerte)

$$P = 3 \cdot U_{Str} \cdot I_{Str} \cdot \cos\varphi$$

$$P = \sqrt{3} \cdot U \cdot I \cdot \cos\varphi$$

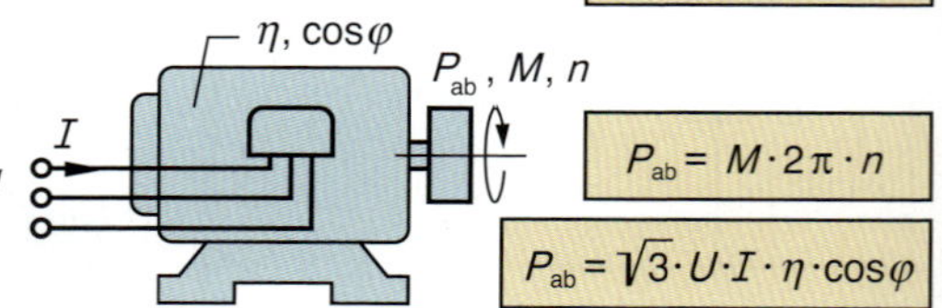

$$P_{ab} = M \cdot 2\pi \cdot n$$

$$P_{ab} = \sqrt{3} \cdot U \cdot I \cdot \eta \cdot \cos\varphi$$

Unsymmetrische Belastung

Das Versorgungsnetz gilt auch bei unsymmetrischer Belastung als „starr", d.h. die Leiterspannungen sind auch bei unsymmetrischer Last gleich. Für den N-Leiter-Strom, die Strangspannungen und die Leiterströme ergibt sich je nach Schaltung folgendes:

Sternschaltung mit N-Leiter

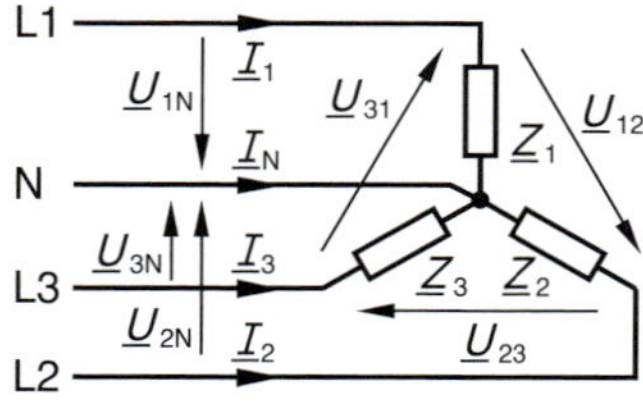

Im N-Leiter fließt Strom. Die Berechnung erfolgt mit einem maßstäblichen Zeigerbild oder mit komplexer Rechnung:

$$\underline{I}_N = -(\underline{I}_1 + \underline{I}_2 + \underline{I}_3)$$

Sternschaltung ohne N-Leiter

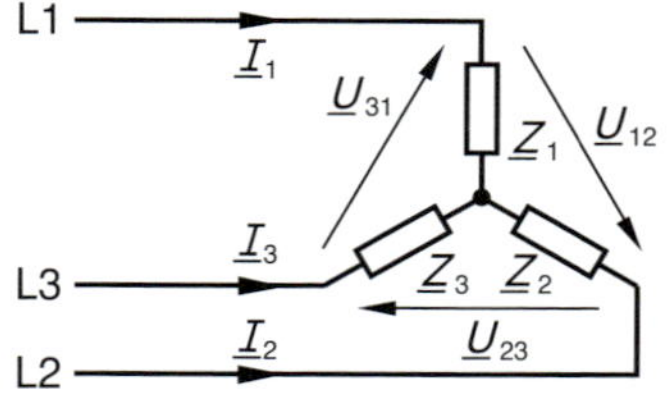

Ohne N-Leiter entsteht eine Sternpunktverschiebung, d.h. an den Strängen liegen unterschiedliche Spannungen. Zwischen dem neuen Sternpunkt und Nullpotenzial sind je nach Last Spannungen bis etwa 600 Volt möglich.

Dreieckschaltung

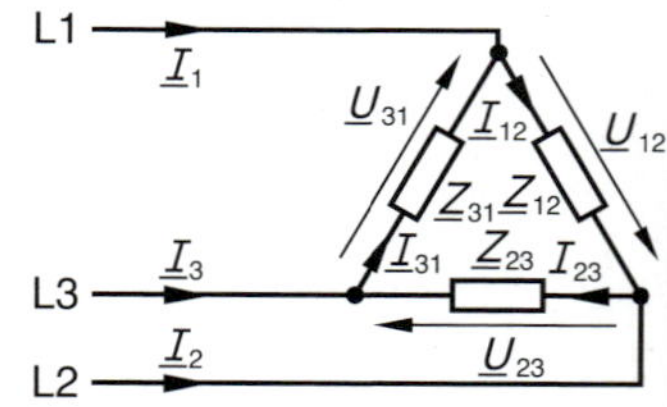

In den drei Leitern fließen unterschiedliche Ströme. Die Berechnung erfolgt zeichnerisch oder mit komplexer Rechnung,

z.B.: $\underline{I}_1 = \underline{I}_{12} - \underline{I}_{31}$

Messung der Drehstromleistung

Messung im Vierleiternetz

Symmetrische Last
Bei symmetrischer Last fließt in allen Leitern der gleiche Strom. Es genügt daher, die Leistung für einen Strang zu messen und das Messergebnis mit 3 zu multiplizieren.
Der Faktor 3 ist bei manchen Messgeräten in der Anzeige bereits berücksichtigt.

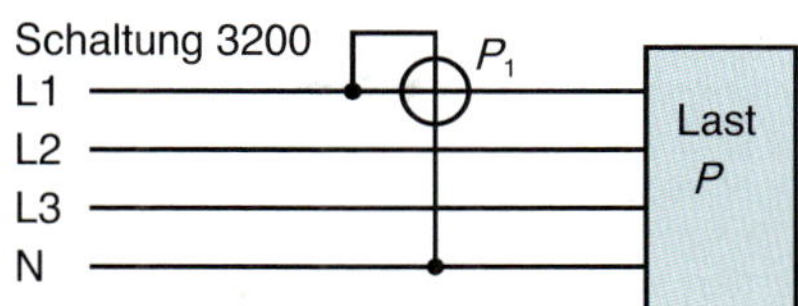

Symmetrische Last Y oder Δ

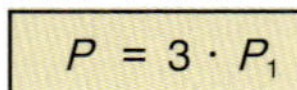

$P = 3 \cdot P_1$

Unsymmetrische Last
Bei unsymmetrischer Last fließt über jeden Leiter ein anderer Strom. Zur Messung der Gesamtleistung müssen deshalb drei Messungen durchgeführt werden; die Messergebnisse sind anschließend zu addieren.
Wirken die drei Messwerke auf eine gemeinsame Welle, so wird bereits die Gesamtleistung gezeigt.

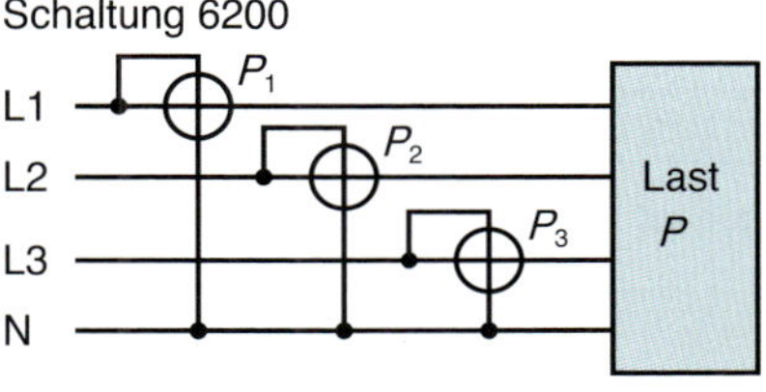

Beliebige Last Y oder Δ

$P = P_1 + P_2 + P_3$

Messung im Dreileiternetz

Künstlicher Sternpunkt
In Dreileiternetzen, die naturgemäß keinen Sternpunkt haben, lassen sich Strangleistungen nicht direkt messen. Mithilfe von zwei zusätzlichen Widerständen, die aus dem Innenwiderstand des Spannungspfades und seinem Vorwiderstand berechnet werden, lässt sich jedoch ein künstlicher Sternpunkt nachbilden. Bei symmetrischer Last wird die Strangleistung angezeigt. Die Gesamtleistung erhält man durch Multiplikation mit dem Faktor 3.

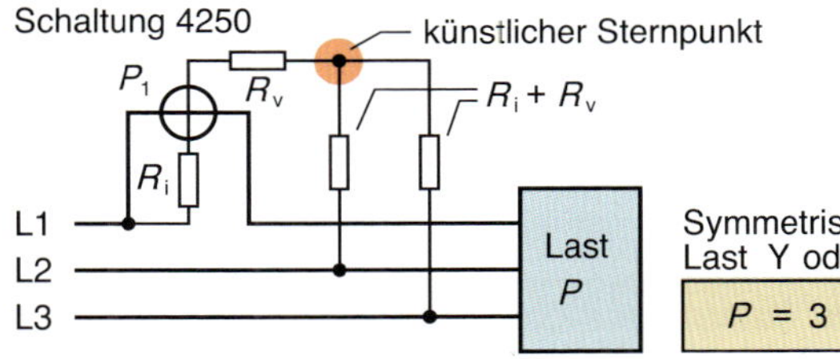

Symmetrische Last Y oder Δ

$P = 3 \cdot P_1$

Zwei-Wattmeter-Methode
Im Dreileiternetz kann mithilfe von zwei Wattmetern (Aron-Schaltung) bei symmetrischer und unsymmetrischer Last die Gesamtleistung gemessen werden. In dieser Schaltung können auch bei symmetrischer Last je nach Leistungsfaktor beide Messwerke unterschiedliche Werte anzeigen.
Ist $\cos\varphi < 0{,}5$, so zeigt ein Gerät einen negativen Wert. Dies ist beim Ergebnis zu berücksichtigen.

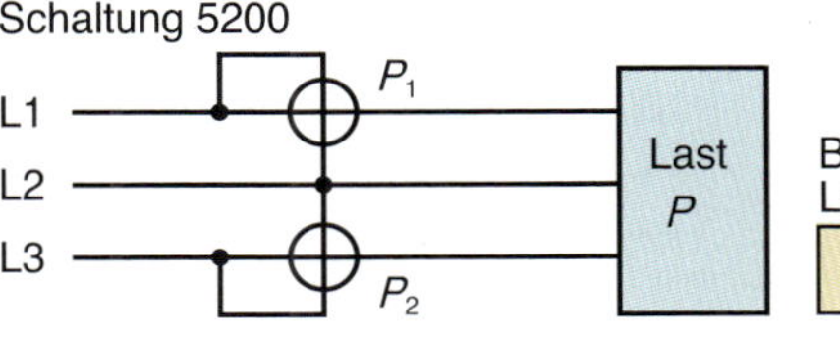

Beliebige Last Y oder Δ

$P = P_1 + P_1$

Blindstromkompensation bei Drehstrom

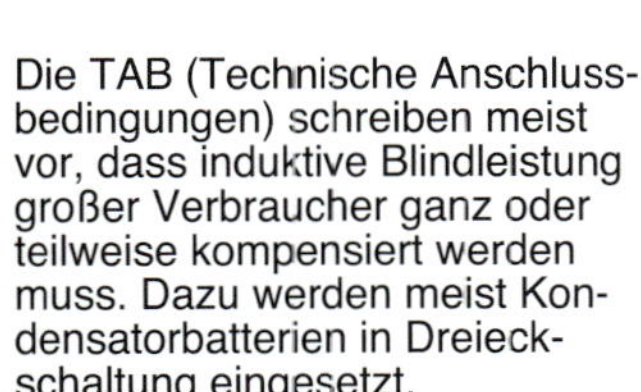

Die TAB (Technische Anschlussbedingungen) schreiben meist vor, dass induktive Blindleistung großer Verbraucher ganz oder teilweise kompensiert werden muss. Dazu werden meist Kondensatorbatterien in Dreieckschaltung eingesetzt.
Die Berechnung der notwendigen Kondensatoren erfolgt wie bei einphasigem Wechselstrom (siehe Seite 106).

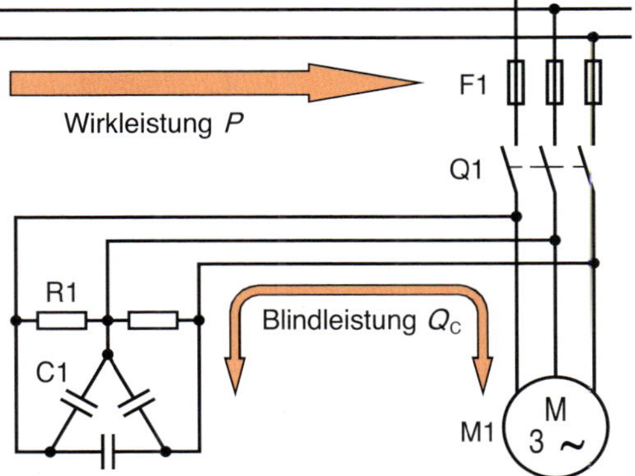

Wenn der Leistungsfaktor von $\cos\varphi_1$ auf $\cos\varphi_2$ verbessert werden soll, gilt für die Kondensatorleistung

$$Q_C = P \cdot (\tan\varphi_1 - \tan\varphi_2)$$

Die Kapazität eines Kondensators ist dann

$$C = \frac{1}{3} \cdot \frac{Q_C}{\omega \cdot U^2}$$

mit $\omega = 2\pi \cdot f$
f Frequenz (50 Hz)

4

4.4 Transformatoren

Transformator, Grundlagen

Aufbau und Wirkungsweise

Transformatoren bestehen im Wesentlichen aus zwei Spulen, die über einen Eisenkern magnetisch miteinander gekoppelt sind. Die Energie wird durch Induktion von der Eingangsseite (Primärseite) auf die Ausgangsseite (Sekundärseite) übertragen. Transformatoren werden zur Umwandlung von Spannungen, Strömen und Impedanzen (Widerständen) sowie zur galvanischen Trennung von Stromkreisen eingesetzt.

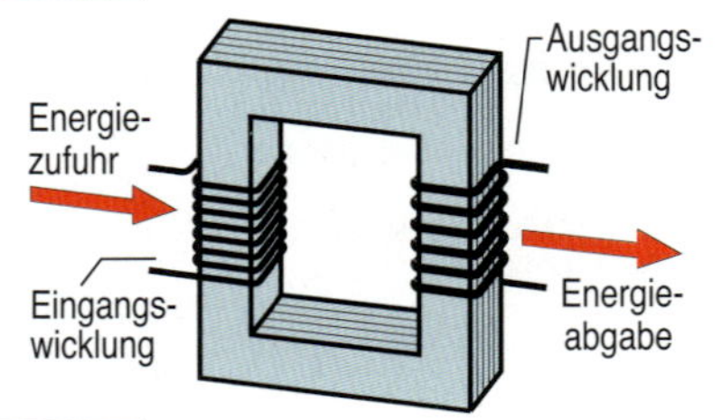

Transformationsgesetze beim idealen Transformator

Transformator im Leerlauf

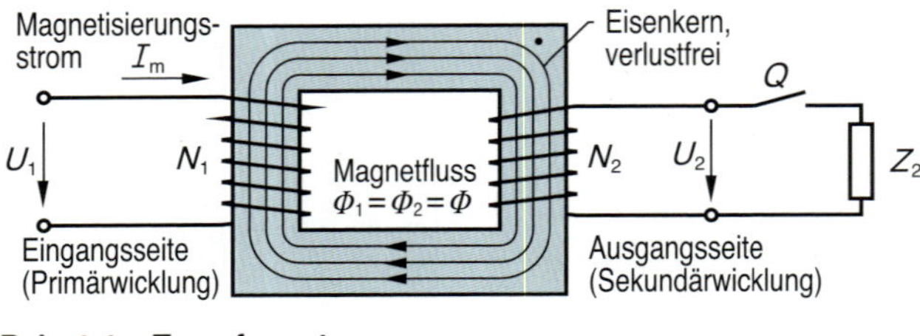

Transformatorenhauptgleichung

$$U_0 = 4{,}44 \cdot N \cdot f \cdot B_{max} \cdot A_{Fe}$$

U_0 induzierte Spannung
N Windungszahl
f Frequenz
B_{max} Induktion, Maximalwert
A_{Fe} Eisenquerschnitt

Spannungsübersetzung

$$\frac{U_1}{U_2} = \frac{N_1}{N_2} = ü$$

Belasteter Transformator
Bei Vernachlässigung des Magnetisierungsstromes gilt:

Stromübersetzung

$$\frac{I_1}{I_2} = \frac{N_2}{N_1} = \frac{1}{ü}$$

Überzetzung der Impedanzen

$$\frac{Z_1}{Z_2} = \frac{N_1^2}{N_2^2} = ü^2$$

Realer Transformator

Ersatzschaltbild

Die Verluste und Streuflüsse beim realen Transformator werden im Ersatzschaltbild erfasst:

R_{Fe} → Eisenverluste
X_h → Hauptinduktivität
R_{Cu} → Kupferverluste
X_σ → Streufelder

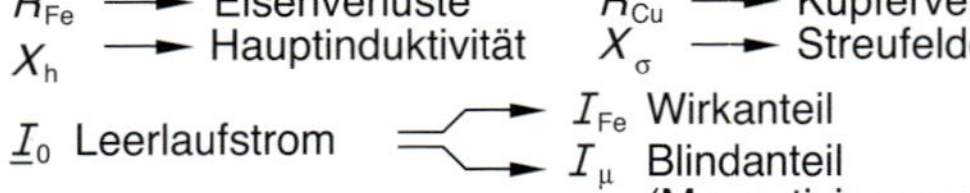

I_0 Leerlaufstrom → I_{Fe} Wirkanteil; I_μ Blindanteil (Magnetisierungsstrom)

U_k Kurzschlussspg. → U_{Cu} Wirkanteil; U_σ Streuspannung

Leerlaufmessung
Die Leerlaufmessung erfolgt mit Nennspannung.
Dabei werden gemessen: 1. Leerlaufstrom I_0
2. Eisenverluste $P_0 = P_{Fe}$

Der Leerlaufstrom dient zur Magnetisierung des Eisenkerns (Magnetisierungstrom I_μ) und zur Deckung der Eisenverluste durch Wirbelströme und Ummagnetisierung.

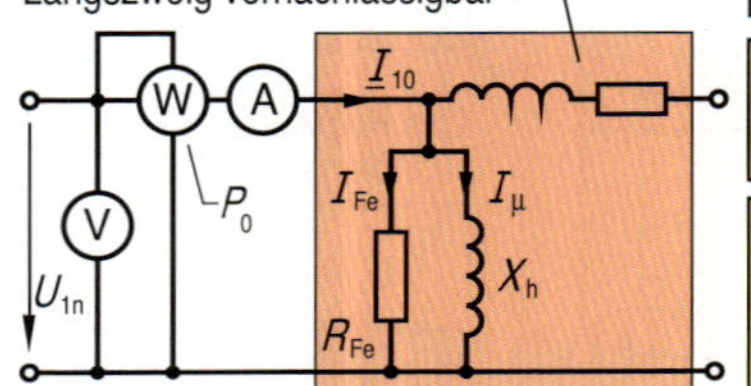

Berechnung:

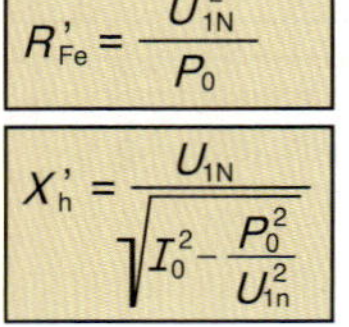

$$R'_{Fe} = \frac{U_{1N}^2}{P_0}$$

$$X'_h = \frac{U_{1N}}{\sqrt{I_0^2 - \frac{P_0^2}{U_{1n}^2}}}$$

Kurzschlussmessung
Die Kurzschlussmessung erfolgt mit Nennstrom.
Dabei werden gemessen: 1. Kurzschlussspannung U_k
2. Kupferverluste $P_k = P_{Cu}$

Die Kurzschlussspannung lässt bei kurzgeschlossenem Transformator den Nennstrom fließen. Sie wird in % der Nennspannung angegeben.

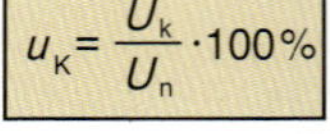

$$u_K = \frac{U_k}{U_n} \cdot 100\,\%$$

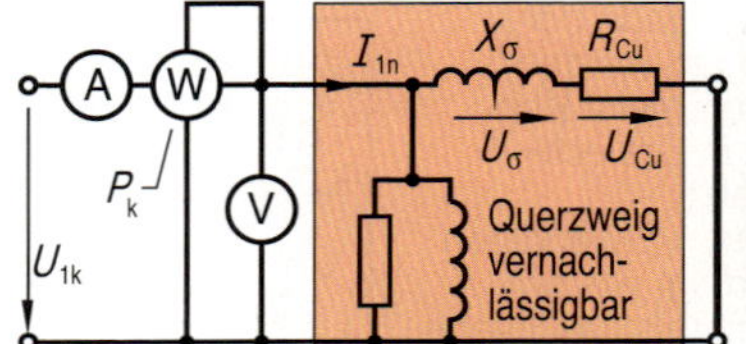

Berechnung:

$$R'_{Cu} = \frac{P_k}{I_{1n}^2}$$

$$X'_\sigma = \sqrt{\frac{U_{1k}^2}{I_{1n}^2} - \frac{P_k^2}{I_{1n}^4}}$$

Hinweis: Mit ' gekennzeichnete Werte, z.B. U'_2, sind auf die Eingangsseite transformiert.

Spannungsfall bei Belastung

Bei Belastung des Transformators gibt es am Innenwiderstand einen Spannungsfall.
Bei induktiver Last sinkt die Ausgangsspannung stark, bei ohmscher Last weniger stark.
Bei kapazitiver Last steigt die Ausgangsspannung an, d.h. der Spannungsfall ist negativ.

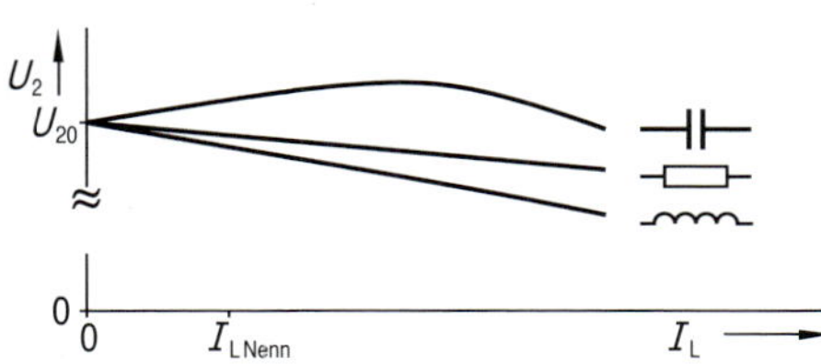

Zeigerbild

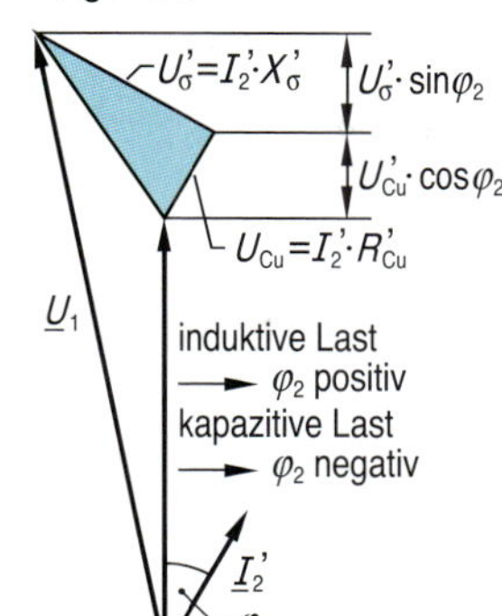

Ersatzschaltbild

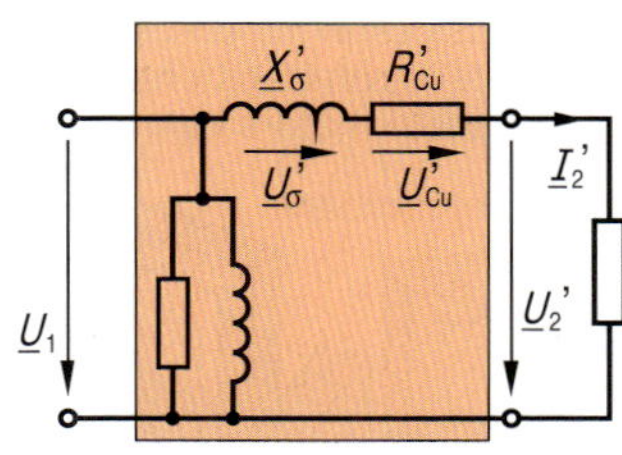

Definition $\Delta U' = |U_1| - |U'_2|$

$$\Delta U' = U'_{Cu} \cdot \cos\varphi_2 + U'_\sigma \cdot \sin\varphi_2$$

Hinweis: Mit ' gekennzeichnete Werte, z.B. U'_2, sind auf die Eingangsseite transformierte Werte.

Verluste und Wirkungsgrad

Der Wirkungsgrad eines Transformators ist stark von seiner Belastung abhängig: Im Leerlauf und im Kurzschluss ist der Wirkungsgrad null, im Bereich der Nennlast steigt der Wirkungsgrad je nach Größe des Transformators auf bis zu 99,9%.
Die Belastung wird durch den Lastgrad a gekennzeichnet. Man versteht darunter das Verhältnis von Laststrom zu Nennlaststrom. Die Fe-Verluste sind lastunabhängig, die Cu-Verluste steigen quadratisch mit dem Lastgrad.

Lastfaktor

$$\alpha = \frac{S}{S_n} = \frac{I}{I_n}$$

Wirkungsgrad

$$\eta = \frac{\alpha \cdot P_n}{\alpha \cdot P_N + P_{Fe\,n} + \alpha^2 \cdot P_{Cu\,n}}$$

Lastfaktor

$$\alpha_{opt} = \sqrt{\frac{P_{Fe\,n}}{P_{Cu\,n}}}$$

$P_{Fe\,n}$ Eisenverluste bei Nennspannung
$P_{Cu\,n}$ Kupferverluste bei Nennstrom
S_n Nennleistung
I_n Nennstrom

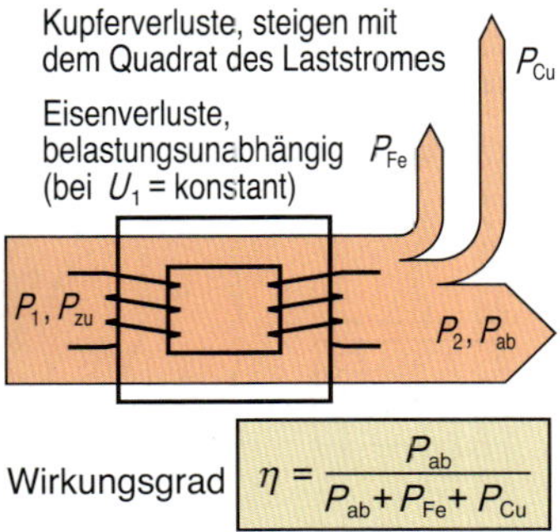

Wirkungsgrad $\eta = \dfrac{P_{ab}}{P_{ab} + P_{Fe} + P_{Cu}}$

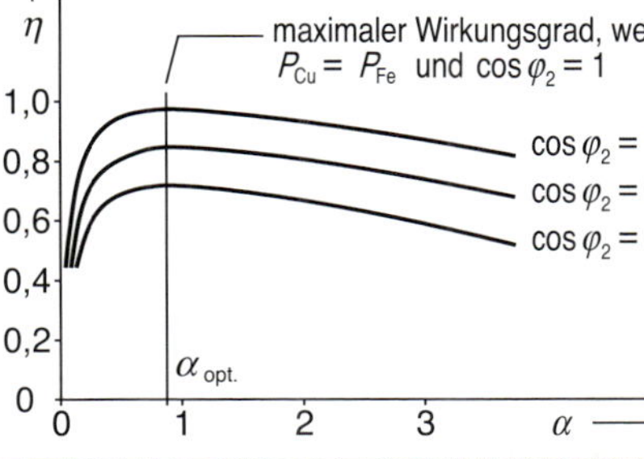

Kurzschlussströme

Der Verlauf eines Kurzschlussstromes hängt davon ab, zu welchem Zeitpunkt er eintritt. Tritt er beim Nulldurchgang der Spannung ein, so ist die Stromspitze (Stoßkurzschlussstrom) am größten.
Nach Abklingen des Einschwingvorgangs fließt (bis zum Abschalten) der „Dauerkurzschlussstrom".

Dauerkurzschlussstrom

$$I_{kd} = \frac{I_N}{u_k} \cdot 100\,\%$$

Maximaler Stoßkurzschlussstrom

$$i_s \approx 1{,}8 \cdot I_{kd} \sqrt{2} \approx 2{,}5 \cdot I_{kd}$$

u_k prozentuale Kurzschlussspannung

Abklingender Kurzschlussstrom

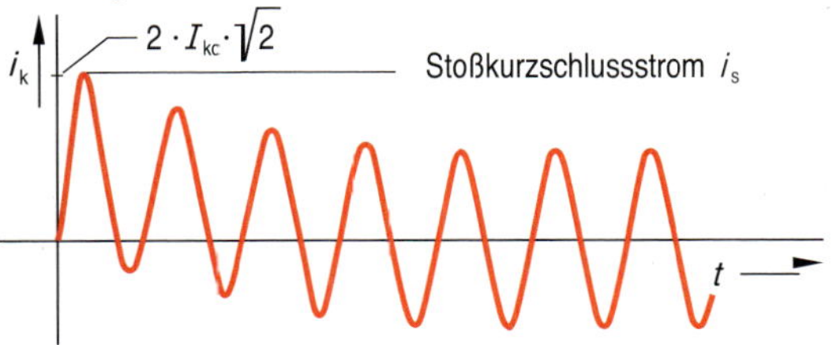

Komponenten des Kurzschlussstromes

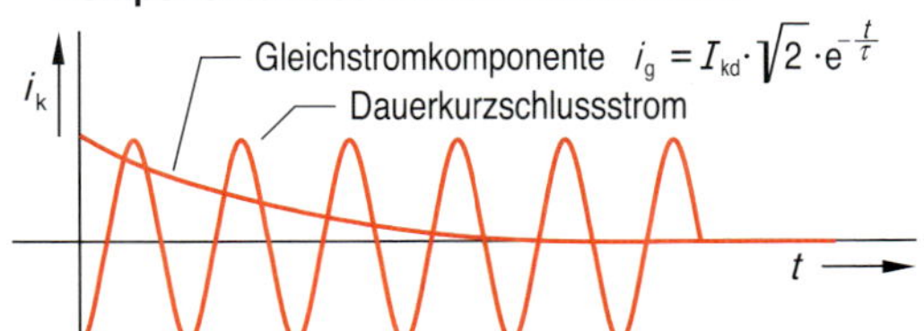

4.5 Drehstromtransformatoren

Drehstromtransformatoren

Aufbau

Drehstrom kann mit drei einzelnen Transformatoren (Transformatorbank, in Amerika üblich) oder mit einem einzigen Drehstromtransformator (in Europa üblich) transformiert werden. Der übliche Dreischenkelkern eines Drehstromtransformators kann dabei aus drei einzelnen Kernen entwickelt werden.

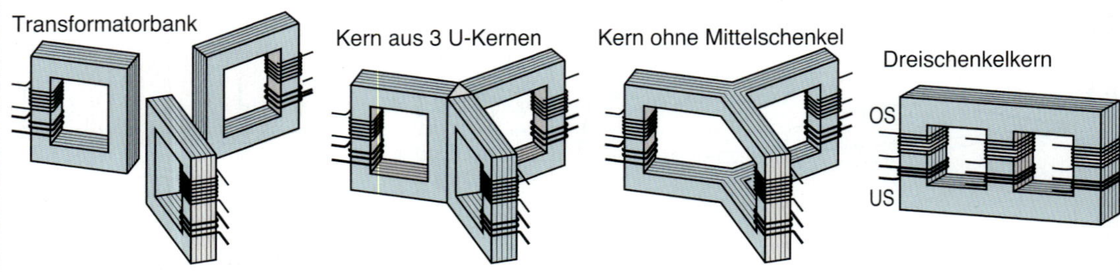

Schaltungen und Schaltgruppen

Bei Drehstromtransformatoren können die Stränge der Oberspannungsseite (OS) und der Unterspannungsseite (US) jeweils in Stern (Y) oder in Dreieck (D) geschaltet werden. Damit sind im Prinzip 4 Schaltungskombinationen möglich: Yy, Dd, Yd, Dy. Der Großbuchstabe kennzeichnet die Ober-, der Kleinbuchstabe die Unterspannungsseite. Ein auf der Unterspannungsseite herausgeführter N-Leiter wird mit n bezeichnet.
Je nach Schaltgruppe tritt zwischen den Spannungen der OS und US eine Phasenverschiebung von 0°, 150°, 180° oder 330° auf. Sie wird durch eine Kennziffer (0, 5, 6 bzw. 11) gekennzeichnet.

Beispiel: Dyn-Schaltung

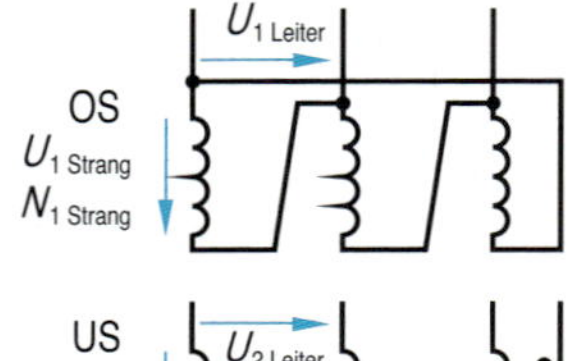

Als Übersetzungsverhältnis ist festgelegt:

$$\ddot{u} = \frac{U_{1\,Leiter}}{U_{2\,Leiter}}$$

Für die Strangspannungen gilt:

$$\frac{U_{1\,Strang}}{U_{2\,Strang}} = \frac{N_{1\,Strang}}{N_{2\,Strang}}$$

Schaltgruppe Yyn 0

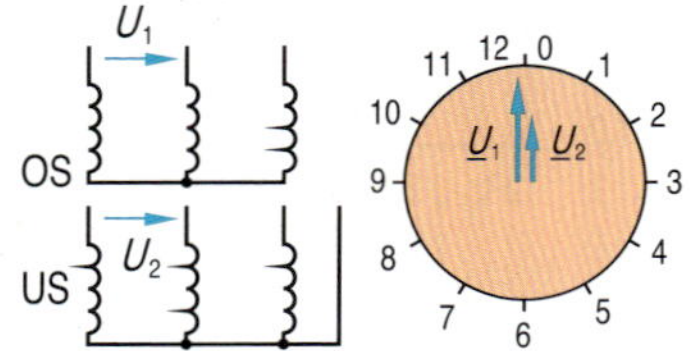

Schaltgruppe Dyn 5

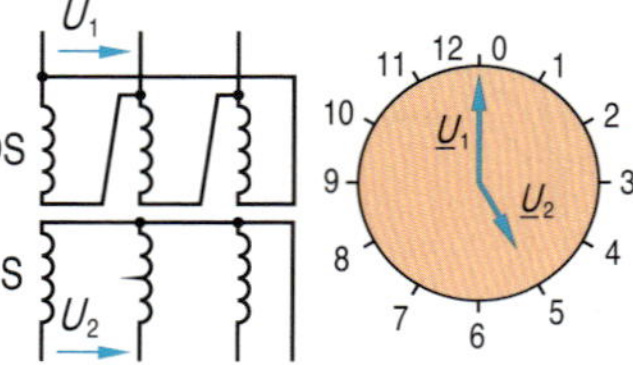

Schaltgruppe Yd 5

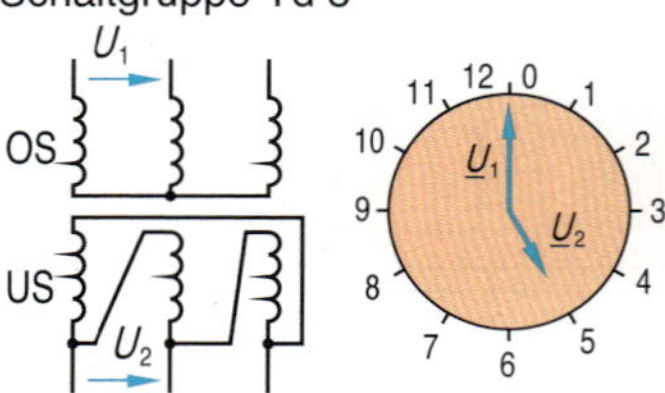

Lastverteilung bei parallelen Transformatoren

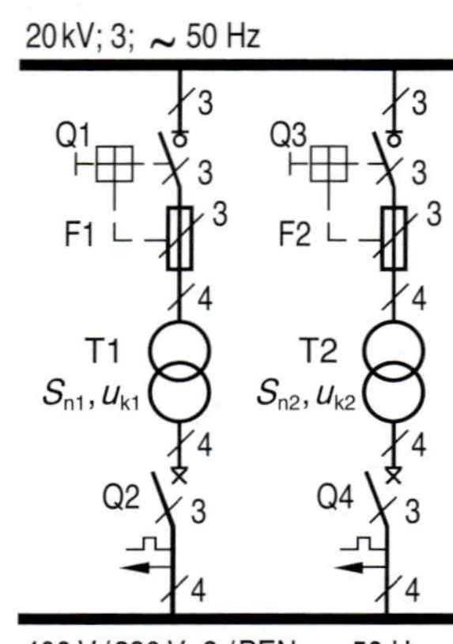

Um Überlastungen und gefährliche Ausgleichströme zu vermeiden, müssen beim Parallelschalten von Transformatoren folgende Bedingungen eingehalten werden:

1. Ober- und Unterspannungen sowie Nennfrequenzen der Transformatoren müssen gleich sein.
2. Die Kurzschlussspannungen dürfen maximal um 10 % voneinander abweichen.
3. Das Verhältnis der Transformator-Nennleistungen soll kleiner als 3 : 1 sein.
4. Die Kennzahl der Transformator-Schaltgruppen

Dabei ist: S_1, S_2, S_3 Lastanteil der Transformatoren
ΣS Gesamtlast
S_{1n}, S_{2n}, S_{3n} Nennlast der Transformatoren
u_{k1}, u_{k2}, u_{k3} Kurzschlussspannungen der einzelnen Transformatoren
u_k durchschnittliche Kurzschlussspannung.

Lastverteilung , wenn $u_{k1} = u_{k2} = u_{k3}$

$$S_1 = \Sigma S \cdot \frac{S_1}{\Sigma S_{n1}}$$

Durchschnittliche Kurzschlussspannung u_k

$$u_k = \frac{\Sigma S_n}{\frac{S_{n1}}{u_{k1}} + \frac{S_{n2}}{u_{k2}} + \frac{S_{n3}}{u_{k3}}}$$

Lastverteilung, wenn $u_{k1} \neq u_{k2} \neq u_{k3}$

$$S_1 = S_{n1} \cdot \frac{u_k}{u_{k1}} \cdot \frac{\Sigma S}{\Sigma S_n}$$

Drehstromasynchronmotor

Drehstromasynchronmotoren (DASM) sind einfach aufgebaut, robust, wartungsarm und preisgünstig. Ihr Betriebsverhalten kann durch die Drehmomenten- und die Stromkennlinie dargestellt werden. Danach ist für normale DASM charakteristisch:
1. Großer Anlaufstrom ($I_A = 3...8 \cdot I_n$, je nach Motorgröße und Bauart))
2. Mittelgroßes Anlaufmoment ($M_A = 2...3 \cdot M_n$, je nach Bauart)
3. Relativ starre (konstante) Drehfrequenz auch bei wechselnder Last.

Werden DASM über Frequenzumrichter betrieben, so können sie ähnlich wie Gleichstrommaschinen in einem weiten Drehfrequenzbereich betrieben werden. Durch den Betrieb mit Umrichtern können die Motoren auch bei vollem Drehmoment und kleinem Anlaufstrom sanft hoch gefahren werden. DASM mit Frequenzumrichtern verdrängen zunehmend die Gleichstromantriebe.

DASM mit aufgesetztem Frequenzumrichter

Drehmomenten- und Stromkennlinie, normiert

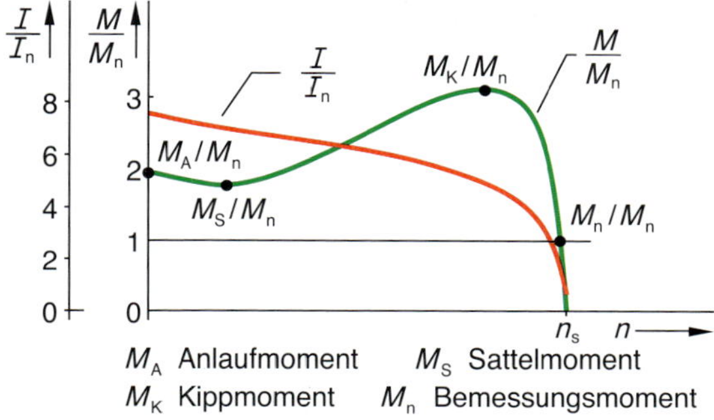

M_A Anlaufmoment M_S Sattelmoment
M_K Kippmoment M_n Bemessungsmoment

Synchrone Drehfrequenz

$$n_s = \frac{f}{p}$$

Drehfrequenz der Welle

$$n = \frac{f}{p}(1-s)$$

Schlupf

$$s = \frac{n_s - n}{n_s} \cdot 100\,\%$$

Mechanische Leistung, Wellenleistung

$$P = U \cdot I \cdot \sqrt{3} \cdot \eta \cdot \cos\varphi$$
$$P = M \cdot 2\pi \cdot n = M \cdot \omega$$

U Leiterspannung
I Leiterstrom
P Leistung
f Netzfrequenz
p Polpaarzahl
η Wirkungsgrad
$\cos\varphi$ Leistungsfaktor
M Drehmoment
n Drehfrequenz (Läufer)
n_s Drehfrequenz (Drehfeld)
ω Winkelgeschwindigkeit

Stern-Dreieck-Anlauf
Motoren, die betriebsmäßig für Dreieckschaltung ausgelegt sind, können in Sternschaltung angelassen werden. Dadurch sinkt der Anlaufstrom, aber auch das Anlaufmoment auf ein Drittel.

$$I_{AY} = \frac{1}{3} \cdot I_{A\Delta}$$
$$M_{AY} = \frac{1}{3} \cdot M_{A\Delta}$$

Sind beim DASM Kippschlupf s_K und Kippmoment M_K bekannt, so ist das Moment für jeden Schlupf s berechenbar.

Kloßsche Gleichung

$$\frac{M}{M_K} = \frac{2}{\frac{s}{s_K} + \frac{s_K}{s}}$$

4

Antrieb mit Drehstrommotoren

Ein Antrieb besteht aus dem Zusammenwirken von Motor und Last. Aus der Hochlaufkennlinie kann insbesondere die Hochlaufzeit ermittelt werden, die Betriebskennlinie zeigt das Drehfrequenzverhalten bei Laständerung.

Momentenkennlinie, Hochlauf

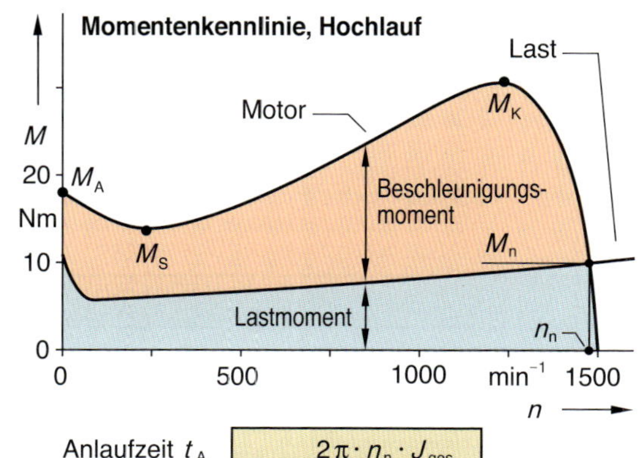

Anlaufzeit t_A (Hochlaufzeit)

$$t_A = \frac{2\pi \cdot n_n \cdot J_{ges}}{M_B}$$

M_B mittleres Beschleunigungsmoment (geschätzt, z.B. $M_B = 2 \cdot M_n$)
J_{ges} Trägheitsmoment (Motor und Last)

Momentenkennlinie, Betrieb

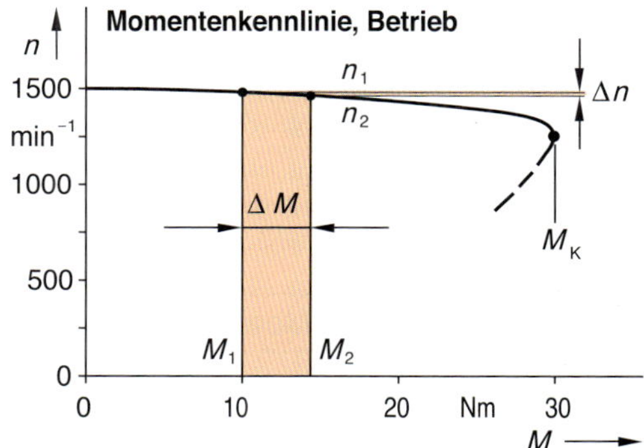

Aus der Betriebskennlinie kann das Verhalten der Drehfrequenz bei Laständerungen ermittelt werden. DASM haben ein starres Verhalten, d.h. die Drehfrequenz ändert sich bei Laständerungen nur wenig. Bei Überschreiten des Kippmomentes M_K bleibt der Motor stehen.

4.7 Motordaten

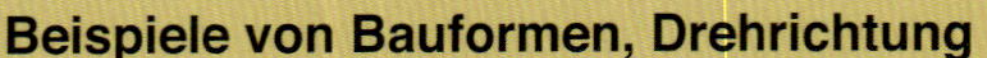

Beispiele von Bauformen, Drehrichtung

Normmotoren werden nach dem IM-Code gekennzeichnet (IM International Mounting)
B horizontale Lage der Welle **V** vertikale Lage der Welle **vierstellige Zahl** genaue Kennzeichnung der Bauform

IM B3 (IM 1001)

waagrechte Lage mit Befestigungsfüßen
1 freies Wellenende

IM B5 (IM 3001)

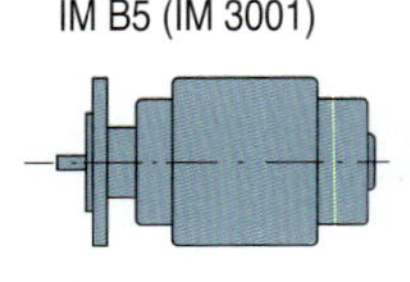

waagrechte Lage mit Befestigungsflansch
1 freies Wellenende

IM V1 (IM 3011) IM V3 (IM 3031)

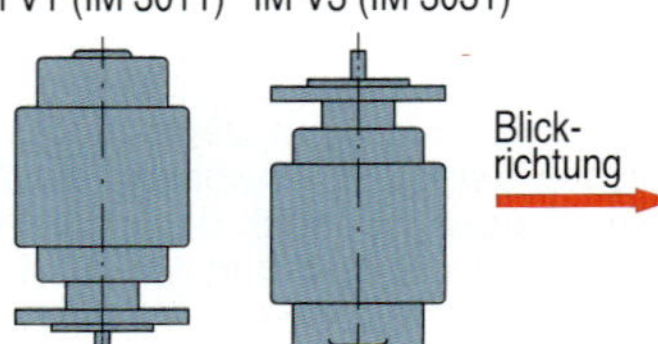

senkrecht mit Befestigungsflansch
freies Wellenende unten bzw. oben

Drehrichtung

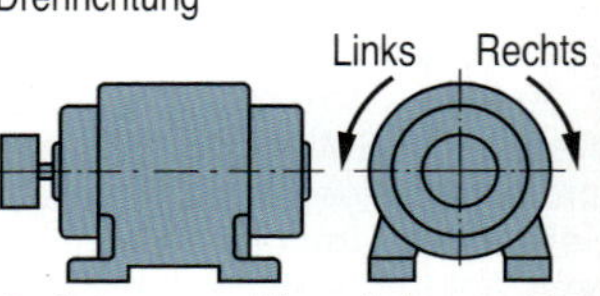

Drehstrommaschinen drehen rechts, wenn die Anschlüsse U, V, W mit der Phasenfolge L1, L2, L3 übereinstimmt

Betriebsart

Motorleistung und Temperatur in Abhängigkeit von der Zeit

Betriebsart S1, Dauerbetrieb

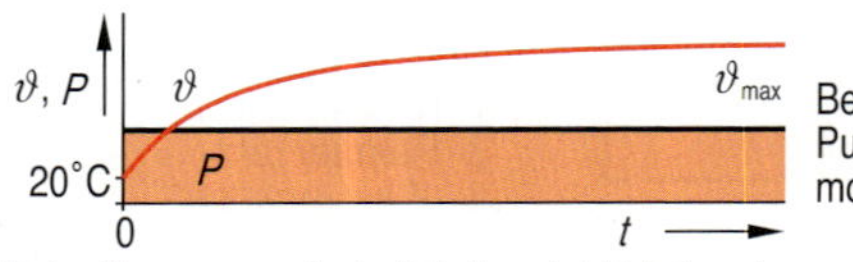

Beispiel: Pumpenmotor

Unter Bemessungslast wird eine gleichbleibende Temperatur erreicht, die nicht weiter ansteigt

Betriebsart S2, Kurzzeitbetrieb

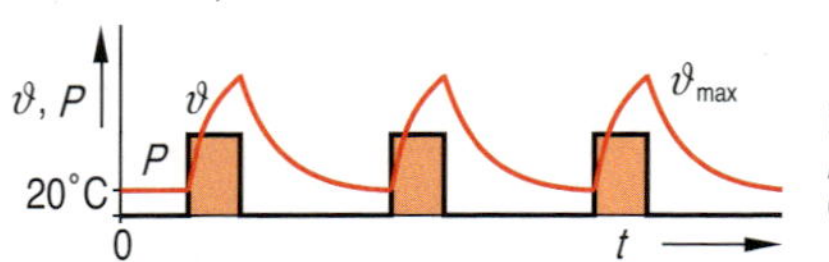

Beispiel: Antrieb für Garagentor

Die Betriebsdauer unter Bemessungslast ist kurz im Vergleich zur Pause. Betriebsdauern 10 min, 30 min, 90 min

Betriebsarten S3, S4, S5, Aussetzbetriebe

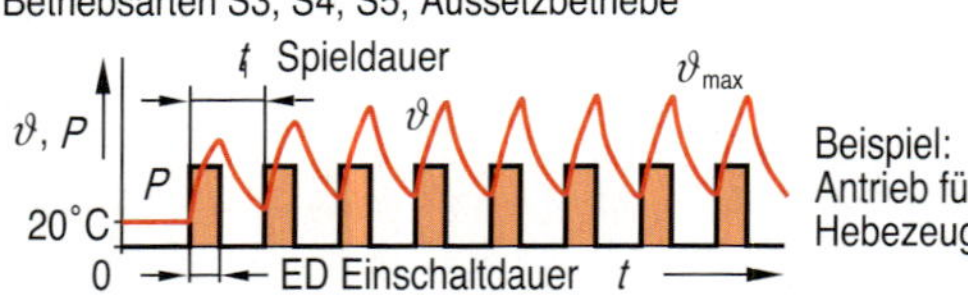

Beispiel: Antrieb für Hebezeug

Die Einschaltdauer beträgt 15 %, 25 %, 40 %, 60 % der Spieldauer (10 min., wenn keine andere Angabe)

Betriebsart S6: wie S3, der Motor bleibt aber in den Belastungspausen eingeschaltet und arbeitet im Leerlauf weiter

Betriebsarten S7 bis S10: ununterbrochener oder unterbrochener Lauf mit wechselnden Lasten sowie Bremsbetrieb

Schutzarten elektrischer Betriebsmittel

IP XX (IP International Protection)

Berühr- und Fremdkörperschutz

0 kein Berühr- bzw. Fremdkörperschutz
1 Handrückenschutz, Schutz gegen Körper ≥ ∅ 50 mm
2 Fingerschutz (Prüffinger, ∅12 mm, l = 80 mm), Körper ≥ ∅ 12,5 mm
3 Werkzeugschutz (Sonde, ∅2,5 mm, l = 100 mm), Körper ≥ ∅ 2,5 mm
4 Drahtschutz (Sonde, ∅1,0 mm), Schutz gegen Fremdkörper ≥ ∅ 1,0 mm
5 Drahtschutz wie 4, staubgeschützt
6 Drahtschutz wie 4, staubdicht

Wasserschutz

0 kein Wasserschutz
1 Schutz gegen senkrecht fallendes Tropfwasser
2 Schutz gegen schrägfallendes Tropfwasser
3 Schutz gegen Sprühwasser
4 Schutz gegen Spritzwasser
5 Schutz gegen Strahlwasser
6 Schutz gegen starkes Strahlwasser
7 Schutz gegen zeitweisiges Untertauchen
8 Schutz gegen dauerndes Untertauchen

Leistungsschild von Motoren

Stromart
Bemessungsspannung
Bemessungsleistung (an Welle abgegebene Leistung)
Bemessungsdrehfrequenz (Drehfrequenz = Drehzahl)
Isolierstoffklasse

Y 90 °C A 105 °C E 130 °C
B 155 °C F 155 °C H 180 °C C > 180 °C

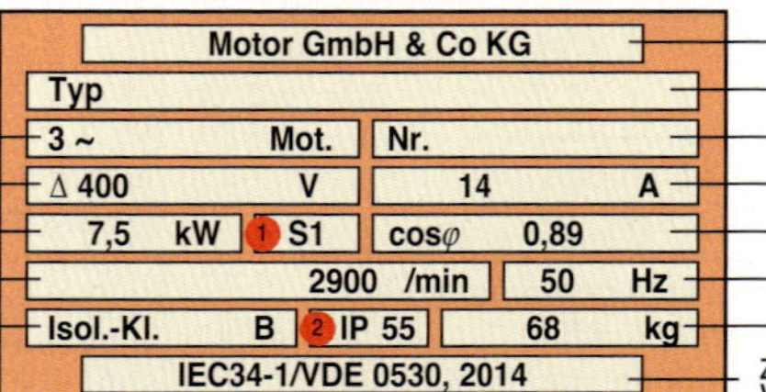

Name des Herstellers
Motortyp, Bauform, Baugröße
Fertigungsnummer
Bemessungsstromstärke
Leistungsfaktor
Frequenz
Gewicht
zusätzliche Vermerke

1 Betriebsart
2 Schutzart

Drehstrom-Käfigläufermotoren (Auswahl nach Firmenunterlagen)

Baugröße	P_n in kW	n_n in 1/min	η in %	$\cos\varphi$	I_n in A	$\frac{I_A}{I_n}$	M_n in Nm	$\frac{M_A}{M_n}$	$\frac{M_K}{M_n}$	J in kgm²	m in kg	
63	0,25	2765	66	0,81	0,67	4,3	0,86	2,3	2,3	0,00020	4,1	2-polige Drehstromasynchronmotoren 50 Hz / 400 V n_s = 3000 / min
71	0,55	2800	71	0,81	1,38	4,9	1,9	2,3	2,3	0,00045	6,6	
80	1,1	2850	77	0,85	2,42	6,1	3,7	2,6	2,3	0,0011	9,9	
90 S	1,5	2860	77	0,82	3,4	6,2	5,0	2,5	2,5	0,0015	12,9	
90 L	2,2	2860	82	0,85	4,6	6,8	7,4	2,8	2,8	0,0020	15,7	
100 L	3,0	2885	83	0,86	6,1	7,2	9,8	2,4	2,6	0,0038	21	
112 M	4,0	2895	84	0,88	7,8	7,6	13	2,4	2,8	0,0055	28	
132 S	5,5	2910	85	0,84	11,1	6,3	18	2,0	2,6	0,014	40	
132 S	7,5	2910	86	0,85	14,8	6,9	25	2,2	2,6	0,019	50	
160 M	11	2915	87	0,85	21,5	6,3	36	2,0	2,6	0,033	69	
71	0,25	1325	58	0,75	0,83	3,0	1,8	1,8	1,8	0,0006	4,8	4-polige Drehstromasynchronmotoren 50 Hz / 400 V n_s = 1500 / min
80	0,55	1400	71	0,78	1,43	4,7	3,7	2,3	2,4	0,0015	8,0	
90 S	1,1	1410	74	0,81	2,65	5,0	7,5	2,1	2,5	0,0028	12,3	
90 L	1,5	1405	75	0,82	3,5	4,9	10	2,2	2,6	0,0035	15,6	
100 L	2,2	1415	79	0,82	4,9	6,0	15	2,2	2,6	0,0048	22	
100 L	3,0	1415	83	0,81	6,4	6,2	20	2,7	3,0	0,0058	24	
112 M	4,0	1435	83	0,80	8,7	7,0	27	2,8	3,0	0,011	29	
132 S	5,5	1450	85	0,83	11,3	6,9	36	2,4	3,3	0,023	42	
132 M	7,5	1450	87	0,83	15,0	7,7	49	2,7	3,3	0,028	53	
160 M	11	1455	88	0,85	21,2	7,1	72	2,4	2,9	0,05	73	

Einphasen-Käfigläufermotoren (Auswahl nach Firmenunterlagen)

Baugröße	P_n in kW	n_n in 1/min	η in %	$\cos\varphi$	I_n in A	$\frac{I_A}{I_n}$	M_n in Nm	$\frac{M_A}{M_n}$	C_B in µF	J in kgm²	m in kg	
M56B	0,12	2760	52	0,88	1,2	2,6	0,35	0,6	8	0,00015	3,3	2-polig 50 Hz / 230 V Kondensator 400 V
M63C	0,25	2780	54	0,92	2,0	2,9	0,8	0,68	10	0,00035	4,4	
M71C	0,55	2800	60	0,94	4,5	3,1	1,9	0,74	20	0,00057	6,3	
M80C	1,1	2840	64	0,90	9,5	3,2	3,5	0,78	30	0,00120	11,3	
M100B	2,2	2860	78	0,95	15,0	3,5	7,4	0,83	60	0,00530	22	
M63B	0,12	1360	55	0,90	1,3	2,8	0,80	0,80	8	0,00040	4,3	4-polig 50 Hz / 230 V Kondensator 400 V
M71B	0,25	1380	58	0,94	2,4	3,0	1,6	0,83	13	0,00060	6,8	
M80A	0,6	1400	60	0,92	4,8	3,3	3,6	0,82	20	0,00140	10,0	
M90S	1,1	1420	64	0,96	9,5	3,4	7,6	0,81	30	0,00330	13,8	
M100BL	2,2	1430	70	0,86	14,5	3,8	16,0	0,83	50	0,00850	23	

P_n Bemessungsleistung (an der Welle abgegebene Leistung), n_n Bemessungsdrehzahl, η Wirkungsgrad, $\cos\varphi$ Leistungsfaktor, I_n Bemessungsstrom, I_A Anlaufstrom, M_n Bemessungsmoment, M_A Anlaufmoment, M_K Kippmoment, J Massenträgheitsmoment, m Masse, C_B Kapazität des Betriebskondensators.
Das Massenträgheitsmoment J ist wesentlich für das dynamische Verhalten (Hochlaufen, Abbremsen). Das gesamte Trägheitsmoment des Antriebs besteht aus den Trägheitsmomenten des Motors und der Last.
Mit einem zusätzlichen Anlaufkondensator (z.B. $C_A = 3 \cdot C_B$) kann das Anlaufmoment von Einphasenmotoren stark erhöht werden.

4.8 Leitungsberechnung I

Anforderungen an Leitungen

Leitungen und Kabel der Elektroinstallationstechnik müssen eine sichere und wirtschaftliche Verteilung der elektrischen Energie garantieren. Dazu müssen bei der Bemessung drei Kriterien erfüllt sein:

1. **ausreichende mechanische Festigkeit**, um Beschädigung und Bruch von Leitern, insbesondere des Schutzleiters (PE) zu verhindern,
2. **ausreichende Strombelastbarkeit**, um unzulässige Erwärmung und damit Brandgefahr zu verhindern,
3. **hinreichend kleiner Spannungsfall**, um auch für weit entfernte Verbraucher die erforderliche Spannung zu gewährleisten.

Mindesquerschnitte wegen mechanischer Festigkeit

Verlegungsart	Querschnitt in mm²
feste, geschützte Verlegung	Cu 1,5, Al 2,5
Leitungen bis 2,5 A Schaltanlagen bis 16 A und Verteiler über 16 A	Cu 0,5 Cu 0,75 Cu 1,0
Verlegung auf Isolatoren Isolatorabstand: bis 20 m 20 m bis 45 m	 Cu 4,0 Cu 6,0
Fassungsadern	Cu 0,75
Starkstrom-frei-leitungen • Kupfer • Stahl • Aluminium • Alu-Stahl	16 16 25 25/4

Verlegungsart	Querschnitt in mm²
bewegliche Leitungen für den Anschluss von	
• leichten Handgeräten bis 1 A (Anschlussleitung bis 2 m)	Cu 0,5
• Geräten bis 2,5 A (bis 2 m)	Cu 0,5
• Geräten bis 10 A	Cu 0,75
• Gerätesteckdosen und Kupplungsdosen bis I_n = 10 A	Cu 0,75
• Geräten über 10 A	Cu 1,0
• Mehrfachsteckdosen, Gerätesteckdosen und Kupplungsdosen bis I_n = 10 A	Cu 1,0
• Lichtketten: Lampe-Lampe	Cu 0,5
Stecker-Lichtkette	Cu 0,75

Strombelastbarkeit in Abhängigkeit von der Verlegeart

Verlegearten nach DIN VDE 0298-4 (Betriebstemperatur 70 °C, Umgebungstemperatur 30 °C)

	A1	A2	B1	B2	C	E	F
Erklärung	Aderleitung in Rohr in wärmegedämmter Wand	Leitung in Rohr oder Kabelkanal in wärmegedämmter Wand	Aderleitung in Rohr oder Kabelkanal auf oder in Wand (Beton, Mauerwerk)	Leitung in Rohr oder Kabelkanal auf oder in Wand (Beton, Mauerwerk)	Leitung direkt auf oder in Wand (Beton, Mauerwerk)	Leitung mit Mindestabstand 0,3 x d zur Wand	Einadrige Mantelleitung frei in Luft mit Mindestabstand 1 x d
Beispiel							

Strombelastbarkeit in A bei 2 belasteten Adern (Wechselstrom) bzw. 3 belasteten Adern (Drehstrom)

A in mm²	A1 2		A1 3		A2 2		A2 3		B1 2		B1 3		B2 2		B2 3		C 2		C 3		E 2		E 3		F 2		F 3	
1,5	15,5	10	13,5	10	15,5	10	13	10	17,5	16	15,5	10	16,5	16	15	10	19,5	16	17,5	16	22	20	18,5	16	–	–	–	–
2,5	19,5	16	18	16	18,5	16	17,5	16	24	20	21	20	23	20	20	20	27	25	24	20	30	25	25	25	–	–	–	–
4	26	25	24	20	25	25	23	20	32	32	28	25	30	25	27	25	36	35	27	25	40	40	34	32	–	–	–	–
6	34	32	31	25	32	32	29	25	41	40	36	35	38	35	34	32	46	40	41	40	51	50	43	40	–	–	–	–
10	46	40	42	40	43	40	39	35	57	50	50	50	52	50	46	40	63	63	57	50	70	63	60	50	–	–	–	–
16	61	50	56	50	57	50	52	50	76	63	68	63	69	63	62	50	85	80	76	63	94	80	80	80	–	–	–	–
25	80	80	73	63	75	63	68	63	101	100	89	80	90	80	80	80	112	100	96	80	119	100	101	100	131	125	110	100
35	99	80	89	80	92	80	83	80	125	125	110	100	111	100	99	80	138	125	119	100	148	125	126	125	162	160	137	125
50	119	100	108	100	110	100	99	80	151	125	134	125	133	125	118	100	168	160	144	125	180	160	153	125	196	160	167	160
70	151	125	136	125	139	125	125	125	192	160	171	160	168	160	149	125	213	200	184	160	232	224	196	160	251	250	216	200

Nennstrom der Überstrom-Schutzeinrichtung in A (jeweils rechter Wert)

Belastbarkeit in A (jeweils linker Wert)

Unverzweigte Leitungen

Festlegungen

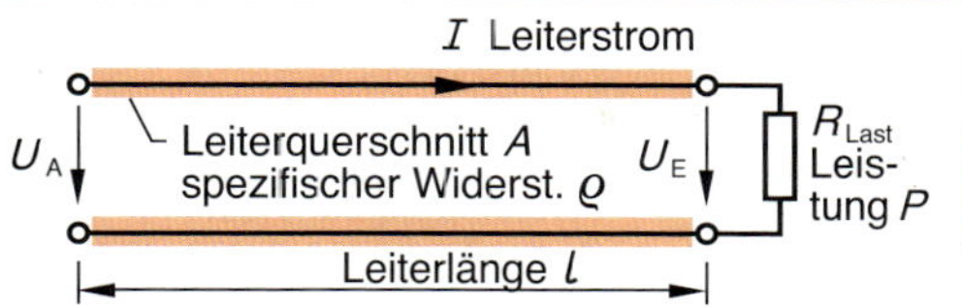

U_A Spannung am Anfang der Leitung

U_E Spannung am Ende der Leitung

Spannungsfall, Definition	Prozentualer Spannungsfall	Prozentualer Leistungsverlust
$\Delta U = U_E - U_A$	$\Delta u = \frac{\Delta U}{U} \cdot 100\,\%$	$p_V = \frac{P_V}{P} \cdot 100\,\%$

U Netz-Nennspannung $(U \approx U_A \approx U_E)$

Beläge

Ohmsche, induktive und kapazitive Widerstände der gängigen Leitungen, Kabel und Freileitungen können aus Tabellen bestimmt werden. Dabei werden aber nicht die Widerstände selbst, sondern die Widerstandsbeläge angegeben. Der Widerstandsbelag ist der Widerstand pro Meter oder pro Kilometer **einfacher** Leitungslänge.

Leitungen für Gleichstrom

In Gleichstromkreisen bzw. Wechselstromkreisen mit rein ohmscher Last verursacht nur der ohmsche Widerstand der Leitungen einen Spannungsfall. Zu berücksichtigen sind dabei die Hin- und die Rückleitung.

Ersatzschaltbild

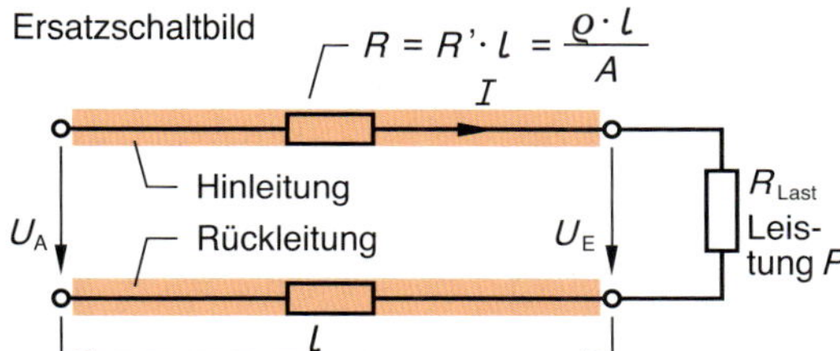

Spannungsfall

$$\Delta U = 2 \cdot I \cdot R$$

$$\Delta U = \frac{2 \cdot P \cdot R}{U}$$

Leistungsverlust

$$P_V = 2 \cdot I^2 \cdot R$$

Leitungen für Wechsel- und Drehstrom

Bei Wechsel- und Drehstromleitungen muss zusätzlich zum ohmschen Widerstand der induktive Widerstand berücksichtigt werden.

Ersatzschaltbild für Wechselstrom

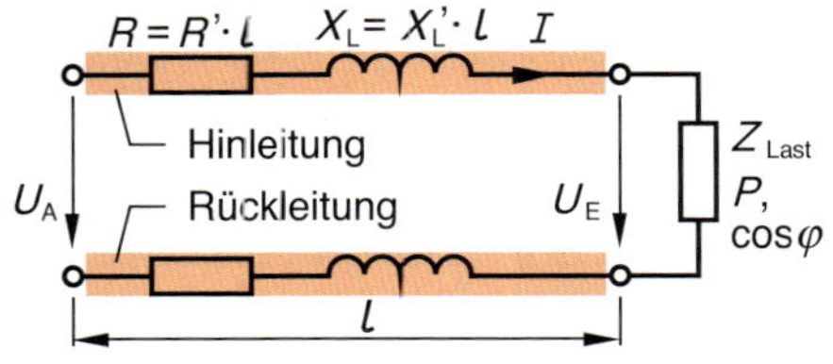

Zeigerdiagramm

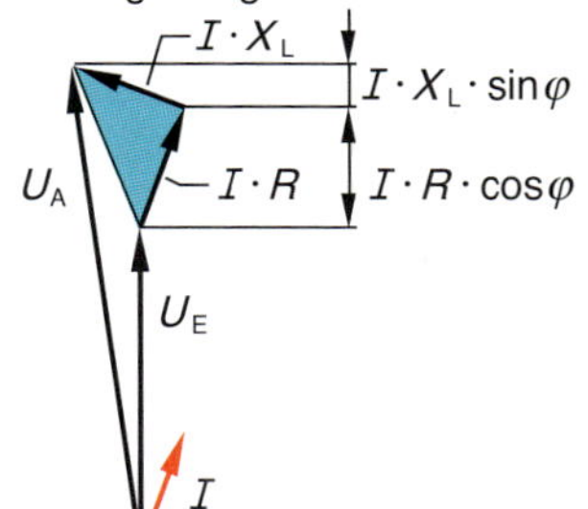

Spannungsfall (Näherung)

$$\Delta U = 2 \cdot I \cdot (R \cdot \cos\varphi + X_L \cdot \sin\varphi)$$

$$\Delta U = \frac{2 \cdot P}{U} \cdot (R + X_L \cdot \tan\varphi)$$

Induktive Last: φ positiv
Kapazitive Last: φ negativ

Leistungsverlust

$$P_V = 2 \cdot I^2 \cdot R$$

Ersatzschaltbild für Drehstrom

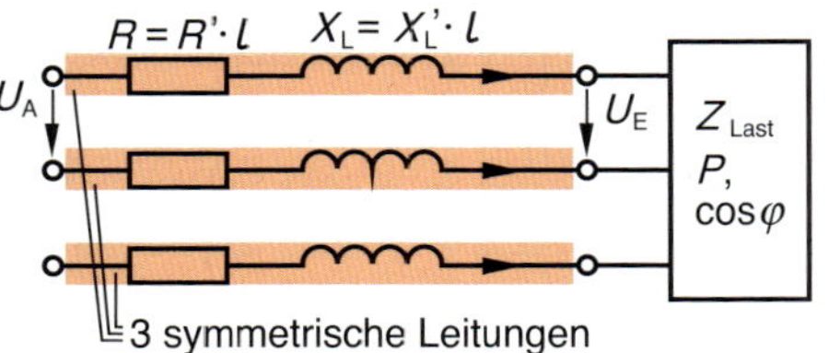

Zeigerdiagramm für die Strangspannungen wie bei Wechselstrom.

Spannungsfall (Näherung)

$$\Delta U = \sqrt{3} \cdot I \cdot (R \cdot \cos\varphi + X_L \cdot \sin\varphi)$$

$$\Delta U = \frac{P}{U} \cdot (R + X_L \cdot \tan\varphi)$$

Leistungsverlust

$$P_V = 3 \cdot I^2 \cdot R$$

Induktiver Widerstandsbelag

Kabel und Leitungen

Der induktive Widerstand von Kabeln und Leitungen ist im Vergleich zum ohmschen Widerstand klein und kann meist vernachlässigt werden. → $X_L' \approx 0{,}08...0{,}11\ \Omega/\text{km}$

Freileitungen

Der induktive Widerstand bei Freileitungen ist größer als bei Kabeln. Er steigt mit dem Verhältnis Leiterabstand/Leiterdurchmesser. → $X_L' \approx 0{,}20...0{,}45\ \Omega/\text{km}$

4

4.9 Leitungsberechnung II

Verzweigte Leitungen

Leitung mit mehreren Abnahmen

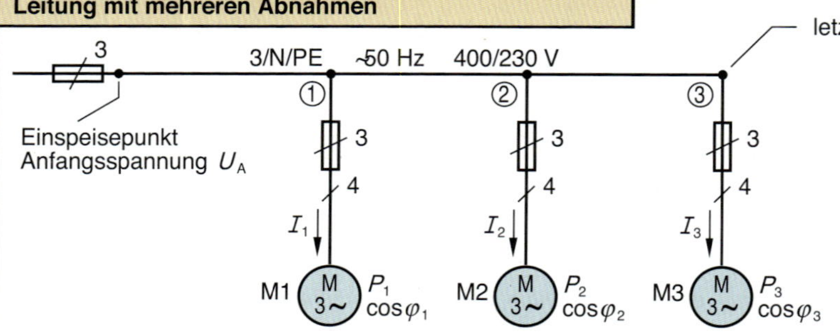

Für die Berechnung gilt:

1. Spannungsfall von Abnahmepunkt bis Verbraucher ist vernachlässigbar klein.
2. Für die ganze Anlage wird ein durchschnittlicher Leistungsfaktor $\cos\varphi_m$ berechnet oder geschätzt.
3. Leiterquerschnitt A ist überall gleich.
4. Spannungsfall $\Delta U = U_A - U_E$.

Berechnung von Spannungsfall und Leistungsverlust

Bei Leitungen mit mehreren Abnahmestellen werden die einzelnen Spannungsfälle zum Gesamtspannungsfall zusammengefasst. Für die Überlagerung gibt es zwei Möglichkeiten:

Überlagerung, Methode 1

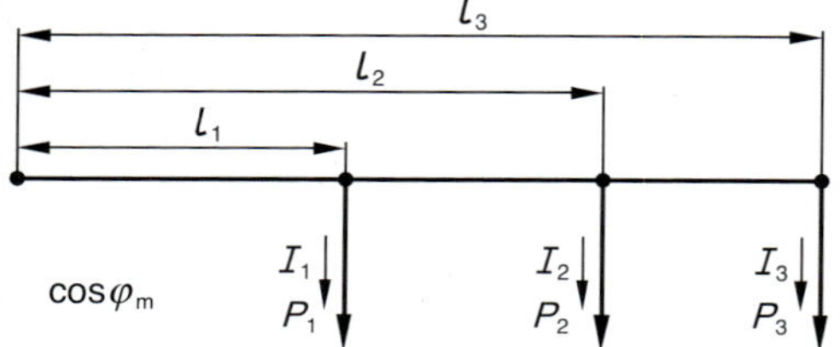

Berechnung mithilfe der Strommomente

$$\Delta U = \sqrt{3} \cdot (R' \cdot \cos\varphi_m + X' \cdot \sin\varphi_m) \cdot (I_1 \cdot l_1 + I_2 \cdot l_2 + ...)$$

Berechnung mithilfe der Leistungsmomente

$$\Delta U = \frac{(R' + X' \cdot \tan\varphi_m)}{U} \cdot (P_1 \cdot l_1 + P_2 \cdot l_2 + ...)$$

Definition

Das Produkt $I \cdot l$ heißt Strommoment
Das Produkt $P \cdot l$ heißt Leistungsmoment

Überlagerung, Methode 2

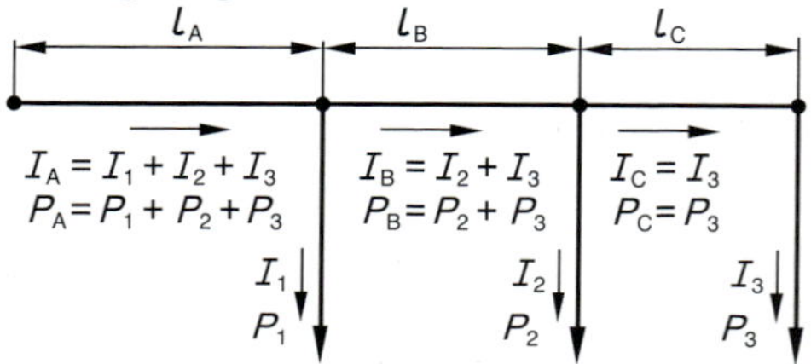

Berechnung mithilfe der Strommomente

$$\Delta U = \sqrt{3} \cdot (R' \cdot \cos\varphi_m + X' \cdot \sin\varphi_m) \cdot (I_A \cdot l_A + I_B \cdot l_B + ...)$$

Berechnung mithilfe der Leistungsmomente

$$\Delta U = \frac{(R' + X' \cdot \tan\varphi_m)}{U} \cdot (P_A \cdot l_A + P_B \cdot l_B + ...)$$

Leistungsverlust

$$P_V = 3 \cdot R' \cdot (I_A^2 \cdot l_A + I_B^2 \cdot l_B + I_C^2 \cdot l_C + ...)$$

Betriebseigenschaften von Kabeln 0,6 / 1 kV

		NYY mit Cu-Leiter												NAYY mit Al-Leiter				
		4x1,5	4x2,5	4x4	4x6	4x10	4x16	4x25	4x35	4x50	4x70	4x95	4x120	4x35	4x50	4x70	4x95	4x120
Belastbarkeit in Erde, Dauerbetrieb	A	24	31	40	51	68	89	116	143	168	207	250	285	107	129	160	192	220
Belastbarkeit in Luft bei 30 °C	A	18,5	25	34	43	60	80	106	131	159	202	244	282	102	124	158	190	220
Widerstandsbelag je Leiter R'_{20} bei 20 °C	$\frac{\Omega}{km}$	12,1	7,28	4,56	3,03	1,81	1,14	0,722	0,524	0,387	0,268	0,193	0,153	0,876	0,641	0,443	0,320	0,253
Widerstandsbelag je Leiter R'_{70} bei 70 °C	$\frac{\Omega}{km}$	14,47	8,71	5,45	3,62	2,16	1,36	0,863	0,627	0,463	0,321	0,232	0,184	1,055	0,772	0,534	0,386	0,305
Indukt. Widerstandsb. je Leiter X'_L bei 50 Hz	$\frac{\Omega}{km}$	0,115	0,110	0,107	0,100	0,094	0,090	0,086	0,083	0,083	0,082	0,082	0,080	0,083	0,083	0,082	0,082	0,080
Verluste je Kabel bei Volllast in Erde	$\frac{kW}{km}$	25	25	26	28	30	32	35	38	39	41	44	45	36	39	41	43	44
Massebelag des Kabels (ungefähr)	$\frac{kg}{km}$	230	300	410	510	725	1050	1550	1700	2400	3200	4300	5300	1200	1350	1800	2250	2600

Ringleitungen

Leitung mit zweiseitiger Einspeisung

Werden große Verbraucher, z.B. Motoren, über eine Stichleitung mit Abzweigen versorgt, so kann es bis zum letzten Verbraucher zu großen Spannungsfällen kommen. Kleinere Spannungsfälle erreicht man, wenn die Versorgungsleitung zu einem Ring geschlossen wird.
Bei Ringleitungen teilt sich der eingespeiste Strom in zwei Komponentenströme. Ein Teil der Verbraucher wird von rechts, der andere Teil von links versorgt. Der Punkt, der von beiden Seiten einen Teilstrom aufnimmt, heißt Tiefpunkt (TP): hier tritt die kleinste Verbraucherspannung auf. Die Lage des TP hängt von der Dimensionierung der Anlage ab.

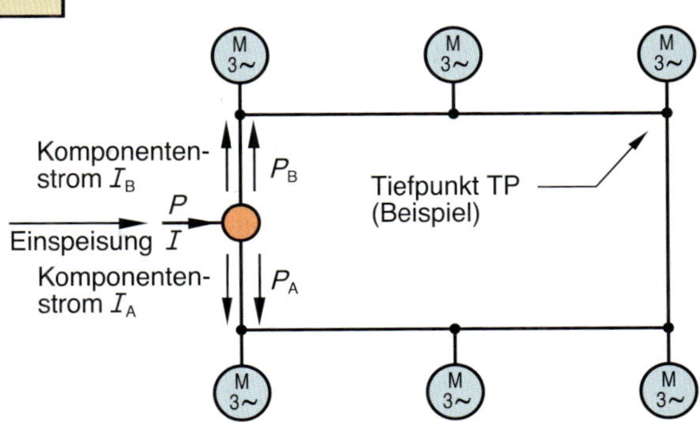

Berechnung der Komponenten

Für die Berechnung der Komponentenströme bzw. Komponentenleistungen und die Lage des Tiefpunktes wird der Ring in Gedanken aufgeschnitten und zu einer zweiseitig gespeisten Stichleiung aufgebogen.

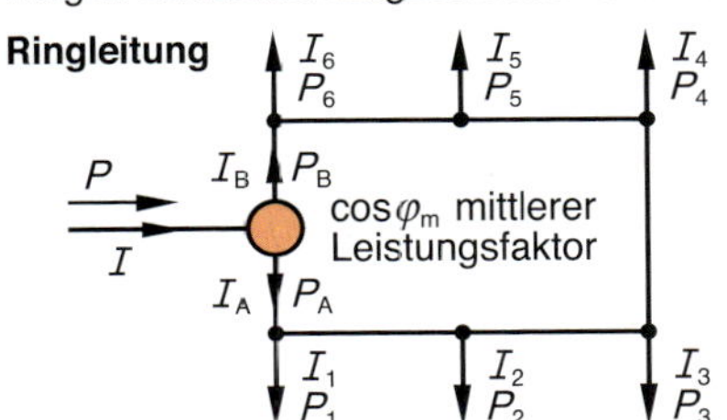

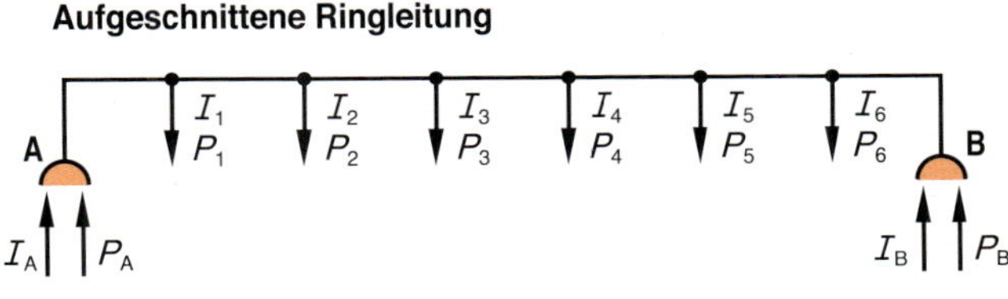

Die Berechnung der Komponentenströme erfolgt wie die Berechnung der Kräfte bei einem Hebel.
Beim Hebel gilt: Die Summe aller Drehmomente ist null.
Bei der Ringleitung gilt: die Summe aller Strommomente ist null, bzw. die Summe aller Leistungsmomente ist null.
Für die Berechnung wird ein Einspeisepunkt, z.B. Punkt A, willkürlich zum "elektrischen Drehpunkt" bestimmt.

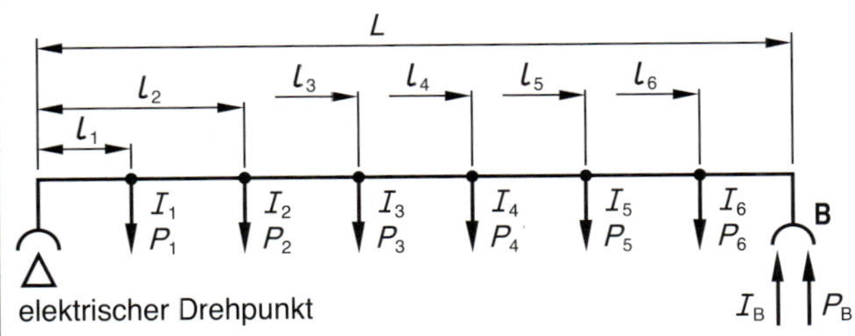

Aus $I_B \cdot L = I_1 \cdot l_1 + I_2 \cdot l_2 + ...$ folgt:

$$I_B = \frac{I_1 \cdot l_1 + I_2 \cdot l_2 + ...}{L}$$

Strom bei A

$$I_A = I - I_B$$

Aus $P_B \cdot L = P_1 \cdot l_1 + P_2 \cdot l_2 + ...$ folgt:

$$P_B = \frac{P_1 \cdot l_1 + P_2 \cdot l_2 + ...}{L}$$

Leistung bei A

$$P_A = P - P_B$$

Berechnung der Komponenten

Tiefunkt (TP) ist der Abnahmepunkt, der von beiden Seiten her mit Strom, bzw. Leistung versorgt wird. Je nach Dimensionierung der Anlage kann jeder Abnahmepunkt der Tiefpunkt sein. Als Sonderfall können auch zwei benachbarte Abnahmepunkte einen gemeinsamen Tiefpunkt bilden.
Die Berechnung des Spannungsfalls bis zum Tiefpunkt kann von links oder von rechts her erfolgen. Die Berechnung erfolgt wie bei einer Stichleitung. Formeln siehe Seite 116.

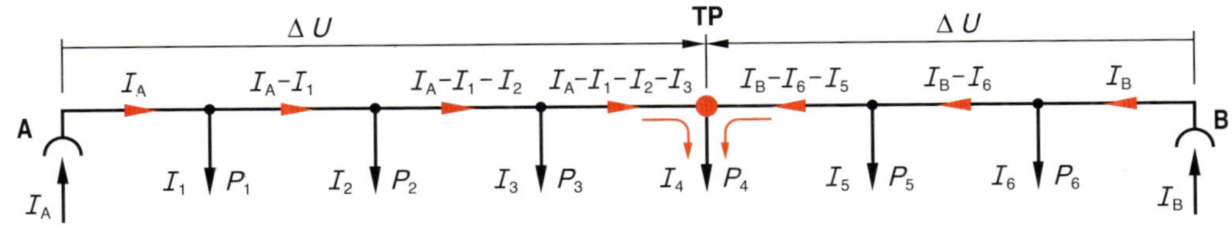

4

4.10 Leitungsschutzorgane

Überstromschutzorgane

Schmelzsicherungen, Funktions- und Betriebsklassen

Elektrische Leitungen müssen gegen Überströme geschützt werden. Überströme entstehen

1. durch Überlastung eines ansonsten fehlerfreien Stromkreises
2. durch Kurzschluss in einem fehlerhaften Kreis.

Überstromschutzorgane können je nach Bauart nur den Kurzschlussschutz übernehmen (Teilbereichsschutz) oder zusätzlich noch den Überlastschutz (Ganzbereichsschutz).
Art und Umfang des Schutzes wird durch die Funktions- und die Betriebsklasse mit zwei Buchstaben angegeben, z.B. gG.

Funktions- und Betriebsklassen von Schmelzsicherungen

Funktionsklasse	Betr.kl.	Einsatzbereich
g Ganzbereichs-sicherung (Schutz bei Kurzschluss und Überlast)	gG gR gB gTr	Kabel- u. Leitungsschutz Halbleiterschutz Bergbauanlagenschutz Transformatorschutz
a Teilbereichs-sicherung (bei Kurzschluss)	aM aR	Schaltgeräteschutz Halbleiterschutz

Schmelzsicherungen

Schraubsicherungen

Schmelzeinsatz, Aufbau

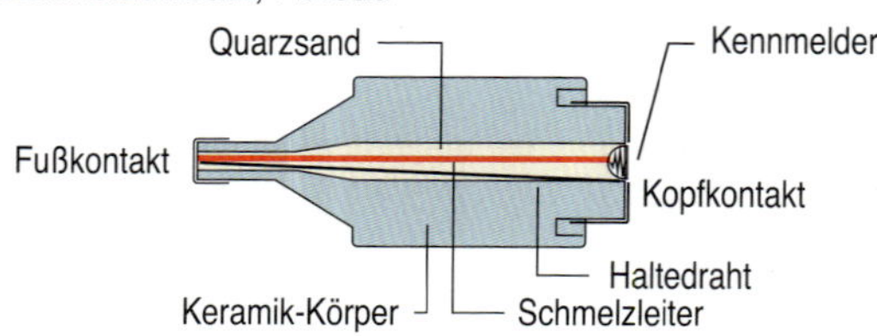

Abstufung der Schmelzeinsätze

Bemessungsstromstärke I_n in A												
2	4	6	10	13	16	20	25	35	50	63	80	100
rosa	braun	grün	rot	sw	grau	blau	gelb	sw	weiß	kupfer	silber	rot
Kennfarbe des Unterbrechungsmelders (Kennmelder)										sw schwarz		

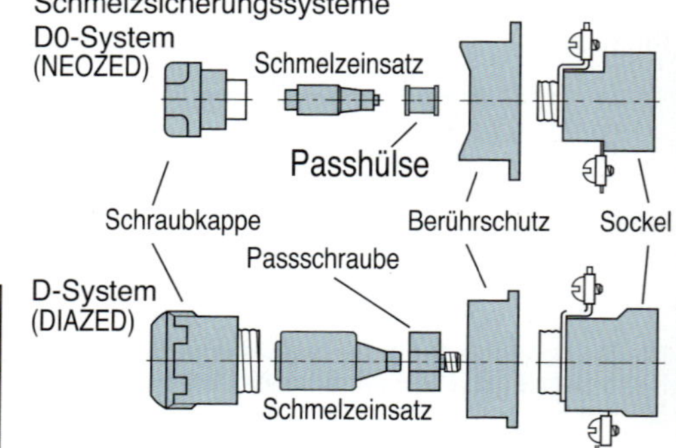

NH-Sicherungen

Niederspannungs-Hochleistungs-sicherungen gibt es für Bemessungsstromstärken von 2 A bis 1250 A.
Sie dürfen nur von Fachkräften unter Beachtung der Sicherheitsvorschriften eingesetzt oder entfernt werden (isolierter Aufsteckgriff, Unterarm- und Gesichtsschutz, sowie Helm).

Geräteschutzsicherungen

G-Sicherungen zum Schutz von Geräten der Elektronik gibt es für Bemessungsströme von 32 mA bis 20 A mit fünf Abschaltcharakteristiken:

FF superflink
F flink
M mittelträge
T träge
TT superträge

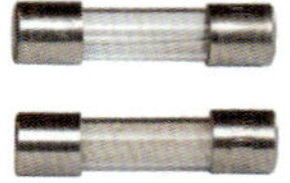

Leitungsschutzschalter

Leitungsschutzschalter (LS-Schalter) werden von Hand eingeschaltet, wobei eine Feder gespannt wird.
Die Federkraft, die die Kontakte wieder trennt, kann durch zwei voneinander unabhängige Systeme ausgelöst werden:

1. der Thermo-Bimetallauslöser löst bei Überlast mit zeitlicher Verzögerung aus
2. der elektromagnetische Auslöser löst bei Kurzschluss nahezu unverzögert aus.

Bei sehr hohen Kurzschlussströmen wird durch die magnetischen Kräfte ein „Schlaganker" beschleunigt, der die Kontakte in 1 bis 2 Millisekunden unterbricht. LS-Schalter wirken wegen der kurzen Abschaltzeit wie Schmelzsicherungen „strombegrenzend".

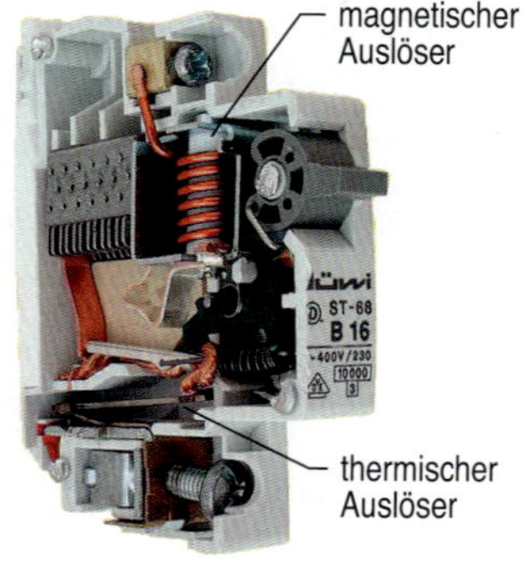

Kenngrößen

Bemessungsstromstärke
Auslösecharakteristik

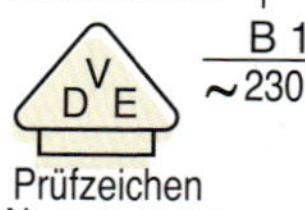

Prüfzeichen
Nennspannung

6000 / 3 Schaltvermögen
Strombegrenzungsklasse

Auslösekennlinien

Prospektiver Kurzschlussstrom, Strombegrenzung

Wird ein Kurzschluss nicht sofort abgeschaltet, dann entsteht nach einer Einschwingzeit der Dauerkurzschlussstrom. Dieser unbeeinflusste Strom heißt prospektiver Kurzschlussstrom I_p.

$$I_p = \frac{U_0}{Z_S}$$

U Netzspannung (Leerlaufspannung)
Z_S Schleifenimpedanz

Durch vorgeschaltete Überstromschutzorgane wird der Strom sehr schnell abgeschaltet, so dass sich der volle Kurzschlussstrom nicht entwickeln kann (Strombegrenzung).

unbeeinflusster, prospektiver Kurzschlussstrom

tatsächlicher Kurzschlussstrom (je nach Energiebegrenzungsklasse)

Niederspannungs-Schmelzsicherungen gG

Auslösekennlinien von gG-Schmelzsicherungen

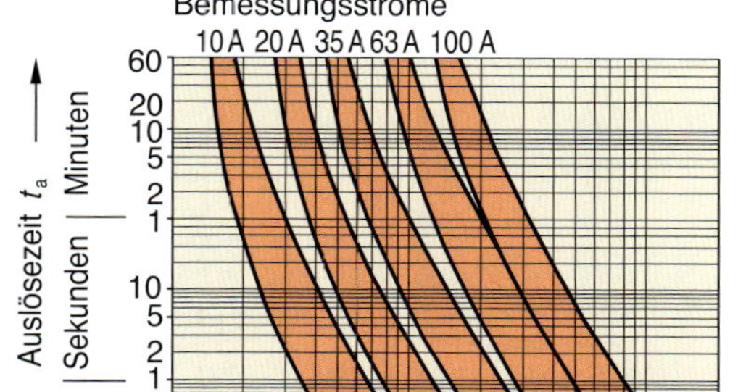

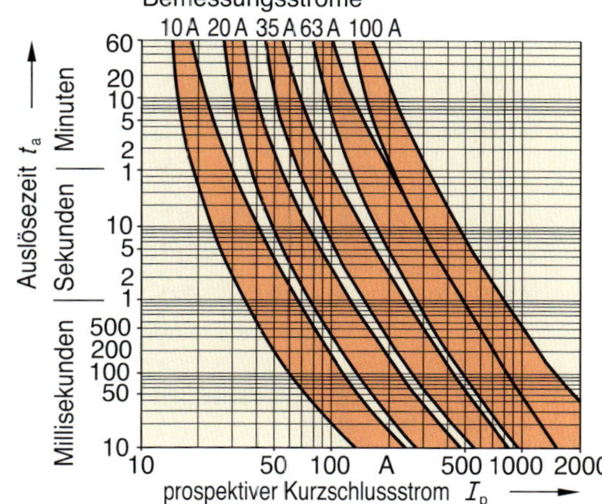

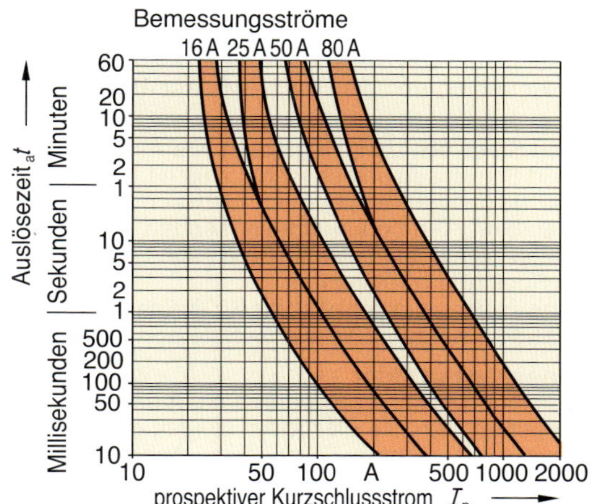

LS-Schalter, Leitungsschutzschalter

Auslösekennlinien

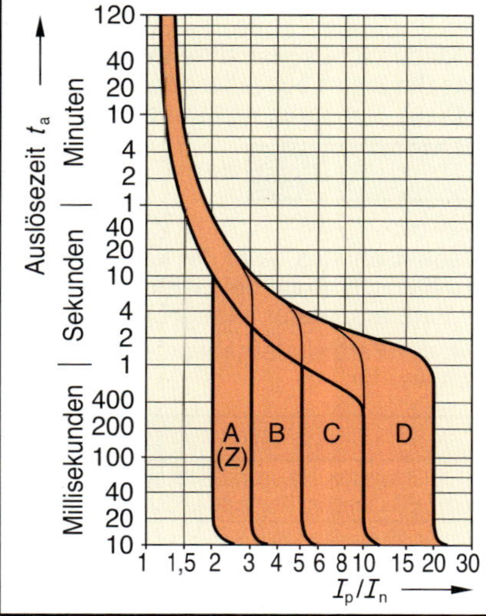

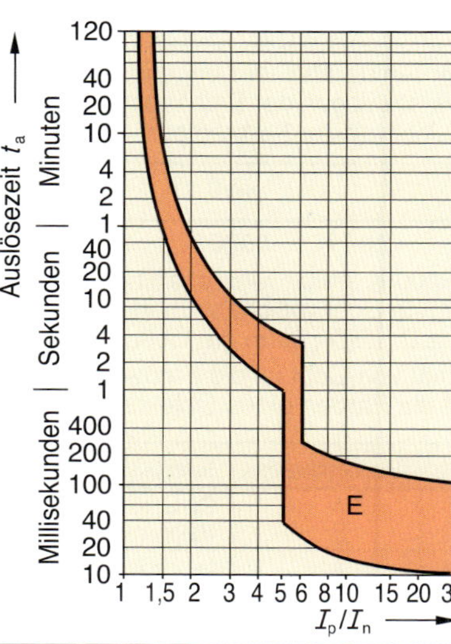

A bzw. Z: Schutz von Stromkreisen mit Wandlern, Halbleiterschutz
B: Hausinstallation, insbesondere Steckdosenkreise
C: Leitungsschutz für Stromkreise bei höheren Anlaufströmen (Motoren, Transformatoren)
D: Leitungsschutz für Stromkreise mit stark impulserzeugenden Betriebsmitteln (Magnetventile, größere Transformatoren)
E: SLS (Selektiver Leitungsschutzschalter) bzw. SH (Selektiver Hauptleitungsschutzschalter) arbeiten mit verzögerter Kurzschlussauslösung. Dadurch können nachgeschaltete LS-schalter und Sicherungen zuerst auslösen.
Zum Einbau in Zählerplätze als Hauptschalter für hohe und sichere Selektivität.

4.11 Grundlagen der Lichttechnik

Licht und Farben

Grundlagen

Licht ist eine elektromagnetische Schwingung. Unter der Vielzahl der Schwingen sind nur die im Wellenlängenbereich von etwa 750 nm (rot) bis etwa 400 nm (violett) sichtbar. Die Farbe des Lichts ist von seiner Wellenlänge bzw. der Frequenz abhängig. Weißes Licht ist eine Mischung aus den „Regenbogenfarben" rot, orange, gelb, grün hellblau, indigo und violett.

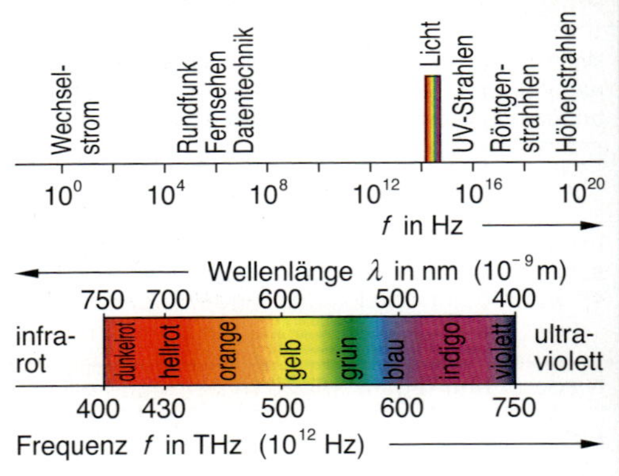

Grundgleichung der Wellenlehre

$$c = f \cdot \lambda$$

$$\lambda = \frac{c}{f}$$

$c \approx 300\,000$ km/s (Lichtgeschwindigkeit)
f Frequenz $[f]$ = Hz (Hertz)
λ Wellenlänge $[\lambda]$ = m

Lichterzeugung

Licht kann auf verschiedene Weise erzeugt werden. Die wichtigsten Lichtquellen sind die Temperaturstrahler (Wärmestrahler) und die Lumineszenzstrahler.

Temperaturstrahler
Werden Stoffe erwärmt, so geraten ihre Atome bzw. Moleküle in Schwingen und senden dadurch Licht aus.Dabei gilt: mit steigender Temperatur ändert sich die Farbe von rot nach blau. Temperaturstrahler senden alle Farben in unterschiedlicher Intensität aus. Sie haben ein kontinuierliches Spektrum (Kontinuum).
Wichtige Temperaturstrahler sind z.B. Glühlampen, Halogen-Glühlampen, Kerzen, Fackeln und die Sonne.

Lumineszenzstrahler
Bei Lumineszenzstrahlern werden die Atome eines Stoffes „angeregt", d.h. die Elektronen werden durch Energiezufuhr auf eine höhere Energiebahn angehoben. Beim Zurückfallen wird die wieder frei werdende Energie als Licht abgegeben. Das Licht enthält nur eine bzw. wenige für den Stoff charakteristische Frequenzen.
Wichtige Lumineszenzstrahler sind Gasentladungslampen (z.B. Leuchtstofflampen) und Leuchtdioden (LED, OLED).

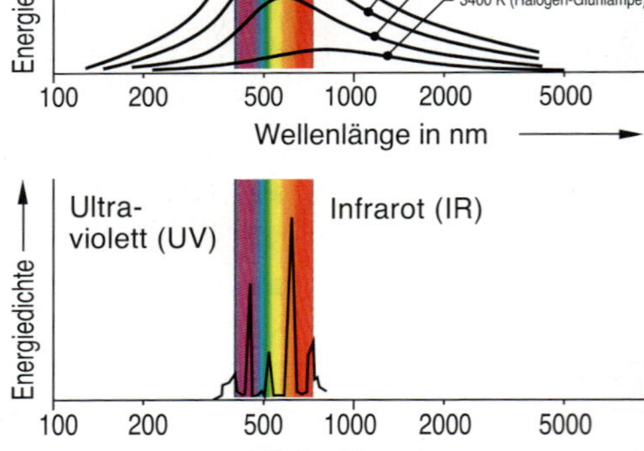

Farbtemperatur und Farbwiedergabe

Die Sonne hat eine Oberflächentemperatur von ungefähr 5800 K, das dadurch ausgestrahlte Licht hat die Farbtemperatur 5800 K. Beim Durchdringen der Erdatmosphäre wird etwas Blauanteil ausgefiltert, auf der Erde kommt (vor- und nachmittags) Licht mit der Farbtemperatur 5500 K an. Diese Lichtfarbe heißt weiß.

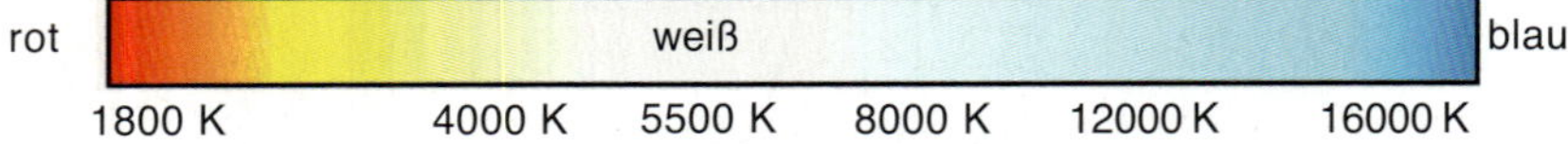

Ein schwarzer Körper, der auf 5500 K erhitzt wird, strahlt ebenfalls „weisses" Licht aus. Wird der Körper weniger erhitzt, so ist das ausgestrahlte Licht rötlich, bei höherer Temperatur bläulich. Auch bei Lichtquellen, die keine Temperaturstrahler sind (z.B. LED), kann die Lichtfarbe durch die Farbtemperatur angegeben werden.

Ein besonderes Qualitätsmerkmal von Licht ist die Farbwiedergabe, bzw. der Farbwiedergabeindex R_a. Man versteht darunter, wie natürlich die Farben eines Objekts wiedergegeben werden.

Farbwiedergabe	Wiedergabeindex R_a	Wiedergabestufe	Beispiele
sehr gut	100 bis 90 89 bis 80	1 A 1 B	De-Luxe-Leuchtstofflampen, Glühlampen, Halogen-Glühlampen Halogen-Metalldampflampen, LED-Lampen, Kompakt-Leuchtstofflampen
gut	79 bis 70 69 bis 50	2 A 2 B	Leuchtstofflampen Halogen-Metalldampflampen, Natriumdampf-Hochdrucklampen
weniger gut	59 bis 40	3	Standard-Leuchtstofflampen (Warmton), Hg-Dampf-Hochdrucklampen

Lichttechnische Größen

Lichtstrom Φ_V
Der Lichtstrom ist die insgesamt von einer Lichtquelle ausgestrahlte Lichtleistung.

Beispiele: Glühlampe $P = 60$ W $\Phi_V = 730$ lm
LED-Röhre $P = 18$ W $\Phi_V = 1600$ lm

Φ_V = Lichtstrom

$[\Phi_V]$ = lm (Lumen)
(Lumen = Licht)

Lichtausbeute η
Die Lichtausbeute ist das Verhältnis von abgegebenem Lichtstrom zu aufgenommener elektrischer Leistung.

Lichtausbeute üblicher Lampen		
Glühlampe 100 W	13,8	lm/W
Halogen-Glühlampe 230 V, 150 W	16,7	lm/W
Halogen-Glühlampe 12 V, 50 W	20	lm/W
Energiesparlampe 11 W	55	lm/W
Hg-Hochdrucklampe 80 W, mit Drossel	42,7	lm/W
Leuchtstofflampe 58 W, mit Drossel	78	lm/W
LED-Röhre 18 W	89	lm/W
LED, Highpower-LED	>100	lm/W
SMD-LED-Röhren	>120	lm/W

Die Angaben dienen als Anhaltspunkte. Maßgebend sind die Datenblätter der Hersteller.
LED-Leuchtmittel sind noch in der Entwicklungsphase.

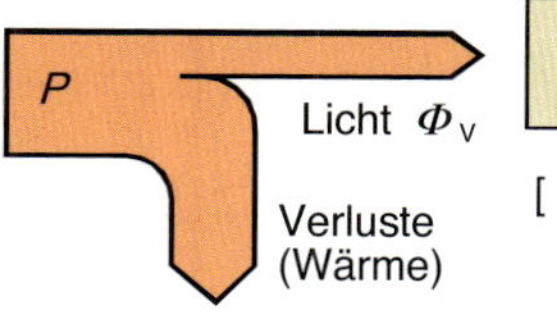

Lichtausbeute

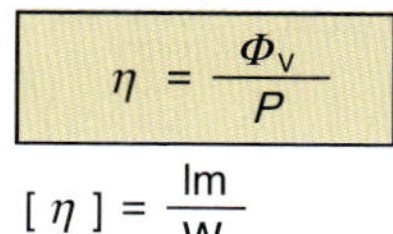

$$\eta = \frac{\Phi_V}{P}$$

$$[\eta] = \frac{\text{lm}}{\text{W}}$$

Energielabel
Das Energielabel kennzeichnet die Energieeffizienz von Elektrogeräten. Infolge des technischen Fortschritts wird die Skale nach oben ständig erweitert (A, A+, A++, A+++).

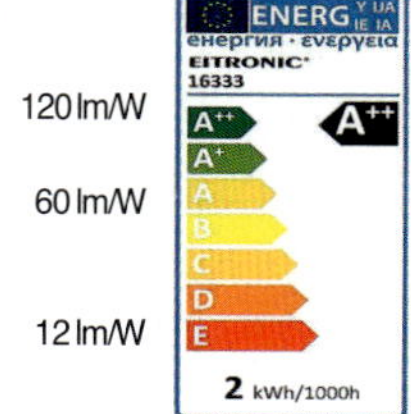

120 lm/W — LED und OLED (noch in der Entwicklungsphase)
60 lm/W — Leuchtstofflampen, Energiesparlampen
12 lm/W — Halogen-Glühlampen, Glühlampen

Ausphasung
Im Rahmen des Klimaschutzprogramms der EU werden auch die Vorgaben für den Energieverbrauch von Lampen schrittweise verschärft. Danach dürfen z.B. bestimmte Glühlampen seit 2009 nicht mehr in den Handel gebracht werden. Auch andere Lampentypen dürfen nach und nach nicht mehr verkauft werden. Dieser Vorgang wird als „Ausphasung" bezeichnet.

Lichtstärke I_V
Die Lichtstärke ist der pro Raumwinkel Ω abgestrahlte Lichtstrom.
Die Lichtstärkeverteilung verschiedener Leuchten wird durch Lichtstärkeverteilungskurven dargestellt.

Der Raumwinkel Ω beträgt 1 sr (steradiant), wenn bei einer Kugel mit Radius 1 m die Kugelfläche 1 m² ausgeschnitten wird.

Raumwinkel Ω = 1 sr (steradiant)
1 m
Φ_V
1 m²

Lichtstärke

$$I_V = \frac{\Phi_V}{\Omega}$$

$$[I_V] = \frac{\text{lm}}{\text{sr}} = \text{cd}$$

cd = candela (Kerze)

Beleuchtungsstärke E_V
Die Beleuchtungsstärke ist der auf eine beleuchtete Fläche pro Flächeneinheit auftreffende Lichtstrom.

natürliche Beleuchtung	
klarer Himmel, Sonne im Zenit	130000 lx
klarer Himmel, Sonne 60° über Horizont	90000 lx
klarer Himmel, Sonne 16° über Horizont	20000 lx
Dämmerung, Sonne knapp unter Horizont	750 lx
klarer Himmel, Vollmond im Zenit	0,27 lx
klarer Himmel, reines Sternenlicht	0,00022 lx

Φ_V = 1 lm
A = 1 m²
1 lx

Beleuchtungsstärke

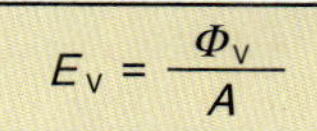

$$E_V = \frac{\Phi_V}{A}$$

$$[E_V] = \frac{\text{lm}}{\text{m}^2} = \text{lx}$$

lx = Lux (Licht)

Leuchtdichte L_V
Die Leuchtdichte ist ein Maß für die Helligkeit, die das Auge beim Anblick einer beleuchteten oder leuchtenden Fläche empfindet. Sie ist das Verhältnis der Lichtstärke zur Größe der Fläche. Eine zu große Leuchtdichte führt zu Blendung des Auges.

Glühlampe 100 W

$L_V = 50$ cd/cm²
Blendung möglich

Leuchtstofflampe 58 W

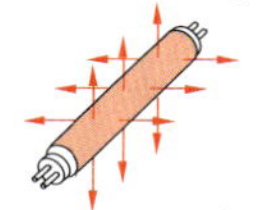

$L_V = 1$ cd/cm²
keine Blendung

Leuchtdichte

$$L_V = \frac{I_V}{A}$$

$$[L_V] = \text{cd/cm}^2$$

4.12 Leuchtmittel

Herkömmliche Leuchtmittel

Die Entwicklung der elektrischen Glühlampe begann um 1850, aber erst um 1880 gelang Alva Edison der Bau einer praxistauglichen Lampe. Parallel dazu wurden Gasentladungslampen entwickelt, z.B. Natriumdampf- und Quecksilberdampflampen, die eine höhere Lichtausbeute und längere Lebensdauer garantierten. Besondere Bedeutung haben sie als Leuchtstofflampen und in kompakter Bauweise als Energiesparlampen gewonnen. Seit 2009 werden nach der „Ökodesign-Richtlinie" alle Glüh- und Gasentladungslampen schrittweise durch die energieeffizienteren und langlebigeren LED-Leuchtmittel ersetzt („Ausphasung").

Temperaturstrahler

Prinzip:

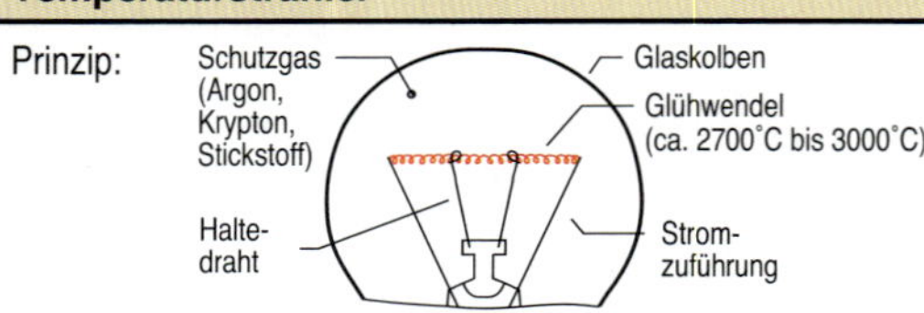

Ein Wolframdraht wird durch elektrische Energie aufgeheizt. Das abgestrahlte Licht enthält alle Wellenlängen, es ist ein kontinuierliches Spektrum (Kontinuum).

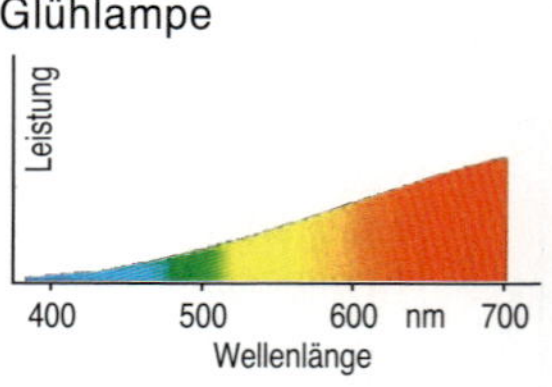

Standard-Glühlampen
Spannung 230 V, Leistung 25 W bis 1000 W, Lichtausbeute 8 lm/W bis 18 lm/W, sehr gute Farbwiedergabe (Farbwiedergabeindex $R_A = 90...95$, Farbwiedergabestufe FW=1A), Farbtemperatur etwa 2700 K, Lebenserwartung 1000 h (sehr spannungsabhängig).

Niedervolt-Halogenlampen
Spannung 6 V bis 24 V, Leistung 10 W bis 100 W, Lichtausbeute bis 25 lm/W, sehr gute Farbwiedergabe (Farbwiedergabeindex $R_A = 90...100$, Farbwiedergabestufe FW=1A), Farbtemperatur bis 3000 K, Lebenserwartung 2000 h (sehr spannungsabhängig).

Hochvolt-Halogenlampen
Spannung 230 V, Leistung 25 W bis einige kW, Lichtausbeute bis 25 lm/W, sehr gute Farbwiedergabe (Farbwiedergabeindex $R_A = 90...100$, Farbwiedergabestufe FW=1A), Farbtemperatur bis 3000 K, Lebenserwartung 2000 h (sehr spannungsabhängig).

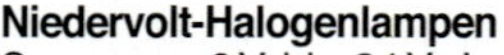

Gasentladungslampen

Prinzip:

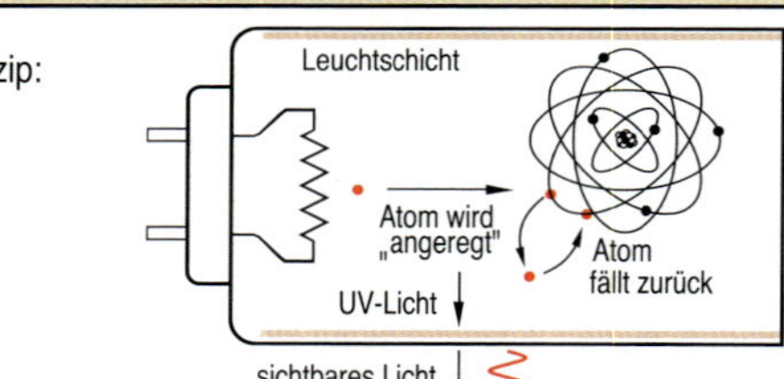

In einem Gas werden durch elektrische Energie Atome „angeregt", d.h. Elektronen werden auf eine höhere Bahn gehoben. Beim Zurückfallen wird die freiwerdende Energie als Licht abgestrahlt. Das Licht enthält, je nach Gas und Leuchtstoff nur einzelne Wellenlängen (Linienspektrum).

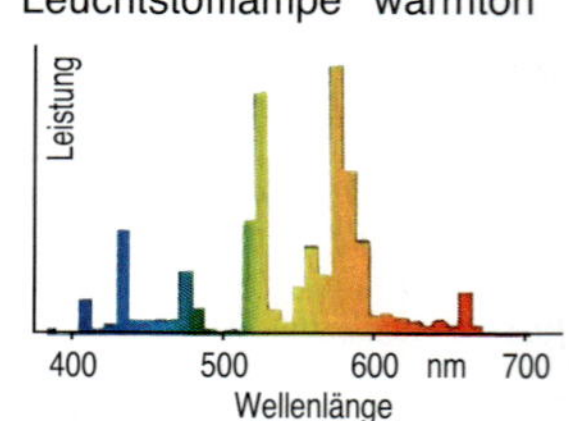

Leuchtstofflampen
Spannung 230 V, Leistung 14 W bis 65 W, Lichtausbeute bis etwa 80 lm/W, viele Farben z.B. warmweiß (3000 K), tageslicht (6500 K), weiß (3500 K), kaltweiß (4000 K). Je nach Farbe gute bis sehr gute Farbwiedergabe. Lebenserwartung etwa 20 000 h (kaum spannungsabhängig). Leuchtstofflampen benötigen ein strombegrenzendes Vorschaltgerät.

Kompakt-Leuchtstofflampen
Kompakt-Leuchtstofflampen werden in der Praxis als „Energiesparlampen" bezeichnet. Sie sind in vielen Formen erhältlich und dienen als Ersatz herkömmlicher Glühlampen. Die Lampen enthalten ein eingebautes elektronisches Vorschaltgerät.

Natriumdampf-Hochdrucklampen
Leistung 70 W bis 1000 W, Lichtausbeute 90 lm/W bis 120 lm/W, orange-gelbes Licht, schlechte Farbwiedergabe, Beleuchtung von Außenanlagen z.B. Straßen, Fabrikgelände.

Natriumdampf-Niederdrucklampen
Leistung 18 W bis 180 W, Lichtausbeute bis 200 lm/W, monochromatisches gelbes Licht, sehr schlechte Farbwiedergabe, energiesparende Beleuchtung für Außenanlagen, wenn keine Farberkennung erforderlich ist.

Quecksilberdampf-Hochdruchlampen
Leistung 50 W bis 1000 W, Lichtausbeute 36 lm/W bis 58 lm/W, Farbe je nach Leuchtstoff „warmes" bis „kaltes" weiss, mäßige Farbwiedergabe (R_A etwa 50 bis 60).

Moderne Leuchtmittel

Erste LEDs (LED Light Emitting Diode, Lumineszenzdiode) mit einer Lichtausbeute von 0,1 lm/W wurden 1962 für Leuchtanzeigen und Signallampen entwickelt. Ab1990 konnten wegen der gestiegenen Lichtausbeute auch LED-Leuchtmittel für den Alltagsgebrauch eingesetzt werden. Seit 2009 werden herkömmliche Glühlampen und Gasentladungslampen „ausgephast" und schrittweise durch LED-Leuchtmittel ersetzt (Retrofit).
Im Jahr 2014 erreichten die effizientesten LED eine Lichtausbeute von etwa 300 lm/W, der theoretisch mögliche Maximalwert liegt bei 350 lm/W. Die Lebensdauer liegt im Bereich von 15 000 h bis 50 000 h.

Leuchtdioden (LED)

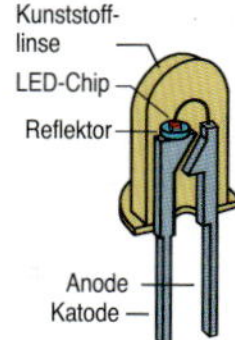

Leuchtdioden (LED) sind ähnlich wie normale Dioden aufgebaut. Anstelle von Silizium werden als Halbleitermaterial Mischkristalle, z.B. Galliumarsenid, eingesetzt. Die Ausgangsstoffe sind auf der Erde nur in begrenzter Menge verfügbar. LED werden in Durchlassrichtung mit etwa 2 bis 3 V betrieben. Sie benötigen immer ein Vorschaltgerät zur Strombegrenzung. Das Licht ist monochromatisch (einfarbig), die Farbe ist vom Material abhängig. Weisses Licht wird durch Zusammenschalten verschiedenfarbiger Dioden (additive Farbmisch), oder durch UV-Dioden, die mit Leuchtstoffen überzogen sind, erreicht.

Spektren verschiedener LED

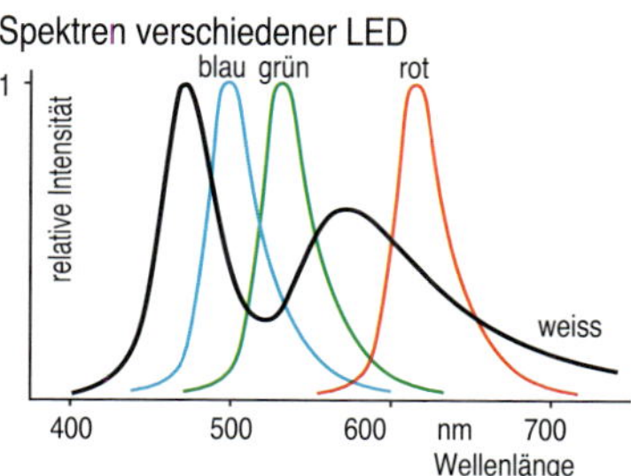

LED-Leuchtmittel

Allgemeinbeleuchtung und Spots

LED-Lampen enthalten eine Vielzahl von einzelnen LED. Für die Allgemeinbeleuchtung wurde eine Vielzahl von Lampenformen entwickelt. Sie sind erhältlich mit den herkömmlichen Fassungen (Schraubsockel, Stiftsockel, Bajonettsockel) und in verschiedenen Weißtönen z.B. warmweiß (3300 K), neutralweiß (3300 K...5300 K) ,tageslichtweiß (>5300 K), manche Lampen auch in den Farben rot, gelb, grün, blau. Damit lassen sich problemlos veraltete Glühlampen und Kompakt-Leuchtstofflampen („Energiesparlampen") ersetzen.
Spannung 230 V, Leistung etwa 2 W bis 10 W, Lichtausbeute 70 lm/W bis 100 lm/W, Lebensdauer 15 000 h bis 50 000 h (laut Herstellerangaben).
Spot-Lampen strahlen das Licht in einem Winkel von etwa 20° bis 120° ab. Dadurch eignen sie sich insbesondere für eine Akzentbeleuchtung.

LED-Röhren ohne Leuchtschicht

mit Leuchtschicht

In einer LED-Röhre der Bauform T8 sind je nach Länge der Röhre (60 cm, 120 cm,150 cm) und je nach Hersteller bis zu 468 einzelne LED eingebaut. Der Leistungsbereich liegt zwischen 10 W und 30 W. Die Röhre kann glasklar oder wie herkömmliche Leuchtstofflampen mit einem Leuchtstoff beschichtet sein.
LED-Röhren liegen direkt an Netzspannung 230 V. Beim Austausch von Leuchtstofflampen gegen LED-Röhren (Retrofit) ist die Schaltung abzuändern: das Vorschaltgerät wird entfernt bzw. überbrückt, der Starter wird entfernt und durch den mitgelieferten Starter-Dummy ersetzt. Die Anweisungen des Herstellers sind zu beachten!

Leuchten mit fest eingebauten LED

Wegen der hohen Lebenserwartung von 20 000 h bis zu 50 000 h werden zunehmend Leuchten mit fest eingebauten LED angeboten.
Bei diesen Leuchten können die eingebauten LED nicht ausgewechselt werden. Am Ende der Lebensdauer muss die gesamte Leuchte ausgetauscht werden. Bei einer täglichen Betriebsdauer von 5 h bedeutet das eine Lebenserwartung von mindestens 11 Jahren.

Lampensockel

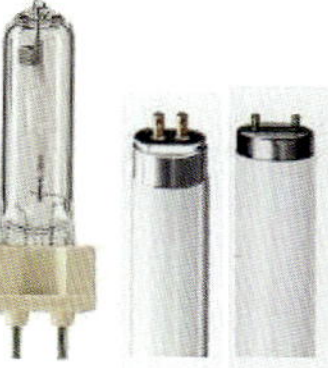

E12 E14 E27 G4 G9 G12 G5 G13 G23 GU4 GU5.3 GU10

4.13 Lichtplanung

Wirkungsgradmethode

Prinzip

In privaten Wohnräumen kann die Beleuchtung individuell gestaltet werden. In Arbeitsstätten, z.B. Schulräumen, Büros, Werkstätten, Lagerräumen und dergleichen müssen nach der Arbeitsstättenverordnung gewisse Standards vor allem hinsichtlich der Mindestbeleuchtungsstärke eingehalten werden.

Die Anzahl n der notwendigen Leuchten wird meistens mit der sogenannten Wirkungsgradmethode berechnet:

$$n = \frac{E_m \cdot A}{z \cdot \Phi \cdot \eta_{LB} \cdot \eta_R \cdot WF}$$

n Anzahl der Leuchten

E_m mittlere Beleuchtungsstärke
A Fläche des Raumes
z Anzahl der Lampen je Leuchte
Φ Lichtstrom einer Lampe
η_{LB} Leuchten-Betriebswirkungsgrad
η_R Raumwirkungsgrad
WF Wartungsfaktor

Wartungswert der Beleuchtungsstärke

Die mittlere Mindestbeleuchtungsstärke E_m in einer Abeitsstätte richtet sich nach der Tätigkeit, die in dem Raum ausgeführt wird. Diese Mindestbeleuchtungsstärke darf auch nicht unterschritten werden, wenn die Lampen bzw. Leuchten durch Alterung und Verschmutzung weniger Licht abgeben. Dieser Mindestwert heißt Wartungswert. Als Lichtfarbe wird meist warmweiß, neutralweiß oder tageslichtweiß eingesetzt, der Farbwiedergabeindex soll mindestens R_A=80 betragen, für Lagerhallen und Außenanlagen genügen kleinere Werte.

Raumart bzw. Tätigkeit	E_m in lx	Raumart bzw. Tätigkeit	E_m in lx	Raumart bzw. Tätigkeit	E_m in lx
Allgemeine Räume		**Unterrichtsstätten**		**Automobilbau**	
Wasch- und Toilettenräume	100	Flure, Eingangshallen, Treppen	100	Karosseriebau	500
Kantinen	200	Lehrmittelräume	200	Lackier- und Schleifplätze	750
Sanitätsräume, Erste Hilfe	500	Bibliotheken	100	Inspektionsplätze	750
		Unterrichtsräume	200	Lackiererei, Nacharbeit	1500
Büro- und büroähnliche Räume		**Elektrotechnische Industrie**		**Metallbearbeitung**	
mit tageslichtorientieren Arbeitsplätzen in Fensternähe	300	Kabel und Leitungshestellung	300	Gießerei, Gießhallen	200
große Büros mit hoher Reflexion	750	mittelfeine Montagearbeiten	500	Gießerei, Modellbau	300
große Büros mit mittlerer Reflexion	1000	Montage feiner Geräte	1000	Schweißarbeiten	300
Sitzungsräume	300	Montage elektronischer Bauteile,		feine Maschinenarbeiten	500
IT-Räume, EDV-Räume	500	Prüfen, Justieren	1500	Anreiß-, Kontroll-, Messplätze	750

Fläche, Raumindex und Raumwirkungsgrad

Aus den Abmessungen des Raumes werden die Grundfläche A und der Raumindex k berechnet.

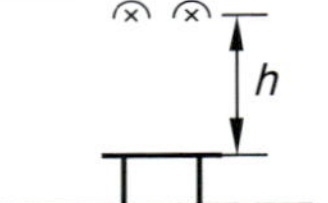

l Raumlänge
b Raumbreite
h Höhe der Leuchten über Arbeitsfläche

Raumfläche $A = l \cdot b$

Raumindex $k = \frac{l \cdot b}{h\,(l + b)}$

Die Farben von Wänden, Decke und Fußboden bestimmen die Reflexionsgrade ρ.

Farbe, Anstrich	Reflexionsgrad ϱ	Farbe, Anstrich	Reflexionsgrad ϱ	Farbe, Anstrich	Reflexionsgrad ϱ
weiß	0,70...0,80	rosa, hellblau	0,45...0,55	hellgrün	0,25...0,35
gelb	0,65...0,75	hellbraun	0,25...0,35	mittelgrau	0,20...0,25

Der Raumwirkungsgrad ist von der Raumgeometrie (Raumindex) und den Reflexionsgraden im Raum abhängig. Außerdem wird er von der Lichtstromverteilung der Leuchten beeinflusst. Im Gegensatz zum Leistungswirkungsgrad kann der Raumwirkungsgrad Werte über 100 % annehmen.
Die Leuchtenhersteller bieten ausführliche Listen zu den Raumwirkungsgraden. Auzug aus einer Liste:

Lampentyp: Parabolraster hochglanz tiefstrahlend	Reflexionsgrad ϱ											
	Decke	0,7	0,8	0,8	0,5	0,5	0,8	0,8	0,8	0,5	0,5	0,3
	Wände	0,5	0,5	0,3	0,5	0,3	0,8	0,5	0,3	0,5	0,3	0,3
	Boden	0,2	0,3	0,3	0,3	0,3	0,1	0,1	0,1	0,1	0,1	0,1
	Raumindex k	Raumwirkungsgrad η_R in %										
	0,6	63	64	57	62	56	77	61	55	60	55	55
	0,8	72	75	67	72	72	85	70	64	68	63	63
	1,0	79	83	75	70	79	89	77	72	75	71	70
	2,0	96	103	96	91	96	100	92	88	89	86	85
	4,0	105	116	111	103	105	104	100	98	97	95	94

Wirkungsgradmethode

Lichtstrom und Leuchten-Betriebswirkungsgrad

Der in den Datenblättern der Lampenhersteller genannte Lichtstrom Φ einer Lampe ist immer der insgesamt ausgesandte Lichtstrom. Je nach Form und Beschaffenheit der Leuchte wird nur ein größerer oder kleinerer Teil davon für die Beleuchtung genutzt; dieser Teil wird durch den Leuchten-Betriebswirkungsgrad erfasst.

	Leistung P in W	Lichtstrom in lm	Lichtausbeute Φ in lm/W	Lichtfarbe	Lebensdauer in h	Abstrahlwinkel
Standard-leuchtstofflampe	20 40 65	1050 2500 4000	52,5 62,5 61,5	universal-weiß	8000 bis 15000	
Dreibanden-leuchtstofflampe	20 40 65	1300 3250 5200	65 81,85 80	tages-licht		
LED-Röhre	8,4 17 21	850 1700 2100	101 100 100	cool daylight	25000 bis 50000	

Leuchte mit Leuchtstofflampen

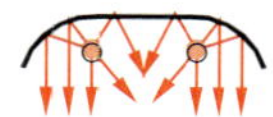

Leuchtstofflampen strahlen ihr Licht in alle Richtungen. Ein Teil davon wird je nach Form, Oberfläche und Verschmutzung der Leuchte reflektiert und für die Beleuchtung genutzt.
Leuchten-Betriebswirkungsgrad $\eta_{LB}=0{,}5...0{,}8$ (siehe Datenblätter der Herstellerfirmen)

Leuchte mit LED-Röhren

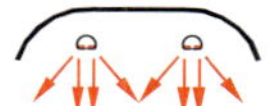

LED-Leuchtröhren (und andere LED-Lampen) geben ihr Licht gebündelt ab (Strahlungswinkel siehe Datenblätter der Herstellerfirmen). Form, Oberfläche und Verschmutzung der Leuchte spielen nur eine untergeordnete Rolle. Der Leuchten-Betriebswirkungsgrad kann mit etwa 100% angenommen werden.

Lebensdauer und Wartungsfaktor

Lebensdauer

Die „Lebensdauer" ist ein statistischer Wert: sie gibt an, nach welcher Zeitspanne ein festgelegter Prozentsatz (z.B. 50%) der Leuchtmittel ausgefallen ist.

Leuchtstofflampen und LED fallen üblicherweise nicht plötzlich aus, sondern verringern ganz allmählich ihren Lichtstrom (Degradation). Sinnvoller als die „Lebensdauer" ist daher die Angabe der „Nutzlebensdauer". Dabei wird nach dem Schema **Lxx/Bxx tt** angegeben, nach welcher Zeit (**tt**) bei wieviel Prozent der Lampen (**Bxx**) der Lichtstrom unter einen gewissen Prozentsatz (**Lxx**) des Anfangslichtstromes gesunken ist.

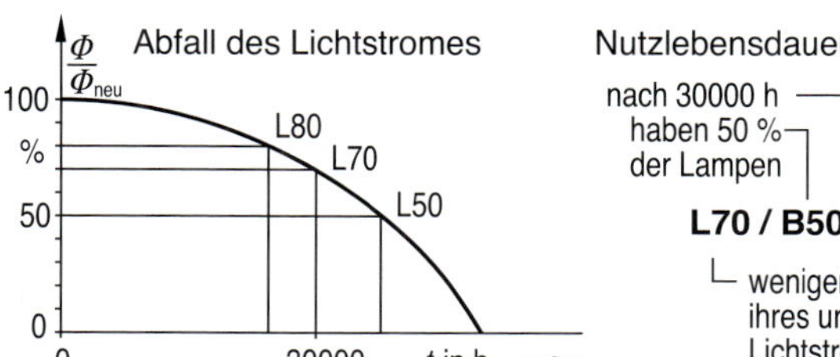

Wartungsfaktor

Die Beleuchtungsstärke an einer Arbeitsstätte sinkt infolge von Alterung bzw. Ausfall von Lampen sowie Verschmutzung der Leuchten, Decken und Wände im Laufe der Zeit zwangsläufig. Die Anlage muss deshalb in regelmäßigen Abständen gemäß einem festgelegten Wartungsplan gewartet werden.Um am Ende des Wartungsintervalls immer noch die vorgeschriebene Beleuchtungsstärke zu gewährleisten, muss zu Beginn des Wartungsintervalls eine entsprechend höhere Beleuchtungsstärke vorhanden sein. Dies wird durch den sogenannten Wartungsfaktor berücksichtigt.
Der Wartungsfaktor *WF* ist gleich dem Produkt aus Raumwartungsfaktor *RWF*, Leuchtenwartungsfaktor *LWF*, Lampenlebensdauerfaktor *LLF*, Lampenerwartungsfaktor *LaWF* und Lampenlichtstromerwartungsfaktor *LLWF*.
Sind die einzelnen Wartungsfaktoren nicht bekannt, so gelten folgende Referenzwartungsfaktoren:
***WF*=0,80** sehr sauberer Raum, Anlage mit geringer Nutzungsdauer,
***WF*=0,67** sauberer Raum, dreijähriger Wartungszyklus,
***WF*=0,57** Innen- und Außenbeleuchtung, normale Verschmutzung dreijähriger Wartungszyklus,,
***WF*=0,50** Innen und Außenbeleuchtung, starke Verschmutzung.

4.14 Antennentechnik

Frequenzbereiche und Kanäle

Bereich	Langwelle	Mittelwelle	Kurzwelle	Fernsehbereich I	Ultrakurzwelle	unterer Sonderkanal	Fernsehbereich III	oberer Sonderkanal	Fernsehbereich IV	Fernsehbereich V
Kurzzeichen	LW	MW	KW	F I	UKW	USB	F III	OSB	F IV	F V
Kanäle	–	–	–	2...4	2...70	S2...S10	5...12	S11...S20	21...37	38...69
Frequenz	150... 285 kHz	520... 1605 MHz	3,95... 26,1 MHz	47... 68 MHz	87,5... 108 MHz	111... 174 MHz	174... 230 MHz	230... 300 MHz	470... 606 MHz	606... 862 MHz

Antennenanlagen

Bei Antennenanlagen ist zu beachten:

1. Das zulässige Biegemoment des Antennenstandrohres darf nicht überschritten werden.
2. Die Einspannlänge des Standrohres muss mindestens 1/6 der Gesamtrohrlänge sein.
2. Der Höchstpegel darf auch an der ersten Steckdose nicht überschritten werden.
3. Der Mindestpegel muss auch an der letzten Steckdose erreicht werden.
4. Das Antennenstandrohr muss an die Blitzschutzanlage bzw. die Potenzialausgleichsschiene angeschlossen sein.

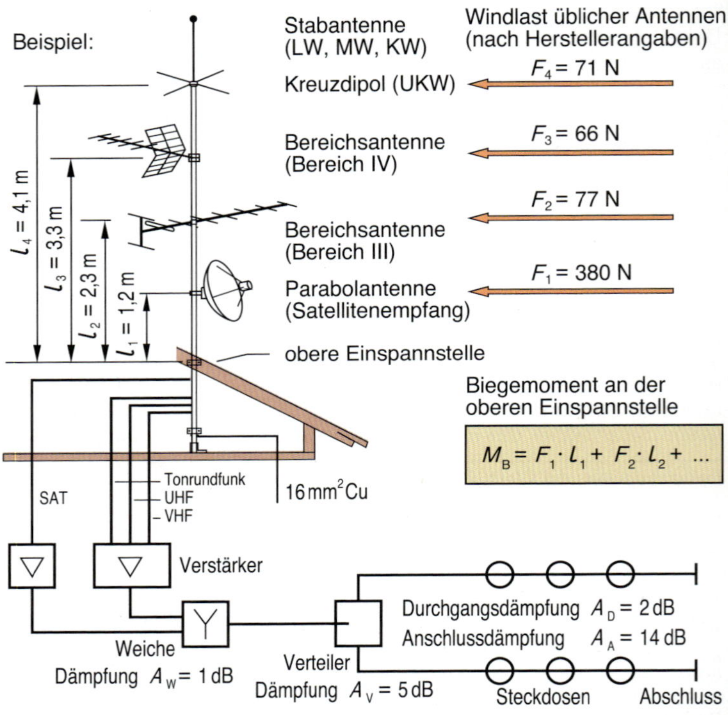

Nutzpegel am Empfänger		Minimal	Maximal
Antennenanlage	UKW Mono	40 dBµV	80 dBµV
	UKW Stereo	50 dBµV	80 dBµV
	F I	52 dBµV	84 dBµV
	F III	54 dBµV	84 dBµV
	F IV/V	57 dBµV	84 dBµV
	Sat-ZF	47 dBµV	75 dBµV
Breitband-Kabel	Fernsehen	60 dBµV	84 dBµV
	Rundfunk	56 dBµV	80 dBµV

Pegel, Verstärkung, Dämpfung

Spannungen in Antennenanlagen werden nicht in Volt, sondern in dBµV (lies: dezibel über 1 Mikrovolt) angegeben. Die Einheit dBµV bezeichnet den „Pegel" über der willkürlich festgelegten Grundspannung 1µV. Der Pegel *L* (L Level) ist ein logarithmisches Maß.

Spannungspegel

$$L_U = 20 \cdot \lg \frac{U}{1\,\mu V}$$

$[L_U]$ = dBµV
lies: dB über 1 µV

Spannung	1 µV	2 µV	10 µV	20 µV	100 µV	200 µV	1 mV	2 mV	10 mV	20 mV
Pegel in dBµV	0	6	20	26	40	46	60	66	80	86

Übertragungsglieder können die Spannung dämpfen oder verstärken. Die Berechnung erfolgt über Pegel. Passive Glieder, z.B. Leitungen und Verteiler, senken den Pegel, aktive Glieder, d.h. Verstärker, heben den Pegel. Die Gesamtdämpfung bzw. Verstärkung ist gleich der Summe der Einzeldämpfungen (Vorzeichen beachten!)

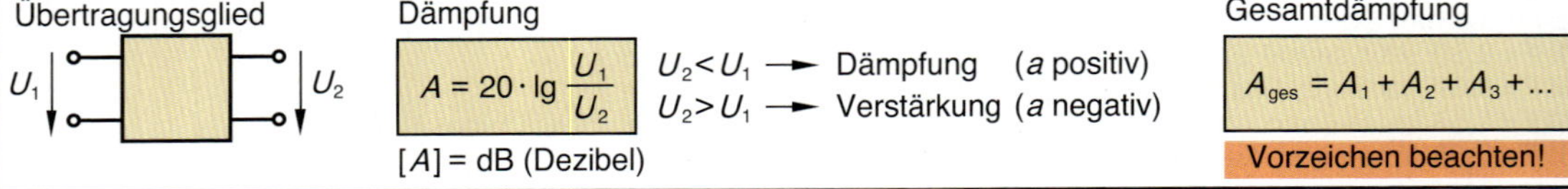

5 Formeln der Elektronik

5.1	Geschichtliche Entwicklung	136
5.2	Bauteile I	138
4.3	Bauteile II	140
4.4	Bauteile III	142
4.5	Ungesteuerte Stromrichterschaltungen	144
4.6	Stromversorgungsschaltungen	146
4.7	Anwendung von Transistoren	148
4.8	Umwandeln von Energie	150
4.9	Elektronische Leistungssteuerung	152
4.10	Operationsverstärker, Grundlagen	154
4.11	Operationsverstärker, analoge Schaltungen	156
4.12	Operationsverstärker, digitale Schaltungen	158
4.13	Regelungstechnik I	160
4.14	Regelungstechnik II	162
4.15	Schaltalgebra I	164
4.16	Schaltalgebra II	166

5.1 Geschichtliche Entwicklung

Entwicklung der Röhrentechnik

Elektrotechnik und Elektronik

Die klassische Elektrotechnik hat ihre Anfänge vor über 300 Jahren.
Seit der Mathematiker und Naturwissenschaftler Gottfried Wilhelm Leibniz im Jahre 1672 als Erster einen durch Experiment erzeugten elektrischen Funken beobachten konnte, haben zahllose Wissenschaftler und Ingenieure die Elektrotechnik entwickelt. Galvani, Volta, Ampere, Coulomb, Ohm, Kirchhoff, Faraday usw. haben das theoretische Fundament gelegt, Edison, Siemens, Tesla, Dobrowolski und viele andere haben daraus praktische Anwendungen entwickelt.

G. F. Leibniz (1646-1716)

Die Elektronik beginnt mit der Entwicklung einer Elektronentheorie durch den niederländischen Physiker H. Lorentz im Jahre 1883. Er entwickelt eine Vorstellung, die auch von dem deutschen Physiker Hermann von Helmholtz vertreten wird. Danach besteht die „Elektrizität“ aus definierbaren Elementarteilchen, den „Elektronen“. Die Elektronen sind demnach winzig kleine Masseteilchen und die Träger der elektrischen Ladung.
Diese Vorstellung genügt als theoretische Grundlage für die Entwicklung verschiedener elektronischer Röhren: der Elektronenstrahlröhre, der Verstärkerröhre und der Kathodenstrahlröhre zur Erzeugung von X-Strahlen (Röntgen-Strahlen).

H. A. Lorentz (1853-1928)

Elektronische Röhren

Im Jahr 1895 hatte der Physikprofessor Wilhelm Conrad Röntgen entdeckt, dass schnell fliegende Elektronen elektromagnetische Strahlungen auslösen, die auch Materie durchdringen können (X-Strahlen, Röntgen-Strahlen).
Im Jahr darauf erfindet der Physiker Karl Ferdinand Braun eine Röhre, die mithilfe eines Elektronenstrahls schreiben und zeichnen kann. Diese nach ihm benannte „braunsche Röhre“ wird bis in unsere Zeit als Bildröhre für Fernsehgeräte, Radargeräte und Computer genutzt.
Das Jahr 1906 gilt als der eigentliche Beginn des Elektronik-Zeitalters. In diesem Jahr werden drei wichtige Erfindungen gemacht:
Zum einen entwickeln der österreichische Physiker Robert von Lieben und sein amerikanischer Kollege Lee de Forest unabhängig voneinander jeweils eine elektronische Verstärkerröhre,
zum anderen entdeckt der US-Wissenschaftler H. Dunwoody die Gleichrichtereigenschaften von Kristallen. Diese Entdeckung ist von grundsätzlicher Bedeutung, auch wenn sie sich erst später in der Halbleiterentwicklung auswirkt.

W. C. Röntgen (1845-1923)

K. F. Braun (1850-1918)

Elektronenstrahlröhre (braunsche Röhre), Prinzip:

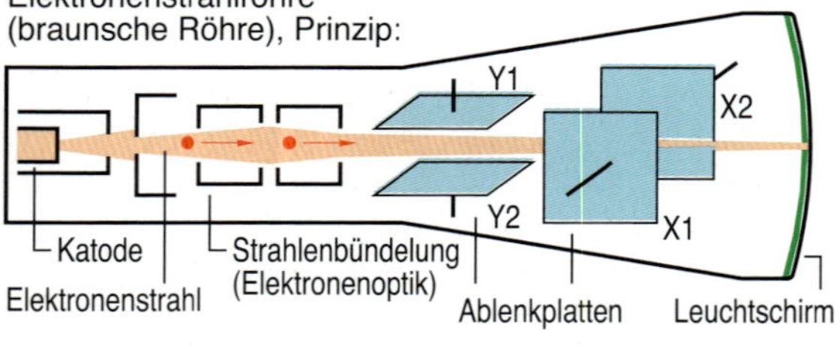

Verstärkerröhre (Triode), Prinzip:

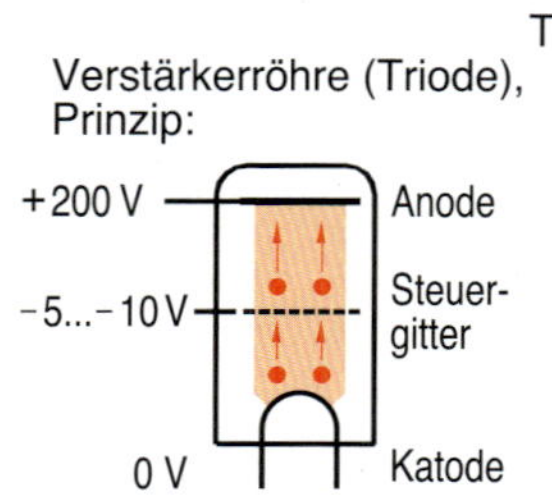

Triode um 1906

Fotoeffekt

Fällt energiereiches Licht auf eine Metalloberfläche, so können Elektronen aus dem Metall gelöst werden. Der bereits 1839 von A. E. Becquerel entdeckte Fotoeffekt konnte 1905 von Albert Einstein (Nobelpreis 1921) erklärt werden, der Nobelpreisträger Robert Millikan hat die Überlegungen später experimentell bestätigt.
Für die Elektronik ist der Fotoeffekt von großer Bedeutung: Fotowiderstand, Fotodiode, Fototransistor, Fotothyristor und Fotoelement beruhen auf diesem Effekt. Im Jahre 1954 wird am Bell Telephone Laboratory (USA) das erste Fotoelement in Betrieb genommen. Heute liefern Fotoelemente als Solarzellen elektrische Energie direkt aus Sonnenlicht.

Albert Einstein (1879-1955)

Entwicklung der Halbleitertechnik

Der PN-Übergang

Im Jahr 1939 erfolgt der Übergang von der Röhrentechnik zur Halbleitertechnik. In diesem Jahr beschreibt der deutsche Physiker Walter Schottky den Gleichrichtereffekt (Sperrschicht-Effekt, Schottky-Effekt). Der Effekt, der zwischen Metall und Halbleitern (Silizium, Germanium) sowie zwischen verschieden dotierten Halbleitern auftritt, wurde schon 1875 von Karl Ferdinand Braun entdeckt, konnte aber erst von Schottky erklärt werden. Dieser Effekt bildet die Grundlage für praktisch alle Halbleiter-Bauelemente wie Dioden, Transistoren und Thyristoren.

W. Schottky (1886-1976)

Die elektrische Leitfähigkeit in Halbleitern, z.B. Silizium (Si) kommt auf zwei unterschiedliche Arten zustande:

1. **Eigenleitung:** Sie wird durch Energie (Wärme, Licht) und Verunreinigungen verursacht; sie ist oft unerwünscht.
2. **Störstellenleitung:** Sie entsteht durch gezieltes Verunreinigen (Dotieren) des Halbleiters mit 3-wertigen oder 5-wertigen Atomen.
   3-wertige Atome erzeugen freie positive Ladungen (Löcher) und ergeben P-Leiter,
   5-wertige Atome erzeugen freie negative Ladungen (Elektronen) und ergeben N-Leiter.

Am PN-Übergang bildet sich wegen der Wärmebewegung eine Sperrschicht

freie Elektronen (N-Leiter)

freie Löcher (P-Leiter)

natürliche Sperrschicht

Bei angelegter Spannung in NP-Richtung verarmt die Übergangszone an Ladungsträgern, die Sperrschicht wird breiter

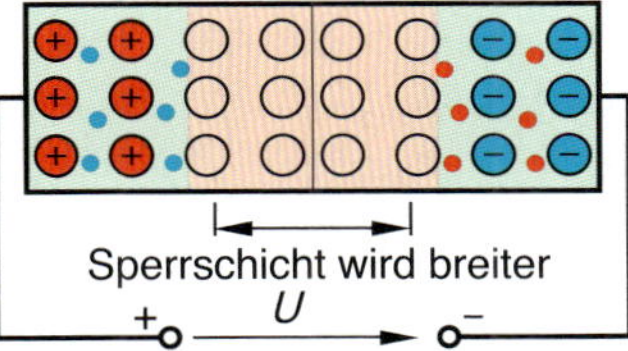

Bei angelegter Spannung in PN-Richtung wird die Sperrschicht abgebaut

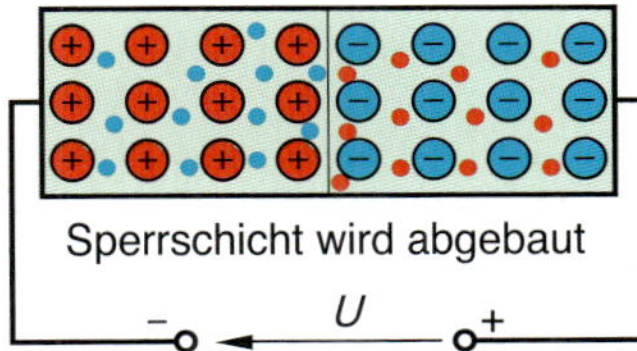

Die zum Abbau der Sperrschicht nötige Spannung heißt Diffusionsspannung oder Schleusenspannung. Sie beträgt bei Silizium etwa 0,7 V, bei Germanium etwa 0,3 V.

Transistoren

Bereits 1928 leitet der deutsche Physiker Julius Lilienfeld die Funktion des Feldeffekttransistors her, Otto Heil meldet den FET 1934 zum Patent an. Der Durchbruch gelingt aber erst 1948, als im Labor der Bell Company (USA) die Wissenschaftler John Bardeen, Walter Houser Brattain und William Shockley einen ersten bipolaren Germanium-Transistor entwickeln (Transistor=Transfer Resistor). Die drei Wissenschaftler erhalten dafür 1956 den Nobelpreis für Physik.
Der Transistor und die Elektronik werden zur Schlüsseltechnologie des 20. Jahrhunderts und ermöglichen viele weitere Erfindungen.

William Shockley (1910-1989)

Miniaturisierung

Die weitere Entwicklung der elektronischen Bauelemente verfolgt die Ziele: kleiner, schneller, leistungsfähiger.
Ein erster Schritt dazu ist die Entwicklung „gedruckter Schaltungen", der zweite Schritt ist die „Integration" von einzelnen Bauelementen zu kompletten Schaltungen auf einem einzigen Kristall (IC = Integrated Circuit). Der Mikrochip wird 1958 von Jack Kilby erfunden. IC-Bauelemente gibt es heute praktisch für alle Anwendungsgebiete.
Für die Leistungselektronik wird um 1962 ein steuerbarer Gleichrichter, der Thyristor, entwickelt (Thyristor = Thyratron Resistor). Er kann Ströme von über 2000 A bei Spannungen im Kilovoltbereich schalten.
1965 stellt der Mitbegründer von Intel, Gordon Moore, das Moore'sche Gesetz auf. Es besagt: Die Leistungsfähigkeit von Mikrochips verdoppelt sich etwa alle 18 Monate. Das Ende der Entwicklung ist etwa im Jahr 2020 erreicht. Die Chipstrukturen haben dann nur noch die Stärke von wenigen Atomen.

Jack Kilby (1923-2005), Ingenieur bei Texas Instruments, gilt als „Vater des Mikrochip". Zusammen mit zwei anderen Physikern erhält er dafür im Jahr 2000 den Nobelpreis für Physik.

> Moore'sches Gesetz:
> Die Leistungsfähigkeit von Mikrochips verdoppelt sich etwa alle 18 Monate.

5

5.2 Bauteile I

Widerstände und Kondensatoren

Elektrische Widerstände und Kondensatoren werden nach international anerkannten Normen (DIN IEC) gefertigt und gekennzeichnet. Die Werte der Widerstände und Kapazitäten richten sich dabei nach der so genannten E-Reihe, die Kennzeichnung erfolgt mit einer Farbcodierung oder mit Zahlen und Buchstaben.
Für Induktivitäten gibt es keine allgemeine Norm.

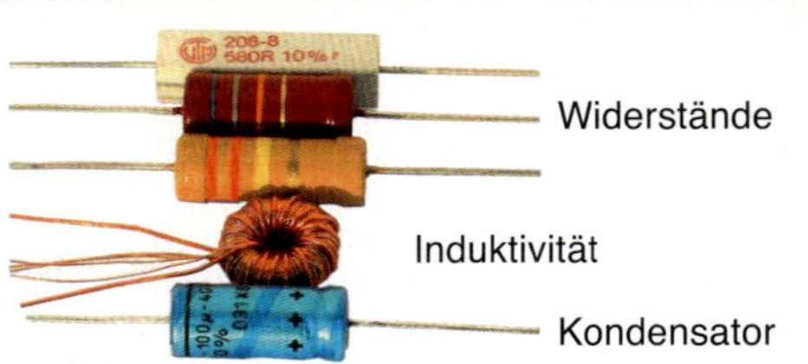

Fertigungswerte von Widerständen und Kondensatoren nach E-Reihen

Reihe	Widerstandswerte												Toleranz	
E6	1,0		1,5		2,2		3,3		4,7		6,8		±20%	Die Toleranz gibt die größtmögliche Abweichung innerhalb der E-Reihe an, um Überschneidungen zu Nachbarwerten zu vermeiden. Das tatsächlich gefertigte Bauelement kann kleinere Toleranzwerte besitzen.
E12	1,0	1,2	1,5	1,8	2,2	2,7	3,3	3,9	4,7	5,6	6,8	7,5	±10%	
E24	1,0 1,1	1,2 1,3	1,5 1,6	1,8 2,0	2,2 2,4	2,7 3,0	3,3 3,6	3,9 4,3	4,7 5,1	5,6 6,2	6,8 7,5	8,2 9,1	± 5%	
E48	1,00 1,05 1,10 1,15	1,21 1,27 1,33 1,40	1,47 1,54 1,62 1,69	1,78 1,87 1,96 2,05	2,15 2,26 2,37 2,49	2,61 2,74 2,87 3,01	3,16 3,32 3,48 3,65	3,83 4,02 4,22 4,42	4,64 4,87 5,11 5,36	5,62 5,90 6,19 6,49	6,81 7,15 7,50 7,87	8,25 8,66 9,09 9,53	± 2%	

Farbcodierung von Widerständen und Kondensatoren

Farbe der Ringe oder Punkte	schwarz (sw)	braun (br)	rot (rt)	orange (or)	gelb (gb)	grün (gn)	blau (bl)	violett (vl)	grau (gr)	weiß (ws)	gold (au)	silber (ag)	ohne Farbe
1. Ring → 1. Ziffer	–	1	2	3	4	5	6	7	8	9	–	–	–
2. Ring → 2. Ziffer	0	1	2	3	4	5	6	7	8	9	–	–	–
3. Ring → Multiplikator	10^0	10^1	10^2	10^3	10^4	10^5	10^6	10^7	10^8	10^9	10^{-1}	10^{-2}	–
4. Ring → Toleranz	–	± 1%	± 2%	–	–	± 0,5%	–	–	–	–	± 5%	± 10%	± 20%
5. Ring → Nennspg./V bei Ta-Kondensatoren	– 4	100 6	200 10	300 15	400 20	500 25	600 35	700 50	800 –	900 –	1000 –	2000 –	500 –

Alphanumerische Kennzeichnung von Widerständen, Beispiel

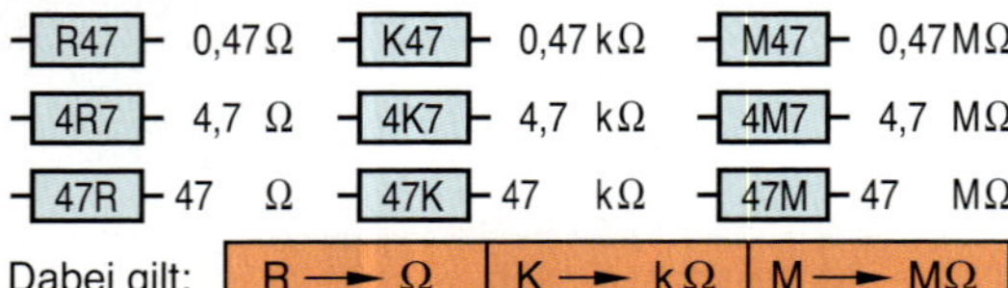

Die Stellung der Zahl (vor oder hinter dem Komma) entscheidet über ihren Stellenwert.

von Kondensatoren, Beispiel:

n 33 ⇒ 0,33 nF   3 n 3 ⇒ 3,3 nF   33 n ⇒ 33 nF

Bei reinem Zahlenaufdruck entscheidet die Größe des Bauteils:

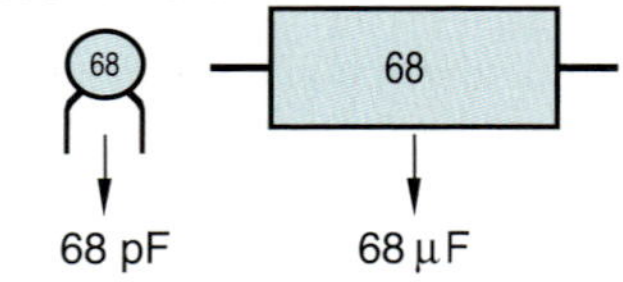

Es ist zu berücksichtigen, dass sich die Einheit µF von der Einheit pF um den Faktor 10^6 unterscheidet

Dioden

Dioden sind elektronische Bauteile mit zwei Anschlüssen. Sie sind in ihren Eigenschaften stark von der Stromrichtung abhängig (Ventilwirkung) und werden deshalb auch als Ventile bezeichnet (V für valve = Ventil).

A Anode
K Katode
U_F, I_F Spannung, Strom in Vorwärtsrichtung
U_R, I_R Spannung, Strom in Rückwärtsrichtung

	Schaltzeichen	Typische Kennlinie	Anwendungen	Bauformen
Flächendiode	A K I_F U_F A P N K Diode wird in Vorwärtsrichtung betrieben	I_F Si-Diode U_R Durchbruch, Zerstörung 0,7 V U_F	Gleichrichterdiode Durchlassstrom $I_{F\,max}$ bis 3000 A Sperrspannung $U_{R\,max}$ bis 3500 V Freilaufdiode	Gehäuse für Dioden und Z-Dioden Kunststoffgehäuse A Nase A Ring Metallgehäuse A K A K
Z-Diode	A K I_Z U_Z Z-Diode wird in Rückwärtsrichtung betrieben (Z-... Zener...)	U_Z U_Z U_F I_Z	Spannungsbegrenzung Stabilisierung Überlastungsschutz U_Z = 1,8 V...200 V	

Weitere Dioden: Kapazitätsdiode (spannungsgesteuerte Kapazität) zur Abstimmung von Schwingkreisen
Schottky-Diode (sehr schnell) für Hochfrequenzgleichrichtung, schnelle Logikschaltungen
Backward-Diode (keine Schleusenspannung), Gleichrichtung sehr kleiner HF-Spannungen
Tunneldiode (mit negativem Widerstandsbereich), für HF-Anwendungen.

Bipolare Transistoren

Beim bipolaren Transistor (Transistor = **Trans**fer Res**istor**, Übertragungswiderstand), fließt der Laststrom über zwei unterschiedlich dotierte Schichten (P und N). Die Steuerung erfolgt über den Basisstrom.
Hauptanwendung: Schalter und Verstärkerschaltungen.

E Emitter
B Basis
C Kollektor
Ströme I_C, I_B, I_E,
Spannungen U_{BE}, U_{CE}.

	Prinzip, Schaltzeichen	Typische Kennlinie	Anwendungen	Bauformen
NPN-Transistor	C N P N B E C I_C I_B B U_{CE} U_{BE} E I_E	I_C 0,5 A 3 mA 2 mA I_B = 1 mA 20 V U_{CE}	Verstärker Schalter Oszillatoren Stromverstärkung $B = \frac{I_C}{I_B} = 50...600$ I_C = 0,01...15 A	Metallgehäuse B E C Kunststoffgehäuse B E C Metallgehäuse B C E
NPN-Transistor	C P N P B E C I_C I_B B U_{CE} U_{BE} E I_E	I_C − 0,5 A − 3 mA − 2 mA I_B = −1 mA − 20 V U_{CE}		
Darlington-Tr.	C N P N N P N B E C I_C I_B B E I_E	I_C 5 A 3 mA 2 mA I_B = 1 mA 20 V U_{CE}	Leistungsverstärker für Relais- und Motorsteuerungen Sehr große Stromverstärkung B = 100...30 000 I_C = 0,2...30 A	

5.3 Bauteile II

Feldeffekttransistoren FET

Beim unipolaren Transistor fließt der Laststrom nur über eine Halbleiterschicht (P oder N). Die Steuerung erfolgt über ein elektrisches Feld (Feldeffekttransistor FET) und benötigt damit praktisch keine Leistung.
Hauptanwendung: Schalter und Verstärkerschaltungen.

S Source (Quelle)
D Drain (Abfluss, Senke)
G Gate (Tor, Gatter) Su Substrat
Ströme I_D, I_S mit $I_D = -I_S$ und $I_G = 0$
Spannungen U_{GS}, U_{DS}.

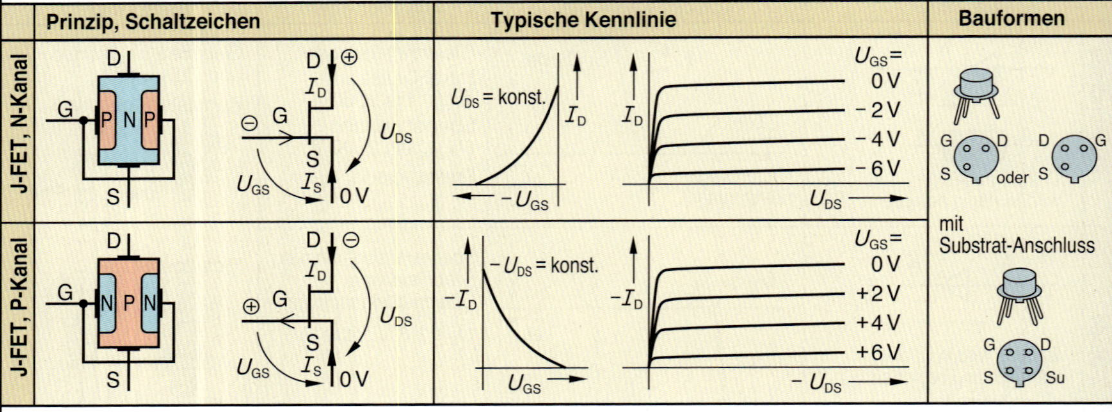

Typenvielfalt
Feldeffekttransistoren können nach verschiedenen Grundprinzipien realisiert werden:

1. Der Kanal für den Laststrom kann N- oder P-leitend sein.
2. Das Gate und der Kanal können direkt nebeneinander liegen (Sperrschicht-FET, J-FET, J = Junction), oder das Gate und der Kanal sind durch eine zusätzliche Isolierschicht getrennt (Isolierschicht-FET, IG-FET, MOS-FET, I = Insulated Gate, MOS = Metal Oxid Semiconductor).
3. Beim IG-FET kann der Kanal ohne Gate-Source-Spannung leitfähig sein (selbstleitend, Verarmungstyp), oder der Kanal kann ohne anliegende Gate-Source-Spannung sperren (selbstsperrend, Anreicherungstyp).

Durch Kombination der Grundprinzipien erhält man unterschiedliche Transistoren:

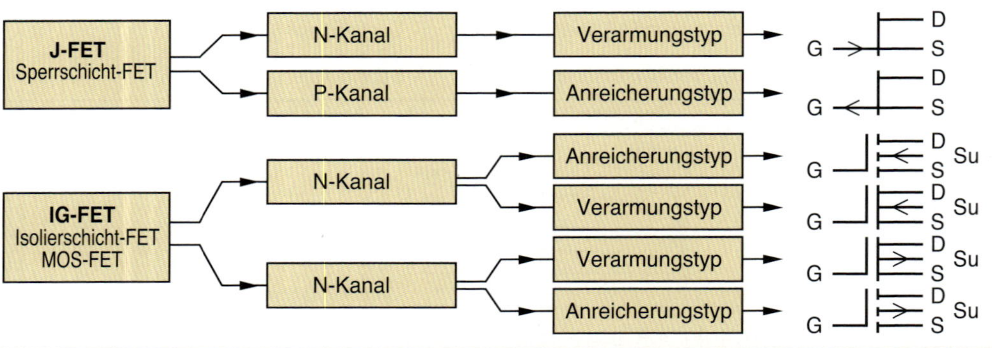

IGBT (Insulated Gate Bipolar Transistor)

IGBT stellen eine Kombination aus bipolarem Transistor und Feldeffekttransistor dar. Sie vereinigen damit einen hohen Eingangswiderstand mit einem kleinen Durchgangswiderstand.

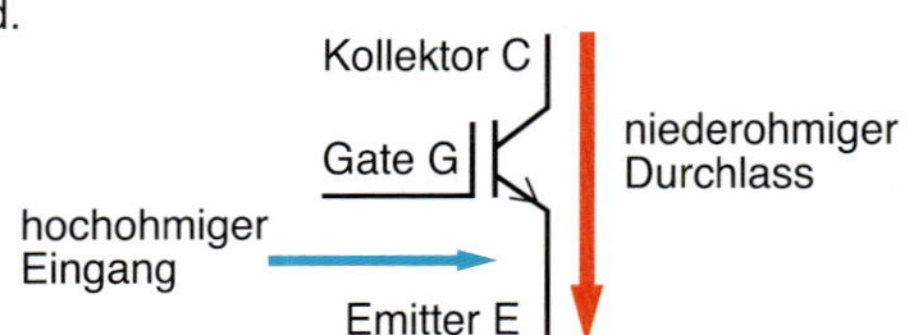

Betriebseigenschaften:
U_F = 2 V...5 V
U_R bis 1600 V
I_F bis 1000 A
f bis 20 kHz

IGBT-Module enthalten oft Freilaufdioden bzw. Rückstromdioden und erübrigen damit eine weitere Schutzbeschaltung.

IGBT-Transistor

IGBT-Modul

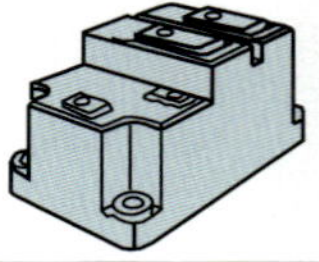

Thyristoren

Thyristor ist ein Kunstwort aus **Thyr**atron (gasgefüllte Schaltröhre) und Res**istor** (Widerstand). Man bezeichnet damit allgemein alle elektronischen Bauelemente, die mindestens vier aufeinander folgende Halbleiterschichten mit wechselnder Leitungsart (P bzw. N) haben. Insbesondere wird die Thyristortriode als Thyristor bezeichnet.

Die Thyristortriode hat folgendes Betriebsverhalten:

1. Wird der Thyristor bei offenem Gate an Spannung U_F gelegt, so fließt ein kleiner Strom. Übersteigt U_F die Nullkippspannung $U_{(B0)}$, so zündet der Thyristor und wird leitend.
2. Die Zündspannung kann durch den Gatestrom I_G beeinflusst werden.
3. Ein gezündeter Thyristor erlischt nur, wenn der Haltestrom I_H unterschritten wird.
4. Bei Überschreiten der zulässige Sperrspannung U_R wird der Thyristor zerstört.

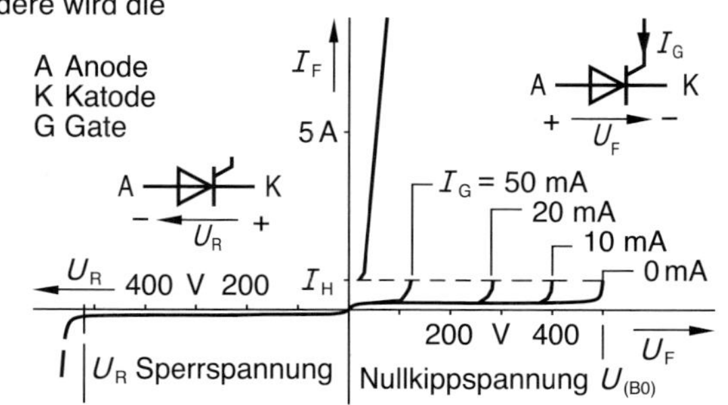

	Schaltzeichen	Typische Kennlinie	Anwendungen	
Triggerdioden	Vierschichtdiode 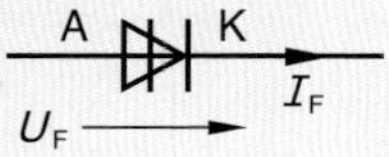 (A, K, I_F, U_F)	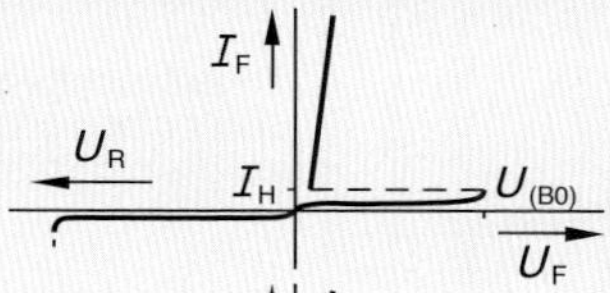 I_F, U_R, I_H, $U_{(B0)}$, U_F	Triggerdiode zum Zünden von Thyristoren, Aufbau von Zeitkreisen.	$U_{(B0)}$ = 20 V...200 V I_F bis 30 A I_H = 15 mA...45 mA
Triggerdioden	Fünfschichtdiode (A1, A2, I, U) 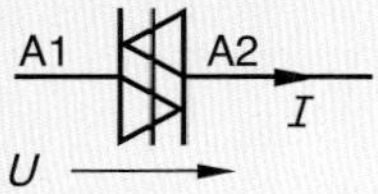	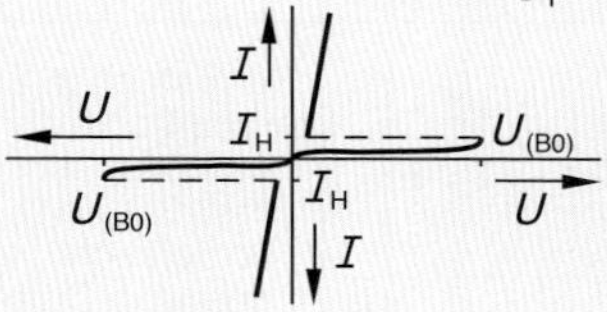 I, U, I_H, $U_{(B0)}$, U, $U_{(B0)}$, I_H, I	Verhalten wie zwei antiparallel geschaltete Vierschichtdioden. Triggern von Zündströmen von Triacs und Thyristoren.	$U_{(B0)}$ < 10 V $I \approx$ 200 mA I_H < 5 mA
Triggerdioden	DIAC = Diode Alternating Current (Zweirichtungsdiode) 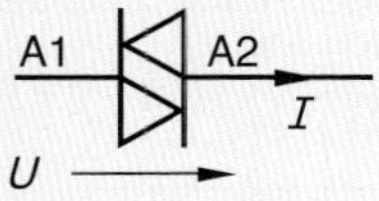 (A1, A2, I, U)	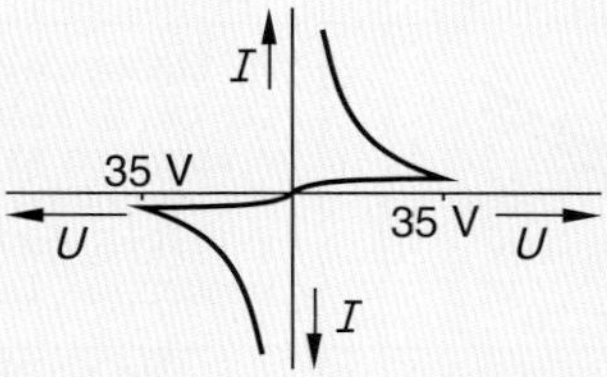 I, 35 V, U, 35 V, U, I	Einsatz als Triggerdiode ähnlich wie Fünfschichtdiode, aber preisgünstiger.	$U_{(B0)}$ ≈ 35 V P_{tot} ≈ 300 mW
Thyristor	P-Gate-Thyristor 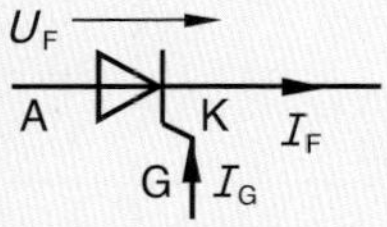 (U_F, A, K, I_F, G, I_G)	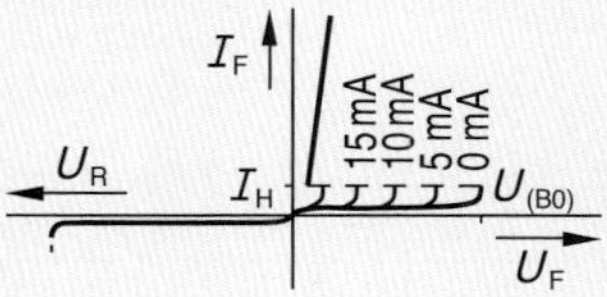 I_F, 15 mA, 10 mA, 5 mA, 0 mA, U_R, I_H, $U_{(B0)}$, U_F	Für gesteuerte Stromrichterschaltungen bis zu größten Leistungen. Für maximale Leistung Scheibenthyristoren mit Wasserkühlung.	U_R bis 8 kV I_F bis 1000 A
TRIAC	TRIAC = Triode Alternating Current) (Zweirichtungsthyristor) 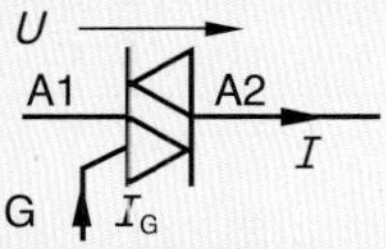 (U, A1, A2, I, G, I_G)	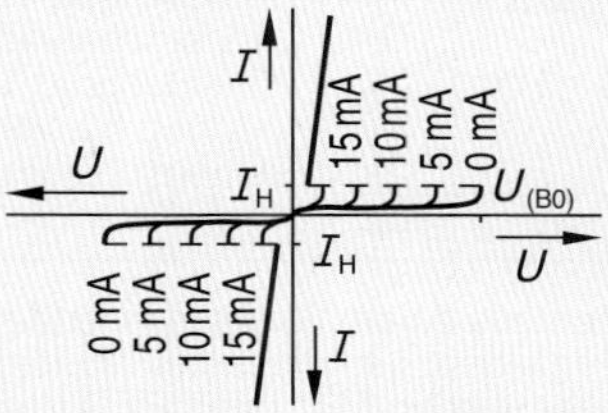 I, 15 mA, 10 mA, 5 mA, 0 mA, U, I_H, $U_{(B0)}$, I_H, U, 0 mA, 5 mA, 10 mA, 15 mA, I	Verhalten wie antiparallel geschaltete Thyristoren. Für Phasenanschnittsteuerungen im Klein- und Mittelleistungsbereich.	U bis 1200 V I bis 300 A
GTO	GTO = Gate Turn Off 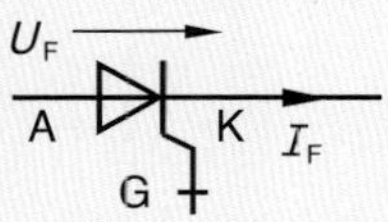 (U_F, A, K, I_F, G)	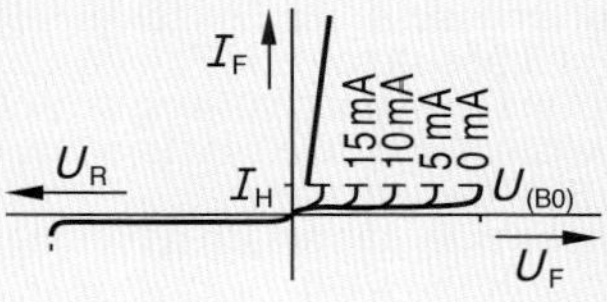 I_F, 15 mA, 10 mA, 5 mA, 0 mA, U_R, I_H, $U_{(B0)}$, U_F	Abschaltbarer Thyristor, der mit positiven Zündströmen in den leitenden, mit negativen Zündströmen in den sperrenden Bereich schaltet. Für Gleichstomsteller und Wechselrichter im mittleren Leistungsbereich.	U_R bis 1200 V I_F bis 400 A

5

5.4 Bauteile III

Optoelektronische Bauteile

Inhalte der Optoelektronik sind:
- Umwandlung von Licht in elektrische Energie
- Umwandlung von elektrischer Energie in Licht
- Kopplung von optischen Sendern und Empfängern.

Empfindlichkeit des menschlichen Auges für verschiedene Bereiche des Lichts

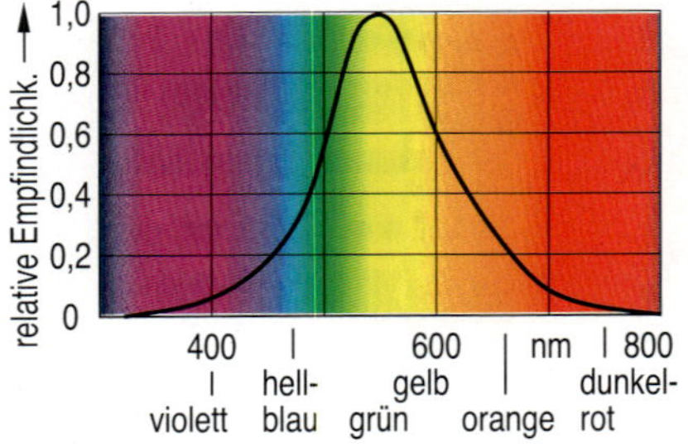

Optoelektronische Bauteile		
Optische Sender	Optische Empfänger	Opto-koppler
z.B. Leuchtdiode Laserdiode Infrarotdiode	z.B. Fotowiderstand Fotodiode Fotoelement Fototransistor Fotothyristor	Kombination aus optischem Sender und Empfänger

	Schaltzeichen	Typische Kennlinie	Anwendungen
Fotowiderstand	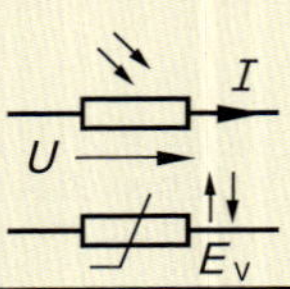 I, U, E_V	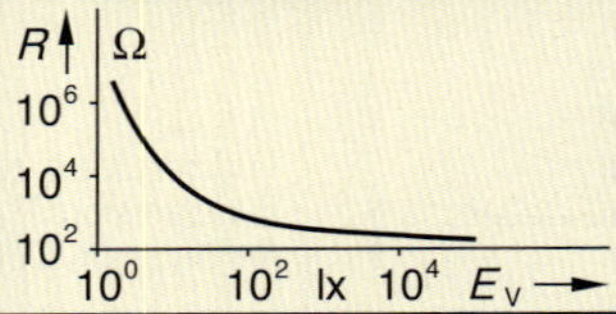 R Ω; 10^6, 10^4, 10^2; 10^0 10^2 lx 10^4 E_V	Für Beleuchtungsstärkemesser im sichtbaren und im infraroten Bereich. Dunkelwiderstand >10 MΩ, Hellwiderstand < 1 kΩ
Fotodiode	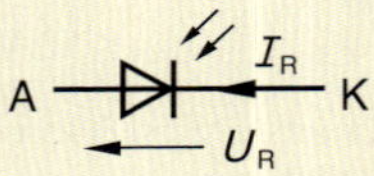 A, K, I_R, U_R	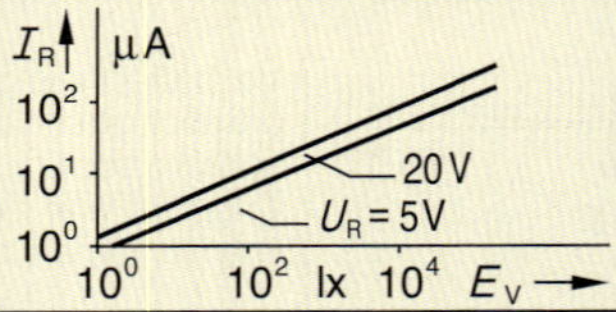 I_R µA; 10^2, 10^1, 10^0; 20 V, $U_R = 5$ V; 10^0 10^2 lx 10^4 E_V	Bei Betrieb in Sperrrichtung ist der Strom etwa proportional zur Beleuchtungsstärke. Betriebsspannung bis 10 V, Grenzfrequenz 10 MHz. Für Beleuchtungsstärkemesser, Signalübertragung in Optokopplern, Datenübertragung.
Fototransistor	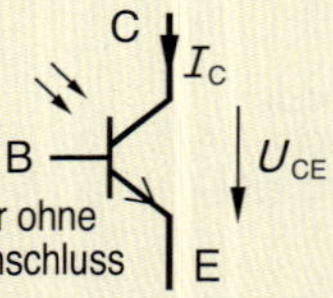 C, B, E, I_C, U_{CE}; mit oder ohne Basisanschluss	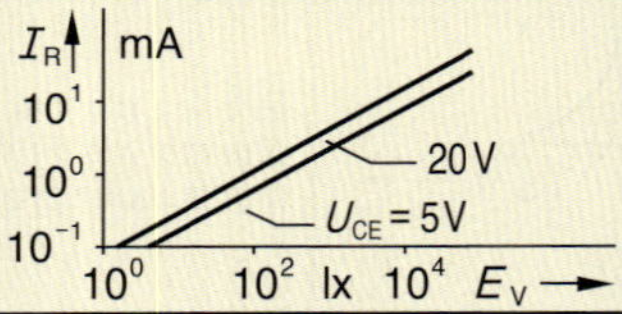 I_R mA; 10^1, 10^0, 10^{-1}; 20 V, $U_{CE} = 5$ V; 10^0 10^2 lx 10^4 E_V	Wie Fotodiode mit Verstärker, somit etwa 100- bis 500fach größere Empfindlichkeit im Vergleich zu Fotodioden. Einstellung des Arbeitspunktes über die Basis. Optische Signalübertragung, Lichtschranken, Optokoppler, Datenübertragung.
Leuchtdiode	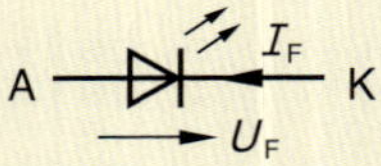 A, K, I_F, U_F	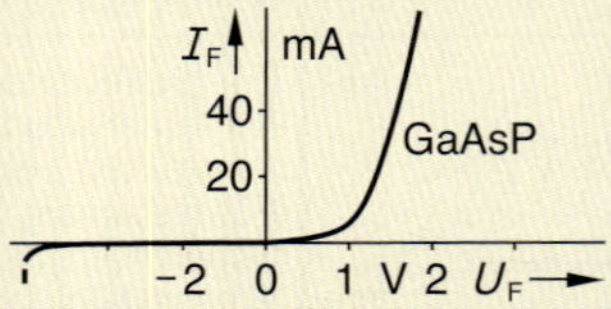 I_F mA; 40, 20; GaAsP; −2 0 1 V 2 U_F	LED Licht Emittierende Diode Farben rot, gelb, orange, grün, blau, infrarot (IRED). $U_F < 2$ V, $I_F < 100$ mA. Für Ziffernanzeige, Lichtschranken, Optokoppler.
Fotoelement	Fotoelement, Solarzelle aktives Element; 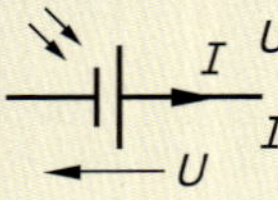 I, U; U_0 Leerlaufspannung; I_K Kurzschlussstrom	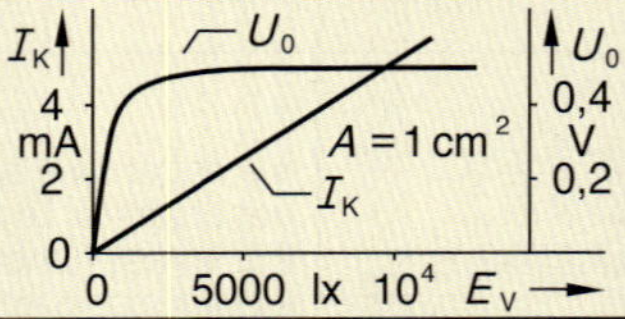 I_K mA 4, 2, 0; U_0 V 0,4, 0,2; $A = 1\,cm^2$; 0 5000 lx 10^4 E_V	Umwandlung von Licht in elektrische Energie. Leerlaufspannung je nach Werkstoff bis 0,9 V, Wirkungsgrad 10...15 %, Leistung bei voller Sonne bis 100 W/m². Reihenschaltung der Zellen erhöht die Spannung, Parallelschalten erhöht den Strom.
Optokoppler	Beispiele: 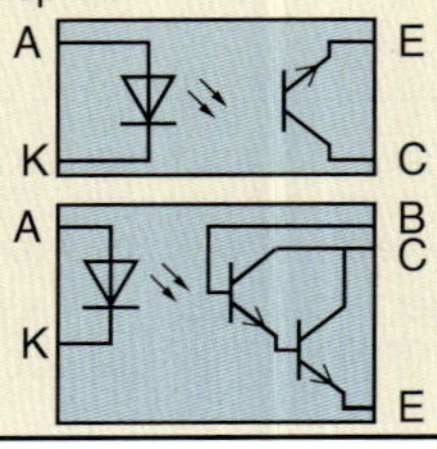 A, K, E, C; A, K, B, C, E	Optokopler bestehen aus einem Strahlungssender und einem Empfänger, in einem gemeinsamen lichtdichten Gehäuse. Als Sender werden LED oder IRED (Infrarot emittierende Diode) eingesetzt. Als Empfänger eignen sich Fotodioden, Fototransistoren und Fotothyristoren. Mit Fototransistoren in Darlingtonschaltung erreicht man einen hohen Koppelfaktor, mit Fotothyristoren (auch Fototriacs) lassen sich Schalter realisieren. Optokoppler verbinden zwei galvanisch getrennte Kreise durch Infrarot- oder Lichtstrahlung.	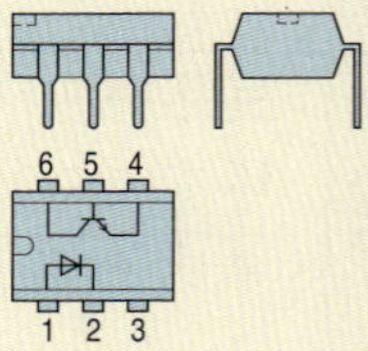 6 5 4; 1 2 3

Integrierte Schaltkreise

Integrierte Schaltkreise (**IC** **I**ntegrated **C**ircuit) sind Funktionseinheiten, die auf einem Halbleiterplättchen (Chip) sehr viele Bausteine wie Transistoren, Widerstände und Kondensatoren vereinen. Kleine IC werden dabei z.B. in DIL-Gehäuse (DIL Dual In Line) oder TO-Gehäuse (TO Transistor Outline) gefasst.
Die Integrationsdichte von Chips steigt jährlich. Nach der von Intel-Geschäftsführer Gordon Moore 1968 aufgestellten „mooreschen Regel" wird die Zahl der Transistoren pro Flächeneinheit alle 18 bis 24 Monate verdoppelt. Die physikalische Grenze ist demnach etwa im Jahre 2020 erreicht.

DIL-Gehäuse

TO-Gehäuse

Integrationsgrad	Elemente/Chip
SSI Small-Scale-Integration	bis 100
MSI Medium-Scale-Integration	bis 1000
LSI Large-Scale Integration	bis 100 000
VLSI Very-Large-Scale Integr.	bis 1000 000
ULSI Ultra-Large-Scale-Integr.	über 1000 000

Häufig eingesetzte IC

Operationsverstärker

Operationsverstärker (OP, OpAmp) gehören zu den vielseitigsten Bausteinen. Haupteinsatzgebiete sind die Steuerungs- und Regelungstechnik. Je nach äußerer Beschaltung können sie als Verstärker, Differenzier-, Integrier- oder Summierglied, als Schwellwertschalter sowie als Konstantspannungs- bzw. Konstantstromquelle eingesetzt werden.

Beispiel: Invertierender Verstärker

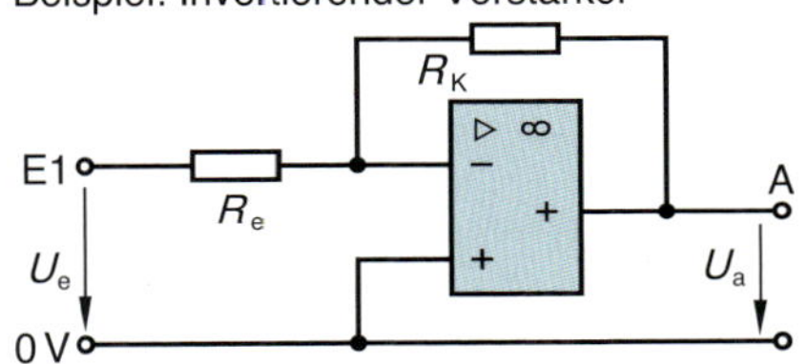

Zeitgeber, Timer

Timer sind integrierte Schaltkreise zur Erzeugung von definierten zeitabhängigen Signalen. Je nach Beschaltung können sie z.B. als Zeitverzögerungsglied (monostabiler Multivibrator) oder als Oszillator (astabiler Multivibrator) eingesetzt werden.
Ein weitverbreiteter Timer ist der IC 555.

Beispiel: Tastoszillator mit NE 555

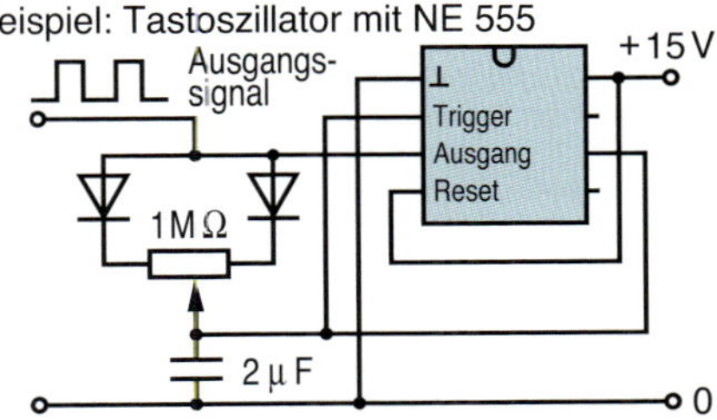

Zündbausteine

Zündbausteine sind Schaltkreise zur Ansteuerung von Schaltungen der Leistungselektronik. Sie liefern Zündimpulse zum Zünden von Triacs und Thyristoren.
Je nach äußerer Beschaltung eignen sie sich zum Ansteuern von Phasenanschnittsteuerungen, Nullpunktschaltern und Perioden-Gruppenschaltern.
Ein wichtiger Zündbaustein ist der TCA 785.

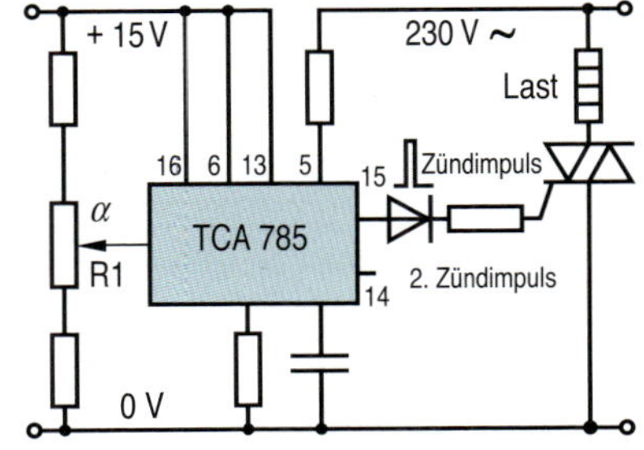

TTL-Schaltkreisfamilie

Die TTL-Schaltkreisfamilie umfasst eine große Zahl von digitalen Schaltungen, z.B.:
- NAND-Gatter, z.B. 7400
- NOR-Gatter, z.B. 7402
- Inverter, z.B. 7404
- Schmitt-Trigger, z.B. 7413
- Dekoder, z.B. 7442
- 4-bit-Volladdierer, z.B. 7483.

Beispiel: 7400, Chip mit 4 NAND-Gatter

$+U_b$ 14 13 12 11 10 9 8 & & & & 1 2 3 4 5 6 7 0

5

5.5 Ungesteuerte Stromrichterschaltungen

Gleichrichtung, Grundlagen

Gleichstrom wird durch „Gleichrichten" von Wechsel- oder Drehstrom gewonnen. Die gleichgerichtete Spannung U_d ist dabei keine reine Gleichspannung, sondern eine Mischgröße mit dem Effektivwert $U_{d\,eff}$ (U_{RMS}).

Die Mischgröße setzt sich zusammen aus:
- Gleichanteil U_d (U_{AV})
- Wechselanteil U_w (U_{rms}).

Der Stromrichtertransformator (SRT) transformiert die Netzspannung so, dass die gewünschte Gleichspannung entsteht. Die Transformatorbauleistung P_T muss je nach Schaltung größer sein als die Gleichstromleistung P_d.

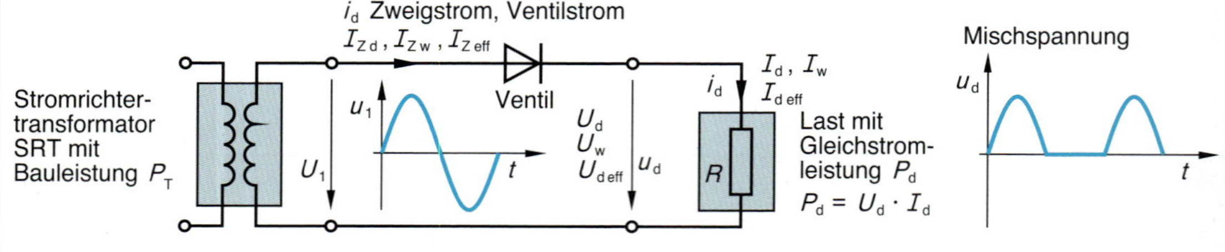

Die Mischspannung enthält einen Gleich- und einen Wechselanteil, die so genannte Brummspannung:

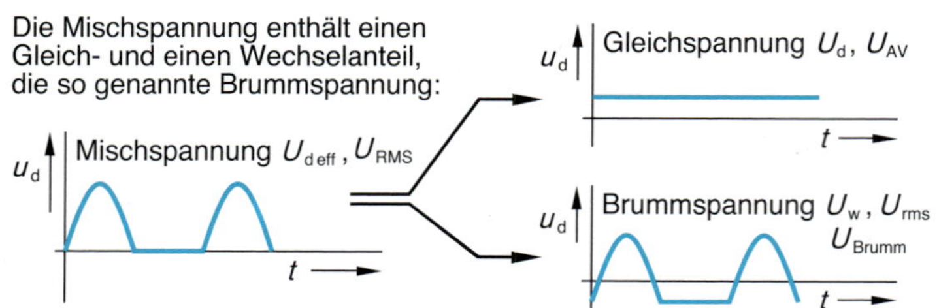

Gleich- und Wechselanteil, Zusammenhang

$$U_{d\,eff}^2 = U_d^2 + U_w^2$$

Welligkeit

$$w = \frac{U_w}{U_{di}} = \frac{U_w}{U_{di}} \cdot 100\,\%$$

P_T Transformatorbauleistung
P_d Gleichstromleistung
U_1 Anschlussspannung (Effektivwert)
U_d, I_d Gleichanteil (arithmetischer Mittelwert)
U_{di}, I_{di} ideeller Gleichanteil (ohne Diodenverlust)
U_w, I_w Wechselanteil, Brummwert (Effektivwert)
$U_{d\,eff}$, $I_{d\,eff}$ Mischgröße (Effektivwert)

Andere Bezeichnungen
$U_d = U_{AV}$
(AV = average, Durchschnitt, arithmetischer Mittelwert)
$U_w = U_{Brumm} = U_{rms}$
$U_{d\,eff} = U_{RMS}$
(RMS, rms = Root mean Square, geometrischer Mittelwert, Effektivwert)

Gleichrichterschaltungen für Wechselstrom, ungesteuert (U)

Einpuls-Mittelpunktschaltung M1 (E1, M1U)

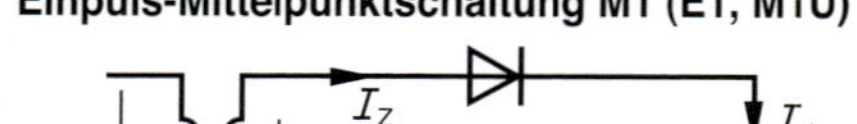
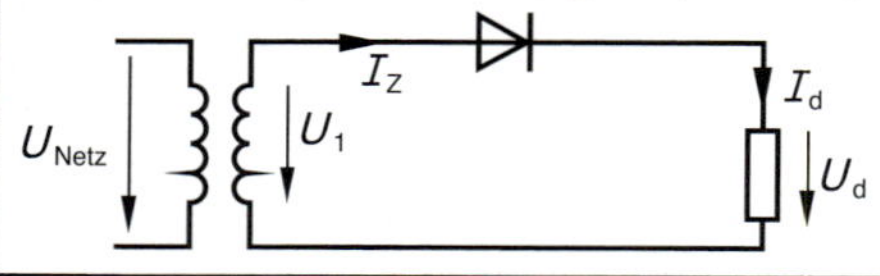

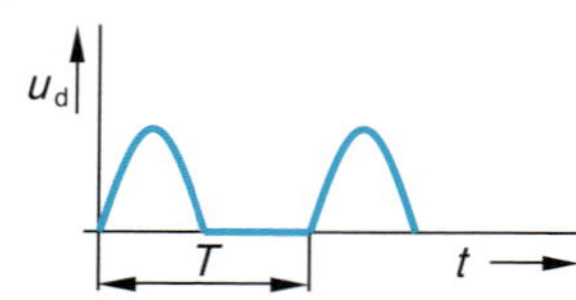

$\frac{U_{di}}{U_1} = 0{,}45$	$\frac{I_d}{I_Z} = 1$
$\frac{U_w}{U_{di}} = 1{,}21$	$\frac{P_T}{P_d} = 3{,}1$

Zweipulspuls-Mittelpunktschaltung M2 (M2U)

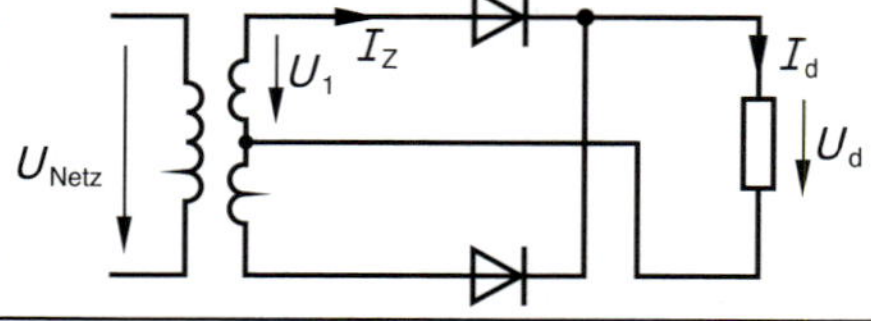

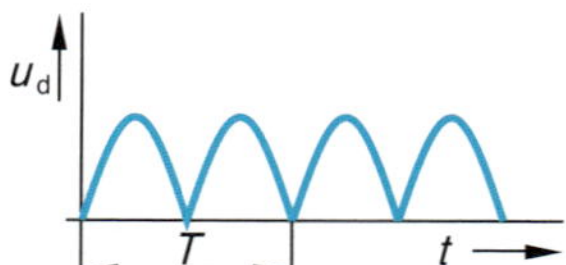

$\frac{U_{di}}{U_1} = 0{,}9$	$\frac{I_d}{I_Z} = 2$
$\frac{U_w}{U_{di}} = 0{,}48$	$\frac{P_T}{P_d} = 1{,}5$

Zweipuls-Brückenschaltung B2 (B2U)

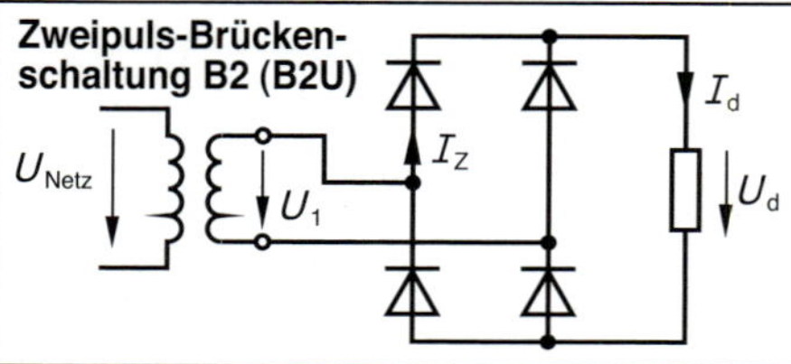

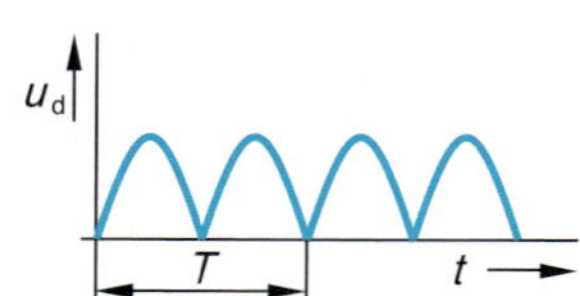

$\frac{U_{di}}{U_1} = 0{,}9$	$\frac{I_d}{I_Z} = 2$
$\frac{U_w}{U_{di}} = 0{,}48$	$\frac{P_T}{P_d} = 1{,}23$

Gleichrichterschaltungen für Drehstrom, ungesteuert (U)

Dreipuls-Mittelpunktschaltung M3 (M3U)

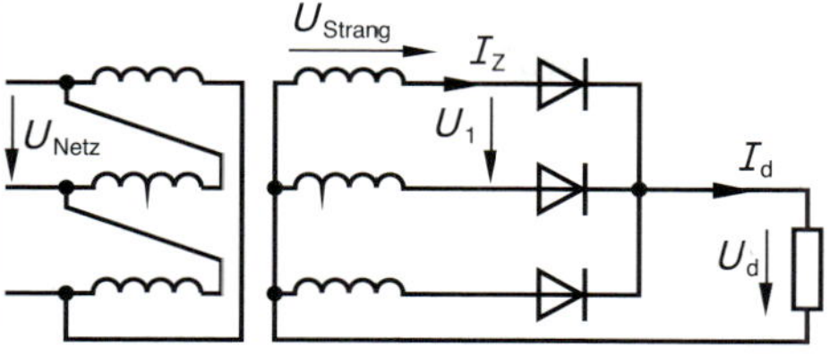

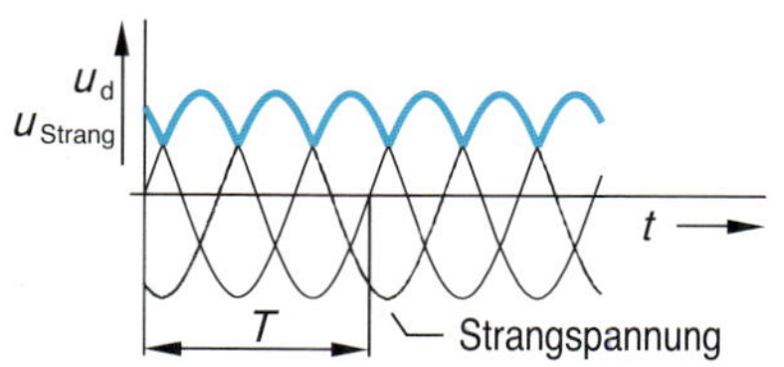

$\frac{U_{di}}{U_1} = 0{,}675$
$\frac{U_w}{U_{di}} = 0{,}18$
$\frac{I_d}{I_Z} = 3$
$\frac{P_T}{P_d} = 1{,}35$

Sechspuls-Brückenschaltung B6 (B6U)

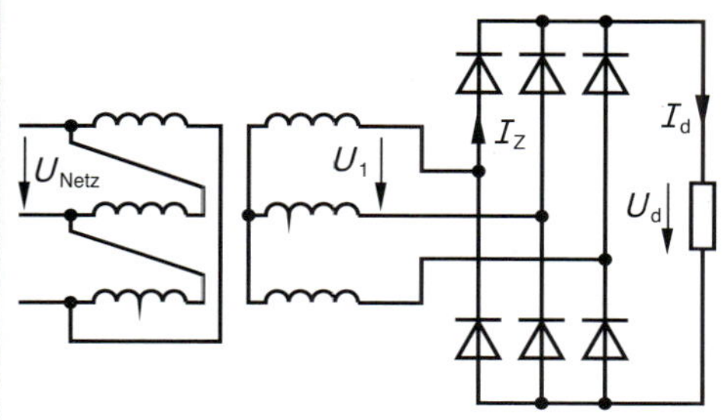

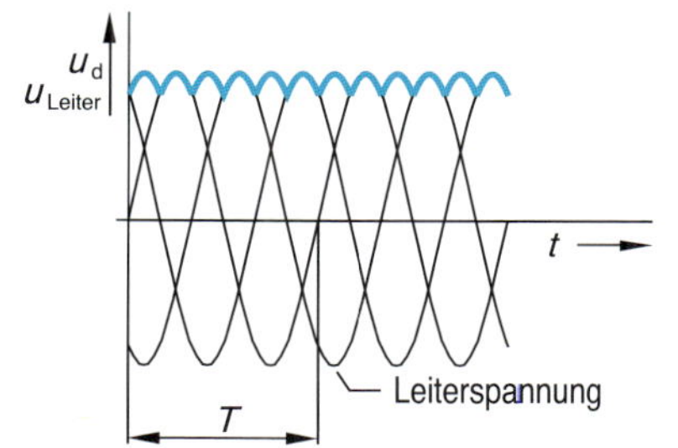

$\frac{U_{di}}{U_1} = 1{,}35$
$\frac{U_w}{U_{di}} = 0{,}04$
$\frac{I_d}{I_Z} = 3$
$\frac{P_T}{P_d} = 1{,}1$

Gleichrichtersätze und Modulschaltungen

Gleichrichterschaltungen werden als fertige Bauteile (Gleichrichtersätze) angeboten.

Beispiel mit Kunststoffkörper:

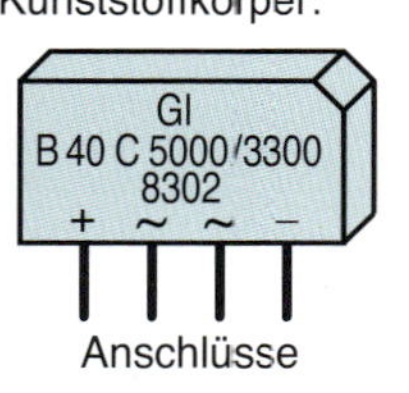

Bezeichnungsschema, Beispiel:

B 40 C 5000 / 3300

- 5000 / 3300: Bemessungsstron in mA mit/ohne Kühlkörper
- C: kapazitive Last zulässig
- 40: maximale Eingangsspannung
- B: Schaltung
  - B Brückenschaltung
  - M (E) Mittelpunktschaltung

Zum rationellen Aufbau von Gleichrichterschaltungen werden auch so genannte Module aus zwei Dioden angeboten.

Beispiel:

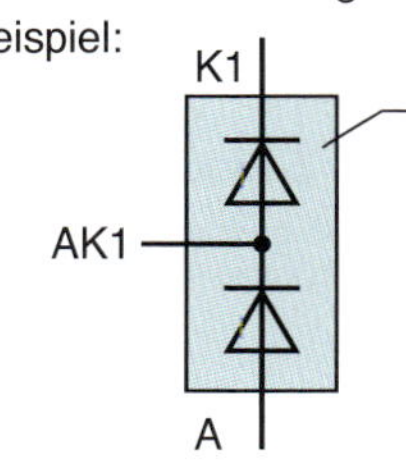

Gehäuse aus schlagfestem Kunststoff, wasserdicht, mit potenzialfreiem Metallboden

Spannungsvervielfacherschaltungen

Einpuls-Verdoppler D1

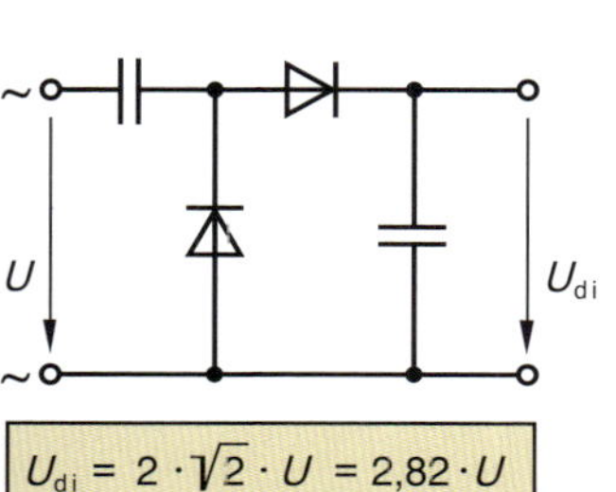

$U_{di} = 2 \cdot \sqrt{2} \cdot U = 2{,}82 \cdot U$

Zweipuls-Verdoppler D2

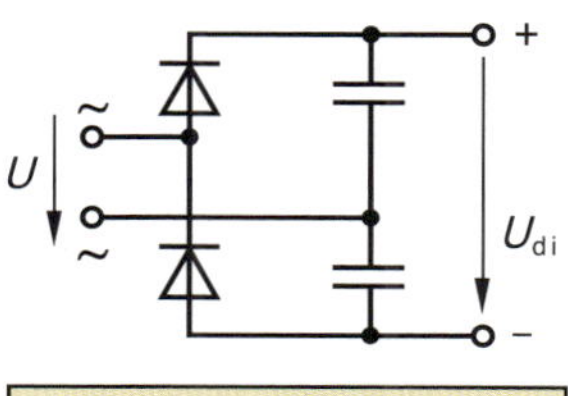

$U_{di} = 2 \cdot \sqrt{2} \cdot U = 2{,}82 \cdot U$

Einpuls-Vervielfacher V1 mit n Stufen

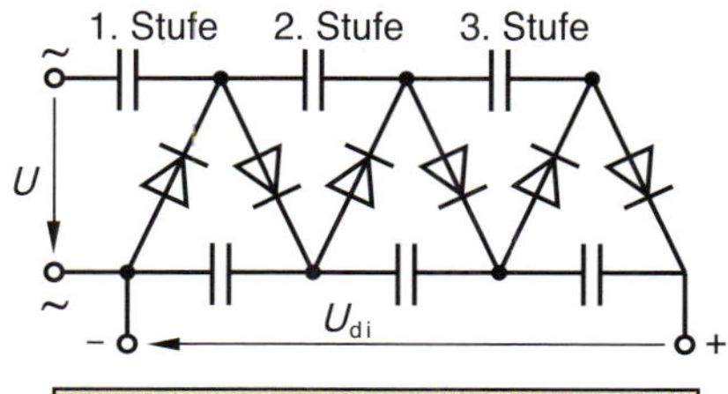

$U_{di} = n \cdot 2 \cdot \sqrt{2} \cdot U = n \cdot 2{,}82 \cdot U$

U Wechselspannung, Effektivwert $\quad U_{di}$ Gleichspannung, ohne Verluste

5.6 Stromversorgungsschaltungen

Spannungsglättung und Siebung

Kondensatoren (Kapazitäten) speichern Energie in ihrem elektrischen Feld ($W = \frac{1}{2} \cdot C \cdot U^2$).
Ein parallel zur Last geschalteter Kondensator versucht jede Spannungsänderung zu verhindern und glättet somit die Spannung.

Spannungsglättung

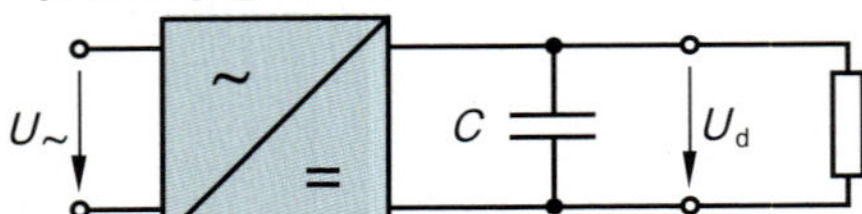

Spulen (Induktivitäten) speichern Energie in ihrem magnetischen Feld ($W = \frac{1}{2} \cdot L \cdot I^2$)
Eine in Reihe zur Last geschaltete Spule versucht jede Stromänderung zu verhindern und glättet somit den Strom.

Stromglättung

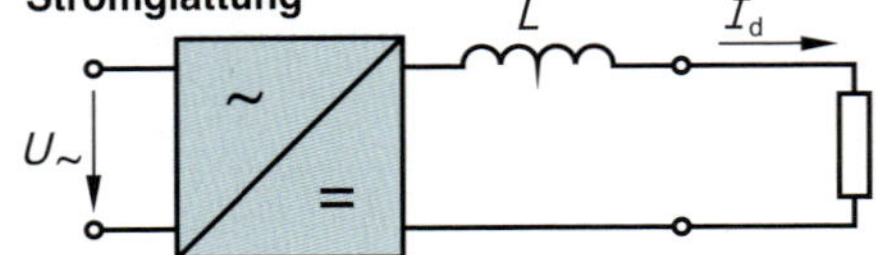

Siebung der Ausgangsspannung
Reicht die Glättung mit einem Glättungskondensator oder einer Glättungsdrossel nicht aus, so werden zusätzliche Siebglieder und Saugkreise zugeschaltet:

RC-Siebglied

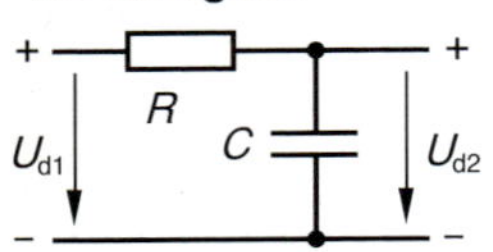

LC-Siebglied

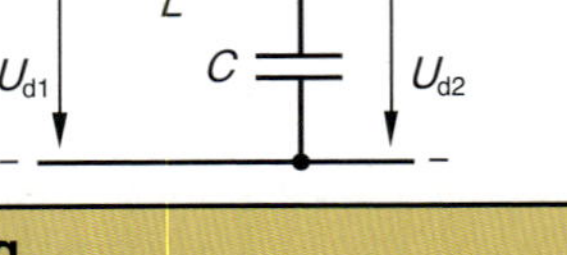

Drossel und Saugkreise

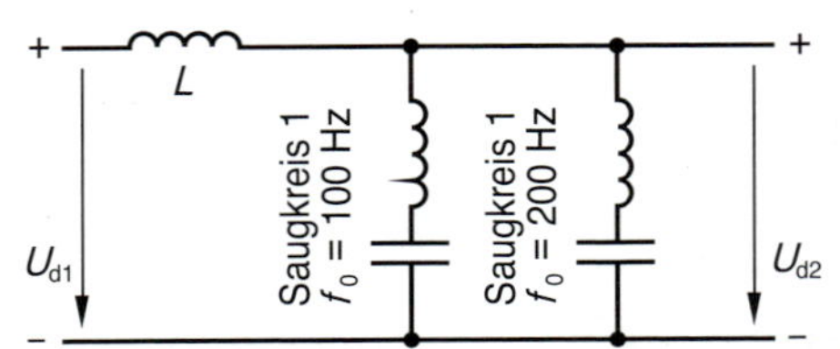

Spannungsstabilisierung

Stabilisierungsschaltungen benötigen eine Referenzspannung. Meist dient dazu die Z-Spannung einer Z-Diode. Sie liegt je nach Typ zwischen 3 V und 200 V.
Für die Stabilisierungsschaltung sind außerdem der differenzielle Widerstand, der zulässige Z-Strom und die zulässige Verlustleistung von Bedeutung.

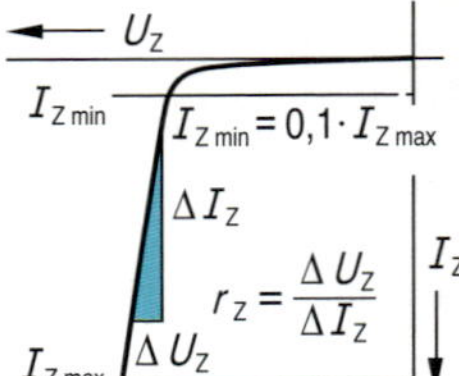

Z-Dioden, Auswahl, Verlustleistung $P_{tot} = 2$ W			
Typ	U_Z in V	I_Z in mA	r_Z in Ω
BZY 97C3V9	3,7...4,1	100	< 7
BZY 97C5V1	4,8...5,4	100	< 5
BZY 97C8V2	7,7...8,7	100	< 2
BZY 97C13	12,4...14,1	50	< 10
BZY 97C22	20,8...23,3	25	< 15
BZY 97C91	85...96	5	< 200

Parallelstabilisierung mit Z-Diode
Die Parallelstabilisierung mit Z-Diode eignet sich für kleine Lastströme.

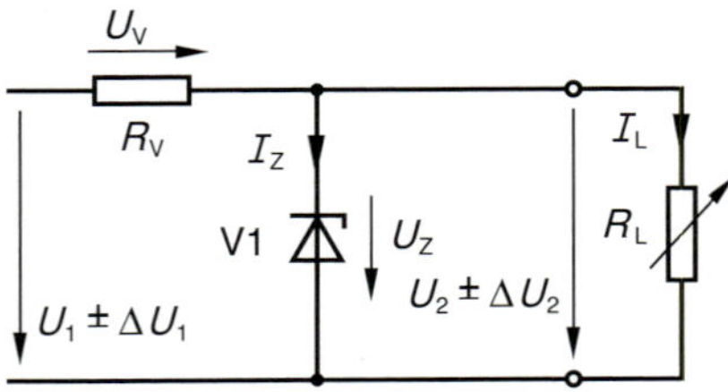

Z-Strom

$$I_{Z\,max} = \frac{P_{tot}}{U_Z} \qquad I_{Z\,min} = 0{,}1 \cdot I_{Z\,max}$$

Vorwiderstand

$$R_{V\,min} = \frac{U_{1\,max} - U_Z}{I_{Z\,max} + I_{L\,min}} \qquad R_{V\,max} = \frac{U_{1\,min} - U_Z}{I_{Z\,min} + I_{L\,max}}$$

Spannungsschwankungen ΔU_2 bei Schwankungen der Eingangsspannung ΔU_1

$$\Delta U_2 = \frac{r_Z}{r_Z + R_V} \cdot \Delta U_1$$

Spannungsschwankungen ΔU_2 bei Schwankungen des Laststromes ΔI_L

$$\Delta U_2 = \Delta U_Z \approx r_Z \cdot \Delta I_L$$

Parallelstabilisierung mit Z-Diode und Transistor

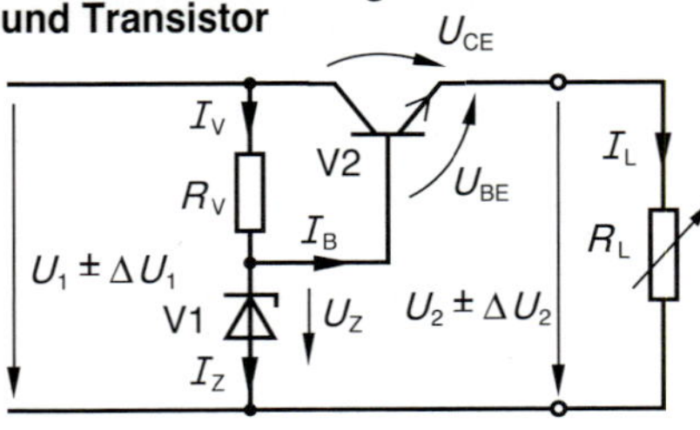

Ausgangsspannung

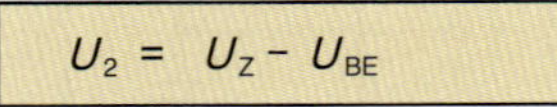

$$U_2 = U_Z - U_{BE}$$

Maximale Eingangsspannung

$$U_{1max} = R_V \cdot (I_{Zmax} + I_{Bmax}) + U_Z$$

Vorwiderstand

$$R_V = \frac{U_1 - U_Z}{I_Z + I_B}$$

Minimaler Lastwiderstand

$$R_{L\,min} = \frac{U_2}{I_{C\,max}}$$

$I_{C\,max}$ zulässiger Kollektorstrom des Transistors

Integrierte Spannungsregler

Spannungsregler werden als integrierte Schaltungen (Monolithic Voltage Regulator) angeboten. Dabei sind alle Bauteile der Regelschaltung wie Z-Diode, Längstransistor, Überlastschutz, Laststrombegrenzung und Temperaturbegrenzung in einem IC vereinigt. Erhältlich sind Festspannungsregler und einstellbare Spannungsregler.

Festspannungsregler

arbeiten als Konstantspannungsquelle und liefern eine feste Gleichspannung, z.B. 5 V, 6 V, 8 V, 10 V, 12 V, 15 V, 18 V oder 24 V.
Sehr verbreitet sind die Serien 78 XX für positive und 79 XX für negative Spannungen.
Die beiden Kondensatoren C1 (470...2200 μF) und C2 (1...10 μF) müssen zugeschaltet werden; sie sollen Schwingneigungen des Kreises unterdrücken.

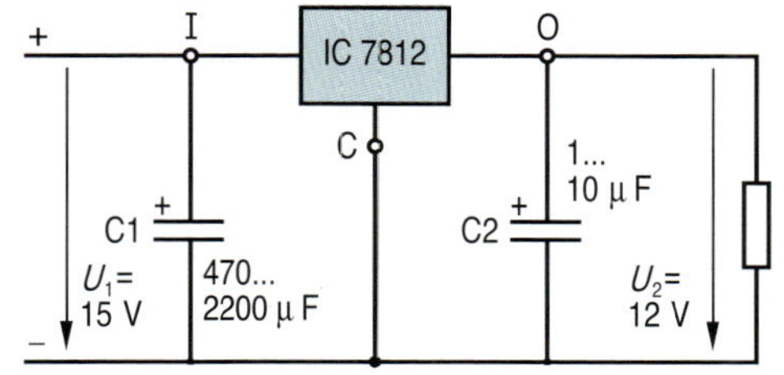

Beispiel:

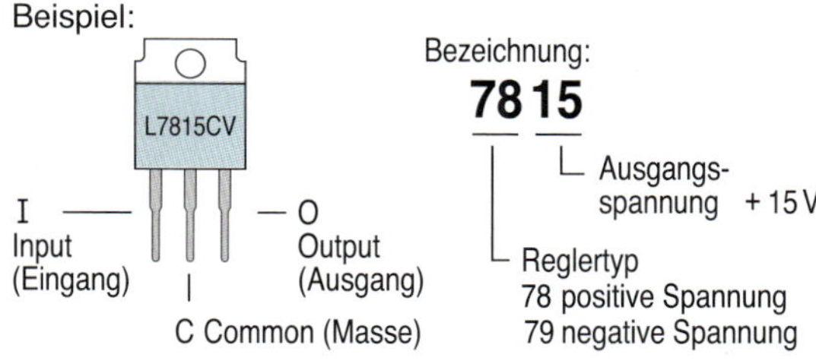

Einstellbare Spannungsregler

arbeiten mit einer internen Referenzspannung von z.B. 1,25 V. Durch die Beschaltung mit einem einstellbaren Spannungsteiler lassen sich damit Spannungen im Bereich von z.B. 1,2 V bis 37 V realisieren.
Gebräuchliche Spannungsregler sind die Regler LM 317 für positive und LM 337 für negative Spannungen.

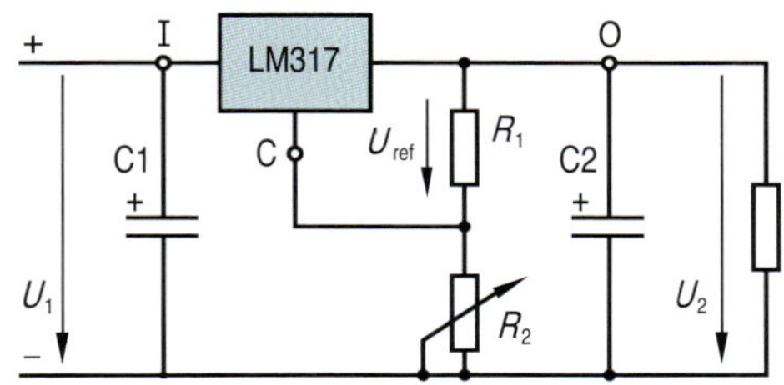

Die Ausgangsspannung U_2 kann mit R_2 eingestellt werden:

$$U_2 \approx U_{ref} \cdot \left(1 + \frac{R_2}{R_1}\right)$$

Dabei ist U_{ref} die vom IC vorgegebene Referenzspannung, z.B. U_{ref} = 1,25 V. Damit $U_2 \approx$ 1,2 V bis 37 V.

Die Eingangsspannung muss bei Spannungsreglern mindestens 2 bis 3 V größer als die Ausgangsspannung sein.

Lineare Netzgeräte und Schaltnetzteile

Beim **linearen Netzgerät** wird die Eingangswechselspannung auf den geforderten Wert transformiert, gleichgerichtet und bei Bedarf stabilisiert. Zur Stabilisierung dienen Z-Dioden, Z-Dioden mit Transistoren oder Festspannungsregler.
Die Verluste dieser Netzgeräte sind hoch, die Wirkungsgrade liegen bei 20 bis 50 %.

Lineares Netzgerät, Prinzip:

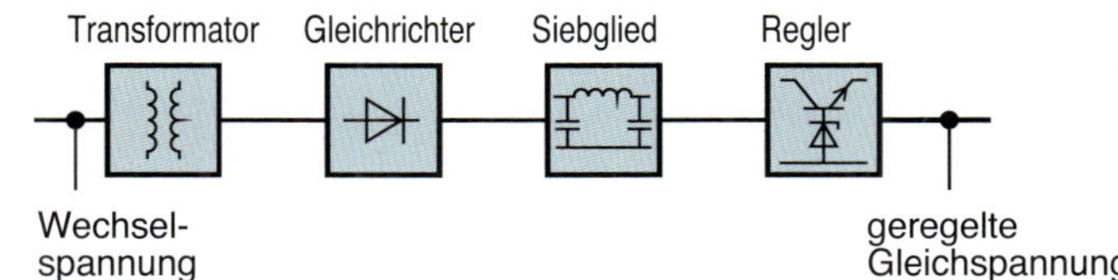

Beim **Schaltnetzteil** wird die Spannung zuerst gleichgerichtet. Die Gleichspannung wird dann mit einem Gleichspannungswandler (DC/DC-Wandler) auf den erforderlichen Wert umgeformt.
Als DC/DC-Wandler eignen sich Sperrwandler (bis 10 W), Eintakt-Durchflusswandler (bis 100 W), Halbbrückenwandler (bis 300 W) und Vollbrückenwandler (bis über 3000 W).
Der Wirkungsgrad von Schaltnetzteilen liegt im Bereich 60 bis 80 %.

Schaltnetzteil, Prinzip:

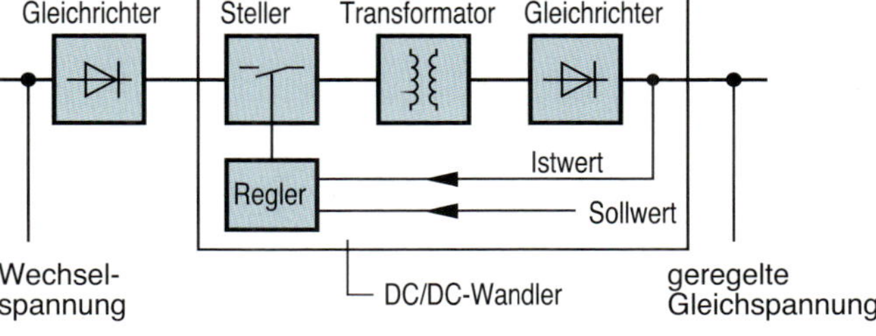

5

5.7 Anwendung von Transistoren

Transistor als Schalter (Schaltverstärker)

Schalterprinzip

Mit einem Transistor können kleinere Leistungen kontaktlos geschaltet werden. Dabei sind für längere Zeit nur die Schaltzustände Ein und Aus erlaubt.
Um die Spannung U_{CE} im Ein-Zustand möglichst klein zu halten ($U_{CE\,Sat} = 0{,}2$ V), muss der Transistor übersteuert werden.

Die Basis wird über einen hochohmigen Ableitiderstand (z.B. 100 kΩ) mit Nullpotenzial verbunden.

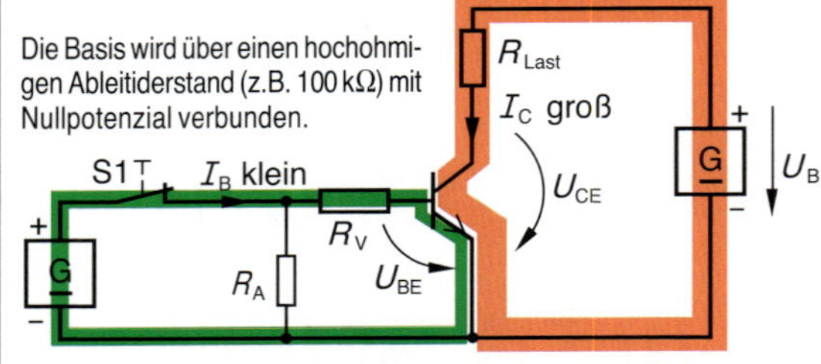

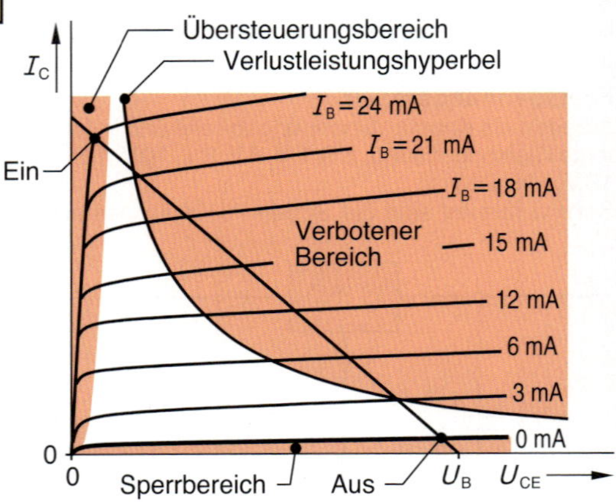

Schaltzeiten, dynamisches Verhalten

Das Ein-und Ausschalten des Transistors erfordert jeweils eine gewisse Zeit, weil der Ladungstransport Zeit benötigt. Der Laststrom folgt dem Steuerimpuls mit Verzögerung (verwaschene Schaltflanken).

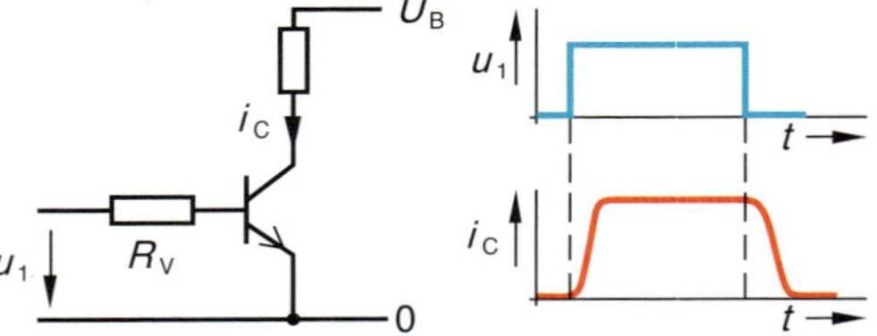

Durch einen Beschleunigungskondensator C_B und einen Ableitwiderstand R_A können die Lade- und Entladevorgänge und damit die Schaltvorgänge beschleunigt werden. Die Schaltflanken sind steiler.

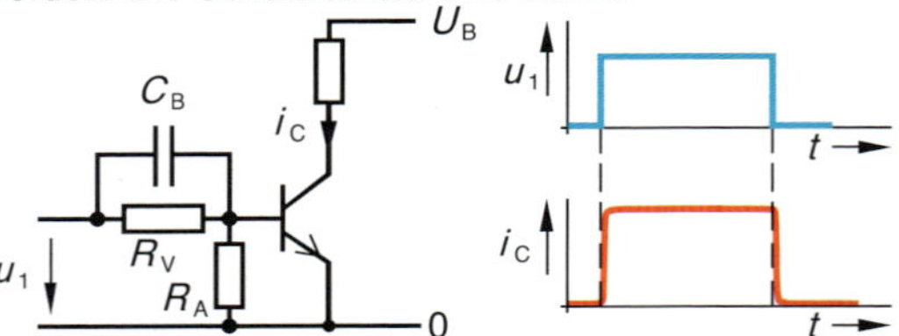

Ohmsche, induktive und kapazitive Lasten

Das Ein- und Ausschalten von ohmschen Lasten ist problemlos. Der Arbeitspunkt wandert beim Schalten auf der Widerstandsgeraden.

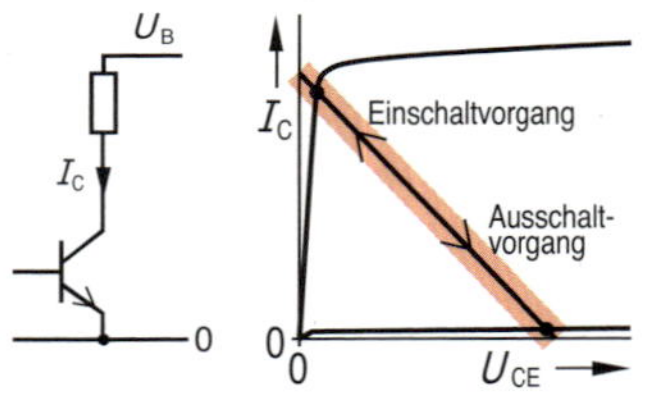

Beim Ausschalten von Induktivitäten entstehen Spannungsspitzen, die den Transistor gefährden. Sie werden durch Freilaufdioden abgebaut.

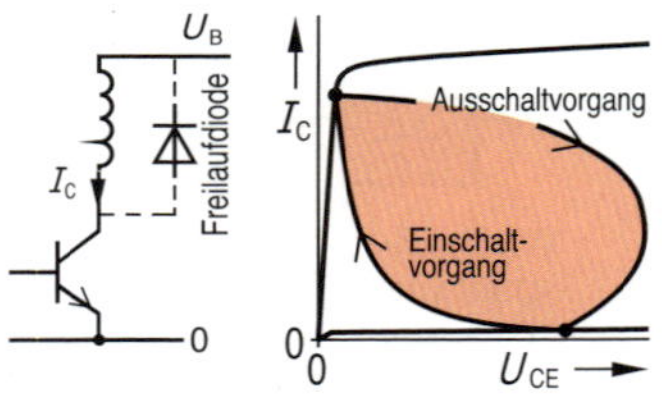

Beim Einschalten von Kapazitäten entstehen Stromspitzen, die eventuell den Transistor gefährden. Das Ausschalten ist problemlos.

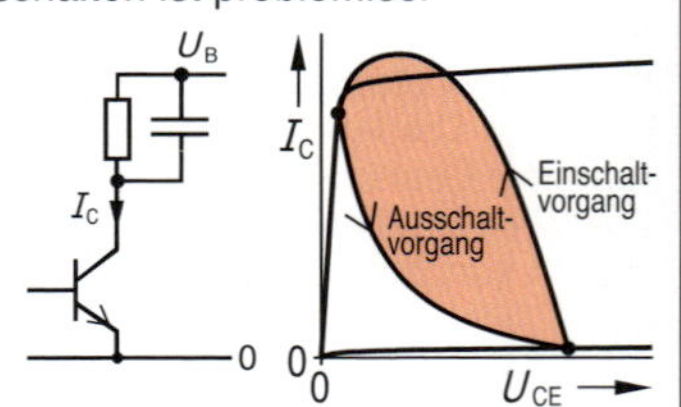

Schalttransistoren

NPN-Schalttransistor
Geringe Stromverstärkung
Kleine Schaltgeschwindigkeit
Lastströme bis 30 A

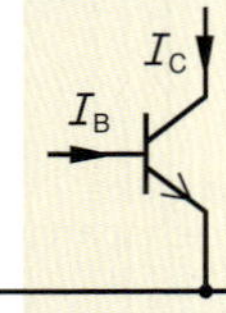

Darlington-Transistor
Große Stromverstärkung
Lastströme bis 30 A

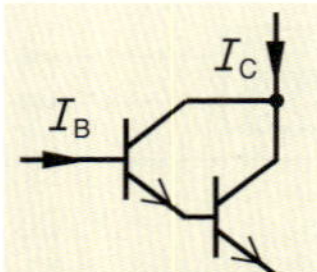

MOS-FET
Große Schaltgeschwindigkeit
Keine Steuerleistung
Lastströme bis 25 A

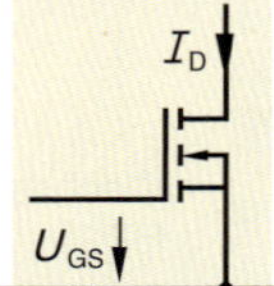

Parallel schalten möglich

IGBT
Kombination aus bipolarem Transistor und FET
Lastströme bis 1 kA

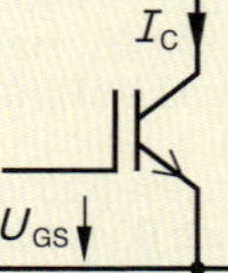

Transistor als Verstärker (Signalverstärker)

Verstärkerprinzip

Transistoren sind steuerbare Widerstände. Dabei steuert ein kleiner Basisstrom einen großen Kollektorstrom. Die Gleichstromvertärkung *B* lbeträgt 50 bis 300.

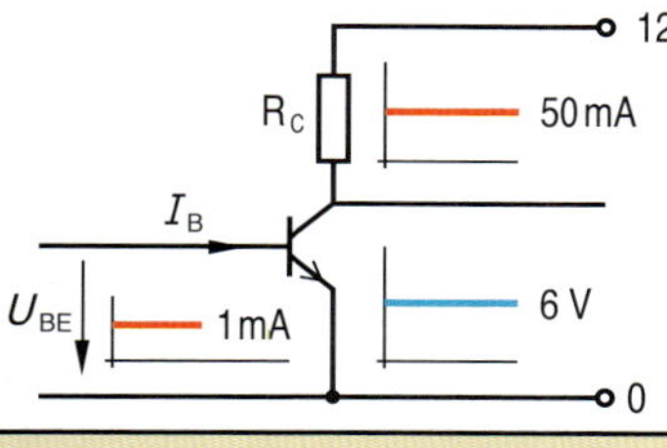

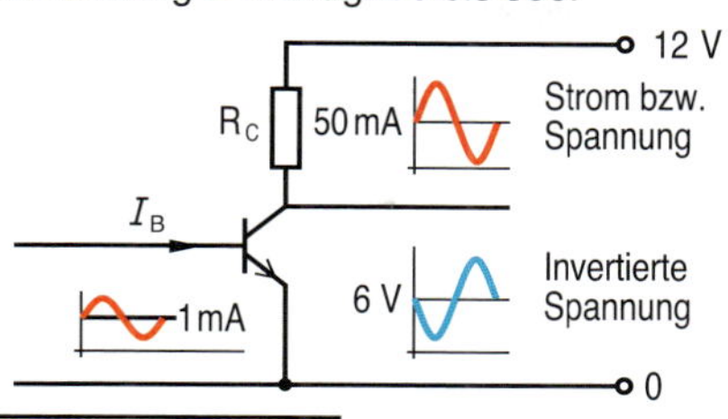

Kennwerte

Stromverstärkung V_i = 50...300
Spannungsverstärkung V_u = 50...300
Leistungsverstärkung $V_p = V_u \cdot V_i$ V_p = 2500...90000

Emitterschaltung, Arbeitspunkt

Die wichtigste Verstärkerschaltung ist die Emitterschaltung. Das Eingangssignal wird dabei über C1 eingekoppelt. Das verstärkte Signal wird über C2 ausgekoppelt und kann zu einer weiteren Verstärkerstufe geführt werden.

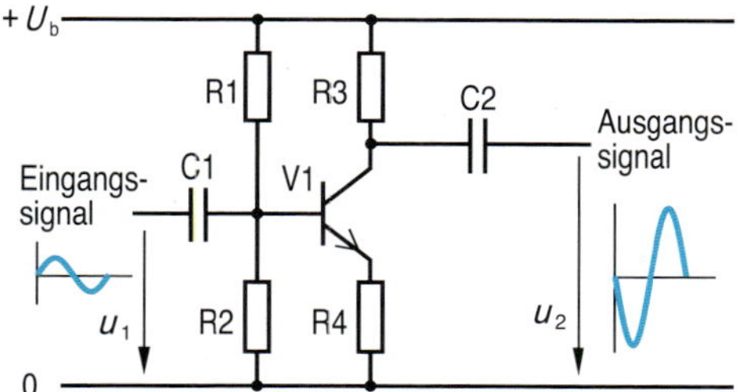

Der Arbeitspunkt wird über einen Basisvorwiderstand R1 oder über einen Spannungsteiler R1-R2 eingestellt.

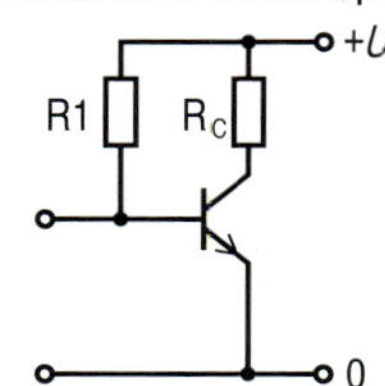

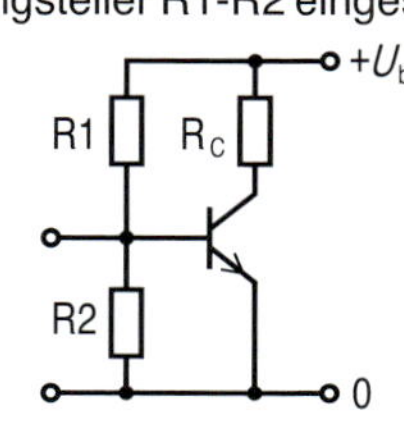

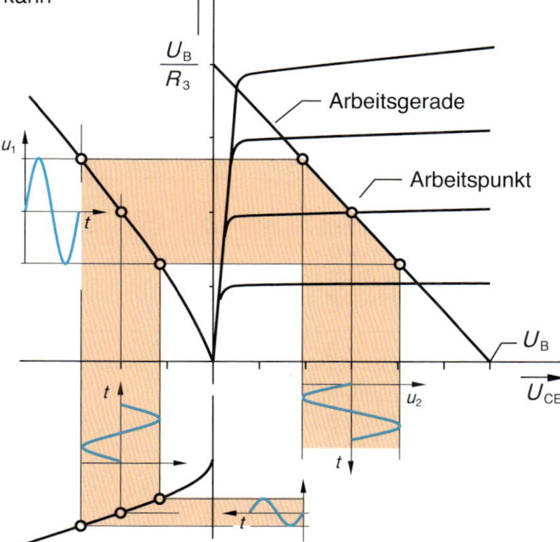

Stromgegenkopplung

Arbeitspunktstabilisierung

Bei einer Temperaturerhöhung des Transistors steigt der Emitterstrom I_E, wodurch sich der Arbeitspunkt verschiebt. Der Arbeitspunkt kann durch einen Widerstand R_E im Emitterzweig stabilisiert werden.
Ein zu R_E parallel geschalteter Kondensator bewirkt, dass die Stromgegenkopplung nur auf die Gleichspannung, nicht aber auf das Wechselstromsignal wirkt.

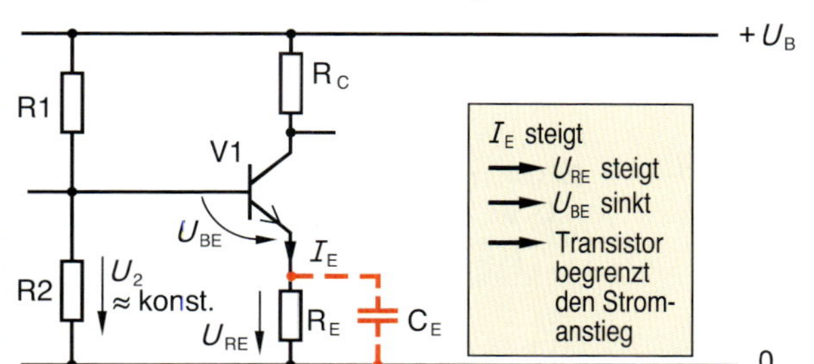

Spannungsverstärkung

Der Widerstand R_E reduziert die Spannungsverstärkung auf den Wert R_C/R_E. Die Spannungsverstärkung ist damit genau berechenbar und nicht mehr von den zufälligen Exemplarstreuungen des Transistors abhängig.

Spannungsverstärkung mit Emitterwiderstand (ohne Emitterwiderstand ca. 50...300).

$$V_u \approx \frac{R_C}{R_E}$$

5

5.8 Umwandeln elektrischer Energie

Gleich- und Wechselrichten

Beim Gleichrichten wird Wechsel- bzw. Drehstrom in Gleichstrom umgewandelt. Die Gleichrichtung kann mit ungesteuerten (siehe S. 132) oder mit gesteuerten Gleichrichtern erfolgen.
Beim Wechselrichten wird Gleichstrom in Wechsel- bzw. Drehstrom mit beliebiger Spannung und Frequenz umgewandelt.

Gleichrichten
~ ~ – –
Wechselrichten

Gesteuerte Gleichrichter

Gesteuerte Gleichrichterschaltungen enthalten gesteuerte Bauelemente, z.B. IGBT oder Thyristoren. Mithilfe einer Zündschaltung kann der Zündwinkel α von 0° bis 180° eingestellt werden.
Je nach Zündwinkel ist der Wert der Gleichspannung und damit die Gleichstromleistung zwischen null und dem Maximalwert einstellbar. Die Gleichspannung ist dabei von der Art der Last (ohmsch oder induktiv) abhängig.
Der Zusammenhang zwischen Spannung, Zündwinkel und Lastart ist in der Steuerkennlinie dargestellt.

Beispiel: B2HZ
(Zweigpaar halbgesteuerte Zweipuls-Brückenschaltung)

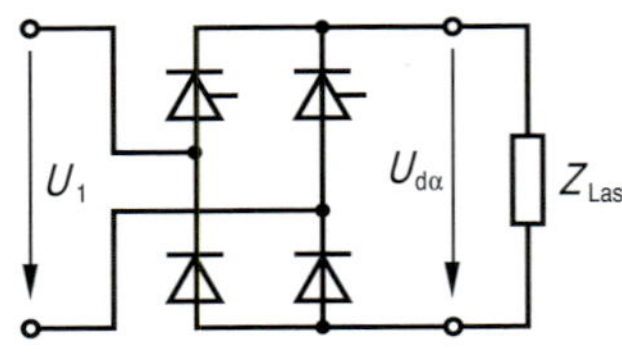

Ist die Gleichspang der ungesteuerten Brückenschaltung U_{d0}, so gilt bei rein ohmscher Last beim Steuerwinkel α

$$U_{d\alpha} = U_{d0} \cdot \left(\frac{1+\cos\alpha}{2}\right)$$

Schaltung B2: $U_{d0} = 0{,}9 \cdot U_1$
Schaltung B6: $U_{d0} = 1{,}35 \cdot U_1$

Spannungsverlauf

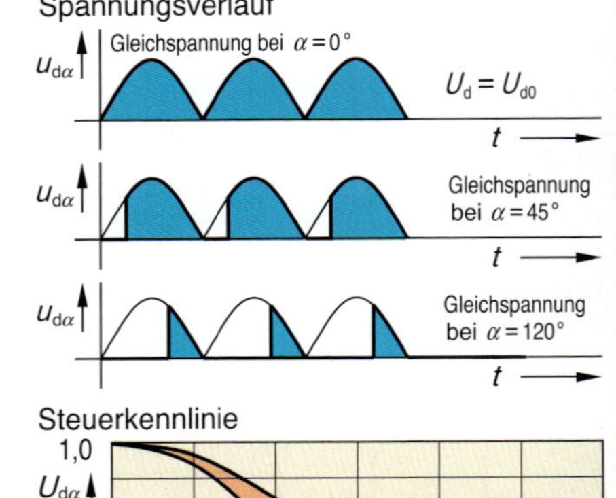

Steuerkennlinie

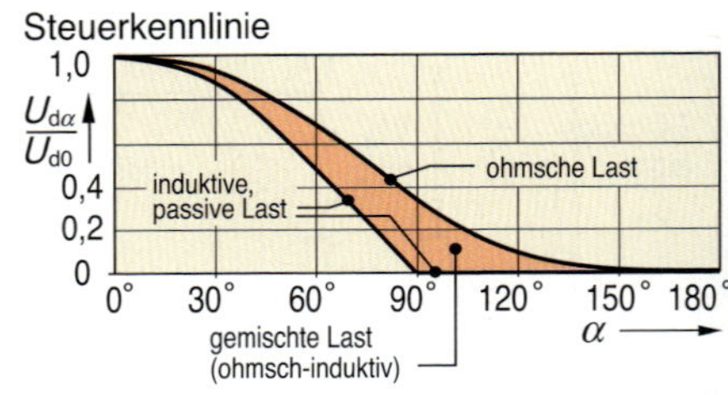

Wechselrichter

Vollgesteuerte Gleichrichterbrücken (z.B. B2) können als Wechselrichter betrieben werden, wenn die passive Last (Motor) durch eine aktive Last (Generator) ersetzt wird.
Die Stromrichterbrücke arbeitet für Zündwinkel bis 90° im Gleichrichterbetrieb, für Zündwinkel über 90° im Wechselrichterbetrieb.

Beispiel:
Gleichstrommaschine als aktive Last

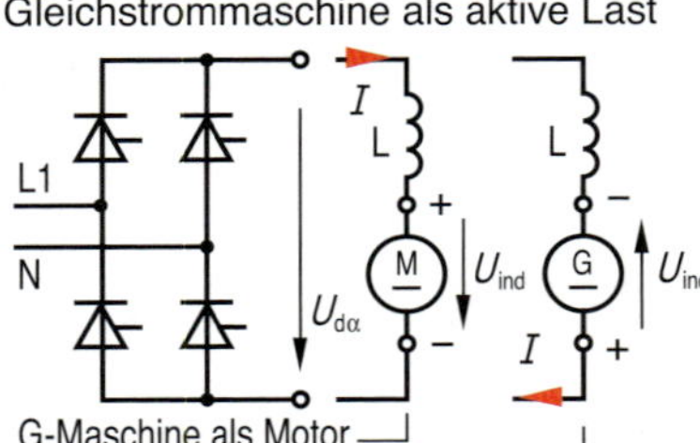

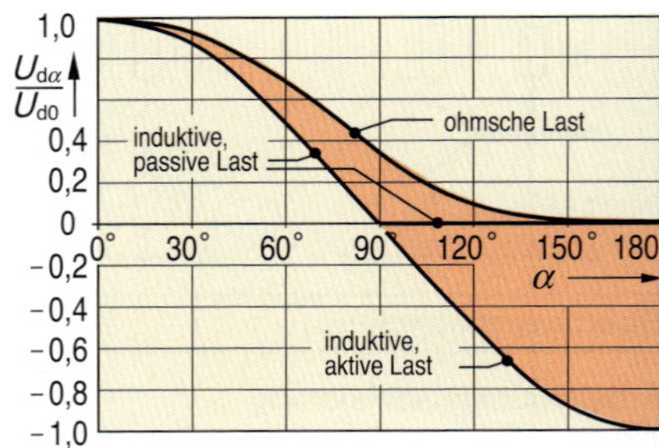

Wechselspannung mit beliebiger Frequenz kann auch durch abwechselndes Einschalten von positiven und negativen Gleichspannungsimpulsen erzeugt werden.
Werden die Impulse zusätzlich getaktet (Pulsweitenmodulation, PWM), so lässt sich eine angenäherte Sinusform erreichen. Durch in induktive Verbraucher wird die Kurvenform geglättet (Glättungsdrossel).

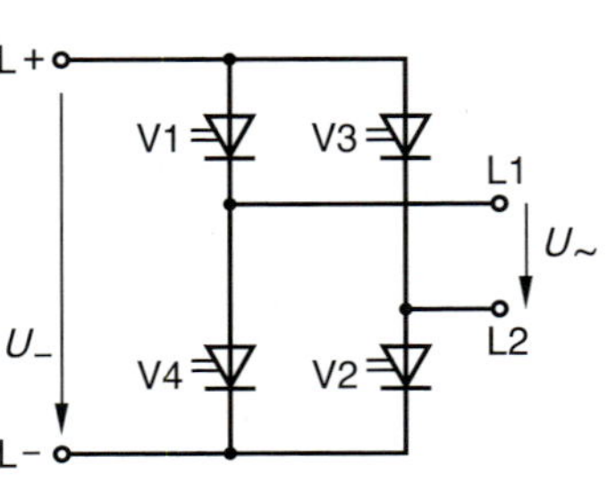

Rechteckimpulse

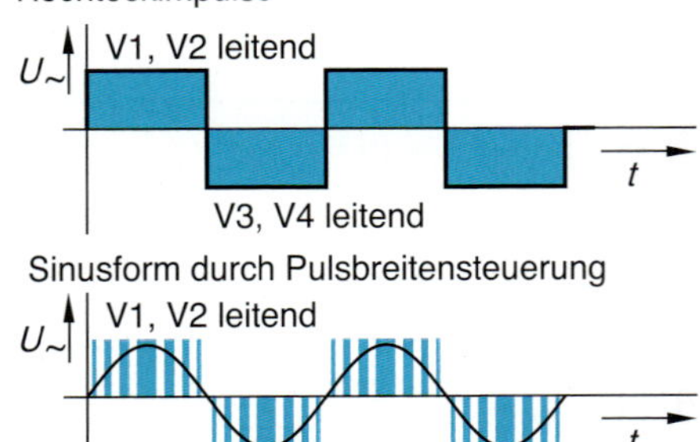

Umrichten

Beim Gleichstromumrichten wird Gleichstrom einer bestimmten Spannung und Polarität in einen anderen Gleichstrom mit anderer Spannung und/oder Polarität umgewandelt.

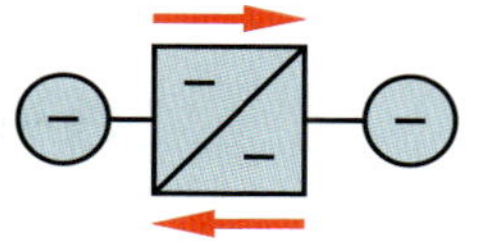

Beim Wechselstromumrichten wird Wechselstrom einer bestimmten Spannung und Frequenz in eine andere Wechselspannung mit anderer Spannung und/oder Frequenz umgewandelt.

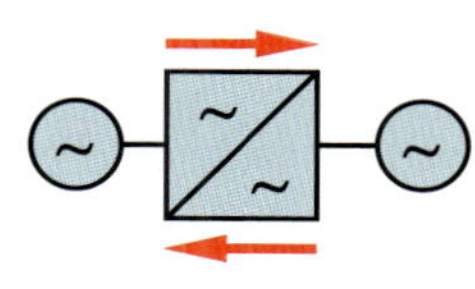

Gleichstromumrichter

Gleichstromumrichter mit Zwischenkreis arbeiten in zwei Stufen:

1. Die Gleichspannung wird über einen Wechselrichter in eine Wechselspannung umgewandelt.
2. Die Wechselspannung wird in einem gesteuerten Gleichrichter in Gleichspannung umgewandelt.

Zur galvanischen Trennung kann der Zwischenkreis einen Trenntransformator enthalten.

Gleichstromumrichter ohne Zwischenkreis wandeln die gegebene Gleichspannung direkt in die gewünschte Gleichspannung. Sie heißen auch **Gleichstromsteller**, Chopper oder Pulswandler.
Die Umwandlung erfolgt durch periodisches Ein- und Ausschalten (choppen) des Stromkreises mit elektronischen Ventilen (z.B. Transistor, MOS-FET, IGBT). Man unterscheidet Durchflusswandler und Sperrwandler.
Beim **Durchflusswandler** fließt Strom durch die Last, wenn der Transistor leitet. Mit ihm kann die Gleichspannung nur nach unten gewandelt werden (Abwärtswandler, Tiefsetzsteller).
Beim **Sperrwandler** fließt Strom durch die Last, wenn der Transistor sperrt. Mit ihm kann je nach Dimensionierung auch eine höhere Spannung erzeugt werden (Aufwärtswandler, Hochsetzsteller).

Gleichstromumrichter mit Zwischenkreis

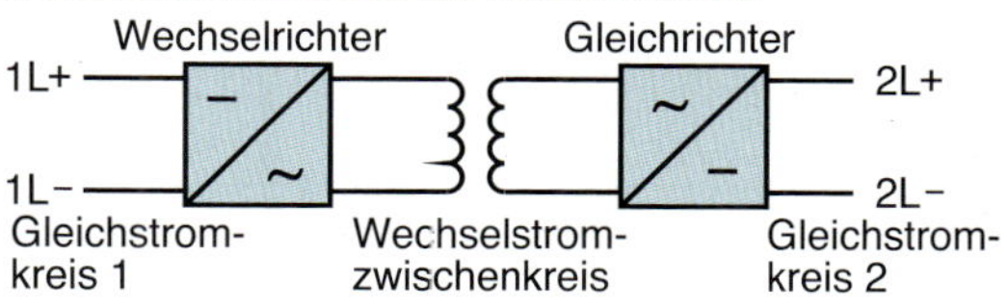

Gleichstromumrichter ohne Zwischenkreis

Durchflusswandler, Prinzip

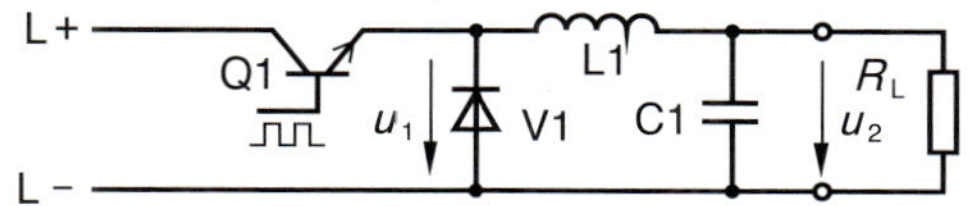

Sperrwandler, Prinzip

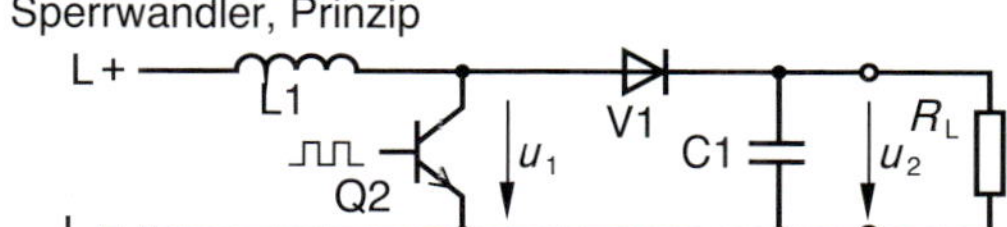

Wechselstromumrichter

Wechselstromumrichter mit Zwischenkreis arbeiten in zwei Stufen:

1. Die Wechselspannung wird über einen Gleichrichter in Gleichspannung umgewandelt. Mit einer Spule oder einem Kondensator wird die Mischgröße geglättet.
2. Die Wechselspannung wird mit einem Wechselrichter in eine Wechselspannung mit anderer Spannungshöhe und Frequenz umgewandelt.

Wechselstromumrichter mit Zwischenkreis werden insbesondere für Frequenzumrichter (FU) zum Antrieb von Drehstromasynchronmotoren eingesetzt.

Wechselstromumrichter ohne Zwischenkreis wandeln die gegebene Wechselspannung direkt in eine andere (kleinere) Wechselspannung mit gleicher Frequenz. Sie heißen auch **Wechselstromsteller**.
Die Reduzierung der Spannung erfolgt durch „Anschneiden" der Sinuslinie. Das Prinzip dieser Steuerung heißt deshalb auch Phasenanschnittsteuerung.
Schaltungen die beide Halbperioden ausnützen, heißen Wechselwegschaltungen (W1C).
Wechselstromsteller werden z.B. zur Leistungssteuerung von Glühlampen und Heizungen eingesetzt (Dimmerschaltungen).

Umrichter mit Zwischenkreis

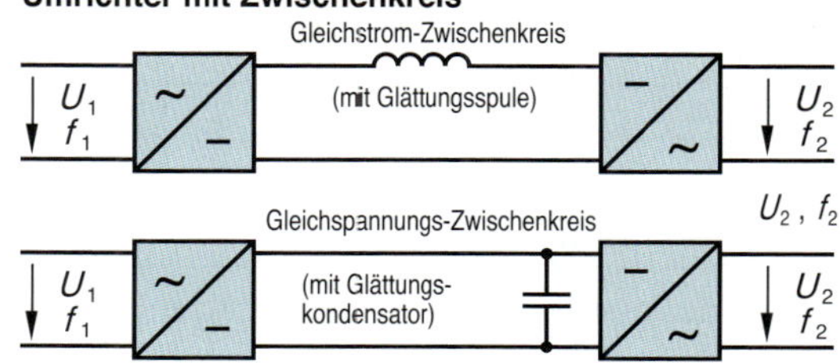

Umrichter ohne Zwischenkreis

Wechselwegschaltung W1C mit TRIAC

mit Thyristoren

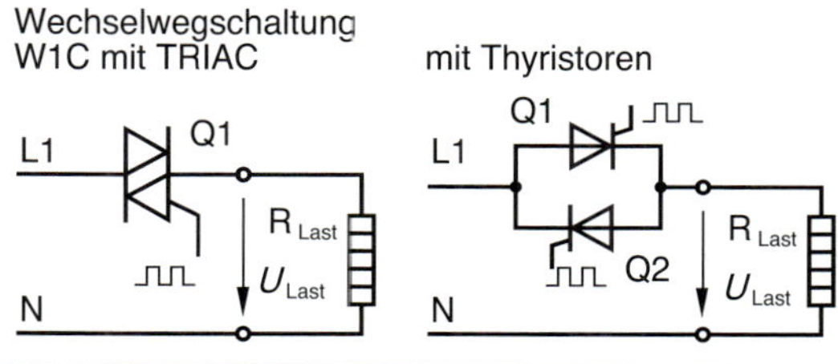

5.9 Elektronische Leistungssteuerung

Wechselstromsteller

Die Leistung eines Verbrauchers kann durch periodisches Ein- und Ausschalten in einem weiten Bereich gesteuert werden. Schalter, die im Betrieb periodisch ein- und ausgeschaltet werden, heißen Steller.
Im Wechselstromkreis kann die Leistung durch „Phasenanschnitt" gesteuert werden. Dabei liegt der Verbraucher je nach Anschnittwinkel länger oder kürzer an Spannung. Die Leistung kann dadurch im Prinzip zwischen 0 % ($\alpha = 180°$) und 100 % ($\alpha = 0°$) der Volleistung eingestellt werden.
Phasenanschnittsteuerungen, die beide Halbwellen nutzen, heißen Wechselwegschaltungen (W1C bei Wechselstrom, W3C bei Drehstrom).

Phasenanschnittsteuerung, Prinzip

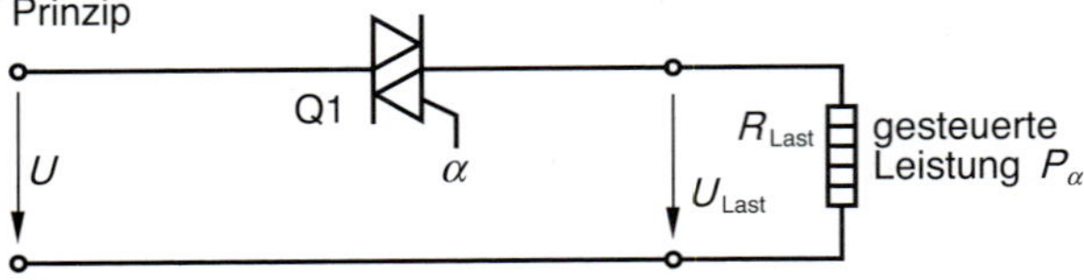

Phasenanschnittsteuerung, Spannungsverlauf

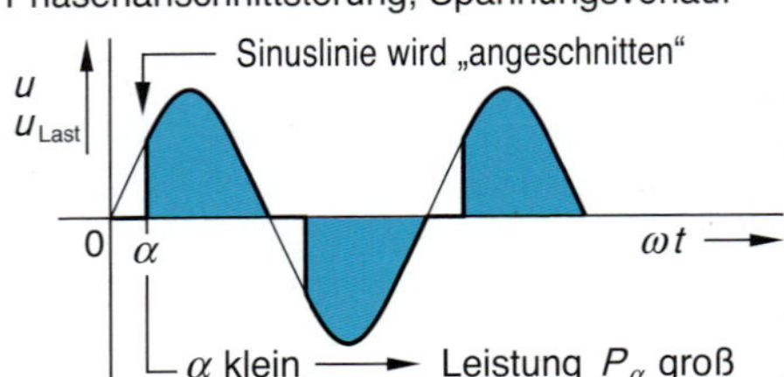

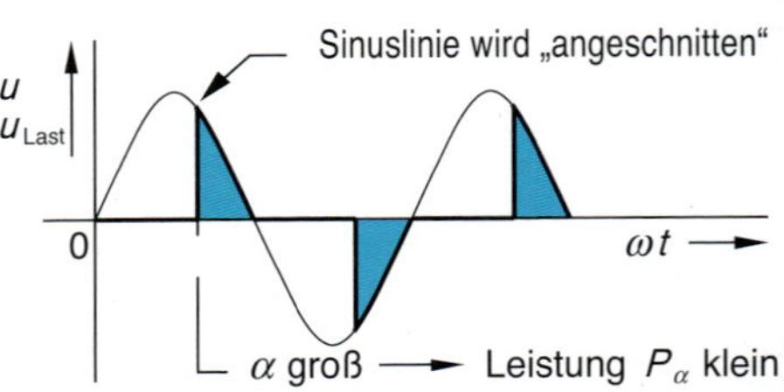

Phasenanschnittsteuerung

Beispiel: Phasenanschnittsteuerung zur Leistungssteuerung von Glühlampen (Dimmer)

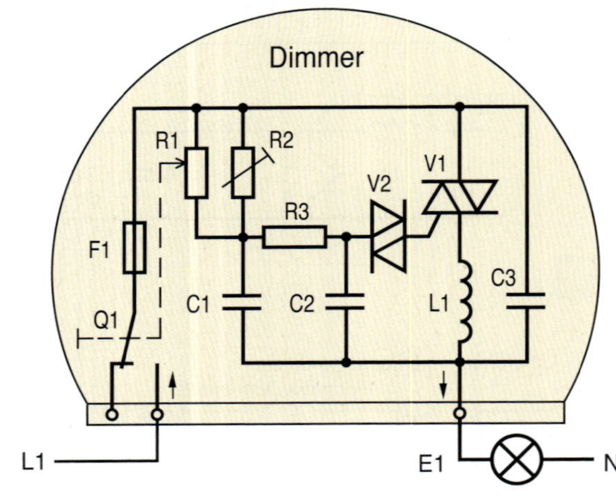

Leistungs-Steuerkennlinie bei reiner Wirklast

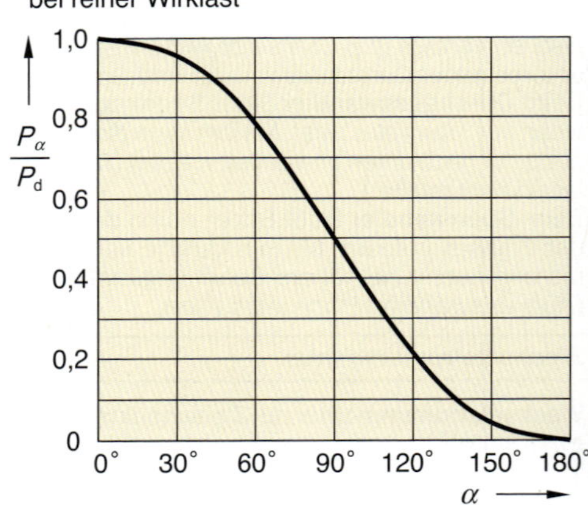

Berechnung $\frac{P_\alpha}{P_d} = 1 - \frac{\alpha}{180°} + \frac{1}{2\pi} \cdot \sin 2\alpha$

Vielperiodensteuerung

Die Vielperiodensteuerung (Vollwellensteuerung, Schwingungspaketsteuerung) ist eine gesteuerte Wechselwegsteuerung W1C, bei der ein Verbraucher abwechselnd für eine Anzahl von Perioden ein- bzw. ausgeschaltet wird. Der Schaltvorgang erfolgt immer beim Nulldurchgang der Netzspannung.
Die Vielperiodensteuerung eignet sich für Verbraucher mit einer gewissen Trägheit, z.B. für Heizgeräte aller Art.
Phasenanschnittsteuerung und Vielperiodensteuerung beeinflussen das Netz negativ. Die zulässige Leistung wird deshalb durch die TAB (Technische Anschlussbedingungen) begrenzt.

Spannungsverlauf bei großer Leistung

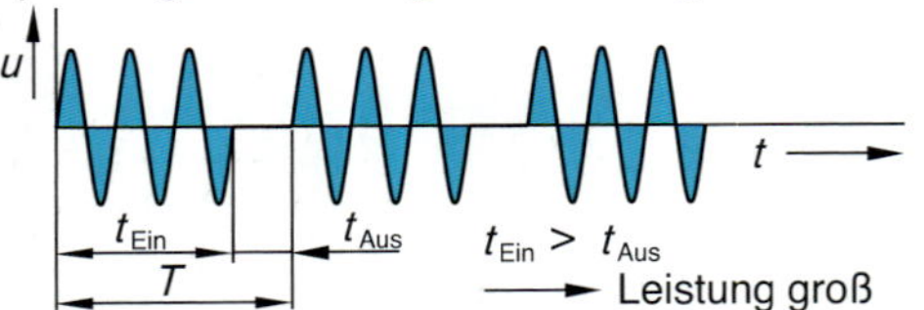

Spannungsverlauf bei kleiner Leistung

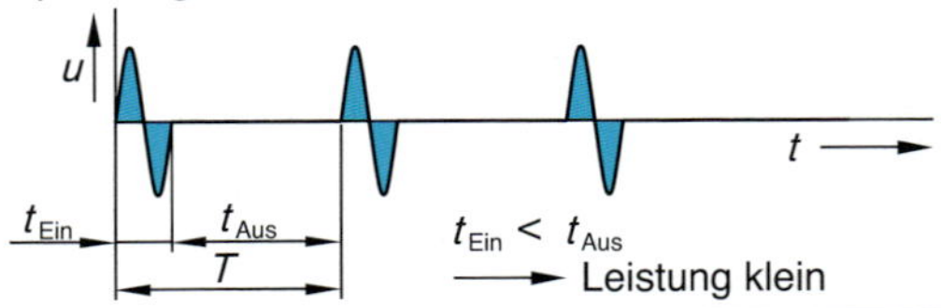

Gleichstromsteller

Die Gleichstromleistung kann durch periodisches Ein- und Ausschalten beeinflusst werden. Entscheidend ist der arithmetische Mittelwert der Spannung.

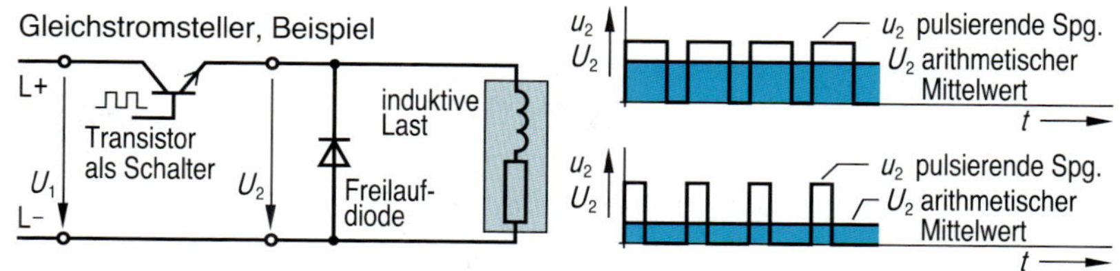

Der arithmetische Mittelwert kann auf zwei Arten verändert werden:

Bei der **Pulsweitenmodulation** (PWM) bleibt die Pulsfolge konstant, die Pulsweite kann verändert werden.

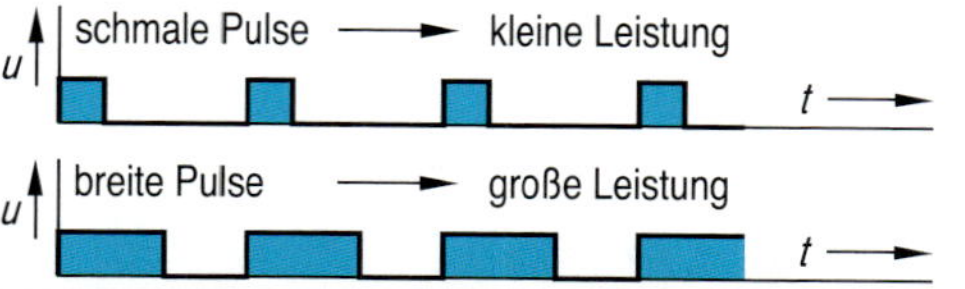

Bei der **Pulsfolgemodulation** (PFM) bleibt die Pulsweite konstant, die Pulsfolge kann verändert werden.

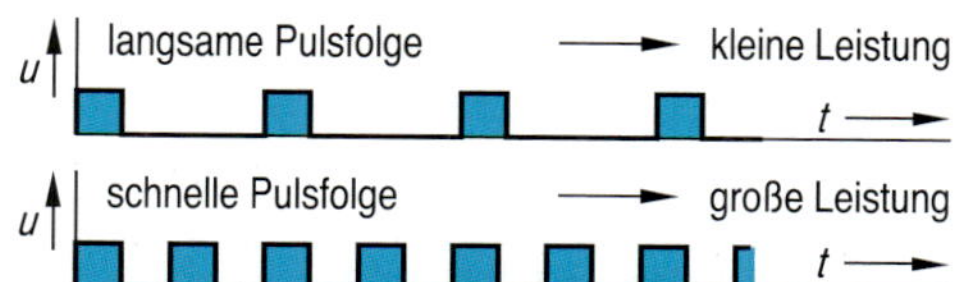

Frequenzumrichter

Eine Gleichspannung kann durch Pulsweitenmodulation so gepulst werden, dass sich als Mittelwert ein sinusförmiger Verlauf ergibt. Derartige sinusbewertete, dreiphasige Pulswechselrichter werden als Frequenzumrichter (FU) zur Speisung von Drehstromasynchronmotoren eingesetzt.

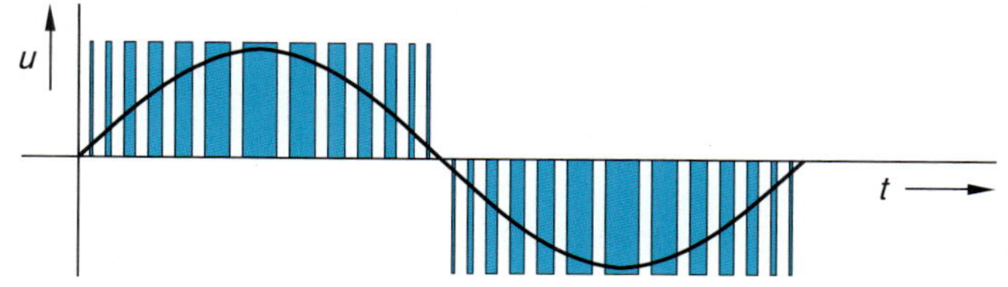

Mit Frequenzumrichtern können Drehstrommotoren in einem weiten Drehfrequenzbereich gesteuert werden.

Drehfrequenz

$$n = \frac{f}{p}$$

n Drehfrequenz
f Frequenz
p Polpaarzahl

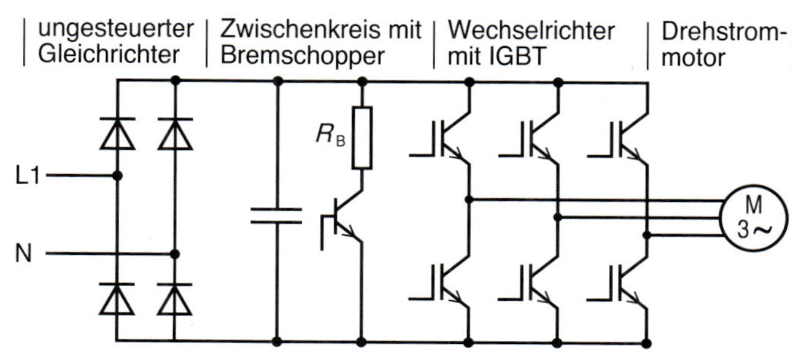

Zu beachten ist, dass für ein konstantes Drehmoment die Spannung proportional mit der Frequenz gesteigert werden muss. Da dies aber nur bis zur Zwischenkreisspannung möglich ist, bleibt die Spannung oberhalb des Typenpunktes (Knickpunkt) konstant und das Drehmoment sinkt.

Kennlinie $U = f(f)$

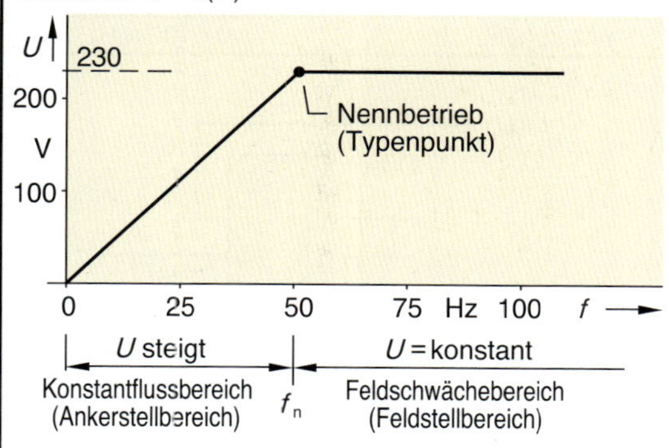

Kennlinie $M = f(n)$ eines 4-poligen Motors

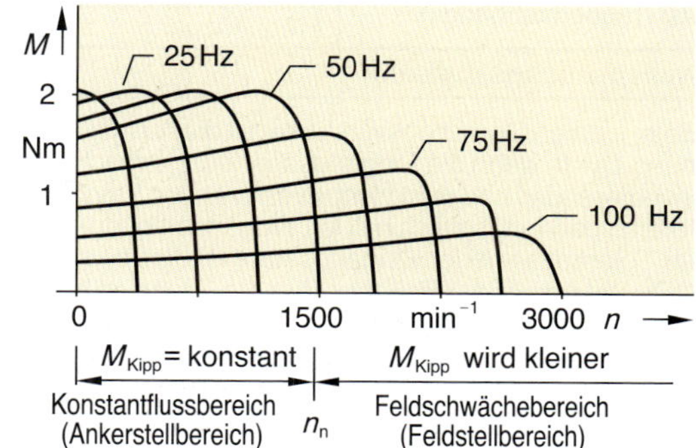

5

5.10 Operationsverstärker, Grundlagen

Operationsverstärker

Grundlagen

Operationsverstärker (Rechenverstärker) sind hochintegrierte, vielstufige Gleichspannungsverstärker. Sie werden auch als OP, OpAmp (Operational Amplifier), OV oder OPV bezeichnet. Sie werden in integrierter Technik als IC (Integrated Circuit) gefertigt und mit DIL-Gehäuse (DIL Dual-in-line) oder TO-Gehäuse (TO Transistor-Outlines) geliefert.

OP haben einen großen Anwendungsbereich in der Analog- und Digitaltechnik. Die gewünschten Eigenschaften werden dabei durch die Beschaltung des OP erreicht.

Schaltzeichen nach DIN 40900

In der Praxis übliches Schaltzeichen

OP mit DIL-Gehäuse

Betriebsspannung und Anschlüsse

Operationsverstärker benötigen für den Betrieb eine Betriebsspannung von ±5 V bis ±18 V. Die Spannung ist gegenüber dem Bezugspol (Masse) symmetrisch.

Wegen der Übersichtlichkeit wird die Spannungsversorgung in Schaltpläne meist nicht eingezeichnet.

OP, mit und ohne Spannungsversorgung

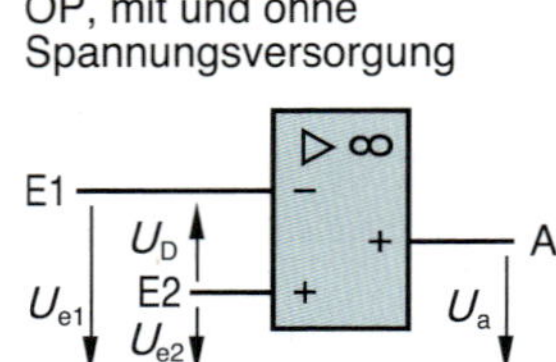

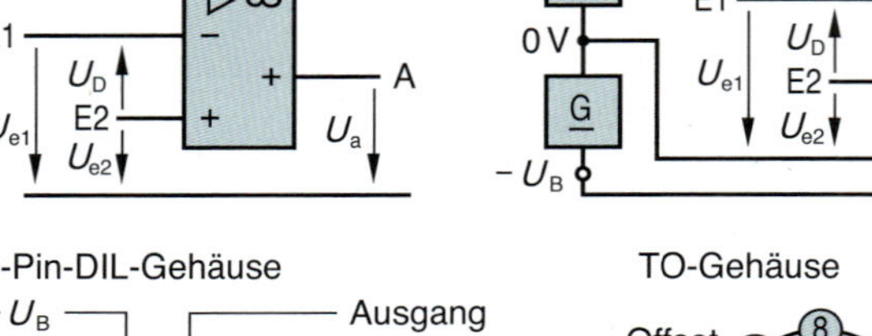

Für viele Operationsvertärker gilt die folgende Pin-Belegung:

- Spannungsversorgung Pin 7 (+) und Pin 4 (-)
- Invertierender Eingang Pin 2
- Nicht invertierender Eingang Pin 3
- Ausgang Pin 6
- Offsetkompensation Pin 1 und Pin 5.

8-Pin-DIL-Gehäuse

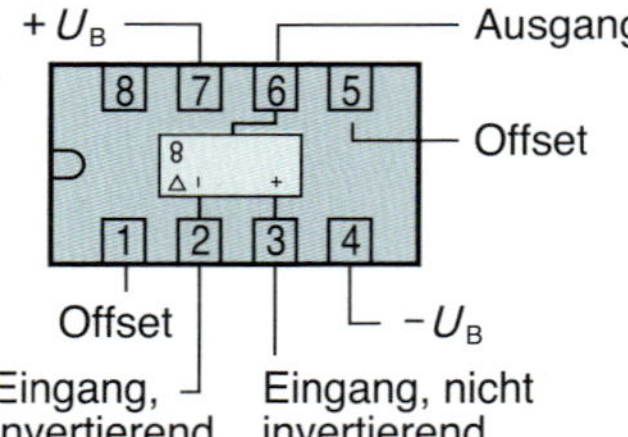

TO-Gehäuse

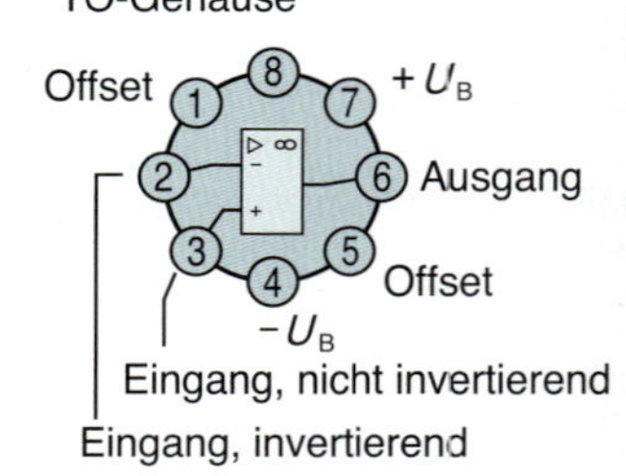

Betriebseigenschaften

Die Eigenschaften realer OP weichen geringfügig von den Idealwerten ab, z.B. sind Eingangswiderstand und Leerlaufverstärkung nicht unendlich groß und die Verstärkung ist frequenzabhängig.

Eigenschaften	Idealer OP	Realer OP
Spannungsverstärkung	unendlich	> 10 000
Eingangswiderstand	unendlich	> 100 kΩ
Ausgangswiderstand	null	< 150 Ω
Eingangs-Offsetspannung	null	0,1 mV...5 mV
Eingangs-Offsetstrom	null	1 nA... 100 nA
Frequenzgang	null...unendlich	0...100 MHz

Nullspannungsabgleich

Beim idealen Operationsverstärker ist die Ausgangsspannung $U_a=0$, wenn die Eingangsspannung zwischen dem invertierenden und dem nicht invertierenden Eingang (Differenzspannung) gleich null ist. Wegen fertigungsbedingter Toleranzen in der Eingangsstufe ist dies beim realen OP nicht immer der Fall. Aus diesem Grund ist bei manchen OP ein Nullspannungsabgleich mithilfe eines Trimmers erforderlich.

Dazu werden E1 und E2 kurzgeschlossen ($U_D=0$). Dann wird der Trimmer verstellt, bis die Ausgangsspannung $U_a=0$ ist.

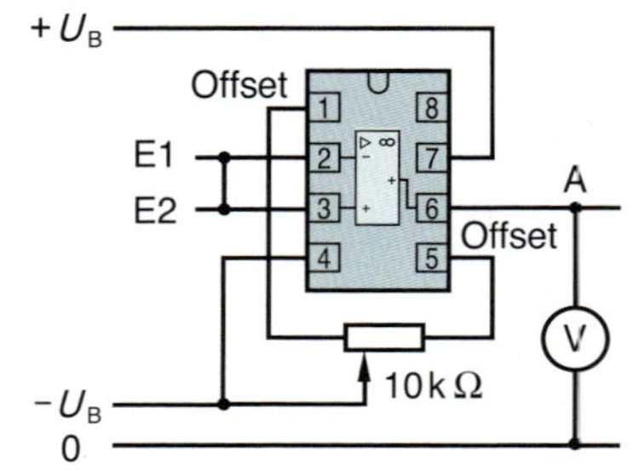

Beschaltung von Operationsverstärkern

Übertragungskennlinie

Die Ausgangsspannung U_a des OP ist von der Spannungsdifferenz U_D zwischen den beiden Eingängen (invertierend, nicht invertierend) abhängig. Der Aussteuerbereich beträgt maximal einige hundert Mikrovolt. Innerhalb des Aussteuerbereichs ist die Übertragungskennlinie linear, bei Übersteuerung ist die Ausgangsspannung etwa gleich der Betriebsspannung.

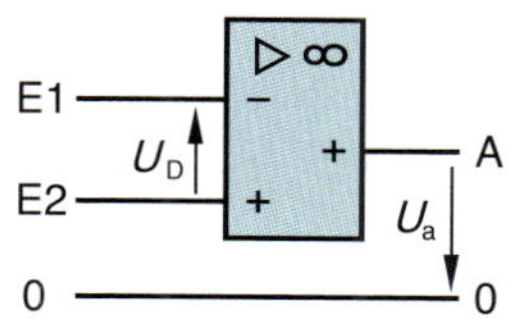

U_D Differenzspannung zwischen invertierendem und nicht invertierendem Eingang

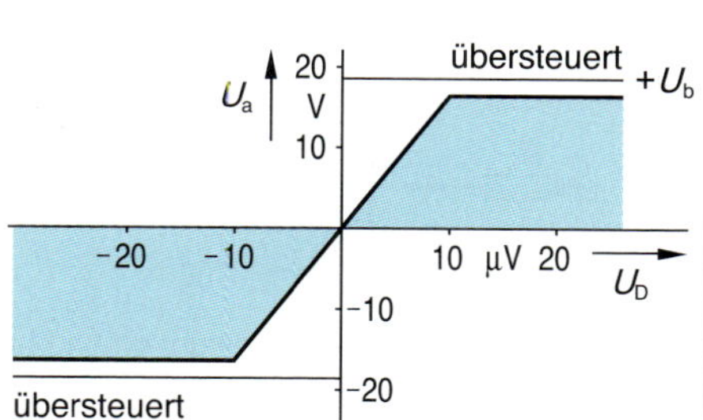

Invertierender und nicht invertierender Verstärker

OP haben zwei Eingänge: einen invertierenden und einen nicht invertierenden. Liegt das Eingangssignal am

- invertierenden Eingang, so ist das Ausgangssignal um 180° phasenverschoben (gegenphasig)
- nicht invertierenden Eingang, so ist das Ausgangssignal nicht phasenverschoben (gleichphasig).

invertierend

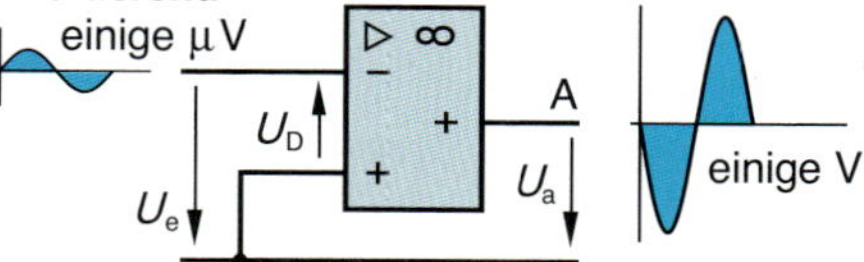

nicht invertierend

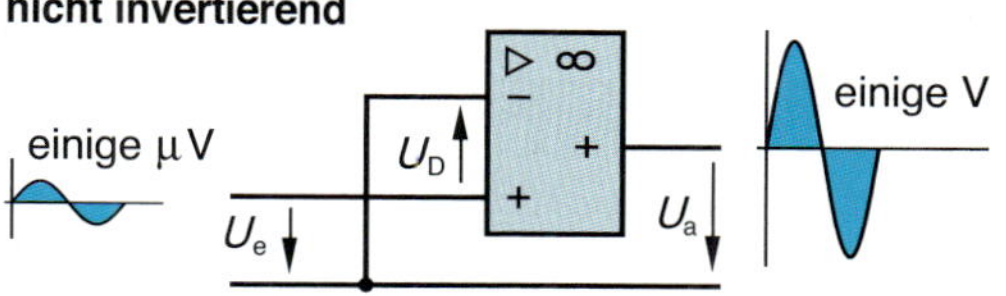

Gegenkopplung und Mitkopplung

Die sehr hohe Spannungsverstärkung des OP muss für praktische Schaltungen auf einen sinnvollen Wert herabgesetzt werden. Dies erfolgt durch **Gegenkopplung**. Dazu wird das Ausgangssignal über einen Widerstand oder andere Bauelemente auf den invertierenden Eingang (also gegenphasig) zurückgeführt.
Für bestimmte Schaltanwendungen soll das Ausgangssignal möglichst schnell übersteuert werden. Dies erfolgt durch **Mitkopplung**. Dazu wird das Ausgangssignal bzw. ein Teil davon auf den nicht invertierenden Eingang (also gleichphasig) zurückgeführt.
Gegenkopplung und Mitkopplung sind verschiedene Möglichkeiten der Rückkopplung.

Gegenkopplung, Prinzip

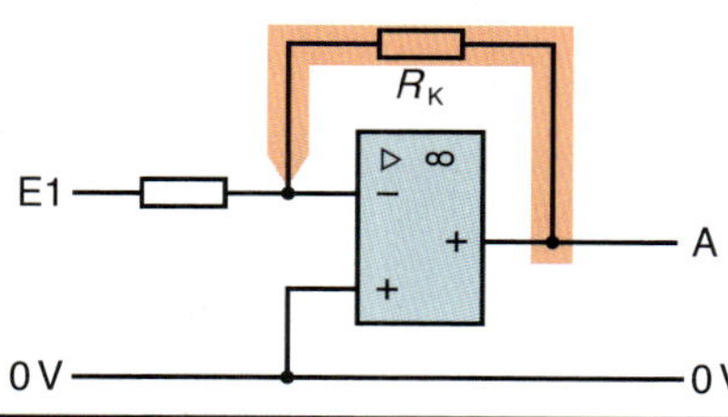

Mitkopplung, Prinzip

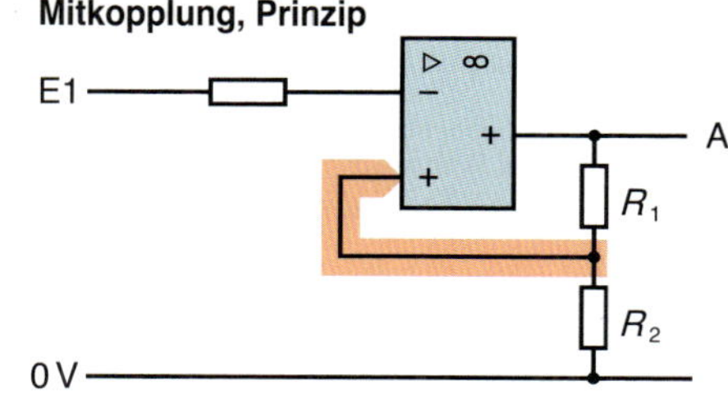

Nicht invertierender Verstärker, Berechnung

Die Spannungsverstärkung des invertierenden Verstärkers wird mit Maschen- und Knotenregel bestimmt.
Dabei sind zwei Eigenschaften der Schaltung zu beachten:

1. Die Differenzeingangsspannung ist $U_D \approx 0$,
2. der Eingangsstrom in den OP ist $I_1 \approx 0$.

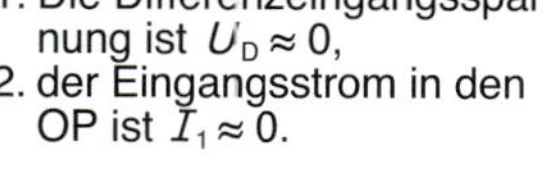

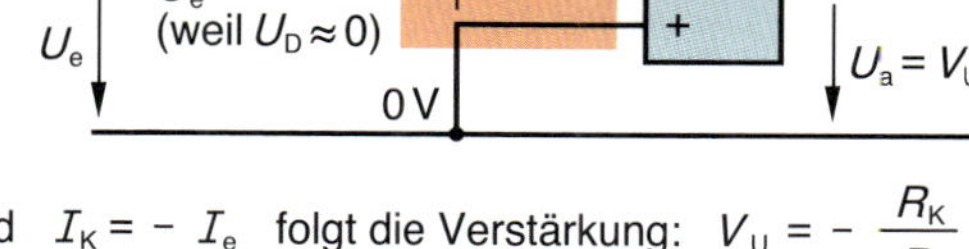

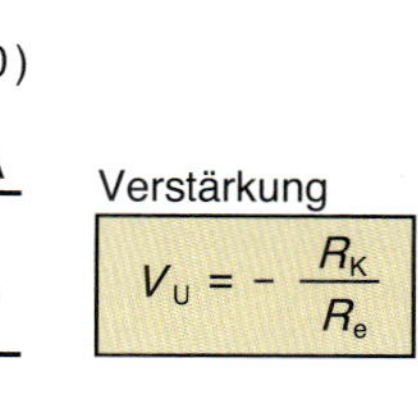

Mit $I_e = \frac{U_e}{R_e}$ sowie $I_K = \frac{U_a}{R_K}$ und $I_K = -I_e$ folgt die Verstärkung: $V_U = -\frac{R_K}{R_e}$

5.11 Operationsverstärker, analoge Schaltungen

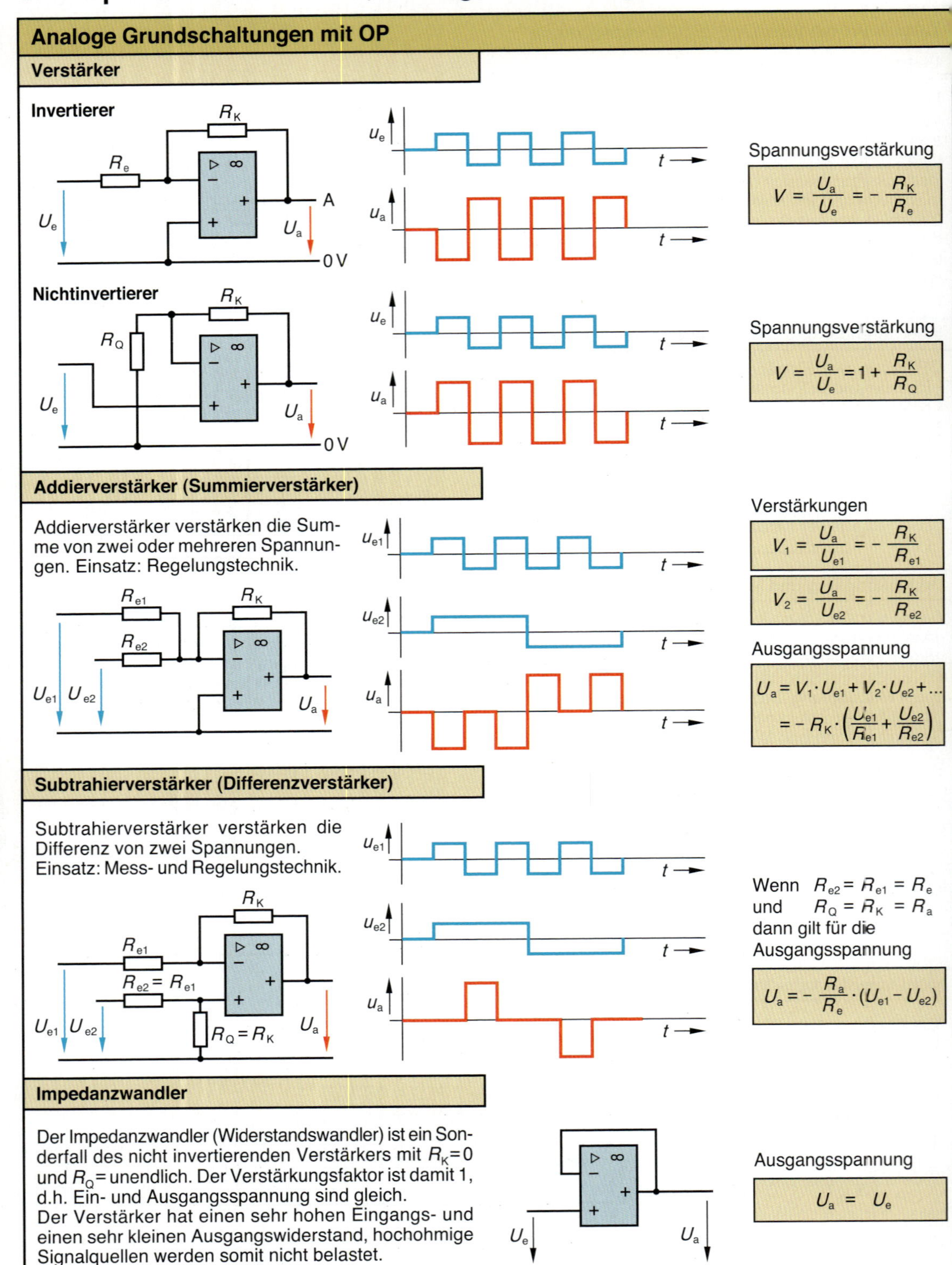

Analoge Grundschaltungen mit OP

Verstärker

Invertierer

Spannungsverstärkung

$$V = \frac{U_a}{U_e} = -\frac{R_K}{R_e}$$

Nichtinvertierer

Spannungsverstärkung

$$V = \frac{U_a}{U_e} = 1 + \frac{R_K}{R_Q}$$

Addierverstärker (Summierverstärker)

Addierverstärker verstärken die Summe von zwei oder mehreren Spannungen. Einsatz: Regelungstechnik.

Verstärkungen

$$V_1 = \frac{U_a}{U_{e1}} = -\frac{R_K}{R_{e1}}$$

$$V_2 = \frac{U_a}{U_{e2}} = -\frac{R_K}{R_{e2}}$$

Ausgangsspannung

$$U_a = V_1 \cdot U_{e1} + V_2 \cdot U_{e2} + \ldots = -R_K \cdot \left(\frac{U_{e1}}{R_{e1}} + \frac{U_{e2}}{R_{e2}}\right)$$

Subtrahierverstärker (Differenzverstärker)

Subtrahierverstärker verstärken die Differenz von zwei Spannungen. Einsatz: Mess- und Regelungstechnik.

Wenn $R_{e2} = R_{e1} = R_e$ und $R_Q = R_K = R_a$ dann gilt für die Ausgangsspannung

$$U_a = -\frac{R_a}{R_e} \cdot (U_{e1} - U_{e2})$$

Impedanzwandler

Der Impedanzwandler (Widerstandswandler) ist ein Sonderfall des nicht invertierenden Verstärkers mit $R_K = 0$ und R_Q = unendlich. Der Verstärkungsfaktor ist damit 1, d.h. Ein- und Ausgangsspannung sind gleich.
Der Verstärker hat einen sehr hohen Eingangs- und einen sehr kleinen Ausgangswiderstand, hochohmige Signalquellen werden somit nicht belastet.

Ausgangsspannung

$$U_a = U_e$$

Schaltungen zur Impulsverformung

Integrierer

Liegt im Rückkopplungskreis des Verstärkers ein Kondensator, so erscheint das Ausgangssignal als integriertes Eingangssignal. Die Schaltung wird z.B. zur Erzeugung von Sägezahnspannungen eingesetzt.

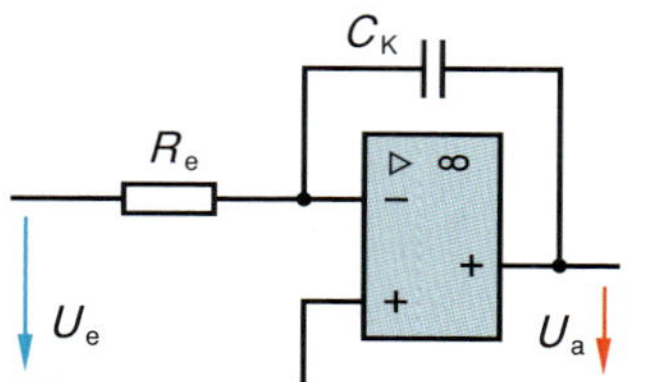

nicht sinusförmiges Signal

$$\Delta U_a = -\frac{U_e}{R_e \cdot C_K} \cdot \Delta t$$

sinusförmiges Signal

$$U_a = -\frac{1}{\omega \cdot R_e \cdot C_K} \cdot U_e$$

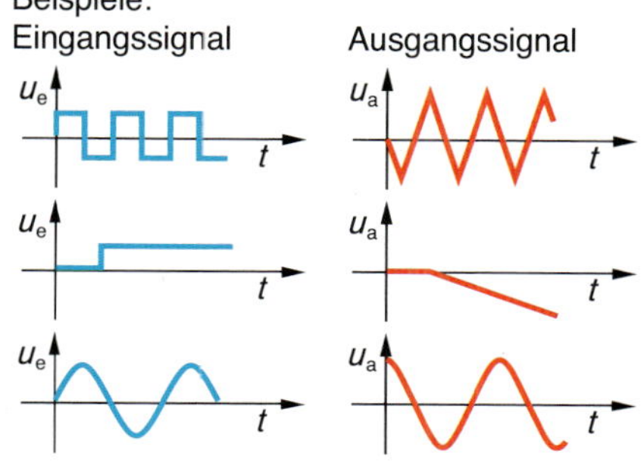

Differenzierer

Liegt im Eingangskreis des Verstärkers ein Kondensator, so erscheint das Ausgangssignal als differenziertes Eingangssignal. Die Schaltung wird z.B. zur Erzeugung von Nadelimpulsen eingesetzt.

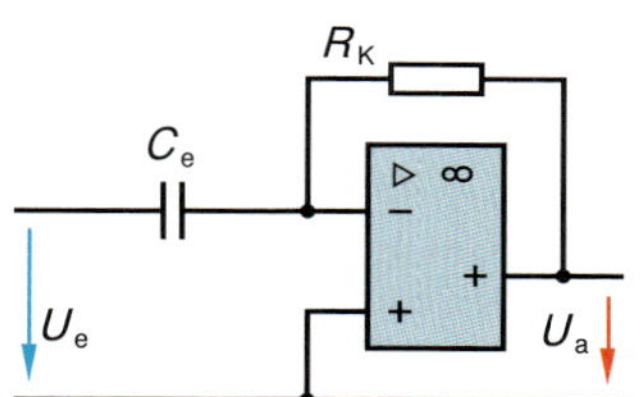

nicht sinusförmiges Signal

$$U_a = -R_K \cdot C_e \cdot \frac{\Delta U_e}{\Delta t}$$

sinusförmiges Signal

$$U_a = -\omega \cdot C_e \cdot R_K \cdot U_e$$

Beispiele:

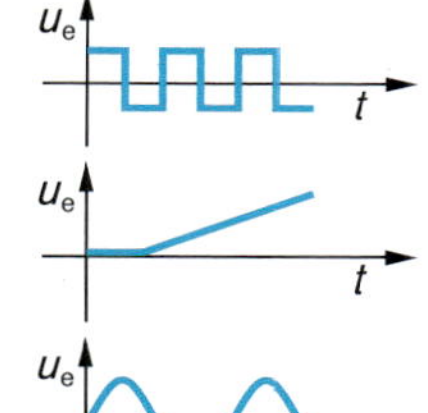

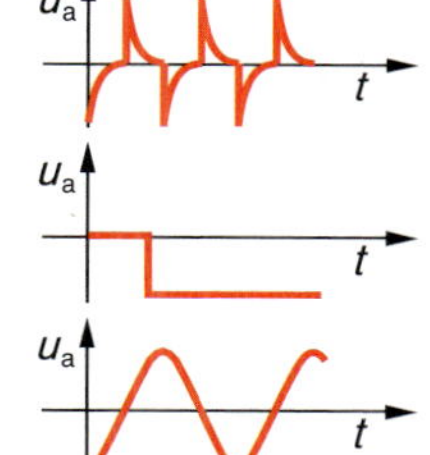

Konstantquellen

Konstantspannungsquelle

Bei Konstantspannungsquellen ist die Spannung am Lastwiderstand in gewissen Grenzen konstant, unabhängig von Schwankungen bei der Last und der Versorgungsspannung.

Invertierende Konstantspannungsquelle

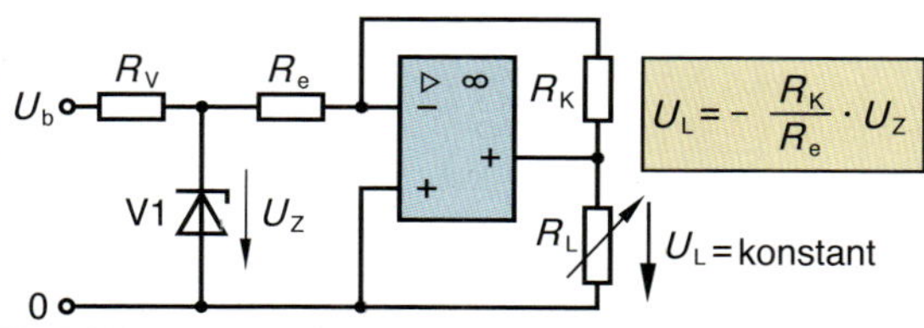

Nicht invertierende Konstantspannungsquelle

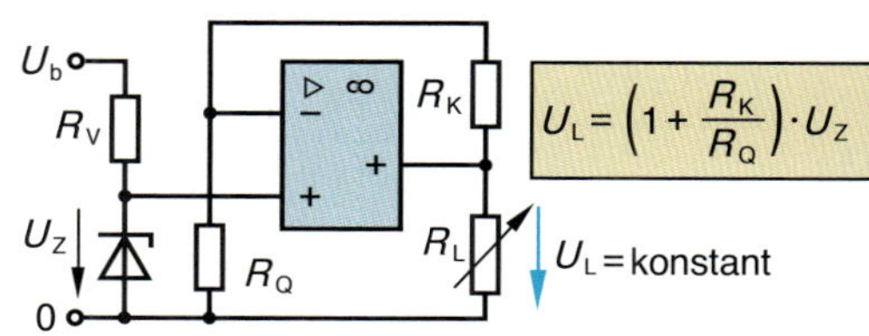

Konstantstromquelle

Bei Konstantstromquellen ist der Strom im Lastwiderstand in gewissen Grenzen konstant, unabhängig von Schwankungen bei der Last und der Versorgungsspannung.

Konstantstromquelle für kleine Ströme

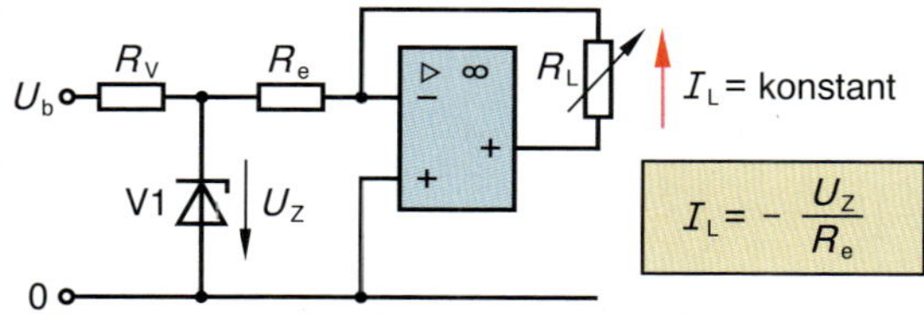

Konstantstromquelle für größere Ströme

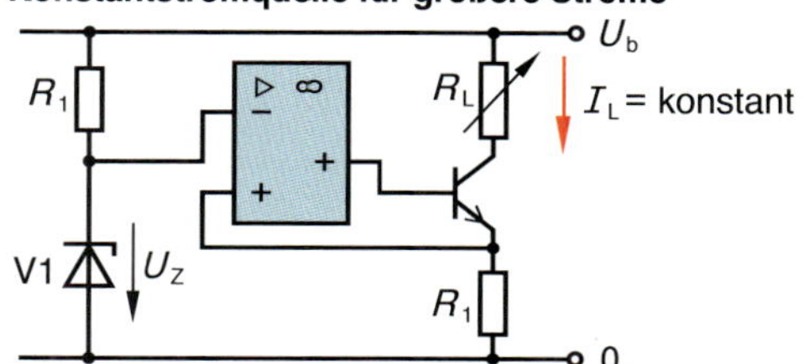

5.12 Operationsverstärker, digitale Schaltungen

Komperator und Schwellwertschalter

Operationsverstärker können nicht nur zum analogen Verstärken kleiner Spannungssignale eingesetzt werden, sondern auch als Schalter. In diesem Fall wird der OP übersteuert und nimmt ungefähr die Ausgangsspannung $+U_b$ oder $-U_b$ (positive oder negative Betriebsspannung) an. Wichtige Anwendungsbereiche sind vor allem Komparatoren (Spannungsvergleicher) und Schwellwertschalter. Sie wandeln ein analoges in ein digitales Signal um und bilden somit das Verbindungsglied zwischen Analog- und Digitaltechnik.

Komparator

Ein als Komparator beschalteter OP ermöglicht den Vergleich einer unbekannten Spannung mit einer Referenzspannung (Vergleichsspannung). Ist die unbekannte Spannung größer als die Referenzspannung, so ist die Ausgangsspannung negativ, im andern Fall ist sie positiv.

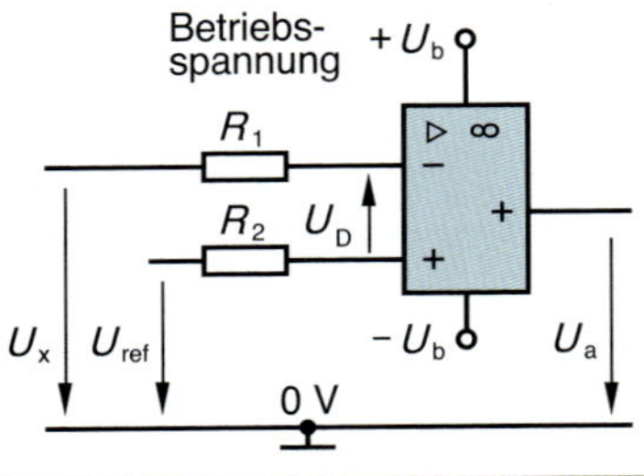

Schaltzustände

$U_a = +U_b$ wenn $U_x < U_{ref}$

$U_a = -U_b$ wenn $U_x > U_{ref}$

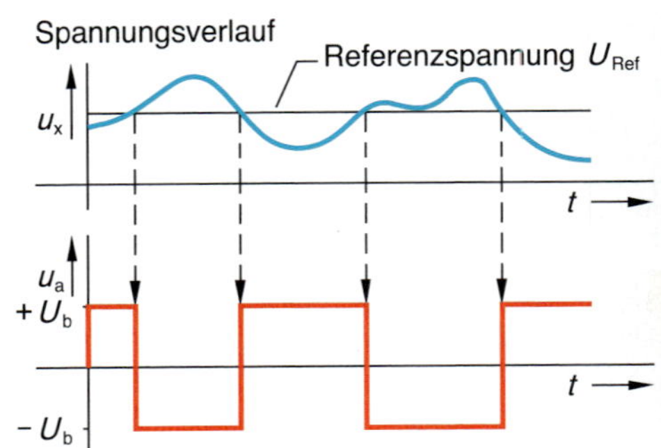

Schwellwertschalter

Der Schwellwertschalter ist ein Komparator, bei dem die Referenzspannung aus der Betriebsspannung gewonnen wird. Seine Aufgabe ist ein unbestimmtes Analogsignal in ein eindeutiges digitales Signal um zu formen. Der wichtigste Schwellwertschalter ist der nach seinem Erfinder Otto Schmitt benannte Schmitt-Trigger.

Invertierender Schmitt-Trigger
Bei diesem Schalter wird die Ausgangsspannung negativ, wenn die Eingangsspannung den Schwellwert in positiver Richtung überschreitet.

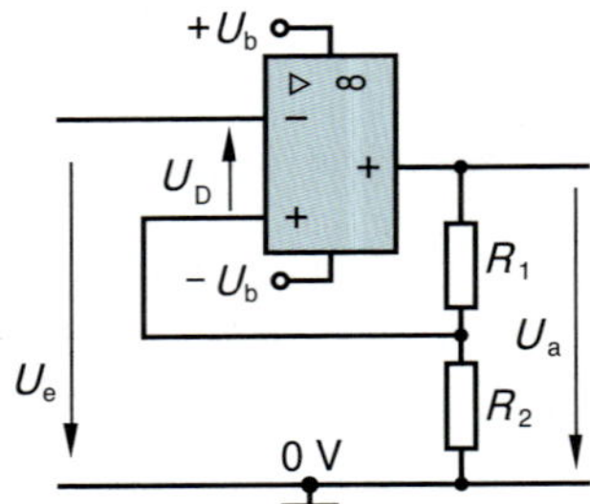

Schaltschwellen

Umschalten auf $U_a = +U_b$

$$U_{e1} = -\frac{R_2}{R_1 + R_2} \cdot U_b$$

Umschalten auf $U_a = -U_b$

$$U_{e2} = +\frac{R_2}{R_1 + R_2} \cdot U_b$$

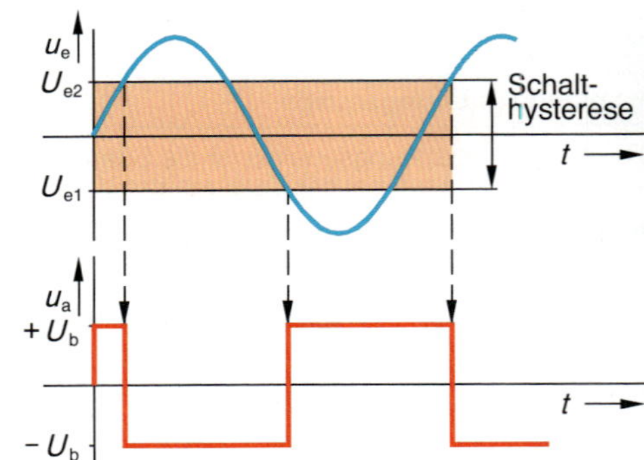

Nicht invertierender Schmitt-Trigger
Bei diesem Schalter wird die Ausgangsspannung positiv, wenn die Eingangsspannung den Schwellwert in positiver Richtung überschreitet.

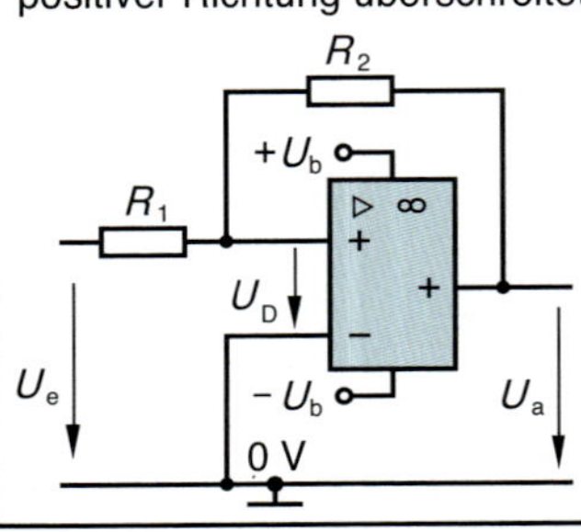

Schaltschwellen

Umschalten auf $U_a = +U_b$

$$U_{e2} = +\frac{R_1}{R_2} \cdot U_b$$

Umschalten auf $U_a = -U_b$

$$U_{e1} = -\frac{R_1}{R_2} \cdot U_b$$

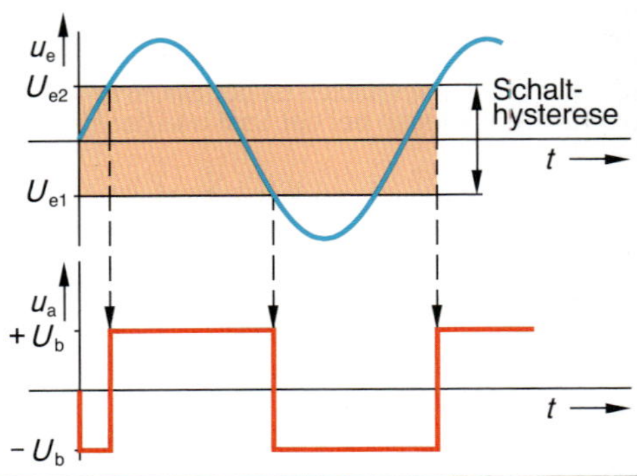

Erweiterter Schmitt-Trigger

Mit einem zusätzlichen Spannungsteiler können die Schaltschwellen beliebig eingestellt werden. Beispiel:

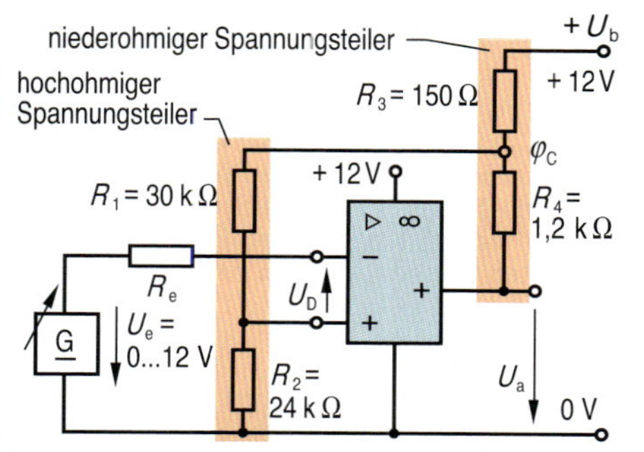

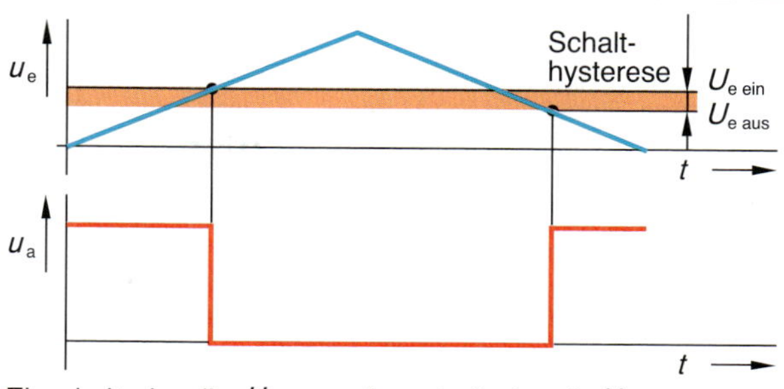

Einschaltschwelle $U_{e\,ein}$

$$U_{e\,ein} = \frac{R_2}{R_1 + R_2} \cdot U_b$$

hier: $U_{e\,ein} = 5{,}33\,V$

Ausschaltschwelle $U_{e\,aus}$

$$U_{e\,aus} = \frac{R_2}{R_1 + R_2} \cdot \frac{R_4}{R_3 + R_4} \cdot U_b$$

hier: $U_{e\,aus} = 4{,}74\,V$

Kippschaltungen

Astabile Kippschaltung (Multivibrator)

Am Ausgang wird ein Rechtecksignal erzeugt, bei symmetrischer Betriebsspannung sind Ein- und Ausschaltzeit gleich.
Der Beginn des Signals lässt sich mit einem Impuls an E zeitlich festlegen (synchronisieren).

Periodendauer

$$T \approx 2 \cdot R_K \cdot C_1 \cdot \ln\left(1 + \frac{2\,R_2}{R_1}\right)$$

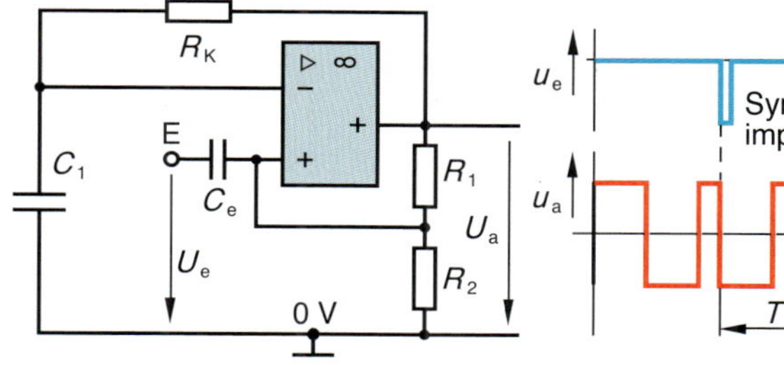

Monostabile Kippschaltung (Monoflop)

Im stabilen Zustand ist die Ausgangsspannung positiv. Ein negativer Impuls an E erzeugt für eine gewisse Zeitdauer T eine negative Ausgangsspannung. Danach kippt die Schaltung in den stabilen Zustand zurück.

Impulsdauer

$$T \approx R_K \cdot C_1 \cdot \ln\left(1 + \frac{2\,R_2}{R_1}\right)$$

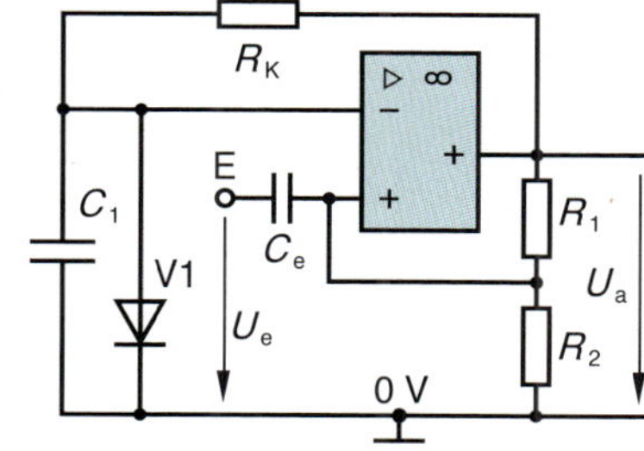

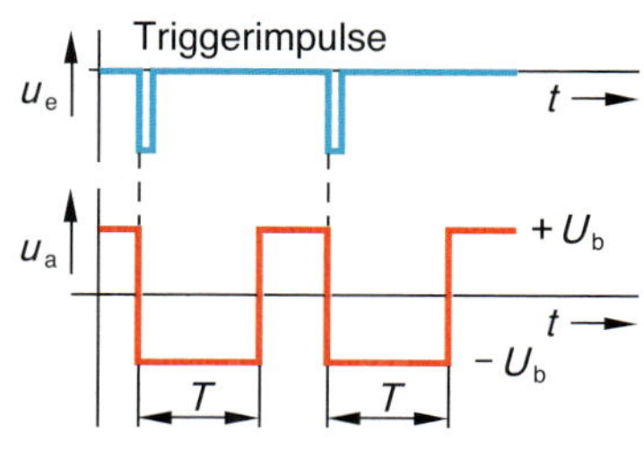

Bistabile Kippschaltung (Flipflop)

Die Schaltung hat zwei stabile Zustände. Liegen beide Eingänge auf Nullpotenzial, so ist die Ausgangsspannung negativ.
Ein positiver Impuls an Eingang 1 erzeugt eine positive Ausgangsspannung (Setzimpuls),
ein positiver Impuls an Eingang 2 erzeugt wieder eine negative Ausgangsspannung (Rücksetzimpuls).

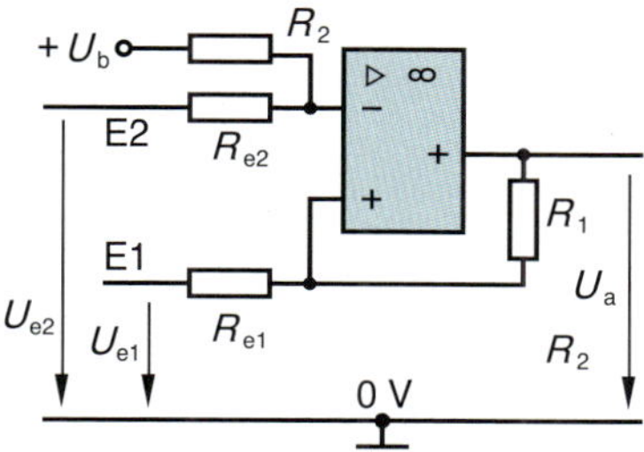

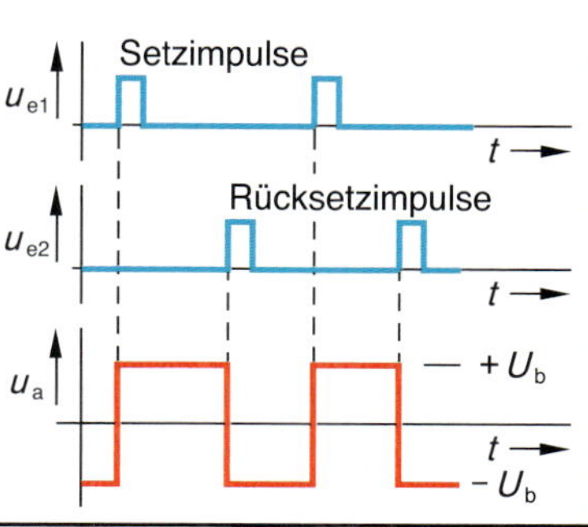

5

5.13 Regelungstechnik I

Grundlagen

Steuern und Regeln

Technische Prozesse haben die Aufgabe, aus bestimmten Ausgangsstoffen die gewünschten Endprodukte zu erschaffen. Dabei müssen Material-, Energie- und Datenflüsse technisch und wirtschaftlich sinnvoll beeinflusst bzw. geleitet werden. Diese Prozessleitung erfolgt je nach Aufgabenstellung durch Steuern oder Regeln.

Steuern
Beim Steuern wird die Ausgangsgröße (Steuerstrecke) durch eine oder mehrere Eingangsgrößen beeinflusst. Die Ausgangsgröße wird dabei aber nicht überwacht. Dieses Prinzip heißt „offener Wirkungsablauf" (open loop control). Die an der Steuerung beteiligten Elemente bilden eine **Steuerkette**.

Regeln
Beim Regeln wird die Ausgangsgröße (Regelstrecke) ständig erfasst und mit dem gewünschten Sollwert verglichen. Dabei erolgt eine ständige Anpassung an die Führungsgröße. Dieses Prinzip heißt „geschlossener Wirkungsablauf" (closed loop control). Die an der Regelung beteiligten Elemente bilden einen **Regelkreis**.

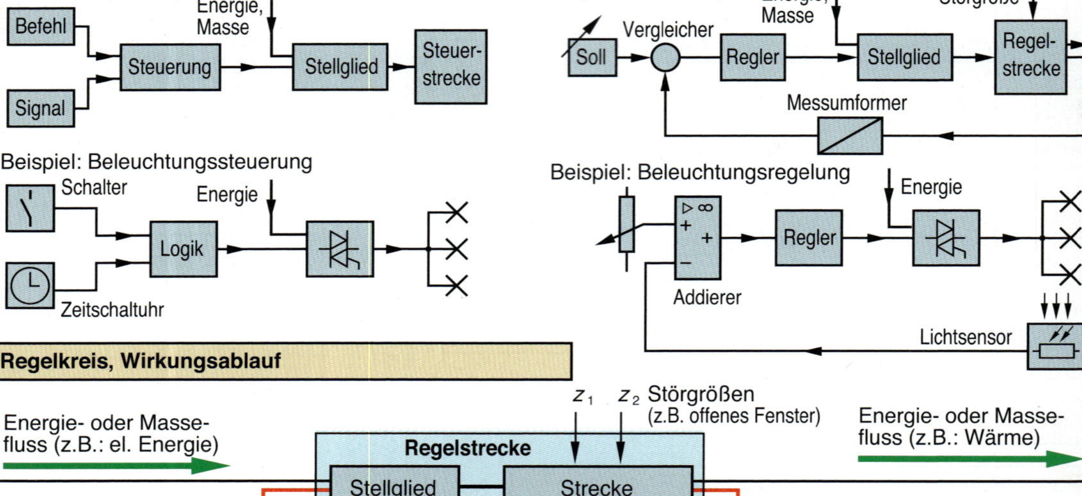

Regelkreis, Wirkungsablauf

Energie- oder Massefluss (z.B.: el. Energie)

z_1 z_2 Störgrößen (z.B. offenes Fenster)

Energie- oder Massefluss (z.B.: Wärme)

Regelstrecke

Stellglied — Strecke

z.B.: Schütz — z.B.: Heizung

Stellglied und Steller bilden gemeinsam die Stelleinrichtung

Stellgröße y (z.B.: Schütz ein, aus)

Regelgröße x (z.B.: Temperatur)

Regeleinrichtung

Steller

Messeinrichtung, Messumformer

Rückführgröße x_r, r

Vergleicher

Regler-ausgangs-größe y_R

Regler

Regeldifferenz $e = w - x_r$

Führungsgröße bzw. Sollwert w

Sollwert-steller

Regelungstechnische Größen	Beispiele
Die Regelgröße *x* ist die Größe, die von der Regeleinrichtung überwacht und beeinfusst wird	Drehfrequenz (Drehzahl) eines Motors, Spannung eines Generators, Temperatur eines Raumes
Die Führungsgröße *w* ist die Größe, die von der Regelgröße erreicht bzw. gehalten werden soll	Solldrehfrequenz einer Werkzeugmaschine, Nennspannung, gewünschte Raumtemperatur
Die Störgrößen *z* sind die Größen, die die Regelgröße ungewollt beeinflussen und vom Sollwert abweichen lassen	Laständerungen am Motor bzw. am Generator, Zugluft durch geöffnete Fenster
Die Regeldifferenz *e* ist die Differenz zwischen Sollwert (Führungsgröße) und Istwert (Rückführgröße)	Differenz zwischen den Drehfrequenzen, den Spannungen und Temperaturen
Die Stellgröße *y* ist das von Regler und Steller gebildete Signal zur Beeinflussung der Regelstrecke	Motorspannung (Größe, Frequenz), Erregerstrom des Generators, Mischerstellung an der Heizung

Regelstrecken

Sprungantwort

Unter einer „Regelstrecke" versteht man die Anlage oder technische Einrichtung, deren physikalische Ausgangsgröße erfasst und geregelt werden soll, z.B. Antriebsmotor, Raumbeleuchtung, Raumheizung, Flüssigkeitsbehälter.

Das Verhalten einer Regelstrecke kann gut durch die so genannte Sprungantwort beschrieben werden.
Unter Sprungantwort versteht man dabei das Verhalten der Regelgröße x bei einer sprungartigen Änderung der Stellgröße y.
Das Beispiel zeigt die Sprungantwort einer Elektroheizung.

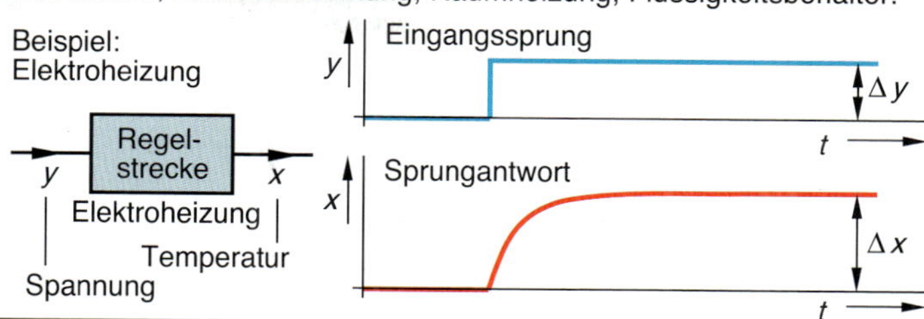

Statisches Verhalten von Regelstrecken

Regelstrecken mit Ausgleich
sind Strecken, bei denen ein neuer stabiler Endzustand eintritt. Beispiel: Wird bei einem Heizofen der Strom von 10 A auf 15 A (Stellgröße y) erhöht, so steigt die Temperatur von 80 °C auf 100 °C (Regelgröße x).
Das Verhältnis $\Delta x/\Delta y$ heißt Übertragungsbeiwert K_S.
Besonders wichtig sind Proportional-Regelstrecken (P-Regelstrecken). Bei ihnen ist der Übertragungsbeiwert $K_S = K_{PS}$ für alle Änderungen Δx immer konstant.

P-Regelstrecke

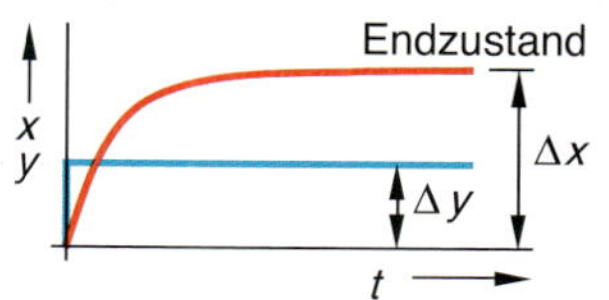

Proportionaler Übertragungsbeiwert, Proportionalbeiwert

$$K_{PS} = \frac{\Delta x}{\Delta y}$$

Regelstrecken ohne Ausgleich
sind Strecken, bei denen kein neuer stabiler Endzustand einstellt, wenn sich die Stellgröße ändert.
Beispiel: In ein Fass läuft so viel Wasser hinein, wie gleichzeitig abläuft. Bei Erhöhung des Zuflusses läuft das Fass über („es erreicht die Systemgrenzen").
Derartige Strecken haben „integrales" Verhalten. Es wird durch den Integralbeiwert K_{IS} gekennzeichnet.

I-Regelstrecke

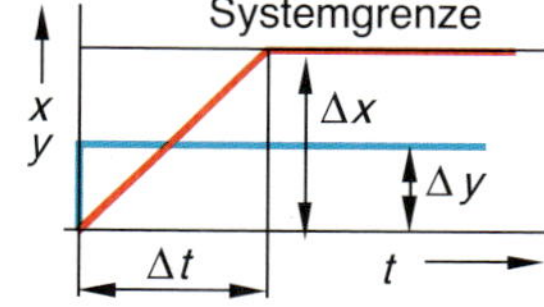

Integralbeiwert

$$K_{IS} = \frac{\Delta x}{\Delta t \cdot \Delta y}$$

Dynamisches Verhalten von Regelstrecken

Unter dem dynamischem Verhalten einer Regelstrecke versteht man den zeitlichen Verlauf der Regelgröße x bei Änderung der Stellgröße y.

Die PT_0-Regelstrecke
ist eine proportionale Regelstrecke ohne zeitliche Verzögerung. Die Regelgröße folgt proportional und unverzögert einer sprunghaften Änderung der Stellgröße.

Die PT_1-Regelstrecke
ist eine proportionale Regelstrecke mit **einer** zeitlichen Verzögerung. Die Regelgröße folgt dem Eingangssprung nach einer e-Funktion. Die Zeit, nach der 63 % des Endwertes erreicht ist, heißt Zeitkonstante T. Sie kann grafisch aus der Sprungantwort ermittelt werden.

Die PT_2-Regelstrecke
ist eine proportionale Regelstrecke mit **zwei** Verzögerungen. Die Sprungantwort steigt am Anfang langsam an (Verzugszeit T_u), steigt dann etwa linear und flacht dann langsam ab (Ausgleichszeit T_g).

Die PT_T-Regelstrecke
ist eine proportionale Regelstrecke mit einer Totzeit T_T.
Regelstrecken mit Totzeit reagieren zunächst gar nicht auf eine Änderung der Stellgröße und dann schlagartig (Beispiel: Förderband). Regelstrecken hoher Ordnung (PT_n-Strecken) ähneln Strecken mit Totzeit.

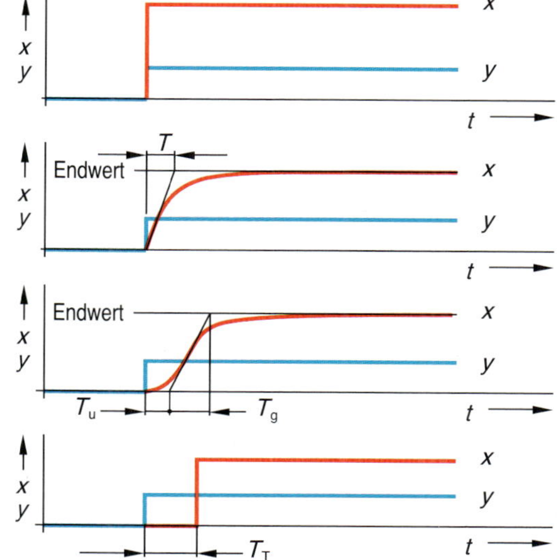

5.14 Regelungstechnik II

Einfache Regler

Der Regler erfasst die Regeldifferenz e zwischen Regelgröße x und Führungsgröße w. Beim Auftreten einer Regeldifferenz ändert er die Stellgröße y und wirkt damit der Regeldifferenz entgegen.
Unstetige Regler ändern die Stellgröße sprungartig, stetige Regler arbeiten kontinuierlich.

Stetige Regler	P-Regler, I-Regler, PI-Regler PD-Regler, PID-Regler
Unstetige Regler	Zweipunkt-Regler Dreipunkt-Regler

Unstetige Regler

Zweipunktregler
haben als mögliche Stellgröße y nur zwei Werte: EIN ($y=y_h$) und AUS ($y=0$). Einsatzgebiete des Zweipunktreglers sind vor allem Heizungen aller Art (Bügeleisen, Raumheizung, Backöfen, Kochplatten).
Beispiel: Bei einer elektrisch beheizten Kochplatte wird der Heizstrom als Stellgröße ein- und ausgeschaltet. Die Temperatur der der Kochplatte schwankt dabei um einen Mittelwert (Schwankungsbreite Δx bzw. $\Delta\vartheta$).
Der Strom wird beim unteren Ansprechwert (x_u bzw. x_u) ein- und beim oberen Ansprechwert (x_o bzw. x_o) wieder ausgeschaltet. Die Differenz zwischen oberem und unterem Ansprechwert ist die Schaltdifferenz bzw. Schalthysterese.

Dreipunktregler
haben als mögliche Stellgröße y drei Werte.
Sie werden z.B. für Heizgeräte (Aus, Stufe 1, Stufe 2), für Klimageräte (Aus, Heizen, Kühlen) und für Motoren (Aus, Rechtslauf, Linkslauf) eingesetzt.

Heizung mit Zweipunktregelung, Temperaturverlauf

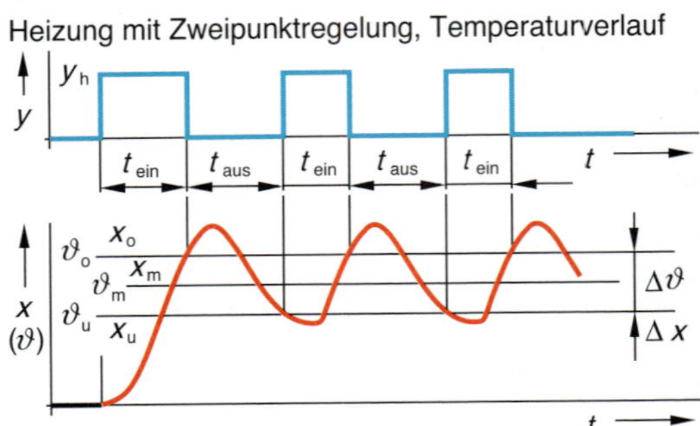

Blockschaltbilder:
Zweipunktregler

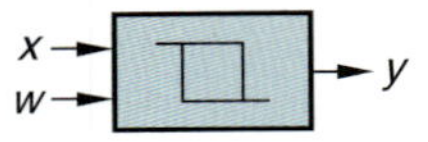

Dreipunktregler

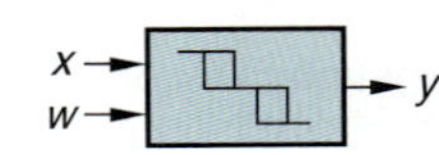

Einfache stetige Regler

Der P-Regler (Proportionalregler)
verändert sein Ausgangssignal y_R verhältnisgleich zum Eingangssignal e (Regeldifferenz).
Vorteilhaft beim P-Regler ist, dass er unverzögert in den Regelprozess eingreift. Nachteilig ist, dass er bei vielen Regelstrecken eine bleibende Sollwertabweichung (bleibende Regeldifferenz e) erzeugt.
Bei zu hoch eingestellter Verstärkung neigt der Regelkreis zum Schwingen.

Sprungverhalten

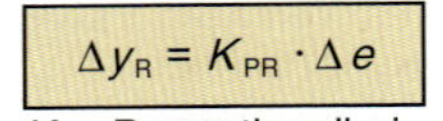

K_{PR} Proportionalbeiwert

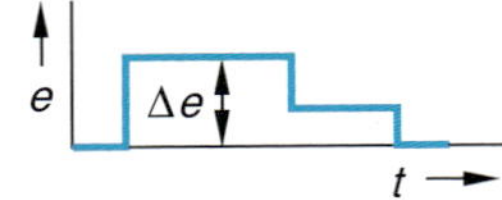

Blocksymbol

K_{PR} =

e y_R

y_R Δy t

Der I-Regler (Integralregler)
verändert sein Ausgangssignal y_R verzögert und zeitabhängig. Wird das Eingangssignal e sprungartig verändert, steigt das Ausgangssignal linear mit der Zeit an. Der I-Regler „integriert" sein Ausgangssignal über der Zeit; er ist ein Regler ohne Ausgleich, d.h. es stellt sich kein stabiler Endzustand ein.
I-Regler sind langsam, arbeiten aber bis die Regeldifferenz null geworden ist. Die benötigte Zeit zum Durchlaufen des ganzen Stellbereich heißt Integrierzeit T_I.

Sprungverhalten

K_{IR} Integrierbeiwert

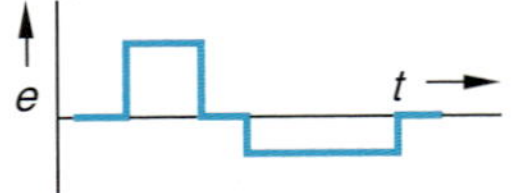

Blocksymbol

K_{IR} =

e y_R

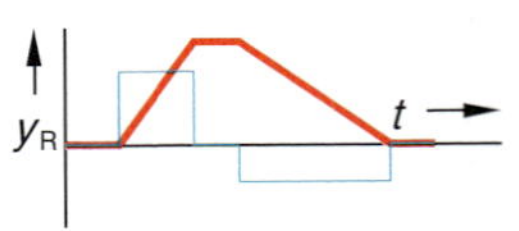

Der D-Regler (Differenzialregler)
liefert ein Ausgangssignal y_R, das proportional zur Änderungsgeschwindigkeit des Eingangssignals e ist. Der Regler liefert kein Ausgangssignal, wenn das Eingangssignal konstant ist.
Die Sprungantwort des D-Reglers ist ein Nadelimpuls. Eine sinnvolle Regelung ist damit nicht realisierbar. In Kombination mit anderen Reglern (PI-, PD-, PID) können aber gute Regeleigenschaften erreicht werden.
Der Differenzierbeiwert K_{DR} wird auch Differenzierzeit T_{DR} genannt.

Sprungverhalten

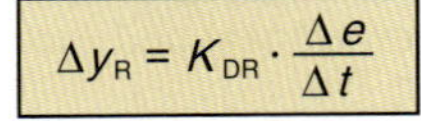

K_{DR} Differenzierbeiwert

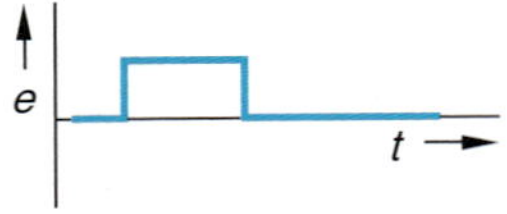

Blocksymbol

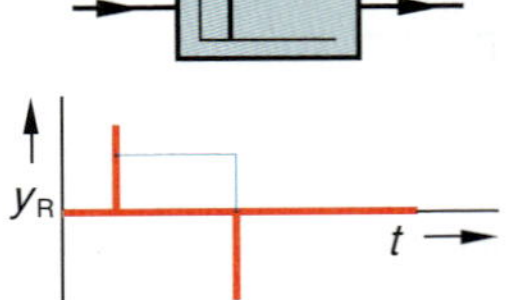

Kombinationsregler

Die drei grundlegenden Verhaltensweisen von einzelnen Reglern sind das Proportional-, das Integral- und das Differenzialverhalten. Um den Regler möglichst gut an die Regelstrecke anzupassen ist es oft sinnvoll, die drei verhaltensweisen miteinander zu kombinieren. Man erhält dann je nach Kombination PI-, PD- und PID-Regler.

PI-Regler

Der PI-Regler ist ein Kombinationsregler aus P- und I-Regler. Er vereint die Vorteile beider Regler:
1. schneller Regeleingriff (P-Regler)
2. keine bleibende Sollwertabweichung (I-Regler).

Der PI-Regler hat zwei Kenngrößen:
1. Der Proportionalbeiwert K_{PR} ist für den Proportionalanteil zuständig. Je höher er eingestellt ist, desto stärker greift der Regler in den Prozess ein.
2. Die Nachstellzeit T_n verändert das Verhältnis zwischen P- und I-Anteil. Je größer T_n, desto geringer wirkt sich der I-Anteil aus.

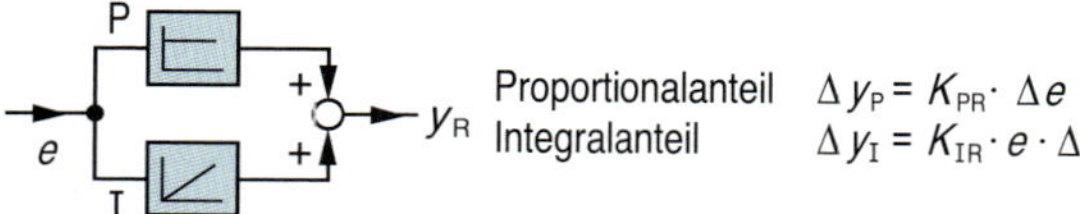

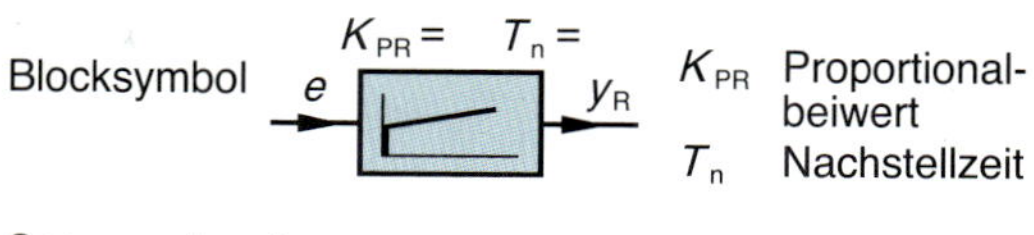

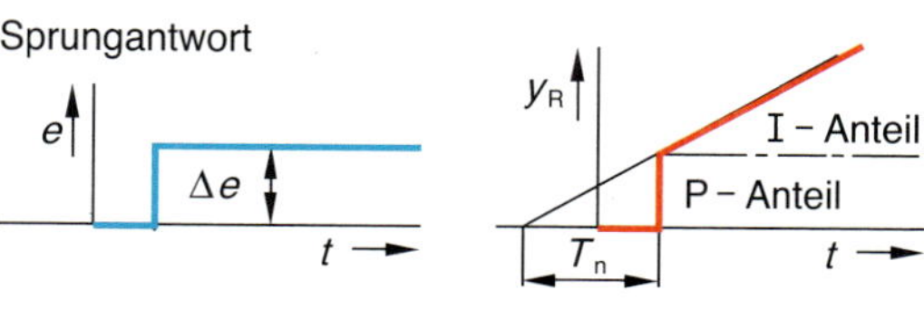

mit $T_n = \frac{K_{PR}}{K_{IR}}$

$$\Delta y = K_{PR} \cdot (\Delta e + \frac{1}{T_n} \cdot e \cdot \Delta t)$$

PD-Regler

Der PD-Regler ist ein Kombinationsregler aus P- und D-Regler. Er vereint die Vorteile beider Regler:
1. schneller Regeleingriff (P-Regler)
2. kein oder nur geringes Überschwingen (D-Regler).

Der PD-Regler hat zwei Kenngrößen:
1. Der Proportionalbeiwert K_{PR} ist für den Proportionalanteil zuständig. Je höher er eingestellt ist, desto stärker greift der Regler in den Prozess ein.
2. Die Vorhaltezeit T_v ist die Zeit, um die der PD-Regler schneller ist als der reine P-Regler (bezogen auf ein stetig ansteigendes Eingangssignal).

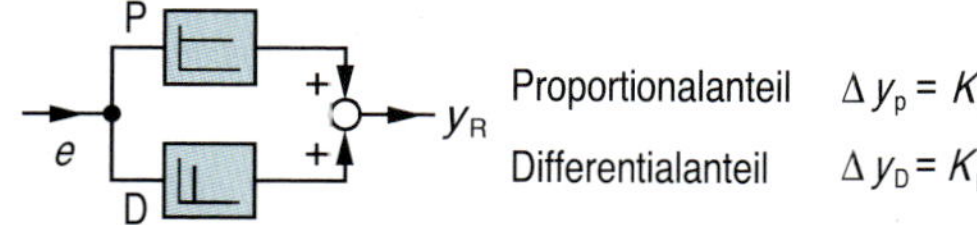

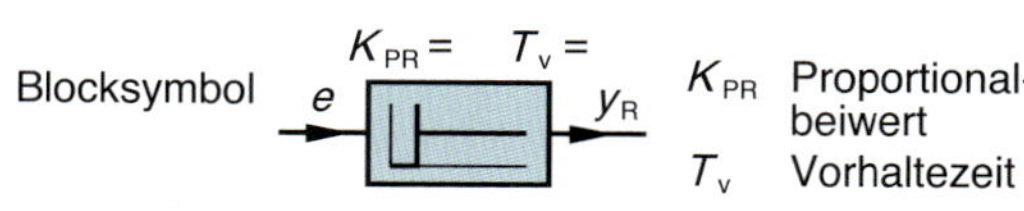

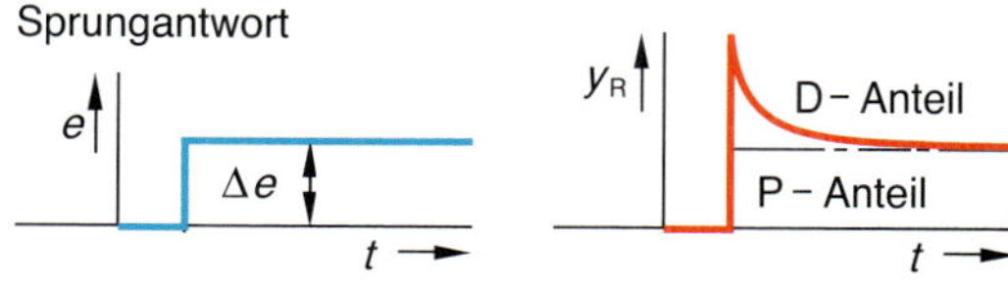

mit $T_v = \frac{K_{DR}}{K_{PR}}$

$$\Delta y = K_{PR} \cdot (\Delta e + T_v \cdot \frac{\Delta e}{\Delta t})$$

PID-Regler

Der PID-Regler ist ein Kombinationsregler aus P-, I- und D-Regler. Er vereint die Vorteile aller Komponenten.
1. schneller Regeleingriff (P-Regler)
2. keine bleibende Sollwertabweichung (I-Regler)
3. kein oder nur geringes Überschwingen (D-Regler).

Die Sprungantwort ist eine Mischung der drei Anteile. Beim Eingangssprung werden P- und D-Anteil sofort voll wirksam; dabei bewirkt der D-Anteil ein kräftiges Ausgangssignal, geht aber sofort zurück auf null. Der I-Anteil wirkt langsam und stetig. Je länger das Eingangssignal ansteht, desto stärker ist die integrierende Wirkung.

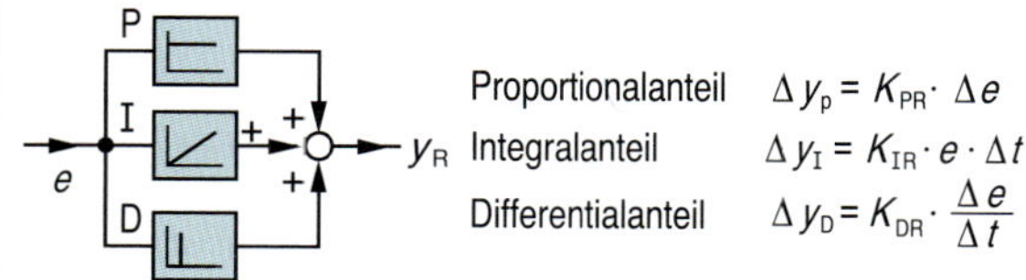

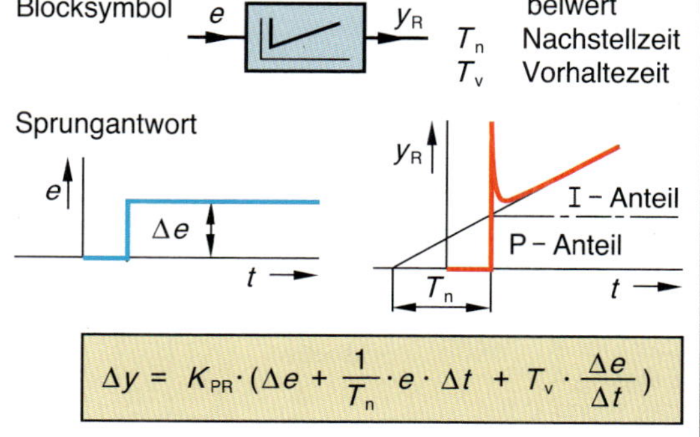

$$\Delta y = K_{PR} \cdot (\Delta e + \frac{1}{T_n} \cdot e \cdot \Delta t + T_v \cdot \frac{\Delta e}{\Delta t})$$

5

5.15 Schaltalgebra I

Logische Verknüpfungen

Logische Verknüpfungen der Signalzustände 0 und 1 bilden die Grundlage für alle Digitalschaltungen. Sie werden meist durch elektronische Schaltungen realisiert, können aber auch als Schütz- oder Relaisschaltungen ausgeführt sein.

Verknüpfungen werden durch Schaltzeichen dargestellt. Die Wirkungsweise (Funktion) der Verknüpfung wird durch die Funktionsgleichung beschrieben. Sehr anschaulich kann die Funktion auch in einer Funktionstabelle (Wertetabelle) oder in einem Zeitablaufdiagramm dargestellt werden.

Schaltzeichen

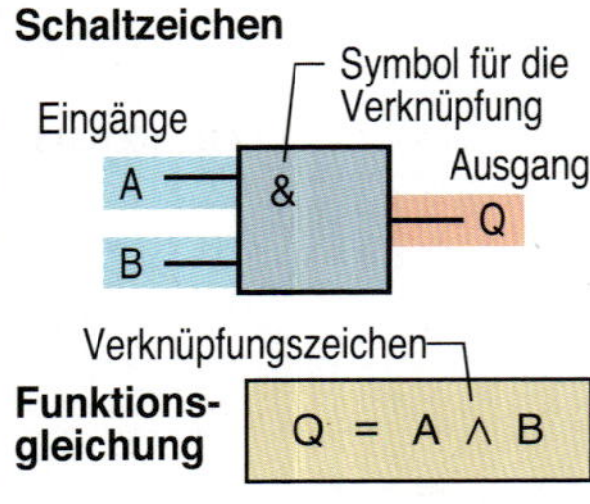

Funktionstabelle

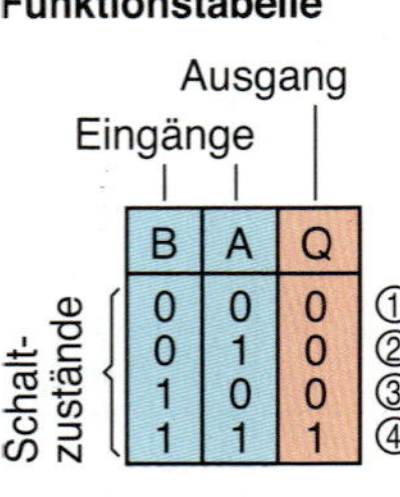

B	A	Q	
0	0	0	①
0	1	0	②
1	0	0	③
1	1	1	④

Zeitablaufdiagramm

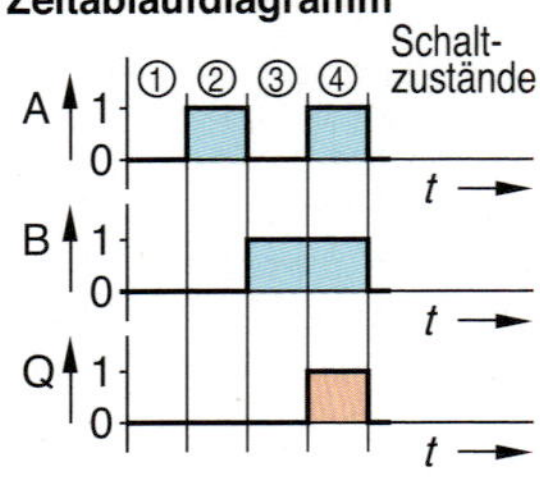

Schaltungsbeispiel

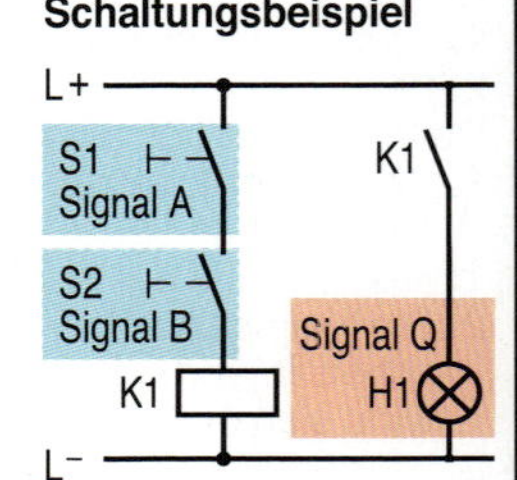

Elementare logische Verknüpfungen

UND-Verknüpfung (AND, Konjunktion)

Schaltzeichen

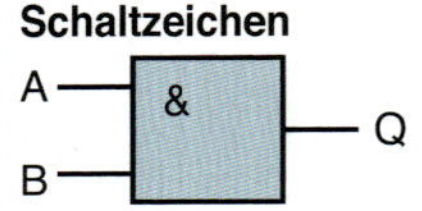

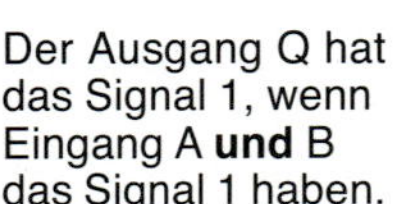

Der Ausgang Q hat das Signal 1, wenn Eingang A **und** B das Signal 1 haben.

Funktionsgleichung

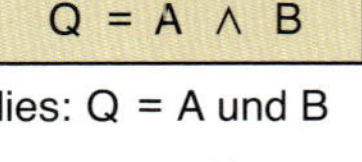

$Q = A \wedge B$

lies: Q = A und B

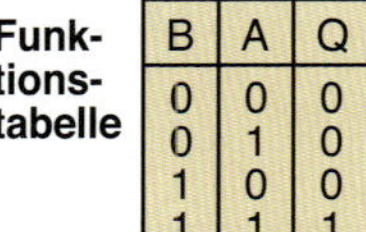

Funktionstabelle

B	A	Q
0	0	0
0	1	0
1	0	0
1	1	1

Zeitablaufdiagramm

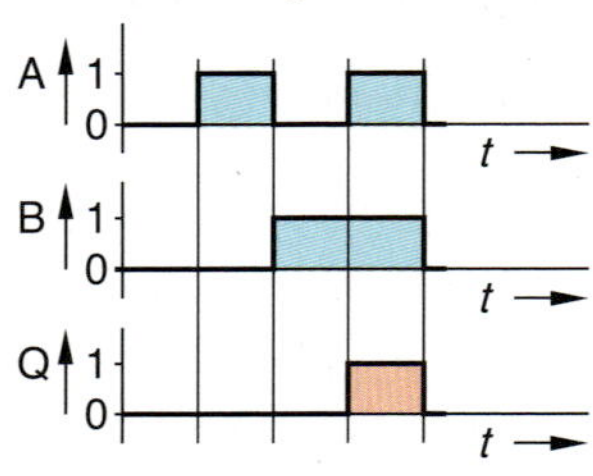

Schaltungsbeispiel

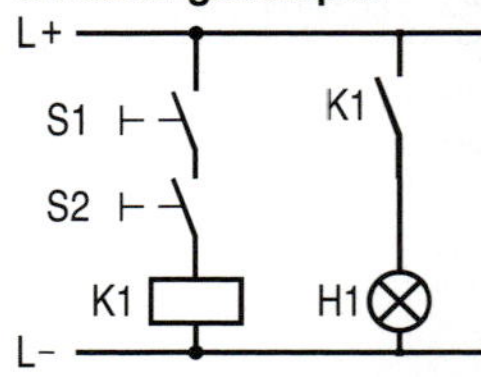

Schütz K1 zieht an (H1 leuchtet), wenn Taster S1 und Taster S2 betätigt sind.

ODER-Verknüpfung (OR, Disjunktion)

Schaltzeichen

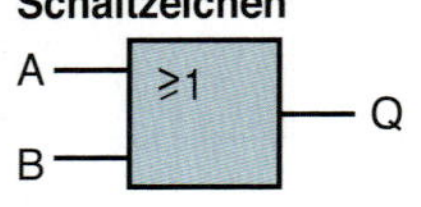

Der Ausgang Q hat das Signal 1, wenn Eingang A **oder** B das Signal 1 hat.

Funktionsgleichung

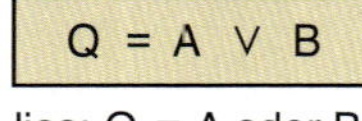

$Q = A \vee B$

lies: Q = A oder B

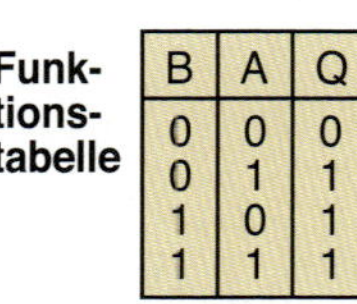

Funktionstabelle

B	A	Q
0	0	0
0	1	1
1	0	1
1	1	1

Zeitablaufdiagramm

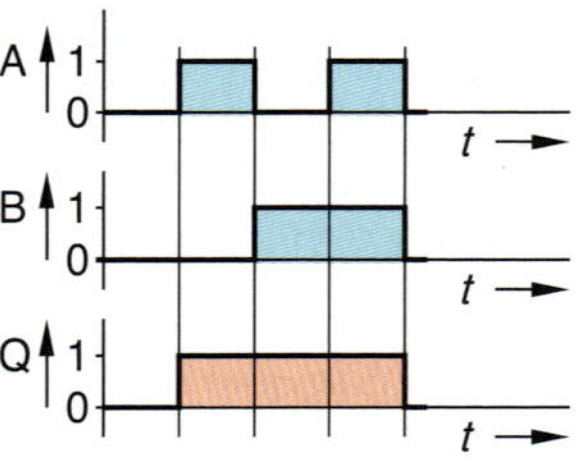

Schaltungsbeispiel

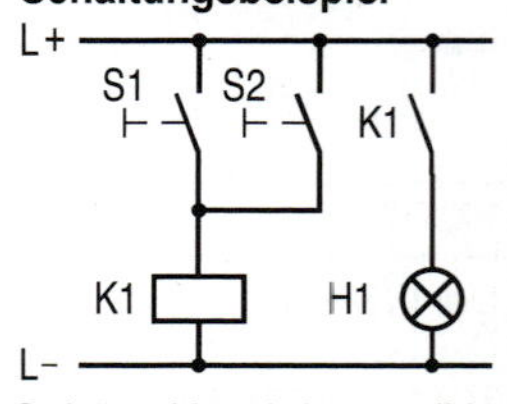

Schütz K1 zieht an (H1 leuchtet), wenn Taster S1 oder Taster S2 betätigt ist.

NICHT-Verknüpfung (NOT, Negation)

Schaltzeichen

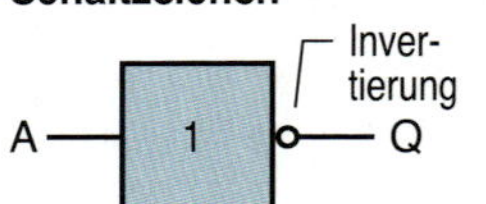

Der Ausgang Q hat das Signal 1, wenn Eingang A das Signal 0 hat.

Funktionsgleichung

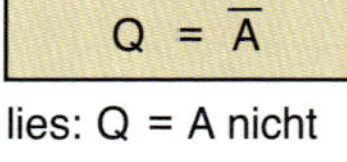

$Q = \overline{A}$

lies: Q = A nicht

Funktionstabelle

A	Q
0	0
1	0

Zeitablaufdiagramm

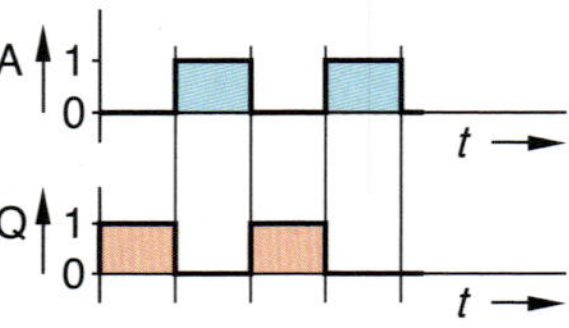

Schaltungsbeispiel

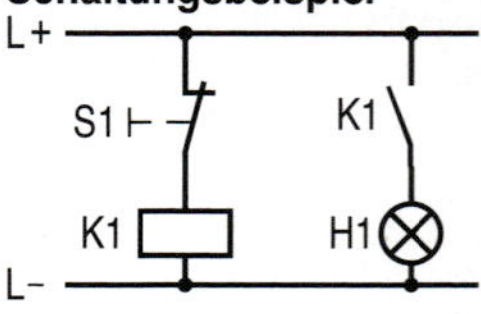

K1 zieht an (H1 leuchtet), wenn S1 nicht betätigt ist.

Zusammengesetzte logische Verknüpfungen

NAND-Verknüpfung

Schaltzeichen

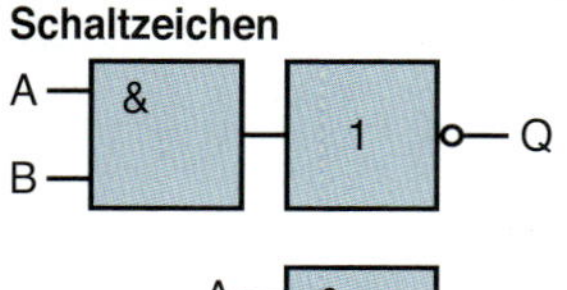

Der Ausgang Q hat das Signal 1, wenn mindestens ein Eingang ein 0-Signal hat.

Funktionsgleichung

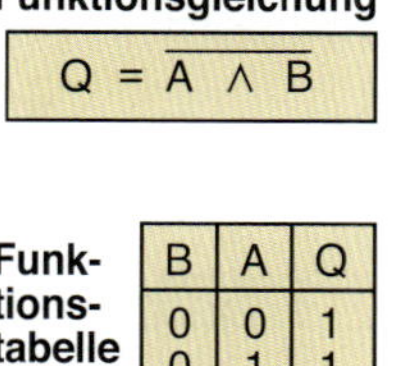

$Q = \overline{A \wedge B}$

Funktionstabelle

B	A	Q
0	0	1
0	1	1
1	0	1
1	1	0

Zeitablaufdiagramm

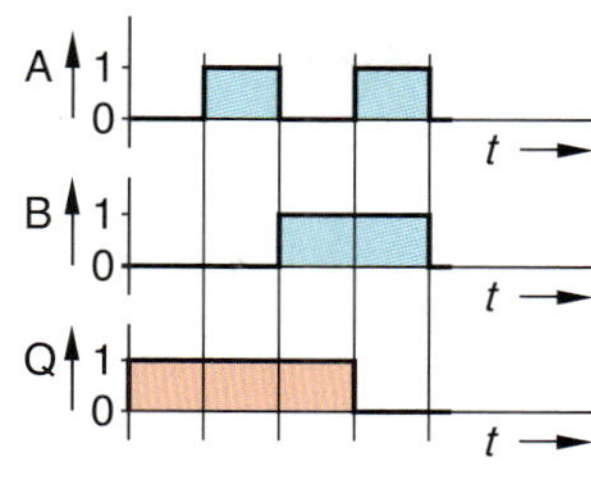

Schaltungsbeispiel

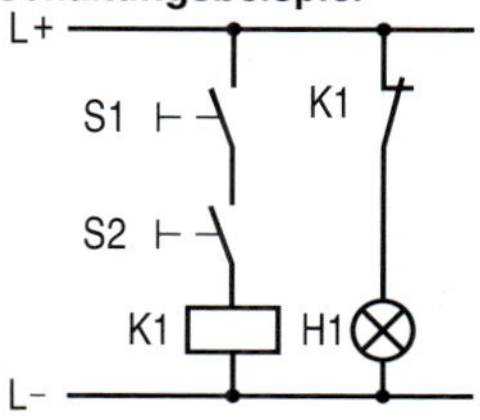

K1 zieht nicht an (d.h. H1 leuchtet), wenn S1 und S2 nicht gleichzeitig betätigt sind.

NOR-Verknüpfung

Schaltzeichen

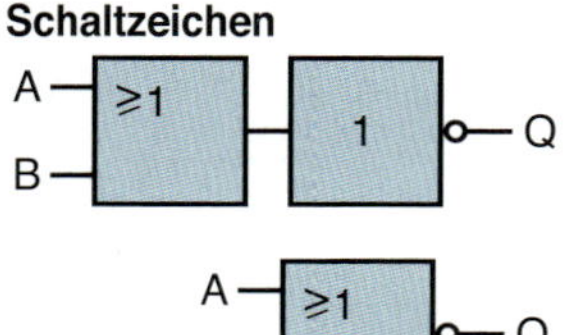

Der Ausgang Q hat das Signal 1, wenn alle Eingänge jeweils ein 0-Signal haben.

Funktionsgleichung

$Q = \overline{A \vee B}$

=

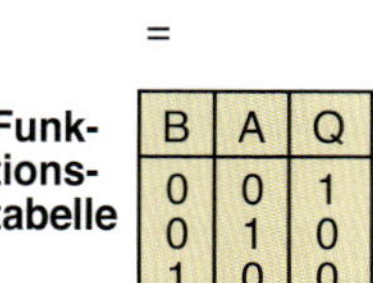

Funktionstabelle

B	A	Q
0	0	1
0	1	0
1	0	0
1	1	0

Zeitablaufdiagramm

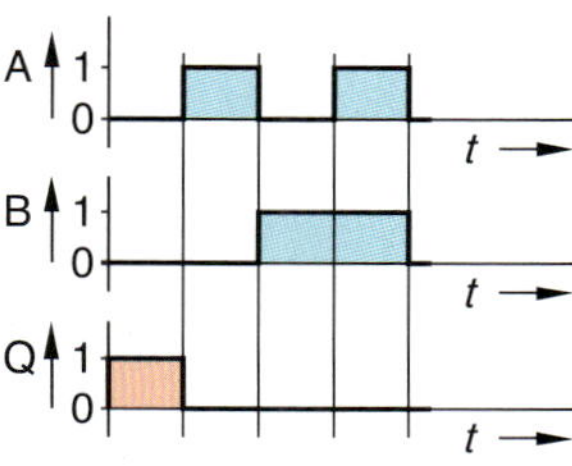

Schaltungsbeispiel

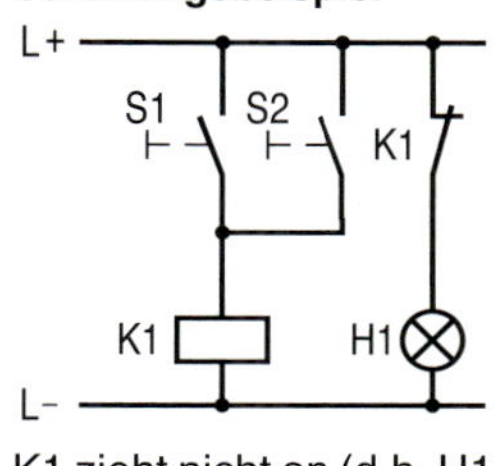

K1 zieht nicht an (d.h. H1 leuchtet), wenn weder S1 noch S2 betätigt sind.

Spezielle zusammengesetzte Funktionen

Exklusiv-ODER-Verknüpfung (Antivalenz, XOR)

Schaltzeichen

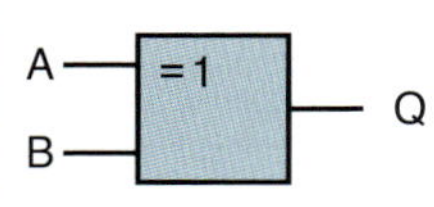

Der Ausgang Q hat nur dann das Signal 1, wenn alle Eingänge jeweils ein unterschiedliches Signal haben.

Funktionsgleichung

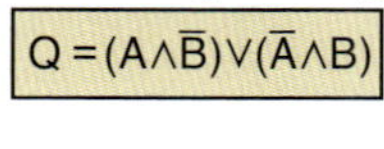

$Q = (A \wedge \overline{B}) \vee (\overline{A} \wedge B)$

Funktionstabelle

B	A	Q
0	0	0
0	1	1
1	0	1
1	1	0

Zeitablaufdiagramm

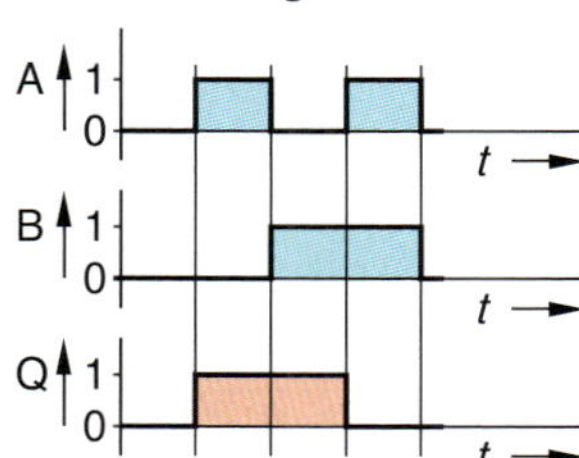

Schaltungsbeispiel

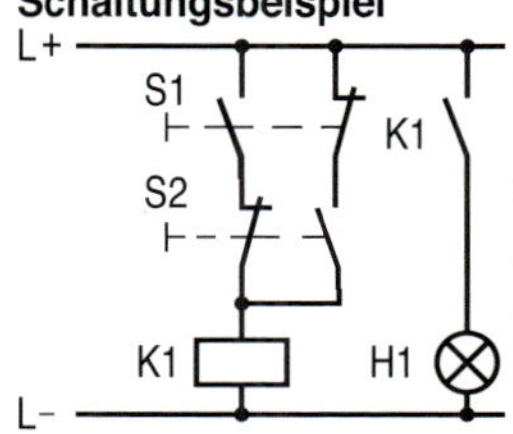

K1 zieht an (H1 leuchtet), wenn S1 und S2 nicht im gleichen Zustand sind.

Äquivalenz-Verknüpfung (XNOR)

Schaltzeichen

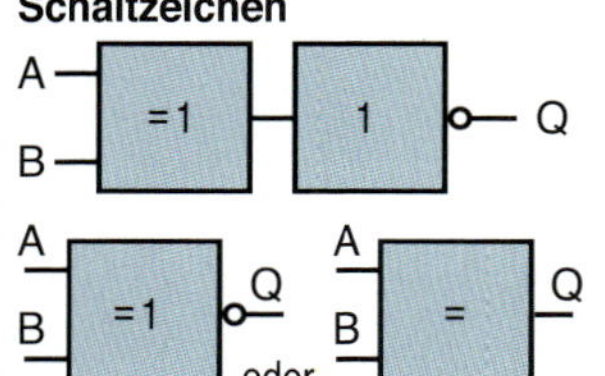

Ausgang Q hat nur dann das Signal 1, wenn alle Eingänge das gleiche Signal haben.

Funktionsgleichung

$Q = (A \wedge B) \vee (\overline{A} \wedge \overline{B})$

Funktionstabelle

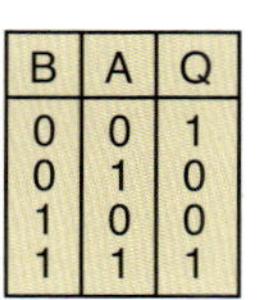

B	A	Q
0	0	1
0	1	0
1	0	0
1	1	1

Zeitablaufdiagramm

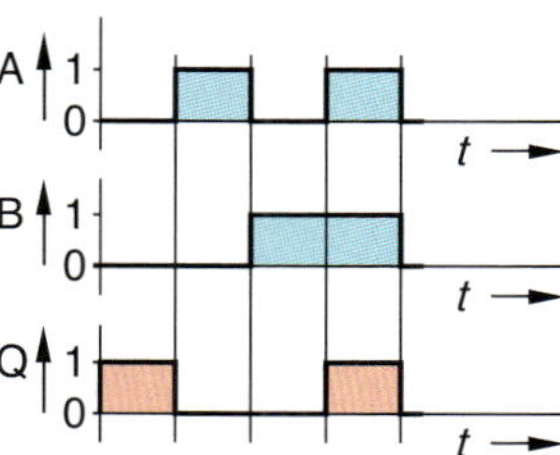

Schaltungsbeispiel

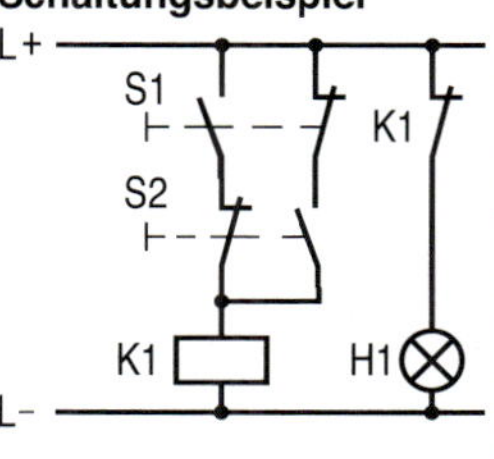

K1 zieht nicht an (d.h. H1 leuchtet), wenn S1 und S2 im gleichen Zustand sind.

5

5.16 Schaltalgebra II

Spezielle zusammengesetzte Funktionen

INHIBIT-Verknüpfung

Schaltzeichen

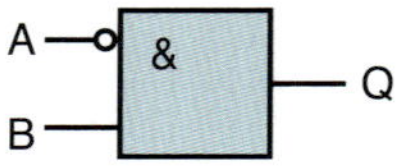

A —o[&]— Q, B

Der Ausgang Q hat das Signal 1, wenn A das Signal 0 und B das Signal 1 hat.

Funktionsgleichung

$Q = \overline{A} \wedge B$

Funktionstabelle

B	A	Q
0	0	0
0	1	0
1	0	1
1	1	0

Zeitablaufdiagramm

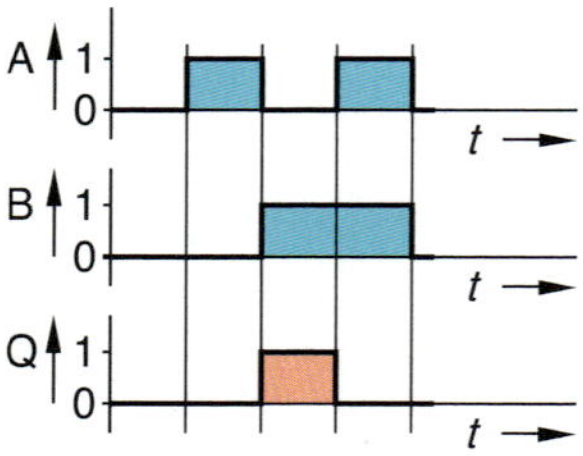

A 1 0 t, B 1 0 t, Q 1 0 t

Schaltungsbeispiel

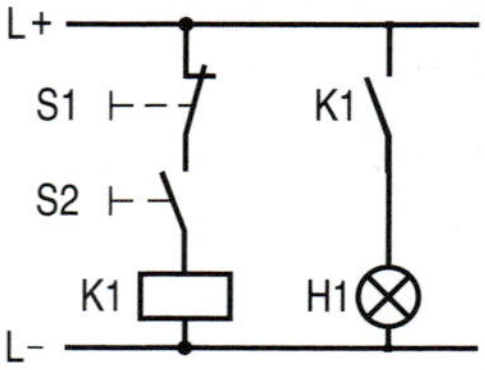

L+, S1, S2, K1, K1, H1, L–

K1 zieht an (H1 leuchtet), wenn S1 nicht betätigt und S2 betätigt ist.

Implikation-Verknüpfung

Schaltzeichen

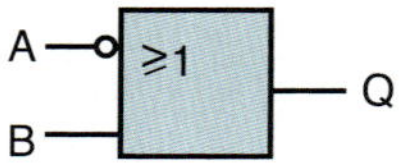

A —o[≥1]— Q, B

Der Ausgang Q hat das Signal 1, wenn A das Signal 0 oder B das Signal 1 hat.

Funktionsgleichung

$Q = \overline{A} \vee B$

Funktionstabelle

B	A	Q
0	0	1
0	1	0
1	0	1
1	1	1

Zeitablaufdiagramm

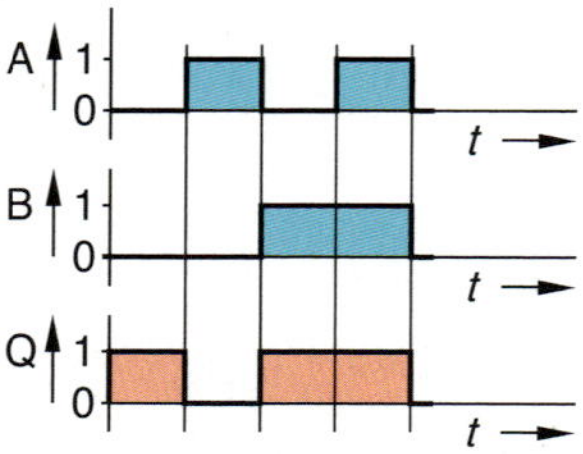

A 1 0 t, B 1 0 t, Q 1 0 t

Schaltungsbeispiel

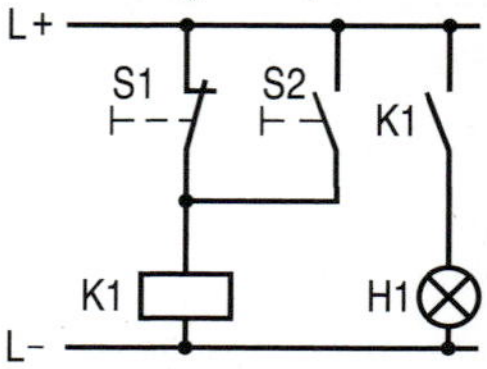

L+, S1, S2, K1, K1, H1, L–

K1 zieht an (H1 leuchtet), wenn S1 nicht betätigt ist oder S2 betätigt ist.

Rechengesetze der Schaltalgebra

Verknüpfungszeichen	NICHT ‾	UND ∧	ODER ∨

Reihenfolge der Rechenoperationen	1. NICHT	2. UND	3. ODER

UND-Verknüpfung (Konjunktion)

$Q = A \wedge 0 = 0$
$Q = A \wedge 1 = A$
$Q = A \wedge A = A$
$Q = A \wedge \overline{A} = 0$

ODER-Verknüpfung (Disjunktion)

$Q = A \vee 0 = A$
$Q = A \vee 1 = 1$
$Q = A \vee A = A$
$Q = A \vee \overline{A} = 1$

NICHT-Verknüpfung (Negation)

$Q = \overline{A}$ $\quad Q = \overline{\overline{A}} = A$
$Q = \overline{\overline{\overline{A}}} = \overline{A}$
$Q = \overline{\overline{\overline{\overline{A}}}} = A$

Vertauschungsgesetze (Kommutativgesetze)

$A \wedge B = B \wedge A$
$A \vee B = B \vee A$

Verbindungsgesetze (Assoziativgesetze)

$A \wedge B \wedge C = A \wedge (B \wedge C) = B \wedge (C \wedge A) = C \wedge (A \wedge B)$
$A \vee B \vee C = A \vee (B \vee C) = B \vee (C \vee A) = C \vee (A \vee B)$

Verteilungsgesetze (Kommutativgesetze)

$(A \wedge B) \vee (A \wedge C) = A \wedge (B \vee C)$
$(A \vee B) \wedge (A \vee C) = A \vee (B \wedge C)$

De Morgan'sche Gesetze

$\overline{A \wedge B} = \overline{A} \vee \overline{B} \qquad A \wedge B = \overline{\overline{A} \vee \overline{B}}$
$\overline{A \vee B} = \overline{A} \wedge \overline{B} \qquad A \vee B = \overline{\overline{A} \wedge \overline{B}}$

Vereinfachung von Ausdrücken der Schaltalgebra

$A \vee (A \wedge B) = A \wedge (1 \vee B) = A \wedge 1 = A$
$A \wedge (A \vee B) = (A \wedge A) \vee (A \wedge B) = A \vee (A \wedge B) = A$
$A \vee (\overline{A} \wedge B) = (A \vee \overline{A}) \wedge (A \vee B) = 1 \wedge (A \vee B) = A \vee B$
$A \wedge (\overline{A} \vee B) = (A \wedge \overline{A}) \vee (A \wedge B) = 0 \vee (A \wedge B) = A \wedge B$
$(A \wedge B) \vee (A \wedge \overline{B}) = A \wedge (B \vee \overline{B}) = A \wedge 1 = A$
$(A \vee B) \wedge (A \vee \overline{B}) = A \wedge (B \vee \overline{B}) = A \wedge 1 = A$

6 Schalt-, Prüf- und Bildzeichen

6.1	Bilden und Anwenden von Schaltzeichen	168
6.2	Leiter, Stecker, Schalter	169
6.3	Antriebe, Auslöser, Schaltgeräte	170
6.4	Schaltzeichen für Installationspläne, Mess- und Meldeeinrichtungen	171
6.5	Maschinen und Energiewandler	172
6.6	Halbleitertechnik	173
6.7	Symbole für pneumatische und hydraulische Steuerungen	174
6.8	Schaltzeichen des KNX	175
6.9	Symbole der Verfahrenstechnik	176
6.10	Prüf- und Bildzeichen	177
6.11	Zeichen zur Unfallverhütung	178

6.1 Bilden und Anwenden von Schaltzeichen

Bilden von Schaltzeichen

Schaltzeichen für elektrische Betriebsmittel werden gemäß DIN 40900 aus Grundsymbolen und Symbolelementen gebildet. Sie können durch Kennzeichen erweitert werden.

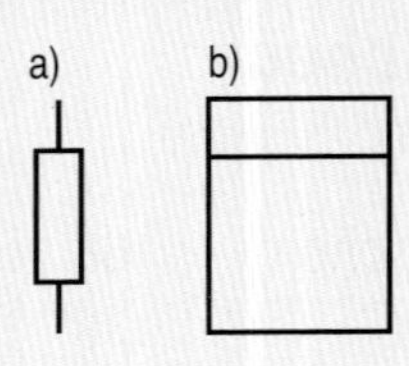

Grundsymbole
sind geometrische Figuren mit festgelegter Bedeutung. Sie sind jeweils charakteristisch für eine Familie von Funktions- oder Baueinheiten.
Beispiele: a) Widerstand
b) Messgerät, integrierend

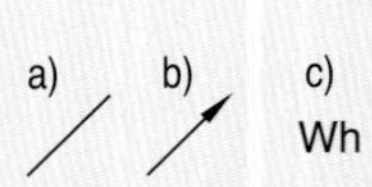

Inhärent: die veränderbare Größe wird von der Eigenschaft des Bauteils selbst gesteuert
Nicht inhärent: das Bauteil wird von außen gesteuert

Symbolelemente
sind Figuren, Zeichen, Ziffern oder Buchstaben mit festgelegter Bedeutung. Sie werden zusammen mit Grundsymbolen oder anderen Symbolelementen verwendet.
Beispiele: a) veränderbar, inhärent
b) veränderbar, nicht inhärent
c) Wattstunden

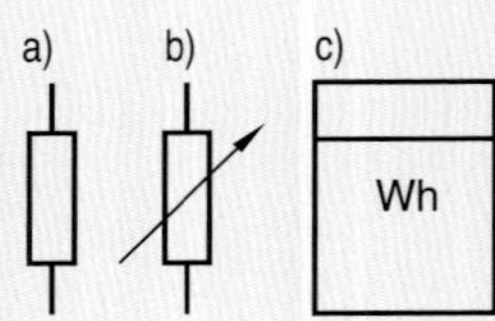

Schaltzeichen
sind graphische Darstellungen von Funktions- und Baueinheiten. Sie werden aus Grundsymbolen und Symbolelementen gebildet.
Beispiele: a) Widerstand
b) Widerstand, veränderbar, nicht inhärent
c) Wattstundenzähler

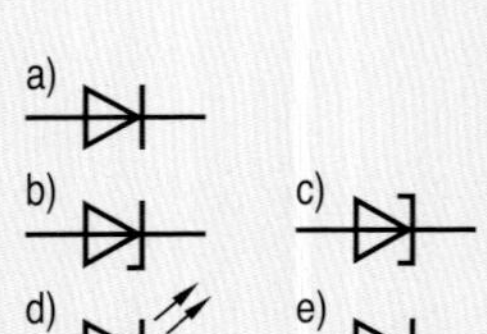

Kennzeichen
sind Symbolelemente oder Schaltzeichen, die anderen Schaltzeichen beigefügt sind, um deren Bedeutung festzulegen.
Beispiele: a) Diode, Grundsymbol
b) Z-Diode
c) Tunneldiode
d) Leuchtdiode
e) Kapazitätsdiode

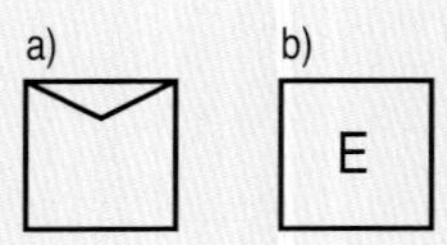

Blocksymbole
sind vereinfachte Darstellungen von Funktions- oder Baueinheiten durch ein einzelnes Schaltzeichen.
Beispiele: a) Anlasser, allgemein
b) Elektrogerät, allgemein

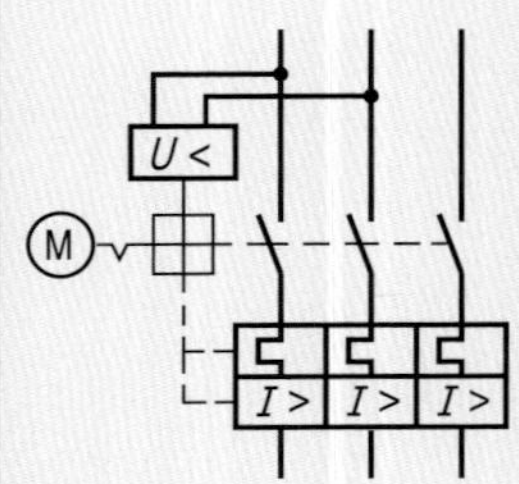

Bilden neuer Schaltzeichen
Für Betriebsmittel, die kein genormtes Schaltzeichen haben, kann aus genormten Elementen ein neues Schaltzeichen gebildet werden.
Beispiel: 3-poliger Lastschalter mit Schaltschloss, motorgetrieben, Schutz durch magnetische und thermische Überstromauslösung und durch Unterspannungsauslöser.

Anwenden von Schaltzeichen

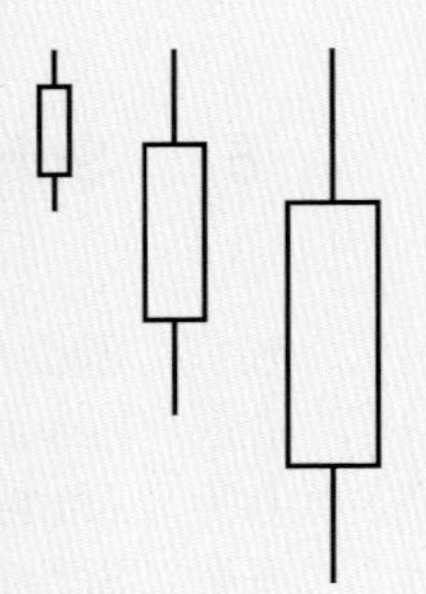

Größe der Schaltzeichen
Nach Norm ist für Schaltzeichen keine feste Größe vorgeschrieben. Trotzdem ist es sinnvoll, die Schaltzeichen in das häufig vorgegebene 5-mm-Raster einzupassen.
Je nach Platzangebot und Zeichnungsgröße können die Schaltzeichen vergrößert oder verkleinert werden. Die Proportionen sollten aber in jedem Fall erhalten bleiben.
Beispiel: Ohmscher Widerstand, Darstellung in drei verschiedenen Maßstäben

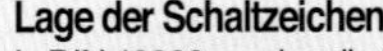

Lage der Schaltzeichen
In DIN 40900 werden die Schaltzeichen in einer bestimmten Lage dargestellt. Diese Lage ist jedoch für den Benutzer nicht zwingend.
Schaltzeichen dürfen je nach Erfordernis gedreht oder gespiegelt werden, sofern ihre Bedeutung dadurch nicht verändert wird.
Beispiel: Temperaturabhängiger Widerstand in 4 möglichen Darstellungen

a) b)

Anschlüsse
Die im Normblatt vorgegebenen Anschlusslinien sind nicht zwingend. Bei vielen Schaltzeichen kann vom Benutzer unter mehreren Anschlussmöglichkeiten gewählt werden.
Beispiele: a) Anschlüsse für Spannungsmesser
b) Anschlüsse für ohmsche Widerstände

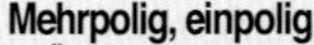

a) b)

Mehrpolig, einpolig
In Übersichtsschaltplänen werden zusammengehörige Betriebsmittel zusammengefasst. Die tatsächliche Anzahl der Betriebsmittel wird durch Striche oder Zahlen angegeben.
Beispiel: Drehstromasynchronmotor (DASM) in
a) mehrpoliger
b) einpoliger Darstellung

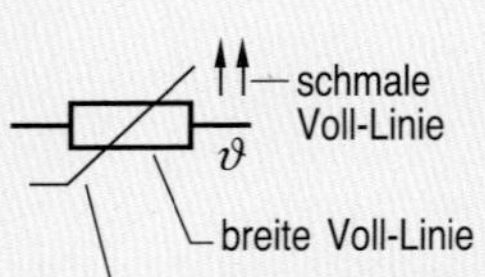

Linienbreite
Leitungen und Schaltzeichen werden mit genormter Linienbreite, z. B. 0,35 mm oder 0,5 mm, gezeichnet; Hilfslinien, z. B. Wirkverbindungen und Antriebe, werden zur Unterscheidung meist eine oder zwei Stufen dünner gezeichnet.

Leitungen, Steckverbindungen

Darstellung von Leitungen
a) allgemein b) beweglich
c) mit Angabe der Leiterzahl
d) N-Leiter e) PE-Leiter
f) PEN-Leiter, wahlweise Darst.

Verlegung von Leitungen
a) unter Putz b) im Putz
c) auf Putz d) im Rohr

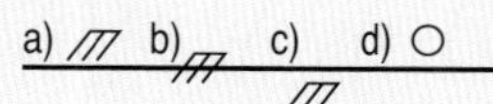

Abzweige
a) einfacher Abzweig
b) Doppelabzweig

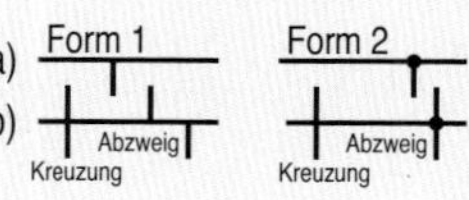

Erde und Masse
a) Erde
b) Schutzerde
c) Masse, Gehäuse

Buchsen und Steckdosen
a) Buchse, Pol einer Steckdose
b) Buchse für PE-Anschluss
c) Steckdose mit PE-Anschluss
d) Dreifachsteckdose
e) Drehstromsteckdose

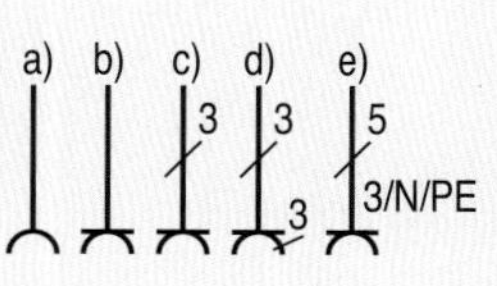

Verbindungen
a) Schutzkontakt-Steckverbindung
b) 6-polige Steckverbindung in einpoliger Darstellung
c) Trennstellen

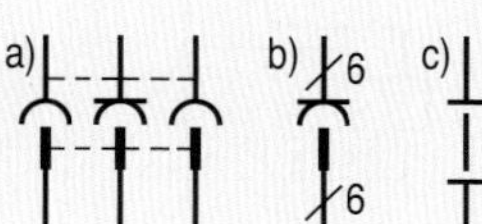

Signalsteckdosen
a) Fernmeldedose, allgemein und mit erklärenden Zusätzen
b) Antennensteckdose

Passive Bauelemente

Veränderbarkeiten
a) durch physikalische Einflüsse veränderbar (inhärent), linear
b) wie a), nichtlinear
c) einstellbar
d) durch äußere Einrichtung veränderbar (nicht inhärent), linear

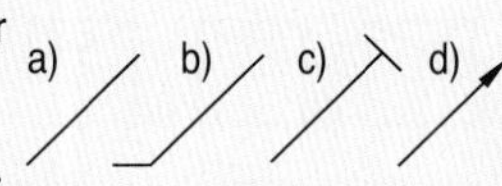

Widerstände
a) Widerstand, allgemein
b) PTC-Widerstand
c) NTC-Widerstand
d) stufenlos veränderbar
e) in 5 Stufen veränderbar

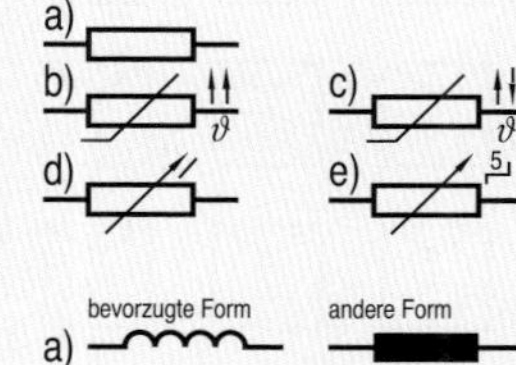

Spulen
a) Induktivität, allgemein
b) mit Magnetkern
c) mit Luftspalt im Magnetkern
d) Wicklung mit festen Anzapfungen
e) mit bewegbarem Kontakt

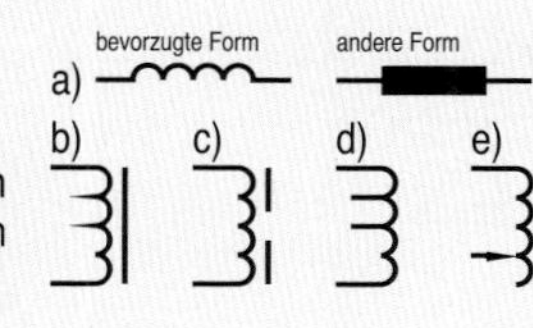

Kondensatoren
a) Kondensator, allgemein
b) gepolt
c) veränderbar
d) mit Anzapfung

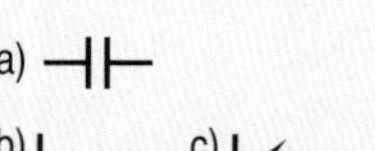

Schaltglieder

Grundformen
a) Schließer
b) Öffner
c) Wechsler ohne AUS-Stellung
d) Wechsler mit AUS-Stellung
e) Schließer, betätigt
f) Öffner, betätigt
g) 3-poliger Schließer in mehrpoliger Darstellung
h) 3-poliger Schließer in einpoliger Darstellung

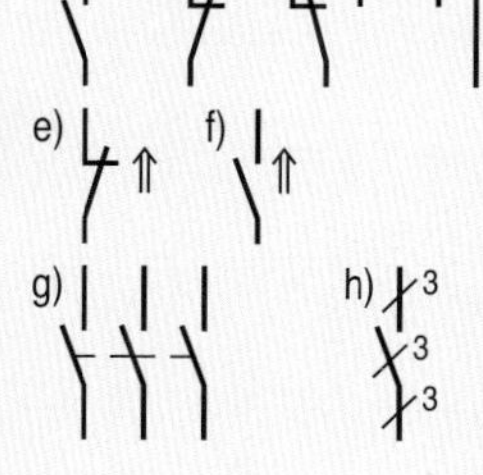

Schaltglieder der Energietechnik
a) Leistungsschalter
b) Lastschalter
c) Trennschalter, Leerschalter
d) Leistungstrennschalter
e) Lasttrennschalter
f) Erdungstrennschalter
g) Schützkontakt, Schließer
h) Schützkontakt, Öffner

Kontaktrückgang
Selbsttätiger Rückgang
a) Schließer b) Öffner
Nicht selbsttätiger Rückgang
c) Schließer d) Öffner

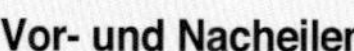

Vor- und Nacheilen
Voreilende Kontaktglieder
a) Schließer b) Öffner
Nacheilende Kontaktglieder
c) Schließer d) Öffner

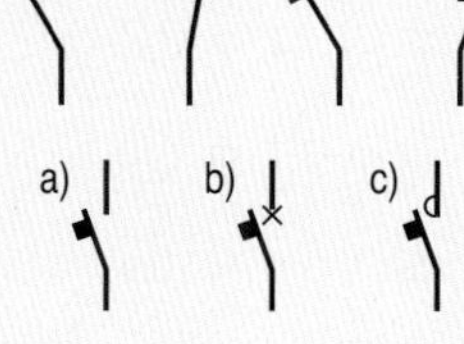

Selbsttätige Auslösung
a) Schließer, allgemein
b) Leistungsschalter
c) Schütz

Endschalter
Einseitig betätigte Endschalter
a) Schließer b) Öffner
Zweiseitig betätigte Endschalter
c) Schließer d) Öffner

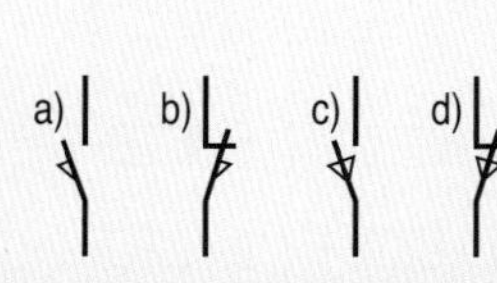

Schutzeinrichtungen

Sicherungen
a) Sicherung, allgemein
b) Kennzeichnung der Netzseite
c) Sicherung, 3-polig
d) NH-Sicherung

Sicherungsschalter
a) Leitungsschutzschalter
b) Motorschutzschalter, 3-polig
c) FI-Schutzschalter

Weitere Schutzeinrichtungen
a) Funkenstrecke
b) Überspannungsableiter
c) Buchholzschutz

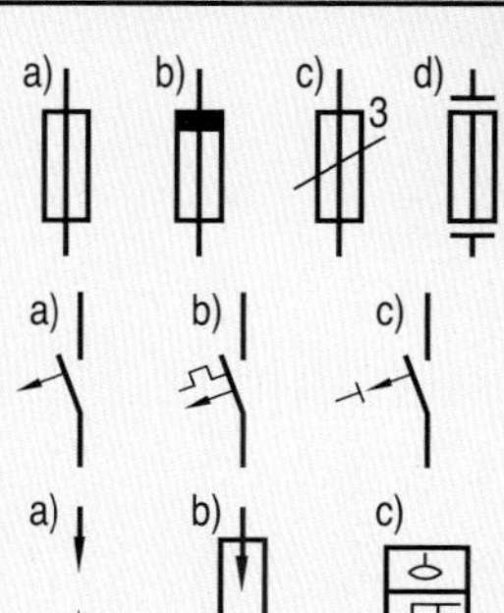

6

6.3 Antriebe, Auslöser, Schaltgeräte

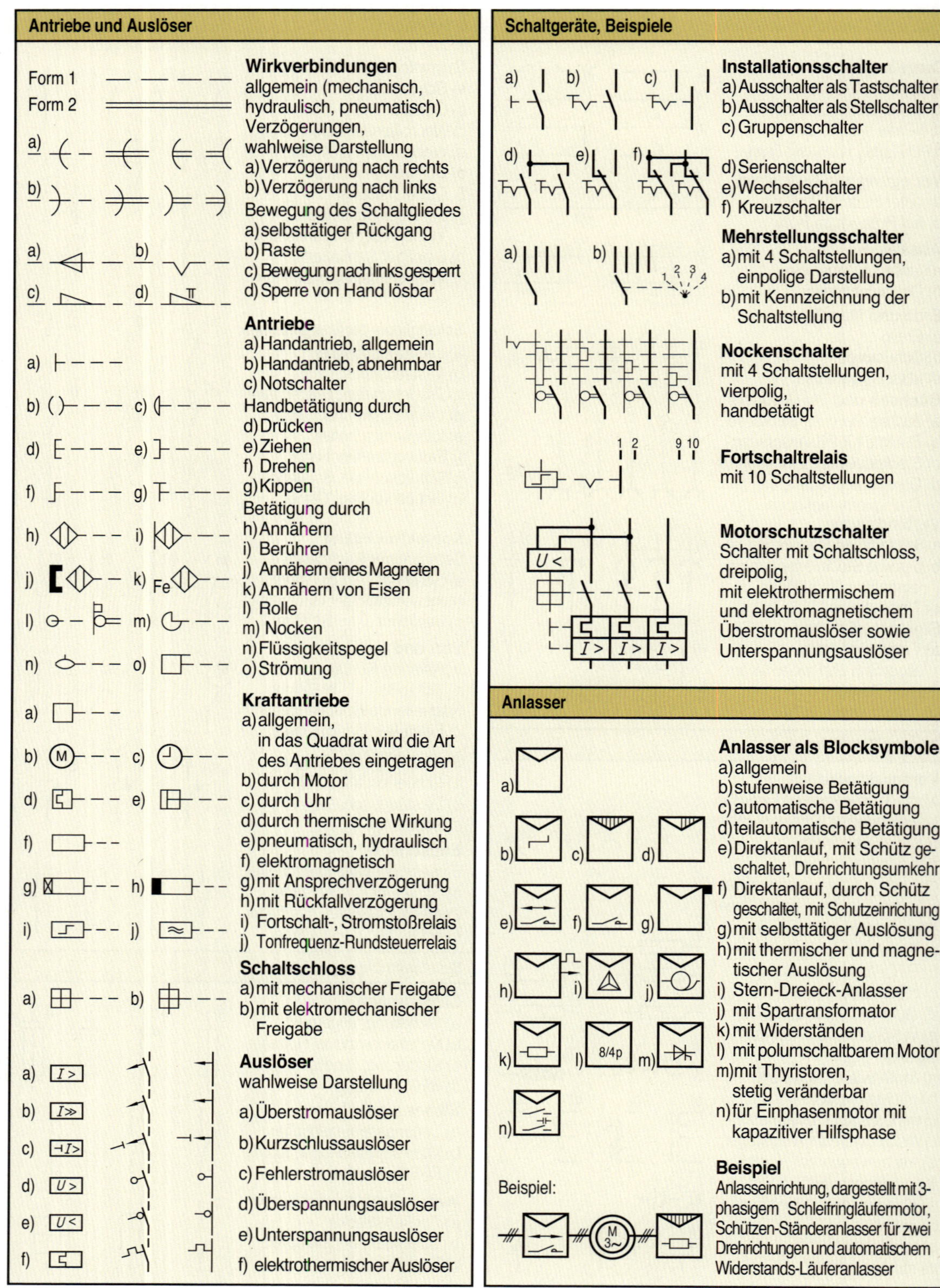

Antriebe und Auslöser

Wirkverbindungen
allgemein (mechanisch, hydraulisch, pneumatisch)
Form 1
Form 2

Verzögerungen, wahlweise Darstellung
a) Verzögerung nach rechts
b) Verzögerung nach links

Bewegung des Schaltgliedes
a) selbsttätiger Rückgang
b) Raste
c) Bewegung nach links gesperrt
d) Sperre von Hand lösbar

Antriebe
a) Handantrieb, allgemein
b) Handantrieb, abnehmbar
c) Notschalter

Handbetätigung durch
d) Drücken
e) Ziehen
f) Drehen
g) Kippen

Betätigung durch
h) Annähern
i) Berühren
j) Annähern eines Magneten
k) Annähern von Eisen
l) Rolle
m) Nocken
n) Flüssigkeitspegel
o) Strömung

Kraftantriebe
a) allgemein, in das Quadrat wird die Art des Antriebes eingetragen
b) durch Motor
c) durch Uhr
d) durch thermische Wirkung
e) pneumatisch, hydraulisch
f) elektromagnetisch
g) mit Ansprechverzögerung
h) mit Rückfallverzögerung
i) Fortschalt-, Stromstoßrelais
j) Tonfrequenz-Rundsteuerrelais

Schaltschloss
a) mit mechanischer Freigabe
b) mit elektromechanischer Freigabe

Auslöser
wahlweise Darstellung
a) Überstromauslöser
b) Kurzschlussauslöser
c) Fehlerstromauslöser
d) Überspannungsauslöser
e) Unterspannungsauslöser
f) elektrothermischer Auslöser

Schaltgeräte, Beispiele

Installationsschalter
a) Ausschalter als Tastschalter
b) Ausschalter als Stellschalter
c) Gruppenschalter
d) Serienschalter
e) Wechselschalter
f) Kreuzschalter

Mehrstellungsschalter
a) mit 4 Schaltstellungen, einpolige Darstellung
b) mit Kennzeichnung der Schaltstellung

Nockenschalter
mit 4 Schaltstellungen, vierpolig, handbetätigt

Fortschaltrelais
mit 10 Schaltstellungen

Motorschutzschalter
Schalter mit Schaltschloss, dreipolig, mit elektrothermischem und elektromagnetischem Überstromauslöser sowie Unterspannungsauslöser

Anlasser

Anlasser als Blocksymbole
a) allgemein
b) stufenweise Betätigung
c) automatische Betätigung
d) teilautomatische Betätigung
e) Direktanlauf, mit Schütz geschaltet, Drehrichtungsumkehr
f) Direktanlauf, durch Schütz geschaltet, mit Schutzeinrichtung
g) mit selbsttätiger Auslösung
h) mit thermischer und magnetischer Auslösung
i) Stern-Dreieck-Anlasser
j) mit Spartransformator
k) mit Widerständen
l) mit polumschaltbarem Motor
m) mit Thyristoren, stetig veränderbar
n) für Einphasenmotor mit kapazitiver Hilfsphase

Beispiel
Anlasseinrichtung, dargestellt mit 3-phasigem Schleifringläufermotor, Schützen-Ständeranlasser für zwei Drehrichtungen und automatischem Widerstands-Läuferanlasser

6.4 Schaltzeichen für Installationspläne, Mess- und Meldeeinrichtungen

Schaltzeichen für Installationspläne

Schalter

a) Taster
b) Taster mit Leuchte
c) Schalter, allgemein
d) Schalter mit Kontroll-Leuchte
e) Dimmer
f) Ausschalter, einpolig
g) Ausschalter, zweipolig
h) Gruppenschalter
i) Wechselschalter
j) Serienschalter
k) Kreuzschalter
l) Ausschalter mit Kontroll-Leuchte
m) Ausschalter mit Dimmer

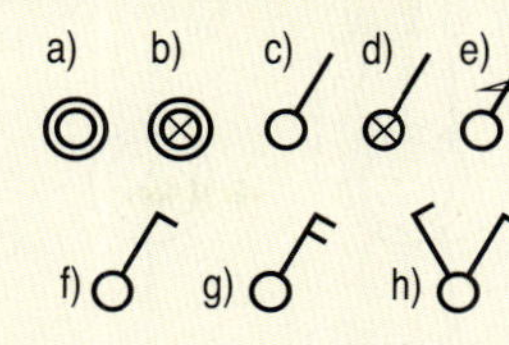

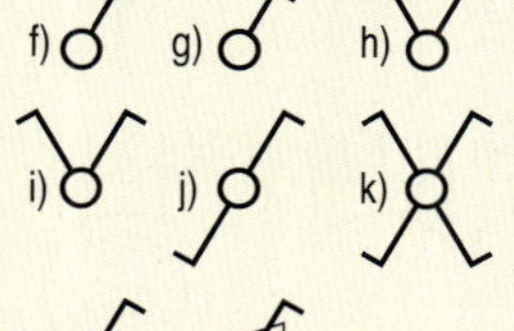

Schaltgeräte

a) Stromstoßschalter
b) Zeitrelais
c) Türöffner
d) Zeitschaltuhr
e) Dämmerungsschalter

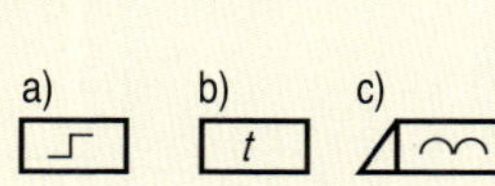

Leuchten

a) Lampe, Leuchtmelder
b) Leuchte mit Schalter
c) Leuchte mit veränderbarer Helligkeit
d) Notleuchte (eigener Stromkreis)
e) Notleuchte in Dauerschaltung
f) Leuchte für Entladungslampen
g) Leuchte für Leuchtstofflampe
h) Leuchte für 2 LL i) für 5 LL

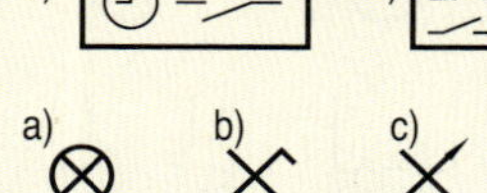

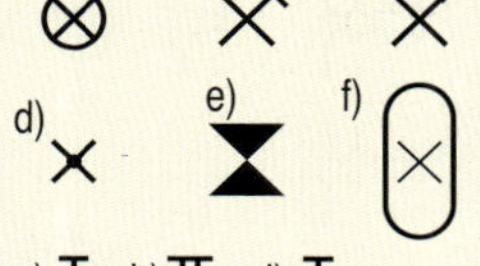

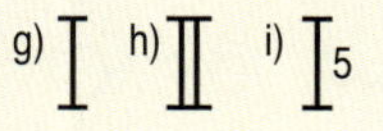

Steckdosen

a) allgemein b) mit Schutzkontakt
c) mit verriegeltem Schalter
d) mit Trenntransformator

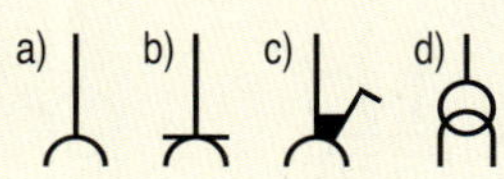

Antennenanlagen

a) Empfangsantenne, allgemein
b) Empfangsantenne LMKU
c) Dipol-Antenne
d) wie c) mit Kanalangabe
e) Weiche
f) Verteiler, zweifach
g) Abzweiger
h) Antennenverstärker mit Netzgerät, Weiche und 4 Eingängen mit Pegelstellern
i) Antennensteckdose mit Abschlusswiderstand

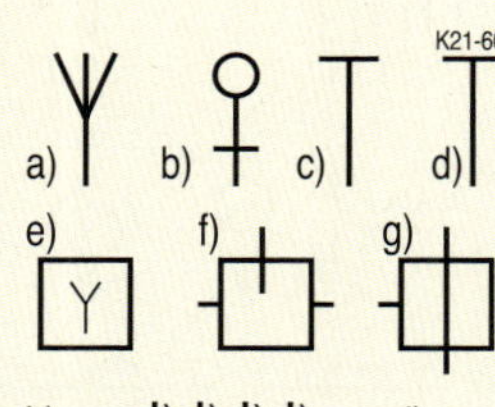

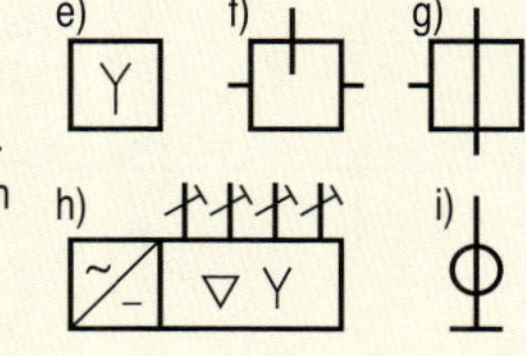

Elektro-Hausgeräte

a) Elektrogerät, allgemein
b) Elektroherd, allgemein,
c) Backofen
d) Wäschetrockner
e) Geschirrspülmaschine
f) Hände-, Haartrockner
g) Mikrowellenherd
h) Waschmaschine
i) Heißwasserspeicher
j) Speicherheizgerät
k) Klimagerät l) Gefriergerät

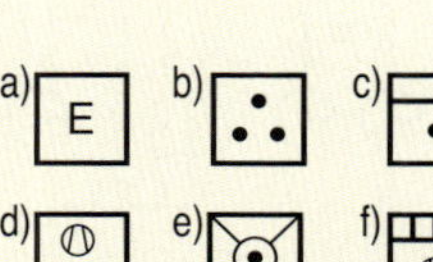

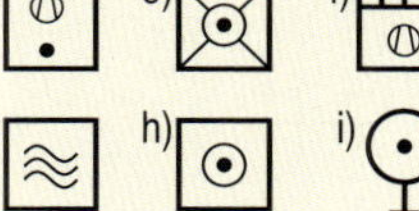

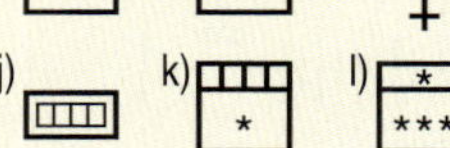

Mess-, Melde-, Signaleinrichtungen

Anzeigende Messgeräte

a) Messgerät, anzeigend
b) Spannungsmesser, wahlweise Darstellung
c) Strommesser, wahlweise Darstellung
d) Leistungsmesser
e) Blindleistungsmesser
f) Leistungsfaktormesser
g) Frequenzmesser

Aufzeichnende Messgeräte

a) Messgerät, aufzeichnend
b) Wirkleistungsschreiber
c) Blindleistungsschreiber
d) Kurvenschreiber
e) Registrierwerk, Linienschreibwerk

Zähler

a) Messgerät, integrierend
b) Amperestundenzähler
c) Wattstundenzähler, Elektrizitätszähler
d) Wattstundenzähler, Energiezählung nur in eine Richtung
e) Wattstundenzähler mit Maximumanzeige, Maximumzähler

Sensoren

a) Widerstand mit Abgriff
b) Dehnungsmessstreifen
c) Geber, magnetisch
d) Thermoelement, wahlweise Darstellung
e) Thermoelement mit isoliertem Heizelement, wahlweise Darstellung

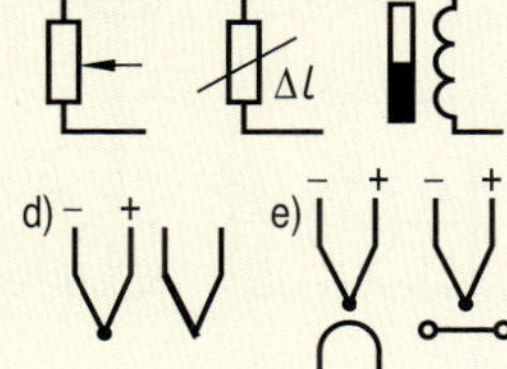

Melder, Signaleinrichtungen

a) Wecker, allgemein
b) Summer
c) Gong, Einschlagwecker
d) Sirene
e) Hupe, Horn
f) Lampe, Leuchtmelder
g) Leuchtmelder, blinkend
h) Leuchtmelder mit Glimmlampe

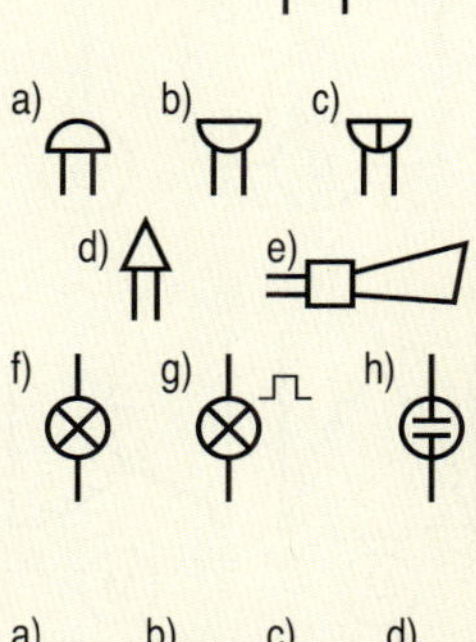

Gefahrenmeldeeinrichtungen

a) Hilferuf z. B. an Polizei
b) Hilferuf mit Sperrung
c) Brandmeldung mit abgedecktem Druckknopf
d) Brandmeldung mit Sperrung
e) Bimetallprinzip
f) Schmelzlotprinzip
g) Differentialprinzip
h) Temperaturmelder
i) Rauchmelder
j) Erschütterungsmelder

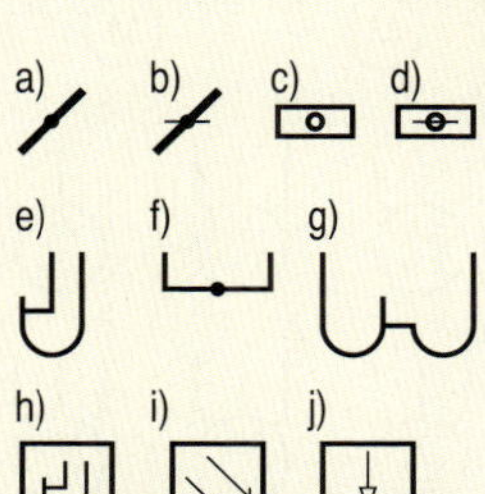

6.5 Maschinen und Energiewandler

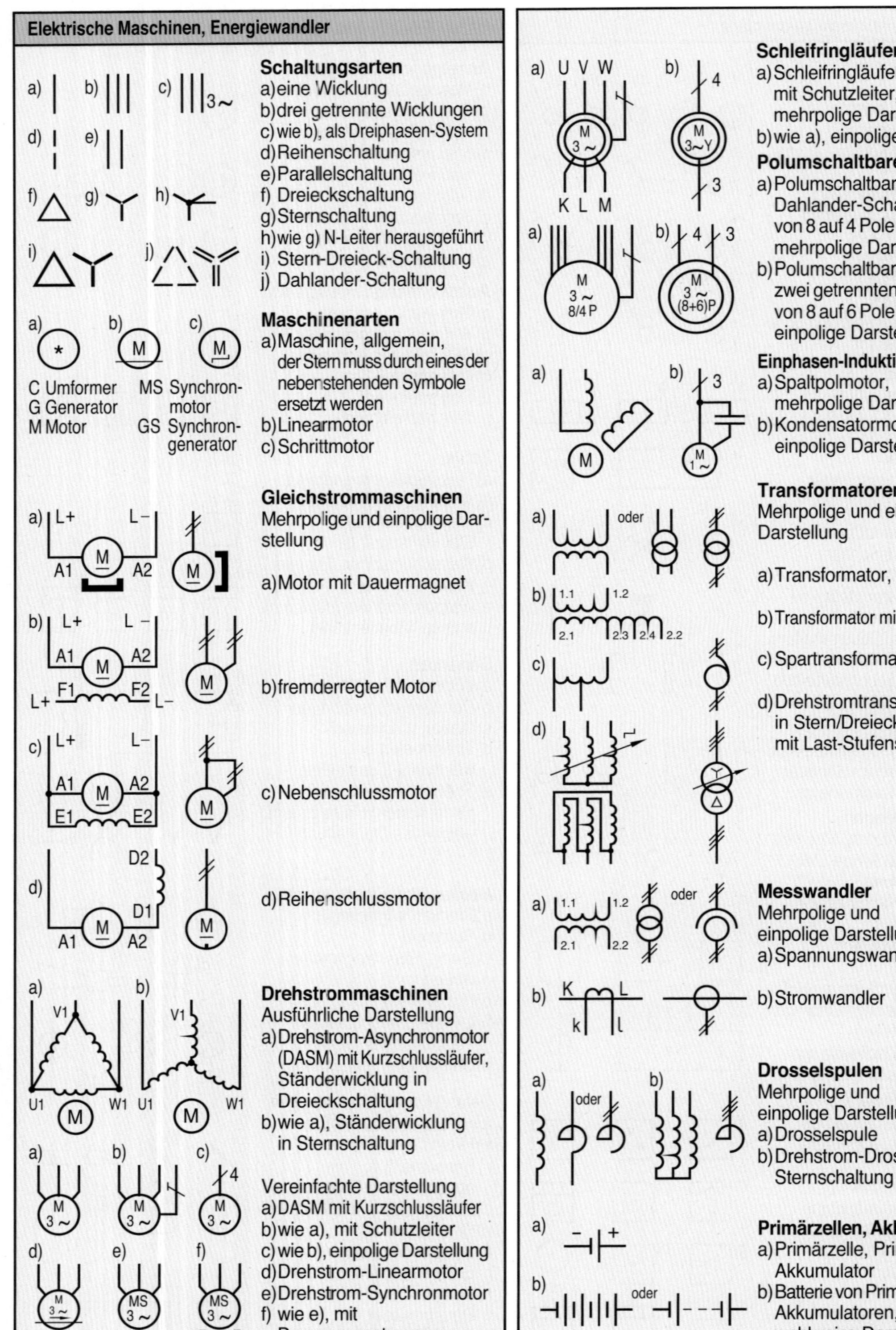

Elektrische Maschinen, Energiewandler

Schaltungsarten
a) eine Wicklung
b) drei getrennte Wicklungen
c) wie b), als Dreiphasen-System
d) Reihenschaltung
e) Parallelschaltung
f) Dreieckschaltung
g) Sternschaltung
h) wie g) N-Leiter herausgeführt
i) Stern-Dreieck-Schaltung
j) Dahlander-Schaltung

Maschinenarten
a) Maschine, allgemein, der Stern muss durch eines der nebenstehenden Symbole ersetzt werden
b) Linearmotor
c) Schrittmotor

C Umformer
G Generator
M Motor
MS Synchronmotor
GS Synchrongenerator

Gleichstrommaschinen
Mehrpolige und einpolige Darstellung
a) Motor mit Dauermagnet
b) fremderregter Motor
c) Nebenschlussmotor
d) Reihenschlussmotor

Drehstrommaschinen
Ausführliche Darstellung
a) Drehstrom-Asynchronmotor (DASM) mit Kurzschlussläufer, Ständerwicklung in Dreieckschaltung
b) wie a), Ständerwicklung in Sternschaltung

Vereinfachte Darstellung
a) DASM mit Kurzschlussläufer
b) wie a), mit Schutzleiter
c) wie b), einpolige Darstellung
d) Drehstrom-Linearmotor
e) Drehstrom-Synchronmotor
f) wie e), mit Dauermagneterregung

Schleifringläufermotoren
a) Schleifringläufermotor, mit Schutzleiter, mehrpolige Darstellung
b) wie a), einpolige Darstellung

Polumschaltbare Motoren
a) Polumschaltbarer DASM, Dahlander-Schaltung, von 8 auf 4 Pole umschaltbar, mehrpolige Darstellung
b) Polumschaltbarer DASM, mit zwei getrennten Wicklungen, von 8 auf 6 Pole umschaltbar, einpolige Darstellung

Einphasen-Induktionsmotoren
a) Spaltpolmotor, mehrpolige Darstellung
b) Kondensatormotor, einpolige Darstellung

Transformatoren
Mehrpolige und einpolige Darstellung
a) Transformator, allgemein
b) Transformator mit Anzapfungen
c) Spartransformator
d) Drehstromtransformator in Stern/Dreieck-Schaltung mit Last-Stufenschalter

Messwandler
Mehrpolige und einpolige Darstellung
a) Spannungswandler
b) Stromwandler

Drosselspulen
Mehrpolige und einpolige Darstellung
a) Drosselspule
b) Drehstrom-Drosselspule, Sternschaltung

Primärzellen, Akkumulatoren
a) Primärzelle, Primärelement, Akkumulator
b) Batterie von Primärelementen, Akkumulatoren, wahlweise Darstellung

Schaltzeichen der Halbleitertechnik

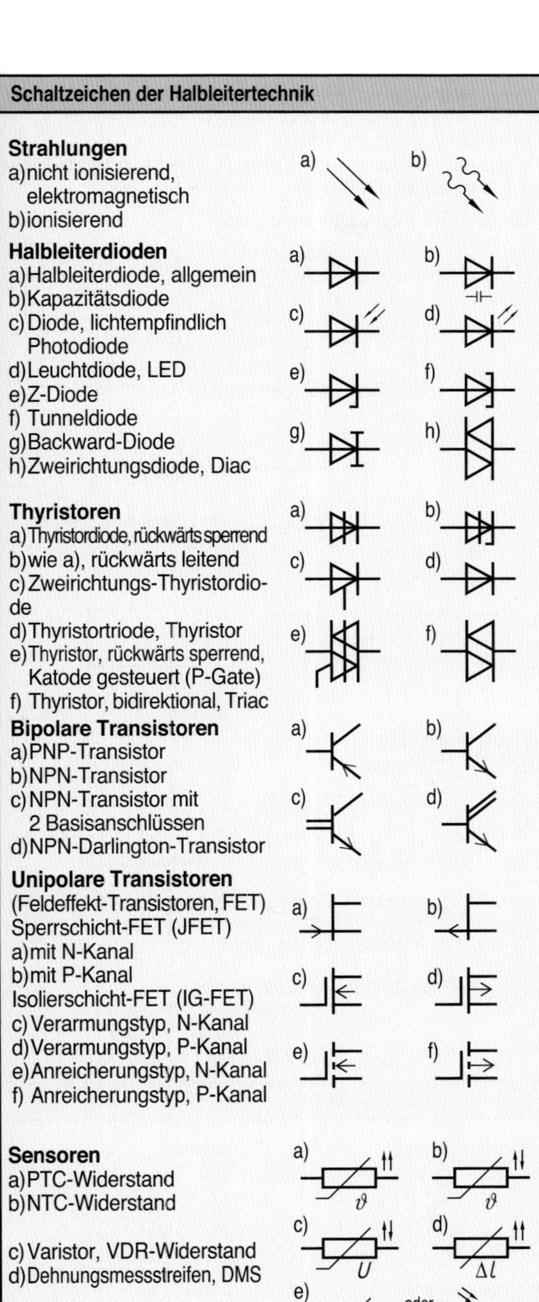

Strahlungen
a) nicht ionisierend, elektromagnetisch
b) ionisierend

Halbleiterdioden
a) Halbleiterdiode, allgemein
b) Kapazitätsdiode
c) Diode, lichtempfindlich Photodiode
d) Leuchtdiode, LED
e) Z-Diode
f) Tunneldiode
g) Backward-Diode
h) Zweirichtungsdiode, Diac

Thyristoren
a) Thyristordiode, rückwärts sperrend
b) wie a), rückwärts leitend
c) Zweirichtungs-Thyristordiode
d) Thyristortriode, Thyristor
e) Thyristor, rückwärts sperrend, Katode gesteuert (P-Gate)
f) Thyristor, bidirektional, Triac

Bipolare Transistoren
a) PNP-Transistor
b) NPN-Transistor
c) NPN-Transistor mit 2 Basisanschlüssen
d) NPN-Darlington-Transistor

Unipolare Transistoren
(Feldeffekt-Transistoren, FET)
Sperrschicht-FET (JFET)
a) mit N-Kanal
b) mit P-Kanal
Isolierschicht-FET (IG-FET)
c) Verarmungstyp, N-Kanal
d) Verarmungstyp, P-Kanal
e) Anreicherungstyp, N-Kanal
f) Anreicherungstyp, P-Kanal

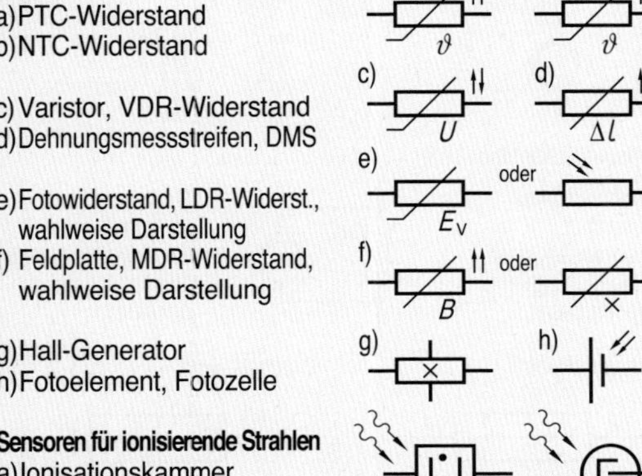

Sensoren
a) PTC-Widerstand
b) NTC-Widerstand
c) Varistor, VDR-Widerstand
d) Dehnungsmessstreifen, DMS
e) Fotowiderstand, LDR-Widerst., wahlweise Darstellung
f) Feldplatte, MDR-Widerstand, wahlweise Darstellung
g) Hall-Generator
h) Fotoelement, Fotozelle

Sensoren für ionisierende Strahlen
a) Ionisationskammer
b) Zählrohr

Koppler
a) Optokoppler mit Leuchtdiode und Fototransistor
b) magnetischer Koppler

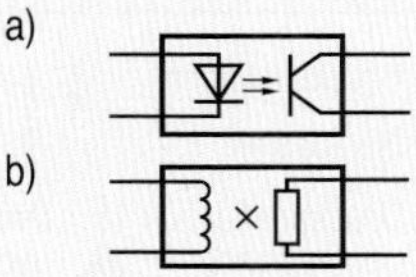

Verknüpfungsglieder
a) UND
b) ODER
c) XOR
d) Negationsglied
e) NAND
f) NOR

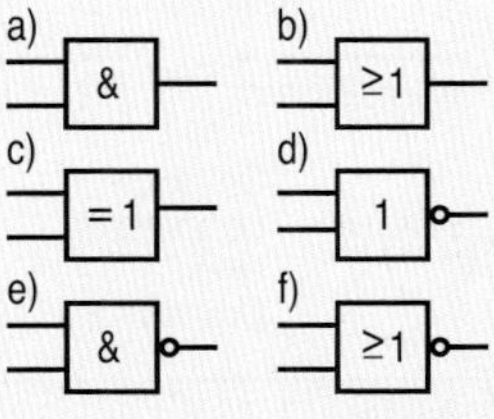

Kippglieder, Flipflop
a) SR-Flipflop (SR-FF), allgemein
b) SR-FF mit Anfangszustand 0
c) SR-FF mit Vorrang S
d) SR-FF mit Vorrang R
e) JK-FF, taktzustandgesteuert
f) JK-FF, taktflankengesteuert
g) Master-Slave-Flipflop (MS-FF)
h) D-Flipflop
i) T-Flipflop
j) Vorwärtszähler
k) Schieberegister

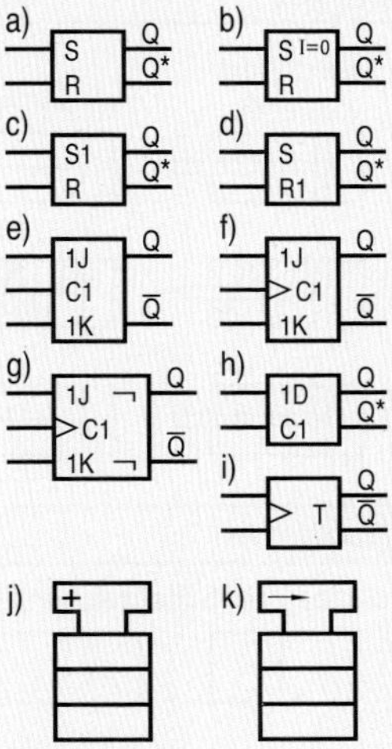

Verstärker
a) Verstärker, allgemein
b) Operationsverstärker (OP), in der Praxis häufige Darstellung
c) Operationsverstärker (OP), Darstellung nach DIN 40900
d) Operationsverstärker, invertierend
e) Operationsverstärker, nichtinvertierend
f) Impedanzwandler

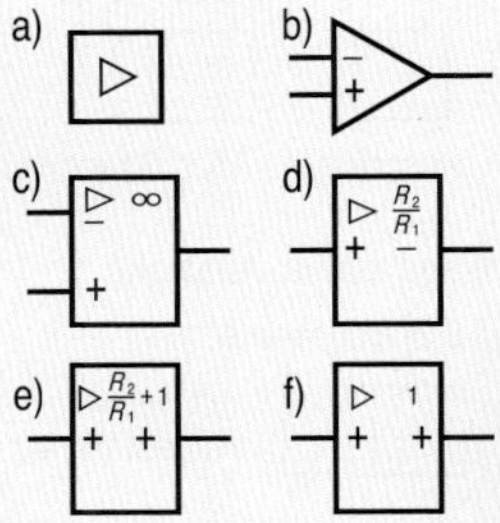

Leistungsumrichter
a) Gleichrichter, wahlweise Darstellung
b) Gleichrichter in Brückenschaltung
c) Wechselrichter

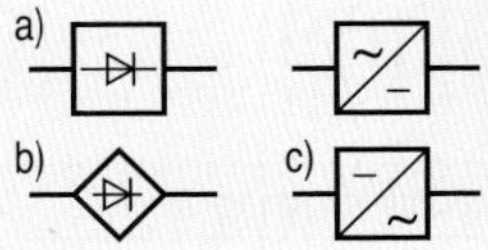

Steuergeräte
Steuergerät, allgemein
a) Impuls bei positiver Halbperiode
b) Impuls bei negativer Halbperiode
Dimmer
(Schaltzeichen nicht genormt)
a) mit Druckwechselschalter
b) Tastdimmer

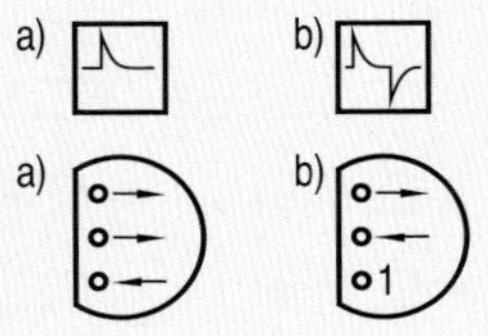

6

6.7 Symbole für pneumatische und hydraulische Steuerungen

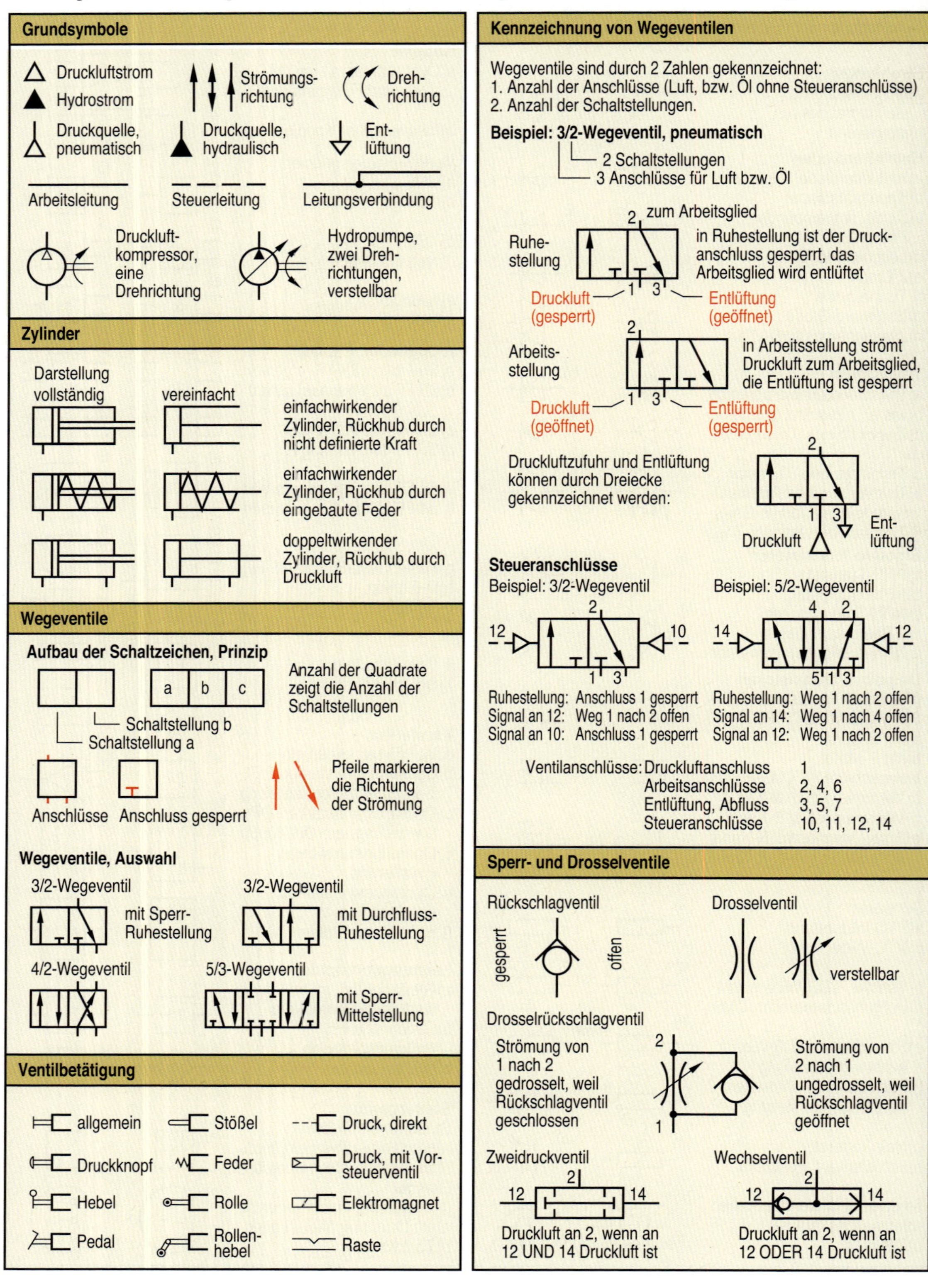

6.8 Schaltzeichen des KNX

KNX ist ein Feldbus zur Gebäudeautomation. Er ist eine Weiterentwicklung des europäischen Installationsbus EIB. KNX ist mit EIB kompatibel.

Basis- und Systemkomponenten

Spannungsversorgung SV

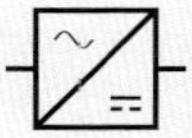

Spannungsversorgung mit Drossel SVD (Netzgerät NG)

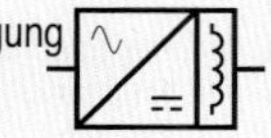

Busankoppler BA

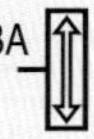

Drossel DR

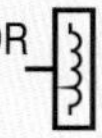

Verbinder

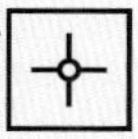

Koppler (xx)

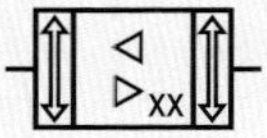

statt xx: Bereichskoppler BK
Linienkoppler LK
Linienverstärker LV

Schnittstelle (xx)

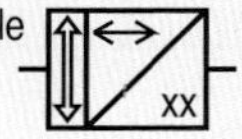

statt xx: COM, USB
RS 232, IP
RS 232
SPS, DCF-7

Logikbaustein (≥1, &, t)

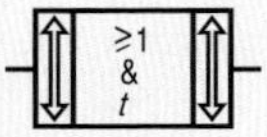

Aktoren

Aktor, allgemein

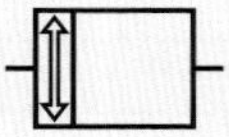

Aktor mit Hilfsspannung (AC)

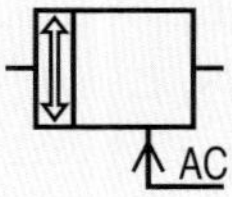

AC alternating current
DC direct current

Aktor mit Zeitverzögerung (Δt)

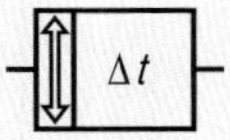

t (time) Formelzeichen der Zeit

Schaltaktor, Binärausgang n Kanäle, nicht potenzialfrei ($1/n$)

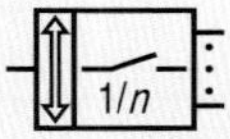

n (number) Formelzeichen der Anzahl

Schaltaktor, n Kanäle, potenzialfrei (n/n)

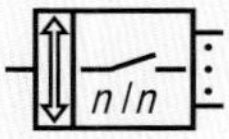

Jalousieaktor (Jalousieschalter), 2 Kanäle

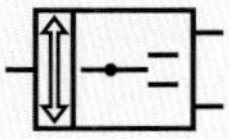

Dimmaktor, Schalt-/Dimmaktor

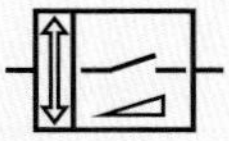

Ventil, Proportionalstellantrieb 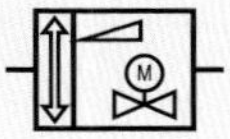 (M)

Anzeigeeinheit, allgemein (INFO)

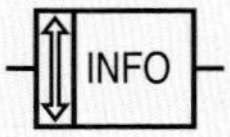

Sensoren

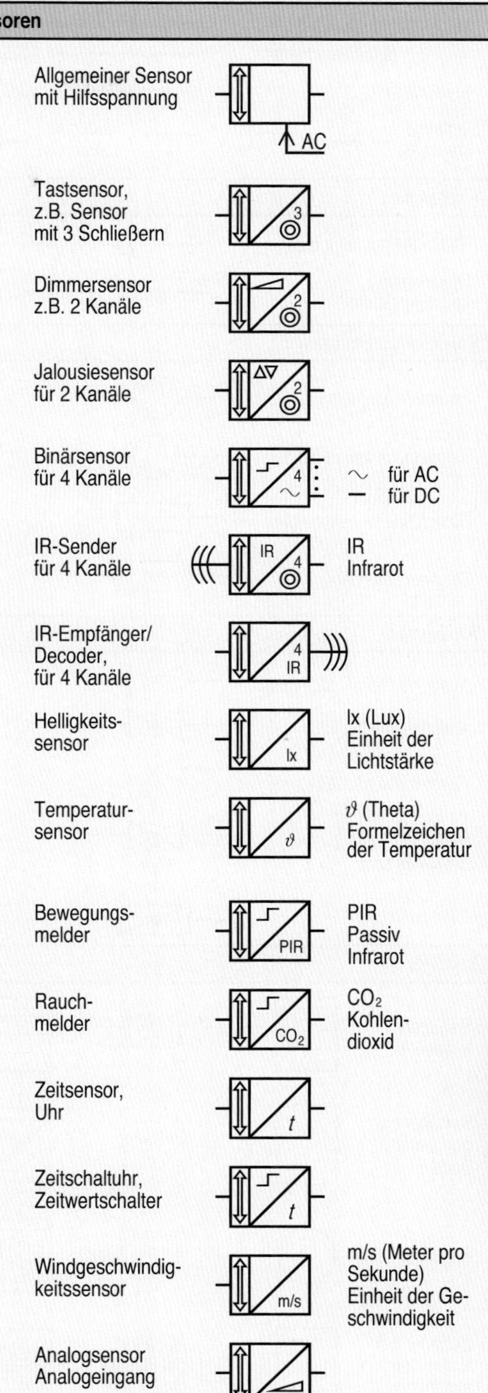

6

6.9 Symbole der Verfahrenstechnik

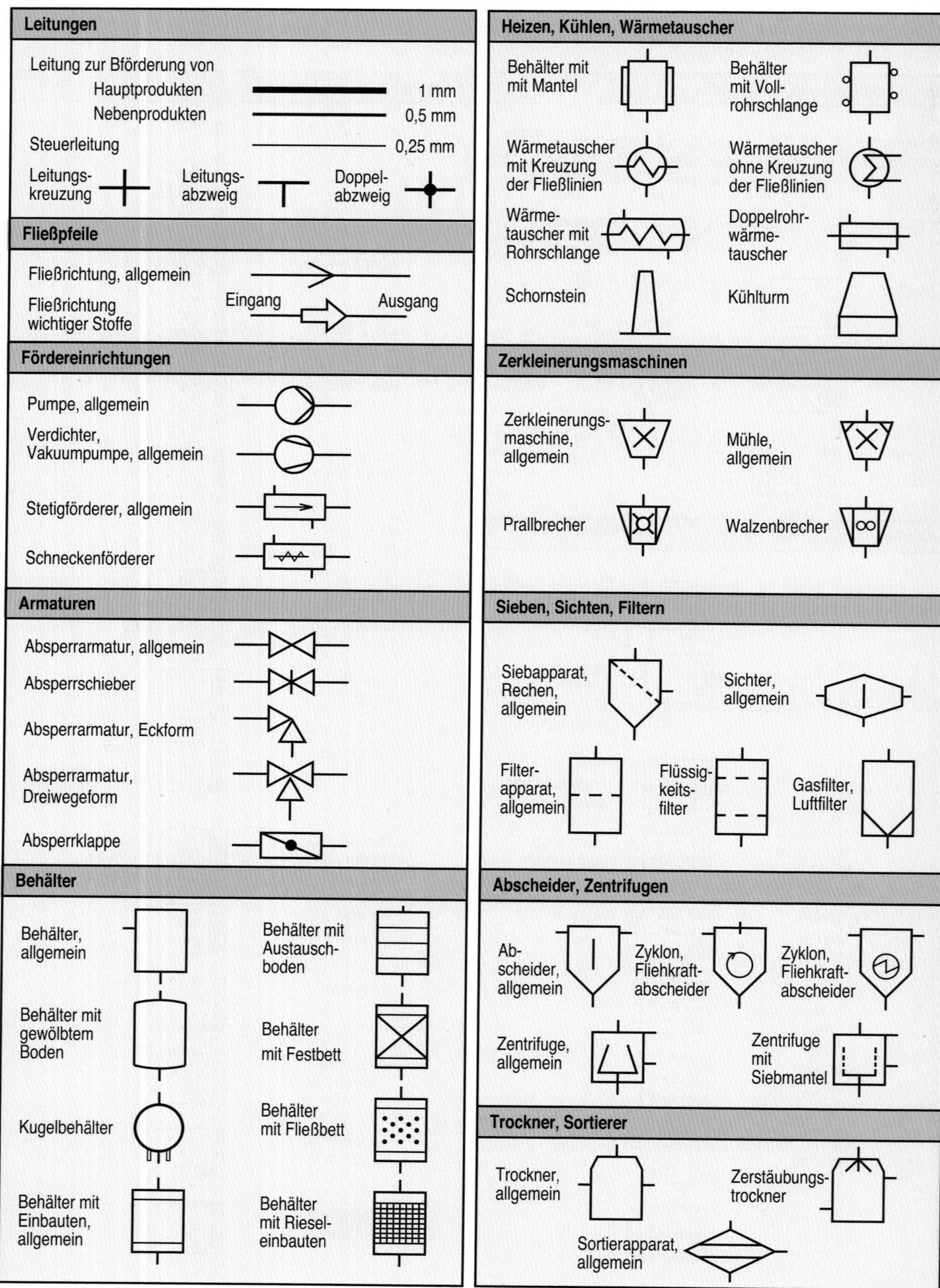

6.10 Prüf- und Bildzeichen

Prüfzeichen

Die CE-Kennzeichnung (Communanté Européenne = Europäische Gemeinschaft) bestätigt die Übereinstimmung der Erzeugnisse mit den entsprechenden EU-Richtlinien.

Das VDE-Zeichen (Verband Deutscher Elektrotechniker) bestätigt die Übereinstimmung der Erzeugnisse mit den entsprechenden VDE-Vorschriften.

Das GS-Zeichen („Geprüfte Sicherheit") bestätigt, dass die Einhaltung der Sicherheitsvorschriften überprüft wurde. Das Zeichen enthält auch das Bildzeichen der prüfenden Stelle, z.B. VDE, TÜV (Technischer Über-wachungsverein), Berufsgenossenschaft.

Das Funkschutzzeichen bestätigt, dass das Gerät den angegebenen Störgrad (0, N, K, G) nicht überschreitet.

0 funkstörfrei K Kleinstörgrad
N Normalstörgrad G Grobstörgrad

◁ VDE ▷ VDE-Kabelkennzeichnung

◁ HAR ▷ Kennzeichen für „harmonisierte" Kabel

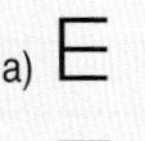

Zulassungszeichen der Physikalisch-Techni-schen Bundesanstalt (PTB) in Braunschweig
a) für Tarifschaltuhren
b) für Messwandler und Elektrizitätszähler

Kennzeichen der Vereinigung der Hersteller und Verarbeiter von Kunststoffen

Bundesamt für Zulassungen in der Telekommunikation (Saarbrücken)

Recyclingzeichen,
die gekennzeichneten Produkte werden nach ihrem Gebrauch wieder aufbereitet und weiter verwendet.

Internationale Prüfzeichen (Auswahl)

USA (Einzelgeräte)

USA (Geräte in Anlagen)

Großbritannien

Frankreich

Italien

Japan

Kanada

Schweiz

Warn- und Schutzzeichen

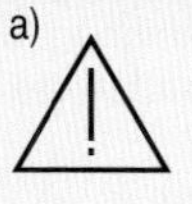

Warnzeichen
a) allgemeine Gefahrenstelle
b) gefährliche elektrische Spannung

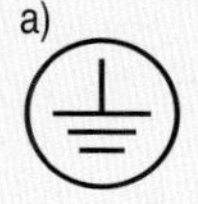
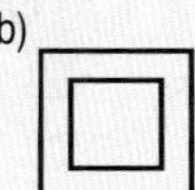

Geräteschutzklassen
a) Geräte der Schutzklasse 1 (mit Schutzleiteranschluss)
b) Geräte der Schutzklasse 2 (Schutzisolierung)
c) Geräte der Schutzklasse 3 (Schutzkleinspannung)
d) explosionsgeschützte Betriebsmittel

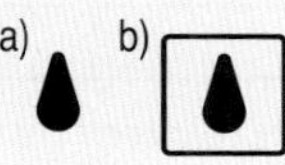

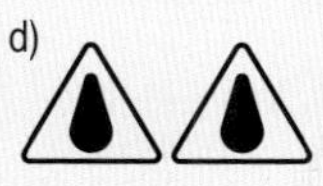
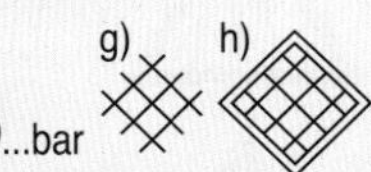

Schutz gegen Wasser und feste Körper
a) tropfwassergeschützt
b) regengeschützt (IP 33)
c) spritzwassergeschützt (IP 54)
d) strahlwassergeschützt (IP 55)
e) wasserdicht (IP 67)
f) druckwasserdicht mit Angabe des zulässigen Drucks
g) staubgeschützt (IP 5X)
h) staubdicht (IP 6X)

Allgemeine Bildzeichen

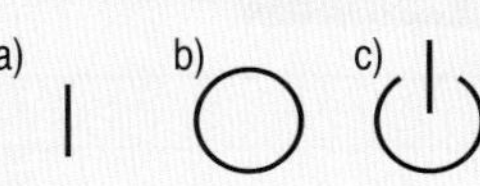
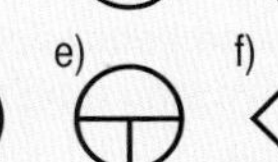
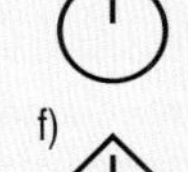

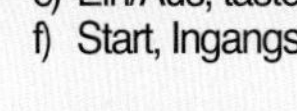

Betätigungsvorgänge
a) Ein (On)
b) Aus (Off)
c) Vorbereiten
d) Ein/Aus, stellend
e) Ein/Aus, tastend
f) Start, Ingangsetzen
g) Schnellstart
h) Stop, Anhalten
i) Pause
j) Handbetrieb
k) automatischer Ablauf
l) Fernbedienung

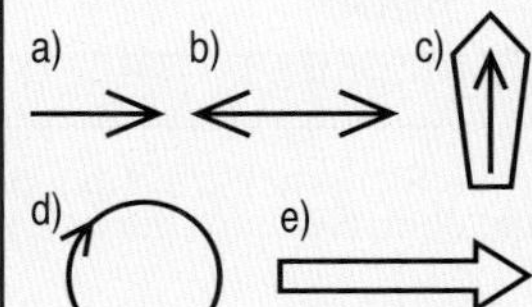

Bewegungsabläufe
a) Bewegung in Pfeilrichtung
b) Bewegung in beiden Richtungen
c) Bewegung vorwärts
d) Drehbewegung
e) Fließbewegung für wichtige Stoffe

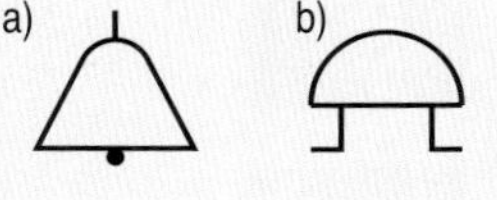
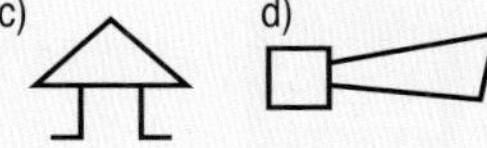

Akustische Signale
a) Klingel
b) Wecker
c) Sirene
d) Hupe

6

6.11 Zeichen zur Unfallverhütung

Verbotszeichen

Verbotszeichen sind genormte Sicherheitszeichen, die Handlungen verbieten, durch welche eine Gefahr entstehen kann. Verbotszeichen sind rund haben die Farben rot und schwarz auf weißem Grund.

Verbot für Fußgänger

Zutrit für Unbefugte verboten

Rauchen verboten

Berühren verboten Gehäuse unter Spannung

Schalten verboten

Feuer, offenes Licht und Rauchen verboten

Kein Trinkwasser

Mit Wasser löschen verboten

Warnzeichen

Warnzeichen sind genormte Sicherheitszeichen, die Hindernisse und Gefahrenstellen kennzeichnen, z.B. durch Fallen oder elektrischen Schlag. Warnzeichen sind dreieckig mit schwarzen Symbolen auf gelbem Grund.

Warnung vor einer Gefahrenstelle

Warnung vor gefährlicher elektrischer Spannung

Warnung vor radioaktiven Stoffen

Warnung vor feuergefährlichen Stoffen

Warnung vor giftigen Stoffen

Warnung vor explosionsgefährlichen Stoffen

Warnung vor schwebender Last

Warnung vor Laserstrahl

Gebotszeichen

Gebotszeichen sind genormte Sicherheitszeichen, die ein bestimmtes Verhalten einfordern, z.B. das Tragen von Schutzkleidung.Gebotszeichen sind rund mit weißen Symbolen auf blauem Grund.

Allgemeines Gebotszeichen

Gebrauchsanweisung beachten

Augenschutz benutzen

Weitgehend lichtundurchlässigen Augenschutz benutzen

Gehörschutz benutzen

Gesichtsschutz benutzen

Vor Benutzung erden

Hände waschen

Rettungszeichen

Rettungszeichen sind genormte Sicherheitszeichen, die auf Geräte oder Rettungswege hinweisen, die zur Rettung von Personen wichtig sind. Rettungszeichen sind rechteckig mit weißen Symbolen auf grünem Grund.

Erste Hilfe

Arzt

Sammelstelle

Notruftelefon

Rettungsweg (Notausgang mit Zusatzzeichen)

Krankentrage

Automatisierter Externer Defibrillator (AED)

Notdusche

Sachwortverzeichnis

A

Ableitungsregeln 38
Addition 19
Additionsverfahren 27
Aggregatzustände 67
Ampere 14, 76
Amplitudengang 106
Amplitudenspektrum 40
Anlaufzeit 119
Anomalie des Wassers 67
Antennenanlagen 134
Antennenstandrohr 134
Antrieb mit DASM 119
Antwortspeicher 51
Anzeigenkontrast 50
Arbeit 56, 58, 86
Arbeitspunkt 149
Arbeitspunktstabilisierung 149
astabile Kippschaltung 159
atmosphärischer Druck 69
Auflagekräfte 57
Auftriebskraft 69
Auslösekennlinien 127
Ausphasung 129

B

Bauformen von Motoren 120
Beanspruchungsarten 73
Belastung 73
Beleuchtung 128
Beleuchtungsstärke 129
Beschleunigung 60, 62
Betriebsarten von Motoren 120
Bewegungslehre 60, 62
Biegebelastung 74
Biegemoment 74
Biegung 73
binomische Formeln 20
bistabile Kippschaltung 159
Blindleistung 112
Blindwiderstand
– induktiver, kapazitiver 104
Brennstoffzellen 111
Brüche 21
Brückenschaltung 79
Brummspannung 144

C

CALC-Speicher 51
Candela 14

D

Dampfturbinen 110
Dämpfung 106, 134
DASM 119
Dehnung 72
Determinantenverfahren 27
Dezimalsystem 44
DIAC 141
Dichte 55
Dielektrikum 88
Differenzialrechnung 38
Differenzierer 157
Differenzverstärker 156
Dimmer 152
Dioden 139
Division 19
Drehen 61
Drehmoment 57, 58
Drehmomentwandlung 64
Drehrichtung 120
Drehstrom 103, 114
Drehstromasynchronmotor 119
Drehstromtransformator 118
Dreieck-Stern-Umwandlung 83
Dreipunktregler 162
Druck 69, 73
Druckübersetzung 70
Dualsystem 44
Duoschaltung 113
Durchbiegung 74
Durchflusswandler 151
Durchflutungsgesetz 96

E

e-Funktion 32
Einheiten 16
Einheitensystem 14
Einsetzungsverfahren 27
Eisen im Magnetfeld 95
elektrische Größen 14
elektrische Ladung 76
elektrisches Feld 88

Elektronenstrom 76
Elektronik 136
elektronische Bauteile 138
Elektrotechnik 136
Energie 56
Energieerhaltung 58
Energielabel 129
Energiespeicher 101
Energiespeicherung 111
Entladevorgang 33, 92
Ersatzquellen 80
Ersatzschaltbild von Transformatoren 116
Ersatzspannungsquelle 80
Ersatzstromquelle 80
Erweitern 21
Exponentialfunktion 32

F

Farbcodierung 138
Farben 128
Farbtemperatur 128
Farbwiedergabe 128
Federarbeit 59
Federkraft 59
Feldeffekttransistoren 140
Feldenergie 91
Feldplatten 85
Festigkeit 72
Flächenberechnung 54
flächenbezogene Masse 55
Flächenmoment 74
Flaschenzug 65
Fliehkraft 63
Flipflop 159
Fotovoltaik 111
Fotowiderstände 85
Fourieranalyse 40
Fourierreihen 40
Fräsen 61
freier Fall 62
Freilaufdiode 100
Frequenzgang 106
Frequenzumrichter 153
Funktionen 25
Funktionsgraph 25

G

Galilei, Galileo 62
ganze Zahlen 18
Gaußsche Zahlenebene 42
Gegenkopplung 155
Generatorprinzip 98
geometrische Sätze 36
Gerade 26
Geradengleichung 26
Getriebe 64
Gewindetrieb 61
Glättung 146
Gleichrichter 144, 150
Gleichsetzungsverfahren 27
Gleichstromsteller 151, 153
Gleichungssysteme 27
Gleitreibung 68
Graph 25
griechische Buchstaben 15
größter gemeinsamer Teiler 52
Grundrechnungsarten 19

H

Haftreibung 68
Haftreibwinkel 62
Halbleitertechnik 137
Hangabtriebskraft 62
hartmagnetische Stoffe 97
Hebelgesetz 57
Hexadezimalsystem 45
Hochpass 107
Höhensatz 36
Hookesches Gesetz 72
Hydraulik 70
hydrostatischer Druck 69
Hyperbelfunktionen 31
Hystereseschleife 97

I

I-Regler 163
IC 143
IM-Code 120
imaginäre Zahlen 18
Impedanzwandler 156
Impulsverformung 93, 157
Index 15
Indikatoren 48
Induktion 94, 99
Induktionsgesetz 98
induktive Spannungserzeugung 110
Induktivität 99
Influenz 88
Innenwiderstand von Spannungsquellen 87
Integralrechnung 39
Integrierer 157
integrierte Schaltkreise 143

IP-Schutzarten 120
irrationale Zahlen 18
Isolierstoffklasse 120

J

J-FET 140
Jahreswirkungsgrad 59

K

Kabel-Betriebseigenschaften 124
Kapazität 89, 90
Kathetensatz 36
Keil 65
Kelvin 14
Kilogramm 14
Kinematik 60
Kinetik 62
kinetische Energie 56
Kippschaltungen 159
Kirchhoffsche Regeln 78
Klammern 20
kleinstes gemeinsames Vielfaches 49, 52
Kloßsche Gleichung 119
Knickung 73
Knotenregel 78
Knotenspannungsverfahren 82
Kolbengeschwindigkeit 70
Kolbenkräfte 70
Komparator 158
Kompensation 113, 115
komplexe Rechnung 42
komplexe Schaltungen 105
komplexe Widerstände 104
komplexe Zahlen 18
komplexe Zahlenebene 42
Komponentenströme 125
Kondensator 89, 92, 138
konjugiert komplexe Zahlen 42
Konstanten 16
Konstantspannungsquelle 157
Konstantstromquelle 157
Koordinatensystem 25
Körperberechnung 54
Kosinusfunktion 35
Kosinussatz 37
Kraft 56
Kraft-Wärme-Kopplung 111
Kräfte im elektrischen Feld 91
Kräfte im Magnetfeld 102
Kreisstromverfahren 82
künstlicher Sternpunkt 115
Kürzen 21
Kurzschlussströme 117

L

Ladevorgang 33, 92
längenbezogene Masse 55
Lastverteilung bei Transformatoren 118
LDR 85
Leistung 58, 86
Leistungsanpassung 87
Leistungsfaktor 112, 113
Leistungshyperbel 86
Leistungsmessung 86
Leistungsschild von Motoren 120
Leitungsberechnung 122, 124
Leitungsschutzorgane 126
Leitungsschutzschalter 126
Leuchtdichte 129
Licht 128
Lichtausbeute 129
Lichterzeugung 128
Lichtgrößen 15
Lichtstärke 129
lichttechnische Größen 129
Logarithmen 24
logarithmische Skale 24
Logarithmusfunktion 32
logische Verknüpfungen 164, 166
LS-Schalter 126
Luftverbrauch in Pneumatikanlagen 71
Lumineszenzstrahler 128

M

magnetisch gekoppelte Spulen 101
magnetische Größen 14
magnetische Grundgrößen 94
magnetische Kräfte 102
magnetischer Fluss 94
magnetischer Kreis 96
magnetisches Feld 94
 – Auf- und Abbau 100
Magnetisierungskennlinie 95, 97
Maschenregel 78
Maschenstromverfahren 82
Masseberechnung 54
Massenträgheitsmoment 63, 121
mathematische Zeichen 17
MDR 85
mechanische Größen 14
Messung im Drehstromnetz 115
Meter 14

Miniaturisierung 137
Mischspannung 144
Mitkopplung 155
Mol 14
Monoflop 159
monostabile Kippschaltung 159
Mooresches Gesetz 137
Motordaten 120
Multiplikation 19
Multivibrator 159

N

natürliche Zahlen 18
Newton, Isaac 62
NH-Sicherungen 126
Normalkraft 62
NTC 85
Nutzpegel 134

O

Ohm 77
OhmschesGesetz 77
Oktalsystem 45
Operationsverstärker 143, 154, 156
Operatoren 104
optoelektronische Bauteile 142
Optokoppler 142

P

P-Regler 163
Parabeln 28
– höherer Ordnung 30
Parallelkompensation 113
Parallelschaltung 79
Pässe 106
Pegel 134
Phasenanschnittsteuerung 152
physikalische Größen 14
physikalische Konstanten 16
PID-Regler 163
PN-Übergang 137
Pneumatik 70
Polarkoordinaten 25
Potenzen 22
Potenzfunktionen 30
potenzielle Energie 56
Potenzieren 22
Primfaktoren 52
prospektiver Kurzschlussstrom 127
Prozentrechnen 52
PTC 85
Pulsfolgemodulation 153
Pulsweitenmodulation 150, 153
Pythagoras, Satz des 36

Q

quadratische Funktionen 28
quadratische Gleichungen 28

R

Radialfeld 90
Radizieren 23
rationale Zahlen 18
Rechner-Setup 50
Rechnungsmodus 50
rechtwinklige Koordinaten 25
reelle Zahlen 18
Regelkreis 160
Regelstrecken 161
Regelungstechnik, Grundbegriffe 160
Regenbogenfarben 128
Regler 162
Reibung 68
Reibungsmoment 68
Reibungszahl 62
Reihenkompensation 113
Reihenschaltung 79
Riementrieb 65
Ringleitungen 125
Röhren 136
Rolle 65
Rollreibung 68
Rotation 61, 63
Rückkopplung 155

S

Schaltalgebra 164, 166
Schalten von Spulen 100
Schaltgruppen 118
Schalthysterese 158
Schaltnetzteile 147
Schaltung von Induktivitäten 101
Schaubild 25
Scheinleistung 112
Scherung 73
schiefe Ebene 62, 65
Schmelzsicherungen 126
Schmitt-Trigger 158
Schub 73
Schutzarten 120
Schwellwertschalter 158
Schwingkreise 107

Sekunde 14
selektiver Leitungsschutzschalter 127
SI-Basisgröße 14
SI-Einheiten 16
SI-Einheitensystem 14
Siebschaltungen 106
Siebung 146
Siemens, Werner von 110
Sinusfunktion 35
Sinussatz 37
SLS-Schalter 127
Solarzellen 111
Solve-Funktion 52
Spannung 77
Spannungs-Dehnungs-Diagramm 72
Spannungsfall 117
- auf Leitungen 123
Spannungsregler 147
Spannungsteiler 79
Spannungsverdoppler 145
Spannungsvervielfacher, 145
Speicher 51
Sperren 106
Sperrwandler 151
Sprungantwort 161
Spule 94
Stabilisierung 146
- des Arbeitspunktes 149
Stem-Dreieck-Anlauf 119
Stern-Dreieck-Umwandlung 83
stetige Regler 162
Steuern und Regeln 160
Strahlensätze 37
Strom 76
Strombelastbarkeit 122
Stromdichte 76
Stromversorgungsschaltungen 146
Subtraktion 19
Summierverstärker 156
Supraleitung 84
Symbole 16

T

Taschenrechner 16
Taschenrechnerfunktionen 48
Tastenbelegung 49
technische Notation 17
Temperatur 66
Temperaturbeiwert 84
Temperatureinflüsse auf Metalle 66
Temperaturstrahler 128
Tesla, Nicola 110
Thermistoren 85
Thyristoren 141
Tiefpass 107
Timer 143
Torsion 73
Trägheitsmoment 63
Transformator 116
Transformatorbauleistung 144
Transformatorenhauptgleichung 116
Transformatorprinzip 98
Transformatorverluste 117
Transistor 137, 139
- als Schalter 148
- als Verstärker 149
Translation 60, 62
transzendente Zahlen 18
TRIAC 141
TTL-Schaltkreisfamilie 143

U

Überlagerungsverfahren 83
Übertragungsbeiwert 161
Übertragungskennlinien von OP 155
Umformen von Gleichungen 46
Umkehrfunktionen 51
Umladevorgänge 93
Ummagnetisierungskennlinie 97
Umrichter 151
Umwandlung von Einheiten 16
unstetige Regler 162
unverzweigte Leitungen 123
Ursprungsgerade 26

V

Variablenspeicher 51
Varistoren 85
VDR 85
Verdrehung 73
Verkettung 114
Verluste 59, 87
Verschiebungsfluss 88
Versor 42
Verstärker mit OP 155
Verstärkung 106, 134
Verzögerung 60
verzweigte Leitungen 124
Vielperiodensteuerung 152
Volt 77
Volumenströme 70
Vorsätze 17
Vorzeichenregel 19

W

Wachstumsgesetze 108
Wärme 66
Wärmeenergie 67
Wärmegrößen 15
Wärmeleitung 67
Wärmespeicherung 67
Wasserturbinen 110
Wechselrichter 150
Wechselstrom 103
Wechselstromsteller 151, 152
weichmagnetische Stoffe 97
Widerstände 77, 138
– veränderliche 84
Winde 65
Windkonverter 110
Winkel 34
Winkelbeschleunigung 63
Winkelfunktionen 34
Winkelmessung 34
Wirkleistung 112
Wirkungsgrad 59, 87
– carnotscher, thermodynamischer 110
Wirkwiderstand 104
Wurzelfunktionen 31, 33
Wurzeln 23

Z

Z-Diode 146
Zahlenbereiche 18
Zahlensysteme 44
Zählpfeile 78
Zählpfeilsysteme 78
Zahnradtrieb 64
Zahnradübersetzung 64
Zahnstangentrieb 61
Zeitkonstante 92
Zentrifugalkraft 63
Zentripetalkraft 63
Zins und Zinseszins 32
Zug 73
Zündbausteine 143
Zustandsänderung bei Gasen 69
Zweipunktregler 162
Zwischenkreis 151